CAMBRIDGE LIBRARY COLLECTION

Books of enduring scholarly value

Mathematics

From its pre-historic roots in simple counting to the algorithms powering modern desktop computers, from the genius of Archimedes to the genius of Einstein, advances in mathematical understanding and numerical techniques have been directly responsible for creating the modern world as we know it. This series will provide a library of the most influential publications and writers on mathematics in its broadest sense. As such, it will show not only the deep roots from which modern science and technology have grown, but also the astonishing breadth of application of mathematical techniques in the humanities and social sciences, and in everyday life.

Werke

The genius of Carl Friedrich Gauss (1777–1855) and the novelty of his work (published in Latin, German, and occasionally French) in areas as diverse as number theory, probability and astronomy were already widely acknowledged during his lifetime. But it took another three generations of mathematicians to reveal the true extent of his output as they studied Gauss' extensive unpublished papers and his voluminous correspondence. This posthumous twelve-volume collection of Gauss' complete works, published between 1863 and 1933, marks the culmination of their efforts and provides a fascinating account of one of the great scientific minds of the nineteenth century. Volume 2, which appeared in 1863, supplements Volume 1 with additional articles on number theory. It also contains book reviews and posthumous papers, including an unfinished eighth chapter of the *Disquisitiones arithmeticae*.

Cambridge University Press has long been a pioneer in the reissuing of out-of-print titles from its own backlist, producing digital reprints of books that are still sought after by scholars and students but could not be reprinted economically using traditional technology. The Cambridge Library Collection extends this activity to a wider range of books which are still of importance to researchers and professionals, either for the source material they contain, or as landmarks in the history of their academic discipline.

Drawing from the world-renowned collections in the Cambridge University Library, and guided by the advice of experts in each subject area, Cambridge University Press is using state-of-the-art scanning machines in its own Printing House to capture the content of each book selected for inclusion. The files are processed to give a consistently clear, crisp image, and the books finished to the high quality standard for which the Press is recognised around the world. The latest print-on-demand technology ensures that the books will remain available indefinitely, and that orders for single or multiple copies can quickly be supplied.

The Cambridge Library Collection will bring back to life books of enduring scholarly value (including out-of-copyright works originally issued by other publishers) across a wide range of disciplines in the humanities and social sciences and in science and technology.

Werke

Volume 2

Carl Friedrich Gauss

Cambridge University Press

CAMBRIDGE UNIVERSITY PRESS

Cambridge, New York, Melbourne, Madrid, Cape Town,
Singapore, São Paolo, Delhi, Tokyo, Mexico City

Published in the United States of America by Cambridge University Press, New York

www.cambridge.org
Information on this title: www.cambridge.org/9781108032247

This edition first published 1863
This digitally printed version 2011

ISBN 978-1-108-03224-7 Paperback

CARL FRIEDRICH GAUSS WERKE

BAND II.

CARL FRIEDRICH GAUSS

WERKE

ERSTER BAND

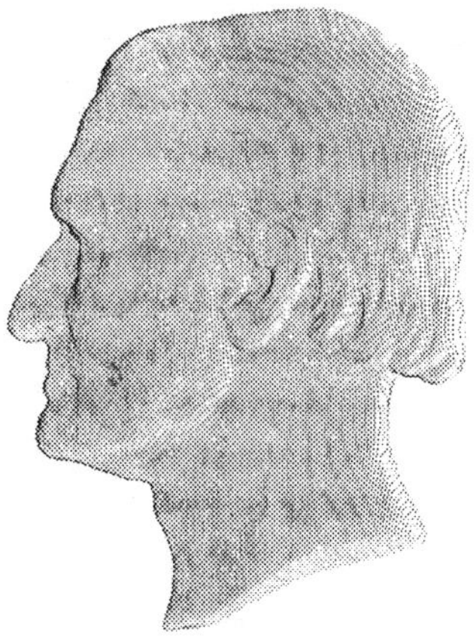

HERAUSGEGEBEN

VON DER

KÖNIGLICHEN GESELLSCHAFT DER WISSENSCHAFTEN

ZU

GÖTTINGEN

1863.

THEOREMATIS ARITHMETICI

DEMONSTRATIO NOVA

AUCTORE

CAROLO FRIDERICO GAUSS

SOCIETATI REGIAE SCIENTIARUM TRADITA IAN. 15. 1808.

Commentationes societatis regiae scientiarum Gottingensis. Vol. XVI.
Gottingae MDCCCVIII.

THEOREMATIS ARITHMETICI

DEMONSTRATIO NOVA.

1.

Quaestiones ex arithmetica sublimiori saepenumero phaenomenon singulare offerunt, quod in analysi longe rarius occurrit, atque ad illarum illecebras augendas multum confert. Dum scilicet in disquisitionibus analyticis plerumque ad veritates novas pertingere non licet, nisi prius principiis, quibus innituntur quaeque ad eas viam quasi patefacere debent, penitus potiti simus: contra in arithmetica frequentissime per inductionem fortuna quadam inopinata veritates elegantissimae novae prosiliunt, quarum demonstrationes tam profunde latent tantisque tenebris obvolutae sunt, ut omnes conatus eludant, acerrimisque perscrutationibus aditum denegent. Tantus porro adest tamque mirus inter veritates arithmeticas, primo aspectu maxime heterogeneas, nexus, ut haud raro, dum longe alia quaerimus, tandem ad demonstrationem tantopere exoptatam longisque antea meditationibus frustra quaesitam longe alia via quam qua exspectata fuerat felicissime perveniamus. Plerumque autem huiusmodi veritates eius sunt indolis, ut pluribus viis valde diversis adiri queant, nec semper viae brevissimae sint, quae primo se offerunt. In magno itaque certe pretio habendum erit, si, tali veritate longe incassum ventilata, dein demonstrata quidem sed per ambages abstrusiores, tandem viam simplicissimam atque genuinam detegere contigerit.

2.

Inter quaestiones, de quibus in art. praec. diximus, locum insignem tenet theorema omnem fere theoriam residuorum quadraticorum continens, quod in *Disquisitionibus arithmeticis* (Sect. IV.) *theorematis fundamentalis* nomine distinctum

est. Pro *primo* huius elegantissimi theorematis inventore ill. LEGENDRE absque dubio habendus est, postquam longe antea summi geometrae EULER et LAGRANGE plures eius casus speciales iam per inductionem detexerant. Conatibus horum virorum circa demonstrationem enumerandis hic non immoror; adeant quibus volupe est opus modo commemoratum. Adiicere liceat tantummodo, in confirmationem eorum, quae in art. praec. prolata sunt, quae ad meos conatus pertinent. In ipsum theorema proprio marte incideram anno 1795, dum omnium, quae in arithmetica sublimiori iam elaborata fuerant, penitus ignarus et a subsidiis literariis omnino praeclusus essem: sed per integrum annum me torsit, operamque enixissimam effugit, donec tandem demonstrationem in Sectione quarta operis illius traditam nactus essem. Postea tres aliae principiis prorsus diversis innixae se mihi obtulerunt, quarum unam in Sectione quinta tradidi, reliquas elegantia illa haud inferiores alia occasione publici iuris faciam. Sed omnes hae demonstrationes, etiamsi respectu rigoris nihil desiderandum relinquere videantur, e principiis nimis heterogeneis derivatae sunt, prima forsan excepta, quae tamen per ratiocinia magis laboriosa procedit, operationibusque prolixioribus premitur. Demonstrationem itaque *genuinam* hactenus haud affuisse non dubito pronunciare: esto iam penes peritos iudicium, an ea, quam nuper detegere successit, quamque pagellae sequentes exhibent, hoc nomine decorari mereatur.

3.

THEOREMA. *Sit p numerus primus positivus; k integer quicunque per p non divisibilis;*

A *complexus numerorum* $1, 2, 3 \ldots . \frac{1}{2}(p-1)$
B *complexus horum* $\frac{1}{2}(p+1), \frac{1}{2}(p+3), \frac{1}{2}(p+5) \ldots . p-1$

Capiantur residua minima positiva productorum ex k in singulos numeros A secundum modulum p, quae manifesto omnia diversa erunt, atque partim ad A partim ad B pertinebunt. Iam si ad B omnino μ residua pertinere supponantur, erit k vel residuum vel non-residuum quadraticum ipsius p, prout μ par est vel impar.

Dem. Sint residua ad A pertinentia haec $a, a', a'' \ldots .$, reliqua ad B pertinentia $b, b', b'' \ldots$, patetque posteriorum complementa $p-b, p-b', p-b'' \ldots$ cuncta a numeris $a, a', a'' \ldots$ diversa esse, cum his vero simul sumta comple-

xum A explere. Habemus itaque

$$1.2.3\ldots\tfrac{1}{2}(p-1) = aa'a''\ldots(p-b)(p-b')(p-b'')\ldots$$

Productum posterius autem manifesto fit

$$\equiv (-1)^{\mu} aa'a''\ldots bb'b''\ldots \equiv (-1)^{\mu} k.2k.3k\ldots\tfrac{1}{2}(p-1)k$$

$$\equiv (-1)^{\mu} k^{\frac{1}{2}(p-1)}\, 1.2.3\ldots\tfrac{1}{2}(p-1) \pmod{p}$$

Hinc erit

$$1 \equiv (-1)^{\mu} k^{\frac{1}{2}(p-1)}$$

sive $k^{\frac{1}{2}(p-1)} \equiv \pm 1$, prout μ par est vel impar, unde theorema nostrum protinus demanat.

4.

Ratiocinia sequentia magnopere abbreviare licebit per introductionem quarundam designationum idonearum. Exprimet igitur nobis character (k, p) multitudinem productorum ex his

$$k,\ 2k,\ 3k\ \ldots\ \tfrac{1}{2}(p-1)k,$$

quorum residua minima positiva secundum modulum p huius semissem superant. Porro existente x quantitate quacunque non integra, per signum $[x]$ exprimemus integrum ipsa x proxime minorem, ita ut $x-[x]$ semper fiat quantitas positiva intra limites 0 et 1 sita. Levi iam negotio relationes sequentes evolventur:

I. $[x]+[-x] = -1$.

II. $[x]+h = [x+h]$, quoties h est integer.

III. $[x]+[h-x] = h-1$.

IV. Si $x-[x]$ est fractio minor quam $\frac{1}{2}$, erit $[2x]-2[x] = 0$; si vero $x-[x]$ est maior quam $\frac{1}{2}$, erit $[2x]-2[x] = 1$

V. Iacente itaque residuo minimo positivo integri h secundum modulum p infra $\frac{1}{2}p$, erit $\left[\frac{2h}{p}\right]-2\left[\frac{h}{p}\right] = 0$; iacente autem residuo illo ultra $\frac{1}{2}p$, erit $\left[\frac{2h}{p}\right]-2\left[\frac{h}{p}\right] = 1$.

VI. Hinc statim sequitur $(k, p) =$

$$\left[\frac{2k}{p}\right]+\left[\frac{4k}{p}\right]+\left[\frac{6k}{p}\right]\ldots\ldots+\left[\frac{(p-1)k}{p}\right]$$
$$-2\left[\frac{k}{p}\right]-2\left[\frac{2k}{p}\right]-2\left[\frac{3k}{p}\right]\ldots\ldots-2\left[\frac{\frac{1}{2}(p-1)k}{p}\right].$$

VII. Ex VI. et I. nullo negotio derivatur

$$(k, p)+(-k, p) = \tfrac{1}{2}(p-1)$$

Unde sequitur, $-k$ vel eandem vel oppositam relationem ad p habere (quatenus huius residuum aut non-residuum quadraticum est) ut $+k$, prout p vel formae $4n+1$ fuerit, vel formae $4n+3$. In casu priori manifesto -1 residuum, in posteriori non-residuum ipsius p erit.

VIII. Formulam in VI. traditam sequenti modo transformabimus. Per III. fit

$$\left[\frac{(p-1)k}{p}\right] = k-1-\left[\frac{k}{p}\right],\ \left[\frac{(p-3)k}{p}\right] = k-1-\left[\frac{3k}{p}\right],\ \left[\frac{(p-5)k}{p}\right] = k-1-\left[\frac{5k}{p}\right]\ldots\ldots$$

Applicando hasce substitutiones ad $\frac{p\mp 1}{4}$ membra ultima seriei superioris in illa expressione, habebimus

primo, quoties p est formae $4n+1$

$$(k, p) = \tfrac{1}{4}(k-1)(p-1)$$
$$-2\left\{\left[\frac{k}{p}\right]+\left[\frac{3k}{p}\right]+\left[\frac{5k}{p}\right]\ldots\ldots+\left[\frac{\frac{1}{2}(p-3)k}{p}\right]\right\}$$
$$-\left\{\left[\frac{k}{p}\right]+\left[\frac{2k}{p}\right]+\left[\frac{3k}{p}\right]\ldots\ldots+\left[\frac{\frac{1}{2}(p-1)k}{p}\right]\right\}$$

secundo, quoties p est formae $4n+3$

$$(k, p) = \tfrac{1}{4}(k-1)(p+1)$$
$$-2\left\{\left[\frac{k}{p}\right]+\left[\frac{3k}{p}\right]+\left[\frac{5k}{p}\right]\ldots\ldots+\left[\frac{\frac{1}{2}(p-1)k}{p}\right]\right\}$$
$$-\left\{\left[\frac{k}{p}\right]+\left[\frac{2k}{p}\right]+\left[\frac{3k}{p}\right]\ldots\ldots+\left[\frac{\frac{1}{2}(p-1)k}{p}\right]\right\}$$

IX. Pro casu speciali $k = +2$ e formulis modo traditis sequitur $(2, p) = \frac{1}{4}(p \mp 1)$, sumendo signum superius vel inferius, prout p est formae $4n+1$ vel $4n+3$. Erit itaque $(2, p)$ par, adeoque $2Rp$, quoties p est formae $8n+1$ vel $8n+7$; contra erit $(2, p)$ impar atque $2Np$, quoties p est formae $8n+3$ vel $8n+5$.

5.

Theorema. *Sit x quantitas positiva non integra, inter cuius multipla x, $2x$, $3x \ldots$ usque ad nx nullum fiat integer; ponatur $[nx] = h$, unde facile concluditur, etiam inter multipla quantitatis reciprocae $\frac{1}{x}, \frac{2}{x}, \frac{3}{x} \ldots$ usque ad $\frac{h}{x}$ integrum non reperiri. Tum dico fore*

$$\left.\begin{matrix} [x]+[2x]+[3x]\,..+[nx] \\ +\left[\frac{1}{x}\right]+\left[\frac{2}{x}\right]+\left[\frac{3}{x}\right]\ldots+\left[\frac{h}{x}\right] \end{matrix}\right\} = nh$$

Dem. Seriei $[x]+[2x]+[3x]\ldots+[nx]$, quam ponemus $= \Omega$, membra prima usque ad $\left[\frac{1}{x}\right]^{\text{tum}}$ inclus. manifesto omnia erunt $= 0$; sequentia usque ad $\left[\frac{2}{x}\right]^{\text{tum}}$ cuncta $= 1$; sequentia usque ad $\left[\frac{3}{x}\right]^{\text{tum}}$ cuncta $= 2$ et sic porro. Hinc fit

$$\left.\begin{aligned} \Omega = \; & 0\times\left[\tfrac{1}{x}\right] \\ & +1\times\left\{\left[\tfrac{2}{x}\right]-\left[\tfrac{1}{x}\right]\right\} \\ & +2\times\left\{\left[\tfrac{3}{x}\right]-\left[\tfrac{2}{x}\right]\right\} \\ & +3\times\left\{\left[\tfrac{4}{x}\right]-\left[\tfrac{3}{x}\right]\right\} \\ & \quad \text{etc.} \\ & +(h-1)\left\{\left[\tfrac{h}{x}\right]-\left[\tfrac{h-1}{x}\right]\right\} \\ & +h\left\{n-\left[\tfrac{h}{x}\right]\right\} \end{aligned}\right\} = hn-\left[\tfrac{1}{x}\right]-\left[\tfrac{2}{x}\right]-\left[\tfrac{3}{x}\right]\ldots-\left[\tfrac{h}{x}\right]$$

Q. E. D.

6.

Theorema. *Designantibus k, p numeros positivos impares inter se primos quoscunque, erit*

$$\left.\begin{matrix} \left[\frac{k}{p}\right]+\left[\frac{2k}{p}\right]+\left[\frac{3k}{p}\right]\ldots+\left[\frac{\frac{1}{2}(p-1)k}{p}\right] \\ +\left[\frac{p}{k}\right]+\left[\frac{2p}{k}\right]+\left[\frac{3p}{k}\right]\ldots+\left[\frac{\frac{1}{2}(k-1)p}{k}\right] \end{matrix}\right\} = \tfrac{1}{4}(k-1)(p-1).$$

Demonstr. Supponendo, quod licet, $k<p$, erit $\frac{\frac{1}{2}(p-1)k}{p}$ minor quam $\frac{1}{2}k$, sed maior quam $\frac{1}{2}(k-1)$, adeoque $\left[\frac{\frac{1}{2}(p-1)k}{p}\right] = \frac{1}{2}(k-1)$. Hinc patet, theorema praesens ex praec. protinus sequi, statuendo illic $\frac{k}{p} = x$, $\frac{1}{2}(p-1) = n$, adeoque $\frac{1}{2}(k-1) = h$.

Ceterum simili modo demonstrari potest, si k fuerit numerus *par* ad p primus, fore

$$\left.\begin{array}{l}\left[\frac{k}{p}\right]+\left[\frac{2k}{p}\right]+\left[\frac{3k}{p}\right]\ldots\ldots+\left[\frac{\frac{1}{2}(p-1)k}{p}\right]\\ +\left[\frac{p}{k}\right]+\left[\frac{2p}{k}\right]+\left[\frac{3p}{k}\right]\ldots\ldots+\left[\frac{\frac{1}{2}kp}{k}\right]\end{array}\right\}=\tfrac{1}{4}k(p-1)$$

At huic propositioni ad institutum nostrum non necessariae non immoramur.

7.

Iam ex combinatione theorematis praec. cum propos. VIII. art. 4. theorema fundamentale protinus demanat. Nimirum denotantibus k, p numeros primos positivos inaequales quoscunque, et ponendo

$$(k,p)+\left[\frac{k}{p}\right]+\left[\frac{2k}{p}\right]+\left[\frac{3k}{p}\right]\ldots\ldots+\left[\frac{\frac{1}{2}(p-1)k}{p}\right]=L$$

$$(p,k)+\left[\frac{p}{k}\right]+\left[\frac{2p}{k}\right]+\left[\frac{3p}{k}\right]\ldots\ldots+\left[\frac{\frac{1}{2}(k-1)p}{k}\right]=M$$

per VIII. art. 4. patet, L et M semper fieri numeros pares. At per theorema art. 6. erit

$$L+M=(k,p)+(p,k)+\tfrac{1}{4}(k-1)(p-1)$$

Quoties igitur $\frac{1}{4}(k-1)(p-1)$ par evadit, quod fit, si vel uterque k, p vel saltem alteruter est formae $4n+1$, necessario (k,p) et (p,k) vel ambo pares vel ambo impares esse debent. Quoties autem $\frac{1}{4}(k-1)(p-1)$ impar est, quod evenit, si uterque k, p est formae $4n+3$, necessario alter numerorum (k,p), (p,k) par, alter impar esse debebit. In casu priori itaque relatio ipsius k ad p et relatio ipsius p ad k (quatenus alter alterius residuum vel non-residuum est) identicae erunt, in casu posteriori oppositae.

Q. E. D.

SUMMATIO

QUARUMDAM SERIERUM

SINGULARIUM

AUCTORE

CAROLO FRIDERICO GAUSS

EXHIBITA SOCIETATI D. XXIV. AUGUST. MDCCCVIII.

Commentationes societatis regiae scientiarum Gottingensis recentiores. Vol. I.
Gottingae MDCCCXI.

SUMMATIO

QUARUMDAM SERIERUM SINGULARIUM.

1.

Inter veritates insigniores, ad quas theoria divisionis circuli aditum aperuit, locum haud ultimum sibi vindicat summatio in Disquiss. Arithmet. art. 356 proposita, non modo propter elegantiam suam peculiarem, miramque foecunditatem, quam fusius exponendi occasionem posthac dabit alia disquisitio, sed ideo quoque, quod eius demonstratio rigorosa atque completa difficultatibus haud vulgaribus premitur. Quae sane eo minus exspectari debuissent, quum non tam in ipsum theorema cadant, quam potius in aliquam theorematis limitationem, qua neglecta demonstratio statim in promtu est, facillimeque e theoria in opere isto explicata derivatur. Theorema illic exhibitum est in forma sequente. Supponendo n esse numerum primum, denotandoque indefinite omnia residua quadratica ipsius n inter limites 1 et $n-1$ incl. sita per a, omniaque non-residua inter eosdem limites iacentia per b, denique per ω arcum $\frac{360^0}{n}$, et per k integrum determinatum quemcunque per n non divisibilem, erit

I. pro valore ipsius n, qui est formae $4m+1$,

$$\Sigma \cos ak\omega = -\tfrac{1}{2} \pm \tfrac{1}{2}\sqrt{n}$$

$$\Sigma \cos bk\omega = -\tfrac{1}{2} \mp \tfrac{1}{2}\sqrt{n}, \quad \text{adeoque}$$

$$\Sigma \cos ak\omega - \Sigma \cos bk\omega = \pm \sqrt{n}$$

$$\Sigma \sin ak\omega = 0$$

$$\Sigma \sin bk\omega = 0$$

II. pro valore ipsius n, qui est formae $4m+3$,

$$\Sigma \cos ak\omega = -\tfrac{1}{2}$$
$$\Sigma \cos bk\omega = -\tfrac{1}{2}$$
$$\Sigma \sin ak\omega = \pm\tfrac{1}{2}\sqrt{n}$$
$$\Sigma \sin bk\omega = \mp\tfrac{1}{2}\sqrt{n}$$
$$\Sigma \sin ak\omega - \Sigma \sin bk\omega = \pm\sqrt{n}$$

Hae summationes l. c. omni rigore demonstratae sunt, neque alia difficultas hic remanet nisi in determinatione *signi* quantitati radicali praefigendi. Nullo quidem negotio ostendi potest, hoc signum eatenus a numero k pendere, quod semper pro cunctis valoribus ipsius k, qui sint residua quadratica ipsius n, signum *idem* valere debeat, et contra signum huic oppositum pro omnibus valoribus ipsius k, qui sint non-residua quadratica ipsius n. Hinc totum negotium in valore $k=1$ versabitur, patetque, quam primum signum pro hoc valore valens innotuerit, pro omnibus quoque reliquis valoribus ipsius k signa statim in promtu fore. Verum enim vero in hac ipsa quaestione, quae primo aspectu inter faciliores referenda videtur, in difficultates improvisas incidimus, methodusque, qua ducente sine impedimentis hucusque progressi eramus, auxilium ulterius prorsus denegat.

2.

Haud abs re erit, antequam ulterius progrediamur, quaedam exempla summationis nostrae per calculum numericum evolvisse: huic vero quasdam observationes generales praemittere conveniet.

I. Si in casu eo, ubi n est numerus primus formae $4m+1$, omnia residua quadratica ipsius n inter 1 et $\frac{1}{2}(n-1)$ incl. iacentia indefinite per a' exhibentur, omniaque non-residua inter eosdem limites per b', constat, omnes $n-a'$ inter ipsos a, omnesque $n-b'$ inter b comprehensos fore: quamobrem quum omnes a', b', $n-a'$, $n-b'$ manifesto totum complexum numerorum $1, 2, 3 \ldots . n-1$ expleant, omnes a' cum omnibus $n-a'$ iuncti omnes a complectentur, et perinde omnes b' cum omnibus $n-b'$ iuncti omnes b comprehendent. Hinc erit

$$\Sigma \cos a k \omega = \Sigma \cos a' k \omega + \Sigma \cos (n - a') k \omega$$
$$\Sigma \cos b k \omega = \Sigma \cos b' k \omega + \Sigma \cos (n - b') k \omega$$
$$\Sigma \sin a k \omega = \Sigma \sin a' k \omega + \Sigma \sin (n - a') k \omega$$
$$\Sigma \sin b k \omega = \Sigma \sin b' k \omega + \Sigma \sin (n - b') k \omega$$

Iam quum habeatur $\cos (n - a') k\omega = \cos a' k \omega$, $\cos (n - b') k \omega = \cos b' k \omega$. $\sin (n - a') k\omega = - \sin a' k \omega$, $\sin (n - b') k \omega = - \sin b' k \omega$, patet sponte fieri

$$\Sigma \sin a k \omega = \Sigma \sin a' k \omega - \Sigma \sin a' k \omega = 0$$
$$\Sigma \sin b k \omega = \Sigma \sin b' k \omega - \Sigma \sin b' k \omega = 0$$

Summatio cosinuum vero hanc formam assumit

$$\Sigma \cos a k \omega = 2 \Sigma \cos a' k \omega$$
$$\Sigma \cos b k \omega = 2 \Sigma \cos b' k \omega$$

unde fieri debebit

$$1 + 4 \Sigma \cos a' k \omega = \pm \sqrt{n}$$
$$1 + 4 \Sigma \cos b' k \omega = \mp \sqrt{n}$$
$$2 \Sigma \cos a' k \omega - 2 \Sigma \cos b' k \omega = \pm \sqrt{n}$$

II. In casu eo, ubi n est formae $4m + 3$, complementum cuiusvis residui a ad n erit non-residuum, complementumque cuiusvis b erit residuum; quocirca omnes $n - a$ convenient cum omnibus b, omnesque $n - b$ cum omnibus a. Hinc colligitur

$$\Sigma \cos a k \omega = \Sigma \cos (n - b) k \omega = \Sigma \cos b k \omega$$

quare quum omnes a et b iuncti omnes numeros $1, 2, 3 \ldots . n - 1$ expleant. adeoque fiat $\Sigma \cos a k \omega + \Sigma \cos b k \omega = \cos k \omega + \cos 2 k \omega + \cos 3 k \omega +$ etc. $+ \cos (n - 1) k \omega = -1$, summationes

$$\Sigma \cos a k \omega = -\tfrac{1}{2}$$
$$\Sigma \cos b k \omega = -\tfrac{1}{2}$$

sponte sunt obviae. Perinde erit

$$\Sigma \sin a k \omega = \Sigma \sin (n - b) k \omega = - \Sigma \sin b k \omega$$

unde patet, quomodo summationum

$$2\Sigma \sin a k\omega = \pm\sqrt{n}$$
$$2\Sigma \sin b k\omega = \mp\sqrt{n}$$

altera ab altera pendeat.

3.

Ecce iam computum numericum pro aliquot exemplis:

I. Pro $n = 5$ adest valor unus ipsius a', puta $a' = 1$, valorque unus ipsius b', puta $b' = 2$; est autem

$$\cos\omega = +0{,}3090169944 \qquad \cos 2\omega = -0{,}8090169944$$

adeoque $1 + 4\cos\omega = +\sqrt{5}$, $1 + 4\cos 2\omega = -\sqrt{5}$.

II. Pro $n = 13$ adsunt tres valores ipsius a', puta 1, 3, 4, totidemque valores ipsius b', puta 2, 5, 6, unde computamus

$\cos\omega$	$= +0{,}8854560257$	$\cos 2\omega$	$= +0{,}5680647467$
$\cos 3\omega$	$= +0{,}1205366803$	$\cos 5\omega$	$= -0{,}7485107482$
$\cos 4\omega$	$= -0{,}3546048870$	$\cos 6\omega$	$= -0{,}9709418174$
Summa	$= +0{,}6513878190$	Summa	$= -1{,}1513878189$

Hinc $1 + 4\Sigma\cos a'\omega = +\sqrt{13}$, $1 + 4\Sigma\cos b'\omega = -\sqrt{13}$.

III. Pro $n = 17$ habemus quatuor valores ipsius a', puta 1, 2, 4, 8, totidemque valores ipsius b', puta 3, 5, 6, 7. Hinc computantur cosinus

$\cos\omega$	$= +0{,}9324722294$	$\cos 3\omega$	$= +0{,}4457383558$
$\cos 2\omega$	$= +0{,}7390089172$	$\cos 5\omega$	$= -0{,}2736629901$
$\cos 4\omega$	$= +0{,}0922683595$	$\cos 6\omega$	$= -0{,}6026346364$
$\cos 8\omega$	$= -0{,}9829730997$	$\cos 7\omega$	$= -0{,}8502171357$
Summa	$= +0{,}7807764064$	Summa	$= -1{,}2807764065$

Hinc $1 + 4\Sigma\cos a'\omega = +\sqrt{17}$, $1 + 4\Sigma\cos b'\omega = -\sqrt{17}$.

IV. Pro $n = 3$ adest valor unicus ipsius a, puta $a = 1$, cui respondet

$$\sin\omega = +0,8660254038$$

Hinc $2\sin\omega = +\sqrt{3}$.

V. Pro $n = 7$ adsunt valores tres ipsius a, puta $1, 2, 4$: hinc habentur sinus

$$\begin{aligned}
\sin\omega &= +0,7818314825\\
\sin 2\omega &= +0,9749279122\\
\sin 4\omega &= -0,4338837391\\
\hline
\text{Summa} &= +1,3228756556,
\end{aligned}$$

adeoque $2\Sigma\sin a\omega = +\sqrt{7}$.

VI. Pro $n = 11$ valores ipsius a sunt $1, 3, 4, 5, 9$, quibus respondent sinus

$$\begin{aligned}
\sin\omega &= +0,5406408175\\
\sin 3\omega &= +0,9898214419\\
\sin 4\omega &= +0,7557495744\\
\sin 5\omega &= +0,2817325568\\
\sin 9\omega &= -0,9096319954\\
\hline
\text{Summa} &= +1,6583123952,
\end{aligned}$$

et proin $2\Sigma\sin a\omega = +\sqrt{11}$

VII. Pro $n = 19$ valores ipsius a sunt $1, 4, 5, 6, 7, 9, 11, 16, 17$, quibus respondent sinus

$$\begin{aligned}
\sin\omega &= +0,3246994692\\
\sin 4\omega &= +0,9694002659\\
\sin 5\omega &= +0,9965844930\\
\sin 6\omega &= +0,9157733267\\
\sin 7\omega &= +0,7357239107\\
\sin 9\omega &= +0,1645945903\\
\sin 11\omega &= -0,4759473930\\
\sin 16\omega &= -0,8371664783\\
\sin 17\omega &= -0,6142127127\\
\hline
\text{Summa} &= +2,1794494718,
\end{aligned}$$

adeoque $2\Sigma\sin a\omega = +\sqrt{19}$.

4.

In omnibus hisce exemplis quantitas radicalis signum positivum obtinet, idemque facile pro valoribus maioribus $n = 23$, $n = 29$ etc. confirmatur, unde fortis iam probabilitas oritur, hoc generaliter perinde se habere. Sed demonstratio huius phaenomeni e principiis l. c. expositis peti nequit, plenissimoque iure altioris indaginis aestimanda est. Propositum itaque huius commentationis eo tendit, ut demonstrationem rigorosam huius elegantissimi theorematis, per plures annos olim variis modis incassum tentatam, tandemque per considerationes singulares satisque subtiles feliciter perfectam in medium proferamus, simulque theorema ipsum salva seu potius aucta elegantia sua ad longe maiorem generalitatem evehamus. Coronidis denique loco nexum mirabilem arctissimum inter hanc summationem aliudque theorema arithmeticum gravissimum docebimus. Speramus, hasce disquisitiones non modo per se geometris gratas fore, sed methodos quoque, per quas haec omnia efficere licuit, quaeque in aliis quoque occasionibus utiles esse poterunt ipsorum attentione dignas visum iri.

5.

Petita est demonstratio nostra e consideratione generis singularis progressionum, quarum termini pendent ab expressionibus talibus

$$\frac{(1-x^m)(1-x^{m-1})(1-x^{m-2})\ldots\ldots(1-x^{m-\mu+1})}{(1-x)(1-xx)(1-x^3)\ldots\ldots(1-x^\mu)}$$

Brevitatis caussa talem fractionem per (m, μ) denotabimus, et primo quasdam observationes generales circa huiusmodi functiones praemittemus.

I. Quoties m est integer positivus minor quam μ, functio (m, μ) manifesto evanescit, numeratore factorem $1-x^0$ implicante. Pro $m = \mu$, factores in numeratore identici erunt ordine inverso cum factoribus in denominatore, unde erit $(\mu, \mu) = 1$; denique pro casu eo, ubi m est integer positivus maior quam μ habentur formulae

$$(\mu+1, \mu) = \frac{1-x^{\mu+1}}{1-x} = (\mu+1, 1)$$

$$(\mu+2, \mu) = \frac{(1-x^{\mu+2})(1-x^{\mu+1})}{(1-x)(1-xx)} = (\mu+2, 2)$$

$$(\mu+3, \mu) = \frac{(1-x^{\mu+3})(1-x^{\mu+2})(1-x^{\mu+1})}{(1-x)(1-xx)(1-x^3)} = (\mu+3, 3) \text{ etc.}$$

sive generaliter

$$(m, \mu) = (m, m - \mu)$$

II. Porro facile confirmatur, haberi generaliter

$$(m, \mu+1) = (m-1, \mu+1) + x^{m-\mu-1}(m-1, \mu)$$

quamobrem, quum perinde sit

$$\begin{aligned}(m-1, \mu+1) &= (m-2, \mu+1) + x^{m-\mu-2}(m-2, \mu)\\ (m-2, \mu+1) &= (m-3, \mu+1) + x^{m-\mu-3}(m-3, \mu)\\ (m-3, \mu+1) &= (m-4, \mu+1) + x^{m-\mu-4}(m-4, \mu) \text{ etc.,}\end{aligned}$$

quae series continuari poterit usque ad

$$\begin{aligned}(\mu+2, \mu+1) &= (\mu+1, \mu+1) + x(\mu+1, \mu)\\ &= (\mu, \mu) + x(\mu+1, \mu)\end{aligned}$$

siquidem m est integer positivus maior quam $\mu+1$, erit

$$\begin{aligned}(m, \mu+1) = (\mu, \mu) + x(\mu+1, \mu) + xx(\mu+2, \mu) + x^3(\mu+3, \mu) + \text{etc.}\\ + x^{m-\mu-1}(m-1, \mu)\end{aligned}$$

Hinc patet, si pro aliquo valore determinato ipsius μ quaevis functio (m, μ) integra sit, existente m integro positivo, etiam quamvis functionem $(m, \mu+1)$ integram evadere debere. Quare quum suppositio illa pro $\mu = 1$ locum habeat, eadem etiam pro $\mu = 2$ valebit, atque hinc etiam pro $\mu = 3$ etc., *i. e.* generaliter pro valore quocunque integro positivo ipsius m erit (m, μ) functio integra, sive productum

$$(1-x^m)(1-x^{m-1})(1-x^{m-2})\ldots.(1-x^{m-\mu+1})$$

divisibile per

$$(1-x)(1-x^2)(1-x^3)\ldots.(1-x^\mu)$$

6.

Duas iam progressiones considerabimus, quae ambae ad scopum nostrum ducere possunt. Progressio prima haec est

$$1-\frac{1-x^m}{1-x}+\frac{(1-x^m)(1-x^{m-1})}{(1-x)\,(1-xx)}-\frac{(1-x^m)(1-x^{m-1})(1-x^{m-2})}{(1-x)\,(1-xx)\,(1-x^3)}+\text{etc.}$$

sive

$$1-(m,1)+(m,2)-(m,3)+(m,4)-\text{etc.}$$

quam brevitatis caussa per $f(x, m)$ denotabimus. Primo statim obvium est, quoties m sit numerus integer positivus, hanc seriem post terminum suum $m+1^{\text{tum}}$ (qui fit $=\pm 1$) *abrumpi*, adeoque in hoc casu summam fieri debere functionem finitam integram ipsius x. Porro per art. 5. II. patet, generaliter pro valore quocunque ipsius m haberi

$$\begin{aligned}1 &= 1\\ -(m,1) &= -(m-1,1)-x^{m-1}\\ +(m,2) &= +(m-1,2)+x^{m-2}(m-1,1)\\ -(m,3) &= -(m-1,3)-x^{m-3}(m-1,2)\ \text{etc.}\end{aligned}$$

adeoque

$$\begin{aligned}f(x,m) = 1-x^{m-1}&-(1-x^{m-2})(m-1,1)+(1-x^{m-3})(m-1,2)\\ &-(1-x^{m-4})(m-1,3)+\text{etc.}\end{aligned}$$

Sed manifesto fit

$$\begin{aligned}(1-x^{m-2})(m-1,1) &= (1-x^{m-1})(m-2,1)\\ (1-x^{m-3})(m-1,2) &= (1-x^{m-1})(m-2,2)\\ (1-x^{m-4})(m-1,3) &= (1-x^{m-1})(m-2,3)\ \text{etc.}\end{aligned}$$

unde deducimus aequationem

$$f(x,m) = (1-x^{m-1})\,f(x,m-2)\quad\ldots\ldots\ldots\quad[1]$$

7.

Quum pro $m=0$ fiat $f(x,m)=1$, per formulam modo inventam erit

$$\begin{aligned}f(x,2) &= 1-x\\ f(x,4) &= (1-x)(1-x^3)\\ f(x,6) &= (1-x)(1-x^3)(1-x^5)\\ f(x,8) &= (1-x)(1-x^3)(1-x^5)(1-x^7)\ \text{etc.}\end{aligned}$$

sive generaliter pro valore quocunque pari ipsius m

$$f(x,m) = (1-x)(1-x^3)(1-x^5)\ldots(1-x^{m-1})\quad\ldots\quad[2]$$

Contra quum pro $m = 1$ fiat $f(x, m) = 0$, erit etiam

$$f(x,3) = 0$$
$$f(x,5) = 0$$
$$f(x,7) = 0 \quad \text{etc.}$$

sive generaliter pro valore quocunque impari ipsius m

$$f(x, m) = 0$$

Ceterum summatio posterior iam inde derivari potuisset, quod in progressione

$$1-(m,1)+(m,2)-(m,3)+\text{etc.}+(m,m-1)-(m,m)$$

terminus ultimus primum destruit, penultimus secundum etc.

8.

Ad scopum quidem nostrum sufficit casus is, ubi m est integer positivus impar: sed propter rei singularitatem etiam de casibus iis, ubi m vel fractus vel negativus est, pauca adiecisse haud poenitebit. Manifesto tunc series nostra haud amplius abrumpetur, sed in infinitum excurret, facileque insuper perspicitur, divergentem eam fieri, quoties ipsi x valor minor quam 1 tribuatur, quapropter ipsius summatio ad valores ipsius x qui sint maiores quam 1 restringi debebit.

Per formulam [1] art. 6. habemus

$$f(x,-2) = \frac{1}{1-\frac{1}{x}}$$

$$f(x,-4) = \frac{1}{1-\frac{1}{x}} \cdot \frac{1}{1-\frac{1}{x^3}}$$

$$f(x,-6) = \frac{1}{1-\frac{1}{x}} \cdot \frac{1}{1-\frac{1}{x^3}} \cdot \frac{1}{1-\frac{1}{x^5}} \quad \text{etc.}$$

ita ut valor functionis $f(x, m)$ etiam pro valore negativo integro pari ipsius m in terminis finitis assignabilis sit. Pro reliquis vero valoribus ipsius m functionem $f(x, m)$ in *productum infinitum* sequenti modo convertemus.

Crescente m in valorem negativum *infinitum*, functio $f(x, m)$ transit in

$$1+\frac{1}{x-1}+\frac{1}{x-1}\cdot\frac{1}{xx-1}+\frac{1}{x-1}\cdot\frac{1}{xx-1}\cdot\frac{1}{x^3-1}+\text{ etc.}$$

Haec itaque series aequalis est producto infinito

$$\frac{1}{1-\frac{1}{x}}\cdot\frac{1}{1-\frac{1}{x^3}}\cdot\frac{1}{1-\frac{1}{x^5}}\cdot\frac{1}{1-\frac{1}{x^7}}\text{ etc. in infin.}$$

Porro quum generaliter sit

$$f(x,\,m)=f(x,\,m-2\lambda).(1-x^{m-1})(1-x^{m-3})(1-x^{m-5})..(1-x^{m-2\lambda+1})$$

erit

$$f(x,\,m)=f(x,\,-\infty).(1-x^{m-1})(1-x^{m-3})(1-x^{m-5})\text{ etc. in infin.}$$

$$=\frac{1-x^{m-1}}{1-x^{-1}}\cdot\frac{1-x^{m-3}}{1-x^{-3}}\cdot\frac{1-x^{m-5}}{1-x^{-5}}\cdot\frac{1-x^{m-7}}{1-x^{-7}}\text{ etc. in infin.}$$

quos factores tandem continuo magis ad unitatem convergere palam est.

Attentionem peculiarem meretur casus $m=-1$, ubi fit

$$f(x,\,-1)=1+x^{-1}+x^{-3}+x^{-6}+x^{-10}+\text{ etc.}$$

Haec itaque series aequatur producto infinito

$$\frac{1-x^{-2}}{1-x^{-1}}\cdot\frac{1-x^{-4}}{1-x^{-3}}\cdot\frac{1-x^{-6}}{1-x^{-5}}\text{ etc.}$$

sive scribendo x pro x^{-1}, erit

$$1+x+x^3+x^6+\text{ etc }=\frac{1-xx}{1-x}\cdot\frac{1-x^4}{1-x^3}\cdot\frac{1-x^6}{1-x^5}\cdot\frac{1-x^8}{1-x^7}\text{ etc.}$$

Haec aequalitas inter duas expressiones abstrusiores, ad quas alia occasione reveniemus, valde sane est memorabilis.

9.

Secundo loco considerabimus progressionem hancce

$$1+x^{\frac{1}{2}}\frac{1-x^m}{1-x}+x\frac{(1-x^m)(1-x^{m-1})}{(1-x)\,(1-xx)}+x^{\frac{3}{2}}\frac{(1-x^m)(1-x^{m-1})(1-x^{m-2})}{(1-x)\,(1-xx)\,(1-x^3)}+\text{ etc.}$$

sive

$$1+x^{\frac{1}{2}}(m,1)+x(m,2)+x^{\frac{3}{2}}(m,3)+xx(m,4)+\text{ etc.}$$

quam per $F(x,\,m)$ denotabimus. Restringemus hanc disquisitionem ad casum eum, ubi m est integer positivus, ita ut haec quoque series semper abrumpatur

cum termino $m+1^{\text{to}}$, qui est $= x^{\frac{1}{2}m}(m,m)$. Quum sit

$$(m,m) = 1, \quad (m,m-1) = (m,1), \quad (m,m-2) = (m,2) \text{ etc.}$$

progressio ita quoque exhiberi poterit:

$$F(x,m) = x^{\frac{1}{2}m} + x^{\frac{1}{2}(m-1)}(m,1) + x^{\frac{1}{2}(m-2)}(m,2) + x^{\frac{1}{2}(m-3)}(m,3) + \text{etc.}$$

Hinc fit

$$\begin{aligned}(1+x^{\frac{1}{2}m+\frac{1}{2}})\,F(x,m) = {} & 1 + x^{\frac{1}{2}}(m,1) + x(m,2) + x^{\frac{3}{2}}(m,3) + \text{etc.} \\ & + x^{\frac{1}{2}}.x^{m} + x.x^{m-1}(m,1) + x^{\frac{3}{2}}.x^{m-2}(m,2) + \text{etc.}\end{aligned}$$

Quare quum habeatur (art. 5. II)

$$\begin{aligned}(m,1) + x^{m} &= (m+1,1) \\ (m,2) + x^{m-1}(m,1) &= (m+1,2) \\ (m,3) + x^{m-2}(m,2) &= (m+1,3) \text{ etc.,}\end{aligned}$$

provenit

$$(1+x^{\frac{1}{2}m+\frac{1}{2}})\,F(x,m) = F(x,m+1) \quad \ldots\ldots \quad [3]$$

Sed fit $F(x,0) = 1$: quamobrem erit

$$\begin{aligned}F(x,1) &= 1 + x^{\frac{1}{2}} \\ F(x,2) &= (1+x^{\frac{1}{2}})(1+x) \\ F(x,3) &= (1+x^{\frac{1}{2}})(1+x)(1+x^{\frac{3}{2}}) \text{ etc.,}\end{aligned}$$

sive generaliter

$$F(x,m) = (1+x^{\frac{1}{2}})(1+x)(1+x^{\frac{3}{2}})\ldots\ldots(1+x^{\frac{1}{2}m}) \quad \ldots\ldots \quad [4]$$

10.

Praemissis hisce disquisitionibus praeliminaribus iam propius ad propositum nostrum accedamus. Quum pro valore primo ipsius n quadrata $1, 4, 9 \ldots\ldots (\frac{1}{2}(n-1))^2$ omnia inter se incongrua sint secundum modulum n, patet, illorum residua minima secundum hunc modulum cum numeris a identica esse debere, adeoque

$$\begin{aligned}\Sigma \cos ak\omega &= \cos k\omega + \cos 4k\omega + \cos 9k\omega + \text{etc.} + \cos(\tfrac{1}{2}(n-1))^2 k\omega \\ \Sigma \sin ak\omega &= \sin k\omega + \sin 4k\omega + \sin 9k\omega + \text{etc.} + \sin(\tfrac{1}{2}(n-1))^2 k\omega\end{aligned}$$

Perinde quum eadem quadrata $1, 4, 9 \ldots\ldots (\frac{1}{2}(n-1))^2$ ordine inverso congrua sint his $(\frac{1}{2}(n+1))^2$, $(\frac{1}{2}(n+3))^2$, $(\frac{1}{2}(n+5))^2 \ldots\ldots (n-1)^2$, etiam erit

$$\Sigma \cos a k\omega = \cos(\tfrac{1}{2}(n+1))^2 k\omega + \cos(\tfrac{1}{2}(n+3))^2 k\omega + \text{etc.} + \cos(n-1)^2 k\omega$$
$$\Sigma \sin a k\omega = \sin(\tfrac{1}{2}(n+1))^2 k\omega + \sin(\tfrac{1}{2}(n+3))^2 k\omega + \text{etc.} + \sin(n-1)^2 k\omega$$

Statuendo itaque

$$T = 1 + \cos k\omega + \cos 4k\omega + \cos 9k\omega + \text{etc.} + \cos(n-1)^2 k\omega$$
$$U = \sin k\omega + \sin 4k\omega + \sin 9k\omega + \text{etc.} + \sin(n-1)^2 k\omega$$

erit

$$1 + 2\Sigma \cos a k\omega = T$$
$$2\Sigma \sin a k\omega = U$$

Hinc patet, summationes, quales in art. 1. propositae sunt, pendere a summatione serierum T et U, quocirca, missis illis, disquisitionem nostram his adaptabimus, eaque generalitate absolvemus, ut non modo valores primos ipsius n, sed quoscunque compositos complectatur. Numerum k autem supponemus ad n primum esse: nullo enim negotio casus is, ubi k et n divisorem communem haberent, ad hunc reduci poterit.

11.

Designemus quantitatem imaginariam $\sqrt{-1}$ per i, statuamusque

$$\cos k\omega + i \sin k\omega = r$$

unde erit $r^n = 1$. sive r radix aequationis $r^n - 1 = 0$. Facile perspicietur, omnes numeros k, $2k$, $3k \ldots (n-1)k$ per n non divisibiles atque inter se secundum modulum n incongruos esse: hinc potestates ipsius r

$$1,\ r,\ rr,\ r^3 \ldots r^{n-1}$$

omnes erunt inaequales, singulae vero quoque aequationi $x^n - 1 = 0$ satisfacient. Hanc ob caussam hae potestates *omnes* radices aequationis $x^n - 1 = 0$ repraesentabunt.

Hae conclusiones non valerent, si k divisorem communem haberet cum n. Si enim ν esset talis divisor communis, foret $k \cdot \frac{n}{\nu}$ per n divisibilis, adeoque potestas inferior quam r^n, puta $r^{\frac{n}{\nu}}$, unitati aequalis. In hoc itaque casu potestates ipsius r ad summum $\frac{n}{\nu}$ radices aequationis $x^n - 1 = 0$ exhibebunt, et quidem revera tot radices diversas sistent, si ν est divisor communis *maximus* nume-

rorum k, n. In casu nostro, ubi k et n supponuntur inter se primi, r commode dici potest *radix propria* aequationis $x^n - 1 = 0$: contra in casu altero, ubi k et n haberent divisorem communem (maximum) ν, r vocaretur *radix impropria* illius aequationis, manifesto autem tunc eadem r foret radix propria aequationis $x^{\frac{n}{\nu}} - 1 = 0$. Radix impropria simplicissima est unitas, in eoque casu, ubi n est numerus primus, impropriae aliae omnino non dabuntur.

12.

Quodsi iam statuimus

$$W = 1 + r + r^4 + r^9 + \text{etc.} + r^{(n-1)^2}$$

patet fieri $W = T + iU$, adeoque T esse partem realem ipsius W, atque U prodire ex parte imaginaria ipsius W factore i suppresso. Totum itaque negotium reducitur ad inventionem summae W: ad hunc finem vel series in art. 6 considerata, vel ea quam in art. 9 summare docuimus adhiberi potest, prior tamen minus idonea est in casu eo, ubi n est numerus par. Nihilominus lectoribus gratum fore speramus, si casum eum, ubi n impar est, secundum methodum duplicem tractemus.

Supponamus itaque primo, n esse numerum imparem, r designare radicem propriam aequationis $x^n - 1 = 0$ quamcunque, et in functione $f(x, m)$ statui $x = r$, atque $m = n - 1$. Hinc patet fieri

$$\frac{1 - x^m}{1 - x} = \frac{1 - r^{-1}}{1 - r} = -r^{-1}$$

$$\frac{1 - x^{m-1}}{1 - xx} = \frac{1 - r^{-2}}{1 - rr} = -r^{-2}$$

$$\frac{1 - x^{m-2}}{1 - x^3} = \frac{1 - r^{-3}}{1 - r^3} = -r^{-3} \text{ etc.}$$

usque ad

$$\frac{1 - x}{1 - x^m} = \frac{1 - r^{-m}}{1 - r^m} = -r^{-m}$$

(Haud superfluum erit monere, has aequationes eatenus tantum valere, quatenus r supponitur radix propria: si enim esset r radix impropria, in quibusdam illarum fractionum numerator et denominator simul evanescerent, adeoque fractiones indeterminatae fierent).

Hinc deducimus aequationem sequentem

$$f(r,\, n-1) = 1 + r^{-1} + r^{-3} + r^{-6} + \text{etc.} + r^{-\frac{1}{2}(n-1)n}$$
$$= (1-r)(1-r^3)(1-r^5)\dots(1-r^{n-2})$$

Eadem aequatio etiamnum valebit, si pro r substituitur r^λ, designante λ integrum quemcunque ad n primum: tunc enim etiam r^λ erit radix propria aequationis $x^n - 1 = 0$. Scribamus itaque pro r, r^{n-2} sive quod idem est r^{-2}, eritque

$$1 + r^2 + r^6 + r^{12} + \text{etc.} + r^{(n-1)n} = (1-r^{-2})(1-r^{-6})(1-r^{-10})\dots(1-r^{-2(n-2)})$$

Multiplicemus utramque partem huius aequationis per

$$r\,.\,r^3\,.\,r^5\dots r^{(n-2)} = r^{\frac{1}{4}(n-1)^2}$$

prodibitque, propter

$$r^{2+\frac{1}{4}(n-1)^2} = r^{\frac{1}{4}(n-3)^2}, \quad r^{(n-1)n+\frac{1}{4}(n-1)^2} = r^{\frac{1}{4}(n+1)^2}$$
$$r^{6+\frac{1}{4}(n-1)^2} = r^{\frac{1}{4}(n-5)^2}, \quad r^{(n-2)(n-1)+\frac{1}{4}(n-1)^2} = r^{\frac{1}{4}(n+3)^2}$$
$$r^{12+\frac{1}{4}(n-1)^2} = r^{\frac{1}{4}(n-7)^2}, \quad r^{(n-3)(n-2)+\frac{1}{4}(n-1)^2} = r^{\frac{1}{4}(n+5)^2} \text{ etc.}$$

aequatio sequens

$$r^{\frac{1}{4}(n-1)^2} + r^{\frac{1}{4}(n-3)^2} + r^{\frac{1}{4}(n-5)^2} + \text{etc.} + r + 1$$
$$+ r^{\frac{1}{4}(n+1)^2} + r^{\frac{1}{4}(n+3)^2} + r^{\frac{1}{4}(n+5)^2} + \text{etc.} + r^{\frac{1}{4}(2n-2)^2}$$
$$= (r - r^{-1})(r^3 - r^{-3})(r^5 - r^{-5})\dots(r^{n-2} - r^{-n+2})$$

aut, partibus membri primi aliter dispositis,

$$1 + r + r^4 + \text{etc.} + r^{(n-1)^2} = (r - r^{-1})(r^3 - r^{-3})\dots(r^{n-2} - r^{-n+2}) \quad . \; . \quad [5]$$

13.

Factores membri secundi aequationis [5] ita quoque exhiberi possunt

$$r - r^{-1} = -(r^{n-1} - r^{-n+1})$$
$$r^3 - r^{-3} = -(r^{n-3} - r^{-n+3})$$
$$r^5 - r^{-5} = -(r^{n-5} - r^{-n+5}) \text{ etc.}$$

usque ad

$$r^{n-2} - r^{-n+2} = -(r^2 - r^{-2})$$

quo pacto aequatio ista hanc formam assumit:

$$W = (-1)^{\frac{1}{2}(n-1)}(r^2 - r^{-2})(r^4 - r^{-4})(r^6 - r^{-6}) \ldots (r^{n-1} - r^{-n+1})$$

Multiplicando hanc aequationem per [5] in forma primitiva, prodit

$$W^2 = (-1)^{\frac{1}{2}(n-1)}(r - r^{-1})(r^2 - r^{-2})(r^3 - r^{-3}) \ldots (r^{n-1} - r^{-n+1})$$

ubi $(-1)^{\frac{1}{2}(n-1)}$ est vel $= +1$ vel $= -1$, prout n est formae $4\mu + 1$, vel formae $4\mu + 3$. Hinc

$$W^2 = \pm r^{\frac{1}{2}n(n-1)}(1 - r^{-2})(1 - r^{-4})(1 - r^{-6}) \ldots (1 - r^{-2(n-1)})$$

Sed nullo negotio perspicitur, r^{-2}, r^{-4}, $r^{-6} \ldots r^{-2n+2}$ exhibere omnes radices aequationis $x^n - 1 = 0$, radice $x = 1$ excepta, unde locum habere debebit aequatio identica indefinita

$$(x - r^{-2})(x - r^{-4})(x - r^{-6}) \ldots (x - r^{-2n+2}) = x^{n-1} + x^{n-2} + x^{n-3} + \text{etc.} + x + 1$$

Quamobrem statuendo $x = 1$, fiet

$$(1 - r^{-2})(1 - r^{-4})(1 - r^{-6}) \ldots (1 - r^{-2n+2}) = n$$

et quum manifesto sit $r^{\frac{1}{2}n(n-1)} = 1$, aequatio nostra transit in hanc

$$W^2 = \pm n \quad \ldots \ldots \ldots \quad [6]$$

In casu itaque eo, ubi n est formae $4\mu + 1$, fiet

$$W = \pm\sqrt{n}, \quad \text{et proin} \quad T = \pm\sqrt{n}, \; U = 0$$

Contra in casu altero, ubi n est formae $4\mu + 3$, fiet

$$W = \pm i\sqrt{n}, \quad \text{adeoque} \quad T = 0, \; U = \pm\sqrt{n}$$

14.

Methodus art. praec. valorem tantummodo absolutum aggregatorum T, U assignat, ambiguumque linquit, utrum statuere oporteat T in casu priori atque U in casu posteriori $= +\sqrt{n}$, an $= -\sqrt{n}$. Hoc autem, saltem pro casu eo ubi $k = 1$, ex aequatione [5] sequenti modo decidere licebit. Quum sit, pro $k = 1$,

$$r - r^{-1} = 2i \sin \omega$$
$$r^3 - r^{-3} = 2i \sin 3\omega$$
$$r^5 - r^{-5} = 2i \sin 5\omega \quad \text{etc.},$$

aequatio ista transmutatur in

$$W = (2i)^{\frac{1}{2}(n-1)} \sin\omega \sin 3\omega \sin 5\omega \ldots \sin(n-2)\omega$$

Iam in casu eo, ubi n est formae $4\mu+1$, in serie numerorum imparium

$$1, 3, 5, 7 \ldots . \tfrac{1}{2}(n-3), \ \tfrac{1}{2}(n+1) \ldots . (n-2)$$

reperiuntur $\frac{1}{4}(n-1)$, qui sunt minores quam $\frac{1}{2}n$, hisque manifesto respondent sinus positivi; contra reliqui $\frac{1}{4}(n-1)$ erunt maiores quam $\frac{1}{2}n$, hisque sinus negativi respondebunt: quapropter productum omnium sinuum statuendum est aequale producto e quantitate positiva in multiplicatorem $(-1)^{\frac{1}{4}(n-1)}$, adeoque W aequalis erit producto e quantitate reali positiva in i^{n-1} sive in 1, quoniam $i^4 = 1$, atque $n-1$ per 4 divisibilis: i. e. quantitas W erit realis positiva, unde necessario esse debebit

$$W = +\sqrt{n}, \quad T = +\sqrt{n}$$

In casu altero, ubi n est formae $4\mu+3$ in serie numerorum imparium

$$1, 3, 5, 7 \ldots . \tfrac{1}{2}(n-1), \ \tfrac{1}{2}(n+3) \ldots . (n-2)$$

priores $\frac{1}{4}(n+1)$ erunt minores quam $\frac{1}{2}n$, reliqui $\frac{1}{4}(n-3)$ autem maiores. Hinc inter sinus arcuum $\omega, 3\omega, 5\omega \ldots . (n-2)\omega$ negativi erunt $\frac{1}{4}(n-3)$, adeoque W erit productum ex $i^{\frac{1}{2}(n-1)}$ in quantitatem realem positivam in $(-1)^{\frac{1}{4}(n-3)}$; factor tertius est $= i^{\frac{1}{2}(n-3)}$, qui cum primo iunctus producit $i^{n-2} = i$, quoniam $i^{n-3} = 1$. Quamobrem necessario erit

$$W = +i\sqrt{n}, \quad \text{atque} \quad U = +\sqrt{n}$$

15.

Iam ostendemus, quo pacto eaedem conclusiones e progressione in art. 9 considerata deduci possint. Scribamus in aequ. [4] pro $x^{\frac{1}{2}}$, $-y^{-1}$, eritque

$$1-y^{-1}\frac{1-y^{-2m}}{1-y^{-2}}+y^{-2}\frac{(1-y^{-2m})(1-y^{-2m+2})}{(1-y^{-2})\;(1-y^{-4})}-y^{-3}\frac{(1-y^{-2m})(1-y^{-2m+2})(1-y^{-2m+4})}{(1-y^{-2})\;(1-y^{-4})\;(1-y^{-6})}+\text{etc.}$$

usque ad terminum $m+1^{\text{tum}}$

$$=(1-y^{-1})(1+y^{-2})(1-y^{-3})(1+y^{-4})\ldots(1\pm y^{-m})\;.\;.\;.\;.\quad[7]$$

Quodsi hic pro y accipitur radix propria aequationis $y^n-1=0$, puta r, atque simul statuitur $m=n-1$, erit

$$\frac{1-y^{-2m}}{1-y^{-2}}=\frac{1-r^2}{1-r^{-2}}=-r^2$$

$$\frac{1-y^{-2m+2}}{1-y^{-4}}=\frac{1-r^4}{1-r^{-4}}=-r^4$$

$$\frac{1-y^{-2m+4}}{1-y^{-6}}=\frac{1-r^6}{1-r^{-6}}=-r^6\ \text{etc.}$$

usque ad

$$\frac{1-y^{-2}}{1-y^{-2m}}=\frac{1-r^{2n-2}}{1-r^{-2n+2}}=-r^{2n-2}$$

ubi notandum, nullum denominatorum $1-r^{-2}$, $1-r^{-4}$ etc. fieri $=0$. Hinc aequatio [7] hancce formam assumit

$$1+r+r^4+r^9+\text{etc.}+r^{(n-1)^2}=(1-r^{-1})(1+r^{-2})(1-r^{-3})\ldots(1+r^{-n+1})$$

Multiplicando in membro secundo huius aequationis terminum primum per ultimum, secundum per penultimum etc., habemus

$$(1-r^{-1})(1+r^{-n+1})=r-r^{-1}$$
$$(1+r^{-2})(1-r^{-n+2})=r^{n-2}-r^{-n+2}$$
$$(1-r^{-3})(1+r^{-n+3})=r^3-r^{-3}$$
$$(1+r^{-4})(1-r^{-n+4})=r^{n-4}-r^{-n+4}\ \text{etc.}$$

Ex his productis partialibus facile perspicietur conflari productum

$$(r-r^{-1})(r^3-r^{-3})(r^5-r^{-5})\ldots(r^{n-4}-r^{-n+4})(r^{n-2}-r^{-n+2})$$

quod itaque erit

$$=1+r+r^4+r^9+\text{etc.}+r^{(n-1)^2}=W$$

Haec aequatio identica est cum aequ. [5] in art. 12 e progressione prima derivata, ratiociniaque dein reliqua eodem modo adstruentur, ut in artt. 13 et 14.

16.

Transimus ad casum alterum, ubi n est numerus par. Sit primo n formae $4\mu+2$ sive impariter par, patetque, numeros $\frac{1}{4}nn$, $(\frac{1}{2}n+1)^2-1$, $(\frac{1}{2}n+2)^2-4$ etc. sive generaliter $(\frac{1}{2}n+\lambda)^2-\lambda\lambda$ per $\frac{1}{2}n$ divisos producere quotientes impares, adeoque secundum modulum n congruos fieri ipsi $\frac{1}{2}n$. Hinc colligitur, si r sit radix propria aequationis $x^n-1=0$, adeoque $r^{\frac{1}{2}n}=-1$, fieri

$$\begin{aligned} r^{(\frac{1}{2}n)^2} &= -1 \\ r^{(\frac{1}{2}n+1)^2} &= -r \\ r^{(\frac{1}{2}n+2)} &= -r^4 \\ r^{(\frac{1}{2}n+3)^2} &= -r^9 \quad \text{etc.} \end{aligned}$$

Hinc in progressione

$$1+r+r^4+r^9+\text{ etc. }+r^{(n-1)^2}$$

terminus $r^{(\frac{1}{2}n)^2}$ destruet primum, sequens secundum etc., adeoque erit

$$W=0,\quad T=0,\quad U=0$$

17.

Superest casus, ubi n est formae 4μ sive pariter par. Hic generaliter $(\frac{1}{2}n+\lambda)^2-\lambda\lambda$ divisibilis erit per n, adeoque

$$r^{(\frac{1}{2}n+\lambda)^2}=r^{\lambda\lambda}$$

Hinc in serie

$$1+r+r^4+r^9+\text{ etc. }+r^{(n-1)^2}$$

terminus $r^{(\frac{1}{2}n)^2}$ aequalis erit primo, sequens secundo etc., ita ut fiat

$$W=2(1+r+r^4+r^9+\text{ etc. }+r^{(\frac{1}{2}n-1)^2})$$

Iam supponamus, in aequ. [7] art. 15 statui $m=\frac{1}{2}n-1$, et pro y accipi radicem propriam aequationis $y^n-1=0$, puta r. Tunc perinde ut in art. 15 aequatio sequentem formam obtinet:

$$1+r+r^4+\text{ etc. }+r^{(\frac{1}{2}n-1)^2}=(1-r^{-1})(1+r^{-2})(1-r^{-3})\dots(1-r^{-\frac{1}{2}n+1})$$

sive

$$W = 2(1-r^{-1})(1+r^{-2})(1-r^{-3})(1+r^{-4})\ldots(1-r^{-\frac{1}{2}n+1}) \quad . \quad . \quad [8]$$

Porro quum sit $r^{\frac{1}{2}n} = -1$, adeoque

$$1+r^{-2} = -r^{\frac{1}{2}n-2}\,(1-r^{-\frac{1}{2}n+2})$$
$$1+r^{-4} = -r^{\frac{1}{2}n-4}\,(1-r^{-\frac{1}{2}n+4})$$
$$1+r^{-6} = -r^{\frac{1}{2}n-6}\,(1-r^{-\frac{1}{2}n+6}) \text{ etc.}$$

productumque e factoribus $-r^{\frac{1}{2}n-2}$, $-r^{\frac{1}{2}n-4}$, $-r^{\frac{1}{2}n-6}$ etc. usque ad $-r^2$ fiat $=(-1)^{\frac{1}{4}n-1}\,r^{\frac{1}{16}nn-\frac{1}{4}n}$, aequatio praecedens ita quoque exhiberi potest

$$W = 2(-1)^{\frac{1}{4}n-1}\,r^{\frac{1}{16}nn-\frac{1}{4}n}(1-r^{-1})(1-r^{-2})(1-r^{-3})(1-r^{-4})\ldots\ldots(1-r^{-\frac{1}{2}n+1})$$

Quum habeatur

$$1-r^{-1} = -r^{-1}\,(1-r^{-n+1})$$
$$1-r^{-2} = -r^{-2}\,(1-r^{-n+2})$$
$$1-r^{-3} = -r^{-3}\,(1-r^{-n+3}) \text{ etc.}$$

erit

$$(1-r^{-1})(1-r^{-2})(1-r^{-3})\ldots(1-r^{-\frac{1}{2}n+1})$$
$$= (-1)^{\frac{1}{2}n-1}\,r^{-\frac{1}{8}nn+\frac{1}{4}n}(1-r^{-\frac{1}{2}n-1})(1-r^{-\frac{1}{2}n-2})(1-r^{-\frac{1}{2}n-3})\ldots(1-r^{-n+1})$$

adeoque

$$W = 2(-1)^{\frac{3}{4}n-2}\,r^{-\frac{1}{16}nn}(1-r^{-\frac{1}{2}n-1})(1-r^{-\frac{1}{2}n-2})(1-r^{-\frac{1}{2}n-3})\ldots\ldots(1-r^{-n+1})$$

Multiplicando hunc valorem ipsius W per prius inventum, adiungendoque utrimque factorem $1-r^{-\frac{1}{2}n}$, prodit

$$(1-r^{-\frac{1}{2}n})\,W^2 = 4(-1)^{n-3}\,r^{-\frac{1}{4}n}\,(1-r^{-1})(1-r^{-2})(1-r^{-3})\ldots\ldots(1-r^{-n+1})$$

Sed fit

$$1-r^{-\frac{1}{2}n} = 2$$
$$(-1)^{n-3} = -1$$
$$r^{-\frac{1}{4}n} = -r^{\frac{1}{4}n}$$
$$(1-r^{-1})(1-r^{-2})(1-r^{-3})\ldots\ldots(1-r^{-n+1}) = n$$

Unde tandem concluditur

$$W^2 = 2r^{\frac{1}{4}n}n \quad . \quad . \quad . \quad . \quad . \quad . \quad . \quad . \quad . \quad . \quad [9]$$

Iam facile perspicietur, $r^{\frac{1}{4}n}$ esse vel $= +i$ vel $= -i$, prout scilicet k vel formae $4\mu+1$ sit, vel formae $4\mu+3$. Et quum sit

$$2i = (1+i)^2, \qquad -2i = (1-i)^2$$

erit in casu eo, ubi k est formae $4\mu+1$,

$$W = \pm(1+i)\sqrt{n}, \quad \text{adeoque} \quad T = U = \pm\sqrt{n}$$

in casu altero autem, ubi k est formae $4\mu+3$,

$$W = \pm(1-i)\sqrt{n}, \quad \text{adeoque} \quad T = -U = \pm\sqrt{n}$$

18.

Methodus art. praec valores absolutos functionum T, U suppeditavit, conditionesque assignavit, sub quibus signa aequalia vel opposita illis tribuenda sint: sed signa ipsa hinc nondum determinantur. Hoc pro eo casu, ubi statuitur $k=1$, sequenti modo supplebimus.

Statuamus $\rho = \cos\frac{1}{2}\omega + i\sin\frac{1}{2}\omega$, ita ut fiat $r = \rho\rho$, patetque, propter $\rho^n = -1$ aequationem [8] ita exhiberi posse

$$W = 2(1+\rho^{n-2})(1+\rho^{-4})(1+\rho^{n-6})(1+\rho^{-8})\ldots(1+\rho^{-n+4})(1+\rho^2)$$

sive factoribus alio ordine dispositis

$$W = 2(1+\rho^2)(1+\rho^{-4})(1+\rho^6)(1+\rho^{-8})\ldots(1+\rho^{-n+4})(1+\rho^{n-2})$$

Iam fit

$$\begin{aligned} 1+\rho^2 &= 2\rho\cos\tfrac{1}{2}\omega \\ 1+\rho^{-4} &= 2\rho^{-2}\cos\omega \\ 1+\rho^{-6} &= 2\rho^3\cos\tfrac{3}{2}\omega \\ 1+\rho^{-8} &= 2\rho^{-4}\cos 2\omega \quad \text{etc} \end{aligned}$$

usque ad

$$\begin{aligned} 1+\rho^{-n+4} &= 2\rho^{-\frac{1}{2}n+2}\cos(\tfrac{1}{4}n-1)\omega \\ 1+\rho^{n-2} &= 2\rho^{\frac{1}{2}n-1}\cos(\tfrac{1}{4}n-\tfrac{1}{2})\omega \end{aligned}$$

Quamobrem habetur

$$W = 2^{\frac{1}{2}n}\rho^{\frac{1}{4}n}\cos\tfrac{1}{2}\omega\cos\omega\cos\tfrac{3}{2}\omega\ldots\cos(\tfrac{1}{4}n-\tfrac{1}{2})\omega$$

Cosinus in hoc productum ingredientes manifesto omnes positivi sunt, factor $\rho^{\frac{1}{4}n}$ autem fit $=\cos 45^0 + i\sin 45^0 = (1+i)\sqrt{\tfrac{1}{2}}$. Hinc colligimus, W esse productum ex $1+i$ in quantitatem realem positivam, unde necessario esse debebit

$$W = (1+i)\sqrt{n}, \quad T = +\sqrt{n}, \quad U = +\sqrt{n}$$

19.

Operae pretium erit, omnes summationes hactenus evolutas, hic in unum conspectum colligere. Generaliter scilicet est

$T=$	$U=$	prout n est formae
$\pm\sqrt{n}$	$\pm\sqrt{n}$	4μ
$\pm\sqrt{n}$	0	$4\mu+1$
0	0	$4\mu+2$
0	$\pm\sqrt{n}$	$4\mu+3$

et in casu eo, ubi k supponitur $=1$, quantitati radicali signum positivum tribui debet. Omni itaque iam rigore ea, quae pro valoribus primis ipsius n in art. 3 per inductionem animadverteramus, demonstrata sunt, nihilque superest, nisi ut signa pro valoribus quibuscunque ipsius k in omnibus casibus determinare doceamus. Sed antequam hoc negotium in omni generalitate aggredi liceat, primo casus eos, ubi n est numerus primus vel numeri primi potestas, propius considerare oportebit.

20.

Sit primo n numerus primus impar, patetque per ea, quae in art. 10 exposuimus, esse $W = 1+2\Sigma r^a = 1+2\Sigma R^{ak}$, si statuatur $R = \cos\omega + i\sin\omega$, denotante a ut illic indefinite omnia residua quadratica ipsius n inter 1 et $n-1$ contenta. Quodsi quoque per b indefinite omnia non-residua quadratica inter eosdem limites exprimimus, nullo negotio perspicitur, omnes numeros ak congruos fieri secundum modulum n vel omnibus a vel omnibus b (nullo ordinis respectu habito), prout k vel residuum sit vel non-residuum. Quamobrem in casu priori erit

$$W = 1 + 2\Sigma R^a = 1 + R + R^4 + R^9 + \text{etc.} + R^{(n-1)^2}$$

adeoque $W = +\sqrt{n}$, si n est formae $4\mu+1$, atque $W = +i\sqrt{n}$, si n est formae $4\mu+3$.

Contra in casu altero, ubi k est non-residuum ipsius n, erit

$$W = 1 + 2\Sigma R^b$$

Hinc quum manifesto omnes a, b complexum integrum numerorum 1, 2, 3 . expleant, adeoque sit

$$\Sigma R^a + \Sigma R^b = R + R^2 + R^3 + \text{etc.} + R^{n-1} = -1$$

fiet

$$W = -1 - 2\Sigma R^a = -(1 + R + R^4 + R^9 + \text{etc.} + R^{(n-1)^2})$$

adeoque $W = -\sqrt{n}$, si n est formae $4\mu+1$, atque $W = -i\sqrt{n}$, si n est formae $4\mu+3$.

Hinc itaque colligitur

primo, si n est formae $4\mu+1$, atque k residuum quadraticum ipsius n,

$$T = +\sqrt{n}, \quad U = 0$$

secundo, si n est formae $4\mu+1$, atque k non-residuum ipsius n,

$$T = -\sqrt{n}, \quad U = 0$$

tertio, si n est formae $4\mu+3$, atque k residuum ipsius n,

$$T = 0, \quad U = +\sqrt{n}$$

quarto, si n est formae $4\mu+3$. atque k non-residuum ipsius n,

$$T = 0, \quad U = -\sqrt{n}$$

21.

Sit secundo n quadratum altiorve potestas numeri primi imparis p, statuaturque $n = p^{2\chi}q$, ita ut sit q vel $= 1$ vel $= p$. Hic ante omnia observare convenit, si λ sit integer quicunque per p^χ non divisibilis, fieri

$$r^{\lambda\lambda} + r^{(\lambda+p^{\varkappa}q)^2} + r^{(\lambda+2p^{\varkappa}q)^2} + r^{(\lambda+3p^{\varkappa}q)^2} + \text{etc.} + r^{(\lambda+n-p^{\varkappa}q)^2}$$
$$= r^{\lambda\lambda}\{1 + r^{2\lambda p^{\varkappa}q} + r^{4\lambda p^{\varkappa}q} + r^{6\lambda p^{\varkappa}q} + \text{etc.} + r^{2\lambda(n-p^{\varkappa}q)}\} = \frac{r^{\lambda\lambda}(1-r^{2\lambda n})}{1-r^{2\lambda p^{\varkappa}q}} = 0$$

Hinc facile perspicietur, fieri

$$W = 1 + r^{p^{2\varkappa}} + r^{4p^{2\varkappa}} + r^{9p^{2\varkappa}} + \text{etc.} + r^{(n-p^{\varkappa})^2}$$

Termini enim reliqui progressionis

$$1 + r + r^4 + r^9 + \text{etc.} + r^{(n-1)^2}$$

distribui poterunt in $(p^{\varkappa}-1)q$ progressiones partiales, quae singulae sint $p^{\varkappa}$ terminorum, et per transformationem modo traditam summas evanescentes conficiant.

Hinc colligitur, in casu eo ubi fit $q = 1$, sive ubi n est potestas numeri primi cum exponente pari, fieri

$$W = p^{\varkappa} = +\sqrt{n}, \text{ adeoque } T = +\sqrt{n},\ U = 0$$

Contra in casu eo, ubi $q = p$, sive ubi n est potestas numeri primi cum exponente impari, statuemus $r^{p^{2\varkappa}} = \rho$, unde ρ erit radix propria aequationis $x^p - 1 = 0$, et quidem $\rho = \cos\frac{k}{p}360^0 + i\sin\frac{k}{p}360^0$, ac dein

$$W = 1 + \rho + \rho^4 + \rho^9 + \text{etc.} + \rho^{(p^{\varkappa+1}-1)^2} = p^{\varkappa}(1 + \rho + \rho^4 + \rho^9 + \text{etc.} + \rho^{(p-1)^2})$$

Sed summa seriei $1 + \rho + \rho^4 + \rho^9 + \text{etc.} + \rho^{(p-1)^2}$ per art. praec. determinatur, unde sponte concluditur, fieri

$$W = \pm\sqrt{n} = T, \text{ si fuerit } p \text{ formae } 4\mu+1$$
$$W = \pm i\sqrt{n} = iU, \text{ si fuerit } p \text{ formae } 4\mu+3$$

signo positivo vel negativo valente, prout k fuerit residuum vel non-residuum ipsius p.

22.

Facile quoque ex iis, quae in artt. 20. et 21 exposita sunt, derivatur propositio sequens, quae infra usum notabilem nobis praestabit. Statuatur

$$W' = 1 + r^h + r^{4h} + r^{9h} + \text{etc.} + r^{h(n-1)^2}$$

denotante h integrum quemcunque per p non divisibilem, eritque in casu eo, ubi $n = p$, vel ubi n est potestas ipsius p cum exponente impari,

$$W' = W, \text{ si fuerit } h \text{ residuum quadraticum ipsius } p$$
$$W' = -W, \text{ si fuerit } h \text{ non-residuum quadraticum ipsius } p$$

Patet enim, W' oriri ex W, si pro k substituatur kh; in casu priori autem k et kh similes erunt, in posteriori dissimiles, quatenus sunt residua vel non-residua ipsius p.

In casu eo autem, ubi n est potestas ipsius p cum exponente pari, manifesto fit $W' = +\sqrt{n}$, adeoque semper $W' = W$.

23.

In artt. 20. 21. 22 consideravimus numeros primos impares, taliumque potestates: superest itaque casus, ubi n est potestas binarii.

Pro $n = 2$ manifesto fit $W = 1 + r = 0$.

Pro $n = 4$ prodit $W = 1 + r + r^4 + r^9 = 2 + 2r$: hinc $W = 2 + 2i$, quoties k est formae $4\mu + 1$, atque $W = 2 - 2i$, quoties k est formae $4\mu + 3$.

Pro $n = 8$ habemus $W = 1 + r + r^4 + r^9 + r^{16} + r^{25} + r^{36} + r^{49} = 2 + 4r + 2r^4 = 4r$. Hinc erit

$$W = (1+i)\sqrt{8}, \text{ quoties } k \text{ est formae } 8\mu + 1$$
$$W = (-1+i)\sqrt{8}, \text{ quoties } k \text{ est formae } 8\mu + 3$$
$$W = (-1-i)\sqrt{8}, \text{ quoties } k \text{ est formae } 8\mu + 5$$
$$W = (1-i)\sqrt{8}, \text{ quoties } k \text{ est formae } 8\mu + 7$$

Si n est altior potestas binarii, statuamus $n = 2^{2\varkappa} q$, ita ut q sit vel $= 1$ vel $= 2$, atque $\varkappa$ maior quam 1. Hic ante omnia observari debet, si λ sit integer quicunque per $2^{\varkappa - 1}$ non divisibilis, fieri

$$r^{\lambda\lambda} + r^{(\lambda + 2^\varkappa q)^2} + r^{(\lambda + 2.2^\varkappa q)^2} + r^{(\lambda + 3.2^\varkappa q)^2} + \text{etc.} + r^{(\lambda + n - 2^\varkappa q)^2}$$
$$= r^{\lambda\lambda} \left\{ 1 + r^{2^{\varkappa+1}\lambda q} + r^{2.2^{\varkappa+1}\lambda q} + r^{3.2^{\varkappa+1}\lambda q} + \text{etc.} + r^{(2n - 2^{\varkappa+1} q)\lambda} \right\} = \frac{r^{\lambda\lambda}(1 - r^{2\lambda n})}{1 - r^{2^{\varkappa+1}\lambda q}} = 0$$

Hinc facile perspicietur, fieri

$$W = 1 + r^{2^{2\varkappa-2}} + r^{4.2^{2\varkappa-2}} + r^{9.2^{2\varkappa-2}} + \text{etc.} + r^{(n - 2^{\varkappa-1})^2}$$

Statuamus $r^{2^{2\varkappa-2}} = \rho$, eritque ρ radix aequationis $x^{4q}-1=0$, et quidem $\rho = \cos\frac{k}{4q}\,360^0 + i\sin\frac{k}{4q}\,360^0$; dein fiet

$$W = 1+\rho+\rho^4+\rho^9+\text{etc.}+\rho^{(2^{\varkappa+1}q-1)^2}$$
$$= 2^{\varkappa-1}(1+\rho+\rho^4+\rho^9+\text{etc.}+\rho^{(4q-1)^2})$$

Sed summa seriei $1+\rho+\rho^4+\rho^9+\text{etc.}+\rho^{(4q-1)^2}$ per ea, quae de casibus $n=4$, $n=8$ explicavimus, determinatur, unde colligimus
in casu eo, ubi $q=1$, sive ubi n est potestas numeri 4, fieri

$$W = (1+i)\,2^\varkappa = (1+i)\sqrt{n}, \text{ si fuerit } k \text{ formae } 4\mu+1$$
$$W = (1-i)\,2^\varkappa = (1-i)\sqrt{n}, \text{ si fuerit } k \text{ formae } 4\mu+3$$

quae sunt ipsissimae formulae pro $n=4$ traditae;
in casu eo autem, ubi $q=2$, sive ubi n est potestas binarii cum exponente impari maiori quam 3, fieri

$$W = (1+i)\,2^\varkappa\sqrt{2} = (1+i)\sqrt{n}, \text{ si fuerit } k \text{ formae } 8\mu+1$$
$$W = (-1+i)\,2^\varkappa\sqrt{2} = (-1+i)\sqrt{n}, \text{ si fuerit } k \text{ formae } 8\mu+3$$
$$W = (-1-i)\,2^\varkappa\sqrt{2} = (-1-i)\sqrt{n}, \text{ si fuerit } k \text{ formae } 8\mu+5$$
$$W = (1-i)\,2^\varkappa\sqrt{2} = (1-i)\sqrt{n}, \text{ si fuerit } k \text{ formae } 8\mu+7$$

quae quoque prorsus conveniunt cum iis, quae pro $n=8$ tradidimus.

24.

Etiam hic operae pretium erit, rationem summae progressionis

$$W' = 1+r^h+r^{4h}+r^{9h}+\text{etc.}+r^{h(n-1)^2}$$

ad W determinare, ubi h integrum quemcunque imparem denotat. Quum W' oriatur ex W, mutando k in kh, valor ipsius W' perinde a forma numeri kh pendebit, ut W a forma ipsius k. Statuamus $\frac{W'}{W} = l$, patetque

I. in casu eo, ubi $n=4$, vel altior potestas binarii cum exponente pari, fieri

$l = 1$, si fuerit h formae $4\mu+1$
$l = -i$, si fuerit h formae $4\mu+3$, atque k formae $4\mu+1$
$l = +i$, si fuerit h formae $4\mu+3$, atque k eiusdem formae

5*

II. in casu eo, ubi $n = 8$, vel altior potestas binarii cum exponente impari, fieri

$l = 1$, si fuerit h formae $8\mu + 1$,
$l = -1$, si fuerit h formae $8\mu + 5$,
$l = +i$, si fuerit vel h formae $8\mu + 3$, atque k formae $4\mu + 1$,
vel h formae $8\mu + 7$, atque k formae $4\mu + 3$,
$l = -i$, si fuerit vel h formae $8\mu + 3$, atque k formae $4\mu + 3$,
vel h formae $8\mu + 7$, atque k formae $4\mu + 1$.

Per praecc. determinatio summae W pro iis casibus, ubi n est numerus primus vel numeri primi potestas, complete perfecta est: superest itaque, ut eos quoque casus absolvamus, ubi n e pluribus numeris primis compositus est, huc viam nobis sternet theorema sequens.

25.

Theorema. *Sit n productum e duobus integris positivis inter se primis a, b, statuaturque*

$$P = 1 + r^{aa} + r^{4aa} + r^{9aa} + \text{etc.} + r^{(b-1)^2 aa}$$
$$Q = 1 + r^{bb} + r^{4bb} + r^{9bb} + \text{etc.} + r^{(a-1)^2 bb}$$

Tum dico fore $W = PQ$.

Demonstr. Designet α indefinite numeros $0, 1, 2, 3 \ldots . a-1$, β indefinite numeros $0, 1, 2, 3 \ldots . b-1$, ν indefinite numeros $0, 1, 2, 3 \ldots . n-1$. Tunc patet esse

$$P = \Sigma r^{aa\beta\beta}, \quad Q = \Sigma r^{bb\alpha\alpha}, \quad W = \Sigma r^{\nu\nu}$$

Hinc erit $PQ = \Sigma r^{aa\beta\beta + bb\alpha\alpha}$, substituendo pro α et β omnes valores, omnibus modis inter se combinatos; hinc porro propter $2ab\alpha\beta = 2\alpha\beta n$, erit $PQ = \Sigma r^{(a\beta + b\alpha)^2}$ Sed nullo negotio perspicitur, singulos valores ipsius $a\beta + b\alpha$ inter se diversos esse, atque alicui valori ipsius ν aequales. Hinc erit $PQ = \Sigma r^{\nu\nu} = W$.

Ceterum notandum est, r^{aa} esse radicem propriam aequationis $x^b - 1 = 0$, atque r^{bb} radicem propriam aequationis $x^a - 1 = 0$

26.

Sit porro n productum e tribus numeris inter se primis a, b, c, patetque, si statuatur $bc = b'$, etiam a et b' inter se primos fore; adeoque W productum e duobus factoribus

$$1 + r^{aa} + r^{4aa} + r^{9aa} + \text{etc.} + r^{(b'-1)^2 aa}$$
$$1 + r^{b'b'} + r^{4b'b'} + r^{9b'b'} + \text{etc.} + r^{(a-1)^2 b'b'}$$

Sed quum r^{aa} sit radix propria aequationis $x^{bc} - 1 = 0$, erit ipse factor prior productum ex

$$1 + \rho^{bb} + \rho^{4bb} + \rho^{9bb} + \text{etc.} + \rho^{(c-1)^2 bb}$$
$$1 + \rho^{cc} + \rho^{4cc} + \rho^{9cc} + \text{etc.} + \rho^{(b-1)^2 cc}$$

si statuitur $r^{aa} = \rho$. Hinc patet, W esse productum e factoribus tribus

$$1 + r^{bbcc} + r^{4bbcc} + r^{9bbcc} + \text{etc.} + r^{(a-1)^2 bbcc}$$
$$1 + r^{aacc} + r^{4aacc} + r^{9aacc} + \text{etc.} + r^{(b-1)^2 aacc}$$
$$1 + r^{aabb} + r^{4aabb} + r^{9aabb} + \text{etc.} + r^{(c-1)^2 aabb}$$

ubi r^{bbcc}, r^{aacc}, r^{aabb} erunt resp. radices propriae aequationum $x^a - 1 = 0$, $x^b - 1 = 0$, $x^c - 1 = 0$.

27.

Hinc facile concluditur generaliter, si n sit productum e factoribus quotcunque inter se primis a, b, c etc., W fieri productum e totidem factoribus, qui sint

$$1 + r^{\frac{nn}{aa}} + r^{\frac{4nn}{aa}} + r^{\frac{9nn}{aa}} + \text{etc,} + r^{\frac{(a-1)^2 nn}{aa}}$$
$$1 + r^{\frac{nn}{bb}} + r^{\frac{4nn}{bb}} + r^{\frac{9nn}{bb}} + \text{etc.} + r^{\frac{(b-1)^2 nn}{bb}}$$
$$1 + r^{\frac{nn}{cc}} + r^{\frac{4nn}{cc}} + r^{\frac{9nn}{cc}} + \text{etc.} + r^{\frac{(c-1)^2 nn}{cc}} \quad \text{etc.}$$

ubi $r^{\frac{nn}{aa}}$, $r^{\frac{nn}{bb}}$, $r^{\frac{nn}{cc}}$ etc. erunt radices propriae aequationum $x^a - 1 = 0$, $x^b - 1 = 0$, $x^c - 1 = 0$ etc.

28.

Ex his principiis transitus ad determinationem completam ipsius W pro valore quocunque ipsius n sponte iam obvius est. Decomponatur scilicet n in facto-

res a, b, c etc. tales, qui sint vel numeri primi inaequales, vel potestates numerorum primorum inaequalium, statuatur $r\frac{nn}{aa} = A$, $r\frac{nn}{bb} = B$, $r\frac{nn}{cc} = C$ etc., eruntque A, B, C etc. radices propriae aequationum $x^a - 1 = 0$, $x^b - 1 = 0$, $x^c - 1 = 0$ etc., atque W productum e factoribus

$$1 + A + A^4 + A^9 + \text{etc.} + A^{(a-1)^2}$$
$$1 + B + B^4 + B^9 + \text{etc.} + B^{(b-1)^2}$$
$$1 + C + C^4 + C^9 + \text{etc.} + C^{(c-1)^2} \text{ etc.}$$

Sed hi singuli factores per ea, quae in artt 20 21. 23 docuimus, determinari poterunt, unde etiam valor producti innotescet. Regulas pro determinandis illis factoribus hic in unum obtutum collegisse haud inutile erit. Quum radix A fiat $= \frac{kn}{a} \cdot \frac{360^0}{a}$, aggregatum $1 + A + A^4 + A^9 + \text{etc.} + A^{(a-1)^2}$, quod per L denotabimus, perinde per numerum $\frac{kn}{a}$ determinabitur, ut in disquisitione nostra generali W per k. Duodecim iam casus sunt distinguendi.

I. Si a est numerus primus formae $4\mu + 1$, puta $= p$, vel potestas talis numeri primi cum exponente impari, simulque $\frac{kn}{a}$ residuum quadraticum ipsius p, erit $L = +\sqrt{a}$.

II. Si manentibus reliquis $\frac{kn}{a}$ est non-residuum quadraticum ipsius p, erit $L = -\sqrt{a}$.

III. Si a est numerus primus formae $4\mu + 3$. puta $= p$, vel potestas talis numeri primi cum exponente impari, simulque $\frac{kn}{a}$ residuum quadraticum ipsius p, erit $L = +i\sqrt{a}$.

IV. Si, manentibus reliquis ut in III, $\frac{kn}{a}$ est non-residuum quadraticum ipsius p, erit $L = -i\sqrt{a}$.

V. Si a est quadratum, altiorve potestas numeri primi (imparis) cum exponente pari, erit $L = +\sqrt{a}$.

VI. Si $a = 2$, erit $L = 0$.

VII. Si $a = 4$, altiorve potestas binarii cum exponente pari, simulque $\frac{kn}{a}$ formae $4\mu + 1$, erit $L = (1 + i)\sqrt{a}$.

VIII. Si, manentibus reliquis ut in VII, $\frac{kn}{a}$ est formae $4\mu + 3$, erit $L = (1 - i)\sqrt{a}$.

IX. Si $a = 8$, altiorve potestas binarii cum exponente impari simulque $\frac{kn}{a}$ formae $8\mu + 1$, erit $L = (1 + i)\sqrt{a}$.

X. Si, manentibus reliquis ut in IX, $\frac{kn}{a}$ est formae $8\mu+3$, erit $L=(-1+i)\sqrt{a}$.

XI. Si manentibus reliquis $\frac{kn}{a}$ est formae $8\mu+5$, erit $L=(-1-i)\sqrt{a}$.

XII. Si manentibus reliquis $\frac{kn}{a}$ est formae $8\mu+7$, erit $L=(1-i)\sqrt{a}$.

29.

Sit exempli caussa $n=2520=8.9.5.7$, atque $k=13$. Hic erit

pro $a=8$, per casum XII, $L=(1-i)\sqrt{8}$
pro factore 9. per casum V, summa respondens erit $=\sqrt{9}$
pro factore 5, per casum II, summa respondens erit $=-\sqrt{5}$
pro factore 7, per casum III, summa respondens erit $=+i\sqrt{7}$

Hinc fit $W=(1-i).(-i).\sqrt{2520}=(-1-i)\sqrt{2520}$.

Sit pro eodem valore ipsius n, $k=1$: tunc respondebit

factori 8 summa $(-1+i)\sqrt{8}$
factori 9 summa $\sqrt{9}$
factori 5 summa $\sqrt{5}$
factori 7 summa $-i\sqrt{7}$

Hinc conflatur productum $W=(1+i)\sqrt{2520}$.

30.

Methodus alia, summam W generaliter determinandi, petitur ex iis, quae in artt. 22. 24 exposita sunt. Statuamus $\cos\omega+i\sin\omega=\rho$, atque

$$\rho^{\frac{nn}{aa}}=\alpha,\quad \rho^{\frac{nn}{bb}}=\beta,\quad \rho^{\frac{nn}{cc}}=\gamma \text{ etc.}$$

ita ut habeatur $r=\rho^k$, $A=\alpha^k$, $B=\beta^k$, $C=\gamma^k$ etc. Tunc erit

$$1+\rho+\rho^4+\rho^9+\text{ etc. }+\rho^{(n-1)^2}$$

productum e factoribus

$$1+\alpha+\alpha^4+\alpha^9+\text{ etc. }+\alpha^{(a-1)^2}$$
$$1+\beta+\beta^4+\beta^9+\text{ etc. }+\beta^{(b-1)^2}$$
$$1+\gamma+\gamma^4+\gamma^9+\text{ etc. }+\gamma^{(c-1)^2}\text{ etc.}$$

adeoque W productum e factoribus

$$w = 1+\rho+\rho^4+\rho^9+\text{etc.}+\rho^{(n-1)^2}$$

$$\mathfrak{A} = \frac{1+A+A^4+A^9+\text{etc.}+A^{(a-1)^2}}{1+\alpha+\alpha^4+\alpha^9+\text{etc.}+\alpha^{(a-1)^2}}$$

$$\mathfrak{B} = \frac{1+B+B^4+B^9+\text{etc.}+B^{(b-1)^2}}{1+\beta+\beta^4+\beta^9+\text{etc.}+\beta^{(b-1)^2}}$$

$$\mathfrak{C} = \frac{1+C+C^4+C^9+\text{etc.}+C^{(c-1)^2}}{1+\gamma+\gamma^4+\gamma^9+\text{etc.}+\gamma^{(c-1)^2}} \quad \text{etc.}$$

Iam factor primus w determinatus est per disquisitiones supra traditas (art. 19); factores reliqui vero $\mathfrak{A}$, $\mathfrak{B}$, $\mathfrak{C}$ etc. prodeunt per formulas artt. 22. 24, quas ut omnia iuncta habeantur, hic denuo colligimus*). Duodecim casus hic sunt distinguendi, scilicet

I. Si a est numerus primus (impar) $= p$, vel talis numeri potestas cum exponente impari, atque k residuum quadraticum ipsius p, erit factor respondens $\mathfrak{A} = +1$.

II. Si manentibus reliquis k est non-residuum quadraticum ipsius p. erit $\mathfrak{A} = -1$.

III. Si a est quadratum numeri primi imparis, altiorve eius potestas cum exponente pari, erit $\mathfrak{A} = +1$.

IV. Si a est $= 4$, aut altior binarii potestas cum exponente pari, simulque k formae $4\mu+1$, erit $\mathfrak{A} = +1$.

V. Si, manentibus reliquis ut in IV, k est formae $4\mu+3$, atque $\frac{n}{a}$ formae $4\mu+1$, erit $\mathfrak{A} = -i$.

VI. Si, manentibus reliquis ut in IV, k est formae $4\mu+3$, atque $\frac{n}{a}$ formae $4\mu+3$, erit $\mathfrak{A} = +i$.

VII. Si a est $= 8$, aut altior binarii potestas cum exponente impari, atque k formae $8\mu+1$, erit $\mathfrak{A} = +1$.

VIII. Si, manentibus reliquis ut in VII, k est formae $8\mu+5$, erit $\mathfrak{A} = -1$.

IX. Si, manentibus reliquis ut in VII, k est formae $8\mu+3$, atque $\frac{n}{a}$ formae $4\mu+1$, erit $\mathfrak{A} = +i$.

*) Manifesto, quae illic erant k et h, hic erunt $\frac{n}{a}$ et k respectu factoris secundi, $\frac{n}{b}$ et k respectu factoris tertii etc.

X. Si, manentibus reliquis ut in VII, k est formae $8\mu+3$, atque $\frac{n}{a}$ formae $4\mu+3$, erit $\mathfrak{A} = -i$.

XI. Si, manentibus reliquis ut in VII, k est formae $8\mu+7$, atque $\frac{n}{a}$ formae $4\mu+1$ erit $\mathfrak{A} = -i$.

XII. Si, manentibus reliquis ut in VII, k est formae $8\mu+7$, atque $\frac{n}{a}$ formae $4\mu+3$, erit $\mathfrak{A} = +i$.

Casum eum, ubi $a = 2$, praeterimus; hic quidem $\mathfrak{A}$ foret $= \frac{0}{0}$ sive indeterminatus, sed tunc semper $W = 0$.

Factores reliqui $\mathfrak{B}$, $\mathfrak{C}$ etc. perinde pendent a b, c etc., ut $\mathfrak{A}$ ab a, quatenus in illorum determinationem ingrediuntur.

31.

Secundum hanc methodum alteram exemplum primum art. 29 ita se habet:

Factor w fit $=(1+i)\sqrt{2520}$
Pro $a = 8$ factor respondens $\mathfrak{A}$ fit, per casum VIII, $= -1$
Factori ipsius n secundo 9 respondet factor $+1$ (per casum III.)
Factori 5 respondet factor -1 (per casum II.)
Factori 7 respondet factor -1 (per casum II.)

Hinc conflatur productum $W = (-1-i)\sqrt{2520}$, ut in art. 29.

32.

Quum valor ipsius W per methodos *duas* determinari possit, quarum altera relationibus numerorum $\frac{nk}{a}$, $\frac{nk}{b}$, $\frac{nk}{c}$ etc. ad numeros a, b, c etc. innititur, altera vero a relationibus ipsius k ad numeros a, b, c etc. pendet, inter omnes has relationes nexus quidam conditionalis intercedere debet, ita ut quaevis e reliquis determinabilis esse debeat. Supponamus, omnes numeros a, b, c etc. esse numeros primos impares, atque k accipi $= 1$; distribuanturque factores a, b, c etc. in duas classes, quarum altera contineat eos, qui sunt formae $4\mu+1$, et qui denotentur per p, p', p'' etc., altera vero constet ex iis, qui sunt formae $4\mu+3$, et qui exprimantur per q, q', q'' etc.: multitudinem posteriorum designabimus per m. His ita factis, observamus primo, n fieri formae $4\mu+1$, si m fuerit par (quorsum etiam referri debet casus is, ubi factores classis alterius omnino desunt, sive ubi $m = 0$), contra n fieri formae $4\mu+3$, si m fuerit impar. Iam determinatio

ipsius W per methodum primam ita perficitur. Pendeant numeri P, P', P'' etc., Q, Q', Q'' etc. ita a relationibus numerorum $\frac{n}{p}$, $\frac{n}{p'}$, $\frac{n}{p''}$ etc., $\frac{n}{q}$, $\frac{n}{q'}$, $\frac{n}{q''}$ etc. ad numeros p, p', p'' etc., q, q', q'' etc. resp., ut statuatur

$$P = +1, \text{ si } \frac{n}{p} \text{ est residuum quadraticum ipsius } p$$

$$P = -1, \text{ si } \frac{n}{p} \text{ est non-residuum quadraticum ipsius } p$$

et perinde de reliquis. Tunc erit W productum e factoribus $P\sqrt{p}$, $P'\sqrt{p'}$, $P''\sqrt{p''}$ etc., $iQ\sqrt{q}$, $iQ'\sqrt{q'}$, $iQ''\sqrt{q''}$ etc., adeoque

$$W = PP'P'' \ldots QQ'Q'' \ldots i^m \sqrt{n}$$

Per methodum secundam, aut potius statim per praecepta art. 19, erit

$$W = +\sqrt{n}, \text{ si } n \text{ est formae } 4\mu+1, \text{ vel quod eodem redit, si } m \text{ est par}$$
$$W = +i\sqrt{n}, \text{ si } n \text{ est formae } 4\mu+3, \text{ vel si } m \text{ est impar}$$

Utrumque casum simul complecti licet per formulam sequentem:

$$W = i^{mm}\sqrt{n}$$

Hinc itaque colligitur

$$PP'P'' \ldots QQ'Q'' \ldots = i^{mm-m}$$

Sed i^{mm-m} fit $= 1$, quoties m est formae 4μ vel $4\mu+1$, atque $= -1$, quoties m est formae $4\mu+2$ vel $4\mu+3$, unde deducimus sequens elegantissimum

THEOREMA. *Denotantibus a, b, c etc. numeros primos impares positivos inaequales, quorum productum statuitur $= n$, et inter quos m sint formae $4\mu+3$, reliqui formae $4\mu+1$: multitudo eorum ex his numeris a, b, c etc., quorum non-residua resp. sunt $\frac{n}{a}$, $\frac{n}{b}$, $\frac{n}{c}$ etc., par erit, quoties m est formae 4μ vel $4\mu+1$, impar vero, quoties m est formae $4\mu+2$ vel $4\mu+3$.*

Ita e. g. statuendo $a = 3$, $b = 5$, $c = 7$, $d = 11$, habemus tres numeros formae $4\mu+3$, puta 3, 7 et 11; est autem $5.7.11 R 3$: $3.7.11 R 5$; $3.5.11 R 7$; $3.5.7 N 11$, sive unicus $\frac{n}{d}$ est non-residuum ipsius d.

33.

Celeberrimum *theorema fundamentale* circa residua quadratica nihil aliud est, nisi casus specialis theorematis modo evoluti. Limitando scilicet multitudinem

numerorum a, b, c etc. ad *duos*, patet. si unus tantum ex ipsis, vel neuter, sit formae $4\mu+3$, fieri debere vel simul aRb, bRa, vel simul aNb, bNa; contra si uterque est formae $4\mu+3$, unus ex ipsis alterius non-residuum esse debebit, atque hic illius residuum. En itaque demonstrationem *quartam* huius gravissimi theorematis, cuius demonstrationem primam et secundam in Disquisitionibus Arithmeticis, tertiam nuper in commentatione peculiari tradidimus (*Commentt. T. XVI*): duas alias principiis rursus omnino diversis innitentes in posterum exponemus. Summopere sane est mirandum, quod hocce venustissimum theorema, quod primo omnes conatus tam pertinaciter eluserat, tot postea viis toto coelo inter se distantibus adiri potuerit.

34.

Etiam theoremata reliqua, quae quasi supplementum ad theorema fundamentale efficiunt, scilicet per quae dignoscuntur numeri primi, quorum residua vel non-residua sunt -1, $+2$ et -2, ex iisdem principiis derivari possunt. Incipiemus a residuo $+2$.

Statuendo $n = 8a$, ita ut a sit numerus primus, atque $k = 1$, per methodum art. 28. W erit productum e duobus factoribus, quorum alter erit $+\sqrt{a}$, vel $+i\sqrt{a}$, si 8, vel quod idem est 2, est residuum quadraticum ipsius a; contra $-\sqrt{a}$ vel $-i\sqrt{a}$, si 2 est non-residuum ipsius a. Factor secundus autem est

$(1+i)\sqrt{8}$, si a est formae $8\mu+1$
$(-1+i)\sqrt{8}$, si a est formae $8\mu+3$
$(-1-i)\sqrt{8}$, si a est formae $8\mu+5$
$(1-i)\sqrt{8}$, si a est formae $8\mu+7$

Sed per art. 18 semper erit $W = (1+i)\sqrt{n}$; dividendo hunc valorem per quatuor valores factoris secundi, patet, factorem primum fieri debere

$+\sqrt{a}$, si a est formae $8\mu+1$
$-i\sqrt{a}$, si a est formae $8\mu+3$
$-\sqrt{a}$, si a est formae $8\mu+5$
$+i\sqrt{a}$, si a est formae $8\mu+7$

Hinc sponte sequitur, in casu primo et quarto 2 esse debere residuum ipsius a, in casu secundo et tertio autem non-residuum.

35.

Numeri primi, quorum residuum vel non-residuum est -1, facile dignoscuntur adiumento theorematis sequentis, quod etiam per se ipsum satis memorabile est.

THEOREMA. *Productum e duobus factoribus*

$$W' = 1 + r^{-1} + r^{-4} + \text{etc.} + r^{-(n-1)^2}$$
$$W = 1 + r + r^4 + \text{etc.} + r^{(n-1)^2}$$

est $= n$, *si* n *est impar; vel* $= 0$, *si* n *est impariter par; vel* $= 2n$, *si* n *est pariter par.*

Demonstr. Quum manifesto fiat

$$\begin{aligned} W &= r + r^4 + r^9 + \text{etc.} + r^{nn} \\ &= r^4 + r^9 + \text{etc.} + r^{(n+1)^2} \\ &= r^9 + \text{etc.} + r^{(n+2)^2} \quad \text{etc.} \end{aligned}$$

productum WW' ita quoque exhiberi poterit

$$\begin{aligned} &1 + r + r^4 + r^9 + \text{etc.} + r^{(n-1)^2} \\ &+ r^{-1}(r + r^4 + r^9 + r^{16} + \text{etc.} + r^{nn}) \\ &+ r^{-4}(r^4 + r^9 + r^{16} + r^{25} + \text{etc.} + r^{(n+1)^2}) \\ &+ r^{-9}(r^9 + r^{16} + r^{25} + r^{36} + \text{etc.} + r^{(n+2)^2}) \\ &\text{etc.} \\ &+ r^{-(n-1)^2}(r^{(n-1)^2} + r^{nn} + r^{(n+1)^2} + r^{(n+2)^2} + \text{etc.} + r^{(2n-2)^2}) \end{aligned}$$

quod aggregatum verticaliter summatum producit

$$\begin{aligned} &n \\ &+ r(1 + rr + r^4 + r^6 + \text{etc.} + r^{2n-2}) \\ &+ r^4(1 + r^4 + r^8 + r^{12} + \text{etc.} + r^{4n-4}) \\ &+ r^9(1 + r^6 + r^{12} + r^{18} + \text{etc.} + r^{6n-6}) \\ &+ \text{etc.} \\ &+ r^{(n-1)^2}(1 + r^{2n-2} + r^{4n-4} + r^{6n-6} + \text{etc.} + r^{2(n-1)^2}) \end{aligned}$$

Iam si n impar est, singulae partes huius aggregati, praeter primam n, erunt $= 0$; secunda enim manifesto fit $\frac{r(1-r^{2n})}{1-rr}$, tertia $\frac{r^4(1-r^{4n})}{1-r^4}$ etc. Quoties vero n par est, excipere insuper oportebit partem

$$r^{\frac{1}{4}nn}(1+r^n+r^{2n}+r^{3n}+\text{etc.}+r^{nn-n})$$

quae fit $= nr^{\frac{1}{4}nn}$ In casu priori itaque fit $WW' = n$, in posteriori autem $= n + nr^{\frac{1}{4}nn}$; sed $r^{\frac{1}{4}nn}$ fit $= +1$, si n est pariter par, tunc itaque prodit $WW' = 2n$; contra fit $r^{\frac{1}{4}nn} = -1$, si n est impariter par, ubi itaque evadit $WW' = 0$. Q. E. D.

36.

Iam per art. 22 constat, si n sit numerus primus impar, $\frac{W'}{W}$ fieri $= +1$ vel $= -1$, prout -1 fuerit residuum vel non-residuum ipsius n. Hinc in casu priori esse debebit $W^2 = +n$, in posteriori $W^2 = -n$; quamobrem per art. 13 concludimus, casum priorem tunc tantum locum habere posse, quando n sit formae $4\mu+1$, casumque posteriorem, quando n sit formae $4\mu+3$.

Denique e combinatione conditionum pro residuis $+2$ et -1 inventarum sponte sequitur, -2 esse residuum cuiusvis numeri primi formae $8\mu+1$ vel $8\mu+3$, atque non-residuum cuiusvis numeri primi formae $8\mu+5$ vel $8\mu+7$.

THEOREMATIS FUNDAMENTALIS

IN

DOCTRINA DE RESIDUIS QUADRATICIS

DEMONSTRATIONES ET AMPLIATIONES NOVAE

AUCTORE

CAROLO FRIDERICO GAUSS

SOCIETATI REGIAE SCIENTIARUM TRADITAE 1817. FEBR. 10.

Commentationes societatis regiae scientiarum Gottingensis recentiores. Vol. IV.

Gottingae MDCCCXVIII.

THEOREMATIS FUNDAMENTALIS

IN

DOCTRINA DE RESIDUIS QUADRATICIS

DEMONSTRATIONES ET AMPLIATIONES NOVAE.

Theorema fundamentale de residuis quadraticis, quod inter pulcherrimas arithmeticae sublimioris veritates refertur, facile quidem per inductionem detectum, longe vero difficilius demonstratum est. Saepius in hoc genere accidere solet, ut veritatum simplicissimarum, quae scrutatori per inductionem sponte quasi se offerunt, demonstrationes profundissime lateant et post multa demum tentamina irrita, longe forte alia quam qua quaesitae erant via, tandem in lucem protrahi possint Dein haud raro fit, quum primum una inventa est via, ut *plures* subinde patefiant ad eandem metam perducentes, aliae brevius et magis directe, aliae quasi ex obliquo et a principiis longe diversis exorsae, inter, quae et quaestionem propositam vix ullum vinculum suspicatus fuisses. Mirus huiusmodi nexus inter veritates abstrusiores non solum peculiarem quandam venustatem hisce contemplationibus conciliat, sed ideo quoque sedulo investigari atque enodari meretur, quod haud raro nova ipsius scientiae subsidia vel incrementa inde demanant.

Etsi igitur theorema arithmeticum, de quo hic agetur, per curas anteriores, quae quatuor demonstrationes inter se prorsus diversas *) suppeditaverunt, plene

*) Duae expositae sunt in *Disquisitionum Arithmeticarum* Sect. quarta et quinta; tertia in commentatione peculiari (*Commentt. Soc. Gotting. Vol. XVI*), quarta inserta est commentationi: *Summatio quarundam serierum singularium* (*Commentt. Recentiores, Vol. I*).

absolutum videri possit, tamen denuo ad idem argumentum revertor, duasque alias demonstrationes adiungo, quae novam certe lucem huic rei affundent. Prior quidem tertiae quodammodo affinis est, quod ab eodem lemmate proficiscitur; postea vero iter diversum prosequitur, ita ut merito pro demonstratione nova haberi possit, quae concinnitate ipsa illa tertia si non superior saltem haud inferior videbitur. Contra demonstratio sexta principio plane diverso subtiliori innixa est novumque sistit exemplum mirandi nexus inter veritates arithmeticas primo aspectu longissime ab invicem remotas. Duabus hisce demonstrationibus adiungitur algorithmus novus persimplex ad diiudicandum, utrum numerus integer datus numeri primi dati residuum quadraticum sit an non-residuum.

Alia adhuc affuit ratio, quae ut novas demonstrationes, novem iam abhinc annos promissas, nunc potissimum promulgarem, effecit. Scilicet quum inde ab anno 1805 theoriam residuorum cubicorum atque biquadraticorum, argumentum longe difficilius, perscrutari coepissem, similem fere fortunam, ac olim in theoria residuorum quadraticorum, expertus sum. Protinus quidem theoremata ea, quae has quaestiones prorsus exhauriunt, et in quibus mira analogia cum theorematibus ad residua quadratica pertinentibus eminet, per inductionem detecta fuerunt, quam primum via idonea quaesita essent: omnes vero conatus, ipsorum demonstrationibus ex omni parte perfectis potiundi, per longum tempus irriti manserunt. Hoc ipsum incitamentum erat, ut demonstrationibus iam cognitis circa residua quadratica alias aliasque addere tantopere studerem, spe fultus, ut ex multis methodis diversis una vel altera ad illustrandum argumentum affine aliquid conferre posset. Quae spes neutiquam vana fuit, laboremque indefessum tandem successus prosperi sequuti sunt. Mox vigiliarum fructus in publicam lucem edere licebit: sed antequam arduum hoc opus aggrediar, semel adhuc ad theoriam residuorum quadraticorum reverti, omnia quae de eadem adhuc supersunt agenda absolvere, atque sic huic arithmeticae sublimioris parti quasi valedicere constitui.

THEOREMATIS FUNDAMENTALIS IN THEORIA RESIDUORUM QUADRATICORUM DEMONSTRATIO QUINTA.

1.

In introductione iam declaravimus, demonstrationem quintam et tertiam ab eodem lemmate proficisci, quod commoditatis caussa, in signis disquisitioni praesenti adaptatis hoc loco repetere visum est.

Lemma. *Sit m numerus primus (positivus impar), M integer per m non divisibilis; capiantur residua minima positiva numerorum*

$$M,\ 2M,\ 3M,\ 4M\ \ldots\ldots\ \tfrac{1}{2}(m-1)M$$

secundum modulum m, quae partim erunt minora quam $\frac{1}{2}m$. partim maiora: posteriorum multitudo sit $= n$. Tunc erit M residuum quadraticum ipsius m, vel nonresiduum, prout n par est, vel impar.

Demonstr. Sint e residuis illis ea, quae minora sunt quam $\frac{1}{2}m$, haec a, b, c, d etc., reliqua vero, maiora quam $\frac{1}{2}m$, haec a', b', c', d' etc. Posteriorum complementa ad m, puta $m-a'$, $m-b'$, $m-c'$, $m-d'$ etc. manifesto cuncta minora erunt quam $\frac{1}{2}m$, atque tum inter se tum a residuis a, b, c, d etc. diversa, quamobrem cum his simul sumta, ordine quidem mutato, identica erunt cum omnibus numeris $1, 2, 3, 4 \ldots . \frac{1}{2}(m-1)$. Statuendo itaque productum

$$1.2.3.4.\ldots.\tfrac{1}{2}(m-1) = P$$

erit

$$P = abcd\ldots.\times(m-a')(m-b')(m-c')(m-d')\ldots$$

adeoque

$$(-1)^n P = abcd\ldots..\times(a'-m)(b'-m)(c'-m)(d'-m)\ldots..$$

Porro fit, secundum modulum m,

$$PM^{\frac{1}{2}(m-1)} \equiv abcd..\times a'b'c'd'.. \equiv abcd..\times(a'-m)(b'-m)(c'-m)(d'-m)..$$

adeoque

$$PM^{\frac{1}{2}(m-1)} \equiv P(-1)^n$$

Hinc $M^{\frac{1}{2}(m-1)} \equiv \pm 1$, accepto signo superiori vel inferiori, prout n par est vel impar, unde adiumento theorematis in *Disquisitionibus Arithmeticis* art. 106 demonstrati lemmatis veritas sponte demanat.

2.

Theorema. *Sint m, M integri positivi impares inter se primi, n multitudo eorum e residuis minimis positivis numerorum*

$$M,\ 2M,\ 3M\ .\ .\ .\ .\ .\ \tfrac{1}{2}(m-1)M$$

secundum modulum m, quae sunt maiora quam $\frac{1}{2}m$; ac perinde N multitudo eorum e residuis minimis positivis numerorum

$$m,\ 2m,\ 3m\ .\ .\ .\ .\ .\ \tfrac{1}{2}(M-1)m$$

secundum modulum M, quae sunt maiora quam $\frac{1}{2}M$. Tunc tres numeri n, N, $\frac{1}{4}(m-1)(M-1)$ vel omnes simul pares erunt, vel unus par duoque reliqui impares.

Demonstr. Designemus

per f complexum numerorum $1, 2, 3\ .\ .\ .\ .\ .\ \frac{1}{2}(m-1)$
per f' complexum numerorum $m-1,\ m-2,\ m-3\ .\ .\ .\ .\ .\ \frac{1}{2}(m+1)$
per F complexum numerorum $1, 2, 3\ .\ .\ .\ .\ .\ \frac{1}{2}(M-1)$
per F' complexum numerorum $M-1, M-2, M-3\ .\ .\ .\ .\ .\ \frac{1}{2}(M+1)$

Indicabit itaque n, quot numeri Mf residua sua minima positiva secundum modulum m habeant in complexu f', et perinde N indicabit, quot numeri mF habeant residua sua minima positiva secundum modulum M in complexu F'. Denique designet

φ complexum numerorum $1, 2, 3\ .\ .\ .\ .\ .\ \frac{1}{2}(mM-1)$
φ' complexum numerorum $mM-1,\ mM-2,\ mM-3\ .\ .\ .\ .\ .\ \frac{1}{2}(mM+1)$

Quum quilibet integer per m non divisibilis secundum modulum m vel alicui residuo ex f vel alicui ex f' congruus esse debeat, ac perinde quilibet integer per M non divisibilis secundum modulum M congruus sit vel alicui residuo ex F vel alicui ex F': omnes numeri φ, inter quos manifesto nullus per m et M simul divisibilis occurrit, in octo classes sequenti modo distribui possunt.

I. In prima classe erunt numeri secundum modulum m alicui numero ex f, secundum modulum M vero alicui numero ex F congrui. Designabimus multitudinem horum numerorum per α.

II. Numeri secundum modulos m, M resp. numeris ex f, F' congrui, quorum multitudinem statuemus $= \beta$.

III. Numeri secundum modulos m, M resp. numeris ex f', F congrui, quorum multitudinem statuemus $= \gamma$.

IV. Numeri secundum modulos m, M resp. numeris ex f'. F' congrui, quorum multitudo sit $= \delta$.

V. Numeri per m divisibiles, secundum modulum M vero residuis ex F congrui.

VI. Numeri per m divisibiles, secundum modulum M vero residuis ex F' congrui.

VII. Numeri per M divisibiles, secundum modulum m autem residuis ex f congrui.

VIII. Numeri per M divisibiles, secundum modulum m vero residuis ex f' congrui.

Manifesto classes V et VI simul sumtae complectentur omnes numeros mF. multitudo numerorum in VI contentorum erit $= N$, adeoque multitudo numerorum in V contentorum erit $\frac{1}{2}(M-1)-N$. Perinde classes VII et VIII simul sumtae continebunt omnes numeros Mf, in classe VIII reperientur n numeri, in classe VII autem $\frac{1}{2}(m-1)-n$.

Prorsus simili modo omnes numeri φ' in octo classes IX—XVI distribuentur, in quo negotio si eundem ordinem servamus, facile perspicietur, numeros in classibus

IX, X, XI, XII, XIII, XIV, XV, XVI

contentos resp. esse complementa numerorum in classibus

IV, III, II, I, VI, V, VIII, VII

contentorum ad mM, ita ut in classe IX reperiantur δ numeri; in classe X, γ et sic porro. Iam patet, si omnes numeri primae classis associentur cum omnibus numeris classis nonae, haberi omnes numeros infra mM, qui secundum modulum m alicui numero ex f, secundum modulum M vero alicui numero ex F sunt congrui, quorumque multitudinem aequalem esse multitudini omnium combinationum singulorum f cum singulis F, facile perspicitur. Habemus itaque

$$\alpha+\delta = \tfrac{1}{4}(m-1)(M-1)$$

similique ratione etiam erit

$$\beta + \gamma = \tfrac{1}{4}(m-1)(M-1)$$

Iunctis omnibus numeris classium II, IV, VI, manifesto habebimus omnes numeros infra $\frac{1}{2}mM$, qui alicui residuo ex F' secundum modulum M congrui sunt. Iidem vero numeri ita quoque exhiberi possunt:

$$F', \quad M+F', \quad 2M+F', \quad 3M+F' \ldots . \tfrac{1}{2}(m-3)M+F'$$

unde omnium multitudo erit $= \frac{1}{4}(m-1)(M-1)$, sive habebimus

$$\beta + \delta + N = \tfrac{1}{4}(m-1)(M-1)$$

Perinde e iunctione omnium classium III, IV, VIII colligere licet

$$\gamma + \delta + n = \tfrac{1}{4}(m-1)(M-1)$$

Ex his quatuor aequationibus oriuntur sequentes:

$$\begin{aligned}
2\alpha &= \tfrac{1}{4}(m-1)(M-1)+n+N \\
2\beta &= \tfrac{1}{4}(m-1)(M-1)+n-N \\
2\gamma &= \tfrac{1}{4}(m-1)(M-1)-n+N \\
2\delta &= \tfrac{1}{4}(m-1)(M-1)-n-N
\end{aligned}$$

quarum quaelibet theorematis veritatem monstrat.

3.

Quodsi iam supponimus, m et M esse numeros primos, e combinatione theorematis praecedentis cum lemmate art. 1 theorema fundamentale protinus demanabit. Patet enim,

I. quoties uterque m, M, sive alteruter tantum, sit formae $4k+1$. numerum $\frac{1}{4}(m-1)(M-1)$ fore parem, adeoque n et N vel simul pares vel simul impares, et proin vel utrumque m et M alterius residuum quadraticum, vel utrumque alterius non-residuum quadraticum.

II. Quoties autem uterque m, M est formae $4k+3$, erit $\frac{1}{4}(m-1)(M-1)$ impar, hinc unus numerorum n, N par, alter impar, et proin unus numerorum m, M alterius residuum quadraticum, alter alterius non-residuum quadraticum. Q. E. D.

THEOREMATIS FUNDAMENTALIS IN THEORIA RESIDUORUM QUADRATICORUM DEMONSTRATIO SEXTA.

1.

THEOREMA. *Designante p numerum primum (positivum imparem), n integrum positivum per p non divisibilem, x quantitatem indeterminatam, functio*

$$1+x^n+x^{2n}+x^{3n}+\text{etc.}+x^{np-n}$$

divisibilis erit per

$$1+x+xx+x^3+\text{etc.}+x^{p-1}$$

DEMONSTR. Accipiatur integer positivus g ita ut fiat $gn\equiv 1$ (mod. p), statuaturque $gn = 1+hp$. Tunc erit

$$\frac{1+x^n+x^{2n}+x^{3n}+\text{etc.}+x^{np-n}}{1+x+xx+x^3+\text{etc.}+x^{p-1}} = \frac{(1-x^{np})(1-x)}{(1-x^n)(1-x^p)} = \frac{(1-x^{np})(1-x^{gn}-x+x^{hp+1})}{(1-x^n)(1-x^p)}$$
$$= \frac{1-x^{np}}{1-x^p}\cdot\frac{1-x^{gn}}{1-x^n} - \frac{x(1-x^{np})}{1-x^n}\cdot\frac{1-x^{hp}}{1-x^p}$$

adeoque manifesto functio integra. Q. E. D.

Quaelibet itaque functio integra ipsius x per $\frac{1-x^{np}}{1-x^n}$ divisibilis, etiam divisibilis erit per $\frac{1-x^p}{1-x}$.

2.

Designet α radicem primitivam positivam pro modulo p, i. e. sit α integer positivus talis, ut residua minima positiva potestatum $1, \alpha, \alpha\alpha, \alpha^3 \ldots\ldots \alpha^{p-2}$ secundum modulum p sine respectu ordinis cum numeris $1, 2, 3, 4 \ldots\ldots p-1$ identica fiant. Designando porro per fx functionem

$$x+x^\alpha+x^{\alpha\alpha}+x^{\alpha^3}+\text{etc.}+x^{\alpha^{p-2}}+1$$

patet, $fx-1-x-xx-x^3-\text{etc.}-x^{p-1}$ divisibilem fore per $1-x^p$, adeoque a potiori per $\frac{1-x^p}{1-x}=1+x+xx+x^3+\text{etc.}+x^{p-1}$, per quam itaque functionem ipsa quoque fx divisibilis erit. Hinc vero sequitur, quum x exprimat quantitatem indeterminatam, esse quoque $f(x^n)$ divisibilem per $\frac{1-x^{np}}{1-x^n}$, et proin (art. praec.) etiam per $\frac{1-x^p}{1-x}$, quoties quidem n sit integer per p non divisibilis. Contra, quoties n est integer per p divisibilis, singulae partes functionis $f(x^n)$ uni-

tate diminutae divisibiles erunt per $1-x^p$; quamobrem in hoc casu etiam $f(x^n)-p$ per $1-x^p$ et proin etiam per $\frac{1-x^p}{1-x}$ divisibilis erit.

3.

THEOREMA. *Statuendo*

$$x-x^\alpha+x^{\alpha\alpha}-x^{\alpha^3}+x^{\alpha^4}-\text{etc.}-x^{\alpha^{p-2}}=\xi$$

erit $\xi\xi\mp p$ *divisibilis per* $\frac{1-x^p}{1-x}$, *accepto signo superiori, quoties* p *est formae* $4k+1$, *inferiori, quoties* p *est formae* $4k+3$.

DEMONSTR. Facile perspicietur, ex $p-1$ functionibus hisce

$$+x\xi-xx+x^{\alpha+1}-x^{\alpha\alpha+1}+\text{etc.}+x^{\alpha^{p-2}+1}$$
$$-x^\alpha\xi-x^{2\alpha}+x^{\alpha\alpha+\alpha}-x^{\alpha^3+\alpha}+\text{etc.}+x^{\alpha^{p-1}+\alpha}$$
$$+x^{\alpha\alpha}\xi-x^{2\alpha\alpha}+x^{\alpha^3+\alpha\alpha}-x^{\alpha^4+\alpha\alpha}+\text{etc.}+x^{\alpha^p+\alpha\alpha}$$
$$-x^{\alpha^3}\xi-x^{2\alpha^3}+x^{\alpha^4+\alpha^3}-x^{\alpha^5+\alpha^3}+\text{etc.}+x^{\alpha^{p+1}+\alpha^3}$$

etc. usque ad

$$-x^{\alpha^{p-2}}\xi-x^{2\alpha^{p-2}}+x^{\alpha^{p-1}+\alpha^{p-2}}-x^{\alpha^p+\alpha^{p-2}}+\text{etc.}+x^{\alpha^{2p-4}+\alpha^{p-2}}$$

primam fieri $=0$, singulas reliquas autem per $1-x^p$ divisibiles. Quare per $1-x^p$ etiam divisibilis erit omnium summa, quae colligitur

$$=\xi\xi-(f(xx)-1)+(f(x^{\alpha+1})-1)-(f(x^{\alpha\alpha+1})-1)+(f(x^{\alpha^3+1})-1)-\text{etc.}$$
$$+(f(x^{\alpha^{p-2}+1})-1)$$
$$=\xi\xi-f(xx)+f(x^{\alpha+1})-f(x^{\alpha\alpha+1})+f(x^{\alpha^3+1})-\text{etc.}+f(x^{\alpha^{p-2}+1})=\Omega$$

Erit itaque haecce expressio Ω etiam divisibilis per $\frac{1-x^p}{1-x}$. Iam inter exponentes $2,\ \alpha+1,\ \alpha\alpha+1,\ \alpha^3+1\ \ldots\ldots\ \alpha^{p-2}+1$ unicus tantum erit divisibilis per p, puta $\alpha^{\frac{1}{2}(p-1)}+1$, unde per art. praec. singulae partes expressionis Ω hae

$$f(xx),\ f(x^{\alpha+1}),\ f(x^{\alpha\alpha+1}),\ (fx^{\alpha^3+1})\ \text{etc.}$$

excepto solo termino $f(x^{\alpha^{\frac{1}{2}(p-1)}+1})$, divisibiles erunt per $\frac{1-x^p}{1-x}$. Istas itaque partes delere licebit, ita ut per $\frac{1-x^p}{1-x}$ etiam divisibilis maneat functio

$$\xi\xi\mp f(x^{\alpha^{\frac{1}{2}(p-1)}+1})$$

ubi signum superius vel inferius valebit, prout p est formae $4k+1$ vel formae $4k+3$. Et quum insuper $f(x^{\alpha^{\frac{1}{2}(p-1)}+1})-p$ divisibilis sit per $\frac{1-x^p}{1-x}$, erit etiam $\xi\xi \mp p$ per $\frac{1-x^p}{1-x}$ divisibilis. Q. E. D.

Ne duplex signum ullam ambiguitatem adducere possit, per ε numerum $+1$ vel -1 denotabimus, prout p est formae $4k+1$ vel $4k+3$. Erit itaque $\frac{(1-x)(\xi\xi-\varepsilon p)}{1-x^p}$ functio integra ipsius x, quam per Z designabimus.

4.

Sit q numerus positivus impar, adeoque $\frac{1}{2}(q-1)$ integer. Erit itaque $(\xi\xi)^{\frac{1}{2}(q-1)}-(\varepsilon p)^{\frac{1}{2}(q-1)}$ divisibilis per $\xi\xi-\varepsilon p$, et proin etiam per $\frac{1-x^p}{1-x}$ Statuamus $\varepsilon^{\frac{1}{2}(q-1)}=\delta$, atque

$$\xi^{q-1}-\delta p^{\frac{1}{2}(q-1)}=\frac{1-x^p}{1-x}\cdot Y$$

eritque Y functio integra ipsius x, atque $\delta=+1$, quoties unus numerorum p, q, sive etiam uterque, est formae $4k+1$; contra erit $\delta=-1$, quoties uterque p, q est formae $4k+3$.

5.

Iam supponamus, q quoque esse numerum primum (a p diversum) patetque per theorema in *Disquisitionibus Arithmeticis* art. 51 demonstratum,

$$\xi^q-(x^q-x^{q\alpha}+x^{q\alpha\alpha}-x^{q\alpha^3}+\text{etc.}-x^{q\alpha^{p-2}})$$

divisibilem fieri per q, sive formae qX, ita ut X sit functio integra ipsius x etiam respectu coëfficientium numericorum (quod etiam de functionibus reliquis integris hic occurrentibus Z, Y, W subintelligendum est). Designemus pro modulo p atque radice primitiva α indicem numeri q per μ, i. e. sit $q\equiv\alpha^\mu$ (mod. p). Erunt itaque numeri $q, q\alpha, q\alpha\alpha, q\alpha^3 \ldots\ldots q\alpha^{p-2}$ secundum modulum p resp. congrui numeris $\alpha^\mu, \alpha^{\mu+1}, \alpha^{\mu+2} \ldots\ldots \alpha^{p-2}, 1, \alpha, \alpha\alpha \ldots\ldots \alpha^{\mu-1}$, adeoque

$$\begin{array}{l} x^q-x^{\alpha^\mu} \\ x^{q\alpha}-x^{\alpha^{\mu+1}} \\ x^{q\alpha\alpha}-x^{\alpha^{\mu+2}} \\ x^{q\alpha^3}-x^{\alpha^{\mu+3}} \\ \cdot \\ \cdot \\ \cdot \\ \cdot \end{array}$$

$$x^{q\alpha^{p-\mu-2}} - x^{\alpha^{p-2}}$$
$$x^{q\alpha^{p-\mu-1}} - x$$
$$x^{q\alpha^{p-\mu}} - x^{\alpha}$$
$$x^{q\alpha^{p-\mu+1}} - x^{\alpha\alpha}$$
$$\vdots$$
$$x^{q\alpha^{p-2}} - x^{\alpha^{\mu-1}}$$

per $1-x^p$ divisibiles. Quibus quantitatibus, alternis vicibus positive et negative sumtis atque summatis, patet, per $1-x^p$ divisibilem esse functionem

$$x^q - x^{q\alpha} + x^{q\alpha\alpha} - x^{q\alpha^3} + \text{etc.} - x^{q\alpha^{p-2}} \mp \xi$$

valente signo superiori vel inferiori, prout μ par sit vel impar, i. e. prout q sit residuum quadraticum ipsius p vel non-residuum. Statuemus itaque

$$x^q - x^{q\alpha} + x^{q\alpha\alpha} - x^{q\alpha^3} + \text{etc.} - x^{q\alpha^{p-2}} - \gamma\xi = (1-x^p)W$$

faciendo $\gamma = +1$, vel $\gamma = -1$, prout q est residuum quadraticum ipsius p vel non-residuum, patetque, W fieri functionem integram.

6.

His ita praeparatis, e combinatione aequationum praecedentium deducimus

$$q\xi X = \varepsilon p(\delta p^{\frac{1}{2}(q-1)} - \gamma) + \frac{1-x^p}{1-x} \cdot (Z(\delta p^{\frac{1}{2}(q-1)} - \gamma) + Y\xi\xi - W\xi(1-x))$$

Supponamus, ex divisione functionis ξX per

$$x^{p-1} + x^{p-2} + x^{p-3} + \text{etc.} + x + 1$$

oriri quotientem U cum residuo T, sive haberi

$$\xi X = \frac{1-x^p}{1-x} \cdot U + T$$

ita ut U, T sint functiones integrae, etiam respectu coëfficientium numericorum, et quidem T ordinis certe inferioris, quam divisor. Erit itaque

$$qT - \varepsilon p(\delta p^{\frac{1}{2}(q-1)} - \gamma) = \frac{1-x^p}{1-x} \cdot (Z(\delta p^{\frac{1}{2}(q-1)} - \gamma) + Y\xi\xi - W\xi(1-x) - qU)$$

quae aequatio manifesto subsistere nequit, nisi tum membrum a laeva tum membrum a dextra per se evanescat. Erit itaque $\varepsilon p(\delta p^{\frac{1}{2}(q-1)} - \gamma)$ per q divisibi-

lis, nec non etiam $\delta p^{\frac{1}{2}(q-1)} - \gamma$, adeoque etiam propter $\delta\delta = 1$, numerus $p^{\frac{1}{2}(q-1)} - \gamma\delta$ per q divisibilis erit.

Quodsi iam per β designatur unitas positive vel negative accepta, prout p est residuum vel non-residuum quadraticum numeri q, erit $p^{\frac{1}{2}(q-1)} - \beta$ per q divisibilis, adeoque etiam $\beta - \gamma\delta$, quod fieri nequit, nisi fuerit $\beta = \gamma\delta$. Hinc vero theorema fundamentale sponte sequitur. Scilicet

I. Quoties vel uterque p, q, vel alteruter tantum est formae $4k+1$, adeoque $\delta = +1$, erit $\beta = \gamma$, et proin vel simul q residuum quadraticum ipsius p, atque p residuum quadraticum ipsius q; vel simul q non-residuum ipsius p, atque p non-residuum ipsius q.

II. Quoties uterque p, q est formae $4k+3$, adeoque $\delta = -1$, erit $\beta = -\gamma$, adeoque vel simul q residuum quadraticum ipsius p, atque p non-residuum ipsius q; vel simul q non-residuum ipsius p, atque p residuum ipsius q. Q. E. D.

Algorithmus novus ad decidendum, utrum numerus integer positivus datus numeri primi positivi dati residuum quadraticum sit an non-residuum.

1.

Antequam solutionem novam huius problematis exponamus, solutionem in *Disquisitionibus Arithmeticis* traditam hic breviter repetemus, quae satis quidem expedite perficitur adiumento theorematis fundamentalis atque theorematum notorum sequentium:

I. Relatio numeri a ad numerum b (quatenus ille huius residuum quadraticum est sive non-residuum), eadem est quae numeri c ad b, si $a \equiv c$ (mod. b).

II. Si a est productum e factoribus α, β, γ, δ etc., atque b numerus primus, relatio ipsius a ad b ita a relatione horum factorum ad b pendebit, ut a fiat residuum quadraticum ipsius b vel non-residuum, prout inter illos factores reperitur multitudo par vel impar talium, qui sint non-residua ipsius b. Quoties itaque aliquis factor est quadratum, ad eum in hoc examine omnino non erit respiciendum; si quis vero factor est potestas integri cum exponente impari, illius vice ipse hic integer fungi poterit.

III. Numerus 2 est residuum quadraticum cuiusvis numeri primi formae $8m+1$ vel $8m+7$, non-residuum vero cuiusvis numeri primi formae $8m+3$ vel $8m+5$.

Proposito itaque numero a, cuius relatio ad numerum primum b quaeritur: pro a, si maior est quam b, ante omnia substituetur eius residuum minimum positivum secundum modulum b, quo residuo in factores suos primos resoluto, quaestio per theorema II reducta est ad inventionem relationis singulorum horum factorum ad b. Relatio factoris 2, (siquidem adest vel semel, vel ter, vel quinquies etc.) innotescit per theorema III; relatio reliquorum, per theorema fundamentale, pendet a relatione ipsius b ad singulos. Hoc itaque modo loco unius relationis numeri dati ad numerum primum b iam investigandae sunt aliquae relationes numeri b ad alios primos impares ipso b minores, quae problemata eodem modo ad minores modulos deprimentur, manifestoque hae depressiones successivae tandem exhaustae erunt.

2.

Ut exemplo haec solutio illustretur, quaerenda sit relatio numeri 103 ad 379. Quum 103 iam sit minor quam 379, atque ipse numerus primus, protinus applicandum erit theorema fundamentale, quod docet, relationem quaesitam oppositam esse relationi numeri 379 ad 103. Haec iterum aequalis est relationi numeri 70 ad 103, quae ipsa pendet a relationibus numerorum 2, 5, 7 ad 103. Prima harum relationum e theoremate III innotescit. Secunda per theorema fundamentale pendet a relatione numeri 103 ad 5, cui per theorema I aequalis est relatio numeri 3 ad 5; haec iterum per theorema fundamentale pendet a relatione numeri 5 ad 3, cui per theorema I aequalis est relatio numeri 2 ad 3, per theorema III nota. Perinde relatio numeri 7 ad 103 per theorema fundamentale a relatione numeri 103 ad 7 pendet, quae per theorema I aequalis est relationi numeri 5 ad 7; haec iterum per theorema fundamentale pendet a relatione numeri 7 ad 5, cui aequalis est per theorema I relatio numeri 2 ad 5 per theorema III nota. Quodsi iam hanc analysin in synthesin transmutare placet, quaestionis decisio ad quatuordecim momenta referetur, quae complete hic apponimus, ut maior concinnitas solutionis novae eo clarius elucescat.

1. Numerus 2 est residuum quadraticum numeri 103 (theor. III).
2. Numerus 2 est non-residuum quadraticum numeri 3 (theor. III).
3. Numerus 5 est non-residuum quadraticum numeri 3 (ex I et 2).
4. Numerus 3 est non-residuum quadraticum numeri 5 (theor. fund. et 3).
5. Numerus 103 est non-residuum quadraticum numeri 5 (I et 4).

6. Numerus 5 est non-residuum quadraticum numeri 103 (theor. fund. et 5).
7. Numerus 2 est non residuum quadraticum numeri 5 (theor. III).
8. Numerus 7 est non-residuum quadraticum numeri 5 (I et 7).
9. Numerus 5 est non-residuum quadraticum numeri 7 (theor. fund. et 8).
10. Numerus 103 est non-residuum quadraticum numeri 7 (I et 9).
11. Numerus 7 est residuum quadraticum numeri 103 (theor. fund. et 10).
12. Numerus 70 est non-residuum quadraticum numeri 103 (II, 1, 6, 11).
13. Numerus 379 est non-residuum quadraticum numeri 103 (I et 12).
14. Numerus 103 est residuum quadraticum numeri 379 (theor. fund. et 13).

In sequentibus brevitatis caussa utemur signo in *Comment. Gotting. Vol. XVI* introducto. Scilicet per $[x]$ denotabimus quantitatem x ipsam, quoties x est integer, sive integrum proxime minorem quam x, quoties x est quantitas fracta, ita ut $x-[x]$ semper fiat quantitas non negativa unitate minor.

3.

Problema. *Denotantibus* a, b *integros positivos inter se primos, et posito* $[\frac{1}{2}a] = a'$, *invenire aggregatum*

$$\left[\frac{b}{a}\right]+\left[\frac{2b}{a}\right]+\left[\frac{3b}{a}\right]+\left[\frac{4b}{a}\right]+\text{etc.}+\left[\frac{a'b}{a}\right]$$

Sol. Designemus brevitatis caussa huiusmodi aggregatum per $\varphi(a, b)$, ita ut etiam fiat

$$\varphi(b, a) = \left[\frac{a}{b}\right]+\left[\frac{2a}{b}\right]+\left[\frac{3a}{b}\right]+\text{etc.}+\left[\frac{b'a}{b}\right]$$

si statuimus $[\frac{1}{2}b] = b'$. In demonstratione tertia theorematis fundamentalis ostensum est, pro casu eo, ubi a et b sunt impares, fieri

$$\varphi(a, b)+\varphi(b, a) = a'b'$$

facileque eandem methodum sequendo veritas huius propositionis ad eum quoque casum extenditur, ubi alteruter numerorum a, b est impar, uti illic iam addigitavimus. Dividatur, ad instar methodi, per quam duorum integrorum divisor communis maximus investigatur, a per b, sitque β quotiens atque c residuum; dein dividatur b per c et sic porro, ita ut habeantur aequationes

$$a = \beta b + c$$
$$b = \gamma c + d$$
$$c = \delta d + e$$
$$d = \varepsilon e + f \text{ etc.}$$

Hoc modo in serie numerorum continuo decrescentium b, c, d, e, f etc. tandem ad unitatem perveniemus, quum per hyp: a et b sint inter se primi, ita ut aequatio ultima fiat

$$k = \lambda l + 1$$

Quum manifesto habeatur

$$\left[\frac{a}{b}\right] = \left[\beta + \frac{c}{b}\right] = \beta + \left[\frac{c}{b}\right]$$
$$\left[\frac{2a}{b}\right] = \left[2\beta + \frac{2c}{b}\right] = 2\beta + \left[\frac{2c}{b}\right]$$
$$\left[\frac{3a}{b}\right] = \left[3\beta + \frac{3c}{b}\right] = 3\beta + \left[\frac{3c}{b}\right]$$

etc., erit

$$\varphi(b, a) = \varphi(b, c) + \tfrac{1}{2}\beta(b'b' + b')$$

et proin

$$\varphi(a, b) = a'b' - \tfrac{1}{2}\beta(b'b' + b') - \varphi(b, c)$$

Per similia ratiocinia fit, si statuimus $[\frac{1}{2}c] = c'$, $[\frac{1}{2}d] = d'$, $[\frac{1}{2}e] = e'$ etc.,

$$\varphi(b, c) = b'c' - \tfrac{1}{2}\gamma(c'c' + c') - \varphi(c, d)$$
$$\varphi(c, d) = c'd' - \tfrac{1}{2}\delta(d'd' + d') - \varphi(d, e)$$
$$\varphi(d, e) = d'e' - \tfrac{1}{2}\varepsilon(e'e' + e') - \varphi(e, f)$$

etc. usque ad

$$\varphi(k, l) = k'l' - \tfrac{1}{2}\lambda(l'l' + l') - \varphi(l, 1)$$

Hinc, quoniam manifesto est $\varphi(l, 1) = 0$, colligimus formulam

$$\varphi(a, b) = a'b' - b'c' + c'd' - d'e' + \text{etc.} \pm k'l'$$
$$- \tfrac{1}{2}\beta(b'b' + b') + \tfrac{1}{2}\gamma(c'c' + c') - \tfrac{1}{2}\delta(d'd' + d') + \tfrac{1}{2}\varepsilon(e'e' + e') - \text{etc.} \mp \tfrac{1}{2}\lambda(l'l' + l')$$

4.

Facile iam ex iis, quae in demonstratione tertia exposita sunt, colligitur, relationem numeri b ad a, quoties a sit numerus primus, sponte cognosci e va-

lore aggregati $\varphi(a, 2b)$. Scilicet prout hoc aggregatum est numerus par vel impar, erit b residuum quadraticum ipsius a vel non-residuum. Ad eundem vero finem ipsum quoque aggregatum $\varphi(a, b)$ adhiberi poterit, ea tamen restrictione, ut casus ubi b impar est ab eo ubi par est distinguatur. Scilicet

I. Quoties b est impar, erit b residuum vel non-residuum quadraticum ipsius a, prout $\varphi(a,b)$ par est vel impar.

II. Quoties b est par, eadem regula valebit, si insuper a est vel formae $8n+1$ vel formae $8n+7$; si vero pro valore pari ipsius b modulus a est vel formae $8n+3$ vel formae $8n+5$, regula opposita applicanda erit, puta, b erit residuum quadraticum ipsius a, si $\varphi(a,b)$ est impar, non-residuum vero, si $\varphi(a,b)$ est par.

Haec omnia ex art. 4 demonstrationis tertiae facillime derivantur.

5.

Exemplum. Si quaeritur relatio numeri 103 ad numerum primum 379, habemus, ad eruendum aggregatum $\varphi(379, 103)$,

$a = 379$	$a' = 189$	
$b = 103$	$b' = 51$	$\beta = 3$
$c = 70$	$c' = 35$	$\gamma = 1$
$d = 33$	$d' = 16$	$\delta = 2$
$e = 4$	$e' = 2$	$\varepsilon = 8$

hinc

$$\varphi(379, 103) = 9639 - 1785 + 560 - 32 - 3978 + 630 - 272 + 24 = 4786$$

unde 103 erit residuum quadraticum numeri 379. Si ad eundem finem aggregatum $(379, 206)$ adhibere malumus, habemus hocce paradigma:

379	189	
206	103	1
173	86	1
33	16	5
8	4	4

unde deducimus

$\varphi(379, 206) = 19467 - 8858 + 1376 - 64 - 5356 + 3741 - 680 + 40 = 9666$

quapropter 103 est residuum quadraticum numeri 379.

6.

Quum ad decidendam relationem numeri b ad a non opus sit, singulas partes aggregati $\varphi(a, b)$ computare, sed sufficiat novisse, quot inter eas sint impares, regula nostra ita quoque exhiberi potest:

Fiat ut supra $a = \beta b + c$, $b = \gamma c + d$, $c = \delta d + e$ etc., donec in serie numerorum a, b, c, d, e etc. ad unitatem perventum sit. Statuatur $[\frac{1}{2}a] = a'$, $[\frac{1}{2}b] = b'$, $[\frac{1}{2}c] = c'$ etc., sitque μ multitudo numerorum imparium in serie a', b', c' etc. eorum, quos immediate sequitur impar; sit porro ν multitudo numerorum imparium in serie β, γ, δ etc. eorum, quibus in serie b', c', d' etc. resp. respondet numerus formae $4n+1$ vel formae $4n+2$. His ita factis, erit b residuum quadraticum vel non-residuum ipsius a, prout $\mu+\nu$ est par vel impar, unico casu excepto, ubi simul est b par atque a vel formae $8n+3$ vel $8n+5$, pro quo regula opposita valet.

In exemplo nostro series a', b', c', d', e' duas successiones imparium sistit, unde $\mu = 2$; in serie $\beta', \gamma', \delta', \varepsilon'$, duo quidem impares adsunt, sed quibus in serie b', c', d', e' respondent numeri formae $4n+3$, unde $\nu = 0$. Fit itaque $\mu+\nu$ par, adeoque 103 residuum quadraticum numeri 379.

THEORIA

RESIDUORUM BIQUADRATICORUM

COMMENTATIO PRIMA

AUCTORE

CAROLO FRIDERICO GAUSS

SOCIETATI REGIAE TRADITA 1825. APR. 5.

Commentationes societatis regiae scientiarum Gottingensis recentiores. Vol. VI.
Gottingae MDCCCXXVIII.

THEORIA RESIDUORUM BIQUADRATICORUM.

COMMENTATIO PRIMA.

1.

Theoria residuorum quadraticorum ad pauca theoremata fundamentalia reducitur, pulcherrimis Arithmeticae Sublimioris cimeliis adnumeranda, quae primo per inductionem facile detecta, ac dein multifariis modis ita demonstrata esse constat, ut nihil amplius desiderandum relictum sit.

Longe vero altioris indaginis est theoria residuorum cubicorum et biquadraticorum. Quam quum inde ab anno 1805 perscrutari coepissemus, praeter ea, quae quasi in limine sunt posita, nonnulla quidem theoremata specialia se obtulerunt, tum propter simplicitatem suam, tum propter demonstrationum difficultatem valde insignia: mox vero comperimus, principia Arithmeticae hactenus usitata ad theoriam generalem stabiliendam neutiquam sufficere, quin potius hanc necessario postulare, ut campus Arithmeticae Sublimioris infinities quasi promoveatur, quod quomodo intelligendum sit, in continuatione harum disquisitionum clarissime elucebit. Quamprimum hunc campum novum ingressi sumus, aditus ad cognitionem theorematum simplicissimorum totam theoriam exhaurientium per inductionem statim patuit: sed ipsorum demonstrationes tam profunde latuerunt, ut post multa demum tentamina irrita tandem in lucem protrahi potuerint.

Quum iam ad promulgationem harum lucubrationum accingamur, a theoria residuorum biquadraticorum initium faciemus, et quidem in hac prima commen-

tatione disquisitiones eas explicabimus, quas iam cis campum Arithmeticae ampliatum absolvere licuit, quae illuc viam quasi sternunt, simulque theoriae divisionis circuli quaedam nova incrementa adiungunt.

2.

Notionem residui biquadratici in *Disquisitionibus Arithmeticis* art. 115 introduximus: scilicet numerus integer a, positivus seu negativus, integri p residuum biquadraticum vocatur, si a secundum modulum p biquadrato congruus fieri potest, et perinde non-residuum biquadraticum, si talis congruentia non exstat. In omnibus disquisitionibus sequentibus, ubi contrarium expressis verbis non monetur, modulum p esse numerum primum (imparem positivum) supponemus, atque a per p non divisibilem, quum omnes casus reliqui ad hunc facillime reduci possint.

3.

Manifestum est, omne residuum biquadraticum numeri p eiusdem quoque residuum quadraticum esse, et proin omne non-residuum quadraticum etiam non-residuum biquadraticum. Hanc propositionem etiam convertere licet, quoties p est numerus primus formae $4n+3$. Nam si in hoc casu a est residuum quadraticum ipsius p, statuamus $a \equiv bb$ (mod. p), ubi b vel residuum quadraticum ipsius p erit vel non-residuum: in casu priori statuemus $b \equiv cc$, unde $a \equiv c^4$, i. e. a erit residuum biquadraticum ipsius p; in casu posteriori $-b$ fiet residuum quadraticum ipsius p (quoniam -1 est non-residuum cuiusvis numeri primi formae $4n+3$), faciendoque $-b \equiv cc$, erit ut antea $a \equiv c^4$, atque a residuum biquadraticum ipsius p. Simul facile perspicietur, alias solutiones congruentiae $x^4 \equiv a$ (mod. p), praeter has duas $x \equiv c$ et $x \equiv -c$ in hoc casu non dari. Quum hae propositiones obviae integram residuorum biquadraticorum theoriam pro modulis primis formae $4n+3$ exhauriant, tales modulos a disquisitione nostra omnino excludemus, sive hanc ad modulos primos formae $4n+1$ limitabimus.

4.

Existente itaque p numero primo formae $4n+1$, propositionem art. praec. convertere non licet: nempe exstare possunt residua quadratica, quae non sunt simul residua biquadratica, quod evenit, quoties residuum quadraticum congruum est quadrato non-residui quadratici. Statuendo enim $a \equiv bb$, existente b non-

residuo quadratico ipsius p, si congruentiae $x^4 \equiv a$ satisfieri posset, per valorem $x \equiv c$, foret $c^4 \equiv bb$, sive productum $(cc-b)(cc+b)$ per p divisibile, unde p vel factorem $cc-b$ vel alterum $cc+b$ metiri deberet, i. e. vel $+b$ vel $-b$ foret residuum quadraticum ipsius p, et proin uterque (quoniam -1 est residuum quadraticum), contra hyp.

Omnes itaque numeri integri per p non divisibiles in tres classes distribui possent, quarum prima contineat residua biquadratica, secunda non-residua biquadratica ea, quae simul sunt residua quadratica, tertia non-residua quadratica. Manifesto sufficit, tali classificationi solos numeros $1, 2, 3 \ldots\ldots p-1$ subiicere, quorum semissis ad classem tertiam reduceretur, dum altera semissis inter classem primam et secundam distribueretur.

5.

Sed praestabit, quatuor classes stabilire, quarum indoles ita se habeat.

Sit A complexus omnium residuorum biquadraticorum ipsius p, inter 1 et $p-1$ (inclus.) sitorum, atque e non-residuum quadraticum ipsius p ad arbitrium electum. Sit porro B complexus residuorum minimorum positivorum e productis eA secundum modulum p oriundorum, et perinde C, D resp. complexus residuorum minimorum positivorum e productis eeA, e^3A secundum modulum p prodeuntium. His ita factis facile perspicitur, singulos numeros B inter se diversos fore, et perinde singulos C, nec non singulos D; cifram autem inter omnes hos numeros occurrere non posse. Porro patet, omnes numeros, in A et C contentos, esse residua quadratica ipsius p, omnes autem in B et D non-residua quadratica, ita ut certe complexus A, C nullum numerum cum complexu B vel D communem habere possint. Sed etiam neque A cum C, neque B cum D ullum numerum communem habere potest. Supponamus enim

I. numerum aliquem ex A, e. g. a etiam in C inveniri, ubi prodierit e producto eea' ipsi congruo, existente a' numero e complexu A. Statuatur $a \equiv \alpha^4$, $a' \equiv \alpha'^4$, accipiaturque integer θ ita, ut fiat $\theta\alpha' \equiv 1$. His ita factis erit $ee\alpha'^4 \equiv \alpha^4$, adeoque multiplicando per θ^4,

$$ee \equiv \alpha^4 \theta^4$$

i. e. ee residuum biquadraticum, adeoque e residuum quadraticum, contra hyp.

II. Perinde supponendo, aliquem numerum complexibus B, D communem esse, atque e productis ea, e^3a' prodiisse, existentibus a, a' numeris e complexu A, e congruentia $ea \equiv e^3a'$ sequeretur $a \equiv eea'$, adeoque haberetur numerus, qui e producto eea' oriundus ad C simulque ad A pertineret, quod impossibile esse modo demonstravimus.

Porro facile demonstratur, *omnia* residua quadratica ipsius p, inter 1 et $p-1$ incl. sita, necessario vel in A vel in C, omniaque non-residua quadratica ipsius p inter illos limites necessario vel in B vel in D occurrere debere. Nam

I. Omne tale residuum quadraticum, quod simul est residuum biquadraticum, per hyp. in A invenitur.

II. Residuum quadraticum h (ipso p minus), quod simul est non-residuum biquadraticum, statuatur $\equiv gg$, ubi g erit non-residuum quadraticum. Accipiatur integer γ talis, ut fiat $e\gamma \equiv g$, eritque γ residuum quadraticum ipsius p, quod statuemus $\equiv kk$. Hinc erit

$$h \equiv gg \equiv ee\gamma\gamma \equiv eek^4$$

Quare quum residuum minimum ipsius k^4 inveniatur in A, numerus h, quippe qui ex illius producto per ee oritur, necessario in C contentus erit.

III. Designante h non-residuum quadraticum ipsius p inter limites 1 et $p-1$, eruatur inter eosdem limites numerus integer g talis, ut habeatur $eg \equiv h$. Erit itaque g residuum quadraticum, et proin vel in A vel in C contentus: in casu priori h manifesto inter numeros B, in posteriori autem inter numeros D invenietur.

Ex his omnibus colligitur, cunctos numeros $1, 2, 3 \ldots . p-1$ inter quatuor series A, B, C, D ita distribui, ut quivis illorum in una harum reperiatur, unde singulae series $\frac{1}{4}(p-1)$ numeros continere debent. In hac classificatione classes A et C quidem numeros suos essentialiter possident, sed distinctio inter classes B et D eatenus arbitraria est, quatenus ab electione numeri e pendet, qui ipse semper ad B referendus est; quapropter si eius loco alius e classe D adoptatur, classes B, D inter se permutabuntur.

6.

Quum -1 sit residuum quadraticum ipsius p, statuamus, $-1 \equiv ff (\text{mod.}\, p)$, unde quatuor radices congruentiae $x^4 \equiv 1$ erunt $1, f, -1, -f$. Quodsi itaque

a est residuum biquadraticum ipsius p, puta $\equiv \alpha^4$, quatuor radices congruentiae $x^4 \equiv a$ erunt α, $f\alpha$, $-\alpha$, $-f\alpha$, quas inter se incongruas esse facile perspicitur. Hinc patet, si colligantur residua minima positiva biquadratorum 1, 16 81, 256 .... $(p-1)^4$, quaterna semper aequalia fore, ita ut $\frac{1}{4}(p-1)$ residua biquadratica diversa habeantur complexum A formantia. Si residua minima biquadratorum usque ad $(\frac{1}{2}p-\frac{1}{2})^4$ tantum colliguntur, singula bis aderunt.

7.

Productum duorum residuorum biquadraticorum manifesto est residuum biquadraticum, sive e multiplicatione duorum numerorum classis A semper prodit productum, cuius residuum minimum positivum ad eandem classem pertinet. Perinde producta numeri ex B in numerum ex D, vel numeri ex C in numerum ex C, habebunt residua sua minima in A.

In B autem cadent residua productorum $A.B$ et $C.D$; in C residua productorum $A.C$, $B.B$ et $D.D$; denique in D residua productorum $A.D$ et $B.C$.

Demonstrationes tam obviae sunt, ut sufficiat, unam indicavisse. Sint e.g. c et d numeri ex C et D, atque $c \equiv eea$, $d \equiv e^3a'$, denotantibus a, a' numeros ex A. Tunc e^4aa' erit residuum biquadraticum, i.e. ipsius residuum minimum ad A referetur: quare quum productum cd fiat $\equiv e.e^4aa'$, illius residuum minimum in B contentum erit.

Simul facile iam diiudicari potest, ad quamnam classem referendum sit productum e pluribus factoribus. Scilicet tribuendo classi A, B, C, D resp. characterem 0, 1, 2, 3, character producti vel aggregato characterum singulorum factorum aequalis erit, vel eius residuo minimo secundum modulum 4.

8.

Operae pretium visum est, hasce propositiones elementares absque adminiculo theoriae residuorum potestatum evolvere, qua in auxilium vocata omnia adhuc multo facilius demonstrare licet.

Sit g radix primitiva pro modulo p, i. e. numerus talis, ut in serie potestatum g, gg, g^3 .... nulla ante hanc g^{p-1} unitati secundum modulum p congrua evadat. Tunc residua minima positiva numerorum 1, g, gg, g^3 .... g^{p-2} praeter ordinem cum his 1, 2, 3 ..... $p-1$ convenient, et in quatuor classes sequenti modo distribuentur:

ad	residua minima numerorum
A	$1,\ g^4, g^8,\ g^{12} \ldots\ldots g^{p-5}$
B	$g,\ g^5, g^9,\ g^{13} \ldots\ldots g^{p-4}$
C	$gg, g^6, g^{10}, g^{14} \ldots\ldots g^{p-3}$
D	$g^3,\ g^7, g^{11}, g^{15} \ldots\ldots g^{p-2}$

Hinc omnes propositiones praecedentes sponte demanant.

Ceterum sicuti hic numeri $1, 2, 3 \ldots . p-1$ in quatuor classes distributi sunt, quarum complexus per A, B, C, D designamus, ita *quemvis* integrum per p non divisibilem, ad normam ipsius residui minimi secundum modulum p, alicui harum classium adnumerare licebit.

9.

Denotabimus per f residuum minimum potestatis $g^{\frac{1}{4}(p-1)}$ secundum modulum p, unde quum fiat $ff \equiv g^{\frac{1}{2}(p-1)} \equiv -1$ (*Disquis. Arithm.* art. 62), patet, characterem f hic idem significare quod in art. 6. Potestas $g^{\frac{1}{4}\lambda(p-1)}$ itaque, denotante λ integrum positivum, congrua erit secundum modulum p numero $1, f$, -1, $-f$, prout λ formae $4m$, $4m+1$, $4m+2$, $4m+3$ resp., sive prout residuum minimum ipsius g^λ in A, B, C, D resp. reperitur. Hinc nanciscimur criterium persimplex ad diiudicandum, ad quam classem numerus datus h per p non divisibilis referendus sit; pertinebit scilicet h ad A, B, C vel D, prout potestas $h^{\frac{1}{4}(p-1)}$ secundum modulum p numero 1, f, -1 vel $-f$ congrua evadit.

Tamquam corollarium hinc sequitur, -1 semper ad classem A referri, quoties p sit formae $8n+1$, ad classem C vero, quoties p sit formae $8n+5$. Demonstratio huius theorematis a theoria residuorum potestatum independens ex iis, quae in *Disquisitionibus Arithmeticis* art. 115, III docuimus, facile adornari potest.

10.

Quum *omnes* radices primitivae pro modulo p prodeant e residuis potestatum g^λ, accipiendo pro λ omnes numeros ad $p-1$ primos, facile perspicitur, illas inter complexus B et D aequaliter dispertitas fore, basi g semper in B contenta. Quodsi loco numeri g radix alia primitiva e complexu B pro basi accipitur, classificatio eadem manebit; si vero radix primitiva e complexu D tamquam basis adoptatur, classes B et D inter se permutabuntur.

Si classificatio criterio in art. praec. prolato superstruitur, discrimen inter classes B et D inde pendebit, utram radicem congruentiae $xx \equiv -1 \pmod{p}$ pro numero characteristico f adoptemus.

11.

Quo facilius disquisitiones subtiliores, quas iam aggressuri sumus, per exempla illustrari possint, constructionem classium pro omnibus modulis infra 100 hic apponimus. Radicem primitivam pro singulis minimam adoptavimus.

$p = 5$

$g = 2,\ f = 2$

A	1
B	2
C	4
D	3

$p = 13$

$g = 2,\ f = 8$

A	1, 3, 9
B	2, 5, 6
C	4, 10, 12
D	7, 8, 11

$p = 17$

$g = 3,\ f = 13$

A	1, 4, 13, 16
B	3, 5, 12, 14
C	2, 8, 9, 15
D	6, 7, 10, 11

$p = 29$

$g = 2,\ f = 12$

A	1, 7, 16, 20, 23, 24, 25
B	2, 3, 11, 14, 17, 19, 21
C	4, 5, 6, 9, 13, 22, 28
D	8, 10, 12, 15, 18, 26, 27

$p = 37$

$g = 2, f = 31$

A	1, 7, 9, 10, 12, 16, 26, 33, 34
B	2, 14, 15, 18, 20, 24, 29, 31, 32
C	3, 4, 11, 21, 25, 27, 28, 30, 36
D	5, 6, 8, 13, 17, 19, 22, 23, 35

$p = 41$

$g = 6, f = 32$

A	1, 4, 10, 16, 18, 23, 25, 31, 37, 40
B	6, 14, 15, 17, 19, 22, 24, 26, 27, 35
C	2, 5, 8, 9, 20, 21, 32, 33, 36, 39
D	3, 7, 11, 12, 13, 28, 29, 30, 34, 38

$p = 53$

$g = 2, f = 30$

A	1, 10, 13, 15, 16, 24, 28, 36, 42, 44, 46, 47, 49
B	2, 3, 19, 20, 26, 30, 31, 32, 35, 39, 41, 45, 48
C	4, 6, 7, 9, 11, 17, 25, 29, 37, 38, 40, 43, 52
D	5, 8, 12, 14, 18, 21, 22, 23, 27, 33, 34, 50, 51

$p = 61$

$g = 2, f = 11$

A	1, 9, 12, 13, 15, 16, 20, 22, 25, 34, 42, 47, 56, 57, 58
B	2, 7, 18, 23, 24, 26, 30, 32, 33, 40, 44, 50, 51, 53, 55
C	3, 4, 5, 14, 19, 27, 36, 39, 41, 45, 46, 48, 49, 52, 60
D	6, 8, 10, 11, 17, 21, 28, 29, 31, 35, 37, 38, 43, 54, 59

$p = 73$

$g = 5, f = 27$

A	1, 2, 4, 8, 9, 16, 18, 32, 36, 37, 41, 55, 57, 64, 65, 69, 71, 72
B	5, 7, 10, 14, 17, 20, 28, 33, 34, 39, 40, 45, 53, 56, 59, 63, 66, 68
C	3, 6, 12, 19, 23, 24, 25, 27, 35, 38, 46, 48, 49, 50, 54, 61, 67, 70
D	11, 13, 15, 21, 22, 26, 29, 30, 31, 42, 43, 44, 47, 51, 52, 58, 60, 62

$p = 89$
$g = 3, f = 34$

A	1, 2, 4, 8, 11, 16, 22, 25, 32, 39, 44, 45, 50, 57, 64, 67, 73, 78, 81, 85, 87, 88
B	3, 6, 7, 12, 14, 23, 24, 28, 33, 41, 43, 46, 48, 56, 61, 65, 66, 75, 77, 82, 83, 86
C	5, 9, 10, 17, 18, 20, 21, 34, 36, 40, 42, 47, 49, 53, 55, 68, 69, 71, 72, 79, 80, 84
D	13, 15, 19, 26, 27, 29, 30, 31, 35, 37, 38, 51, 52, 54, 58, 59, 60, 62, 63, 70, 74, 76

$p = 97$
$g = 5, f = 22$

A	1, 4, 6, 9, 16, 22, 24, 33, 35, 36, 43, 47, 50, 54, 61, 62, 64, 73, 75, 81, 88, 91, 93, 96
B	5, 13, 14, 17, 19, 20, 21, 23, 29, 30, 41, 45, 52, 56, 67, 68, 74, 76, 77, 78, 80, 83, 84, 92
C	2, 3, 8, 11, 12, 18, 25, 27, 31, 32, 44, 48, 49, 53, 65, 66, 70, 72, 79, 85, 86, 89, 94, 95
D	7, 10, 15, 26, 28, 34, 37, 38, 39, 40, 42, 46, 51, 55, 57, 58, 59, 60, 63, 69, 71, 82, 87, 90

12.

Quum numerus 2 sit residuum quadraticum omnium numerorum primorum formae $8n+1$, non-residuum vero omnium formae $8n+5$, pro modulis primis formae prioris 2 in classe A vel C, pro modulis formae posterioris in classe B vel D invenietur. Quum discrimen inter classes B et D non sit essentiale, quippe quod tantummodo ab electione numeri f pendet, modulos formae $8n+5$ aliquantisper seponemus. Modulos formae $8n+1$ autem *inductioni* subiiciendo, invenimus 2 pertinere ad A pro $p = 73$, 89, 113, 233, 257, 281, 337, 353 etc.; contra 2 pertinere ad C pro $p = 17$, 41, 97, 137, 193, 241, 313, 401, 409, 433, 449, 457 etc.

Ceterum quum pro modulo primo formae $8n+1$ numerus -1 sit residuum biquadraticum, patet, -2 semper cum $+2$ ad eandem classem referendum esse.

13.

Si exempla art. praec. inter se comparantur, primo saltem aspectu criterium nullum simplex se offerre videtur, per quod modulos priores a posterioribus dignoscere liceret. Nihilominus *duo* huiusmodi criteria dantur, elegantia et simplicitate perinsignia, ad quorum alterum considerationes sequentes viam sternent.

Modulus p, tamquam numerus primus formae $8n+1$, reduci poterit, et quidem unico tantum modo, sub formam $aa+2bb$ (*Disquiss. Arithm.* art. 182, II); radices a, b positive accipi supponemus. Manifesto a impar erit, b vero par; statuemus autem $b = 2^\lambda c$, ita ut c sit impar. Iam observamus

I. quum habeatur $p \equiv aa$ (mod. c) ipsum p esse residuum quadraticum ipsius c, et proin etiam singulorum factorum primorum, in quos c resolvitur: vicissim itaque, per theorema fundamentale, singuli hi factores primi erunt residua quadratica ipsius p, et proin etiam illorum productum c erit residuum quadraticum ipsius p. Quod quum etiam de numero 2 valeat, patet, b esse residuum quadraticum ipsius p, et proin bb, nec non $-bb$, residuum biquadraticum.

II. Hinc $-2bb$ ad eandem classem referri debet, in qua invenitur numerus 2; quare quum $aa \equiv -2bb$, manifestum est, 2 vel in classe A, vel in classe C inveniri, prout a sit vel residuum quadraticum ipsius p, vel non-residuum quadraticum.

III. Iam supponamus, a in factores suos primos resolutum esse, e quibus ii, qui sunt vel formae $8m+1$ vel $8m+7$, denotentur per $\alpha, \alpha', \alpha''$ etc., ii vero qui sunt vel formae $8m+3$ vel $8m+5$, per β, β', β'' etc.: posteriorum multitudo sit $= \mu$. Quoniam $p \equiv 2bb$ (mod. a), erit p residuum quadraticum eorum factorum primorum ipsius a, quorum residuum quadraticum est 2, i. e. factorum $\alpha, \alpha', \alpha''$ etc.; non-residuum quadraticum vero factorum eorum, quorum non-residuum quadraticum est 2, i. e. factorum β, β', β'' etc. Quocirca, vice versa, per theorema fundamentale, singuli $\alpha, \alpha', \alpha''$ etc. erunt residua quadratica ipsius p, singuli β, β', β'' etc. autem non-residua quadratica. Ex his itaque concluditur, productum a fore residuum quadraticum ipsius p, vel non-residuum, prout μ par sit vel impar.

IV. Sed facile confirmatur, productum omnium $\alpha, \alpha', \alpha''$ etc. fieri formae $8m+1$ vel $8m+7$, idemque valere de producto omnium β, β', β'' etc., si horum multitudo fuerit par, ita ut in hoc casu etiam productum a necessario fieri debeat formae $8m+1$ vel $8m+7$; contra productum omnium β, β', β''etc., quo-

ties ipsorum multitudo impar sit, fieri formae $8m+3$ vel $8m+5$, idemque adeo in hoc casu valere de producto a.

Ex his omnibus itaque colligitur theorema elegans:

Quoties a est formae $8m+1$ vel $8m+7$, numerus 2 in complexu A contentus erit; quoties vero a est formae $8m+3$ vel $8m+5$, numerus 2 in complexu C invenietur.

Quod confirmatur per exempla in art. praec. enumerata; priores enim moduli ita discerpuntur: $73 = 1+2.36$, $89 = 81+2.4$, $113 = 81+2.16$, $233 = 225+2.4$, $257 = 225+2.16$, $281 = 81+2.100$, $337 = 49+2.144$, $353 = 225+2.64$; posteriores vero ita: $17 = 9+2.4$, $41 = 9+2.16$, $97 = 25+2.36$, $137 = 9+2.64$, $193 = 121+2.36$, $241 = 169+2.36$, $313 = 25+2.144$, $401 = 9+2.196$, $409 = 121+2.144$, $433 = 361+2.36$, $449 = 441+2.4$, $457 = 169+2.144$.

14.

Quum discerptio numeri p in quadratum simplex et duplex nexum tam insignem cum classificatione numeri 2 prodiderit, operae pretium esse videtur tentare, num discerptio in duo quadrata, cui numerum p aeque obnoxium esse constat, similem forte successum suppeditet. Ecce itaque discerptiones numerorum p, pro quibus 2 pertinet ad classem

A	C
$9+64$	$1+16$
$25+64$	$25+16$
$49+64$	$81+16$
$169+64$	$121+16$
$1+256$	$49+144$
$25+256$	$225+16$
$81+256$	$169+144$
$289+64$	$1+400$
	$9+400$
	$289+144$
	$49+400$
	$441+16$

Ante omnia observamus, duorum quadratorum, in quae p discerpitur, alterum impar esse debere, quod statuemus $= aa$, alterum par, quod statuemus $= bb$. Quoniam aa fit formae $8n+1$, patet, valoribus impariter paribus ipsius b respondere valores ipsius p formae $8n+5$, ab inductione nostra hic exclusos, quippe qui numerum 2 in classe B vel D haberent. Pro valoribus autem ipsius p, qui sunt formae $8n+1$, b esse debet pariter par, et si inductioni, quam schema allatum ob oculos sistit, fidem habere licet, numerus 2 ad classem A referendus erit pro omnibus modulis, pro quibus b est formae $8n$, ad classem C vero pro omnibus modulis, pro quibus b est formae $8n+4$. Sed hoc theorema longe altioris indaginis est, quam id, quod in art. praec. eruimus, demonstrationique plures disquisitiones praeliminares sunt praemittendae, ordinem, quo numeri complexuum A, B, C, D se invicem sequuntur, spectantes.

15.

Designemus multitudinem numerorum e complexu A, quos immediate sequitur numerus e complexu A, B, C, D resp., per (00), (01), (02), (03); perinde multitudinem numerorum e complexu B, quos sequitur numerus e complexu A, B, C, D resp. per (10), (11), (12), (13); similiterque sint in complexu C resp. (20), (21), (22), (23) numeri, in complexu D vero (30), (31), (32), (33) numeri, quos sequitur numerus e complexu A, B, C, D. Proponimus nobis, has sedecim multitudines a priori determinare. Quo commodius lectores ratiocinia generalia cum exemplis comparare possint, valores numericos terminorum schematis (S)

$$\begin{matrix}(00), & (01), & (02), & (03)\\ (10), & (11), & (12), & (13)\\ (20), & (21), & (22), & (23)\\ (30), & (31), & (32), & (33)\end{matrix}$$

pro singulis modulis, pro quibus classificationes in art. 11 tradidimus, hic adscribere visum est.

$p = 5$	$p = 13$	$p = 17$	$p = 29$
0, 1, 0, 0	0, 1, 2, 0	0, 2, 1, 0	2, 3, 0, 2
0, 0, 0, 1	1, 1, 0, 1	2, 0, 1, 1	1, 1, 2, 3
0, 0, 0, 0	0, 1, 0, 1	1, 1, 1, 1	2, 1, 2, 1
0, 0, 1, 0	1, 0, 1, 1	0, 1, 1, 2	1, 2, 3, 1

$p=37$	$p=41$	$p=53$	$p=61$
2, 1, 2, 4	0, 4, 3, 2	2, 3, 6, 2	4, 3, 2, 6
2, 2, 4, 1	4, 2, 2, 2	4, 4, 2, 3	3, 3, 6, 3
2, 2, 2, 2	3, 2, 3, 2	2, 4, 2, 4	4, 3, 4, 3
2, 4, 1, 2	2, 2, 2, 4	4, 2, 3, 4	3, 6, 3, 3

$p=73$	$p=89$	$p=97$
5, 6, 4, 2	3, 8, 6, 4	2, 6, 7, 8
6, 2, 5, 5	8, 4, 5, 5	6. 8, 5, 5
4, 5, 4, 5	6, 5, 6, 5	7, 5, 7, 5
2, 5, 5, 6	4, 5, 5, 8	8, 5, 5, 6

Quum moduli formae $8n+1$ et $8n+5$ diverso modo se habeant, utrosque seorsim tractare oportet: a prioribus initium faciemus.

16.

Character (00) indicat, quot modis diversis aequationi $\alpha+1=\alpha'$ satisfieri possit, denotantibus α, α' indefinite numeros e complexu A. Quum pro modulo formae $8n+1$, qualem hic subintelligimus, α' et $p-\alpha'$ ad eundem complexum pertineant, concinnius dicemus, (00) exprimere multitudinem modorum diversorum, aequationi $1+\alpha+\alpha'=p$, satisfaciendi: manifesto huius aequationis vice etiam congruentia $1+\alpha+\alpha'\equiv 0$ (mod. p) fungi potest.

Perinde

(01) indicat multitudinem solutionum congruentiae $1+\alpha+\beta\equiv 0$ (mod. p)
(02) multitudinem solutionum congruentiae $1+\alpha+\gamma\equiv 0$
(03) multitudinem solutionum congruentiae $1+\alpha+\delta\equiv 0$
(11) multitudinem solutionum congruentiae $1+\beta+\beta'\equiv 0$ etc.

exprimendo indefinite per β et β' numeros e complexu B, per γ numeros e complexu C, per δ numeros e complexu D. Hinc statim colligimus sex aequationes sequentes:

$$(01)=(10),\quad (02)=(20),\quad (03)=(30),\quad (12)=(21),\quad (13)=(31),\quad (23)=(32)$$

E quavis solutione data congruentiae $1+\alpha+\beta\equiv 0$ demanat solutio congruentiae $1+\delta+\delta'\equiv 0$, accipiendo pro δ numerum inter limites $1\ldots.p-1$

eum qui reddit $\beta\delta\equiv 1$ (qui manifesto erit e complexu D), et pro δ' residuum minimum positivum producti $\alpha\delta$ (quod itidem erit e complexu D); perinde patet regressus a solutione data congruentiae $1+\delta+\delta'\equiv 0$ ad solutionem congruentiae $1+\alpha+\beta\equiv 0$, si β accipitur ita, ut fiat $\beta\delta\equiv 1$, simulque statuitur $\alpha\equiv\beta\delta'$. Hinc concludimus, utramque congruentiam aequali solutionum multitudine gaudere, sive esse $(01)=(33)$.

Simili modo e congruentia $1+\alpha+\gamma\equiv 0$ deducimus $\gamma'+\gamma''+1\equiv 0$, si γ' accipitur e complexu C ita ut fiat $\gamma\gamma'\equiv 1$, atque γ'' ex eodem complexu congruus producto $\alpha\gamma'$. Unde facile colligimus, has duas congruentias aequalem solutionum multitudinem admittere, sive esse $(02)=(22)$.

Perinde e congruentia $1+\alpha+\delta\equiv 0$ deducimus $\beta+\beta'+1\equiv 0$, accipiendo β, β' ita ut fiat $\beta\delta\equiv 1$, $\beta\alpha\equiv\beta'$, eritque adeo $(03)=(11)$.

Denique e congruentia $1+\beta+\gamma\equiv 0$ simili modo tum congruentiam $\delta+1+\beta'\equiv 0$, tum hanc $\gamma'+\delta'+1\equiv 0$ derivamus, atque hinc concludimus $(12)=(13)=(23)$.

Nacti sumus itaque, inter sedecim incognitas nostras, undecim aequationes, ita ut illae ad quinque reducantur, schemaque S ita exhiberi possit:

$$\begin{matrix} h, & i, & k, & l \\ i, & l, & m, & m \\ k, & m, & k, & m \\ l, & m, & m, & i \end{matrix}$$

Facile vero tres novae aequationes conditionales adiiciuntur. Quum enim quemvis numerum complexus A, excepto ultimo $p-1$, sequi debeat numerus ex aliquo complexuum A, B, C vel D, habebimus

$$(00)+(01)+(02)+(03)=2n-1$$

et perinde

$$(10)+(11)+(12)+(13)=2n$$
$$(20)+(21)+(22)+(23)=2n$$
$$(30)+(31)+(32)+(33)=2n$$

In signis modo introductis tres primae aequationes suppeditant:

$$h+i+k+l=2n-1$$
$$i+l+2m=2n$$
$$k+m=n$$

Quarta cum secunda fit identica. Adiumento harum aequationum tres incognitarum eliminare licet, quo pacto omnes sedecim iam ad duas reductae sunt.

17.

Ut vero determinationem completam nanciscamur, investigare conveniet multitudinem solutionum congruentiae

$$1+\alpha+\beta+\gamma \equiv 0 \pmod{p}$$

designantibus α, β, γ indefinite numeros e complexibus A, B, C. Manifesto valor $\alpha = p-1$ non est admissibilis, quum fieri nequeat $\beta+\gamma \equiv 0$: substituendo itaque pro α deinceps valores reliquos, prodibunt h, i, k, l valores ipsius $1+\alpha$ ad A, B, C, D resp. pertinentes. Pro quovis autem valore *dato* ipsius $1+\alpha$ ad A pertinente, puta pro $1+\alpha = \alpha^0$, congruentia $\alpha^0+\beta+\gamma \equiv 0$ totidem solutiones admittet, quot congruentia $1+\beta'+\gamma' \equiv 0$ (statuendo scilicet $\beta \equiv \alpha^0\beta'$, $\gamma \equiv \alpha^0\gamma'$), i. e. solutiones $(12) = m$. Perinde pro quovis valore dato ipsius $1+\alpha$ ad B pertinente, puta pro $1+\alpha = \beta^0$, congruentia $\beta^0+\beta+\gamma \equiv 0$ totidem solutiones habebit, quot haec $1+\alpha'+\beta' \equiv 0$ (scilicet statuendo $\beta \equiv \beta^0\alpha'$, $\gamma \equiv \beta^0\beta'$), i. e. solutiones $(01) = i$. Similiter pro quolibet valore dato ipsius $1+\alpha$ ad C pertinente, puta pro $1+\alpha = \gamma^0$, congruentia $\gamma^0+\beta+\gamma \equiv 0$ totidem modis diversis solvi poterit, quot haec $1+\delta+\alpha' \equiv 0$ (nempe statuendo $\beta \equiv \gamma^0\delta$, $\gamma \equiv \gamma^0\alpha'$), i. e. solutionum multitudo erit $(03) = l$. Denique pro quovis valore dato ipsius $1+\alpha$ ad D pertinente, puta pro $1+\alpha = \delta^0$, congruentia $\delta^0+\beta+\gamma \equiv 0$ totidem solutiones habebit, quot haec $1+\gamma'+\delta' \equiv 0$ (statuendo $\beta \equiv \delta^0\gamma'$, $\gamma \equiv \delta^0\delta'$), i. e. $(23) = m$ solutiones. Omnibus itaque collectis, patet, congruentiam $1+\alpha+\beta+\gamma \equiv 0$ admittere

$$hm+ii+kl+lm$$

solutiones diversas.

Prorsus vero simili modo eruimus, si pro β singuli deinceps numeri complexus B substituantur, summam $1+\beta$ obtinere resp. (10), (11), (12), (13) sive i, l, m, m valores ad A, B, C, D pertinentes, et pro quovis valore *dato* ipsius $1+\beta$ ad hos complexus pertinente, congruentiam $1+\beta+\alpha+\gamma \equiv 0$ resp. (02), (31), (20), (13) sive k, m, k, m solutiones diversas admittere, ita ut multitudo omnium solutionum fiat

$$= ik + lm + km + mm$$

Ad eundem valorem perducimur, si evolutionem considerationi valorum summae $1+\gamma$ superstruimus.

18.

Ex hac duplici eiusdem multitudinis expressione nanciscimur aequationem:

$$0 = hm + ii + kl - ik - km - mm$$

atque hinc, eliminando h adiumento aequationis $h = 2m - k - 1$,

$$0 = (k-m)^2 + ii + kl - ik - kk - m$$

Sed duae aequationes ultimae art. 16 suppeditant $k = \frac{1}{2}(l+i)$, quo valore substituto $ii+kl-ik-kk$ transit in $\frac{1}{4}(l-i)^2$, adeoque aequatio praecedens, per 4 multiplicata, in hanc

$$0 = 4(k-m)^2 + (l-i)^2 - 4m$$

Hinc, quoniam $4m = 2(k+m) - 2(k-m) = 2n - 2(k-m)$, sequitur

$$2n = 4(k-m)^2 + 2(k-m) + (l-i)^2$$

sive

$$8n+1 = (4(k-m)+1)^2 + 4(l-i)^2$$

Statuendo itaque

$$4(k-m)+1 = a, \quad 2l - 2i = b$$

habebimus

$$p = aa + bb$$

Sed constat, p unico tantum modo in duo quadrata discerpi posse, quorum alterum impar accipi debet pro aa, alterum par pro bb, ita ut aa, bb sint numeri ex asse determinati. Sed etiam a ipse erit numerus prorsus determinatus; radix enim quadrati positive accipi debet, vel negative, prout radix positiva est formae $4M+1$ vel $4M+3$. De determinatione signi ipsius b mox loquemur.

Iam combinatis his novis aequationibus cum tribus ultimis art. 16, quinque numeri h, i, k, l, m per a, b et n penitus determinantur sequenti modo:

$$8h = 4n - 3a - 5$$
$$8i = 4n + a - 2b - 1$$
$$8k = 4n + a - 1$$
$$8l = 4n + a + 2b - 1$$
$$8m = 4n - a + 1$$

Si loco ipsius n modulum p introducere malumus, schema S, singulis terminis ad evitandas fractiones per 16 multiplicatis, ita se habet:

$p-6a-11$	$p+2a-4b-3$	$p+2a-3$	$p+2a+4b-3$
$p+2a-4b-3$	$p+2a+4b-3$	$p-2a+1$	$p-2a+1$
$p+2a-3$	$p-2a+1$	$p+2a-3$	$p-2a+1$
$p+2a+4b-3$	$p-2a+1$	$p-2a+1$	$p+2a-4b-3$

19.

Superest, ut signum ipsi b tribuendum assignare doceamus. Iam supra, art. 10, monuimus, distinctionem inter complexus B et D, per se non essentialem, ab electione numeri f pendere, pro quo alterutra radix congruentiae $xx \equiv -1$ accipi debet, illasque inter se permutari, si loco alterius radicis altera adoptetur. Iam quum inspectio schematis modo allati doceat, similem permutationem cum mutatione signi ipsius b cohaerere, praevidere licet, nexum inter signum ipsius b atque numerum f exstare debere. Quem ut cognoscamus, ante omnia observamus, si, denotante μ integrum non negativum, pro z accipiantur omnes numeri $1, 2, 3 \ldots . p-1$, fieri secundum modulum p, vel $\Sigma z^\mu \equiv 0$, vel $\Sigma z^\mu \equiv -1$, prout μ vel non-divisibilis sit per $p-1$, vel divisibilis. Pars posterior theorematis inde patet, quod pro valore ipsius μ per $p-1$ divisibili, habetur $z^\mu \equiv 1$: partem priorem vero ita demonstramus. Denotante g radicem primitivam, omnes z convenient cum residuis minimis omnium g^y, accipiendo pro y omnes numeros $0, 1, 2, 3 \ldots . p-2$, eritque adeo $\Sigma z^\mu \equiv \Sigma g^{\mu y}$. Sed fit

$$\Sigma g^{\mu y} = \frac{g^{\mu(p-1)}-1}{g^\mu - 1}, \text{ adeoque } (g^\mu - 1)\Sigma z^\mu \equiv g^{\mu(p-1)} - 1 \equiv 0$$

Hinc vero sequitur, quoniam pro valore ipsius μ per $p-1$ non-divisibili g^μ ipsi 1 congruus sive $g^\mu - 1$ per p divisibilis esse nequit, $\Sigma z^\mu \equiv 0$. Q. E. D.

Iam si potestas $(z^4+1)^{\frac{1}{4}(p-1)}$ secundum theorema binomiale evolvitur, per lemma praec. fiet

$$\Sigma(z^4+1)^{\frac{1}{4}(p-1)} \equiv -2 \pmod{p}$$

Sed residua minima omnium z^4 exhibent omnes numeros A, quovis quater occurrente; habebimus itaque inter residua minima ipsius z^4+1

$$\begin{array}{l} 4(00) \text{ ad } A \\ 4(01) \text{ ad } B \\ 4(02) \text{ ad } C \\ 4(03) \text{ ad } D \end{array}$$

pertinentia, quatuorque erunt $=0$ (puta pro $z^4 \equiv p-1$). Hinc, considerando criteria complexuum A, B, C, D, deducimus

$$\Sigma(z^4+1)^{\frac{1}{4}(p-1)} \equiv 4(00)+4f(01)-4(02)-4f(03)$$

adeoque

$$-2 \equiv 4(00)+4f(01)-4(02)-4f(03)$$

sive substitutis pro (00), (01) etc. valoribus in art. praec inventis,

$$-2 \equiv -2a-2-2bf$$

Hinc itaque colligimus, semper fieri debere $a+bf \equiv 0$, sive, multiplicando per f.

$$b \equiv af$$

quae congruentia determinationi signi ipsius b, si numerus f iam electus est, vel determinationi numeri f, si signum ipsius b aliunde praescribitur, inservit.

20.

Postquam problema nostrum pro modulis formae $8n+1$ complete solvimus, progredimur ad casum alterum, ubi p est formae $8n+5$: quem eo brevius absolvere licebit, quod omnia ratiocinia parum a praecedentibus differunt.

Quum pro tali modulo -1 ad classem C pertineat, complementa numerorum complexuum A, B, C, D ad summam p, in classibus C, D, A, B resp. contenta erunt. Hinc facile colligitur

signum	denotare multitudinem solutionum congruentiae
(00)	$1+\alpha+\gamma\equiv 0$
(01)	$1+\alpha+\delta\equiv 0$
(02)	$1+\alpha+\alpha'\equiv 0$
(03)	$1+\alpha+\beta\equiv 0$
(10)	$1+\beta+\gamma\equiv 0$
(11)	$1+\beta+\delta\equiv 0$
(12)	$1+\beta+\alpha\equiv 0$
(13)	$1+\beta+\beta'\equiv 0$
(20)	$1+\gamma+\gamma'\equiv 0$
(21)	$1+\gamma+\delta\equiv 0$
(22)	$1+\gamma+\alpha\equiv 0$
(23)	$1+\gamma+\beta\equiv 0$
(30)	$1+\delta+\gamma\equiv 0$
(31)	$1+\delta+\delta'\equiv 0$
(32)	$1+\delta+\alpha\equiv 0$
(33)	$1+\delta+\beta\equiv 0$

unde statim habentur sex aequationes:

$$(00)=(22),\quad (01)=(32),\quad (03)=(12),\quad (10)=(23),\quad (11)=(33),\quad (21)=(30)$$

Multiplicando congruentiam $1+\alpha+\gamma\equiv 0$ per numerum γ' e complexu C ita electum, ut fiat $\gamma\gamma'\equiv 1$, accipiendoque pro γ'' residuum minimum producti $\alpha\gamma'$, quod manifesto quoque complexui C adnumerandum erit, prodit $\gamma'+\gamma''+1\equiv 0$, unde colligimus $(00)=(20)$.

Prorsus simili modo habentur aequationes $(01)=(13)$, $(03)=(31)$, $(10)=(11)=(21)$.

Adiumento harum undecim aequationum sedecim incognitas nostras ad quinque reducere, schemaque S ita exhibere possumus:

$$\begin{matrix} h, & i, & k, & l \\ m, & m, & l, & i \\ h, & m, & h, & m \\ m, & l, & i, & m \end{matrix}$$

Porro habemus aequationes

$$(00)+(01)+(02)+(03) = 2n+1$$
$$(10)+(11)+(12)+(13) = 2n+1$$
$$(20)+(21)+(22)+(23) = 2n$$
$$(30)+(31)+(32)+(33) = 2n+1$$

sive, adhibendo signa modo introducta, has tres (I):

$$h+i+k+l = 2n+1$$
$$2m+i+l = 2n+1$$
$$h+m = n$$

quarum itaque adiumento incognitas nostras iam ad duas reducere licet.

Aequationes reliquas e consideratione multitudinis solutionum congruentiae $1+\alpha+\beta+\gamma \equiv 0$ derivabimus (per α, β, γ, etiam hic indefinite numeros e complexibus A, B, C resp. denotantes). Scilicet perpendendo *primo*, $1+\alpha$ praebere h, i, k, l numeros resp. ad A, B, C, D pertinentes, et pro quovis valore dato ipsius α in his quatuor casibus resp. haberi solutiones m, l, i, m, multitudo omnium solutionum erit

$$= hm+il+ik+lm$$

Secundo quum $1+\beta$ exhibeat m, m, l, i numeros ad A, B, C, D pertinentes, et pro quovis valore *dato* ipsius β in his quatuor casibus exstent solutiones h, m, h, m, multitudo omnium solutionum erit

$$= hm+mm+hl+im$$

unde derivamus aequationem

$$0 = mm+hl+im-il-ik-lm$$

quae adiumento aequationis $k = 2m-h$, ex (I) petitae, transit in hanc.

$$0 = mm+hl+hi-il-im-lm$$

Iam ex aequationibus I habemus etiam $l+i = 1+2h$, unde

$$2i = 1+2h+(i-l)$$
$$2l = 1+2h-(i-l)$$

Quibus valoribus in aequatione praecedente substitutis, prodit:

$$0 = 4mm - 4m - 1 - 8hm + 4hh + (i-l)^2$$

Quodsi tandem pro $4m$ hic substituimus $2(h+m) - 2(h-m)$ sive, propter aequationem ultimam in I, $2n - 2(h-m)$, obtinemus:

$$0 = 4(h-m)^2 - 2n + 2(h-m) - 1 + (i-l)^2$$

adeoque

$$8n+5 = (4(h-m)+1)^2 + 4(i-l)^2$$

Statuendo itaque

$$4(h-m)+1 = a, \quad 2i - 2l = b$$

fiet

$$p = aa + bb$$

Iam quum in hoc quoque casu p unico tantum modo in duo quadrata, par alterum, alterum impar, discerpi possit, aa et bb erunt numeri prorsus determinati; manifesto enim aa quadrato impari, bb pari aequalis statui debet. Praeterea *signum* ipsius a ita erit stabiliendum, ut fiat $a \equiv 1$ (mod. 4), signumque ipsius b ita, ut habeatur $b \equiv af$ (mod. p), uti per ratiocinia iis, quibus in art. praec. usi sumus, prorsus similia facile demonstratur.

His praemissis quinque numeri h, i, k, l, m per a, b et n ita determinantur:

$$\begin{aligned} 8h &= 4n + a - 1 \\ 8i &= 4n + a + 2b + 3 \\ 8k &= 4n - 3a + 3 \\ 8l &= 4n + a - 2b + 3 \\ 8m &= 4n - a + 1 \end{aligned}$$

aut si expressiones per p praeferimus, termini schematis S per 16 multiplicati ita se habebunt:

$p+2a-7$	$p+2a+4b+1$	$p-6a+1$	$p+2a-4b+1$
$p-2a-3$	$p-2a-3$	$p+2a-4b+1$	$p+2a+4b+1$
$p+2a-7$	$p-2a-3$	$p+2a-7$	$p-2a-3$
$p-2a-3$	$p+2a-4b+1$	$p+2a+4b+1$	$p-2a-3$

21.

Postquam problema nostrum solvimus, ad disquisitionem principalem revertimur, determinationem completam complexus, ad quem numerus 2 pertinet, iam aggressuri.

I. Quoties p est formae $8n+1$, iam constat, numerum 2 vel in complexu A vel in complexu C inveniri. In casu priori facile perspicitur, etiam numeros $\frac{1}{2}(p-1)$, $\frac{1}{2}(p+1)$ ad A pertinere, in posteriori vero ad C. Iam perpendamus, si α et $\alpha+1$ sint numeri contigui complexus A, etiam $p-\alpha-1$, $p-\alpha$ tales numeros esse, sive, quod idem est, numeros complexus A tales, quos sequatur numerus ex eodem complexu, binos semper associatos esse, (α et $p-1-\alpha$). Talium itaque numerorum multitudo, (00), semper erit par, nisi quis exstat sibi ipse associatus, i. e. nisi $\frac{1}{2}(p-1)$ ad A pertinet, in quo casu multitudo illa impar erit. Hinc colligimus, (00) imparem esse, quoties 2 ad complexum A, parem vero, quoties 2 ad C pertineat. Sed habemus

$$16(00) = aa+bb-6a-11$$

sive statuendo $a = 4q+1$, $b = 4r$ (v. art. 14),

$$(00) = qq-q+rr-1$$

Quoniam igitur $qq-q$ manifesto semper par est, (00) impar erit vel par, prout r par est vel impar, adeoque 2 vel ad A vel ad C pertinebit, prout b est vel formae $8m$ vel formae $8m+4$. Quod est ipsum theorema, in art. 14 per inductionem inventum.

II. Sed etiam casum alterum, ubi p est formae $8n+5$, aeque complete absolvere licet. Numerus 2 hic vel ad B, vel ad D pertinet, perspiciturque facile, in casu priori $\frac{1}{2}(p-1)$ ad B, $\frac{1}{2}(p+1)$ ad D, in casu posteriori autem $\frac{1}{2}(p-1)$ ad D, $\frac{1}{2}(p+1)$ ad B pertinere. Iam perpendamus, si β sit numerus ex B talis, quem sequatur numerus ex D, fore etiam numerum $p-\beta-1$ ex B atque $p-\beta$ ex D, i. e. numeros illius proprietatis binos associatos semper adesse. Erit itaque illorum multitudo, (13), par, excepto casu, in quo unus eorum sibi ipse associatus est, i. e. ubi $\frac{1}{2}(p-1)$ ad B, $\frac{1}{2}(p+1)$ ad D pertinet; tunc scilicet (13) impar erit. Hinc colligimus, (13) parem esse, quoties 2 ad D, imparem vero, quoties 2 ad B pertineat. Sed habemus

$$16(13) = aa+bb+2a+4b+1$$

sive statuendo $a = 4q+1$, $b = 4r+2$,

$$(13) = qq+q+rr+2r+1$$

Erit itaque (13) impar, quoties r par est; contra (13) par erit, quoties r est impar: unde colligimus, 2 pertinere ad B, quoties b sit formae $8m+2$, ad D vero, quoties b sit formae $8m+6$.

Summa harum investigationum ita enunciari potest:

Numerus 2 *pertinet ad complexum* A, B, C *vel* D, *prout numerus* $\frac{1}{2}b$ *est formae* $4m$, $4m+1$, $4m+2$ *vel* $4m+3$.

22.

In *Disquisitionibus Arithmeticis* theoriam generalem divisionis circuli, atque solutionis aequationis $x^p-1=0$ explicavimus, interque alia docuimus, si μ sit divisor numeri $p-1$, functionem $\frac{x^p-1}{x-1}$ in μ factores ordinis $\frac{p-1}{\mu}$ resolvi posse adiumento aequationis auxiliaris ordinis μ. Praeter theoriam generalem huius resolutionis simul casus speciales, ubi $\mu=2$ vel $\mu=3$, in illo opere artt. 356—358 seorsim consideravimus, aequationemque auxiliarem a priori assignare docuimus, i. e. absque evolutione schematis residuorum minimorum potestatum alicuius radicis primitivae pro modulo p. Iam vel nobis non monentibus lectores attenti facile percipient nexum arctissimum casus proximi istius theoriae, puta pro $\mu=4$, cum investigationibus hic in artt. 15—20 explicatis, quarum adiumento ille quoque sine difficultate complete absolvi poterit. Sed hanc tractationem ad aliam occasionem nobis reservamus, ideoque etiam in commentatione praesente disquisitionem in forma pure arithmetica perficere maluimus, theoria aequationis $x^p-1=0$ nullo modo immixta. Contra coronidis loco adhuc quaedam alia theoremata nova pure arithmetica, cum argumento hactenus pertractato arctissime coniuncta, adiiciemus.

23.

Si potestas $(x^4+1)^{\frac{1}{2}(p-1)}$ secundum theorema binomiale evolvitur, tres termini aderunt, in quibus exponens ipsius x per $p-1$ divisibilis est, puta

$$x^{2(p-1)},\quad Px^{p-1} \text{ atque } 1$$

denotando per P coëfficientem medium

$$\frac{\frac{1}{2}(p-1)\,.\,\frac{1}{2}(p-3)\,.\,\frac{1}{2}(p-5)\,\ldots\ldots\,\frac{1}{4}(p+3)}{1\;.\;2\;.\;3\;\ldots\ldots\,\frac{1}{4}(p-1)}$$

Substituendo itaque pro x deinceps numeros $1, 2, 3 \ldots\ldots p-1$, obtinebimus per lemma art. 19

$$\Sigma(x^4+1)^{\frac{1}{2}(p-1)} \equiv -2-P$$

At perpendendo ea quae in art. 19 exposuimus, insuperque, quod numeri complexuum A, B, C, D, ad potestatem exponentis $\frac{1}{2}(p-1)$ evecti congrui sunt, secundum modulum p, numeris $+1$, -1, $+1$, -1 resp., facile intelligitur fieri

$$\Sigma(x^4+1)^{\frac{1}{2}(p-1)} \equiv 4(00)-4(01)+4(02)-4(03)$$

adeoque per schemata in fine artt. 18, 20 tradita

$$\Sigma(x^4+1)^{\frac{1}{2}(p-1)} \equiv -2a-2$$

Comparatio horum duorum valorum suppeditat elegantissimum theorema: scilicet habemus

$$P \equiv 2a \pmod{p}$$

Denotando quatuor producta

$$\begin{array}{l} 1\,.\,2\,.\,3\,\ldots\ldots\,\frac{1}{4}(p-1) \\ \frac{1}{4}(p+3)\,.\,\frac{1}{4}(p+7)\,.\,\frac{1}{4}(p+11)\,\ldots\ldots\,\frac{1}{2}(p-1) \\ \frac{1}{2}(p+1)\,.\,\frac{1}{2}(p+3)\,.\,\frac{1}{2}(p+5)\,\ldots\ldots\,\frac{3}{4}(p-1) \\ \frac{1}{4}(3p+1)\,.\,\frac{1}{4}(3p+5)\,.\,\frac{1}{4}(3p+9)\,\ldots\ldots\,(p-1) \end{array}$$

resp. per q, r, s, t, theorema praecedens ita exhibetur:

$$2a \equiv \frac{r}{q} \pmod{p}$$

Quum quilibet factorum ipsius q complementum suum ad p habeat in t, erit $q \equiv t \pmod{p}$, quoties multitudo factorum par est, i. e. quoties p est formae $8n+1$, contra $q \equiv -t$, quoties multitudo factorum impar est, sive p formae $8n+5$. Perinde in casu priori erit $r \equiv s$, in posteriori $r \equiv -s$. In utroque casu erit $qr \equiv st$, et quum constet, haberi $qrst \equiv -1$, erit $qqrr \equiv -1$,

adeoque $qr \equiv \pm f$ (mod. p). Combinando hanc congruentiam cum theoremate modo invento obtinemus $rr \equiv \pm 2af$, et proin, per artt. 19, 20

$$2b \equiv \pm rr \text{ (mod. } p)^{*})$$

Valde memorabile est, discerptionem numeri p in duo quadrata per operationes prorsus directas inveniri posse; scilicet radix quadrati imparis erit residuum absolute minimum ipsius $\frac{r}{2q}$ radix quadrati paris vero residuum absolute minimum ipsius $\frac{1}{2}rr$ secundum modulum p. Expressionem $\frac{r}{2q}$, cuius valor pro $p = 5$ fit $= 1$, pro valoribus maioribus ipsius p, ita quoque exhibere licet:

$$\frac{6.10.14.18\ldots\ldots(p-3)}{2.\;3\;.\;4\;.\;5\ldots\ldots\frac{1}{4}(p-1)}$$

Sed quum insuper noverimus, quonam signo affecta prodeat ex hac formula radix quadrati imparis, eo scilicet, ut semper fiat formae $4m+1$, attentione perdignum est, quod simile criterium generale respectu signi radicis quadrati paris hactenus inveniri non potuerit. Quale si quis inveniat, et nobiscum communicet, magnam de nobis gratiam feret. Interim hic adiungere visum est valores numerorum a, b, f, quales pro valoribus ipsius p infra 200 e residuis minimis expressionum $\frac{r}{2q}$, $\frac{1}{2}rr$, qr prodeunt.

*) atque $\{(a \mp b)q\}^2 \equiv a \equiv \left(\frac{r - qrr}{2}\right)^2$

p	a	b	f
5	$+1$	$+2$	2
13	-3	-2	5
17	$+1$	-4	13
29	$+5$	$+2$	12
37	$+1$	-6	31
41	$+5$	$+4$	9
53	-7	-2	23
61	$+5$	-6	11
73	-3	-8	27
89	$+5$	-8	34
97	$+9$	$+4$	22
101	$+1$	-10	91
109	-3	$+10$	33
113	-7	$+8$	15
137	-11	$+4$	37
149	-7	-10	44
157	-11	-6	129
173	$+13$	$+2$	80
181	$+9$	$+10$	162
193	-7	$+12$	81
197	$+1$	-14	183

THEORIA

RESIDUORUM BIQUADRATICORUM

COMMENTATIO SECUNDA

AUCTORE

CAROLO FRIDERICO GAUSS

SOCIETATI REGIAE TRADITA 1831. APR. 15.

Commentationes societatis regiae scientiarum Gottingensis recentiores. Vol. VII.
Gottingae MDCCCXXXII.

THEORIA RESIDUORUM BIQUADRATICORUM.

COMMENTATIO SECUNDA.

24.

In commentatione prima ea, quae ad classificationem biquadraticam numeri $+2$ requiruntur, complete absoluta sunt. Dum scilicet omnes numeros per modulum p (qui supponitur essse numerus primus formae $4n+1$) non divisibiles inter quatuor complexus A, B, C, D distributos concipimus, prout singuli ad potestatem exponentis $\frac{1}{4}(p-1)$ evecti congrui fiunt secundum modulum p ipsi $+1$, $+f$, -1, $-f$, denotante f radicem alterutram congruentiae $ff \equiv -1$ (mod. p): invenimus, diiudicationem, cuinam complexui adnumerandus sit numerus $+2$, pendere a discerptione numeri p in duo quadrata, ita quidem, ut si statuatur $p = aa+bb$, denotante aa quadratum impar, bb quadratum par, si porro *signa* ipsorum a, b ita accepta supponantur, ut habeatur $a \equiv 1$ (mod. 4), $b \equiv af$ (mod. p), numerus $+2$ ad complexum A, B, C, D pertinere debeat, prout $\frac{1}{2}b$ sit formae $4n$, $4n+1$, $4n+2$, $4n+3$ resp.

Sponte quoque hinc demanat regula classificationi numeri -2 inserviens. Scilicet quum -1 pertineat ad classem A pro valore pari ipsius $\frac{1}{2}b$, ad classem C vero pro impari: pertinebit, per theorema art. 7, numerus -2 ad classem A, B, C, D, prout $\frac{1}{2}b$ est formae $4n$, $4n+3$, $4n+2$, $4n+1$ resp.

Haec theoremata etiam sequenti modo exprimi possunt:

Pertinet	$+2$	-2
ad complexum	si b, secundum modulum 8, fit congruus ipsi	
A	0	0
B	$2a$	$6a$
C	$4a$	$4a$
D	$6a$	$2a$

Facile intelligitur, theoremata sic enunciata haud amplius pendere a conditione $a \equiv 1 \pmod{4}$, sed etiamnum valere, si fuerit $a \equiv 3 \pmod{4}$, dummodo conditio altera, $af \equiv b \pmod{p}$, conservetur.

Aeque facile perspicitur, summam horum theorematum eleganter contrahi posse in formulam unicam, puta:

si a et b positive accipiuntur, semper fit

$$b^{\frac{1}{2}ab} \equiv a^{\frac{1}{2}ab}\, 2^{\frac{1}{4}(p-1)} \pmod{p}$$

25.

Videamus nunc, quatenus inductio classificationem numeri 3 indigitet. Tabula art. 11 ulterius continuata (semper adoptata radice primitiva minima), monstrat, $+3$ pertinere

ad complexum

A pro			B pro			C pro			D pro		
p	a	b	p	a	b	p	a	b	p	a	b
13	-3	$+2$	17	$+1$	-4	37	$+1$	-6	5	$+1$	$+2$
109	-3	$+10$	29	$+5$	$+2$	61	$+5$	-6	41	$+5$	-4
181	$+9$	$+10$	53	-7	$+2$	73	-3	-8	149	-7	$+10$
193	-7	-12	89	$+5$	-8	97	$+9$	$+4$	173	$+13$	$+2$
229	-15	$+2$	101	$+1$	$+10$	157	-11	-6			
277	$+9$	$+14$	113	-7	-8	241	-15	-4			
			137	-11	-4						
			197	$+1$	-14						
			233	$+13$	$+8$						
			257	$+1$	-16						
			269	$+13$	$+10$						
			281	$+5$	$+16$						
			293	$+17$	$+2$						

Primo saltem aspectu nexum simplicem inter valores numerorum a, b, quibus idem complexus respondet, non animadvertimus. At si perpendimus, diiudicationem similem in theoria residuorum quadraticorum per regulam simpliciorem absolvi respectu numeri -3, quam respectu numeri $+3$, spes affulget successus aeque secundi in theoria residuorum biquadraticorum. Invenimus autem, -3 pertinere ad complexum

A pro			*B* pro			*C* pro			*D* pro		
p	a	b	p	a	b	p	a	b	p	a	b
37	$+1$	-6	5	$+1$	$+2$	13	-3	$+2$	29	$+5$	$+2$
61	$+5$	-6	17	$+1$	-4	73	-3	-8	41	$+5$	-4
157	-11	-6	89	$+5$	-8	97	$+9$	$+4$	53	-7	$+2$
193	-7	-12	113	-7	-8	109	-3	$+10$	101	$+1$	$+10$
			137	-11	-4	181	$+9$	$+10$	197	$+1$	-14
			149	-7	$+10$	229	-15	$+2$	269	$+13$	$+10$
			173	$+13$	$+2$	241	-15	-4	293	$+17$	$+2$
			233	$+13$	$+8$	277	$+9$	$+14$			
			257	$+1$	-16						
			281	$+5$	$+16$						

ubi lex inductionis sponte se offert. Scilicet pertinet -3 ad complexum

A, quoties b per 3 divisibilis est, sive $b \equiv 0 \pmod{3}$
B, quoties $a+b$ per 3 est divisibilis, sive $b \equiv 2a \pmod{3}$
C, quoties a per 3 est divisibilis, sive $a \equiv 0 \pmod{3}$
D, quoties $a-b$ per 3 divisibilis est, sive $b \equiv a \pmod{3}$

26.

Numerum $+5$ adscribendum invenimus complexui

A pro $p = 101, 109, 149, 181, 269$
B pro $p = 13, 17, 73, 97, 157, 193, 197, 233, 277, 293$
C pro $p = 29, 41, 61, 89, 229, 241, 281$
D pro $p = 37, 53, 113, 137, 173, 257$

In considerationem vocatis valoribus numerorum a, b singulis p respondentibus, lex hic aeque facile, ut pro classificatione numeri -3, prehenditur. Scilicet incidimus in complexum

A, quoties $b \equiv 0 \pmod{5}$
B, quoties $b \equiv a$
C, quoties $a \equiv 0$
D, quoties $b \equiv 4a$

Manifestum est, has regulas complecti casus omnes, quum pro $b \equiv 2a$, vel $b \equiv 3a \pmod{5}$ fieret $aa+bb \equiv 0$, Q.E.A., quum per hypothesin p sit numerus primus a 5 diversus.

27

Perinde inductio ad numeros -7, -11, $+13$, $+17$, -19, -23 applicata satisque producta sequentes regulas indigitat:

Pro numero -7.

A	$a \equiv 0$, vel $b \equiv 0 \pmod{7}$
B	$b \equiv 4a$, vel $b \equiv 5a$
C	$b \equiv a$, vel $b \equiv 6a$
D	$b \equiv 2a$, vel $b \equiv 3a$

Pro numero -11.

A	$b \equiv 0$, $5a$, vel $6a \pmod{11}$
B	$b \equiv a$, $3a$ vel $4a$
C	$a \equiv 0$, vel $b \equiv 2a$ vel $9a$
D	$b \equiv 7a$, $8a$ vel $10a$

Pro numero $+13$.

A	$b \equiv 0$, $4a$, $9a \pmod{13}$
B	$b \equiv 6a$, $11a$, $12a$
C	$a \equiv 0$; $b \equiv 3a$, $10a$
D	$b \equiv a$, $2a$, $7a$

Pro numero $+17$

A	$a \equiv 0$; $b \equiv 0$, a, $16a \pmod{17}$
B	$b \equiv 2a$, $6a$, $8a$, $14a$
C	$b \equiv 5a$, $7a$, $10a$, $12a$
D	$b \equiv 3a$, $9a$, $11a$, $15a$

Pro numero -19.

A	$b \equiv 0,\ 2a,\ 5a,\ 14a,\ 17a \pmod{19}$
B	$b \equiv 3a,\ 7a,\ 11a,\ 13a,\ 18a$
C	$a \equiv 0,\ b \equiv 4a,\ 9a,\ 10a,\ 15a$
D	$b \equiv a,\ 6a,\ 8a,\ 12a,\ 16a$

Pro numero -23.

A	$a \equiv 0;\ b \equiv 0,\ 7a,\ 10a,\ 13a,\ 16a \pmod{23}$
B	$b \equiv 2a,\ 3a,\ 4a,\ 11a,\ 15a,\ 17a$
C	$b \equiv a,\ 5a,\ 9a,\ 14a,\ 18a,\ 22a$
D	$b \equiv 6a,\ 8a,\ 12a,\ 19a,\ 20a,\ 21a$

28.

Theoremata specialia hoc modo per inductionem eruta confirmari inveniuntur, quousque haec continuetur, formamque criteriorum pulcherrimam manifestant. Si vero inter se conferuntur, ut conclusiones generales inde petantur, primo statim aspectu se offerunt observationes sequentes.

Criteria diiudicationis, ad quemnam complexum referendus sit numerus primus $\pm q$ (sumendo signum superius vel inferius, prout q est formae $4n+1$ vel $4n+3$), pendent a formis numerorum a, b inter se collatorum respectu moduli q. Scilicet

I. quoties $a \equiv 0 \pmod{q}$, $\pm q$ pertinet ad complexum determinatum, qui est A pro $q = 7,\ 17,\ 23$, nec non C pro $q = 3,\ 11,\ 13,\ 19$, unde coniectura oritur, casum priorem generaliter valere, quoties q sit formae $8n\pm 1$, posteriorem vero, quoties q sit formae $8n\pm 3$. Ceterum complexus B et D iam absque inductione excluduntur pro valore ipsius a per q divisibili, ubi fit $p \equiv bb \pmod{q}$, i. e. ubi p est residuum quadraticum ipsius q, unde per theorema fundamentale $\pm q$ esse debet residuum quadraticum ipsius p.

II. Quoties autem a per q non est divisibilis, criterium pendet a valore expressionis $\frac{b}{a} \pmod{q}$. Admittit quidem haec expressio q valores diversos, puta $0, 1, 2, 3 \ldots q-1$· sed quoties q est formae $4n+1$, excludendi sunt bini valo-

res expressionis $\sqrt{-1}$ (mod. q), qui manifesto nequeunt esse valores expressionis $\frac{b}{a}$ (mod. q), quum $p = aa + bb$ semper supponatur esse numerus primus a q diversus. Quapropter multitudo valorum admissibilium expressionis $\frac{b}{a}$ (mod. q) est $= q - 2$, pro $q \equiv 1$ (mod. 4), dum manet $= q$ pro $q \equiv 3$ (mod. 4).

Iam hi valores in quaternas classes distribuuntur, puta, ut quidam, indefinite per α denotandi, respondeant complexui A; alii per β denotandi complexui B; alii γ complexui C; denique reliqui δ complexui D, ita scilicet, ut $\pm q$ complexui A, B, C, D adscribendus sit, prout habeatur $b \equiv \alpha a$, $b \equiv \beta a$, $b \equiv \gamma a$, $c \equiv \delta a$ (mod. q).

At *lex* huius distributionis abstrusior videtur, etiamsi quaedam generalia promte animadvertantur. Multitudo in ternis classibus eadem reperitur, puta $= \frac{1}{4}(q-1)$ vel $\frac{1}{4}(q+1)$, dum in una (et quidem in eadem, quae respondet complexui cum criterio $a \equiv 0$) unitate minor est, ita ut multitudo omnium criteriorum diversorum respectu singulorum complexuum fiat eadem, puta $= \frac{1}{4}(q-1)$ vel $\frac{1}{4}(q+1)$. Porro animadvertimus, 0 semper in prima classe (inter α) reperiri nec non complementa numerorum $\alpha, \beta, \gamma, \delta$ ad q, puta $q-\alpha$, $q-\beta$, $q-\gamma$, $q-\delta$ resp. in classe prima, quarta, tertia, secunda. Denique valores expressionum $\frac{1}{\alpha}, \frac{1}{\beta}, \frac{1}{\gamma}, \frac{1}{\delta}$ (mod. q) pertinere videmus ad classem primam, quartam, tertiam, secundam, quoties criterium $a \equiv 0$ respondet complexui A; ad classem tertiam, secundam, primam, quartam resp. autem, quoties criterium $a \equiv 0$ refertur ad complexum C. Sed ad haec fere limitantur, quae per inductionem assequi licet, nisi audacius ea, quae infra e fontibus genuinis haurientur, anticipare nobis arrogemus.

29.

Antequam ulterius progrediamur, observare convenit, criteria pro numeris primis (positive sumtis, si sunt formae $4n+1$, negative, si formae $4n+3$) sufficere ad diiudicationem pro omnibus reliquis numeris, si modo theorema art. 7, atque criteria pro -1 et ± 2 in subsidium vocentur. Ita e. g. si desiderantur criteria pro numero $+3$, criteria in art. 25 prolata, quae referuntur ad -3, etiamnum pro $+3$ valebunt, quoties $\frac{1}{2}b$ est numerus par: contra complexus A, B, C, D cum complexibus C, D, A, B permutandi erunt, quoties $\frac{1}{2}b$ est impar, unde sequuntur praecepta haecce:

$+3$ pertinet	
ad complexum	si
A	$b \equiv 0 \pmod{12}$; vel simul $a \equiv 0 \pmod{3}$, $b \equiv 2 \pmod{4}$
B	$b \equiv 8a$ vel $10a \pmod{12}$
C	$b \equiv 6a \pmod{12}$; vel simul $a \equiv 0 \pmod{3}$, $b \equiv 0 \pmod{4}$
D	$b \equiv 2a$ vel $4a \pmod{12}$

Perinde criteria pro ± 6 petuntur e combinatione criteriorum pro ∓ 2 et -3; scilicet

$+6$ pertinet	
ad complexum	si
A	$b \equiv 0,\ 2a,\ 22a \pmod{24}$; vel simul $a \equiv 0 \pmod{3}$, $b \equiv 4a \pmod{8}$
B	$b \equiv 4a,\ 6a,\ 8a \pmod{24}$; vel simul $a \equiv 0 \pmod{3}$, $b \equiv 2a \pmod{8}$
C	$b \equiv 10a,\ 12a,\ 14a \pmod{24}$; vel simul $a \equiv 0 \pmod{3}$, $b \equiv 0 \pmod{8}$
D	$b \equiv 16a,\ 18a,\ 20a \pmod{24}$; vel simul $a \equiv 0 \pmod{3}$, $b \equiv 6a \pmod{8}$

-6 vero	
ad complexum	si
A	$b \equiv 0,\ 10a,\ 14a \pmod{24}$; vel simul $a \equiv 0 \pmod{3}$, $b \equiv 4a \pmod{8}$
B	$b \equiv 4a,\ 8a,\ 18a \pmod{24}$; vel simul $a \equiv 0 \pmod{3}$, $b \equiv 6a \pmod{8}$
C	$b \equiv 2a,\ 12a,\ 22a \pmod{24}$; vel simul $a \equiv 0 \pmod{3}$, $b \equiv 0 \pmod{8}$
D	$b \equiv 6a,\ 16a,\ 20a \pmod{24}$; vel simul $a \equiv 0 \pmod{3}$, $b \equiv 2a \pmod{8}$

Simili modo criteria pro numero $+21$ concinnabuntur e criteriis pro -3 et -7; criteria pro -105 e criteriis pro -1, -3, $+5$, -7, etc.

30.

Amplissimam itaque messem theorematum specialium aperit inductio, theoremati pro numero 2 affinium: sed desideratur vinculum commune, desiderantur demonstrationes rigorosae, quum methodus, per quam in commentatione prima numerum 2 absolvimus, ulteriorem applicationem non patiatur. Non desunt quidem methodi diversae, per quas demonstrationibus pro casibus particularibus potiri liceret, iis potissimum, qui distributionem residuorum quadraticorum inter complexus A, C spectant, quibus tamen non immoramur, quum theoria genera-

lis *omnes* casus complectens in votis esse debeat. Cui rei quum inde ab anno 1805 meditationes nostras dicare coepissemus, mox certiores facti sumus, fontem genuinum theoriae generalis in campo arithmeticae promoto quaerendum esse, uti iam in art 1 addigitavimus.

Quemadmodum scilicet arithmetica sublimior in quaestionibus hactenus pertractatis inter solos numeros integros reales versatur, ita theoremata circa residua biquadratica tunc tantum in summa simplicitate ac genuina venustate resplendent, quando campus arithmeticae ad quantitates *imaginarias* extenditur, ita ut absque restrictione ipsius obiectum constituant numeri formae $a+bi$, denotantibus i, pro more quantitatem imaginariam $\sqrt{-1}$, atque a, b indefinite omnes numeros reales integros inter $-\infty$ et $+\infty$. Tales numeros vocabimus *numeros integros complexos*, ita quidem, ut reales complexis non opponantur, sed tamquam species sub his contineri censeantur. Commentatio praesens tum doctrinam elementarem de numeris complexis, tum prima initia theoriae residuorum biquadraticorum sistet, quam ab omni parte perfectam reddere in continuatione subsequente suscipiemus*).

31.

Ante omnia quasdam denominationes praemittimus, per quarum introductionem brevitati et perspicuitati consuletur.

Campus numerorum complexorum $a+bi$ continet

I. numeros reales, ubi $b=0$, et, inter hos, pro indole ipsius a

1) cifram

2) numeros positivos

3) numeros negativos

II. numeros imaginarios, ubi b cifrae inaequalis. Hic iterum distinguuntur

1) numeri imaginarii absque parte reali, i. e. ubi $a=0$

2) numeri imaginarii cum parte reali, ubi neque b neque $a=0$.

Priores si placet numeri imaginarii puri, posteriores numeri imaginarii mixti vocari possunt.

---

*) Obiter saltem hic adhuc monere convenit, campum ita definitum imprimis theoriae residuorum biquadraticorum accommodatum esse. Theoria residuorum cubicorum simili modo superstruenda est considerationi numerorum formae $a+bh$, ubi h est radix imaginaria aequationis $h^3-1=0$, puta $h=-\frac{1}{2}+\sqrt{\frac{3}{4}}\cdot i$; et perinde theoria residuorum potestatum altiorum introductionem aliarum quantitatum imaginariarum postulabit.

Unitatibus in hac doctrina utimur quaternis, $+1$, -1, $+i$, $-i$, quae simpliciter positiva, negativa, positiva imaginaria, negativa imaginaria audient.

Producta terna cuiuslibet numeri complexi per -1, $+i$, $-i$ illius *socios* vel *numeros illi associatos* appellabimus. Excepta itaque cifra (quae sibi ipsa associata est), semper quaterni numeri *inaequales* associati sunt.

Contra numero complexo *coniunctum* vocamus eum, qui per permutationem ipsius i cum $-i$ inde oritur. Inter numeros imaginarios itaque bini *inaequales* semper coniuncti sunt, dum numeri reales sibi ipsi sunt coniuncti, siquidem denominationem ad hos extendere placet.

Productum numeri complexi per numerum ipsi coniunctum utriusque *normam* vocamus. Pro norma itaque numeri realis, ipsius quadratum habendum est.

Generaliter octonos numeros nexos habemus, puta

$a+bi$	$a-bi$
$-b+ai$	$-b-ai$
$-a-bi$	$-a+bi$
$b-ai$	$b+ai$

ubi duas quaterniones numerorum associatorum, quatuor biniones coniunctorum conspicimus, omniumque norma communis est $aa+bb$. Sed octo numeri ad quatuor inaequales reducuntur, quoties vel $a=\pm b$, vel alteruter numerorum $a, b=0$

E definitionibus allatis protinus demanant sequentia:

Producto duorum numerorum complexorum coniunctum est productum e numeris, qui illis coniuncti sunt.

Idem valet de producto e pluribus factoribus, nec non de quotientibus.

Norma producti e duobus numeris complexis aequalis est producto ex horum normis.

Hoc quoque theorema extenditur ad producta e quotcunque factoribus et ad quotientes.

Cuiusvis numeri complexi (excipiendo cifram, quod plerumque abhinc tacite subintelligemus) norma est numerus *positivus*.

Ceterum nihil obstat, quominus definitiones nostrae ad valores fractos vel adeo irrationales ipsorum a, b extendantur; sed $a+bi$ tunc tantum numerus complexus integer audiet, quando *uterque* a, b est integer, atque tunc tantum rationalis, quando *uterque* a b rationalis est.

32.

Algorithmus operationum arithmeticarum circa numeros complexos vulgo notus est: divisio, per introductionem normae, ad multiplicationem reducitur. quum habeatur

$$\frac{a+bi}{c+di} = (a+bi)\frac{c-di}{cc+dd} = \frac{ac+bd}{cc+dd} + \frac{bc-ad}{cc+dd}\cdot i$$

Extractio radicis quadratae perficitur adiumento formulae

$$\sqrt{(a+bi)} = \pm\left(\sqrt{\frac{\sqrt{(aa+bb)}+a}{2}} + i\sqrt{\frac{\sqrt{(aa+bb)}-a}{2}}\right)$$

si b est numerus positivus, vel huius

$$\sqrt{(a+bi)} = \pm\left(\sqrt{\frac{\sqrt{(aa+bb)}+a}{2}} - i\sqrt{\frac{\sqrt{(aa+bb)}-a}{2}}\right)$$

si b est numerus negativus. Usui transformationis quantitatis complexae $a+bi$ in $r(\cos\varphi + i\sin\varphi)$ ad calculos facilitandos, non opus est hic immorari.

33.

Numerum integrum complexum, qui in factores duos ab unitatibus diversos*) resolvi potest, vocamus numerum complexum compositum; contra numerus primus complexus dicetur, qui talem resolutionem in factores non admittit. Hinc statim patet, quemvis numerum compositum realem etiam esse compositum complexum. At numerus primus realis poterit esse numerus complexus compositus, et quidem hoc valebit de numero 2 atque de omnibus numeris primis realibus positivis formae $4n+1$ (excepto numero 1), quippe quos in bina quadrata positiva decomponi posse constat; puta, fit $2 = (1+i)(1-i)$, $5 = (1+2i)(1-2i)$, $13 = (3+2i)(3-2i)$, $17 = (1+4i)(1-4i)$ etc.

Contra numeri primi reales positivi formae $4n+3$ semper sunt numeri primi complexi. Si enim talis numerus q esset $= (a+bi)(\alpha+\beta i)$, foret etiam $q = (a-bi)(\alpha-\beta i)$, adeoque $qq = (aa+bb)(\alpha\alpha+\beta\beta)$: at qq unico tantum modo in factores positivos unitate maiores resolvi potest, puta in $q\times q$, unde esse deberet $q = aa+bb = \alpha\alpha+\beta\beta$, Q. E. A; quum summa duorum quadratorum nequeat esse formae $4n+3$.

*) sive, quod idem est, tales, quorum normae unitate sint maiores.

Numeri reales negativi manifesto easdem denominationes servant, quas positivi, idemque valet de numeris imaginariis puris.

Superest itaque, ut inter numeros imaginarios mixtos, compositos a primis dignoscere doceamus, quod fit per sequens

Theorema. *Quivis numerus integer imaginarius mixtus* $a+bi$ *est vel numerus primus complexus, vel numerus compositus, prout ipsius norma est vel numerus primus realis, vel numerus compositus.*

Dem. I. Quoniam numeri complexi compositi norma semper est numerus compositus, patet, numerum complexum, cuius norma sit numerus primus realis, necessario esse debere numerum primum complexum. Q. E. P.

II. Si vero norma $aa+bb$ est numerus compositus, sit p numerus primus positivus realis illam metiens. Duo iam casus distinguendi sunt.

1) Si p est formae $4n+3$, constat, $aa+bb$ per p divisibilem esse non posse, nisi p simul metiatur ipsos a, b, unde $a+bi$ erit numerus compositus.

2) Si p non est formae $4n+3$, certo in duo quadrata decomponi poterit: statuemus itaque $p=\alpha\alpha+\beta\beta$. Quum fiat

$$(a\alpha+b\beta)(a\alpha-b\beta)=aa(\alpha\alpha+\beta\beta)-\beta\beta(aa+bb)$$

adeoque per p divisibilis, p certo alterutrum factorem $a\alpha+b\beta$, $a\alpha-b\beta$ metietur, et quum insuper fiat

$$(a\alpha+b\beta)^2+(b\alpha-a\beta)^2=(a\alpha-b\beta)^2+(b\alpha+a\beta)^2=(aa+bb)(\alpha\alpha+\beta\beta)$$

adeoque per pp divisibilis, patet, in casu priori etiam $b\alpha-a\beta$, in posteriori $b\alpha+a\beta$ per p divisibilem esse debere. Quare in casu priori

$$\frac{a+bi}{\alpha+\beta i}=\frac{a\alpha+b\beta}{p}+\frac{b\alpha-a\beta}{p}\,i$$

erit numerus integer complexus, in posteriori autem

$$\frac{a+bi}{\alpha-\beta i}=\frac{a\alpha-b\beta}{p}+\frac{b\alpha+a\beta}{p}\cdot i$$

integer erit. Quum itaque numerus propositus vel per $\alpha+\beta i$ vel per $\alpha-\beta i$ divisibilis sit, quotientisque norma $=\frac{aa+bb}{p}$ per hyp. ab unitate diversa fiat, patet, $a+bi$ in utroque casu esse numerum complexum compositum. Q. E. S.

34.

Totum itaque ambitum numerorum primorum complexorum exhauriunt quatuor species sequentes:

1) quatuor unitates, 1, $+i$, -1, $-i$, quas tamen, dum de numeris primis agemus, plerumque tacite subintelligemus exclusas.

2) numerus $1+i$ cum tribus sociis $-1+i$, $-1-i$, $1-i$.

3) numeri primi reales positivi formae $4n+3$ cum ternis sociis.

4) numeri complexi, quorum normae sunt numeri primi reales formae $4n+1$ unitate maiores, et quidem cuivis normae tali datae semper octoni numeri primi complexi et non plures respondebunt, quum talis norma unico tantum modo in bina quadrata decomponi possit.

35.

Quemadmodum numeri integri reales in pares et impares distribuuntur, atque illi iterum in pariter pares et impariter pares, ita inter numeros complexos distinctio aeque essentialis se offert: sunt scilicet

vel per $1+i$ non divisibiles, puta numeri $a+bi$, ubi alter numerorum a, b est impar, alter par;

vel per $1+i$ neque vero per 2 divisibiles, quoties uterque a, b est impar;

vel per 2 divisibiles, quoties uterque a, b est par.

Numeri primae classis commode dici possunt numeri complexi impares, secundae semipares, tertiae pares.

Productum e pluribus factoribus complexis semper impar erit, quoties omnes factores sunt impares; semipar, quoties unus factor est semipar, reliqui impares; par autem, quoties inter factores vel saltem duo semipares inveniuntur, vel saltem unus par.

Norma cuiusvis numeri complexi imparis est formae $4n+1$; norma numeri semiparis est formae $8n+2$; denique norma numeri paris est productum numeri formae $4n+1$ in numerum 4 vel altiorem binarii potestatem.

36.

Quum nexus inter quaternos numeros complexos socios analogus sit nexui inter binos numeros reales oppositos (i. e. absolute aequales signisque oppositis affectos), atque ex his vulgo positivus tamquam primarius merito considerari soleat:

quaestio oritur, num similis distinctio inter quaternos numeros complexos socios stabiliri possit, et pro utili haberi debeat. Ad quam decidendam perpendere oportet, principium distinctionis ita comparatum esse debere, ut productum duorum numerorum, qui inter socios suos pro primariis valent, semper fiat numerus primarius inter socios suos. At mox certiores fimus, tale principium omnino non dari, nisi distinctio ad numeros integros restringatur: quinadeo distinctio *utilis* ad numeros impares limitanda erit. Pro his vero finis propositus duplici modo attingi potest. Scilicet

I. Productum duorum numerorum $a+bi$, $a'+b'i$ ita comparatorum, ut a, a' sint formae $4n+1$, atque b, b' pares, eadem proprietate gaudebit, ut pars realis fiat $\equiv 1$ (mod. 4), atque pars imaginaria par Et facile perspicietur, inter quaternos numeros impares associatos unum solum sub illa forma contentum esse.

II. Si numerus $a+bi$ ita comparatus est, ut $a-1$ et b vel simul pariter pares sint, vel simul impariter pares, eius productum per numerum complexum eiusdem formae eadem forma gaudebit, facileque perspicitur, e quaternis numeris imparibus associatis unum solum sub hac forma contineri.

Ex his duobus principiis aeque fere idoneis posterius adoptabimus, scilicet inter quaternos numeros complexos impares associatos eum pro primario habebimus, qui secundum modulum $2+2i$ unitati positivae fit congruus: hoc pacto plura insignia theoremata maiori concinnitate enunciare licebit. Ita e.g. sunt numeri primi complexi primarii $-1+2i$, $-1-2i$, $+3+2i$, $+3-2i$, $+1+4i$, $+1-4i$ etc., nec non reales -3, -7, -11, -19 etc. manifesto semper signo negativo afficiendi. Numero complexo impari primario coniunctus quoque primarius erit.

Pro numeris semiparibus et paribus in genere similis distinctio nimis arbitraria parumque utilis foret. E numeris primis associatis $1+i$, $1-i$, $-1+i$, $-1-i$ unum quidem prae reliquis pro primario eligere possumus, sed ad compositos talem distinctionem non extendemus.

37.

Si inter factores numeri complexi compositi inveniuntur tales, qui ipsi sunt compositi, atque hi iterum in factores suos resolvuntur, manifesto tandem ad factores primos delabimur, i. e. quivis numerus compositus in factores primos resolubilis est. Inter quos si qui non primarii reperiuntur, singulorum loco substitua-

tur productum primarii associati per i, -1 vel $-i$. Hoc pacto patet, quemvis numerum complexum compositum M reduci posse ad formam

$$M = i^{\mu} A^{\alpha} B^{\beta} C^{\gamma} \ldots$$

ita ut A, B, C etc. sint numeri primi complexi primarii inaequales, atque $\mu = 0, 1, 2$ vel 3. Circa hanc resolutionem theorema se offert, unico tantum modo eam fieri posse, quod theorema obiter quidem consideratum per se manifestum videri posset, sed utique demonstratione eget. Ad quam sternit viam sequens

Theorema. *Productum* $M = A^{\alpha} B^{\beta} C^{\gamma} \ldots$, *denotantibus* A, B, C *etc. numeros primos complexos primarios diversos, divisibile esse nequit per ullum numerum primum complexum primarium, qui inter* A, B, C *etc. non reperitur.*

Dem. Sit P numerus primus complexus primarius inter A, B, C etc. non contentus, sintque p, a, b, c etc. normae numerorum P, A, B, C etc. Hinc facile colligitur, normam numeri M fore $= a^{\alpha} b^{\beta} c^{\gamma}$ etc., unde hic numerus, si M per P divisibilis esset, per p divisibilis esse deberet. Quum singulae normae sint vel numeri primi reales (e serie 2, 5, 13, 17 etc.), vel numerorum primorum realium quadrata (e serie 9, 49, 121 etc.), sponte patet, illud evenire non posse, nisi p cum aliqua norma a, b, c etc. identica fiat: supponemus itaque $p = a$. At quum P, A per hyp. sint numeri primi complexi primarii non identici, facile perspicietur, haec simul consistere non posse, nisi P, A sint numeri complexi imaginarii coniuncti, et proin $p = a$ numerus primus realis impar, (non quadratum numeri primi): supponemus itaque $A = k + li$, $P = k - li$. Hinc (extendendo notionem et signum congruentiae ad numeros integros complexos) erit $A \equiv 2k \pmod{P}$, unde facile colligitur

$$M \equiv 2^{\alpha} k^{\alpha} B^{\beta} C^{\gamma} \ldots \pmod{P}$$

Quapropter dum M per P divisibilis supponitur, erit etiam

$$2^{\alpha} k^{\alpha} B^{\beta} C^{\gamma} \ldots$$

per P divisibilis, adeoque norma huius numeri, quae fit

$$= 2^{2\alpha} k^{2\alpha} b^{\beta} c^{\gamma} \ldots$$

divisibilis per p. At quum 2 et k per p certo non sint divisibiles, hinc sequi-

tur, p cum aliquo numerorum b, c etc. identicum esse debere: sit e. g. $p = b$. Hinc vero concludimus, esse vel $B = k + li$, vel $B = k - li$, i. e. vel $B = A$, vel $B = P$, utrumque contra hyp.

Ex hoc theoremate alterum, quod resolutio in factores primos unico tantum modo perfici potest, facillime derivatur, et quidem per ratiocinia iis, quibus in *Disquisitionibus Arithmeticis* pro numeris realibus usi sumus (art. 16), prorsus analoga: quapropter illis hic immorari superfluum foret.

38.

Progredimur iam ad congruentiam numerorum secundum modulos complexos. Sed in limine huius disquisitionis convenit indicare, quomodo ditio quantitatum complexarum intuitui subiici possit.

Sicuti omnis quantitas realis per partem rectae utrinque infinitae ab initio arbitrario sumendam, et secundum segmentum arbitrarium pro unitate acceptum aestimandam exprimi, adeoque per punctum alterum repraesentari potest, ita ut puncta ab altera initii plaga quantitates positivas, ab altera negativas repraesentent: ita quaevis quantitas complexa repraesentari poterit per aliquod punctum in plano infinito, in quo recta determinata ad quantitates reales refertur, scilicet quantitas complexa $x + iy$ per punctum, cuius abscissa $= x$, ordinata (ab altera lineae abscissarum plaga positive, ab altera negative sumta) $= y$. Hoc pacto dici potest, quamlibet quantitatem complexam mensurare inaequalitatem inter situm puncti ad quod refertur atque situm puncti initialis, denotante unitate positiva deflexum arbitrarium determinatum versus directionem arbitrariam determinatam; unitate negativa deflexum aeque magnum versus directionem oppositam; denique unitatibus imaginariis deflexus aeque magnos versus duas directiones laterales normales.

Hoc modo metaphysica quantitatum, quas imaginarias dicimus, insigniter illustratur. Si punctum initiale per (0) denotatur, atque duae quantitates complexae m, m' ad puncta M, M' referuntur, quorum situm relative ad (0) exprimunt, differentia $m - m'$ nihil aliud erit nisi situs puncti M relative ad punctum M': contra, producto mm' repraesentante situm puncti N relative ad (0), facile perspicies, hunc situm perinde determinari per situm puncti M ad (0), ut situs puncti M' determinatur per situm puncti cui respondet unitas positiva, ita ut haud inepte dicas, situs punctorum respondentium quantitatibus complexis mm',

m, m', 1 formare *proportionem*. Sed uberiorem huius rei tractationem ad aliam occasionem nobis reservamus. Difficultates, quibus theoria quantitatum imaginariarum involuta putatur, ad magnam partem a denominationibus parum idoneis originem traxerunt (quum adeo quidam usi sint nomine absono quantitatum impossibilium). Si, a conceptibus, quos offerunt varietates duarum dimensionum, (quales in maxima puritate conspiciuntur in intuitionibus spatii) profecti, quantitates positivas directas, negativas inversas, imaginarias laterales nuncupavissemus, pro tricis simplicitas, pro caligine claritas successisset.

39.

Quae in art. praec. prolata sunt, ad quantitates complexas continuas referuntur: in arithmetica, quae tantummodo circa numeros integros versatur, schema numerorum complexorum erit systema punctorum aequidistantium et in rectis aequidistantibus ita dispositorum, ut planum infinitum in infinite multa quadrata aequalia dispertiant. Omnes numeri per numerum complexum datum $a+bi=m$ divisibiles item infinite multa quadrata formabunt, quorum latera $=\surd(aa+bb)$ sive areae $=aa+bb$; quadrata posteriora ad priora inclinata erunt, quoties quidem neuter numerorum a, b est $=0$. Cuivis numero per modulum m non divisibili respondebit punctum vel intra tale quadratum situm vel in latere duobus quadratis contiguo; posterior tamen casus locum habere nequit. nisi a, b divisorem communem habent: porro patet, numeros secundum modulum m congruos in quadratis suis locos congruentes occupare. Hinc facile concluditur, si colligantur omnes numeri intra quadratum determinatum siti, nec non omnes qui forte in duobus eius lateribus non oppositis iaceant, denique his adscribatur numerus per m divisibilis, haberi systema completum residuorum incongruorum secundum modulum m, i. e. quemvis integrum alicui ex illis et quidem unico tantum congruum esse debere. Nec difficile foret ostendere, horum residuorum multitudinem aequalem esse moduli normae, puta $=aa+bb$. Sed consultum videtur, hoc gravissimum theorema alio modo pure arithmetico demonstrare.

40

Theorema. *Secundum modulum complexum datum* $m=a+bi$, *cuius norma* $aa+bb=p$, *et pro quo* a, b *sunt numeri inter se primi, quilibet integer complexus congruus erit alicui residuo e serie* $0, 1, 2, 3 \ldots p-1$, *et non pluribus.*

Demonstr. I. Sint α, β integri tales qui faciant $\alpha a + \beta b = 1$, unde erit

$$i = \alpha b - \beta a + m(\beta + \alpha i)$$

Proposito itaque numero integro complexo $A + Bi$, habebimus

$$A + Bi = A + (\alpha b - \beta a)B + m(\beta B + \alpha Bi)$$

Quare denotando per h residuum minimum positivum numeri $A + (\alpha b - \beta a)B$ secundum modulum p, statuendoque

$$A + (\alpha b - \beta a)B = h + kp = h + m(ak - bki)$$

erit

$$A + Bi = h + m(\beta B + ak + (\alpha B - bk)i)$$

sive

$$A + Bi \equiv h (\text{mod.}\, m). \quad \text{Q. E. P.}$$

II. Quoties eidem numero complexo duo numeri reales h, h' secundum modulum m congrui sunt, etiam inter se congrui erunt. Statuamus itaque $h - h' = m(c + di)$. unde fit

$$(h - h')(a - bi) = p(c + di)$$

adeoque

$$(h - h')a = pc, \quad (h - h')b = -pd$$

nec non, propter $a\alpha + b\beta = 1$,

$$h - h' = p(c\alpha - d\beta), \text{ i. e. } h \equiv h' (\text{mod.}\, p)$$

Quapropter h et h', siquidem sunt inaequales, ambo simul in complexu numerorum $0, 1, 2, 3 \ldots . p - 1$ contenti esse nequeunt. Q. E. S.

41.

THEOREMA. *Secundum modulum complexum* $m = a + bi$, *cuius norma* $aa + bb = p$, *et pro quo* a, b *non sunt inter se primi, sed divisorem communem maximum* λ *habent (quem positive acceptum supponimus), quilibet numerus complexus congruus est residuo* $x + yi$ *tali, ut* x *sit aliquis numerorum* $0, 1, 2, 3 \ldots . \frac{p}{\lambda} - 1$ *atque* y *aliquis horum* $0, 1, 2, 3 \ldots . \lambda - 1$, *et quidem unico tantum inter omnia* p *residua, quae tali forma gaudent.*

Demonstr. I. Accipiendo integros α, β ita, ut fiat $\alpha a + \beta b = \lambda$, erit $\lambda i = \alpha b - \beta a + m(\beta + \alpha i)$. Iam sit $A + Bi$ numerus complexus propositus, y residuum minimum positivum ipsius B secundum modulum λ, atque x residuum minimum positivum ipsius $A + (\alpha b - \beta a)\, \frac{B-y}{\lambda}$ secundum modulum $\frac{p}{\lambda}$, statuaturque

$$A + (\alpha b - \beta a)\, \frac{B-y}{\lambda} = x + \frac{p}{\lambda} \cdot k$$

Hinc erit

$$\begin{aligned} A + Bi - (x + yi) &= \frac{p}{\lambda}\, k + (B - y)i - (\alpha b - \beta a)\frac{B-y}{\lambda} \\ &= \frac{p}{\lambda} \cdot k + \frac{B-y}{\lambda} \cdot m(\beta + \alpha i) \\ &= \left(\frac{a}{\lambda} - \frac{b}{\lambda} \cdot i\right) km + \frac{B-y}{\lambda}(\beta + \alpha i)m \end{aligned}$$

i. e. per m divisibilis, sive $A + Bi \equiv x + yi \pmod{m}$ Q. E. P.

II. Supponamus, secundum modulum m eidem numero complexo congruos esse duos numeros $x + yi$, $x' + y'i$, qui proin etiam inter se congrui erunt secundum modulum m. A potiori itaque secundum modulum λ congrui erunt, adeoque $y \equiv y' \pmod{\lambda}$. Quodsi igitur uterque y, y' inter numeros $0, 1, 2, 3 \ldots . \lambda - 1$ contentus esse supponitur, necessario debet esse $y = y'$. Hoc pacto vero etiam fiet $x \equiv x' \pmod{m}$, i. e. $x - x'$ per m, adeoque $\frac{x-x'}{\lambda}$ integer per $\frac{a}{\lambda} + \frac{b}{\lambda} \cdot i$ divisibilis, sive

$$\frac{x - x'}{\lambda} \equiv 0 \ \left(\text{mod.}\ \frac{a}{\lambda} + \frac{b}{\lambda} \cdot i\right)$$

Hinc autem, quum $\frac{a}{\lambda}$, $\frac{b}{\lambda}$ sint numeri inter se primi, concluditur per partem secundam theorematis art. praec., $\frac{x-x'}{\lambda}$ etiam per normam numeri $\frac{a}{\lambda} + \frac{b}{\lambda} \cdot i$, i. e. per numerum $\frac{p}{\lambda\lambda}$ divisibilem fore, adeoque $x - x'$ per $\frac{p}{\lambda}$. Quapropter si etiam uterque x, x' in complexu numerorum $0, 1, 2, 3 \ldots . \frac{p}{\lambda} - 1$ contentus esse supponitur, necessario erit $x = x'$, sive residua $x + yi$, $x' + y'i$ identica. Q. E. S.

Ceterum sponte patet, huc quoque referendum esse casum, ubi modulus est numerus realis, puta $b = 0$, et proin $\lambda = \pm a$, nec non eum, ubi modulus est numerus pure imaginarius, puta $a = 0$, et proin $\lambda = \pm b$. In utroque casu habetur $\frac{p}{\lambda} = \lambda$.

42.

Referendo itaque omnes numeros complexos secundum modulum datum inter se congruos ad eandem classem, incongruos ad diversas, omnino aderunt p classes totum numerorum integrorum ambitum exhaurientes, denotante p normam moduli. Complexus totidem numerorum e singulis classibus desumtorum exhibebit systema completum residuorum incongruorum, quale in artt. 40, 41 assignavimus. Et in hocce quidem systemate electio residuorum classes suas quasi repraesentantium innixa erat principio ei, ut in quavis classe adoptaretur residuum $x+yi$ tale, pro quo y habeat valorem minimum, atque inter omnia, quibus idem valor minimus ipsius y inest, id, pro quo valor ipsius x est minimus, exclusis valoribus negativis tum pro x tum pro y. Sed ad alia proposita aliis principiis uti conveniet, imprimisque notandus est modus is, ubi residua talia adoptantur, quae per modulum divisa offerunt quotientes simplicissimos. Manifesto si $\alpha+\beta i$, $\alpha+\beta' i$, $\alpha''+\beta'' i$ etc. sunt quotientes e divisione numerorum congruorum per modulum oriundi, differentiae tum quantitatum α, α', α'' etc. inter se erunt numeri integri, tum differentiae inter quantitates β, β', β'' etc. patetque, semper adesse residuum unum, pro quo α et β iaceant inter limites 0 et 1, limite priori incluso, posteriori excluso: tale residuum simpliciter vocamus residuum minimum. Si magis placet, loco illorum limitum etiam hi adoptari possunt $-\frac{1}{2}$ et $+\frac{1}{2}$ (altero admisso, altero excluso): residuum tali limitationi respondens *absolute minimum* dicemus.

Circa haec residua minima offerunt se problemata sequentia.

43.

Residuum minimum numeri complexi dati $A+Bi$ secundum modulum $a+bi$, cuius norma $=p$, invenitur sequenti modo. Si $x+yi$ est residuum minimum quaesitum, erit $(x+yi)(a-bi)$ residuum minimum producti $(A+Bi)(a-bi)$ secundum modulum $(a+bi)(a-bi)$, i. e. secundum modulum p. Statuendo itaque

$$aA+bB = Fp+f \qquad aB-bA = Gp+g$$

ita ut f, g sint residua minima numerorum $aA+bB$, $aB-bA$ secundum modulum p, erit

$$x+yi=\frac{f+gi}{a-bi}$$

sive

$$x=\frac{af-bg}{p}=A-aF+bG$$
$$y=\frac{ag+bf}{p}=B-aG-bF$$

Manifesto residua minima f, g vel inter limites 0 et $p-1$, vel inter hos $-\frac{1}{2}p$ et $+\frac{1}{2}p$ accipi debent, prout numeri complexi vel residuum simpliciter minimum vel absolute minimum desideratur.

44.

Constructio systematis completi residuorum minimorum pro modulo dato pluribus modis effici potest. Methodus prima ita procedit, ut primo determinentur limites, intra quos termini reales iacere debent, ac dein pro singulis valoribus intra hos limites sitis assignentur limites partium imaginariarum. Criterium generale residui minimi $x+yi$ pro modulo $a+bi$ in eo consistit, ut tum $ax+by=\xi$, tum $ay-bx=\eta$ iaceat inter limites 0 et $aa+bb$, quoties de residuis simpliciter minimis agitur, vel inter limites $-\frac{1}{2}(aa+bb)$ et $+\frac{1}{2}(aa+bb)$, quoties residua absolute minima desiderantur, limite altero excluso. Regulae speciales distinctionem casuum, quos varietas signorum numerorum a, b affert, requirerent, cui tamen evolvendae, quum nulli difficultati obnoxia sit, hic immorari supersedemus: sufficiat, methodi indolem per unicum exemplum exposuisse.

Pro modulo $5+2i$ residua simpliciter minima $x+yi$ ita comparata esse debent, ut tum $5x+2y=\xi$ tum $5y-2x=\eta$ aequetur alicui numerorum $0, 1, 2, 3 \ldots . 28$. Aequatio $29x=5\xi-2\eta$ ostendit, valores positivos ipsius x maiores esse non posse quam $\frac{5.28}{29}$, negativos abstrahendo a signo non maiores quam $\frac{2.28}{29}$. Omnes itaque valores admissibiles ipsius x erunt $-1, 0, 1, 2, 3, 4$. Pro $x=-1$ debet esse $2y$ aequalis alicui numerorum $5, 6, 7 \ldots . 33$, atque $5y$ alicui horum $-2, -1, 0, 1 \ldots . 26$; hinc valor minimus ipsius y est $+3$, maximus $+5$. Tractando perinde valores reliquos ipsius x, oritur sequens schema omnium residuorum minimorum:

x	y
-1	3, 4, 5
0	0, 1, 2, 3, 4, 5
$+1$	1, 2, 3, 4, 5, 6
$+2$	1, 2, 3, 4, 5, 6
$+3$	2, 3, 4, 5, 6
$+4$	2, 3, 4

Simili modo pro residuis absolute minimis, ξ et η alicui numerorum -14, -13, $-12 \ldots\ldots +14$ aequales esse debent; hinc $29x$ nequit esse extra limites -7.14 et $+7.14$, adeoque x alicui numerorum $-3, -2, -1, 0, 1, 2, 3$ aequalis esse debet. Pro $x = -3$ erit $2y = \xi - 5x = \xi + 15$ alicui numerorum $1, 2, 3 \ldots\ldots 29$ aequalis, $5y = \eta + 2x = \eta - 6$ autem alicui horum $-20, -19, -18 \ldots\ldots +8$: hinc prodit pro y valor unicus $+1$. Tractando eodem modo valores reliquos ipsius x, habemus schema omnium residuorum absolute minimorum:

x	y
-3	$+1$
-2	$-2, -1, 0, +1, +2$
-1	$-3, -2, -1, 0, +1, +2$
0	$-2, -1, 0, +1, +2$
$+1$	$-2, -1, 0, +1, +2, +3$
$+2$	$-2, -1, 0, +1, +2,$
$+3$	-1

45.

In applicatione methodi secundae duos casus distinguere conveniet.

In casu priori, ubi a et b divisorem communem non habent, fiat $\alpha a + 6b = 1$, sitque k residuum minimum positivum ipsius $6a - \alpha b$ secundum modulum p. Hinc aequationes identicae

$$a(6a - \alpha b) = 6p - b(\alpha a + 6b), \quad b(6a - \alpha b) = -\alpha p + a(\alpha a + 6b)$$

docent, esse $ak \equiv -b$, $bk \equiv a \pmod{p}$ Statuendo itaque ut supra $ax + by = \xi$,

$ay - bx = \eta$, erit $\eta \equiv k\xi$, $\xi \equiv -k\eta\,(\text{mod.}\,p)$. Omnes itaque numeri $\xi + \eta i$, quibus residua simpliciter minima $x + yi$ respondent, habebuntur, dum vel pro ξ deinceps accipiuntur valores $0, 1, 2, 3 \ldots\ldots p-1$, et pro η residua minima positiva productorum $k\xi$ secundum modulum p, vel ordine alio pro η illi valores et pro ξ residua minima productorum $-k\eta$. E singulis $\xi + \eta i$ dein respondentes $x + yi$ invenientur per formulam

$$x + yi = \frac{\xi + \eta i}{a - bi} = \frac{a\xi - b\eta}{p} + \frac{a\eta + b\xi}{p} \cdot i$$

Ceterum obvium est, η, dum ξ unitate crescat, vel augmentum k vel decrementum $p - k$ pati, adeoque $x + yi$

vel mutationem $\frac{a - kb}{p} + \frac{ak + b}{p} \cdot i$ vel hanc $\frac{a - kb}{p} + b + (\frac{ak + b}{p} - a)i$

quae observatio ad constructionem faciliorem reddendam inservit.

Denique patet, si residua absolute minima $x + yi$ desiderentur, haec praecepta eatenus tantum mutari, quatenus ipsi ξ deinceps tribuendi sint valores inter limites $-\frac{1}{2}p$ et $+\frac{1}{2}p$, dum pro η accipere oporteat residua absolute minima productorum $k\xi$. Ecce conspectum residuorum minimorum pro modulo $5 + 2i$ hoc modo adornatorum:

Residua simpliciter minima.

$\xi + \eta i$	$x + yi$	$\xi + \eta i$	$x + yi$	$\xi + \eta i$	$x + yi$
0	0	$10 + 25i$	$+5i$	$20 + 21i$	$+2 + 5i$
$1 + 17i$	$-1 + 3i$	$11 + 13i$	$+1 + 3i$	$21 + 9i$	$+3 + 3i$
$2 + 5i$	$+i$	$12 + i$	$+2 + i$	$22 + 26i$	$+2 + 6i$
$3 + 22i$	$+1 + 4i$	$13 + 18i$	$+1 + 4i$	$23 + 14i$	$+3 + 4i$
$4 + 10i$	$+2i$	$14 + 6i$	$+2 + 2i$	$24 + 2i$	$+4 + 2i$
$5 + 27i$	$-1 + 5i$	$15 + 23i$	$+1 + 5i$	$25 + 19i$	$+3 + 5i$
$6 + 15i$	$+3i$	$16 + 11i$	$+2 + 3i$	$26 + 7i$	$+4 + 3i$
$7 + 3i$	$+1 + i$	$17 + 28i$	$+1 + 6i$	$27 + 24i$	$+3 + 6i$
$8 + 20i$	$+4i$	$18 + 16i$	$+2 + 4i$	$28 + 12i$	$+4 + 4i$
$9 + 8i$	$+1 + 2i$	$19 + 4i$	$+3 + 2i$		

Residua absolute minima.

$\xi+\eta i$	$x+yi$	$\xi+\eta i$	$x+yi$	$\xi+\eta i$	$x+yi$
$-14-6i$	$-2-2i$	$-4-10i$	$-2i$	$+5-2i$	$+1$
$-13+11i$	$-3+i$	$-3+7i$	$-1+i$	$+6-14i$	$+2-2i$
$-12-i$	$-2-i$	$-2-5i$	$-i$	$+7+3i$	$+1+i$
$-11-13i$	$-1-3i$	$-1+12i$	$-1+2i$	$+8-9i$	$+2-i$
$-10+4i$	-2	0	0	$+9+8i$	$+1+2i$
$-9-8i$	$-1-2i$	$+1-12i$	$+1-2i$	$+10-4i$	$+2$
$-8+9i$	$-2+i$	$+2+5i$	$+i$	$+11+13i$	$+1+3i$
$-7-3i$	$-1-i$	$+3-7i$	$+1-i$	$+12+i$	$+2+i$
$-6+14i$	$-2+2i$	$+4+10i$	$+2i$	$+13-11i$	$+3-i$
$-5+2i$	-1			$+14+6i$	$+2+2i$

Casum secundum, ubi a, b non sunt inter se primi, facile ad casum praecedentem reducere licet. Sit λ divisor communis maximus numerorum a, b, atque $a=\lambda a'$, $b=\lambda b'$. Denotet F indefinite residuum minimum pro modulo λ, quatenus tamquam numerus complexus consideratur, i. e. exhibeat indefinite numerum talem $x+yi$, ut x, y sint vel inter limites 0 et λ, vel inter hos $-\frac{1}{2}\lambda$ et $+\frac{1}{2}\lambda$ (prout de residuis vel simpliciter vel absolute minimis agitur): denotet porro F' indefinite residuum minimum pro modulo $a'+b'i$. Tunc erit $(a'+b'i)F+F'$ indefinite residuum minimum pro modulo $a+bi$, prodibitque systema completum horum residuorum, dum omnia F cum omnibus F' combinantur.

46.

Duo numeri complexi inter se primi dicuntur, si praeter unitates alios divisores communes non admittunt: quoties autem tales divisores communes adsunt, ii divisores communes maximi vocantur, quorum norma maxima est.

Si duorum numerorum propositorum resolutio in factores primos praesto est, determinatio divisoris communis maximi prorsus eodem modo perficitur, ut pro numeris realibus (*Disquiss. Ar.* art. 18). Simul hinc elucet, omnes divisores communes duorum numerorum datorum metiri debere eorundem divisorem communem maximum hoc modo inventum. Quare quum sponte iam pateat, ternos numeros huic socios etiam esse divisores communes, semper quaterni numeri, et non plu-

res divisores communes maximi appellandi erunt, horumque norma erit multiplum normae cuiusvis alius divisoris communis.

Si resolutio duorum numerorum propositorum in factores simplices non adest, divisor communis maximus adiumento similis algorithmi eruitur, ut pro numeris realibus. Sint m, m' duo numeri propositi, formeturque per divisionem repetitam series m'', m''' etc. ita, ut m'' sit residuum absolute minimum ipsius m secundum modulum m', dein m'' residuum absolute minimum ipsius m' secundum modulum m'' et sic porro. Denotando normas numerorum m, m', m'', m''' etc. resp. per p, p', p'', p''' etc., erit $\frac{p''}{p'}$ norma quotientis $\frac{m''}{m'}$, adeoque per definitionem residui absolute minimi certo non maior quam $\frac{1}{2}$; idem valet de $\frac{p'''}{p''}$ etc. Quapropter integri reales positivi p', p'', p''' etc. seriem continuo decrescentem formabunt, unde necessario tandem ad terminum 0 pervenietur, sive, quod idem est, in serie m, m', m'', m''' etc. tandem ad terminum perveniemus, qui praecedentem absque residuo metitur. Sit hic $m^{(n+1)}$, statuamusque

$$m = km' + m''$$
$$m' = k'm'' + m'''$$
$$m'' = k''m''' + m''''$$

etc. usque ad

$$m^{(n)} = k^{(n)} m^{(n+1)}$$

Percurrendo has aequationes ordine inverso, elucet, $m^{(n+1)}$ singulos terminos praecedentes $m^{(n)} \ldots m'', m', m$ metiri; percurrendo autem easdem aequationes ordine directo, manifestum est, quemvis divisorem communem numerorum m, m etiam metiri singulos sequentes. Conclusio prior docet, $m^{(n+1)}$ esse divisorem communem numerorum m, m'; posterior autem, hunc divisorem esse maximum.

Ceterum quoties residuum ultimum $m^{(n+1)}$ alicui quatuor unitatum $1, -1, i, -i$ aequale evadit, hoc indicium erit, m et m' inter se primos esse.

47.

Si aequationes art. praec., omissa ultima, ita combinantur, ut $m'', m''', m'''' \ldots m^{(n)}$ eliminentur, orietur aequatio talis

$$m^{(n+1)} = hm + h'm'$$

ubi h, h' erunt integri, et quidem, si designatione in *Disquiss. Ar.* art. 27 introducta uti placet

$$h = \pm[k', k'', k''' \ldots . k^{(n-1)}] = \pm[k^{(n-1)}, k^{(n-2)} \ldots . k'', k']$$
$$h' = \mp[k, k', k'', k''' \ldots . k^{(n-1)}] = \mp[k^{(n-1)}, k^{n-2)} \ldots . k'', k', k]$$

valentibus signis superioribus vel inferioribus, prout n par est vel impar. Hoc theorema ita enunciamus:

Divisor communis maximus duorum numerorum complexorum m, m' redigi potest ad formam $hm + h'm'$, ita ut h, h' sint integri.

Manifesto enim hoc non solum de eo divisore communi maximo valet, ad quem algorithmus art. praec. deduxit, sed etiam de tribus illi associatis, pro quibus loco coëfficientium h, h' accipere oportebit vel hos hi, $h'i$ vel $-h$, $-h'$, vel $-hi$, $-h'i$.

Quoties itaque numeri m, m' inter se primi sunt, satisfieri poterit aequationi

$$1 = hm + h'm'$$

Propositi sint e. g. numeri $31 + 6i = m$, $11 - 20i = m'$. Hic invenimus

$$\begin{array}{ll} k = i, & m'' = +11 - 5i \\ k' = +1 - i, & m''' = +5 - 4i \\ k'' = +2, & m'''' = +1 + 3i \\ k''' = -1 - 2i, & m''''' = +i \\ k'''' = +3 - i & \end{array}$$

atque hinc

$$[k', k'', k'''] = -6 - 5i$$
$$[k, k', k'', k'''] = +4 - 10i$$

et proin

$$m''''' = i = (6 + 5i)m + (4 - 10i)m'$$

nec non

$$1 = (5 - 6i)m + (-10 - 4i)m'$$

quod calculo instituto confirmatur.

48.

Per praecedentia omnia, quae ad theoriam congruentiarum primi gradus in arithmetica numerorum complexorum requiruntur, praeparata sunt: sed quum illa

essentialiter non differat ab ea, quae pro arithmetica numerorum realium locum habet, atque in *Disquisitionibus Arithmeticis* copiose exposita est, praecipua momenta hic adscripsisse sufficiet.

I. Congruentia $mt \equiv 1$ (mod. m') aequivalet aequationi indeterminatae $mt + m'u = 1$, et si huic satisfit per valores $t = h$, $u = h'$, illius solutio generaliter exhibetur per $t \equiv h$ (mod. m'): conditio autem solubilitatis est, ut modulus m' cum coëfficiente m divisorem communem non habeat.

II. Solutio congruentiae $ax + b \equiv c$ (mod. M) in casu eo, ubi a, M sunt inter se primi, pendet a solutione huius

$$at \equiv 1 \text{ (mod. } M)$$

cui si satisfacit $t = h$, illius solutio generalis continetur in formula

$$x \equiv (c - b)h \text{ (mod. } M)$$

III. Congruentia $ax + b \equiv c$ (mod. M) in casu eo, ubi a, M divisorem communem λ habent, aequivalet huic

$$\frac{a}{\lambda} \cdot x \equiv \frac{c-b}{\lambda} \text{ (mod. } \frac{M}{\lambda})$$

Dum itaque pro λ adoptatur divisor communis maximus numerorum a, M, solutio congruentiae propositae ad casum praecedentem reducitur, patetque, ad resolubilitatem requiri et sufficere, ut λ etiam differentiam $c - b$ metiatur.

49.

Hactenus elementaria tantum attigimus, quae tamen nexus caussa omittere non licuit. In disquisitionibus altioribus arithmetica numerorum complexorum arithmeticae realium in eo similis est, quod theoremata elegantiora et simpliciora prodeunt, dum tales modulos, qui sunt numeri primi, solos admittimus: revera illorum extensio ad modulos compositos plerumque prolixior quam difficilior est, et laboris potius quam artis. Quapropter in sequentibus imprimis de modulis primis agetur.

50

Denotante X functionem indeterminatae x talem

$$Ax^n + Bx^{n-1} + Cx^{n-2} + \text{etc.} + Mx + N$$

ubi n est integer realis positivus, A, B, C etc. integri reales vel imaginarii, m autem integer complexus: vocabimus hic quoque *radicem* congruentiae $X \equiv 0$ (mod. m) quemlibet integrum, qui pro x substitutus ipsi X valorem per modulum m divisibilem conciliat. Solutiones per radices secundum modulum congruas non spectabimus tamquam diversas.

Quoties modulus est numerus primus, talis congruentia ordinis n hic quoque plures quam n solutiones diversas admittere non potest. Denotante α integrum quemvis determinatum (complexum), X adiumento divisionis per $x-\alpha$ indefinite ad formam $X = (x-\alpha)X' + h$ reduci potest, ita ut h fiat integer determinatus atque X' functio ordinis $n-1$ cum coëfficientibus integris. Iam quoties α est radix congruentiae $X \equiv 0$ (mod. m), manifesto h divisibilis erit per m, sive habebitur indefinite $X \equiv (x-\alpha)X'$ (mod. m).

Perinde si denotante β integrum determinatum, X' ad formam $(x-\beta)X''+h'$ reducitur, X'' erit functio ordinis $n-2$ cum coëfficientibus integris. Si vero β supponitur esse radix congruentiae $X \equiv 0$, etiam satisfacere debet huic $(\beta-\alpha)X' \equiv 0$, nec non huic $X' \equiv 0$, siquidem radices α, β sunt incongruae, unde colligimus, etiam h' per m divisibilem esse debere, sive indefinite $X \equiv (x-\alpha)(x-\beta)X''$ (mod. m).

Simili modo accedente radice tertia γ prioribus incongrua, habebimus indefinite $X \equiv (x-\alpha)(x-\beta)(x-\gamma)X'''$, ita ut X''' sit functio ordinis $n-3$ cum coëfficientibus integris. Eodem modo ulterius procedere licet, patetque simul, coëfficientem termini altissimi in singulis functionibus esse $=A$, quem per m non divisibilem esse supponere licet, alioquin enim congruentia $X \equiv 0$ essentialiter ad ordinem inferiorem referenda esset. Quoties itaque adsunt n radices incongruae, puta $\alpha, \beta, \gamma \ldots \nu$, habebimus indefinite

$$X \equiv A(x-\alpha)(x-\beta)(x-\gamma)\ldots(x-\nu) \pmod{m}$$

quapropter substitutio novi valoris singulis $\alpha, \beta, \gamma \ldots \nu$ incongrui certo ipsi X valorem per m non divisibilem conciliaret, unde theorematis veritas sponte sequitur.

Ceterum haec demonstratio essentialiter convenit cum ea, quam in *Disq. Ar.* art. 43 tradidimus, et cuius singula momenta pro numeris complexis perinde valent ac pro realibus.

51.

Quae in Sectione tertia *Disquisitionum Arithmeticarum* circa residua potestatum tradita sunt, ad maximam partem, levibus mutationibus adhibitis, etiam in arithmetica numerorum complexorum valent: quinadeo demonstrationes theorematum plerumque retineri possent. Ne tamen quid desit, theoremata principalia demonstrationibus concisis firmata proferemus, ubi semper subintelligendum est, modulum esse numerum primum.

Theorema. *Denotante k integrum per modulum m, cuius norma $= p$, non divisibilem, erit $k^{p-1} \equiv 1$ (mod. m).*

Demonstr. Constituant a, b, c etc. systema completum residuorum incongruorum pro modulo m, ita tamen, ut residuum per m divisibile omissum sit, adeoque multitudo illorum numerorum, quorum complexum denotamus per C, sit $= p-1$. Sit porro C' complexus productorum ka, kb, kc etc. Ex his productis per hyp. nullum erit divisibile per m, quare singula habebunt residua congrua in complexu C, puta fieri poterit $ak \equiv a'$, $bk \equiv b'$, $ck \equiv c'$ etc. (mod. m), ita ut numeri a', b', c' etc. ipsi in complexu C inveniantur: denotemus complexum numerorum a', b', c' etc. per C''. Sint P, P', P'' producta e singulis numeris complexuum C, C', C'' resp., sive

$$P = abc \ldots .$$
$$P' = k^{p-1}abc \ldots . = k^{p-1}P$$
$$P'' = a'b'c' \ldots .$$

Quum numeri complexus C'' deinceps congrui sint numeris complexus C', erit $P'' \equiv P'$ sive $P'' \equiv k^{p-1}P$. At quum facile perspiciatur, binos quosvis numeros complexus C'' inter se incongruos, adeoque omnes inter se diversos esse, necessario numeri complexus C'' cum numeris complexus C prorsus conveniunt, ordine tantummodo mutato, unde fit $P'' = P$. Erit itaque $(k^{p-1}-1)P$ numerus per m divisibilis, unde, quum m sit numerus primus singulos factores ipsius P non metiens, necessario $k^{p-1}-1$ per m divisibilis esse debebit. Q. E. D.

52.

Theorema. *Denotante k, ut in art. praec., integrum per modulum m non divisibilem, atque t exponentem minimum (praeter 0), pro quo $k^t \equiv 1$ (mod. m), erit divisor cuiusvis alius exponentis u, pro quo $k^u \equiv 1$ (mod. m).*

Demonstr. Si t non esset divisor ipsius u, sit gt multiplum ipsius u proxime maius quam u, adeoque $gt-u$ integer positivus minor quam t. Ex $k^t\equiv 1$, $k^u\equiv 1$, sequitur $0\equiv k^{gt}-k^u\equiv k^u(k^{gt-u}-1)$, adeoque $k^{gt-u}\equiv 1$, i. e. datur potestas ipsius k cum exponente minori quam t unitati congrua, contra hyp.

Tamquam corollarium hinc sequitur, t certo metiri numerum $p-1$.

Numeros tales k, pro quibus $t=p-1$, etiam hic *radices primitivas* pro modulo m vocabimus: quales revera adesse iam ostendemus.

53.

Resolvatur numerus $p-1$ in factores suos primos, ita ut habeatur

$$p-1 = a^\alpha b^\beta c^\gamma \ldots .$$

designantibus a, b, c etc. numeros primos reales positivos inaequales. Sint A, B, C etc. integri (complexi) per m non divisibiles, atque resp congruentiis

$$x^{\frac{p-1}{a}}\equiv 1,\quad x^{\frac{p-1}{b}}\equiv 1,\quad x^{\frac{p-1}{c}}\equiv 1 \text{ etc.}$$

secundum modulum m *non* satisfacientes, quales dari e theoremate art. 50 manifestum est. Denique sit h congruus secundum modulum m producto

$$A^{\frac{p-1}{a^\alpha}}\, B^{\frac{p-1}{b^\beta}}\, C^{\frac{p-1}{c^\gamma}} \ldots .$$

Tunc dico, h fore radicem primitivam.

Demonstr. Denotando per t exponentem infimae potestatis h^t unitati congruae, erit, si h non esset radix primitiva, t submultiplum ipsius $p-1$, sive $\frac{p-1}{t}$ integer unitate maior. Manifesto hic integer factores suos primos reales inter hos a, b, c etc. habebit: supponamus itaque, (quod licet), $\frac{p-1}{t}$ esse divisibilem per a, statuamusque $p-1=atu$. Erit itaque, propter $h^t\equiv 1$, etiam $h^{tu}\equiv 1$ sive

$$A^{\frac{p-1}{a^\alpha}\cdot\frac{p-1}{a}}\, B^{\frac{p-1}{b^\beta}\cdot\frac{p-1}{a}}\, C^{\frac{p-1}{c^\gamma}\cdot\frac{p-1}{a}} \ldots \equiv 1$$

At manifesto $\frac{p-1}{ab^\beta}$ est integer, adeoque

$$B^{\frac{p-1}{b^\beta}\cdot\frac{p-1}{a}} = (B^{p-1})^{\frac{p-1}{ab^\beta}} \equiv 1$$

perinde etiam

$C^{\frac{p-1}{c^\gamma}\cdot\frac{p-1}{a}} \equiv 1$, et sic porro; quapropter esse debet $A^{\frac{p-1}{a^\alpha}\cdot\frac{p-1}{a}} \equiv 1$

Iam determinetur integer positivus λ talis, ut fiat

$$\lambda b^6 c^\gamma \ldots \equiv 1 \pmod{a}$$

quod fieri poterit, quum numerus primus a ipsum $b^6 c^\gamma \ldots$ non metiatur, statuaturque $\lambda b^6 c^\gamma \ldots = 1 + a\mu$. Manifesto fit

$A^{\lambda\cdot\frac{p-1}{a^\alpha}\cdot\frac{p-1}{a}} \equiv 1$. sive, quoniam $\lambda\cdot\frac{p-1}{a^\alpha}\cdot\frac{p-1}{a} = (1+a\mu)\frac{p-1}{a} = (p-1)\mu + \frac{p-1}{a}$ habemus $A^{(p-1)\mu}.A^{\frac{p-1}{a}} \equiv 1$, atque hinc, quum sponte sit $A^{(p-1)\mu} \equiv 1$, etiam $A^{\frac{p-1}{a}} \equiv 1$, quod est contra hypothesin. Suppositio itaque, t esse submultiplum ipsius $p-1$, consistere nequit, eritque adeo necessario h radix primitiva.

54.

Denotante h radicem primitivam pro modulo m, cuius norma $= p$. termini progressionis

$$1,\ h,\ hh,\ h^3 \ldots h^{p-2}$$

inter se incongrui erunt, unde facile colligitur, quemlibet integrum non divisibilem per modulum uni ex istis congruum esse debere, sive illam seriem exhibere systema completum residuorum incongruorum exclusa cifra. Exponens eius potestatis, cui numerus datus congruus est vocari potest huius *index*, dum h tamquam *basis* consideratur. Ecce quaedam exempla, ubi cuivis indici residuum absolute minimum apposuimus.

Exemplum primum.

$m = 5+4i$, $p = 41$, $h = 1+2i$

Ind.	Residuum	Ind.	Residuum	Ind.	Residuum	Ind.	Residuum	Ind.	Residuum
0	$+1$	8	-4	16	$-2+2i$	24	$+2i$	32	$+1+i$
1	$+1+2i$	9	$-3+i$	17	$-1+2i$	25	$-3i$	33	$+1+3i$
2	$+1-i$	10	$-i$	18	$+4i$	26	$+2+2i$	34	$+2$
3	$+3+i$	11	$+2-i$	19	$+1+3i$	27	$+2+i$	35	-3
4	$-2i$	12	$-1-i$	20	-1	28	$+4$	36	$+2-2i$
5	$+3i$	13	$+1-3i$	21	$-1-2i$	29	$+3-i$	37	$+1-2i$
6	$-2-2i$	14	-2	22	$-1+i$	30	$+i$	38	$-4i$
7	$-2-i$	15	$+3$	23	$-3-i$	31	$-2+i$	39	$-1-3i$

Exemplum secundum.

$$m = 7,\quad p = 49,\quad h = 1 + 2i$$

Ind.	Residuum	Ind.	Residuum	Ind.	Residuum	Ind.	Residuum	Ind.	Residuum
0	$+1$	10	$-1-i$	20	$+2i$	30	$+2-2i$	40	$+3$
1	$+1+2i$	11	$+1-3i$	21	$+3+2i$	31	$-1+2i$	41	$+3-i$
2	$-3-3i$	12	$-i$	22	$-1+i$	32	$+2$	42	$-2-2i$
3	$+3-2i$	13	$+2-i$	23	$-3-i$	33	$+2-3i$	43	$+2+i$
4	$-3i$	14	$-3+3i$	24	-1	34	$+1+i$	44	$-2i$
5	$-1-3i$	15	$-2-3i$	25	$-1-2i$	35	$-1+3i$	45	$-3-2i$
6	$-2+2i$	16	-3	26	$+3+3i$	36	$+i$	46	$+1-i$
7	$+1-2i$	17	$-3+i$	27	$-3+2i$	37	$-2+i$	47	$+3+i$
8	-2	18	$+2+2i$	28	$+3i$	38	$+3-3i$		
9	$-2+3i$	19	$-2-i$	29	$+1+3i$	39	$+2+3i$		

55.

Adiicimus circa radices primitivas et algorithmum indicum quasdam observationes, demonstrationibus propter facilitatem omissis.

I. Indices secundum modulum $p-1$ congrui in systemate dato residuis secundum modulum m congruis respondent et vice versa.

II. Residua, quae respondent indicibus ad $p-1$ primis, etiam sunt radices primitivae et vice versa.

III. Si accepta radice primitiva h pro basi, radicis alius primitivae h' index est t, et vice versa t' index ipsius h, dum h' pro basi accipitur, erit $tt' \equiv 1$ (mod. $p-1$); et si iisdem positis indices cuiusdam alius numeri in his duobus systematibus resp. sunt u, u', erit $tu' \equiv u$, $t'u \equiv u'$ (mod. $p-1$).

IV. Dum numeri 1, $1+i$ eorumque terni socii (tamquam nimis ieiuni) a modulis nobis considerandis excluduntur, restant numeri primi ii, quos in art. 34 tertio et quarto loco posuimus. Posteriorum normae erunt numeri primi reales formae $4n+1$; priorum normae autem quadrata numerorum primorum realium imparium: in utroque igitur casu $p-1$ per 4 divisibilis est.

V. Denotando indicem numeri -1 per u, erit $2u \equiv 0$ (mod. $p-1$), adeoque vel $u \equiv 0$, vel $u \equiv \frac{1}{2}(p-1)$: at quum index 0 respondeat residuo $+1$ index numeri -1 necessario debet esse $\frac{1}{2}(p-1)$.

VI. Perinde denotando per u indicem numeri i, erit $2u \equiv \frac{1}{2}(p-1)$ (mod. $p-1$), adeoque vel $u \equiv \frac{1}{4}(p-1)$ vel $u \equiv \frac{3}{4}(p-1)$. Sed hic ambiguitas ab electione radicis primitivae pendet. Scilicet si radice primitiva h pro basi ac-

cepta index numeri i est $\frac{1}{4}(p-1)$, index fiet $\frac{3}{4}(p-1)$, dum pro basi accipitur h^μ, designante μ integrum positivum formae $4n+3$ ad $p-1$ primum, e. g. ipsum numerum $p-2$, et vice versa. Quare semissis altera radicum primitivarum conciliat numero i indicem $\frac{1}{4}(p-1)$, altera indicem $\frac{3}{4}(p-1)$, manifestoque pro illis basibus $-i$ indicem $\frac{3}{4}(p-1)$, pro his indicem $\frac{1}{4}(p-1)$ habebit.

VII. Quoties modulus est numerus primus realis positivus formae $4n+3$, puta $=q$, adeoque $p=qq$, indices omnium numerorum realium per $q+1$ divisibiles erunt; denotante enim t indicem numeri realis k, erit, propter $k^{q-1}\equiv 1 \pmod{q}$, $(q-1)t\equiv 0 \pmod{qq-1}$, adeoque $\frac{t}{q+1}$ integer. Perinde indices numerorum pure imaginariorum ut ki per $\frac{1}{2}(q+1)$ divisibiles erunt. Patet itaque, radices primitivas pro talibus modulis inter solos numeros mixtos quaerendas esse.

VIII. Contra pro modulo m, qui est numerus primus complexus mixtus, (cuiusque proin norma p est numerus primus realis formae $4n+1$), radices primitivae quaelibet etiam inter numeros reales eligi possunt, inter quos completum adeo systema residuorum incongruorum monstrare licet (art. 40). Manifesto autem quilibet numerus realis, qui est radix primitiva pro modulo complexo m, simul erit in arithmetica numerorum realium radix primitiva pro modulo p, et vice versa.

56.

Etiamsi theoria residuorum et non-residuorum quadraticorum in arithmetica numerorum complexorum sub ipsa theoria residuorum biquadraticorum contenta sit, tamen antequam ad hanc transeamus, illius theoremata palmaria hic seorsim proferemus: brevitatis vero caussa de solo casu principali, ubi modulus est numerus primus complexus (impar), hic loquemur.

Sit m talis modulus, atque p eius norma. Manifesto quivis integer (per m non divisibilis, quod hic semper subintelligendum) quadrato secundum modulum m congruus fieri vel potest vel non potest, prout illius index, radice aliqua primitiva pro basi accepta, par est vel impar; in casu priori ille integer residuum quadraticum ipsius m dicetur, in posteriori non-residuum. Hinc concluditur, inter $p-1$ numeros qui systema completum residuorum incongruorum (per m non divisibilium) exhibeant, semissem ad residua quadratica, semissem alteram ad non-residua quadratica referri. Cuivis vero alii numero extra illud systema idem

character hoc respectu tribuendus est, quo gaudet numerus systematis illi congruus.

Porro ibinde sequitur, productum e duobus residuis quadraticis, nec non productum e duobus non-residuis esse residuum quadraticum; contra productum e residuo quadratico in non-residuum fieri non-residuum; et generaliter productum e quotcunque factoribus esse residuum quadraticum vel non-residuum, prout multitudo non-residuorum inter factores par sit vel impar.

Pro distinguendis residuis quadraticis a non-residuis statim se offert criterium generale sequens:

Numerus k per modulum non divisibilis huius residuum vel non-residuum quadraticum est, prout habetur vel $k^{\frac{1}{2}(p-1)} \equiv 1$, vel $k^{\frac{1}{2}(p-1)} \equiv -1$ (mod. m).

Veritas huius theorematis statim inde sequitur, quod, accepta radice primitiva quacunque pro basi, index potestatis $k^{\frac{1}{2}(p-1)}$ fit vel $\equiv 0$ vel $\equiv \frac{1}{2}(p-1)$, prout index numeri k par est vel impar.

57.

Facile quidem est, pro modulo dato systema residuorum incongruorum completum in duas classes, puta residua et non-residua quadratica distinguere, quo pacto simul omnibus reliquis numeris classes suae sponte assignantur. At longe altioris indaginis est quaestio de criteriis ad distinguendum modulos eos, pro quibus numerus datus est residuum quadraticum, ab iis, pro quibus est non-residuum.

Quod quidem attinet ad unitates reales $+1$ et -1, hae in arithmetica numerorum complexorum sunt reapse quadrata, adeoque etiam residua quadratica pro *quovis* modulo. Aeque facile e criterio art. praec. sequitur, numerum i (et perinde $-i$) esse residuum quadraticum cuiusvis moduli, cuius norma p sit formae $8n+1$, non-residuum vero cuiusvis moduli, cuius norma sit formae $8n+5$. Quum manifesto nihil intersit, utrum numerus m, an aliquis numerorum ipsi associatorum im, $-m$, $-im$ pro modulo adoptetur, supponere licebit, modulum esse associatorum primarium (art. 36, II), adeoque statuendo modulum $= a+bi$, esse a imparem, b parem Quo pacto quum semper sit $aa \equiv 1$ (mod. 8), bb vero vel $\equiv 0$ vel $\equiv 4$ (mod. 8), prout b sit pariter par vel impariter par, patet numeros $+i$ et $-i$ in casu priori esse residua quadratica moduli, in posteriori non-residua.

58.

Quum diiudicatio characteris numeri compositi, utrum sit residuum quadraticum an non-residuum, pendeat a characteribus factorum, manifesto sufficiet, si evolutionem criteriorum ad distinguendos modulos, pro quibus numerus datus k sit residuum quadraticum, ab iis pro quibus sit non-residuum, ad tales valores ipsius k limitemus, qui sint numeri primi, insuperque inter associatos primarii. In qua investigatione *inductio* protinus theoremata maxime elegantia suppeditat.

Incipiamus a numero $1+i$, qui invenitur esse residuum quadraticum modulorum

$-1+2i$, $+3-2i$, $-5-2i$, $-1-6i$, $+5+4i$, $+5-4i$, -7, $+7+2i$, $-5+6i$, etc.

non-residuum quadraticum autem sequentium

$-1-2i$, -3, $+3+2i$, $+1+4i$, $+1-4i$, $-5+2i$, $-1+6i$, $+7-2i$, $-5-6i$, $-3+8i$, $-3-8i$, $+5+8i$, $+5-8i$, $+9+4i$, $+9-4i$ etc.

Si hunc conspectum, in quo semper e quaternis modulis associatis primarium apposuimus, attente examinamus, facile animadvertimus, modulos $a+bi$ in priori classe omnes esse tales, pro quibus $a+b$ fiat $\equiv +1 \pmod{8}$, in posteriori vero tales, pro quibus $a+b \equiv -3 \pmod{8}$. Manifesto hoc criterium, si loco moduli primarii m adoptamus associatum $-m$, ita immutari debet, ut pro modulis prioris classis sit $a+b \equiv -1$, pro modulis posterioris $\equiv +3 \pmod{8}$. Quare, siquidem inductio non fefellerit, generaliter, designante $a+bi$ numerum primum, in quo a impar, b par, $1+i$ fit eius residuum quadraticum vel non-residuum quadraticum, prout $a+b \equiv \pm 1$, vel $\equiv \pm 3 \pmod{8}$.

Pro numero $-1-i$ eadem regula valet, quae pro $1+i$. Contra considerando $1-i$ tamquam productum ex $-i$ in $1+i$, manifestum est, numero $1-i$ eundem characterem competere, qui tribuendus sit ipsi $1+i$, quoties b sit pariter par, oppositum autem, quoties b sit impariter par, unde facile colligitur, $1-i$ esse residuum quadraticum numeri primi $a+bi$, quoties sit $a-b \equiv \pm 1$, non-residuum autem, quoties habeatur $a-b \equiv \pm 3 \pmod{8}$, semper supponendo, a esse imparem, b parem.

Ceterum haec secunda propositio e priori etiam deduci potest adiumento theorematis generalioris, quod ita enunciamus:

In theoria residuorum quadraticorum character numeri $\alpha+\beta i$ respectu moduli $a+bi$ idem est, qui numeri $\alpha-\beta i$ respectu moduli $a-bi$.

Demonstratio huius theorematis inde petitur, quod uterque modulus eandem normam p habet, atque quoties $(\alpha+\beta i)^{\frac{1}{4}(p-1)}-1$ per $a+bi$ divisibilis est, etiam $(\alpha-\beta i)^{\frac{1}{4}(p-1)}-1$ per $a-bi$ divisibilis evadit, quoties autem $(\alpha+\beta i)^{\frac{1}{4}(p-1)}+1$ per $a+bi$ divisibilis est, etiam $(\alpha-\beta i)^{\frac{1}{4}(p-1)}+1$ per $a-bi$ divisibilis esse debet.

59.

Progrediamur ad numeros primos impares.

Numerum $-1+2i$ invenimus esse residuum quadraticum modulorum $+3+2i$, $+1-4i$, $-5+2i$, $-5-2i$, $-1-6i$, $+7-2i$, $-3+8i$, $+5+8i$, $+5-8i$, $+9+4i$ etc.

non-residuum autem modulorum $-1-2i$, -3, $+3-2i$, $+1+4i$, $-1+6i$, $+5+4i$, $+5-4i$, -7, $+7+2i$, $-5+6i$, $-5-6i$, $-3-8i$, $+9-4i$ etc.

Reducendo modulos prioris classis ad residua eorum absolute minima secundum modulum $-1+2i$, haec sola invenimus $+1$ et -1, puta $+3+2i\equiv-1$, $+1-4i\equiv-1$, $-5+2i\equiv+1$, $-5-2i\equiv-1$ etc.

Contra omnes moduli posterioris classis congrui inveniuntur secundum modulum $-1+2i$ vel ipsi $+i$, vel ipsi $-i$.

At numeri $+1$, -1 ipsi sunt residua quadratica moduli $-1+2i$, atque $+i$ et $-i$ eiusdem non-residua: quocirca, quatenus inductioni fidem habere licet, prodit theorema: Numerus $-1+2i$ est residuum vel non-residuum quadraticum numeri primi $a+bi$, prout hic est residuum vel non-residuum quadraticum ipsius $-1+2i$, siquidem $a+bi$ est primarius e quaternis associatis, vel potius, si a est impar, b par.

Ceterum ex hoc theoremate sponte sequuntur theoremata analoga circa numeros $+1-2i$, $-1-2i$, $+1+2i$.

60.

Instituendo similem inductionem circa numerum -3 vel $+3$, invenimus, utrumque esse residuum quadraticum modulorum $+3+2i$, $+3-2i$,

$-1+6i$, $-1-6i$, -7, $-5+6i$, $-5-6i$, $-3+8i$, $-3-8i$, $+9+4i$, $+9-4i$ etc.

non-residuum vero horum $-1+2i$, $-1-2i$, $+1+4i$, $+1-4i$, $-5+2i$, $-5-2i$, $+5+4i$, $+5-4i$, $+7+2i$, $+7-2i$, $+5+8i$, $+5-8i$ etc.

Priores secundum modulum 3 congrui sunt alicui ex his quatuor numeris $+1$, -1, $+i$, $-i$; posteriores autem alicui ex his $+1+i$, $+1-i$, $-1+i$, $-1-i$. Illi sunt ipsa residua quadratica numeri 3, hi non-residua.

Docet itaque haec inductio, numerum primum $a+bi$, supponendo a imparem, b parem, ad numerum -3 (nec non ad $+3$) eandem relationem habere, quam hic habet ad illum, quatenus scilicet alter alterius residuum quadraticum sit aut non-residuum.

Extendendo similem inductionem ad alios numeros primos, ubique hanc elegantissimam reciprocitatis legem confirmatam invenimus, deferimurque ad theorema hocce fundamentale circa residua quadratica in arithmetica numerorum complexorum·

Denotantibus $a+bi$, $A+Bi$ *numeros primos tales, ut* a, A *sint impares,* b, B *pares: erit vel uterque alterius residuum quadraticum, vel uterque alterius non-residuum.*

At non obstante summa theorematis simplicitate, ipsius demonstratio magnis difficultatibus premitur, quibus tamen hic non immoramur, quum theorema ipsum sit tantummodo casus specialis theorematis generalioris, summam theoriae residuorum biquadraticorum quasi exhaurientis. Ad hanc igitur iam transeamus.

61.

Quae in art. 2 prioris commentationis de notione residui et non-residui biquadratici prolata sunt, etiam ad arithmeticam numerorum complexorum extendimus, et perinde ut illic etiam hic disquisitionem ad modulos tales, qui sunt numeri primi, restringimus: simul plerumque tacite subintelligendum erit, modulum ita accipi, ut sit inter associatos primarius, puta $\equiv 1$ secundum modulum $2+2i$, nec non numeros, de quorum charactere (quatenus sint residua biquadratica vel non-residua) agitur, per modulum non esse divisibiles.

Pro modulo itaque dato numeri per eum non divisibiles in tres classes dispertiri possent, quarum prima contineret residua biquadratica, secunda non-residua biquadratica ea, quae sunt residua quadratica, tertia non-residua quadratica.

Sed hic quoque praestat, loco tertiae classis binas stabilire, ut omnino habeantur quaternae.

Assumta radice quacunque primitiva pro basi, residua biquadratica habebunt indices per 4 divisibiles sive formae $4n$; non-residua ea, quae sunt residua quadratica, habebunt indices formae $4n+2$; denique non-residuorum quadraticorum indices erunt partim formae $4n+1$, partim formae $4n+3$. Hoc modo classes quaternae quidem oriuntur, at distinctio inter binas posteriores non esset absoluta, sed ab electione radicis primitivae pro basi assumtae dependens; facile enim perspicitur, semissem radicum primitivarum non-residuo quadratico dato conciliare indicem formae $4n+1$, semissem alteram vero indicem formae $4n+3$. Quam ambiguitatem ut tollamus, supponemus semper talem radicem primitivam adoptari, pro qua index $\frac{1}{4}(p-1)$ competat numero $+i$ (conf. art. 55, VI). Hoc pacto classificatio oritur, quam concinnius independenter a radicibus primitivis ita enunciare possumus.

Classis *prima* contineat numeros k eos, pro quibus fit $k^{\frac{1}{4}(p-1)} \equiv 1$: hi numeri sunt moduli residua biquadratica.

Classis *secunda* contineat eos, pro quibus $k^{\frac{1}{4}(p-1)} \equiv i$.

Classis *tertia* eos, pro quibus $k^{\frac{1}{4}(p-1)} \equiv -1$.

Classis *quarta* denique eos, pro quibus $k^{\frac{1}{4}(p-1)} \equiv -i$.

Classis tertia comprehendet non-residua biquadratica ea, quae sunt residua quadratica; inter secundam et quartam non-residua quadratica distributa erunt.

Numeris harum classium tribuemus resp. *characteres biquadraticos* 0, 1, 2, 3. Si characterem λ numeri k secundum modulum m ita definimus, ut sit exponens eius potestatis ipsius i, cui numerus $k^{\frac{1}{4}(p-1)}$ congruus est, manifesto characteres secundum modulum 4 congrui pro aequivalentibus habendi sunt. Ceterum haec notio tantisper ad modulos eos limitatur, qui sunt numeri primi: in continuatione harum disquisitionum ostendemus, quomodo etiam modulis compositis adaptari possit.

62.

Quo facilius inductio copiosa circa numerorum characteres adstrui possit, tabulam compendiosam hic adiungimus, cuius auxilio character cuiusvis numeri propositi respectu moduli, cuius norma valorem 157 non transscendit levi opera obtinetur, dummodo ad observationes sequentes attendatur.

Quum character numeri compositi aequalis sit (sive secundum modulum 4 congruus) aggregato characterum singulorum factorum, sufficit, si pro modulo dato characteres numerorum primorum assignare possumus. Porro quum characteres unitatum -1, i, $-i$ manifesto sint congrui numeris $\frac{1}{2}(p-1)$, $\frac{1}{4}(p-1)$, $\frac{3}{4}(p-1)$ secundum modulum 4, etiam sufficiet, characteres numerorum inter associatos primariorum exhibuisse. Denique quum moduli secundum modulum m congrui eundem characterem habeant, sufficit, characteres talium numerorum in tabulam recipere, qui continentur in systemate residuorum absolute minimorum. Praeterea per ratiocinium simile ut in art. 58 demonstratur, si pro modulo $a+bi$ character numeri $A+Bi$ sit λ, pro modulo $a-bi$ autem λ' sit character numeri $A-Bi$, semper esse $\lambda \equiv -\lambda' (\text{mod.}\ 4)$, sive $\lambda+\lambda'$ per 4 divisibilem: quapropter sufficit, in tabulam recipere modulos, in quibus b est vel 0 vel positivus.

Ita e. g. si quaeritur character numeri $11-6i$ respectu moduli $-5-6i$, substituimus loco horum numerorum hosce $11+6i$, $-5+6i$; dein determinamus (art. 43) residuum absolute minimum numeri $11+6i$ secundum modulum $-5+6i$, quod fit $-1-4i = -1 \times (1+4i)$; quare quum pro modulo $-5+6i$ character ipsius -1 sit 30, character numeri $1+4i$ autem, ex tabula, 2, erit 32 sive 0 character numeri $11+6i$ pro modulo $-5+6i$, et proin per observationem ultimam etiam character numeri $11-6i$ pro modulo $-5-6i$. Perinde si quaeritur character numeri $-5+6i$ respectu moduli $11+6i$, illius residuum absolute minimum $1-5i$ resolvitur in factores $-i$, $1+i$, $3-2i$, quibus respondent characteres 117, 0, 1, unde character quaesitus erit 118 sive 2; idem character etiam numero $-5-6i$ respectu moduli $11-6i$ tribuendus est.

Modulus.	Character.	Numeri.
-3	3	$1+i$
$+3+2i$	3	$1+i$
$+1+4i$	1	$-1+2i$
	3	$1+i$
$-5+2i$	0	$-1-2i$
	1	$1+i$
	2	$-1+2i$
$-1+6i$	0	-3
	1	$1+i$, $-1+2i$

Modulus.	Character.	Numeri.
$-1+6i$	2	$-1-2i$
$+5+4i$	0	$1+i$
	1	-3
	3	$-1+2i$, $-1-2i$
-7	0	-3
	1	$-1+2i$, $-3-2i$
	2	$1+i$
	3	$-1-2i$
$+7+2i$	0	$1+i$, $3+2i$, $3 \quad 2i$, $1-4i$
	1	-3
	2	$-1-2i$, $1+4i$
	3	$-1+2i$
$-5+6i$	0	$1+i$, -3, $3+2i$, $3-2i$
	1	$1-4i$
	2	$1+4i$
	3	$-1+2i$, $-1-2i$
$-3+8i$	0	$-1+2i$, $3-2i$, $1-4i$
	1	$1+i$, $3+2i$
	2	-3
	3	$-1-2i$, $1+4i$, $-5+2i$
$+5+8i$	0	$-1-2i$
	1	$-5-2i$, $-1+6i$
	2	$-1+2i$, $3-2i$
	3	$1+i$, -3, $3+2i$, $1+4i$, $1-4i$
$+9+4i$	0	$-1+2i$, $3+2i$
	1	$1+i$, $-1-2i$, $3-2i$
	2	-3, $1+4i$
	3	$1-4i$, $-5+2i$
$-1+10i$	0	$1+i$, $-1+2i$, $-1-2i$, $3+2i$
	1	-3
	2	$3-2i$, $-5+2i$, $5-4i$
	3	$1+4i$, $1-4i$

Modulus.	Character.	Numeri.
$+3+10i$	1	$1+i,\ -1-2i,\ 1-4i$
	2	$-3,\ 3+2i,\ 1+4i,\ -5-2i$
	3	$-1+2i,\ 3-2i$
$-7+8i$	0	$1+i,\ -7$
	1	$3+2i,\ 3-2i,\ 1-4i,\ -5-2i$
	2	$-1-2i,\ 1+4i,\ -5+2i,\ -1-6i$
	3	$-1+2i,\ -3,\ -1+6i$
-11	0	-3
	1	$1+i,\ 3-2i,\ 1+4i,\ -5+2i,\ 5+4i$
	2	$-1+2i,\ -1-2i$
	3	$3+2i,\ 1-4i,\ -5-2i,\ 5-4i$
$-11+4i$	0	$1+i,\ -1+2i,\ 3+2i,\ 5+4i$
	1	$-1-2i,\ -1+6i$
	2	$-5+2i$
	3	$-3,\ 3-2i,\ 1+4i,\ 1-4i,\ -5-2i$
$+7+10i$	0	$1+4i,\ 1-4i,\ -1+6i,\ -1-6i$
	1	$-1+2i,\ 3+2i,\ -5+2i$
	2	$1+i,\ 3-2i$
	3	$-1-2i,\ -3,\ -5-2i$
$+11+6i$	0	$1+i,\ -1+2i,\ -3,\ 1+4i,\ 1-4i,\ -7$
	1	$-1-2i,\ 3+2i,\ 3-2i$
	2	$-5-2i,\ -1+6i,\ 5-4i$
	3	$-5+2i,\ 5+4i,\ 7-2i.$

63.

Operam nunc dabimus, ut criteria communia modulorum, pro quibus numerus primus datus characterem eundem habet, per inductionem detegamus. Modulos semper supponimus primarios inter associatos, puta tales $a+bi$ pro quibus vel $a\equiv 1$, $b\equiv 0$, vel $a\equiv 3$, $b\equiv 2 \pmod{4}$.

Respectu numeri $1+i$, a quo initium facimus, inductionis lex facilius arripitur, si modulos prioris generis (pro quibus $a\equiv 1$, $b\equiv 0$) a modulis posterioris generis (pro quibus $a\equiv 3$, $b\equiv 2$) separamus. Adiumento tabulae art. praec. invenimus respondere

characterem	modulis primi generis.
0	$5+4i$, $-7+8i$, $-7-8i$, $-11+4i$
1	$1-4i$, $-3+8i$, $-3-8i$, $9+4i$, -11
2	$5-4i$, -7, $-11-4i$
3	-3, $1+4i$, $5+8i$, $5-8i$, $9-4i$

Si haec septemdecim exempla attente consideramus, in omnibus invenimus characterem $\equiv \frac{1}{4}(a-b-1) \pmod{4}$.

Perinde respondet

character	modulis secundi generis.
0	$3-2i$, $-1-6i$, $7+2i$, $-5+6i$, $-1+10i$, $11+6i$
1	$-5+2i$, $-1+6i$, $7-2i$, $-1-10i$, $3+10i$
2	$-1+2i$, $-5-2i$, $3-10i$, $7+10i$
3	$-1-2i$, $3+2i$, $-5-6i$, $7-10i$, $11-6i$

In omnibus his viginti exemplis, levi attentione adhibita, invenitur character $\equiv \frac{1}{4}(a-b-5) \pmod{4}$.

Facile has duas regulas in unam pro utroque modulorum genere valentem contrahere licet, si perpendimus, $\frac{1}{4}bb$ esse pro modulis prioris generis $\equiv 0$, pro modulis posterioris generis $\equiv 1 \pmod{4}$. Est itaque character numeri $1+i$ respectu moduli cuiusvis primi inter associatos primarii $\equiv \frac{1}{4}(a-b-1-bb) \pmod{4}$.

Obiter hic annotare convenit, quum $(b+1)^2$ semper sit formae $8n+1$, sive $\frac{1}{4}(2b+bb)$ par, characterem istum semper parem vel imparem fieri, prout $\frac{1}{4}(a+b-1)$ par sit vel impar quod quadrat cum regula pro charactere quadratico in art. 58 prolata.

Quum $\frac{1}{4}(a-b-1)$, $\frac{1}{4}(a-b+3)$ sint integri, quorum alter par, alter impar, ipsorum productum par erit, sivè $\frac{1}{8}(a-b-1)(a-b+3) \equiv 0 \pmod{4}$. Hinc loco expressionis allatae pro charactere biquadratico haec quoque adoptari potest

$$\tfrac{1}{4}(a-b-1-bb)-\tfrac{1}{8}(a-b-1)(a-b+3) = \tfrac{1}{8}(-aa+2ab-3bb+1)$$

quae forma eo quoque nomine se commendat, quod non restringitur ad modulos primarios, sed tantummodo supponit, a esse imparem, b parem: manifesto enim in hac suppositione vel $a+bi$, vel $-a-bi$ erit numerus inter associatos primarius, valorque istius formulae pro utroque modulo idem.

64.

Proficiscendo a regula ultima in art. praec. eruta invenimus esse

numeri	characterem $\equiv$
$-1+i$	$\frac{1}{8}(aa+2ab-bb-1)$
$-1-i$	$\frac{1}{8}(-aa+2ab+bb+1)$
$+1-i$	$\frac{1}{8}(aa+2ab+3bb-1)$

Hoc statim inde sequitur, quod character ipsius i est $\frac{1}{4}(aa+bb-1)$, character ipsius -1 autem $\frac{1}{2}(aa+bb-1)\equiv\frac{1}{2}bb$, quum $aa-1$ semper sit formae $8n$. Manifesto hae quatuor regulae, etiamsi hactenus ab inductione mutuatae sint, ita inter se sunt nexae, ut quamprimum unius demonstratio absoluta fuerit, tres reliquae simul sint demonstratae. Vix opus est monere, etiam in his regulis tantummodo supponi a imparem, b parem.

Si formulas ad modulos primarios restrictas adhibere non displicet, hac forma uti possumus. Est

numeri	character $\equiv$
$-1+i$	$\frac{1}{4}(-a-b+1-bb)$
$-1-i$	$\frac{1}{4}(a-b-1+bb)$
$+1-i$	$\frac{1}{4}(-a-b+1+bb)$

Formulae simplicissimae prodeunt, si, ut initio inductionis nostrae feceramus, modulos primi et secundi generis distinguimus. Est scilicet character

numeri	pro modulis primi generis	pro modulis secundi generis
$-1+i$	$\frac{1}{4}(-a-b+1)$	$\frac{1}{4}(-a-b-3)$
$-1-i$	$\frac{1}{4}(a-b-1)$	$\frac{1}{4}(a-b+3)$
$+1-i$	$\frac{1}{4}(-a-b+1)$	$\frac{1}{4}(-a-b+5)$

65.

Pro numero $-1+2i$, ad quem iam progredimur, eandem distinctionem inter modulos $a+bi$ eos, pro quibus $a\equiv 1$, $b\equiv 0$, atque eos, pro quibus $a\equiv 3$, $b\equiv 2$ quoque adhibebimus. Tabula art. 62 docet, respectu illius numeri respondere

characterem	modulis primi generis
0	$-3+8i$, $+5-8i$, $+9+4i$, $-11+4i$
1	$+1+4i$, $+5-4i$, -7, $-3-8i$
2	$+1-4i$, $+5+8i$, $-7-8i$, -11
3	-3, $+5+4i$, $+9-4i$, $-7+8i$, $-11-4i$

Revocatis singulis his modulis ad residua absolute minima secundum modulum $-1+2i$, animadvertimus, omnes, quibus respondet character 0, esse $\equiv 1$; eos, quibus character 1 respondet, $\equiv i$; eos, quorum character est 2, fieri $\equiv -1$; denique omnes, quorum character est 3, fieri $\equiv -i$. At characteres numerorum $1, i, -1, -i$ pro modulo $-1+2i$ ipsi sunt 0, 1, 2, 3 resp.; quapropter in omnibus his 17 exemplis character numeri $-1+2i$ respectu moduli prioris generis $a+bi$, cum charactere huius numeri respectu moduli $-1+2i$ identicus est.

Perinde adiumento tabulae invenitur, respondere

characterem	modulis secundi generis
0	$+3+2i$, $-5-2i$, $-1+10i$, $-1-10i$, $+11+6i$
1	$+3-2i$, $-1+6i$, $-5-6i$, $+7+10i$, $+7-10i$
2	$-5+2i$, $-1-6i$, $+7-2i$
3	$-1-2i$, $+7+2i$, $-5+6i$, $+3+10i$, $+3-10i$, $+11-6i$

Revocatis his modulis ad residua minima secundum modulum $-1+2i$. omnia, quibus resp. characteres 0, 1, 2. 3 respondent, congrua inveniuntur numeris $-1, -i, +1, +i$; his vero ipsis numeris, si vice versa $-1+2i$ pro modulo adoptatur, competunt characteres 2, 3, 0, 1 resp. Quapropter in omnibus his 19 exemplis character numeri $-1+2i$ respectu moduli secundi generis duabus unitatibus differt a charactere huius numeri respectu numeri $-1+2i$ pro modulo habiti.

Ceterum nullo negotio perspicitur, prorsus similia respectu numeri $-1-2i$ locum habitura esse.

66.

Pro numero -3 distinctionem inter modulos primi generis et secundi omittimus, quum eventus doceat, illam hic superfluam esse. Respondet itaque

character	modulis
0	$-1+6i$; $-1-6i$, -7, $-5+6i$, $-5-6i$, -11, $11+6i$, $11-6i$
1	$-1-2i$, $1-4i$, $-5+2i$, $5+4i$, $7+2i$, $5-8i$. $-1+10i$, $-7-8i$, $-11-4i$, $7-10i$
2	$3+2i$, $3-2i$, $-3+8i$, $-3-8i$, $9+4i$, $3+10i$, $3-10i$
3	$-1+2i$, $1+4i$, $-5-2i$, $5-4i$, $7-2i$, $5+8i$, $-1-10i$, $-7+8i$, $-11+4i$, $7+10i$

Revocatis his modulis ad residua minima secundum modulum 3, videmus, eos, quibus respondet character 0, esse partim $\equiv 1$, partim $\equiv -1$; eos, quorum character est 1, fieri vel $\equiv 1-i$, vel $\equiv -1+i$: eos, quorum character est 2, fieri vel $\equiv i$, vel $\equiv -i$; denique eos, quibus competit character 3, esse vel $\equiv 1+i$, vel $\equiv -1-i$. Ex hac itaque inductione colligimus, characterem numeri -3 pro modulo, qui est numerus primus inter associatos primarius, identicum esse cum charactere huius ipsius numeri, dum 3, sive, quod eodem redit, -3 tamquam modulus consideratur.

67.

Simili inductione circa alios numeros primos instituta, invenimus, numeros $3\pm 2i$, $-1\pm 6i$, $7\pm 2i$, $-5\pm 6i$ etc. suppeditare theoremata ei similia, ad quod in art. 65 respectu numeri $-1+2i$ pervenimus; contra numeros $1\pm 4i$, $5\pm 4i$, $-3\pm 8i$, $5\pm 8i$, $9\pm 4i$ etc. perinde se habere ut numerum -3. Inductio itaque perducit ad elegantissimum theorema, quod ad instar theoriae residuorum quadraticorum in arithmetica numerorum realium Theorema fundamentale theoriae residuorum biquadraticorum nuncupare liceat, scilicet:

Denotantibus $a+bi$, $a'+b'i$ numeros primos diversos inter associatos suos primarios, i. e. secundum modulum $2+2i$ unitati congruos, character biquadraticus numeri $a+bi$ respectu moduli $a'+b'i$ identicus erit cum charactere numeri $a'+b'i$ respectu moduli $a+bi$, si vel uterque numerorum $a+bi$, $a'+b'i$, vel alteruter saltem, ad primum genus refertur, i. e. secundum modulum 4 unitati congruus est: contra characteres illi duabus unitatibus inter se different, si neuter numerorum $a+bi$ $a'+b'i$ ad primum genus refertur, i. e. si uterque secundum modulum 4 congruus est numero $3+2i$.

At non obstante summa huius theorematis simplicitate, ipsius demonstratio inter mysteria arithmeticae sublimioris maxime recondita referenda est, ita ut, saltem ut nunc res est. per subtilissimas tantummodo investigationes enodari possit, quae limites praesentis commentationis longe transgrederentur. Quamobrem promulgationem huius demonstrationis, nec non evolutionem nexus inter hoc theorema atque ea, quae in initio huius commentationis per inductionem stabilire coeperamus, ad commentationem tertiam nobis reservamus. Coronidis tamen loco iam hic trademus, quae ad demonstrationem theorematum in artt. 63. 64 propositorum requiruntur.

68.

Initium facimus a numeris primis $a+bi$ talibus, pro quibus $b=0$ (tertia specie art. 34), ubi itaque (ut numerus inter associatos primarius sit) a debet esse numerus primus realis negativus formae $-(4n+3)$, pro quo scribemus $-q$, quales sunt -3, -7, -11, -19 etc. Denotando per λ characterem numeri $1+i$, illo numero pro modulo accepto, esse debet

$$i^\lambda \equiv (1+i)^{\frac{1}{4}(qq-1)} \equiv 2^{\frac{1}{8}(qq-1)}\, i^{\frac{1}{8}(qq-1)} \pmod{q}$$

Sed constat, 2 esse residuum quadraticum, vel non-residuum quadraticum ipsius q, prout q sit formae $8n+7$, vel formae $8n+3$, unde colligimus, esse generaliter

$$2^{\frac{1}{2}(q-1)} \equiv (-1)^{\frac{1}{4}(q+1)} \equiv i^{\frac{1}{2}(q+1)} \pmod{q}$$

adeoque evehendo ad potestatem exponentis $\frac{1}{4}(q+1)$

$$2^{\frac{1}{8}(qq-1)} \equiv i^{\frac{1}{8}(q+1)^2} \pmod{q}$$

Aequatio itaque praecedens hanc formam induit

$$i^\lambda \equiv i^{\frac{1}{8}(q+1)^2+\frac{1}{8}(qq-1)} \equiv i^{\frac{1}{4}(qq+q)} \pmod{q}$$

unde sequitur

$$\lambda \equiv \tfrac{1}{4}(qq+q) \equiv \tfrac{1}{4}(q+1)^2 - \tfrac{1}{4}(q+1) \pmod{4}$$

sive quum habeatur $\frac{1}{4}(q+1)^2 \equiv 0 \pmod{4}$, $\lambda \equiv -\frac{1}{4}(q+1) \equiv \frac{1}{4}(a-1) \pmod{4}$.

Quod est ipsum theorema art. 63 pro casu $b=0$.

69.

Longe vero difficilius absolvuntur moduli $a+bi$ tales, pro quibus non est $b=0$ (numeri quartae speciei art. 34), pluresque disquisitiones erunt praemittendae. Normam $aa+bb$, quae erit numerus primus realis formae $4n+1$, designabimus per p.

Denotetur per S complexus omnium residuorum simpliciter minimorum pro modulo $a+bi=m$, exclusa cifra, ita ut multitudo numerorum in S contentorum sit $=p-1$. Designet $x+yi$ indefinite numerum huius systematis, statuaturque $ax+by=\xi$, $ay-bx=\eta$. Erunt itaque ξ, η integri inter limites 0 et p *exclusive* contenti: in casu praesente enim, ubi a, b inter se primi sunt, formulae art. 45, puta $\eta\equiv k\xi$, $\xi\equiv -k\eta$ (mod. p) docent, neutrum numerorum ξ, η esse posse $=0$, nisi alter simul evanescat, adeoque fiat $x=0$, $y=0$, quam combinationem iam eiecimus. Criterium itaque numeri $x+yi$ in S contenti, consistit in eo, ut quatuor numeri ξ, η, $p-\xi$, $p-\eta$ sint positivi.

Praeterea observamus pro nullo tali numero esse posse $\xi=\eta$; hinc enim sequeretur $p(x+y)=a(\xi+\eta)+b(\xi-\eta)=2a\xi$, quod est absurdum, quum nullus factorum 2, a, ξ per p divisibilis sit. Simili ratione aequatio $p(x-y+a+b)=2a\xi+(a+b)(p-\xi-\eta)$ docet, esse non posse $\xi+\eta=p$. Quapropter quum numeri $\xi-\eta$, $p-\xi-\eta$ esse debeant vel positivi vel negativi, hinc petimus subdivisionem systematis S in quatuor complexus C, C', C'', C''', puta ut coniiciantur

in complexum	numeri pro quibus
C	$\xi-\eta$ positivus, $p-\xi-\eta$ positivus
C'	$\xi-\eta$ positivus, $p-\xi-\eta$ negativus
C''	$\xi-\eta$ negativus, $p-\xi-\eta$ negativus
C'''	$\xi-\eta$ negativus, $p-\xi-\eta$ positivus

Criterium itaque numeri complexus C proprie sextuplex est, puta sex numeri ξ, η, $p-\xi$, $p-\eta$, $\xi-\eta$, $p-\xi-\eta$ positivi esse debent; sed manifesto conditiones 2, 5 et 6 iam sponte implicant reliquas. Similia circa complexus C', C'', C''' valent, ita ut criteria completa sint triplicia, puta

pro complexu	positivi esse debent numeri
C	η, $\xi-\eta$, $p-\xi-\eta$
C'	$p-\xi$, $\xi-\eta$, $\xi+\eta-p$
C''	$p-\eta$, $\eta-\xi$, $\xi+\eta-p$
C'''	ξ, $\eta-\xi$, $p-\xi-\eta$

Ceterum vel nobis non monentibus quisque facile intelliget, in repraesentatione figurata numerorum complexorum (vid. art. 39) numeros systematis S intra quadratum contineri, cuius latera iungant puncta numeros 0, $a+bi$, $(1+i)(a+bi)$, $i(a+bi)$ repraesentantia, et subdivisionem systematis S respondere partitioni quadrati per rectas diagonales. Sed hocce loco ratiocinationibus pure arithmeticis uti maluimus, illustrationem per intuitionem figuratam lectori perito brevitatis caussa linquentes.

70.

Si quatuor numeri complexi $r=x+yi$, $r'=x'+y'i$, $r''=x''+y''i$, $r'''=x'''+y'''i$ ita inter se nexi sunt, ut habeatur $r'=m+ir$, $r''=m+ir'=(1+i)m-r$, $r'''=m+ir''=im-ir$, atque primus r ad complexum C pertinere supponitur, reliqui r', r'', r''' resp. ad complexus C', C'', C''' pertinebunt. Statuendo enim $\xi=ax+by$, $\eta=ay-bx$, $\xi'=ax'+by'$, $\eta'=ay'-bx'$, $\xi''=ax''+by''$, $\eta''=ay''-bx''$, $\xi'''=ax'''+by'''$ $\eta'''=ay'''-bx'''$, invenitur

$$\eta=p-\xi'=p-\eta''=\xi'''$$
$$\xi-\eta=\xi'+\eta'-p=\eta''-\xi''=p-\xi'''-\eta'''$$
$$p-\xi-\eta=\xi'-\eta'=\xi''+\eta''-p=\eta'''-\xi'''$$

unde adiumento criteriorum theorematis veritas sponte demanat. Et quum rursus fiat $r=m+ir'''$, facile perspicietur, si r supponatur pertinere ad C', numeros r', r'', r''' pertinere resp. ad C'', C''', C; si ille ad C'', hos ad C''', C, C'; denique si ille ad C''', hos ad C, C', C''.

Simul hinc colligitur, in singulis complexibus C, C', C'', C''' aeque multos numeros reperiri, puta $\frac{1}{4}(p-1)$.

71.

Theorema. *Si denotante k integrum per m non divisibilem singuli numeri complexus C per k multiplicantur productorumque residuis simpliciter minimis secun-*

dum modulum m inter complexus C, C', C'', C''' distributis, multitudo eorum, quae ad singulos hos complexus pertinent, resp. per c, c', c'', c''' denotatur: character numeri k respectu moduli m erit $\equiv c' + 2c'' + 3c'''$ (*mod.* 4).

Demonstr. Sint illa c residua minima ad C pertinentia α, β, γ, δ etc.; dein c' residua ad C' pertinentia haec $m + i\alpha'$, $m + i\beta'$, $m + i\gamma'$, $m + i\delta'$ etc.; porro c'' residua ad C'' pertinentia haec $(1+i)m - \alpha''$, $(1+i)m - \beta''$, $(1+i)m - \gamma''$, $(1+i)m - \delta''$ etc.; denique c''' residua ad C''' pertinentia haec $im - i\alpha'''$, $im - i\beta'''$, $im - i\gamma'''$, $im - i\delta'''$ etc. Iam consideremus quatuor producta, scilicet

1) productum ex omnibus $\frac{1}{4}(p-1)$ numeris complexum C constituentibus:
2) productum productorum, quae e multiplicatione singulorum horum numerorum per k orta erant;
3) productum e residuis minimis horum productorum, puta e numeris α, β, γ, δ etc., $m + i\alpha'$, $m + i\beta'$ etc. etc.
4) productum ex omnibus $c + c' + c'' + c'''$ numeris α, β, γ, δ etc., α', β', γ', δ' etc., α'', β'', γ'', δ'' etc., α''', β''', γ''', δ''' etc.

Denotando haec quatuor producta ordine suo per P, P', P'', P''', manifesto erit

$$P' = k^{\frac{1}{4}(p-1)}P, \quad P' \equiv P'', \quad P'' \equiv P''' i^{c'+2c''+3c'''} \pmod{m}$$

et proin

$$Pk^{\frac{1}{4}(p-1)} \equiv P''' i^{c'+2c''+3c''} \pmod{m}$$

At facile perspicietur, numeros α', β', γ', δ' etc., α'', β'', γ'', δ'' etc., α''', β''', γ''', δ''' etc. omnes ad complexum C pertinere, atque tum inter se tum a numeris α, β, γ, δ etc. diversos esse, sicuti hi ipsi inter se diversi sint. Omnes itaque hi numeri simul sumti, et abstrahendo ab ordine, prorsus identici esse debent cum omnibus numeris complexum C constituentibus, unde colligimus $P = P'''$, adeoque

$$Pk^{\frac{1}{4}(p-1)} \equiv P i^{c'+2c''+3c'''} \pmod{m}$$

Denique quum singuli factores producti P per m non sint divisibiles, hinc concluditur

$$k^{\frac{1}{4}(p-1)} \equiv i^{c'+2c''+3c'''} \pmod{m}$$

unde $c' + 2c'' + 3c'''$ erit character numeri k respectu moduli m. Q. E. D.

72.

Quo theorema generale art. praec. ad numerum $1+i$ applicari possit, complexum C denuo in duos complexus minores G et G' subdividere oportet, et quidem referemus in complexum G numeros eos $x+yi$, pro quibus $ax+by=\xi$ minor est quam $\frac{1}{2}p$, in alterum G' eos, pro quibus ξ est maior quam $\frac{1}{2}p$; multitudinem numerorum in complexibus G, G' contentorum resp. per g, g' denotabimus, unde erit $g+g'=\frac{1}{4}(p-1)$.

Criterium completum numerorum ad G pertinentium itaque erit, ut tres numeri η, $\xi-\eta$, $p-2\xi$ sint positivi: nam conditio tertia pro complexu C, secundum quam $p-\xi-\eta$ positivus esse debet, sub illis implicite iam continetur, quum sit $p-\xi-\eta=(\xi-\eta)+(p-2\xi)$. Perinde criterium completum numerorum ad G' pertinentium consistet in valoribus positivis trium numerorum η, $p-\xi-\eta$, $2\xi-p$.

Hinc facile concluditur, productum cuiusvis numeri complexus G per numerum $1+i$ pertinere ad complexum C'''; si enim statuitur

$$(x+yi)(1+i)=x'+y'i, \text{ atque } ax'+by'=\xi',\ ay'-bx'=\eta', \text{ invenitur}$$
$$\xi'=\xi-\eta,\ \eta'-\xi'=2\eta,\ p-\xi'-\eta'=p-2\xi$$

i. e. criterium pro numero $x+yi$ complexui G subdito identicum est cum criterio pro numero $x'+y'i$ ad complexum C''' pertinente.

Prorsus simili modo ostenditur, productum cuiusvis numeri complexus G' per $1+i$ pertinere ad complexum C''.

Erit itaque, si in art. praec. ipsi k valorem $1+i$ tribuimus, $c=0$, $c'=0$, $c''=g'$, $c'''=g$, et proin character numeri $1+i$ fiet $3g+2g'=\frac{1}{2}(p-1)+g$. Et quum characteres numerorum i, -1, sint $\frac{1}{4}(p-1)$, $\frac{1}{2}(p-1)$, characteres numerorum $-1+i$, $-1-i$, $1-i$ resp. erunt $\frac{3}{4}(p-1)+g$, g, $\frac{1}{4}(p-1)+g$. Totus igitur rei cardo iam in investigatione numeri g vertitur.

73.

Quae in artt. 69—72 exposuimus, proprie independentia sunt a suppositione, m esse numerum primarium: abhinc vero saltem supponemus, a imparem, b parem esse, praetereaque a, b et $a-b$ esse numeros positivos. Ante omnia limites valorum ipsius x in complexu G stabilire oportet.

Statuendo $ay - bx = \eta$, $(a+b)x - (a-b)y = \zeta$, $p - 2ax - 2by = \theta$, criterium numerorum $x+yi$ ad complexum G pertinentium consistit in tribus conditionibus, ut η, ζ, θ sint numeri positivi. Quum fiat $px = (a-b)\eta + a\zeta$, $p(a-2x) = a\theta + 2b\eta$, manifestum est, x et $2a-x$ esse debere numeros positivos, sive x alicui numerorum $1, 2, 3 \ldots \frac{1}{2}(a-1)$ aequalem. Porro quum sit $(a-b)\theta = 2b\zeta + p(a-b-2x)$, patet, quamdiu x minor sit quam $\frac{1}{2}(a-b)$, conditionem secundam (iuxta quam ζ positivus esse debet) iam implicare tertiam (quod θ debet esse positivus); contra quoties x sit maior quam $\frac{1}{2}(a-b)$, conditionem secundam iam contineri sub tertia. Quamobrem pro valoribus ipsius x his $1, 2, 3 \ldots \frac{1}{2}(a-b-1)$ tantummodo prospiciendum est, ut η et ζ positivi evadant, sive ut y maior sit quam $\frac{bx}{a}$ et minor quam $\frac{(a+b)x}{a-b}$: pro valore itaque tali dato ipsius x aderunt numeri $x+yi$ omnino

$$\left[\frac{(a+b)x}{a-b}\right] - \left[\frac{bx}{a}\right]$$

si uncis in eadem significatione utimur, qua iam alibi passim usi sumus (Conf. *Theorematis arithm. dem. nova* art. 4 et *Theorematis fund. in doctr. de residuis quadr.* etc. *Algorithm. nov.* art. 3). Contra pro valoribus ipsius x his $\frac{1}{2}(a-b+1)$, $\frac{1}{2}(a-b+3) \ldots \frac{1}{2}(a-1)$ sufficiet, ut ipsis η et θ valores positivi concilientur, sive ut y maior sit quam $\frac{bx}{a}$ et minor quam $\frac{p-2ax}{2b}$ sive $\frac{1}{2}b + \frac{aa-2ax}{2b}$: quare pro valore tali dato ipsius x aderunt numeri $x+yi$ omnino

$$\left[\tfrac{1}{2}b + \frac{aa-2ax}{2b}\right] - \left[\frac{bx}{a}\right]$$

Hinc itaque colligimus, multitudinem numerorum complexus G esse

$$g = \Sigma\left[\frac{(a+b)x}{a-b}\right] + \Sigma\left[\tfrac{1}{2}b + \frac{aa-2ax}{2b}\right] - \Sigma\left[\frac{bx}{a}\right]$$

ubi in termino primo summatio extendenda est per omnes valores integros ipsius x ab 1 usque ad $\frac{1}{2}(a-b-1)$, in secundo ab $\frac{1}{2}(a-b+1)$ usque ad $\frac{1}{2}(a-1)$, in tertio ab 1 usque ad $\frac{1}{2}(a-1)$.

Si characteristica φ in eadem significatione utimur, ut loco citato (*Theorematis fund.* etc. *Algor. nov.* art. 3), puta ut sit

$$\varphi(t, u) = \left[\frac{u}{t}\right] + \left[\frac{2u}{t}\right] + \left[\frac{3u}{t}\right] \ldots + \left[\frac{t'u}{t}\right]$$

denotantibus t, u numeros positivos quoscunque, atque t' numerum $[\frac{1}{2}t]$, terminus ille primus fit $= \varphi(a-b, a+b)$, tertius $= -\varphi(a, b)$; secundus vero fit

$$= \tfrac{1}{4}bb + \Sigma\left[\frac{aa-2ax}{2b}\right]$$

Sed fit, scribendo terminos inverso ordine,

$$\Sigma\left[\frac{aa-2ax}{2b}\right] = \left[\frac{a}{2b}\right] + \left[\frac{3a}{2b}\right] + \left[\frac{5a}{2b}\right] + \ldots + \left[\frac{(b-1)a}{2b}\right] = \varphi(2b, a) - \varphi(b, a)$$

Formula itaque nostra sequentem induit formam:

$$g = \varphi(a-b, a+b) + \varphi(2b, a) - \varphi(a, b) - \varphi(b, a) + \tfrac{1}{4}bb$$

Consideremus primo terminum $\varphi(a-b, a+b)$, qui protinus transmutatur in $\varphi(a-b, 2b) + 1 + 2 + 3 +$ etc. $+ \tfrac{1}{2}(a-b-1)$ sive in

$$\varphi(a-b, 2b) + \tfrac{1}{8}((a-b)^2 - 1)$$

Dein quum per theorema generale fiat $\varphi(t, u) + \varphi(u, t) = [\tfrac{1}{2}t].[\tfrac{1}{2}u]$, dum t, u sunt integri positivi inter se primi, habemus

$$\varphi(a-b, 2b) = \tfrac{1}{2}b(a-b-1) - \varphi(2b, a-b)$$

adeoque

$$\varphi(a-b, a+b) = \tfrac{1}{8}(aa + 2ab - 3bb - 4b - 1) - \varphi(2b, a-b)$$

Disponamus partes ipsius $\varphi(2b, a-b)$ sequenti modo

$$\left[\frac{a-b}{2b}\right] + \left[\frac{3(a-b)}{2b}\right] + \left[\frac{5(a-b)}{2b}\right] + \text{etc.} + \left[\frac{(b-1)(a-b)}{2b}\right]$$
$$+ \left[\frac{a-b}{b}\right] + \left[\frac{2(a-b)}{b}\right] + \left[\frac{3(a-b)}{b}\right] + \text{etc.} + \left[\frac{\frac{1}{2}b(a-b)}{b}\right]$$

Series secunda manifesto fit

$$= \varphi(b, a-b) = \varphi(b, a) - 1 - 2 - 3 - \text{etc.} - \tfrac{1}{2}b = \varphi(b, a) - \tfrac{1}{8}(bb + 2b)$$

seriem primam ordine terminorum inverso ita exhibemus:

$$\left[\tfrac{1}{2}(a+1-b) - \frac{a}{2b}\right] + \left[\tfrac{1}{2}(a+3-b) - \frac{3a}{2b}\right] + \left[\tfrac{1}{2}(a+5-b) - \frac{5a}{2b}\right] + \text{etc.} + \left[\tfrac{1}{2}(a-1) - \frac{(b-1)a}{2b}\right]$$

quae expressio, quum denotante t numerum integrum, u fractum, generaliter sit $[t-u] = t - 1 - [u]$, mutatur in sequentem

$$\tfrac{1}{8}b(2a - 4 - b) - \left[\frac{a}{2b}\right] - \left[\frac{3a}{2b}\right] - \left[\frac{5a}{2b}\right] - \text{etc.} - \left[\frac{(b-1)a}{2b}\right]$$
$$= \tfrac{1}{8}b(2a - 4 - b) - \varphi(2b, a) + \varphi(b, a)$$

Hinc fit

$$\varphi(2b, a-b) = 2\varphi(b, a) - \varphi(2b, a) + \tfrac{1}{4}b(a-3-b)$$

et proin

$$\varphi(a-b, a+b) = \varphi(2b, a) - 2\varphi(b, a) + \tfrac{1}{8}(aa-bb+2b-1)$$

Substituendo hunc valorem in formula pro g supra tradita, insuperque $\varphi(a, b) + \varphi(b, a) = \frac{1}{4}b(a-1)$, obtinemus

$$g = 2\varphi(2b, a) - 2\varphi(b, a) + \tfrac{1}{8}(aa-2ab+bb+4b-1)$$

74.

Per ratiocinia prorsus similia absolvitur casus is, ubi manentibus a, b positivis $a-b$ est negativus, sive $b-a$ positivus. Aequationes $p(a-2x) = 2b\eta + a\theta$, $p(b-a+2x) = 2b\zeta + (b-a)\theta$ docent, $\frac{1}{2}a - x$ atque $x + \frac{1}{2}(b-a)$ positivos, et proin x alicui numerorum $-\frac{1}{2}(b-a-1)$, $-\frac{1}{2}(b-a-3)$, $-\frac{1}{2}(b-a-5) \ldots + \frac{1}{2}(a-1)$ aequalem esse debere. Porro ex aequatione $px + (b-a)\eta = a\zeta$ sequitur, pro valoribus negativis ipsius x conditionem, ex qua η debet esse positivus, iam contineri sub conditione, ex qua ζ debet esse positivus, contrarium vero evenire, quoties ipsi x valor positivus tribuatur. Hinc valores ipsius y pro valore determinato negativo ipsius x inter $\frac{(a+b)x}{a-b}$ et $\frac{p-2ax}{2b}$, contra pro valore positivo ipsius x inter $\frac{bx}{a}$ et $\frac{p-2ax}{2b}$ contenti esse debent: manifesto pro $x = 0$ hi limites sunt 0 et $\frac{p-2ax}{2b}$, valore $y = 0$ ipso excluso. Hinc colligitur

$$g = -\Sigma\left[\frac{(a+b)x}{a-b}\right] + \Sigma\left[\tfrac{1}{2}b + \frac{aa-2ax}{2b}\right] - \Sigma\left[\frac{bx}{a}\right]$$

ubi in termino primo summatio extendenda est per omnes valores negativos ipsius x inde a -1 usque ad $-\frac{1}{2}(b-a-1)$; in secunda per omnes valores ipsius x inde a $-\frac{1}{2}(b-a-1)$ usque ad $\frac{1}{2}(a-1)$; in tertia per omnes valores positivos ipsius x inde a $+1$ usque ad $\frac{1}{2}(a-1)$: hoc pacto e summatione prima prodit $-\varphi(b-a, b+a)$, e secunda perinde ut in art. praec. $\frac{1}{4}bb + \varphi(2b, a) - \varphi(b, a)$, denique e tertia $-\varphi(a, b)$, sive habetur

$$g = -\varphi(b-a, b+a) + \varphi(2b, a) - \varphi(b, a) - \varphi(a, b) + \tfrac{1}{4}bb$$

Iam simili modo ut in art. praec. evolvitur

$$\varphi(b-a,\ b+a) = \varphi(b-a,\ 2b) - \tfrac{1}{8}((b-a)^2-1)$$
$$= \tfrac{1}{8}(3bb-2ab-aa-4b+1) - \varphi(2b,\ b-a)$$

nec non

$$\varphi(2b, b-a) = \varphi(2b,a) - 2\varphi(b,a) + \tfrac{1}{4}b(b-1-a)$$

adeoque

$$\varphi(b-a,\ b+a) = 2\varphi(b,a) - \varphi(2b,a) + \tfrac{1}{8}(bb-aa-2b+1)$$

tandemque

$$g = 2\varphi(2b,a) - 2\varphi(b,a) + \tfrac{1}{8}(aa-2ab+bb+4b-1)$$

Evictum est itaque, eandem formulam pro g valere, sive sit $a-b$ positivus sive negativus, dummodo a, b sint positivi.

75.

Ut reductionem ulteriorem assequamur, statuemus

$$L = \left[\tfrac{a}{2b}\right] + \left[\tfrac{2a}{2b}\right] + \left[\tfrac{3a}{2b}\right] + \text{etc.} + \left[\tfrac{\frac{1}{2}ba}{2b}\right]$$
$$M = \left[\tfrac{(\frac{1}{2}b+1)a}{2b}\right] + \left[\tfrac{(\frac{1}{2}b+2)a}{2b}\right] + \left[\tfrac{(\frac{1}{2}b+3)a}{2b}\right] + \text{etc.} + \left[\tfrac{ba}{2b}\right]$$
$$N = \left[\tfrac{a+b}{2b}\right] + \left[\tfrac{2a+b}{2b}\right] + \left[\tfrac{3a+b}{2b}\right] + \text{etc.} + \left[\tfrac{\frac{1}{2}ba+b}{2b}\right]$$

Quum facile perspiciatur, haberi generaliter $[u]+[u+\frac{1}{2}] = [2u]$, quamcunque quantitatem realem denotet u, fit $L+N = \varphi(b,a)$, et quum manifesto sit $L+M = \varphi(2b,a)$, erit

$$\varphi(2b,a) - \varphi(b,a) = M - N$$

Porro autem obvium est, aggregatum termini primi seriei N cum penultimo termino seriei M, puta $\left[\frac{a+b}{2b}\right] + \left[\frac{(b-1)a}{2b}\right]$ fieri $= \frac{1}{2}(a-1)$, atque eandem summam effici e termino secundo seriei N cum antepenultimo seriei M, et sic porro: quare quum etiam terminus ultimus seriei M fiat $= \frac{1}{2}(a-1)$, ultimus vero terminus seriei N sit $= \left[\frac{a+2}{4}\right] = \frac{1}{4}(a \mp 1)$, valente signo superiori vel inferiori, prout a est formae $4n+1$ vel $4n-1$: erit

$$M+N = \tfrac{1}{4}(a-1)b + \tfrac{1}{4}(a \mp 1)$$

et proin

$$\varphi(2b,a) - \varphi(b,a) = \tfrac{1}{4}(a-1)b + \tfrac{1}{4}(a \mp 1) - 2N$$

Formula itaque pro g in artt. 73 et 74 inventa, transit in sequentem

$$g = \tfrac{1}{8}\big((a+b)^2-1\big)+2n-4N$$

statuendo $a \mp 1 = 4n$, ubi n erit integer. Sed quum hinc habeatur $1 = 16nn-8an+aa$, formula haec etiam sequenti modo exhiberi potest:

$$g = \tfrac{1}{8}(-aa+2ab+bb+1)+4\big(\tfrac{1}{2}(a+1)n-nn-N\big)$$

Quapropter quum g sit character numeri $-1-i$ pro modulo $a+bi$, hic character fit $\equiv \tfrac{1}{8}(-aa+2ab+bb+1) \pmod{4}$, quod est ipsum theorema supra (art. 64) per inductionem erutum, sponteque inde demanant theoremata circa characteres numerorum $1+i$, $1-i$, $-1+i$. Quamobrem haec quatuor theoremata, pro casu eo, ubi a et b sunt positivi, iam rigorose sunt demonstrata.

76.

Si manente a positivo b est negativus, statuatur $b = -b'$, ut fiat b' positivus. Quum iam evictum sit, ita pro modulo $a+b'i$ characterem numeri $-1-i$ esse $\equiv \tfrac{1}{8}(-aa+2ab'+b'b'+1) \pmod{4}$, character numeri $-1+i$ pro modulo $a-b'i$ per theorema in art. 62 prolatum erit $\equiv \tfrac{1}{8}(aa-2ab'-b'b'-1)$, i. e. character numeri $-1+i$ pro modulo $a+bi$ fit $\equiv \tfrac{1}{8}(aa+2ab-bb-1)$: hoc vero est ipsum theorema in art. 64 allatum, unde tria reliqua circa characteres numerorum $1+i$, $1-i$, $-1-i$ sponte demanant. Quapropter ista theoremata etiam pro casu, ubi b negativus est, demonstrata sunt, scilicet pro omnibus casibus, ubi a est positivus.

Denique si a est negativus, statuatur $a = -a'$, $b = -b'$. Quum itaque per iam demonstrata character numeri $1+i$ respectu moduli $a'+b'i$ sit $\equiv \tfrac{1}{8}(-a'a'+2a'b'-3b'b'+1) \pmod{4}$, nihilque intersit, utrum numerum $a'+b'i$ an oppositum $-a'-b'i$ moduli loco habeamus; manifesto character numeri $1+i$ respectu moduli $a+bi$ est $\equiv \tfrac{1}{8}(-aa+2ab-3bb+1)$, et similia valent circa characteres numerorum $1-i$, $-1+i$, $-1-i$.

Ex his itaque colligitur, demonstrationem theorematum circa characteres numerorum $1+i$, $1-i$, $-1+i$, $-1-i$ (artt. 63. 64) nulli amplius limitationi obnoxiam esse.

ANZEIGEN

EIGNER

SCHRIFTEN.

Göttingische gelehrte Anzeigen. 1808 Mai 12.

Eine vom Herrn Prof. Gauss am 15. Januar d. J. der königl. Societät der Wissenschaften überreichte Abhandlung,

Theorematis arithmetici demonstratio nova,

deren Inhaltsanzeige wir hier noch nachzuholen haben, hat das berühmte Fundamental-Theorem der Lehre von den quadratischen Resten zum Gegenstande, welches sowohl in der ganzen *höhern Arithmetik*, als in den angrenzenden Theilen der Analysis eine so wichtige Rolle spielt. Bekanntlich heisst eine ganze Zahl a *quadratischer Rest* der ganzen Zahl b, wenn es Zahlen der Form $xx - a$ gibt, die durch b theilbar sind, sowie im entgegengesetzten Falle a *quadratischer Nichtrest* von b genannt wird: die Zahl a kann positiv oder negativ sein, b hingegen wird immer als positiv angesehen. Die höhere Arithmetik lehrt, dass alle Primzahlen b, für welche eine gegebene Zahl a quadratischer Rest ist, unter gewissen linearischen Formen begriffen sind, so wie wiederum andere linearische Formen alle Primzahlen enthalten, von denen a Nichtrest ist. So ist z. B. -1 quadratischer Rest aller Primzahlen der Form $4n+1$, quadratischer Nichtrest aller Primzahlen der Form $4n+3$; ferner $+2$ ist quadratischer Rest aller Primzahlen der Formen $8n+1$, $8n+7$, hingegen quadratischer Nichtrest aller Primzahlen der Formen $8n+3$, $8n+5$. Aehnlicher specieller Lehrsätze gibt es eine unendliche Menge, die sich aber alle aus der Verbindung der beiden angeführten

mit folgendem allgemeinen ableiten lassen: Zwei ungleiche positive (ungerade) Primzahlen, p, q, haben allemal *gleiche* Relation wechselseitig zu einander (d.i. die eine ist quadratischer Rest oder Nichtrest der andern, je nachdem die andere Rest oder Nichtrest der ersten ist), wenn entweder beide von der Form $4n+1$ sind, oder wenigstens die eine: hingegen ist ihre wechselseitige Relation entgegengesetzt (d.i. die eine ist Nichtrest der andern, wenn diese Rest von jener ist, und umgekehrt), so oft *beide* zugleich von der Form $4n+3$ sind. Dies ist das erwähnte Fundamental-Theorem, welches man in mehr als einer Gestalt ausdrücken kann: die hier gewählte ist diejenige, in der es in der Abhandlung des Hrn. Prof. Gauss neu bewiesen ist.

Die schönsten Lehrsätze der höhern Arithmetik, und namentlich auch diejenigen, wovon hier die Rede ist, haben das Eigne, dass sie durch Induction leicht entdeckt werden, ihre Beweise hingegen äusserst versteckt liegen, und nur durch sehr tief eindringende Untersuchungen aufgespürt werden können. Gerade diess ist es, was der höhern Arithmetik jenen zauberischen Reiz gibt, der sie zur Lieblingswissenschaft der ersten Geometer gemacht hat, ihres unerschöpflichen Reichthums nicht zu gedenken, woran sie alle andere Theile der reinen Mathematik so weit übertrifft. Die beiden oben erwähnten Specialsätze waren schon Fermat bekannt, welcher, seiner Behauptung nach, auch im Besitz ihrer Beweise war: ob er sich darin nicht täuschte, können wir nicht entscheiden, da er nie Etwas davon bekannt gemacht hat: aber für möglich dürfen wir es gewiss halten, da mehrere Beispiele von Selbsttäuschung bei andern grossen Geometern, namentlich bei Euler, Legendre und auch bei Fermat selbst, vorhanden sind. Von dem ersten jener Theoreme gab Euler den ersten Beweis; allein das andere zu demonstriren, glückte diesem grossen Geometer, seiner eifrigen, viele Jahre hindurch fortgesetzten, Bemühungen ungeachtet, nicht; erst Lagrange war es vorbehalten, diese Lücke auszufüllen. Beide Geometer bewiesen auch noch verschiedene andre specielle Sätze, eine grössere Anzahl aber, die sie durch Induction fanden, entzog sich ihren Bemühungen, sie zu beweisen, stets. Es ist indess ein merkwürdiges Spiel des Zufalls, dass beide Geometer durch Induction nicht auf das allgemeine Fundamental-Theorem gekommen sind, das einer so einfachen Darstellung fähig ist. Dieses ist zuerst, obwohl in einer etwas andern Gestalt, von Legendre vorgetragen, in der *Histoire de l'Académie des Sciences de Paris* 1785; sowohl hier, als nachher in seinem Werke: *Essai d'une théorie des nombres*, hat

dieser treffliche Analyst den Beweis auf sehr scharfsinnige Untersuchungen zu gründen gesucht, die aber gleichwohl nicht zu dem gewünschten Ziele geführt haben, welches, wenn wir uns nicht irren, auch auf diesem Wege nicht erreicht werden konnte.

Der Verfasser der Abhandlung, welcher diese Anzeige gewidmet ist, betrat die Bahn der höhern Arithmetik zu einer Zeit, wo ihm alle frühern Arbeiten andrer Geometer in dieser Wissenschaft ganz unbekannt waren; diesem Umstande ist es hauptsächlich zuzuschreiben, dass er überall einen ganz eigenthümlichen Gang genommen hat. Jenes Fundamental-Theorem fand er zwar schon sehr früh durch Induction, allein erst ein ganzes Jahr später gelang es ihm, nach vielen Schwierigkeiten und vergeblichen Versuchen, den ersten vollkommen strengen Beweis aufzufinden, der im vierten Abschnitte seiner *Disquisitiones arithmeticae* entwickelt ist: dieser Beweis gründet sich aber auf sehr mühsame und weitläuftige Auseinandersetzungen. In der Folge kam er noch auf drei andre Beweise, die zwar von jener Unbequemlichkeit frei sind, aber dagegen andre sehr tiefliegende und ihrem Inhalte nach ganz heterogene Untersuchungen voraussetzen: der eine dieser Beweise ist gleichfalls in dem angeführten Werke Art. 262 mitgetheilt, die beiden andern werden zu ihrer Zeit bekannt gemacht werden. Immer blieb also noch der Wunsch übrig, dass es möglich sein möchte, einen kürzern, von fremdartigen Untersuchungen unabhängigen, Beweis zu entdecken. Der Verf. hofft daher, dass die Freunde der höhern Arithmetik mit Vergnügen einen fünften Beweis sehen werden, der in gegenwärtiger Abhandlung auf weniger als fünf Seiten vorgetragen ist, und in jeder Hinsicht nichts zu wünschen übrig zu lassen scheint. Bei der gedrängten Kürze, worin dieser Beweis abgefasst ist, können wir freilich hier von dem Gange desselben nur eine unvollkommene Idee geben: mehr würde hier aber auch um so überflüssiger sein, da der XVIte Band der *Commentationes*, worin er bereits abgedruckt ist, nächstens erscheinen wird.

Die Grundlage des Beweises ist folgender neuer Lehrsatz: Wenn p eine (positive ungerade) Primzahl, k eine beliebige, durch p nicht theilbare, ganze Zahl bedeutet; wenn ferner unter den Resten, die aus der Division der $\frac{1}{2}(p-1)$ Producte $k, 2k, 3k \ldots \frac{1}{2}(p-1)k$ durch p entstehen, in allen sich μ Reste befinden, die grösser als $\frac{1}{2}p$ sind (also $\frac{1}{2}(p-1)-\mu$ solche, die kleiner sind, als $\frac{1}{2}p$), so wird k ein quadratischer Rest von p sein, wenn μ gerade ist, hingegen ein quadratischer Nichtrest. wenn μ ungerade ist. Die Zahl μ, die bloss von k

und p abhängig ist, mag durch das Zeichen (k, p) dargestellt werden. Durch eine Reihe von Schlüssen, die keines Auszugs fähig sind, wird nun gezeigt, dass, wenn k und p zwei ungerade Zahlen sind, die keinen gemeinschaftlichen Theiler haben, allemal $(k, p) + (p, k) + \frac{1}{4}(k-1)(p-1)$ eine *gerade* Zahl wird: daraus folgt also, dass, so oft k und p beide von der Form $4n+3$ sind, nothwendig eine der Zahlen (k, p), (p, k) gerade, die andere ungerade sein muss; in allen übrigen Fällen hingegen, d. i. so oft beiden Zahlen, k und p, oder wenigstens einer, die Form $4n+1$ zukommt, werden nothwendig entweder (k, p), (p, k) beide zugleich gerade, oder beide zugleich ungerade sein. Hieraus folgt, in Verbindung mit obigem Lehrsatze, die Wahrheit des Fundamental-Theorems von selbst. — Auf demselben Wege, auf dem diese Resultate gefunden werden, wird in der Abhandlung zugleich ein neuer Beweis für die oben erwähnten beiden Specialsätze gegeben: es lässt sich nemlich leicht zeigen, dass $(-1, p) = \frac{1}{2}(p-1)$, also gerade oder ungerade, je nachdem p die Form $4n+1$ oder $4n+3$ hat; eben so wird $(2, p) = \frac{1}{4}(p-1)$, wenn p die Form $4n+1$ hat, und $(2, p) = \frac{1}{4}(p+1)$, wenn p von der Form $4n+3$ ist, daher $(2, p)$ gerade wird, so oft p die Form $8n+1$ oder $8n+7$ hat, hingegen ungerade, so oft p von der Form $8n+3$ oder $8n+5$ ist.

Eine von Hrn. Prof. GAUSS der königl. Societät der Wissenschaften übergebene Vorlesung:

Summatio quarumdam serierum singularium,

hat zum Zweck, eine merkwürdige, zur Theilung des Kreises gehörige, Untersuchung, wozu der Grund bereits in den *Disquisitionibus Arithmeticis* gelegt war, ausführlicher und in grösserer Allgemeinheit zu entwickeln, sie mit vollständigen Beweisen zu versehen, und ihren unerwarteten Zusammenhang mit andern wichtigen Wahrheiten zu zeigen. Wenn n eine Primzahl, k eine beliebige, durch n nicht theilbare, ganze Zahl, ω den Bogen $\frac{1}{n}360^0$ bedeutet, und die verschiedenen, unter den Zahlen $1, 2, 3, 4, \ldots n-1$ befindlichen, quadratischen Reste von n durch a, a', a'' u. s. w., hingegen die nach Ausschluss dieser von jenen übrig bleibenden, oder die quadratischen Nicht-Reste von n, durch b, b', b'' u. s. w. vorgestellt werden: so ist in dem angeführten Werke Art. 356 bewiesen, dass in dem Falle, wo n von der Form $4m+1$ ist,

$$\left.\begin{array}{l}\cos ak\omega+\cos a'k\omega+\cos a''k\omega+\text{etc.}\\ -\cos bk\omega-\cos b'k\omega-\cos b''k\omega-\text{etc.}\end{array}\right\}=\pm\sqrt{n}$$

und

$$\left.\begin{array}{l}\sin ak\omega+\sin a'k\omega+\sin a''k\omega+\text{etc.}\\ -\sin bk\omega-\sin b'k\omega-\sin b''k\omega-\text{etc.}\end{array}\right\}=0$$

hingegen in dem Falle, wo n von der Form $4m+3$ ist, die Summe der ersten Reihe $=0$, und die der zweiten $=\pm\sqrt{n}$ wird. Das der Wurzelgrösse vorzusetzende Zeichen hängt von dem Werthe der Zahl k oder vielmehr von dessen Relation zu n ab, und lässt sich leicht für *alle* Werthe von k bei einem gegebenen Werthe von n bestimmen, sobald es für *einen* bestimmt ist. Man kann nemlich zeigen, dass für alle Werthe von k, welche quadratische Reste von n sind, durchaus *einerlei* Zeichen gilt, und dann das entgegengesetzte für alle diejenigen, die quadratische Nichtreste von n sind. Da in dem angeführten Werke die Untersuchung so weit bereits geführt, und nur die Bestimmung des Zeichens für irgend einen Werth von k noch übrig war: so hätte man glauben sollen, dass nach Beseitigung der Hauptsache diese nähere Bestimmung sich leicht würde ergänzen lassen, um so mehr, da die Induction dafür sogleich ein äusserst einfaches Resultat gibt: für $k=1$, oder für alle Werthe, welche quadratische Reste von n sind, muss nemlich die Wurzelgrösse in obigen Formeln durchaus *positiv* genommen werden. Allein bei der Aufsuchung des Beweises dieser Bemerkung treffen wir auf ganz unerwartete Schwierigkeiten, und dasjenige Verfahren, welches so genugthuend zu der Bestimmung des absoluten Werths jener Reihen führte, wird durchaus unzureichend befunden, wenn es die vollständige Bestimmung der Zeichen gilt. Den *metaphysischen* Grund dieses Phänomens (um den bei den Französischen Geometern üblichen Ausdruck zu gebrauchen) hat man in dem Umstande zu suchen, dass die Analyse bei der Theilung des Kreises zwischen den Bögen ω, 2ω, $3\omega \ldots (n-1)\omega$ keinen Unterschied macht, sondern alle auf gleiche Art umfasst; und da hiedurch die Untersuchung ein neues Interesse erhält: so fand Hr. Prof. G. hierin gleichsam eine Aufforderung, nichts unversucht zu lassen, um die Schwierigkeit zu beseitigen. Erst nach vielen und mannigfaltigen vergeblichen Versuchen ist ihm dieses auf einem auch an sich selbst merkwürdigen Wege gelungen. Er geht nemlich von der Summation einiger Reihen aus, deren Glieder unter folgender Form begriffen sind:

$$\frac{(1-x^m)(1-x^{m-1})(1-x^{m-2})\ldots(1-x^{m-\mu+1})}{(1-x)\;(1-xx)\;(1-x^3)\ldots.(1-x^\mu)}$$

Bezeichnet man, der Kürze halber, eine solche Function durch (m, μ), welche, wie in der Abhandlung gezeigt wird, immer eine *ganze* Function von x ist: so brechen die Reihen

$$1-(m,1)+(m,2)-(m,3)+\text{etc.}$$
$$1+x^{\frac{1}{2}}(m,1)+x(m,2)+x^{\frac{3}{2}}(m,3)+\text{etc.}$$

nach dem $m+1^{\text{sten}}$ Gliede ab, insofern m eine ganze positive Zahl bedeutet, und die Summe der ersten Reihe wird für gerade Werthe von m

$$=(1-x)(1-x^3)(1-x^5)\ldots(1-x^{m-1})$$

und $=0$ für ungerade Werthe von m; hingegen die Summe der zweiten Reihe wird allemal

$$=(1+x^{\frac{1}{2}})(1+x)(1+x^{\frac{3}{2}})\ldots(1+x^{\frac{1}{2}m})$$

Auch für gebrochene und negative Werthe von m führt die Summation dieser Reihen auf interessante Resultate, obwohl dieselben zu der gegenwärtigen Absicht nicht nöthig sind: wir begnügen uns, nur eines derselben hier anzuführen. Die unendliche Reihe

$$1+x+x^3+x^6+x^{10}+\text{etc.}$$

wo die Exponenten die Trigonalzahlen sind, ist das Product aus den Factoren

$$\frac{1-xx}{1-x}\times\frac{1-x^4}{1-x^3}\times\frac{1-x^6}{1-x^5}\times\frac{1-x^8}{1-x^7}\ \text{etc.}$$

oder, wenn man lieber will, aus

$$(1+x)^2(1+xx)^2(1+x^3)^2(1+x^4)^2\ \text{etc.}$$

in

$$(1-x)(1-xx)(1-x^3)(1-x^4)\ \text{etc.}$$

Die Entwickelung der Art, wie diese Summationen auf den Hauptgegenstand angewandt werden, würde uns hier zu weit führen: wir dürfen die Leser um so eher auf diese selbst verweisen, da sie bald im Druck erscheinen wird. Jene oben angeführten Summationen sind nur eine specielle Anwendung von der Summation folgender Reihen:

$$1+\cos k\omega+\cos 4k\omega+\cos 9k\omega+\text{etc.}+\cos(n-1)^2k\omega=T$$
$$\sin k\omega+\sin 4k\omega+\sin 9k\omega+\text{etc.}+\sin(n-1)^2k\omega=U$$

welche in der Abhandlung für alle Werthe von k, und ohne die Einschränkung.

dass n eine Primzahl sei, gelehrt wird. Es wird nämlich gezeigt, dass

$$T = \pm\sqrt{n},\quad T = \pm\sqrt{n},\quad T = 0,\quad T = 0$$

und

$$U = \pm\sqrt{n},\quad U = 0,\quad U = 0,\quad U = \pm\sqrt{n}$$

wird, je nachem n von der Form $4m$, $4m+1$, $4m+2$, $4m+3$ resp. ist; das Zeichen der Wurzelgrösse hängt hier wiederum von k ab, und die die Unterscheidung vieler einzelner Fälle nöthig machende Bestimmung desselben auf zwei verschiedenen Wegen wird so entwickelt und bewiesen, dass nichts zu wünschen übrig bleiben wird. Die Vergleichung dieser beiden Wege unter sich führt noch auf folgenden sehr merkwürdigen Lehrsatz: Wenn n das Product aus einer beliebigen Anzahl ungleicher ungerader Primzahlen a, b, c, d u. s w. ist, unter welchen sich zusammen μ von der Form $4m+3$ befinden; wenn ferner unter jenen Factoren zusammen ν vorkommen, von deren jedem das Product der übrigen (also resp. $\frac{n}{a}$, $\frac{n}{b}$, $\frac{n}{c}$, $\frac{n}{d}$ u. s. w.) ein quadratischer Nichtrest ist; so wird ν gerade sein, so oft μ von der Form $4m$ oder $4m+1$ ist, hingegen ungerade, so oft μ von der Form $4m+2$ oder $4m+3$ ist. Von diesem Lehrsatze ist das bekannte Fundamental-Theorem bei den quadratischen Resten nur ein specieller Fall, sowie umgekehrt jener leicht aus diesem abgeleitet werden kann. Man sieht sich also durch diese Untersuchungen zugleich im Besitz von einem vierten Beweise dieses wichtigen Theorems, welches von dem Verf. zuerst auf zwei ganz verschiedenen Wegen in den *Disquisitionibus Arithmeticis* und auf einem dritten eben so verschiedenen unlängst in einer eigenen Abhandlung bewiesen war.

Göttingische gelehrte Anzeigen. 1817 März 10.

Am 10. Februar wurde der Königl. Societät von Hrn. Hofr. Gauss eine Vorlesung eingereicht, überschrieben:

Theorematis fundamentalis in doctrina de residuis quadraticis demonstrationes et ampliationes novae.

Es ist eine Eigenthümlichkeit der höhern Arithmetik, dass so viele ihrer schönsten Lehrsätze mit grösster Leichtigkeit durch Induction entdeckt werden können, deren Beweise jedoch nichts weniger als nahe liegen, sondern oft erst nach vielen vergeblichen Versuchen mit Hülfe tiefeindringender Untersuchungen und glücklicher Combinationen gefunden werden. Diess merkwürdige Phänomen entspringt aus der oft wunderbaren Verkettung der verschiedenartigen Lehren in jenem Theile der Mathematik, und eben daher kommt es, dass häufig solche Lehrsätze, von denen anfangs ein Beweis Jahre lang vergeblich gesucht war, späterhin sich auf mehreren ganz verschiedenen Wegen beweisen lassen. Sobald ein neuer Lehrsatz durch Induction entdeckt ist, hat man die Auffindung *irgend eines* Beweises freilich als das erste Erforderniss zu betrachten: allein nachdem ein solcher geglückt ist, darf man in der höhern Arithmetik die Untersuchung nicht immer als abgeschlossen und die Aufspürung anderer Beweise als überflüssigen Luxus ansehen. Denn theils kommt man gewöhnlich auf die schönsten und einfachsten

Beweise nicht zuerst, und dann ist gerade die Einsicht in die wunderbare Verkettung der Wahrheiten der höhern Arithmetik dasjenige, was einen Hauptreiz dieses Studiums ausmacht, und nicht selten wiederum zur Entdeckung neuer Wahrheiten führt. Aus diesen Gründen ist hier die Auffindung neuer Beweise für schon bekannte Wahrheiten öfters für wenigstens eben so wichtig anzusehen, als die Entdeckung der Wahrheiten selbst. Kennern der höhern Arithmetik sind diese Betrachtungen nicht neu; man weiss, dass ein grosser Theil von Eulers Verdiensten um dieselbe in der Auffindung von Beweisen für Lehrsätze besteht, die schon von Fermat wie es scheint durch Induction gefunden waren.

Die Lehre von den quadratischen Resten gibt einen einleuchtenden Beleg zu dem vorhin Gesagten. Sie beruhet hauptsächlich auf dem sogenannten Fundamental-Theorem, welches darin besteht, dass die wechselseitigen Relationen zweier (ungeraden positiven) Primzahlen zu einander (in sofern der eine quadratischer Rest oder Nichtrest der andern ist) einerlei sind, so oft eine der Primzahlen oder beide unter der Form $4k+1$ stehen, entgegengesetzt aber, so oft beide Primzahlen von der Form $4k+3$ sind. Für solche Leser, die mit der höhern Arithmetik weniger bekannt sind, erinnern wir, dass eine ganze Zahl quadratischer Rest einer andern heisst, wenn die erstere um ein Vielfaches der andern vermehrt ein Quadrat geben kann; Nichtrest hingegen, wenn diess nicht möglich ist. Die Geschichte dieses schönen durch Induction äusserst leicht zu findenden Lehrsatzes wollen wir hier nicht vollständig wiederholen, sondern nur bemerken, dass der Verfasser vorliegender Abhandlung, nach Anfangs ziemlich lange vergeblich angestellten Untersuchungen, nach und nach bereits vier unter sich ganz verschiedene Beweise gegeben hat, wovon zwei in den *Disquisitionibus Arithmeticis* enthalten sind, der dritte den Gegenstand einer eigenen Abhandlung im sechzehnten Bande der Commentationen ausmacht, und der vierte in eine Abhandlung *summatio quarumdam serierum singularium* im ersten Bande der *Commentationes recentiores* verwebt ist; über diese beiden Abhandlungen kann man unsere Anzeigen 1808. Mai 12 und Sept. 19 nachsehen, wo auch vollständigere geschichtliche Nachweisungen befindlich sind. Dass der Verf. bei diesen vier Beweisen, ungeachtet jeder derselben für sich in Rücksicht auf Strenge nichts zu wünschen übrig lässt, noch nicht stehen geblieben ist, bedarf zwar bei den Freunden der höhern Arithmetik keiner Rechtfertigung; indessen würde er doch wahrscheinlich sich nicht so eifrig bemüht haben, jenen Beweisen noch andere hinzuzufügen, wenn

nicht ein besonderer Umstand ihn dazu veranlasst hätte, der hier erwähnt werden muss. Seit dem Jahre 1805 hatte er nemlich angefangen, sich mit den Theorien der cubischen und biquadratischen Reste zu beschäftigen, welche noch weit reichhaltiger und interessanter sind, als die Theorie der quadratischen Reste. Es zeigten sich bei jenen Untersuchungen dieselben Erscheinungen wie bei der letztern, nur gleichsam mit vergrössertem Massstabe. Durch Induction, sobald nur der rechte Weg dazu eingeschlagen war, fanden sich sogleich eine Anzahl höchst einfacher Theoreme, die jene Theorien ganz erschöpfen, mit den für die quadratischen Reste geltenden Lehrsätzen eine überraschende Aehnlichkeit haben, und namentlich auch zu dem Fundamentaltheorem das Gegenstück darbieten. Allein die Schwierigkeiten, für jene Lehrsätze ganz befriedigende Beweise zu finden, zeigten sich hier noch viel grösser, und erst nach vielen, eine ziemliche Reihe von Jahren hindurch fortgesetzten Versuchen ist es dem Verfasser endlich gelungen, sein Ziel zu erreichen. Die grosse Analogie der Lehrsätze selbst, bei den quadratischen und bei den höhern Resten, liess vermuthen, dass es auch analoge Beweise für jene und diese geben müsse; allein die zuerst für die quadratischen Reste gefundenen Beweisarten vertrugen gar keine Anwendung auf die höhern Reste, und gerade dieserUmstand war der Bewegungsgrund, für jene immer noch andere neue Beweise aufzusuchen. Der Verf. wünscht daher, dass man die vorliegende Abhandlung, die für die Theorie der quadratischen Reste noch einige neue Hülfsquellen eröffnet, als Vorläuferin der Theorie der cubischen und biquadratischen Reste betrachte, die er in Zukunft bekannt zu machen denkt, und die zu den schwierigsten Gegenständen der höhern Arithmetik gehören.

Die gegenwärtige Abhandlung besteht aus dreien von einander unabhängigen Theilen. Sie enthält nemlich den fünften und sechsten Beweis des Fundamental-Theorems und eine neue, mit dem dritten Beweise zusammenhängende Methode, zu entscheiden, ob eine vorgegebene ganze Zahl von einer gegebenen Primzahl quadratischer Rest oder Nichtrest sei. Unter den vier ersten Beweisen war der dritte unstreitig derjenige, der die grösste Einfachheit mit Unabhängigkeit von fremdartigen Untersuchungen vereinigte, daher ihn auch Legendre in die neue Ausgabe seines *Essai d'une théorie des nombres* aufgenommen hat. Der *fünfte* Beweis scheint dem dritten in beiden Hinsichten wenigstens gleich zu kommen. Beide Beweise haben insofern einige Verwandtschaft, dass sie von einem und demselben Lehnsatze ausgehen, sind aber bei der weitern Ausführung völlig von ein-

ander verschieden. Dieser Lehnsatz besteht in Folgendem: Wenn m eine (positive ungerade) Primzahl; M eine ganze durch m nicht theilbare Zahl bedeutet, wenn ferner unter den Resten, die aus der Division der Producte

$$M,\ 2M,\ 3M,\ 4M \ldots\ldots \tfrac{1}{2}(m-1)M$$

durch m entstehen, die Anzahl derjenigen, die grösser als $\frac{1}{2}m$ sind, durch n bezeichnet wird, so ist M quadratischer Rest oder Nichtrest von m, jenachdem n gerade oder ungerade ist. Um nun zu dem Beweise des Fundamentallehrsatzes zu gelangen, wird angenommen, dass auch M eine ungerade positive Primzahl und N in Beziehung auf M und m dasselbe bedeutet, was n in Beziehung auf m und M ausdrückt, so dass N gerade oder ungerade entscheidet, ob m quadratischer Rest oder Nichtrest von M ist. Durch eine sehr kurze Reihe von Schlüssen zeigt der Verfasser, dass die Anzahl aller positiven ganzen Zahlen, die zugleich kleiner als $\frac{1}{2}mM$ sind, mit m dividirt einen Rest kleiner als $\frac{1}{2}m$, und mit M dividirt einen Rest kleiner als $\frac{1}{2}M$ geben,

$$= \tfrac{1}{8}(m-1)(M-1) + \tfrac{1}{2}n + \tfrac{1}{2}N$$

und folglich allemal

$$\tfrac{1}{4}(m-1)(M-1) + n + N$$

eine gerade Zahl sei. So oft also wenigstens eine der Zahlen m, M von der Form $4k+1$ ist, mithin $\frac{1}{4}(m-1)(M-1)$ gerade, wird auch $n+N$ gerade sein, folglich entweder n und N beide gerade, oder beide ungerade. Wenn hingegen sowohl m als M von der Form $4k+3$ ist, wird nothwendig $n+N$ ungerade, folglich eine der Zahlen n, N gerade, die andere ungerade sein. Hieraus folgt in Verbindung mit obigem Lehnsatze das Fundamental-Theorem von selbst.

Der *sechste* Beweis ist zwar von gleicher Kürze und Concinnität wie der fünfte, beruhet aber doch auf etwas künstlichern Combinationen. Der beschränkte Raum dieser Blätter erlaubt nur, mit Uebergehung des Einzelnen, hier das Hauptmoment zu berühren. Es bezeichnen

p, q zwei (ungleiche positive ungerade) Primzahlen,

α eine sogenannte *radix primitiva* für den Modulus p, d. i. eine durch p nicht theilbare (hier positive) ganze Zahl von der Art, dass keine niedrigere Potenz als α^{p-1} nach dem Modulus p der Einheit congruent wird

x eine unbestimmte Grösse

ξ die Function

$$x - x^{\alpha} + x^{\zeta} - x^{\eta} + x^{\theta} - \text{etc.} - x^{\lambda}$$

wo (des bequemern Drucks wegen) $\zeta, \eta, \theta \ldots \lambda$ statt der Zahlen $\alpha\alpha$, α^3, $\alpha^4 \ldots \alpha^{p-2}$ gesetzt sind;

ε die Einheit, positiv genommen, wenn p von der Form $4k+1$, negativ, wenn p von der Form $4k+3$ ist;

δ die Einheit, positiv genommen, wenn wenigstens eine der Zahlen p, q von der Form $4k+1$ ist, negativ, wenn beide von der Form $4k+3$ sind;

γ die Einheit, positiv genommen, wenn q ein quadratischer Rest von p ist, negativ, wenn q quadratischer Nichtrest von p ist;

β die Einheit, positiv genommen, wenn p ein quadratischer Rest von q, negativ, wenn p ein quadratischer Nichtrest von q ist.

Nach diesen Vorbereitungen folgt leicht aus dem 51. Art. der *Disquisitiones Arithmeticae*, dass die Function

$$\xi^q - x^q + x^{q\alpha} - x^{q\zeta} + x^{q\eta} - x^{q\theta} + \text{etc.} + x^{q\lambda}$$

entwickelt lauter durch q theilbare Coëfficienten bekommt, und daher, wenn diese Function $= qX$ gesetzt wird, X eine auch in Beziehung auf die Coëfficienten *ganze* Function werde. Durch Schlüsse, in die näher einzugehen hier zu weitläufig sein würde, wird in der Abhandlung bewiesen, dass die Function $qX\xi$ mit $x^{p-1} + x^{p-2} + x^{p-3} + x^{p-4} + \text{etc.} + x + 1$ dividirt, den Rest

$$\varepsilon p(\delta p^{\frac{1}{2}(q-1)} - \gamma)$$

gibt, daher aus der Division der Function $X\xi$ mit demselben Divisor der Rest

$$\frac{\varepsilon p(\delta p^{\frac{1}{2}(q-1)} - \gamma)}{q}$$

hervorgehen wird. Diese Grösse muss daher nothwendig eine ganze Zahl sein, woraus, weil $\delta\delta = 1$ ist, leicht geschlossen wird, dass

$$p^{\frac{1}{2}(q-1)} - \gamma\delta$$

durch q theilbar sein müsse. Da nun auch $p^{\frac{1}{2}(q-1)} - \beta$ durch q nach einem bekannten Theorem theilbar ist, so wird nothwendig $\beta = \gamma\delta$ sein, woraus wiederum das Fundamental-Theorem von selbst folgt.

Das Fundamental-Theorem, verbunden mit einigen bekannten Lehnsätzen, kann zwar zu einer ziemlich kurzen Auflösung der Aufgabe dienen, zu entscheiden, ob eine vorgegebne ganze positive Zahl von einer gegebnen Primzahl quadratischer Rest oder Nichtrest sei, wie in der Abhandlung ausführlich gezeigt ist. Allein bei weiterm Nachdenken über den dritten Beweis des Fundamental-Theorems kam der Verf. auf eine noch viel geschmeidigere Auflösung, welche die dritte Abtheilung der Abhandlung ausmacht, und wovon wir hier bloss die Endregel hersetzen, indem wir die Entwickelung ihrer Gründe Kürze halber übergehen. Wenn entschieden werden soll, ob die ganze positive Zahl b, welche durch die Primzahl a nicht theilbar ist, von dieser ein quadratischer Rest oder Nichtrest sei, so bilde man, ganz auf dieselbe Art, wie wenn der grösste gemeinschaftliche Divisor von a und b gesucht werden sollte, die Gleichungen

$$\begin{aligned} a &= \beta b + c \\ b &= \gamma c + d \\ c &= \delta d + e \\ d &= \varepsilon e + f \text{ u. s. w.} \end{aligned}$$

bis man in der Reihe der Zahlen a, b, c, d, e, f u. s. w. auf die Einheit kommt. Man bezeichne die Zahlen $\frac{1}{2}a$, $\frac{1}{2}b$, $\frac{1}{2}c$, $\frac{1}{2}d$ u. s. w., mit Weglassung des ihnen anhängenden Bruches $\frac{1}{2}$, in so fern einige der Zahlen a, b, c, d u. s. w. ungerade sind, durch a', b', c', d' u. s. w.; man nenne μ die Anzahl der in der Reihe a', b', c', d' u. s. w. vorkommenden Folgen zweier ungeraden Zahlen unmittelbar nach einander, endlich nenne man ν die Anzahl derjenigen ungeraden Zahlen in der Reihe $\beta, \gamma, \delta, \varepsilon$ u. s. w., welchen in der Reihe b', c', d', e' u. s. w. der Ordnung nach eine Zahl von der Form $4k+1$ oder $4k+2$ entspricht. Diess vorausgesetzt, wird b quadratischer Rest oder Nichtrest von a sein, je nachdem $\mu+\nu$ gerade oder ungerade ist, den einzigen Fall ausgenommen, wo zugleich b gerade und a von der Form $8k+3$ oder $8k+5$ ist, in welchen von jener Regel das Gegentheil Statt findet, so dass ein gerades $\mu+\nu$ anzeigt, dass b quadratischer Nichtrest von a ist, ein ungerades $\mu+\nu$ hingegen, dass b quadratischer Rest von a ist.

Göttingische gelehrte Anzeigen. 1825 April 11.

Am 5. April überreichte Hr. Hofr. Gauss der Königl. Societät eine Vorlesung, überschrieben:

Theoria Residuorum Biquadraticorum, Commentatio prima.

Die Theorie der quadratischen Reste bildet bekanntlich einen der interessantesten Theile der Höhern Arithmetik, welche man jetzt nach vielfach wiederholten Untersuchungen als vollendet und abgeschlossen betrachten kann: die Geschichte desselben betreffende Nachrichten findet man in diesen Blättern 1808 Mai 12 und Sept. 19, und 1817 März 10. An letzterm Orte sind auch bereits einige vorläufige Nachrichten über die Nachforschungen mitgetheilt, welche der Verfasser der vorliegenden Abhandlung seit dem Jahre 1805 über die verwandte, eben so fruchtbare und interessante, aber sehr viel schwierigere Theorie der cubischen und biquadratischen Reste angestellt hatte. Obgleich schon damals im Besitz der wesentlichen Momente dieser Theorien, ist er doch bisher durch andere Arbeiten abgehalten, öffentlich etwas davon bekannt zu machen, und erst jetzt ist es ihm möglich geworden, sich mit der Ausarbeitung eines Theils dieser Untersuchungen zu beschäftigen. Der Anfang ist jetzt mit der Theorie der biquadratischen Reste gemacht, die der Theorie der quadratischen Reste näher verwandt ist, als die der cubischen. Inzwischen ist die gegenwärtige Abhandlung

noch keinesweges dazu bestimmt, den überaus reichhaltigen Gegenstand zu erschöpfen. Die Entwickelung der *allgemeinen* Theorie, welche eine ganz eigenthümliche Erweiterung des Feldes der höhern Arithmetik erfordert, bleibt vielmehr der künftigen Fortsetzung vorbehalten, während in diese erste Abhandlung diejenigen Untersuchungen aufgenommen sind, welche sich ohne eine solche Erweiterung vollständig darstellen liessen. Von den Resultaten kann in dieser Anzeige nur ein Theil ausgehoben werden.

Eine ganze Zahl a heisst biquadratischer Rest der ganzen Zahl p, wenn es Zahlen der Form $x^4 - a$ gibt, die durch p theilbar sind; biquadratischer Nichtrest hingegen, wenn keine Zahlen jener Form durch p theilbar sein können. Offenbar sind alle biquadratischen Reste von p zugleich quadratische Reste derselben Zahl, und also alle quadratischen Nichtreste auch biquadratische Nichtreste: allein nicht alle quadratischen Reste sind zugleich biquadratische Reste. Es ist zureichend, die Untersuchungen auf den Fall einzuschränken, wo p eine Primzahl von der Form $4n+1$, und a nicht durch p theilbar ist, da alle anderen Fälle sich leicht auf diesen zurückführen lassen.

Die Untersuchungen über diesen Gegenstand zerfallen in zwei Abtheilungen, je nachdem p oder a als gegeben angesehen wird. Die erstere ist von viel geringerer Schwierigkeit als die zweite, und verglichen mit letzterer als ganz elementarisch zu betrachten. Alles Wesentliche, was darüber zu sagen ist, enthält die Abhandlung vollständig.

Aus der zweiten Abtheilung hingegen sind hier nur erst einige specielle Fälle abgehandelt, die sich ohne zu grosse Zurüstungen abmachen liessen, und als Vorbereitungen zu der künftig zu gebenden allgemeinen Theorie dienen können. Diess sind diejenigen, wo $a = -1$, und $a = \pm 2$ gesetzt wird. Der erstere Fall hat gar keine Schwierigkeit: es war auch schon in dem Werke, *Disquisitiones Arithmeticae*, gezeigt, dass -1 ein biquadratischer Rest von p ist, so oft p die Form $8n+1$ hat, hingegen ein bloss quadratischer Rest und biquadratischer Nichtrest von p, wenn p von der Form $8n+5$ wird. Ganz anders verhält es sich mit dem Fall $a = \pm 2$. Es ist zwar längst bekannt, dass $+2$ und -2 von p quadratische und also auch biquadratische Nichtreste sind, wenn p die Form $8n+5$ hat, und wenigstens quadratische Reste, wenn p von der Form $8n+1$ ist, wie auch dass bei dieser Form von p entweder $+2$ und -2 zugleich biquadratische Reste, oder zugleich biquadratische Nichtreste werden: al-

lein die Unterscheidung, welcher dieser beiden Fälle eintrete, ist eine Untersuchung von viel höherer Art, und es werden dazu in der Abhandlung zwei verschiedene Criterien entwickelt.

Das erste Criterium hängt mit der Zerlegung der Zahl p in ein einfaches und ein doppeltes Quadrat zusammen, die bekanntlich (da, wie schon bemerkt ist, angenommen wird, dass p eine Primzahl sei) immer möglich und nur auf Eine Art möglich ist. Setzt man $p = gg + 2hh$, so wird ± 2 ein biquadratischer Rest von p, wenn g von der Form $8n+1$ oder $8n+7$, ein biquadratischer Nichtrest hingegen, wenn g von der Form $8n+3$ oder $8n+5$ ist.

Das zweite Criterium hängt zusammen mit der Zerlegung der Zahl p in zwei Quadrate, die bekanntlich auch immer möglich und nur auf Eine Art möglich ist. Setzt man $p = ee + ff$, und nimmt an, dass ee das ungerade, ff das gerade Quadrat bedeutet, so bringt schon die vorausgesetzte Form von $p = 8n+1$ mit sich, dass auch $\frac{1}{2}f$ eine gerade Zahl wird, also f entweder von der Form $8m$ oder von der Form $8m+4$: im erstern Fall nun wird ± 2 biquadratischer Rest, im andern biquadratischer Nichtrest von p sein.

Wir deuten hier nur die Bemerkung an, wozu die höhere Arithmetik so oft Gelegenheit gibt, dass nicht so wohl die Schönheit und Einfachheit der Theoreme selbst, als die Schwierigkeit ihrer Begründung sie vorzüglich merkwürdig macht. Sobald man einmal veranlasst ist, das Dasein eines Zusammenhanges zwischen dem Verhalten der Zahl ± 2 und den beiden angeführten Zerlegungen der Zahl p zu vermuthen, ist es äusserst leicht, diesen Zusammenhang durch Induction wirklich zu entdecken. Allein schon bei dem ersten Criterium ist der Beweis dafür nicht ganz leicht zu führen, viel tiefer versteckt liegt er aber bei dem zweiten, wo er mit anderweitigen subtilen Hülfsuntersuchungen innigst verkettet ist, die ihrerseits wieder zu einer merkwürdigen Erweiterung der Theorie der Kreistheilung führen. Diese wunderbare Verkettung der Wahrheiten ist es vorzüglich, was, wie man schon oft bemerkt hat, der höhern Arithmetik einen so eigenthümlichen Reiz gibt. Diese Begründungen selbst vertragen übrigens natürlich hier keinen Auszug, und müssen in der Abhandlung selbst nachgesehen werden. Allein ein paar andere neue arithmetische Theoreme, welche gleichfalls mit der Begründung des zweiten Criterium innigst verbunden sind, verdienen wohl, ihrer Einfachheit wegen, hier noch besonders herausgehoben zu werden.

Wenn p eine Primzahl von der Form $4k+1$ ist, und $= ee + ff$ ge-

setzt wird, so dass ee das ungerade, ff das gerade Quadrat bedeutet; wenn man ferner

$$1.2.3 \ldots\ldots k = q$$
$$(k+1)(k+2)(k+3) \ldots\ldots 2k = r$$

setzt, so wird allemal $\pm e$ der kleinste Rest sein, welcher hervorgeht, indem man $\frac{r}{2q}$ mit p dividirt, und $\pm f$ der kleinste Rest, welchen man aus der Division von $\frac{1}{2}rr$ mit p erhält (kleinsten Rest immer so verstanden, dass er zwischen den Grenzen $-\frac{1}{2}p$ und $+\frac{1}{2}p$ genommen wird). Die Zahl $\frac{r}{2q}$, welche für $p = 5$ den Werth 1 erhält, kann man für grössere Werthe von p auch in folgende Form setzen

$$\frac{6.10.14.18 \ldots\ldots (p-3)}{2.\ 3.\ 4.\ 5 \ldots\ldots k}$$

Es ist sehr merkwürdig, dass so die Zerlegung der Zahl p in zwei Quadrate ganz auf directem Wege erhalten werden kann: aber fast noch merkwürdiger ist ein dabei Statt findender Nebenumstand. Allemal nemlich findet man durch dieses Verfahren die Wurzel des ungeraden Quadrats, e, mit positivem Zeichen, wenn e, positiv genommen, von der Form $4m+1$ ist, und mit negativem, wenn e positiv genommen von der Form $4m+3$ ist. Hingegen hat für das Zeichen, mit welchem die Wurzel des geraden Quadrats, f, aus jener Operation hervorgeht, noch durchaus keine allgemeine Regel aufgefunden werden können, weder *a priori*, noch auf dem Wege der Induction, und der Verfasser empfiehlt daher, am Schlusse der Abhandlung, diesen Gegenstand den Freunden der höhern Arithmetik zu weiterer Nachforschung. überzeugt, dass mit dem Gelingen derselben sich zugleich eine ergiebige Quelle neuer Erweiterungen dieses schönen Theils der Mathematik eröffnen werde.

Göttingische gelehrte Anzeigen. 1831 April 23.

Eine am 15. April von dem Hofr. Gauss der Königl. Societät überreichte Vorlesung:

Theoria residuorum biquadraticorum, Commentatio secunda,

ist die Fortsetzung der bereits im sechsten Bande der *Commentationes novae* abgedruckten Abhandlung, wovon auch in unsern Blättern zu seiner Zeit 1825 April 11 eine Anzeige gemacht war Auch diese Fortsetzung, obgleich mehr als doppelt stärker wie die erste Abhandlung, erschöpft den überaus reichhaltigen Gegenstand noch nicht, und erst einer künftigen dritten Abhandlung wird die Vollendung des Ganzen verbehalten bleiben.

Obgleich die Grundbegriffe dieser Lehren und der Inhalt der ersten Abhandlung als allen, die aus der höhern Arithmetik ein Studium gemacht haben, bekannt vorausgesetzt werden können, wollen wir doch jene zur Bequemlichkeit solcher Freunde dieses Theils der Mathematik, welchen die erste Abhandlung nicht gleich zur Hand ist, hier kurz in Erinnerung bringen. In Beziehung auf eine beliebige ganze Zahl p heisst eine andere k ein biquadratischer Rest, wenn es Zahlen der Form $x^4 - k$ gibt, die durch p theilbar sind; im entgegengesetzten Fall heisst sie biquadratischer Nichtrest von p. Es ist zureichend, sich hiebei auf den Fall einzuschränken, wo p eine Primzahl der Form $4n+1$, und k durch

22

dieselbe nicht theilbar ist, da alle andere Fällen entweder für sich klar, oder auf diesen zurückzuführen sind.

Für einen solchen *gegebenen* Werth von p zerfallen sämmtliche durch p nicht theilbare Zahlen in *vier* Klassen, wovon die eine die biquadratischen Reste, eine zweite solche biquadratische Nichtreste, die quadratische Reste von p sind, enthält, und in die beiden übrigen die biquadratischen Nichtreste, welche zugleich quadratische Nichtreste sind, vertheilt werden. Das Princip dieser Vertheilung besteht darin, dass allemal entweder $k^n - 1$, oder $k^n + 1$, oder $k^n - f$, oder $k^n + f$ durch p theilbar sein wird, wo f eine ganze Zahl bedeutet, die $ff + 1$ durch p theilbar macht. Jeder, dem die elementarische Terminologie bekannt ist, sieht von selbst, wie diese Worterklärungen in dieselbe eingekleidet werden.

Die Theorie dieser Classificirung nicht nur für den an der Oberfläche liegenden Fall $k = -1$, sondern auch für die, subtile Hülfsuntersuchungen erfordernden, Fälle $k = \pm 2$, findet sich in der ersten Abhandlung ganz vollendet. Im Anfang der gegenwärtigen Abhandlung wird nun zu grössern Werthen von k fortgeschritten: man braucht aber dabei zunächst nur solche in Betracht zu ziehen, die selbst Primzahlen sind, und der Erfolg zeigt, dass die Resultate am einfachsten ausfallen, wenn man die Werthe positiv oder negativ nimmt, je nachdem sie, absolut betrachtet, von der Form $4m + 1$ oder $4m + 3$ sind. Die Induction gibt hier sofort mit grosser Leichtigkeit eine reiche Ernte von neuen Lehrsätzen, wovon wir hier nur ein paar anführen. Die Numerirung der Classen mit 1, 2, 3, 4 wird auf die Fälle bezogen, wo k^n den Zahlen $1, f, -1, -f$ congruent wird; zugleich ist für die Zahl f immer derjenige Werth angenommen, welcher $a + bf$ durch p theilbar macht, wenn $aa + bb$ die Zerlegung von p in ein ungerades und ein gerades Quadrat vorstellt. So findet sich durch die Induction, dass die Zahl -3 allemal zu der Classe 1, 2, 3, 4 gehört, je nachdem b, $a + b$, a, $a - b$ durch 3 theilbar ist; dass die Zahl $+5$ der Reihe nach zu jenen Classen gehört, je nachdem b, $a - b$, a, $a + b$ durch 5 theilbar ist; dass die Zahl -7 in die Classe 1 fällt, wenn a oder b; in die Classe 2, wenn $a - 2b$ oder $a - 3b$; in die Classe 3, wenn $a - b$ oder $a + b$; in die Classe 4, wenn $a + 2b$ oder $a + 3b$ durch 7 theilbar ist. Aehnliche Theoreme ergeben sich in Beziehung auf die Zahlen -11, $+13$, $+17$, -19, -23 u. s. f. So leicht sich aber alle dergleichen specielle Theoreme durch die Induction entdecken lassen, so schwer scheint

es, auf diesem Wege ein allgemeines Gesetz für diese Formen aufzufinden, wenn auch manches Gemeinschaftliche bald in die Augen fällt, und noch viel schwerer ist es, für diese Lehrsätze die Beweise zu finden. Die für die Zahlen $+2$ und -2 in der ersten Abhandlung gebrauchten Methoden vertragen hier keine Anwendung mehr, und wenn gleich andere Methoden ebenfalls das, was sich auf die erste und dritte Classe bezieht, zu erledigen dienen könnten, so zeigen sich doch solche zur Begründung von *vollständigen* Beweisen untauglich.

Man erkennt demnach bald, dass man in dieses reiche Gebiet der höhern Arithmetik nur auf ganz neuen Wegen eindringen kann. Der Verf. hatte schon in der ersten Abhandlung eine Andeutung gegeben, dass dazu eine eigenthümliche Erweiterung des ganzen Feldes der höhern Arithmetik wesentlich erforderlich ist, ohne damals sich näher darüber zu erklären, worin dieselbe bestehe: die gegenwärtige Abhandlung ist dazu bestimmt, diesen Gegenstand ins Licht zu setzen.

Es ist dieses nichts anders, als dass für die wahre Begründung der Theorie der biquadratischen Reste das Feld der höhern Arithmetik, welches man sonst nur auf die reellen ganzen Zahlen ausdehnte, auch über die imaginären erstreckt werden, und diesen das völlig gleiche Bürgerrecht mit jenen eingeräumt werden muss. Sobald man diess einmal eingesehen hat, erscheint jene Theorie in einem ganz neuen Lichte, und ihre Resultate gewinnen eine höchst überraschende Einfachheit.

Ehe jedoch in diesem erweiterten Zahlengebiet die Theorie der biquadratischen Reste selbst entwickelt werden kann, müssen in jenem die dieser Theorie vorangehenden Lehren der höhern Arithmetik, die bisher nur in Beziehung auf reelle Zahlen bearbeitet sind, an dieser Erweiterung Theil nehmen. Von diesen vorgängigen Untersuchungen können wir hier nur Einiges anführen. Der Verf. nennt jede Grösse $a+bi$, wo a und b reelle Grössen bedeuten, und i der Kürze wegen anstatt $\sqrt{-1}$ geschrieben ist, eine complexe ganze Zahl, wenn zugleich a und b ganze Zahlen sind. Die complexen Grössen stehen also nicht den reellen entgegen, sondern enthalten diese als einen speciellen Fall, wo $b=0$, unter sich. Zur bequemen Handhabung war es erforderlich, mehrere auf die complexen Grössen sich beziehende Begriffsbildungen mit besondern Benennungen zu helegen, welche wir aber in dieser Anzeige zu umgehen suchen werden.

So wie in der Arithmetik der reellen Zahlen nur von zwei Einheiten, der positiven und negativen, die Rede ist, so haben wir in der Arithmetik der com-

plexen Zahlen vier Einheiten $+1$, -1, $+i$, $-i$. *Zusammengesetzt* heisst eine complexe ganze Zahl, wenn sie das Product aus zwei von den Einheiten verschiedenen ganzen Factoren ist· eine complexe Zahl hingegen, die eine *solche* Zerlegung in Factoren nicht zulässt, heisst eine complexe Primzahl. So ist z. B die reelle Zahl 3, auch als complexe Zahl betrachtet, eine Primzahl, während 5 als complexe Zahl zusammengesetzt ist $=(1+2i)(1-2i)$. Eben so wie in der höhern Arithmetik der reellen Zahlen spielen auch in dem erweiterten Felde dieser Wissenschaft die Primzahlen eine Hauptrolle.

Wird eine complexe ganze Zahl $a+bi$ als Modulus angenommen, so lassen sich $aa+bb$ unter sich nicht congruente, und nicht mehrere, complexe Zahlen aufstellen, von denen einer jede vorgegebene ganze complexe Zahl congruent sein muss, und die man ein vollständiges System incongruenter Reste nennen kann. Die sogenannten kleinsten und absolut kleinsten Reste in der Arithmetik der reellen Zahlen haben auch hier ihr vollkommenes Analogon. So besteht z. B. für den Modulus $1+2i$ das vollständige System der absolut kleinsten Reste aus den Zahlen 0, 1, i, -1 und $-i$. Fast die sämmtlichen Untersuchungen der vier ersten Abschnitte der *Disquisitiones Arithmeticae* finden mit einigen Modificationen, auch in der erweiterten Arithmetik ihren Platz. Das berühmte Fermatsche Theorem z. B. nimmt hier folgende Gestalt an: Wenn $a+bi$ eine complexe Primzahl ist, und k eine durch jene nicht theilbare complexe Zahl, so ist immer $k^{aa+bb-1} \equiv 1$ für den Modulus $a+bi$. Ganz besonders merkwürdig ist es aber, dass das Fundamentaltheorem für die quadratischen Reste in der Arithmetik der complexen Zahlen sein vollkommenes, nur hier noch einfacheres, Gegenstück hat; sind nemlich $a+bi$, $A+Bi$ complexe Primzahlen, so dass a und A ungerade, b und B gerade sind, so ist die erste quadratischer Rest der zweiten, wenn die zweite quadratischer Rest der ersten ist, hingegen die erste quadratischer Nichtrest der zweiten, wenn die zweite quadratischer Nichtrest der ersten ist.

Indem die Abhandlung nach diesen Voruntersuchungen zu der Lehre von den biquadratischen Resten selbst übergeht, wird zuvörderst anstatt der blossen Unterscheidung zwischen biquadratischen Resten und Nichtresten eine Vertheilung der durch den Modulus nicht theilbaren Zahlen in vier Classen festgesetzt. Ist nemlich der Modulus eine complexe Primzahl $a+bi$, wo immer a ungerade, b gerade vorausgesetzt, und der Kürze wegen p statt $aa+bb$ geschrieben wird, und k eine complexe durch $a+bi$ nicht theilbare Zahl, so wird allemal $k^{\frac{1}{4}(p-1)}$

einer der Zahlen $+1$, $+i$, -1, $-i$ congruent sein, und dadurch eine Vertheilung sämmtlicher durch $a+bi$ nicht theilbarer Zahlen in vier Classen begründet, denen der Reihe nach der biquadratische Character 0, 1, 2, 3 beigelegt wird Offenbar bezieht sich der Character 0 auf die biquadratischen Reste, die übrigen auf die biquadratischen Nichtreste, und zwar so, dass dem Character 2 zugleich quadratische Reste, den Charactern 1 und 3 hingegen quadratische Nichtreste entsprechen.

Man erkennt leicht, dass es hauptsächlich darauf ankommt, diesen Character bloss für solche Werthe von k bestimmen zu können, die selbst complexe Primzahlen sind, und hier führt sogleich die Induction zu höchst einfachen Resultaten.

Wird zuerst $k = 1+i$ gesetzt, so zeigt sich, dass der Character dieser Zahl allemal $\equiv \frac{1}{8}(-aa+2ab-3bb+1)\,(\text{mod. } 4)$ wird, und ähnliche Ausdrücke finden sich für die Fälle $k = 1-i$, $k = 1+i$, $k = -1-i$.

Ist hingegen $k = \alpha+\beta i$ eine solche Primzahl, wo α ungerade und β gerade ist, so ergibt sich durch die Induction sehr leicht ein dem Fundamentaltheorem für die quadratischen Reste ganz analoges Reciprocitätsgesetz, welches am einfachsten auf folgende Art ausgedrückt werden kann:

Wenn sowohl $\alpha+\beta-1$ als $a+b-1$ durch 4 theilbar sind (auf welchen Fall alle übrigen leicht zurückgeführt werden können), und der Character der Zahl $\alpha+\beta i$ in Beziehung auf den Modulus $a+bi$ durch λ, hingegen der Character von $a+bi$ in Beziehung auf den Modulus $\alpha+\beta i$ durch l bezeichnet wird: so ist $\lambda = l$, wenn zugleich eine der Zahlen β, b (oder beide) durch 4 theilbar ist, hingegen $\lambda = l\pm 2$, wenn keine der Zahlen β, b durch 4 theilbar ist.

Diese Theoreme enthalten im Grunde alles Wesentliche der Theorie der biquadratischen Reste in sich: so leicht es aber war, sie durch Induction zu entdecken, so schwer ist es, strenge Beweise für sie zu geben, besonders für das zweite, das Fundamentaltheorem der biquadratischen Reste. Wegen des grossen Umfanges, zu welchem schon die gegenwärtige Abhandlung angewachsen ist, sah sich der Verfasser genöthigt, die Darstellung des Beweises für das letztere Theorem, in dessen Besitz er seit 20 Jahren ist, für eine künftige dritte Abhandlung zurückzulassen. Dagegen ist in vorliegender Abhandlung noch der vollständige Beweis für das erstere die Zahl $1+i$ betreffende Theorem (von welchem die an-

deren für $1-i$, $-1+i$, $-1-i$ abhängig sind) mitgetheilt, welcher schon einigen Begriff von der Verwicklung des Gegenstandes geben kann.

Wir haben nun noch einige allgemeine Anmerkungen beizufügen. Die Versetzung der Lehre von den biquadratischen Resten in das Gebiet der complexen Zahlen könnte vielleicht manchem, der mit der Natur der imaginären Grössen weniger vertraut und in falschen Vorstellungen davon befangen ist, anstössig und unnatürlich scheinen, und die Meinung veranlassen, dass die Untersuchung dadurch gleichsam in die Luft gestellt sei, eine schwankende Haltung bekomme, und sich von der Anschaulichkeit ganz entferne. Nichts würde ungegründeter sein, als eine solche Meinung. Im Gegentheil ist die Arithmetik der complexen Zahlen der anschaulichsten Versinnlichung fähig, und wenn gleich der Verf. in seiner diessmaligen Darstellung eine rein arithmetische Behandlung befolgt hat, so hat er doch auch für diese die Einsicht lebendiger machende und deshalb sehr zu empfehlende Versinnlichung die nöthigen Andeutungen gegeben, welche für selbstdenkende Leser zureichend sein werden. So wie die absoluten ganzen Zahlen durch eine in einer geraden Linie unter gleichen Entfernungen geordnete Reihe von Punkten dargestellt werden, in der der Anfangspunkt die Zahl 0, der nächste die Zahl 1 u. s. w. vertritt; und so wie dann zur Darstellung der negativen Zahlen nur eine unbegrenzte Verlängerung dieser Reihe auf der entgegengesetzten Seite des Anfangspunkts erforderlich ist: so bedarf es zur Darstellung der complexen ganzen Zahlen nur des Zusatzes, dass jene Reihe als in einer bestimmten unbegrenzten Ebene befindlich angesehen, und parallel mit ihr auf beiden Seiten eine unbeschränkte Anzahl ähnlicher Reihen in gleichen Abständen von einander angenommen werde, so dass wir anstatt einer Reihe von Punkten ein System von Punkten vor uns haben, die sich auf eine zweifache Art in Reihen von Reihen ordnen lassen, und zur Bildung einer Eintheilung der ganzen Ebene in lauter gleiche Quadrate dienen. Der nächste Punkt bei 0 in der ersten Nebenreihe auf der einen Seite der Reihe, welche die reellen Zahlen repräsentirt, bezieht sich dann auf die Zahl i, so wie der nächste Punkt bei 0 in der ersten Nebenreihe auf der andern Seite auf $-i$ u. s. f. Bei dieser Darstellung wird die Ausführung der arithmetischen Operationen in Beziehung auf die complexen Grössen, die Congruenz, die Bildung eines vollständigen Systems incongruenter Zahlen für einen gegebenen Modulus u. s. f. einer Versinnlichung fähig, die nichts zu wünschen übrig lässt.

Von der andern Seite wird hierdurch die wahre Metaphysik der imaginären Grössen in ein neues helles Licht gestellt.

Unsere allgemeine Arithmetik, von deren Umfang die Geometrie der Alten so weit überflügelt wird, ist ganz die Schöpfung der neuern Zeit Ursprünglich ausgehend von dem Begriff der absoluten ganzen Zahlen hat sie ihr Gebiet stufenweise erweitert; zu den ganzen Zahlen sind die gebrochenen, zu den rationalen die irrationalen, zu den positiven die negativen, zu den reellen die imaginären hinzugekommen. Diess Vorschreiten ist aber immer anfangs mit furchtsam zögerndem Schritt geschehen. Die ersten Algebraisten nannten noch die negativen Wurzeln der Gleichungen falsche Wurzeln, und sie sind es auch, wo die Aufgabe, auf welche sie sich beziehen, so eingekleidet vorgetragen ist, dass die Beschaffenheit der gesuchten Grösse kein Entgegengesetztes zulässt. Allein so wenig man in der *Allgemeinen* Arithmetik Bedenken hat, die gebrochenen Zahlen mit aufzunehmen, obgleich es so viele zählbare Dinge gibt, wobei eine Bruchzahl ohne Sinn ist, eben so wenig durften in jener den negativen Zahlen gleiche Rechte mit den positiven deshalb versagt werden, weil unzählige Dinge kein Entgegengesetztes zulassen: die Realität der negativen Zahlen ist hinreichend gerechtfertigt, da sie in unzähligen andern Fällen ein adäquates Substrat finden. Darüber ist man nun freilich seit langer Zeit im Klaren: allein die den reellen Grössen gegenübergestellten imaginären — ehemals, und hin und wieder noch jetzt, obwohl unschicklich, *unmögliche* genannt — sind noch immer weniger eingebürgert als nur geduldet, und erscheinen also mehr wie ein an sich inhaltleeres Zeichenspiel, dem man ein denkbares Substrat unbedingt abspricht, ohne doch den reichen Tribut, welchen dieses Zeichenspiel zuletzt in den Schatz der Verhältnisse der reellen Grössen steuert, verschmähen zu wollen.

Der Verf. hat diesen hochwichtigen Theil der Mathematik seit vielen Jahren aus einem verschiedenen Gesichtspunkt betrachtet, wobei den imaginären Grössen eben so gut ein Gegenstand untergelegt werden kann, wie den negativen: es hat aber bisher an einer Veranlassung gefehlt, dieselbe öffentlich bestimmt auszusprechen, wenn gleich aufmerksame Leser die Spuren davon in der 1799 erschienenen Schrift über die Gleichungen, und in der Preisschrift über die Umbildung der Flächen leicht wiederfinden werden. In der gegenwärtigen Abhandlung sind die Grundzüge davon kurz angegeben; sie bestehen in Folgendem.

Positive und negative Zahlen können nur da eine Anwendung finden, wo

das gezählte ein Entgegengesetztes hat, was mit ihm vereinigt gedacht der Vernichtung gleich zu stellen ist. Genau besehen findet diese Voraussetzung nur da Statt, wo nicht Substanzen (für sich denkbare Gegenstände) sondern Relationen zwischen je zweien Gegenständen das gezählte sind. Postulirt wird dabei, dass diese Gegenstände auf eine bestimmte Art in eine Reihe geordnet sind z. B. A, B, C, D . . . ., und dass die Relation des A zu B als der Relation des B zu C u. s. w. gleich betrachtet werden kann. Hier gehört nun zu dem Begriff der Entgegensetzung nichts weiter als der *Umtausch* der Glieder der Relation, so dass wenn die Relation (oder der Uebergang) von A zu B als $+1$ gilt, die Relation von B zu A durch -1 dargestellt werden muss. Insofern also eine solche Reihe auf beiden Seiten unbegrenzt ist, repräsentirt jede reelle ganze Zahl die Relation eines beliebig als Anfang gewählten Gliedes zu einem bestimmten Gliede der Reihe.

Sind aber die Gegenstände von solcher Art, dass sie nicht in Eine, wenn gleich unbegrenzte, Reihe geordnet werden können, sondern sich nur in Reihen von Reihen ordnen lassen, oder was dasselbe ist, bilden sie eine Mannigfaltigkeit von zwei Dimensionen; verhält es sich dann mit den Relationen einer Reihe zu einer andern oder den Uebergängen aus einer in die andere auf eine ähnliche Weise wie vorhin mit den Uebergängen von einem Gliede einer Reihe zu einem andern Gliede derselben Reihe, so bedarf es offenbar zur Abmessung des Ueberganges von einem Gliede des Systems zu einem andern ausser den vorigen Einheiten $+1$ und -1 noch zweier andern unter sich auch entgegengesetzten $+i$ und $-i$. Offenbar muss aber dabei noch postulirt werden, dass die Einheit i allemal den Uebergang von einem gegebenen Gliede einer Reihe zu einem *bestimmten* Gliede der unmittelbar angrenzenden Reihe bezeichne. Auf diese Weise wird also das System auf eine doppelte Art in Reihen von Reihen geordnet werden können.

Der Mathematiker abstrahirt gänzlich von der Beschaffenheit der Gegenstände und dem Inhalt ihrer Relationen; er hat es bloss mit der Abzählung und Vergleichung der Relationen unter sich zu thun: insofern ist er eben so, wie er den durch $+1$ und -1 bezeichneten Relationen, an sich betrachtet, Gleichartigkeit beilegt, solche auf alle vier Elemente $+1$, -1, $+i$ und $-i$ zu erstrecken befugt.

Zur Anschauung lassen sich diese Verhältnisse nur durch eine Darstellung

im Raume bringen, und der einfachste Fall ist, wo kein Grund vorhanden ist, die Symbole der Gegenstände anders als quadratisch anzuordnen, indem man nemlich eine unbegrenzte Ebene durch zwei Systeme von Parallellinien, die einander rechtwinklig durchkreuzen, in Quadrate vertheilt, und die Durchschnittspunkte zu den Symbolen wählt. Jeder solche Punkt A hat hier vier Nachbaren, und wenn man die Relation des A zu einem benachbarten Punkte durch $+1$ bezeichnet, so ist die durch -1 zu bezeichnende von selbst bestimmt, während man, welche der beiden andern man will, für $+i$ wählen, oder den sich auf $+i$ beziehenden Punkt nach Gefallen *rechts* oder *links* nehmen kann. Dieser Unterschied zwischen rechts und links ist, so bald man vorwärts und rückwärts *in* der Ebene, und oben und unten in Beziehung auf die beiden Seiten der Ebene einmal (nach Gefallen) festgesetzt hat, *in sich* völlig bestimmt, wenn wir gleich unsere Anschauung dieses Unterschiedes andern *nur* durch Nachweisung an wirklich vorhandenen materiellen Dingen mittheilen können *). Wenn man aber auch über letzteres sich entschlossen hat, sieht man, dass es doch von unserer Willkür abhing, welche von den beiden in Einem Punkte sich durchkreuzenden Reihen wir als Hauptreihe, und welche Richtung in ihr man als auf positive Zahlen sich beziehend ansehen wollten; man sieht ferner, dass wenn man die vorher als $+i$ behandelte Relation für $+1$ nehmen will, man nothwendig die vorher durch -1 bezeichnete Relation für $+i$ nehmen muss. Das heisst aber, in der Sprache der Mathematiker, $+i$ ist mittlere Proportionalgrösse zwischen $+1$ und -1 oder entspricht dem Zeichen $\sqrt{-1}$: wir sagen absichtlich nicht *die* mittlere Proportionalgrösse, denn $-i$ hat offenbar gleichen Anspruch. Hier ist also die Nachweisbarkeit einer anschaulichen Bedeutung von $\sqrt{-1}$ vollkommen gerechtfertigt, und mehr bedarf es nicht, um diese Grösse in das Gebiet der Gegenstände der Arithmetik zuzulassen.

Wir haben geglaubt, den Freunden der Mathematik durch diese kurze Darstellung der Hauptmomente einer neuen Theorie der sogenannten imaginären Grössen einen Dienst zu erweisen. Hat man diesen Gegenstand bisher aus einem falschen Gesichtspunkt betrachtet und eine geheimnissvolle Dunkelheit dabei ge-

---

*) Beide Bemerkungen hat schon KANT gemacht, aber man begreift nicht, wie dieser scharfsinnige Philosoph in der ersteren einen Beweis für seine Meinung, dass der Raum *nur* Form unserer äussern Anschauung sei, zu finden glauben konnte, da die zweite so klar das Gegentheil, und dass der Raum unabhängig von unserer Anschauungsart eine reelle Bedeutung haben muss, beweiset.

funden, so ist diess grossentheils den wenig schicklichen Benennungen zuzuschreiben. Hätte man $+1$, -1, $\sqrt{-1}$ nicht positive, negative, imaginäre (oder gar unmögliche) Einheit sondern etwa directe, inverse, laterale Einheit genannt, so hätte von einer solchen Dunkelheit kaum die Rede sein können. Der Verf. hat sich vorbehalten den Gegenstand, welcher in der vorliegenden Abhandlung eigentlich nur gelegentlich berührt ist, künftig vollständiger zu bearbeiten, wo dann auch die Frage, warum die Relationen zwischen Dingen, die eine Mannigfaltigkeit von mehr als zwei Dimensionen darbieten, nicht noch andere in der allgemeinen Arithmetik zulässige Arten von Grössen liefern können, ihre Beantwortung finden wird.

ANZEIGEN

NICHT EIGNER

S C H R I F T E N.

Göttingische gelehrte Anzeigen. 1809 März 11.

Recherches sur l'irréductibilité Arithmétique et Géométrique des nombres et de leurs puissances. 1808. (Ohne Druckort. 25 S. in gr. Quart.)

Eine Schrift, deren Zweck dahin geht, die irrationalen Wurzelgrössen in Gestalt von rationalen Grössen darzustellen. Wir müssen uns begnügen, die Freunde der Mathematik auf diess Werkchen aufmerksam gemacht zu haben, da die Grenzen dieser Blätter uns nicht verstatten, in die Darstellung und Prüfung des dem Verf. eigenthümlichen Gesichtspunkts und der von der gewöhnlichen ganz abgehenden Behandlung der Wurzelgrössen hier umständlicher einzugehen.

Göttingische gelehrte Anzeigen. 1812 März 23.

Cribrum Arithmeticum, sive tabula continens numeros primos a compositis segregatos, occurrentes in serie numerorum ab unitate progredientium usque ad decies centena millia et ultra haec ad viginti millia (1020000). *Numeris compositis per* 2, 3, 5 *non dividuis, adscripti sunt divisores simplices, non minimi tantum, sed omnino*

omnes. Confecit Ladislaus Chernac, *Pannonius, A. L. M. Philos. et Medic. Doctor, in almo lyceo Daventriensi philosophiae professor. Daventriae* 1811. (Auf Kosten des Verfassers gedruckt bei J. H. Lange. XXII u. 1022 S gr. Quart.)

Der vollständige Titel dieses wichtigen und sehr verdienstlichen Werks bezeichnet den Inhalt schon hinreichend: es ist eine durch eine eben so sorgfältige als mühsame Arbeit von mehreren Jahren berechnete Tafel für alle einfache Factoren aller durch 2, 3 und 5 nicht theilbaren Zahlen von 1 bis 1020000, sauber und, soviel wir bei hin und wieder angestellter Prüfung gefunden haben, sehr correct gedruckt. Wie schätzbar ein solches der Arithmetik gemachtes Geschenk sei, beurtheilt ein Jeder leicht, der viel mit grössern Zahlenrechnungen zu thun hat. Der Verf. verdient doppelten Dank, sowohl für seine höchst mühsame Arbeit selbst, wodurch er seinen Namen den unvergesslichen von Rhaeticus, Pitiscus, Brigg, Vlacq, Wolfram, Taylor u. A. zugesellt hat, als für den gewiss sehr erheblichen auf den Druck gemachten Aufwand, wofür sich sonst schwerlich ein Verleger gefunden haben möchte. Schon öfters sind dergleichen Tafeln, obwohl meistens in geringerer Ausdehnung, berechnet, aber entweder ganz im Manuscripte geblieben, oder im Abdruck nicht vollendet. Lambert munterte bekanntlich ehedem nach besten Kräften zur Fortsetzung der Pellschen, bis 100000 gehenden und oft abgedruckten, Tafel auf, und einer von Bernoulli in Lambert's Briefwechsel gegebenen Nachricht zufolge hatte Oberreit sie bis 500000 fortgeführt, wovon die Abschrift in Schulze's Hände gekommen war. Anton Felkel hatte sie, wie in der Monatl. Correspondenz 2. Bd. S. 223 berichtet wird, bis zu zwei Millionen in der Handschrift vollendet, und wollte sie späterhin bis 2460000 geben; allein was davon in Wien auf öffentliche Kosten bereits gedruckt war, wurde, weil sich keine Käufer fanden, im Türkenkriege zu Patronen verbraucht! So ging eine verdienstliche vieljährige Arbeit für das Publicum verloren: um so mehr hielten wir es für Pflicht, die Erscheinung des gegenwärtigen Werks hier anzuzeigen. Die erste Million ist nun für Jedermanns Gebrauch da; und wer Gelegenheit und Eifer für diesen Gegenstand hat, möge daher seine Mühe auf das Weitere richten.

Göttingische gelehrte Anzeigen. 1814 November 3.

Tables des diviseurs pour tous les nombres du deuxieme million, ou plus exactement depuis 1020000 *a* 2028000, *avec les nombres premiers qui s'y trouvent. Par* J. Ch. Burckhardt, *membre de l'institut impérial, du bureau des longitudes de France, et de plusieurs autres sociétés savantes. Paris,* 1814. *M*^{me} *V*^{e} *Courcier.* (VIII u 112 S. in Folio.)

Früher, als wir bei der Anzeige der die erste Million umfassenden Factorentafel von Chernac zu hoffen gewagt hätten, können wir schon die Vollendung und Erscheinung einer ähnlichen Tafel für die zweite Million berichten. Der verdiente Verfasser. dessen Name schon die grösste Sorgfalt und Genauigkeit verbürgt, hat sich durch diese mühsame Arbeit alle Freunde der Arithmetik sehr verpflichtet. Chernac's Tafel für die erste Million gibt alle einfachen Factoren; die Burckhardt'sche für die zweite hingegen nur jedesmal den kleinsten Divisor. Die vollständige Zerlegung einer Zahl der zweiten Million erfordert also die Division mit dem kleinsten Divisor und das Aufsuchen des Quotienten in der Chernac'schen Tafel: allein diese kleine Mühe ist von gar keiner Erheblichkeit gegen den grossen Vortheil, die Tafel in einem so viel kleineren Raum zu besitzen, wobei die Aussicht bleibt, mit der Zeit die Tafel noch bis zu zehn Millionen ausgedehnt zu sehen. Die Zusammendrängung in den kleinen Band hat der Verfasser theils durch die Beschränkung auf den kleinsten Divisor, theils durch einen möglichst öconomischen Druck möglich gemacht. Wenn a unbestimmt jede der achtzig Zahlen unter 300 bedeutet, die durch 2, 3 und 5 nicht theilbar sind, so ist überhaupt jede durch 2, 3 und 5 nicht theilbare Zahl in der Form $300n+a$ begriffen. Alle achtzig Zahlen, für welche n einerlei Werth hat, finden sich in Einer verticalen Columne, und solcher Columnen enthält jede Seite dreissig. Jede Seite umfasst also von neuntausend in der natürlichen Ordnung fortschreitenden Zahlen alle, welche durch 2, 3 oder 5 nicht theilbar sind.

Die Methode, nach welcher Herr Burckhardt seine Tafel construirt hat verdient hier noch eine besondere Erwähnung. Er liess ein Netz in Kupfer stechen, wo durch 81 horizontale und 78 verticale Linien ein in 80×77 d.i. 6160 kleine Quadrate getheiltes Rechteck gebildet wurde, und davon die nöthige Anzahl von Abdrücken machen. An der Seite konnten sogleich die achtzig Werthe

von a mit gestochen werden; die Werthe von $300n$ in fortlaufender Ordnung wurden mit der Feder über die 77 verticalen Columnen geschrieben. So stellt jedes Blatt alle durch 2, 3 und 5 nicht theilbaren Zahlen vor, welche unter je 23100 in natürlicher Ordnung fortschreitenden Zahlen befindlich sind, und 44 Blätter sind hinreichend, eine ganze Million zu umfassen. Man sieht leicht, dass die Zahlen, deren kleinster Theiler 7 oder 11 ist, auf jedem folgenden Blatte in derselben Ordnung wiederkehren, daher diese Divisoren sogleich auf die Kupferplatte gestochen werden konnten, und mithin auf jedem Blatte schon von selbst an den gehörigen Plätzen erschienen. Um nun die folgenden Divisoren z. B. 13 einzutragen, nahm Herr B. von einem überzähligen Blatt der Breite nach bloss 13 Columnen, und indem er dasselbe als den Anfang seiner Tafel betrachtete, schnitt er alle die Quadrate, die den Divisor 13 enthalten mussten, aus. Er brauchte also dieses Gitter nur auf die dreizehn ersten Columnen des ersten Blattes zu legen, dann auf die dreizehn folgenden u. s. w., um sogleich alle Plätze zu sehen, die, in so fern sie nicht schon 7 oder 11 enthielten, mit 13 ausgefüllt werden mussten. Eben so wurde nachher mit dem Divisor 17 u. s. w. verfahren. Bis zum Divisor 73 reichten auf diese Weise die überzähligen Blätter hin; für die grössern Divisoren 79,83 u. s. w. scheint Herr B. den Rahmen aus zwei oder mehreren Theilen zusammengesetzt zu haben. Bei den Divisoren hingegen, die über 500 hinausgehen, zog Herr B. vor, die Vielfachen durch Addition zu suchen, wobei er für den andern Factor bloss die Primzahlen zu nehmen brauchte. Wir finden diess ganze Verfahren höchst zweckmässig, und würden es allen denen zur Nachahmung empfehlen, die etwa Neigung haben sollten, die Tafel noch weiter fortzusetzen. Für die dritte und vierte Million hat inzwischen der Verfasser selbst schon einen grossen Theil der Rechnungen ausgeführt, daher wir gegründete Hoffnung haben, auch diese demnächst durch den Druck bekannt gemacht zu sehen.

Göttingische gelehrte Anzeigen. 1816 November 7.

Tables des diviseurs pour tous les nombres du troisieme million, ou plus exactement, depuis 2028000 *à* 3036000, *avec les nombres premiers qui s'y trouvent, par* J. Chr. Burckhardt, *membre de l'académie royale des sciences, du bureau des longi-*

tudes de France et de plusieurs autres sociétés savantes. Paris 1816. *M*[me] *V*[e] *Courcier.* (112 Seiten in Folio.)

Da wir bereits bei der Anzeige der Tafel für die Factoren der zweiten Million die von dem verdienten Verf. angewandte Berechnungsmethode und die Einrichtung der Tafel selbst umständlich beschrieben haben, so können wir uns hier mit der blossen Anzeige von der Erscheinung der Tafel für die dritte Million begnügen. In Kurzem haben wir nun auch noch die Tafel für die *erste* Million, auf dieselbe Art dargestellt von dem Verf. zu erwarten, so dass dann die ganze Tafel bis über drei Millionen nur einen mässigen Band ausmachen wird. Dem Verf. gebührt dafür der Dank aller Freunde der Arithmetik, die durch diese mühsame Arbeit ein Bedürfniss in einer Ausdehnung befriedigt sehen, die alles, was man noch vor wenigen Jahren zu hoffen wagen konnte weit übersteigt.

Göttingische gelehrte Anzeigen. 1817 August 9.

Tables des diviseurs, pour tous les nombres du premier million, ou plus exactement depuis 1 *à* 1020000, *avec les nombres premiers qui s'y trouvent; par* J. Chr. Burckhardt, *membre de l'academie des sciences dans l'institut royal, du bureau des longitudes de France, et de plusieurs autres sociétés savantes. Paris* 1817. *M*[me] *V*[e] *Courcier.* (114 Seiten in Folio.)

Indem wir uns hier auf die Anzeigen der Tafeln für die zweite und dritte Million beziehen, kündigen wir jetzt bloss das wirkliche Erscheinen dieser Factorentafeln für die erste Million an. Wir besitzen also nunmehr ein zusammenhängendes Ganzes für die drei ersten Millionen. Für die gegenwärtige erste Million bediente sich der Verfasser theils des *Cribrum Arithmeticum* von Chernac, theils einer handschriftlichen Tafel von Schenmark, welche die Bibliothek des Königlichen Instituts besitzt. Letztere war indessen nicht ganz mit aller zu wünschenden Sorgfalt construirt, und die Entscheidung in Fällen, wo beide von einander abwichen, welche von beiden Recht habe, war oft ziemlich mühsam. In der Chernac'schen Tafel zeigte sich nur eine sehr geringe Anzahl von Fehlern, welche Herr Burckhardt hier mitgetheilt hat.

Auch für die vierte, fünfte und sechste Million hat der Verf. die Materialien bereits grösstentheils vorräthig, und er erbietet sich, diese Fortsetzung zu liefern, wenn der Verleger durch einen hinreichenden Absatz der drei ersten Millionen aufgemuntert wird. Es wäre in der That sehr zu beklagen, wenn die Früchte einer so mühsamen und nützlichen Arbeit der Welt entzogen werden sollten.

Göttingische gelehrte Anzeigen. 1825 December 19.

Der Königl. Societät ist abseiten des Herrn Erchinger zu Thuningen im Königreich Würtemberg eine kleine Abhandlung vorgelegt worden, welche die

Geometrische Construction des regelmässigen Siebenzehnecks

zum Gegenstande hat. Die Allgemeine Theorie der regelmässigen Vielecke hat bekanntlich durch die innige Verbindung, in welche sie mit der höhern Arithmetik gebracht ist, eine neue Gestalt und Erweiterung erhalten; ein, wenn gleich verhältnissmässig nur kleiner Theil derselben ist die Theorie derjenigen Vielecke, die sich geometrisch beschreiben lassen. Seit dem Zeitalter der Griechen wusste man, dass das Dreieck, Fünfeck, Funfzehneck und alle diejenigen Vielecke, welche durch Verdopplung oder wiederholte Verdopplung der Seitenzahl aus diesen entspringen, jene Eigenschaft haben, und man glaubte, behauptete auch wohl ausdrücklich, dass dieses die einzigen seien. Die höhere Arithmetik hat gelehrt, dass dieses ein Irrthum war: indem sie die wahren Quellen der ganz allgemeinen Theorie offen legte, ergab sich von selbst, dass es ausser den genannten Vielecken noch unzählige andere gibt, die geometrisch construirt werden können, von denen das Siebenzehneck das einfachste ist. Die Ueberlegenheit der Analyse, welche das Allgemeinste, wie das Besondere mit gleicher Leichtigkeit umfasst, über die Geometrie, die immer beim Besondern stehen bleiben muss, beim Fortschreiten von den einfachern Fällen zu den zusammengesetztern durch stets vergrösserte Verwicklung aufgehalten wird, und jenen den bekannten nächsten Fall schwerlich jemals ohne fremde Hülfe erreicht hätte, zeigt sich dabei im hellsten Lichte. Inzwischen ist es immer wichtig, interessant und wünschenswerth, dass auch die rein geometrischen Behandlungen fortwährend cultivirt werden, und dass die Geo-

metrie wenigstens einen Theil der neuen Felder, die die Analyse erobert, sich aneigne. Ref. ist nicht bekannt, dass bisher jemand die Construction des Siebenzehnecks öffentlich behandelt hätte, ausser Herrn PAUKER in den Schriften der Kurländischen Gesellschaft und in seiner Geometrie. Verschieden davon und mehr im rein geometrischen Geiste durchgeführt ist die von Hrn ERCHINGER, welche in Folgenden besteht. (Die dazu gehörige Figur, eine gerade Linie, auf welcher der Folge nach die Punkte $DBGAIFCE$ liegen, kann jeder sich selbst zeichnen.) Eine nach Gefallen angenommene gerade Linie AB verlängere man rückwärts und vorwärts nach C und D so, dass $AC \times BC = AD \times BD = 4AB \times AB$ werden; ferner bestimme man die Punkte E, G an beiden Seiten der verlängerten Linie CA so, dass $AE \times EC = AG \times CG = AB \times AB$, und den Punkt F auf der Seite A der verlängerten Linie BA so, dass $AF \times DF = AB \times AB$ wird; endlich theile man AE in I so, dass $AI \times EI = AB \times AF$ werde, wo AI der kleinere, und EI der grössere Abschnitt von AE ist. Man mache dann ein Dreieck, in welchem zwei Seiten jede $= AB$, die dritte $= AI$ wird. Beschreibt man um dieses Dreieck einen Kreis, so wird AI die Seite des in den Kreis beschriebenen regelmässigen Siebenzehnecks sein.

Wenn man die Richtigkeit dieser Construction durch die Vergleichung mit der in den *Disquisitiones Arithmeticae* Art. 354 als ein Beispiel aufgestellter Theorie des Siebenzehnecks prüft, so bemerkt man leicht, dass jene nichts anders ist, als die geometrische Uebersetzung derjenigen Gleichungen, auf welche die Anwendung der allgemeinen Theorie führt: in der That sind die Entfernungen der Punkte C, D, E, F, G, I von A nichts anderes, als die Grössen, die a. a. O. mit (8.1), (8.3), (4.1), (4.3), (4.9), (2.1) bezeichnet sind, wenn man das positive und negative Zeichen durch die Lage ausdrückt, und die Entfernung des Punktes B von A in eben dem Sinn genommen $= -1$ setzt. Allein das eigentlich Verdienstliche der Abhandlung des Hrn. ERCHINGER besteht nicht sowohl in der Aufstellung der Construction selbst, da die Analyse bereits den einfachsten Weg vorgezeichnet hatte, als in der rein geometrischen Begründung ihrer Richtigkeit, und diese ist mit so musterhafter mühsamer Sorgfalt, alles nicht rein Elementarische zu vermeiden, durchgeführt, dass sie dem Verf. zur Ehre gereicht, und den Wunsch veranlasst, dass sein in der That nicht gemeines mathematisches Talent alle Aufmunterung finden möge.

Göttingische gelehrte Anzeigen. 1831 Juli 9.

Untersuchungen über die Eigenschaften der positiven ternären quadratischen Formen von LUDWIG AUGUST SEEBER, *Dr. der Philosophie, ordentl. Professor der Physik an der Universität in Freiburg. Freiburg im Breisgau* 1831. (248 S. in 4.)

Die Functionen zweier unbestimmten Grössen x und y von der Gestalt $axx+2bxy+cyy$, wo a, b, c bestimmte ganze Zahlen vorstellen, bilden bekanntlich unter dem Namen der *quadratischen Formen*, oder, wo eine weitere Unterscheidung erforderlich wird, der *binären quadratischen Formen*, einen der interessantesten und reichhaltigsten Gegenstände der höheren Arithmetik. Die dabei zunächst vorkommenden Aufgaben: zu entscheiden, ob eine solche gegebene Form eine andere $a'x'x'+2b'x'y'+c'y'y'$ unter sich begreift, d. i. durch eine Substitution $x=\alpha x'+\beta y'$, $y=\gamma x'+\delta y'$, in welcher α, β, γ, δ ganze Zahlen sind, in dieselbe verwandelt werden kann; ob eine solche Relation zweier Formen eine gegenseitige ist, wo die Formen äquivalent heissen; ferner in beiden Fällen alle möglichen Umformungen der einen in die andere anzugeben; endlich alle möglichen Darstellungen einer gegebenen ganzen Zahl durch eine gegebene Form vermöge ganzer Werthe der unbestimmten Grössen aufzufinden — diese Aufgaben sind in den *Disquisitiones Arithmeticae* vollständig aufgelöset, machen aber von dem die quadratischen Formen betreffenden Abschnitte dieses Werks nur den bei weiten kleineren Theil aus. Die darauf folgenden feineren Untersuchungen erforderten zum Theil eine vorläufige Bearbeitung eines um eine Stufe höheren und viel grössere Schwierigkeiten darbietenden Feldes, nemlich der Lehre von ähnlichen Functionen dreier unbestimmter Grössen x, y, z, welche also die Gestalt haben $axx+byy+czz+2a'yz+2b'xz+2c'xy$, und ternäre quadratische Formen heissen. Die Auflösung der diese ternären Formen betreffenden Hauptaufgaben ist in dem erwähnten Werke entwickelt, jedoch nur so weit, als zu dem angezeigten Zwecke nothwendig war. Nach einem Zwischenraum von dreissig Jahren hat nun der Verfasser des vorliegenden Werks zuerst diese Untersuchungen wieder aufgenommen, und in Beziehung auf die eine Hauptgattung der ternären Formen, nemlich die positiven, dasjenige was in den *Disquisitiones Arith-*

meticae unvollendet gelassen war, zur Vollständigkeit gebracht. Für diejenigen, welche aus der höheren Arithmetik ein tieferes Studium gemacht haben, würden wir dasjenige, was in dem vorliegenden Werke Neues geleistet ist, mit wenigen Worten bezeichnen können; allein, um auch andern verständlich zu sein, müssen wir uns etwas mehr Ausführlichkeit verstatten, und wir thun dies um so lieber, da diese Untersuchungen auch ausserhalb des Gebietes der höheren Arithmetik ein eigenthümliches Interesse haben.

Die Eigenschaften einer binären Form $axx + 2bxy + cyy$ hängen vornehmlich von der Zahl $bb - ac$ ab, welche daher der Determinant jener Form heisst. Zwei äquivalente Formen haben allemal gleiche Determinanten. Allein nicht alle Formen, die einen gegebenen Determinanten haben, sind darum schon äquivalent, vielmehr zerfallen solche Formen in eine kleinere oder grössere, aber stets endliche Anzahl von Klassen, so dass die zu einerlei Klasse gehörigen unter sich äquivalent, die zu verschiedenen Klassen gehörenden hingegen nicht äquivalent sind. Durch Formen, deren Determinant positiv ist, lassen sich ohne Unterschied positive und negative Zahlen darstellen; hingegen durch Formen mit negativem Determinanten sind nur solche Zahlen darstellbar, welche mit a und c einerlei Zeichen haben, daher hier positive und negative Formen unterschieden werden. Die einfachsten Formen in jeder Klasse haben bestimmte Kriterien, heissen reducirte Formen, und können als Repräsentanten der ganzen Klasse betrachtet werden.

Aehnliche Verhältnisse in Beziehung auf die ternären Formen sind in den *Disquisitiones Arithmeticae* nachgewiesen. Determinant der ternären Form

$$axx + byy + czz + 2a'yz + 2b'xz + 2c'xy$$

heisst die Zahl

$$aa'a' + bb'b' + cc'c' - abc - 2a'b'c'$$

Auch hier ist zur Aequivalenz zweier Formen die Gleichheit der Determinanten erforderlich, aber nicht zureichend, sondern sämmtliche Formen mit einem bestimmten Determinanten zerfallen in eine endliche Anzahl von Klassen, in deren jeder die einfachsten Formen reducirte heissen können und alle übrigen gleichsam repräsentiren. Mit dem Unterschiede zwischen positiven und negativen Formen verhält es sich aber hier anders, als bei den binären Formen. Für jeden gegebenen Determinanten, er sei positiv oder negativ, gibt es theils Formen, durch welche

ohne Unterschied positive und negative Zahlen darstellbar sind (indifferente Formen), theils solche Formen, durch die entweder nur positive oder nur negative Zahlen sich darstellen lassen (positive oder negative Formen); allein positive Formen gibt es nur für negative Determinanten, und negative nur für positive. Uebrigens ist es von selbst klar, dass die Qualification einer Form, insofern sie indifferent, positiv oder negativ ist, zugleich der ganzen Klasse, zu welcher sie gehört, zukommt. Das vorliegende Werk beschränkt sich auf die positiven Formen, deren Determinanten also negativ sein müssen: offenbar findet aber alles, was von diesen gilt, von selbst seine Uebertragung auf die negativen Formen, während die in dem Werke ganz ausgeschlossenen indifferenten Formen eine ganz abweichende Behandlung erfordern.

In den *Disquisitiones Arithmeticae* war, wie schon erwähnt ist, die Theorie der ternären Formen nur so weit entwickelt, als für den dortigen Zweck nöthig war, und daher die Aufgabe, die Aequivalenz zweier gegebenen ternären Formen zu entscheiden, noch nicht in vollständiger Allgemeinheit aufgelöset. Zwar war daselbst gezeigt, wie man zu jeder vorgegebenen Form eine äquivalende der einfachsten Art finden, und dass es solcher reducirten Formen für jeden gegebenen Determinanten nur eine endliche Anzahl geben könne; allein da es in jeder Klasse mehrere solcher reducirten Formen gibt, die sich nicht in allen Fällen *sogleich* als äquivalent ergeben, so fehlte noch ein Kriterium, woran man die Aequivalenz oder Nicht-Aequivalenz solcher Formen mit Gewissheit erkennen kann. Dieses Bedürfniss hat nun der Verfasser des vorliegenden Werks in Beziehung auf die positiven Formen vollständig und mit musterhafter Gründlichkeit gehoben. Sein Verfahren ist übrigens etwas anders eingekleidet, als wir die Sache so eben ausgesprochen haben, und wie sie sich verhalten müsste, wenn man in den Begriff der reducirten positiven Formen nur die wesentlichsten Bedingungen der grössten Einfachheit aufnimmt, welche in dem Fall der positiven Formen die sind dass die (ihrer Natur nach positiven) Zahlen a, b, c nicht kleiner sein dürfen, als respective b' oder c', a' oder c', a' oder b' ohne Rücksicht auf die Zeichen. Herr Seeber hat nemlich dem Begriffe der reducirten Formen noch solche Modificationen hinzugesetzt, dass es in jeder Klasse immer nur Eine der Art geben kann, Eine aber geben muss. Wegen eines schönen von Herrn Seeber durch Induction gefundenen weiter unten noch zu erwähnenden Theorems führen wir hier die Hauptbedingungen, welche Hr. S. in den Begriff der reducirten Formen aufge-

nommen hat, an: diese sind 1) dass unter den Zahlen a', b', c' nicht zwei von entgegengesetzten Zeichen sein dürfen; 2) dass ohne Rücksicht auf das Zeichen $2b'$ und $2c'$ nicht grösser als a sein dürfen, ferner a und $2a'$ nicht grösser als b, und b nicht grösser als c; 3) dass in dem Fall, wo a', b', c' zugleich negativ sind, die doppelte Summe dieser Zahlen nicht grösser als $a+b$ sein darf. Die übrigen noch für einige specielle Fälle hinzukommenden Modificationen können wir hier übergehen.

Den Hauptinhalt des Werkes macht nun zuerst die Auflösung der Aufgabe aus, zu jeder gegebenen positiven Form eine äquivalente zu finden, die nach der festgesetzten Definition den Character einer reducirten hat, und dann der strenge Beweis des Lehrsatzes, dass zwei nicht identische reducirte Formen nicht äquivalent sein können, oder was dasselbe ist, dass es in jeder Klasse nur eine reducirte Form gibt. Dem Geiste der Gründlichkeit, womit diese Gegenstände durchgeführt sind, müssen wir volle Gerechtigkeit widerfahren lassen, und wenn wir es dabei bedauern müssen, dass damit eine sehr grosse und vielleicht manchen abschreckende Weitläuftigkeit verbunden gewesen ist, da die Auflösung des Problems 41 Seiten, und der Beweis des Theorems 91 Seiten einnimmt, so wollen wir diess doch keinesweges als einen Tadel angesehen wissen. Wenn ein schwieriges Problem oder Theorem aufzulösen oder zu beweisen vorliegt, so ist allezeit der erste und mit gebührendem Danke zu erkennende Schritt, dass überhaupt eine Auflösung oder ein Beweis gefunden werde, und die Frage, ob diess nicht auf eine leichtere und einfachere Art hätte geschehen können, bleibt so lange eine müssige, als die Möglichkeit nicht zugleich durch die That entschieden wird. Wir halten es daher für unzeitig, hier bei dieser Frage zu verweilen. — Der übrige Theil des Werkes enthält noch hauptsächlich die mit gleicher Gründlichkeit durchgeführten Auflösungen der Aufgaben: zu entscheiden, ob eine gegebene Form eine andere gegebene ihr nicht äquivalente unter sich begreife; alle möglichen Transformationen einer gegebenen Form in eine gegebene äquivalente oder nur unter ihr begriffene zu finden; endlich für einen gegebenen Determinanten alle möglichen Klassen positiver ternärer Formen anzugeben.

Wir müssen noch bemerken, dass Herr Seeber die Gestalt der ternären Formen etwas anders gefasst hat, als in den *Disquisitiones Arithmeticae* geschehen war, wo, mit Vorbedacht, die Coefficienten der Producte yz, xz, xy als gerade Zahlen vorausgesetzt waren, wogegen Hr. S. auch ungerade zulässt, und daher

mit a', b', c' bezeichnet, was oben mit $2a'$, $2b'$, $2c'$ bezeichnet war Offenbar ist die grössere Allgemeinheit, welche dadurch erreicht wird, nur scheinbar, oder doch überflüssig, da alles was von solchen Formen mit ungeraden Coefficienten gesagt werden kann, sich auch von selbst ergibt, wenn man anstatt derselben ihr Doppeltes in Betracht zieht: wir können daher diese Abänderung, wodurch überdiess einiger Verlust an Einfachheit entsteht, nicht billigen. Eine Folge davon ist gewesen. dass das, was Herr SEEBER Determinant nennt, allemal das Vierfache von der Zahl ist, welche in den *Disquisitiones Arithmeticae* diesen Namen führt. In gegenwärtiger Anzeige haben wir die Terminologie der *Disquisitiones Arithmeticae* beibehalten.

Bei dem zuletzt erwähnten Problem (zu jedem gegebenen Determinanten alle möglichen reducirten Formen anzugeben) hat Herr SEEBER, um Grenzen für die drei ersten Coefficienten zu haben, ein Theorem benutzt, vermöge dessen das Product derselben abc nicht grösser sein kann, als der dreifache Determinant. Dieses Theorem ist von Hn. SEEBER strenge bewiesen; allein in der Vorrede bemerkt er, dass er unter mehr als 600 von ihm untersuchten Fällen nicht einen einzigen gefunden habe, wo jenes Product das Doppelte des Determinanten überschritten hätte, und hält es daher für höchst wahrscheinlich, dass diese engere Begrenzung allgemeingültig sei; es sei ihm jedoch nicht gelungen, einen strengen Beweis dafür zu finden. Da dieses auf dem Wege der Induction von Herrn SEEBER gefundene Theorem sowohl an sich merkwürdig, als für die Abkürzung der Auflösung der erwähnten Aufgabe wichtig ist, so wollen wir hier, um auch unsererseits in dieser Anzeige einen Beitrag zur Vervollkommnung dieser Theorie zu geben, einen sehr einfachen Beweis beifügen. Es müssen dabei zwei Fälle unterschieden werden.

I. Wenn von den Zahlen a', b', c' keine negativ ist, so setze man

$$b-2a' = d,\quad c-2b' = e,\quad a-2c' = f$$
$$c-2a' = g,\quad a-2b' = h,\quad b-2c' = i$$

wo aus der Definition der reducirten positiven Formen sogleich folgt, dass wenn

$$axx+byy+czz+2a'yz+2b'xz+2c'xy$$

eine solche ist, keine jener sechs Zahlen negativ ist, so wie sich von selbst versteht, dass a, b, c positiv sind. Bezeichnet man nun den (negativen) Determi-

nanten der Form durch $-D$, so hat man, wie man sich durch die Entwickelung leicht überzeugt, die identische Gleichung

$$2D - abc = aa'd + bb'e + cc'f + a'hi + b'gi + c'gh + ghi$$

in welcher keines der sieben Glieder zur Rechten negativ sein kann, und folglich abc nicht grösser als $2D$. Dasselbe folgt auf gleiche Weise aus der identischen Gleichung

$$2D - abc = aa'g + bb'h + cc'i + a'ef + b'df + c'de + def$$

II. Wenn keine der Zahlen a', b', c' positiv ist, setze man

$$b + 2a' = d, \quad c + 2b' = e, \quad a + 2c' = f$$
$$c + 2a' = g, \quad a + 2b' = h, \quad b + 2c' = i$$

$$b + c + 2a' + 2b' + 2c' = k$$
$$a + c + 2a' + 2b' + 2c' = l$$
$$a + b + 2a' + 2b' + 2c' = m$$

und den Determinanten der Form wie vorhin $= -D$. Vermöge der Definition der reducirten positiven Formen wird keine der neun Zahlen $d, e, f, g, h, i, k, l, m$ negativ sein können, und so ergibt sich aus der identischen Gleichung

$$6D - 3abc = -aa'(d + 2k) - bb'(e + 2l) - cc'(f + 2m) - a'hi - b'gi - c'gh + def + 2ghi$$

in welcher, weil a', b', c' nicht positiv, sondern negativ oder Null sind, alle Glieder zur Rechten positiv oder Null werden, dass $3abc$ nicht grösser als $6D$, oder abc nicht grösser als $2D$ sein kann. Dasselbe folgt eben so aus der identischen Gleichung

$$6D - 3abc = -aa'(g + 2k) - bb'(h + 2l) - cc'(i + 2m) - a'ef - b'df - c'de + 2def + ghi$$

Beide Gleichungen sind symmetrisch. Verzichtet man auf völlige Symmetrie, so ist der Beweis mit einer noch geringern Anzahl von Gliedern zu führen, z. B. durch die identische Gleichung

$$8D - 4abc = -2aa'(g + k) - 2bb'(e + l) - 4cc'm + (c + e)df + (c + g)hi$$

Wir wollen nun noch einiges über die Bedeutung der positiven binären und ternären quadratischen Formen ausser dem Gebiete der höheren Arithmetik hinzusetzen: von den negativen besonders zu handeln ist unnöthig, und die indifferenten entziehen sich dieser Behandlung ganz.

Die positive binäre Form $axx + 2bxy + cyy$ stellt allgemein das Quadrat der Entfernung zweier unbestimmter Punkte in einer Ebene vor, deren Coordinaten in Beziehung auf zwei unter einem Winkel, dessen Cosinus $= \frac{b}{\sqrt{ac}}$ ist, gegen einander geneigte Axen um $x\sqrt{a}$, $y\sqrt{c}$ verschieden sind. Insofern x und y also nur *ganze* Zahlen bedeuten sollen, bezieht sich die Form auf ein System parallelogrammatisch geordneter Punkte, die in den Durchschnitten zweier Systeme von Parallellinien liegen. Die Linien jedes Systems sind in gleichen Entfernungen von einander, und zwar sind die des einen, wenn sie parallel mit den Linien des zweiten gemessen werden, $= \sqrt{a}$; die Entfernungen des andern, parallel mit den Linien des ersten gemessen, $= \sqrt{c}$: die Neigung beider Systeme gegen einander die oben angegebene. Auf diese Weise erscheint die Ebene in lauter gleiche Parallelogramme getheilt, deren Eckpunkte das Punktensystem ausmachen, ohne dass irgend einer der Punkte innerhalb eines Parallelogramms fallen kann. Der Determinant mit positivem Zeichen genommen, also $ac - bb$, bedeutet das Quadrat des Flächeninhalts eines Elementar-Parallelogramms. Ein und dasselbe System solcher Punkte kann auf unendlich viele verschiedene Arten parallelogrammatisch abgetheilt, und also auf ebenso viele verschiedene Formen zurückgeführt werden: alle diese verschiedenen Formen sind aber, was in der Kunstsprache äquivalent heisst, und der Inhalt eines Elementar-Parallelogramms bleibt allemal derselbe. Zwei Formen, die nicht äquivalent sind, von denen aber die eine die andere unter sich begreift, beziehen sich auf dasselbe System von Punkten, aber die erstere Form auf das ganze System, die zweite auf einen Theil. Zwei Formen, die, nach der Kunstsprache, uneigentlich äquivalent (improprie aequivalentes) heissen, beziehen sich auf zwei gleiche aber verkehrt liegende Systeme von Punkten, indem man sich die Ebene umgekehrt gelegt denkt u. s. w.

Auf gleiche Weise bedeutet allgemein die positive ternäre Form

$$axx + byy + czz + 2a'yz + 2b'xz + 2c'xy$$

das Quadrat der Entfernung zweier unbestimmter Punkte im Raume, deren Coordinaten in Beziehung auf drei Axen (1), (2), (3) die Unterschiede $x\sqrt{a}$, $y\sqrt{b}$, $z\sqrt{c}$

geben: die Cosinus der Winkel zwischen den Axen (2) und (3), (1) und (3), (1) und (2) sind hier resp. $\frac{a'}{\sqrt{bc}}, \frac{b'}{\sqrt{ac}}, \frac{c'}{\sqrt{ab}}$ Insofern hier x, y, z bloss ganze Zahlen bedeuten sollen, bezieht sich die Form auf ein System parallelepipedisch geordneter, d. i. durch die Durchschnitte dreier Systeme paralleler äquidistanter Ebenen sich ergebender Punkte. Der ganze Raum erscheint so in lauter gleiche Parallelepipeden getheilt, deren Eckpunkte jenes System von Punkten ausmachen, und das Quadrat des Rauminhalts eines Elementar-Parallelepipedum ist dem mit positivem Zeichen genommenen Determinanten der ternären Form gleich. Aequivalente Formen repräsentiren ein und dasselbe System von Punkten, nur auf andere Axen oder Fundamentalebenen bezogen. Auf gleiche Weise finden alle andere Hauptmomente der Theorie der ternären Formen hier ihre geometrische Bedeutung, das Enthaltensein einer Form unter einer andern, die Darstellung einer bestimmten Zahl oder einer unbestimmten binären Form durch eine ternäre, die Lehre von den zugeordneten ternären Formen (formae adiunctae), das Wegfallen der Unterscheidung zwischen eigentlicher und uneigentlicher Aequivalenz, das Wesen der reducirten Formen u. s. w., wir müssen uns aber auf obige Andeutungen beschränken, zumal da das vorliegende Werk, welches die ternären Formen lediglich aus rein arithmetischem Gesichtspunkte betrachtet, nur mittelbarer Weise Veranlassung dazu gegeben hat. Man wird wenigstens daraus erkennen, welch ein reiches Feld hier den Untersuchungen geöffnet ist, die nicht bloss für sich ein hohes theoretisches Interesse haben, sondern auch zu einer eben so bequemen als allgemeinen Behandlung aller Relationen unter den Krystallformen benutzt werden können. In das Detail dieser Benutzung einzugehen, ist hier der Ort nicht: wir dürfen jedoch die Bemerkung nicht übergehen, dass wenn gleich ursprünglich angenommen ist, dass a, b, c, a', b', c' ganze Zahlen vorstellen, doch der grösste Theil der Lehre von den ternären Formen, und namentlich dasjenige, was für jene Benutzung erforderlich ist, auch unabhängig von jener Voraussetzung gültig bleibt. In der That führen zwar Hauy's Angaben bei den meisten Krystallgattungen auf sehr einfache ganze Werthe der Coëfficienten in den ternären Formen, welche sich auf die jenen entsprechende Anordnung des Punktensystems beziehen; allein die genaueren späteren Messungen von Wollaston, Malus, Biot, Kupffer u. a. stehen damit im Widerspruch, und machen es zweifelhaft, ob rationale Verhältnisse jener Coëfficienten überall naturgemäss sind; jedenfalls aber lassen sich, wenn man nicht in der Theorie die Beschrän-

kung auf ganze Werthe der Coëfficienten weglassen will, da es dabei nicht auf absolute Werthe, sondern nur auf ihr Verhältniss unter einander ankommt, allezeit ganze Zahlen finden, die den Messungsresultaten so nahe kommen, wie man nur will.

Schliesslich wollen wir noch dem oben angeführten Seeberschen Lehrsatze seine geometrische Bedeutung unterlegen. Wenn ein Parallelepipedum so beschaffen ist, dass keine seiner zwölf Kanten (unter denen je vier einander gleich sind) grösser ist, weder als eine der zwölf Diagonalen von Seitenflächen (die paarweise gleich sind), noch als eine der vier Diagonalen des Parallelepipedum: so ist der mit $\sqrt{2}$ multiplicirte Rauminhalt desselben nicht kleiner, als der Rauminhalt eines aus denselben Kanten gebildeten rechtwinklichten Parallelepipedum.

HANDSCHRIFTLICHER

N A C H L A S S.

SOLUTIO CONGRUENTIAE $X^m - 1 \equiv 0$.

ANALYSIS RESIDUORUM. CAPUT SEXTUM. PARS PRIOR.

237.

In Cap. III docuimus, congruentiam $x^n \equiv 1$, si pro modulo accipiatur numerus primus p, habere μ radices, quando μ est maxima communis mensura numerorum n et $p-1$, hasque radices cum radicibus congr. $x^\mu \equiv 1$ penitus convenire. Quamobrem eum casum considerare sufficit, ubi n est pars aliquota numeri $p-1$. Quod autem non modo congruentiae $x^n - 1 \equiv 0$ sed cuiusvis alius solutio pro modulis quibuscunque ex solutione pro modulis, qui sunt numeri primi, possit derivari, iam passim est ostensum infraque (Cap. VIII) fusius docebitur.

238.

Sed ne hic quidem subsistere opus est; namque eodem Capite III exposuimus, congruentiae $x^n \equiv 1$ solutionem a resolutione similium congruentiarum pendere $x^a \equiv 1$, $x^b \equiv 1$ etc., ubi a, b etc. sunt numeri primi aut numerorum primorum potestates et n productum ex his numeris. Si scilicet A, B etc. sunt respective radices quaecunque congruentiarum $x^a \equiv 1$, $x^b \equiv 1$ etc., productum ex his $AB\ldots$ erit aliqua e radicibus congruentiae $x^n \equiv 1$. Nostrae igitur investigationes ad solutionem congruentiae $x^n \equiv 1$ (mod. p) restringentur, quando p est numerus primus, n numerus primus aut numeri primi potestas, simulque pars aliquota numeri $p-1$.

239.

Porro ex Cap. III constat, inter congruentiae $x^n \equiv 1$ radices semper aliquas dari, per quarum potestates omnes ceterae exhiberi possunt. Ita si r designet huiusmodi radicem *primitivam* supra diximus, quando $n = p - 1$, hancque expressionem hic quamquam significatione latiori retinebimus omnes congr. propos. radices erunt

$$1, \; r, \; rr, \; r^3 \; . \; . \; . \; . \; . \; r^{n-1}$$

Huiusmodi ergo radices omni studio sunt investigandae, quoniam his inventis ceterae sponte patebunt. Brevitatis gratia quamcunque ipsius r potestatem per exponentem uncis inclusum designamus, ita ut (0) denotet unitatem, (1) radicem quamcunque primitivam congruentiae $x^n \equiv 1$, (2) ipsius (1) quadratum etc.: ita ut haec series (0), (1), (2), (3), ... $(n-1)$ omnes radices amplectatur. Ceterum constat, (k) semper fore talem radicem primitivam, quoties k ad n est primus; i. e. nostro casu (ubi n est numeri primi t potestas $= t^\nu$), quoties t ipsum k non dividit. Manifesto vero signa (1), (2) etc. per se sunt indeterminata; sed simulac ipsi (1) valor aliquis determinatus tribuitur, omnia cetera determinata fient.

240.

Quoniam radices primitivas prae ceteris investigare propositum est, has a ceteris primum separare oportet. Quod fiet. si e serie (0), (1), (2) ... $(n-1)$ omnes terminos (k) eiiciamus, ubi k per t dividitur; quodsi autem n est numerus primus seu $\nu = 1$, unicus (0) erit abrogandus. Priusquam vero ad disquisitionem radicum superstitum progrediamur, lectorem sedulo admonemus exempla aliquot sibi conficere. ut omnia, quae sine his forsan generalius dicta viderentur, in concreto intueri possit. Nos aliquod apponimus; sed non ideo superfluum erit alia proprio Marte elaborare.

Sit $p = 29$; $n = 7$ et septenae congruentiae $x^7 \equiv 1$ (mod. 29) radices erunt 1, 7, 16, 20, 23, 24, 25. Quoniam n est numerus primus, omnes hae radices praeter 1 erunt primitivae; posito igitur $7 = (1)$ signa haec significabunt:

(0)	(1)	(2)	(3)	(4)	(5)	(6)
1	7	20	24	23	16	25

Quivis ceterum memor erit, signa (n) et (0), $(n+1)$ et (1) etc. et in genere (a) et (b) aequivalere, quoties $a \equiv b$ (mod. n).

241.

Sed ad nostrum propositum alio adhuc modo erit procedendum. Videlicet eos tantum terminos (k) retinemus, ubi k per t non dividitur, quorum multitudo est $\frac{t-1}{t}.n = \lambda$; omnes autem hi numeri (aut ipsis secundum n congrui) per potestates successivas alicuius numeri exhiberi possunt. Sit hic $= \rho$; quare omnes radices primitivae congruentiae $x^n \equiv 1$ ita denotabuntur

$$(1) \quad (\rho) \quad (\rho^2) \quad (\rho^3) \; \ldots \ldots \; (\rho^{\lambda-1})$$

Hoc autem artificio id obtinemus, ut omnes radices non primitivae penitus excludantur, cuius rei rationes et emolumenta infra clarius cognoscentur. In nostro igitur exemplo ponere possumus $\rho = 3$ et radices congruentiae $x^7 \equiv 1$ primitivae ita ordinantur

	(1)	(3)	(3^2)	(3^3)	(3^4)	(3^5)
seu	(1)	(3)	(2)	(6)	(4)	(5)
quae erunt	7	24	20	25	23	16

242.

Ne lector ignarus sit, quorsum disquisitiones sequentes tendant, theorema, quod demonstrandum atque dilucidandum nobis proponimus, indicare iuvabit.

Si numerus λ *(qui est* $= t^{\nu-1}.t-1$*) habeat factores simplices* a, b, c, d *etc. et sit* $\lambda = a^\alpha b^\beta c^\gamma \ldots$, *resolutio congruentiae* $x^n - 1 \equiv 0$ *pendet a resolutione* $\alpha + \beta + \ldots$ *congruentiarum inferiorum, quarum* α *sunt gradus* a, β *gradus* b, γ *gradus* c *etc.*

Ita in nostro exemplo congruentiae $x^7 \equiv 1$ resolutio pendet a congruentia secundi gradus et ab alia tertii gradus; perspiciturque in genere numquam gradum harum congruentiarum a modulo p pendere. Ut autem ad huius theorematis demonstrationem perveniamus, necesse est aliquas propositiones ad nexum inter congruentias earumque radices spectantes praemittere, quamquam proprie in Cap. octavo hae disquisitiones ulterius sint persequendae.

243.

THEOREMA. *Si congruentia*

$$x^m + Ax^{m-1} + Bx^{m-2} + \ldots + N \equiv 0 \; (mod.\, primus)$$

ita sit comparata, ut confecto producto ex m *factoribus* $x-r$, $x-r'$, $x-r''$, $x-r'''\ldots$ *quod sit* $x^m + ax^{m-1} + bx^{m-2} \ldots + n$, *sit* $A \equiv a$, $B \equiv b$, $C \equiv c$ *etc. secundum mod.* p, *quantitates* $r, r', r''\ldots$ *erunt radices congruentiae propositae nullasque alias habebit.*

Demonstratio. I. Erit semper

$$x^m + Ax^{m-1} + Bx^{m-2} + \ldots \equiv x^m + ax^{m-1} + bx^{m-2} + \ldots \; (\text{mod.}\, p)$$

Sed posterior congruentiae pars fit $= 0$ ponendo $x = r$, $x = r'$, $x = r''$ etc., quare pro his ipsius x valoribus prior pars fiet $\equiv 0$ (mod. p). Q. E. Primum.

II. Si autem alius adhuc valor ρ nulli horum r, r' etc. congruus congruentiae propositae satisfaceret, foret

$$0 \equiv \rho^m + A\rho^{m-1} + B\rho^{m-2} + \ldots \equiv \rho^m + a\rho^{m-1} + b\rho^{m-2} + \ldots$$
$$\equiv (\rho - r)(\rho - r')(\rho - r'')(\rho - r''')\ldots$$

sed quoniam nullus factorum $\rho - r$, $\rho - r'$, $\rho - r''$, etc. est $\equiv 0$, productum ex omnibus fieri $\equiv 0$, ob p primum est absurdum. Quare praeter radices r, r' etc. nullae dantur aliae. Q. E. Secundum.

244.

PROBLEMA. *Sint* $r, r', r''\ldots$ *quantitates incognitae, quarum multitudo sit* $= m$, *quarum summa sit* $= \alpha$, *summa quadratorum* $= \beta$, *summa cuborum* $= \gamma\ldots$, *summa potestatum, quarum exponens est* m, $= \mu$, *danturque non hi numeri (quorum multitudo etiam* $= m$*) ipsi, sed alii* α', β', γ' *etc. singulis congrui secundum modulum* p, *qui sit numerus primus et* $> m$, *invenire congruentiam* m^{ti} *gradus, cuius radices sint* r, r', r'' *etc.*

Solutio. Considerentur r, r', r'' etc. quasi radices alicuius aequationis

$$x^m + Ax^{m-1} + Bx^{m-2} + Cx^{m-3} + \ldots = 0$$

determinenturque eius coëfficientes A, B, C etc. (adhibendo tantummodo congruentiam loco aequalitatis) ad methodum cognitam, faciendo scilicet

$$\begin{aligned} -A &\equiv \alpha' \\ -2B &\equiv \beta' + A\alpha' \\ -3C &\equiv \gamma' + A\beta' + B\alpha' \\ -4D &\equiv \delta' + A\gamma' + B\beta' + C\alpha' \\ &\text{etc.} \\ -mN &\equiv \mu' + A\lambda' + \text{etc.} \end{aligned}$$

Hi vero coëfficientes non possunt esse indeterminati, quia omnes numeri 1, 2, 3 ... $m < p$. Dico congruentiam

$$x^m + Ax^{m-1} + Bx^{m-2} + \ldots + N \equiv 0$$

esse quaesitam.

Demonstr. Ponatur aequationem, cuius radices sunt r, r', r'', r''' etc., esse hanc

$$x^m + ax^{m-1} + bx^{m-2} + \ldots = 0$$

eritque

$$\begin{aligned} -a &= \alpha \\ -2b &= \beta + a\alpha \\ -3c &= \gamma + a\beta + b\alpha \\ -4d &= \delta + a\gamma + b\beta + c\alpha \\ &\text{etc.} \end{aligned}$$

Cuique autem manifestum hinc erit, fore

$$a \equiv A, \quad b \equiv B, \quad c \equiv C \text{ etc. (mod. } p)$$

quare per § praec. numeri r, r', r'' etc., qui sunt radices *aequationis*

$$x^m + ax^{m-1} + bx^{m-2} + \ldots = 0$$

erunt simul radices *congruentiae*

$$x^m + Ax^{m-1} + Bx^{m-2} + \ldots \equiv 0. \quad \text{Q. E. D.}$$

Exempla componenda lectoribus linquimus.

245.

Ad propositum nostrum revertimur. Retentis characteribus §§. 242 et antec. adhibitis ostendere aggredimur, si λ sit productum e factoribus quibuscunque

efg etc., radices congruentiae $x^n \equiv 1$ primitivas, quarum multitudo est λ, ita in e classes discerpi posse, ut aggregata radicum in eandem classem relatarum per congruentiam gradus e^{ti} dentur; his vero tamquam cognitis suppositis quamvis classem ita in f ordines subdividi posse, ut aggregata cuiusvis ordinis per congruentiam f^{ti} gradus dentur, hique ordines rursus subdividi possunt etc., usque dum ad singulas radices perveniatur.

246.

Definitio. Complexum terminorum *omnium* in tali forma $(\rho^{ke+\alpha})$ (§. 241) contentorum *periodum completam* sive simpliciter *periodum* dicemus. Designat vero e divisorem aliquem numeri λ; α numerum quemcunque datum, k omnes numeros integros a 0 usque ad $\frac{\lambda}{e}-1$; brevitatis vero gratia talem periodum ita designamus $(e*\alpha)$. Ita in exemplo nostro termini

	(1), (2), (4)	periodos	(2∗0)	constituent,
	(3), (6), (5)		(2∗1)	
hi vero	(1), (6)	hasce	(3∗0)	
	(3), (4)		(3∗1)	
	(2), (5)		(3∗2)	

Iam si omnes termini in periodos quomodocunque distribuantur, singulaeque periodi iterum in periodos minores et sic porro, dicimus, id obtineri quod in §. praec. promisimus.

Antequam vero hanc expositionem ipsam aggrediamur, ostendemus, formationi talis periodi, quamquam a duabus quantitatibus quodammodo arbitrariis r, ρ dependeat, nihil tamen vagi inesse, seu quomodocunque hae quantitates eligantur, semper eosdem terminos in eandem periodum concurrere (siquidem quot terminos periodus continere debeat, fuerit praescriptum).

Criterium, duos terminos A, B in eadem periodo esse, inde petitur, quod uterque in tali forma continetur: $(\rho^{ke+\alpha})$ sive esse $A \equiv r^{\rho^{ke+\alpha}}$, $B \equiv r^{\rho^{k'e+\alpha}}$ (mod. p). Hic autem r est radix primitiva congruentiae $x^n \equiv 1$ (mod. p); ρ vero radix primitiva congruentiae $x^\lambda \equiv 1$ (mod. n); vide supra.

Demonstrandum est, si loco numerorum r, ρ alii eligantur, puta s, σ, tunc A et B in similibus formis $s^{\sigma^{le+6}}$, $s^{\sigma^{l'e+6}}$ comprehendi.

Sit $s^m \equiv r \,(\text{mod.}\, p)$; $\sigma^\mu \equiv \rho \,(\text{mod.}\, n)$ et $m \equiv \sigma^\zeta \,(\text{mod.}\, n)$, quod fieri potest, quia r, ρ sunt radices primitivae: erit vero m primus ad n, μ ad λ (Cap. III). Per debitas substitutiones obtinebimus

$$A \equiv s^{\sigma^{\mu k e + \mu\alpha + \zeta}}, \quad B \equiv s^{\sigma^{\mu k' e + \mu\alpha + \zeta}} \qquad \text{Q. E. D.}$$

247.

THEOREMA. *Productum e binis periodis similibus independenter a numero p componi potest per additionem periodorum similium et numerorum datorum.*

(Periodos similes vocamus, quae aeque multos terminos comprehendunt sive ubi numerus e est idem).

Exempl. Sit $n = 7$, productum e periodis $(1)+(6)$ et $(2)+(5)$ erit (propter $(a)\times(b) = (a+b)$ $(3)+(6)+(8)+(11)$ sive constat e periodis $(3)+(4)$ et $(1)+(6)$.

Demonstr. Sit $\frac{\lambda}{e} = f$, atque periodi datae $(e * \alpha)$ et $(e * \beta)$ seu aggregata

$$(\rho^\alpha)+(\rho^{\alpha+e})+(\rho^{\alpha+2e})+\ldots+(\rho^{\alpha+(f-1)e}) \; \ldots\ldots \; P$$
$$(\rho^\beta)+(\rho^{\beta+e})+(\rho^{\beta+2e})+\ldots+(\rho^{\beta+(f-1)e}) \; \ldots\ldots \; Q$$

Productum PQ ex f^2 terminis constabit. Hi vero ita sunt ordinandi. Formentur f series, quarum singulae ex f terminis constent. Prima complectatur productum ipsius P in (ρ^β), secunda productum $P.(\rho^{\beta+e})$ etc. etc. In prima serie primum locum occupet productum ex parte (ρ^α) oriundum, secundum productum ex $(\rho^{\alpha+e})$ et sic cetera deinceps; in secunda vero primus locus producto e parte $(\rho^{\alpha+e})$ oriundo tribuatur, secundus producto e parte $(\rho^{\alpha+2e})$ etc., ultimus denique producto e parte (ρ^α); tertia inchoet a producto e parte $(\rho^{\alpha+2e})$ et sic porro, post productum e parte ultima sequatur productum e parte prima et secunda etc. etc., sive partibus successivis periodi P per $1, 2, 3 \ldots z$ et periodi Q per I, II, III, ... Z designatis ita producti PQ partes constituantur

$$\begin{array}{l} 1.\text{I} + 2.\text{I} + 3.\text{I} + 4.\text{I} + \ldots + z.\text{I} \\ 2.\text{II} + 3.\text{II} + 4.\text{II} + \ldots\ldots + 1.\text{II} \\ 3.\text{III} + 4.\text{III} + \ldots\ldots + 1.\text{III} + 2.\text{III} \\ \quad \text{etc.} \quad \text{etc.} \end{array}$$

Tunc omnes termini in singulis seriebus eundem locum occupantes in f ordines colligantur; et dico

1° si aliquis terminus $\equiv 1$, tum omnes ceteros eiusdem ordinis etiam fore $\equiv 1$

2° quemvis ordinem, in quo nullus terminus $\equiv 1$, periodum formare. — Manifesto his demonstratis propositum consecuti erimus.

Forma generalis talis ordinis erit

$$(\rho^{\alpha+ke}+\rho^{6}),\ (\rho^{\alpha+(k+1)e}+\rho^{6+e}),\ (\rho^{\alpha+(k+2)e}+\rho^{6+2e}), \ldots (\rho^{\alpha+(k+f-1)e}+\rho^{6+(f-1)e})$$

potest enim pro $\rho^{\alpha+(k-1)e}$ etiam scribi $\rho^{\alpha+(k+f-1)e}$ propter $ef=\lambda$ et $\rho^{\lambda}\equiv 1$ (mod. n), et sic de antecedentibus. Ponatur $\rho^{\alpha+ke}+\rho^{6}\equiv\rho^{\varkappa}$ (mod. n), quod est permissum, nisi forte $\rho^{\alpha+ke}+\rho^{6}$ per n divisibilis*), poteritque ordo ita exhiberi $(\rho^{\varkappa})$, $(\rho^{\varkappa+e})$, $(\rho^{\varkappa+2e}) \ldots (\rho^{\varkappa+(f-1)e})$, qui manifesto est periodus $(e*\varkappa)$; si vero $\rho^{\alpha+ke}+\rho^{6}$ per n dividitur, omnes ordinis termini erunt $\equiv(0)$ i. e. $\equiv 1$. Q.E.D.

Annot. Demonstratio haec simul methodum facillimam ostendit productum evolvendi. Aliam infra dabimus, quae hac quidem praerogativa caret, sed ob simplicitatem non contemnenda videtur.

248.

Periodos omnes minores, quae periodum maiorem constituunt, periodorum systema nominamus. Ita periodi

$$(ef*\alpha),\ (ef*f+\alpha),\ (ef*2f+\alpha)\ldots.(ef*(e-1)f+\alpha)$$

e quibus componitur periodus $(f*\alpha)$, hoc nomine designabuntur. ***Rite ordinatum*** erit, si numeri post signum $*$ positi, ut hic α, $f+\alpha$, $2f+\alpha$ secundum seriem arithmeticam (cuius differentia est f) progrediantur; *similia* denique erunt systemata, si tam minores quam maiores periodi sint similes.

Theorema. *Si periodi systematum duorum similium rite ordinatorum invicem multiplicentur, prima scilicet in primam, secunda in secundam, tertia in tertiam etc., summa omnium productorum e periodis maiori similibus et numeris datis componi potest.*

Demonstr. Sint systemata

$$(ef*\alpha),\ (ef*\alpha+f),\ (ef*\alpha+2f)\ \ldots$$
$$(ef*6),\ (ef*6+f),\ (ef*6+2f)\ \ldots$$

*) Propositio paullo aliter exprimi debebit, si n generaliter numeri primi potestatem denotat; quando vero est numerus primus, nihil immutandum.

Producta e singulis periodis systematis prioris in periodos respondentes posterioris constabunt (§. praec.) e numeris integris et periodis similibus. Sed parvula attentio ad genesin harum periodorum docebit, si

$(ef * \alpha) \times (ef * \beta)$ constet ex numero integro N et periodis $(ef * A)$, $(ef * B)$, $(ef * C)$ etc.

tum constare producta

$$(ef * \alpha + f) \times (ef * \beta + f) \text{ ex } N \text{ et perr. } (ef * A + f),\ (ef * B + f),\ (ef * C + f) \text{ etc.}$$
$$(ef * \alpha + 2f) \times (ef * \beta + 2f) \text{ ex } N \text{ et perr. } (ef * A + 2f),\ (ef * B + 2f),\ (ef * C + 2f) \text{ etc.}$$

et generaliter

$$(ef * \alpha + \mu f) \times (ef * \beta + \mu f) \text{ ex } N \text{ et perr. } (ef * A + \mu f),\ (ef * B + \mu f),\ (ef * C + \mu f) \text{ etc.}$$

Unde sponte patet, omnium periodorum summam fore

$$eN + (f * A) + (f * B) + (f * C) \text{ etc. } \quad \text{Q. E. D.}$$

Etiam haec demonstratio methodum suppeditat summam illam inveniendi.

249.

Facile est hoc theorema generalius adhuc reddere. Scilicet si habeantur quotcunque systemata rite ordinata similia fiantque producta ex omnibus periodis primis, secundis etc., omnium horum productorum summam constare e numeris et periodis majoribus. Si omnia haec systemata aequalia assumantur, summa potestatum quarumcunque omnium periodorum constabit e numeris et periodis maiori similibus. Iam hinc patescit, quorsum haec tendant. Sit $\lambda = efgh \ldots$; discerpantur omnes radices primae in e periodos A, A', A'' etc., quaevis harum iterum in f: B, B', B'' etc., harum singulae in g: C, C', C'' etc. Iam omnium periodorum summa datur, est scilicet $\equiv -1$. Sed secundum ea, quae modo diximus, dabitur etiam

$$(A)^2 + (A')^2 + (A'')^2 + (A''')^2 + \text{ etc.}$$
$$(A)^3 + (A')^3 + (A'')^3 + (A''')^3 + \text{ etc.}$$
$$\text{etc. etc.}$$

Hinc e §. 244 congruentia gradus e^{ti} inveniri poterit, cuius radices sint A, A', A'' etc. Iam his tamquam cognitis suppositis, quaevis periodus discerpatur in minores

$$\begin{array}{lll} A & \text{in} & B,\quad B',\quad B'' \ldots \\ A' & \text{in} & B^{(n)},\ B^{(n+1)},\ B^{(n+2)} \ldots \\ & \text{etc.} & \end{array}$$

Datur ergo $B + B' + B'' + \ldots \equiv A$. Sed constat

$$\begin{array}{c} (B)^2 + (B')^2 + (B'')^2 + \ldots \\ (B)^3 + (B')^3 + (B'')^3 + \ldots \\ \text{etc.} \end{array}$$

ex unitatibus et periodis A, A', A'' etc. Quare B, B', B'' etc. dabuntur per congruentiam gradus f^{ti}, ex qua inveniri possunt; similique modo periodi, ex quibus constant A', A'' etc., poterunt determinari. Quisquis autem hinc videbit, prorsus simili methodo quamvis periodum in minores subdividi posse, donec ad radices ipsas perveniatur.

250.

Sed in harum regularum applicatione difficultas occurrit, quam dimovere debemus. Quoniam scilicet quaevis congruentia plures radices habeat, quod cuique signum tribuendum sit, ut ab invicem rite dignosci possint, est videndum. Quoniam periodorum designatio a numeris r, ρ pendet, qui ad libitum assumi possunt, necessario etiam designationi aliquid arbitrarii inhaerere debet. Numerus quidem ρ iam ab initio est stabiliendus. Methodi nostrae indoles in eo potissimum consistit, ut ex periodis maioribus periodos minores deducamus. Sed hoc sine debito periodorum ordine, quem per *signa* assecuti sumus, fieri nequit. Quare eo nitendum est, ut omnes periodi, quamprimum sunt inventae, signis suis distinguantur.

Sit periodus A designata per $(e * \alpha)$ atque in f periodos B, C, D etc. discerpta, quas designare oportet. Patet quamvis in tali forma fore contentam $(ef * ke + \alpha)$; sed dico, pro aliqua earum B numerum k ad libitum assumi et inde ceterarum collocationem derivari posse.

Sit R radix aliqua primitiva congr. $x^n \equiv 1$ constetque B e terminis $R^\mu + R^\nu +$ etc., sit $\frac{1}{\mu}\rho^{ke+\alpha} \equiv \frac{1}{\upsilon}(\text{mod.}\, n)$ et quoniam valor ipsius r est arbitrarius (si modo A nanciscatur signum $(e * \alpha)$, quod sponte fieri manifestum est), ponatur $r \equiv R^\upsilon (\text{mod.}\, p)$; quare terminus primus ipsius B erit $r^{\rho^{ke+\alpha}}$ et B per

$(ef * ke + \alpha)$ designare licet. Si loco ipsius R^μ terminum R^ν consideravissemus, alium ipsius r valorem nacti essemus; sed sine negotio perspicitur, pro quacunque radice ρ, radicem r, $\frac{\lambda}{ef}$ valores diversos habere posse.

251.

Iam quomodo ex designatione unius periodi ceterae signis suis distinguantur, videamus. Ad hunc vero finem aliam methodum quaerere oportet reliquas periodos inveniendi; namque quatenus reliquae ut ipsa A radices alicuius congruentiae sunt, nullus in illis ordo cernitur. Ponamus ipsum A ita esse designatum $(ef * 0)$, ex praecc. sequitur, fore

$$A^2 \text{ formae } M + N(ef*0) + O(ef*1) + P(ef*2) + \ldots$$
$$A^3 \text{ formae } M' + N'(ef*0) + O'(ef*1) + \ldots$$
$$\text{etc.}$$
$$A^{ef-1} \text{ formae } M^* + N^*(ef*0) + O^*(ef*1) + \ldots$$

His accedit congruentia

$$(ef*0) + (ef*1) + \ldots + (ef*ef-1) \equiv -1$$

Habentur itaque $ef-1$ congruentiae lineares totidemque quantitates incognitae, quae igitur per eliminationem determinari possunt.

Annot. Casus occurrere potest, quo quantitates incognitae per huiusmodi expressiones dantur $\frac{V}{Wp}$; quomodo vero huic difficultati remedium afferri possit, infra docebimus. Hic, quoniam hic casus perraro occurrere potest, ei immorari nolumus.

252.

Haec in genere de solutione congruentiarum purarum sufficiant. Passim infra multa adhuc de ipsis dicentur; praesertim multa ex solutione aequationum purarum huc trahi possunt, quae loco suo annotare non negligemus. Exemplum adhuc apponimus, quo cum praeceptis collato, omnia minus peritis clariora fient.

Sit $n = 31$, $p = 311$, sive investigandae sunt radices congruentiae $x^{31} - 1 \equiv 0 \pmod{311}$. Statim radix primitiva congruentiae $y^{30} - 1 \equiv 0 \pmod{31}$ est quaerenda, qualis est $y \equiv 3$. Ponamus itaque $\rho \equiv 3$ et omnes congruentiae propositae radices primitivas primum in 5 periodos discerpamus, scilicet

$$\begin{array}{ll}
(5*0)\ldots\ldots & (1)+(26)+(25)+(30)+(5)+(6)\\
(5*1)\ldots\ldots & (3)+(16)+(13)+(28)+(15)+(18)\\
(5*2)\ldots\ldots & (9)+(17)+(8)+(22)+(14)+(23)\\
(5*3)\ldots\ldots & (27)+(20)+(24)+(4)+(11)+(7)\\
(5*4)\ldots\ldots & (19)+(29)+(10)+(12)+(2)+(21)
\end{array}$$

Per calculos requisitos invenietur summa periodd. $\equiv -1$, quadrat. $\equiv 25$, cub. $\equiv 26$, biquad. $\equiv 249$, pott. quintt. $\equiv 564$.

Quare periodi erunt radices congruentiae

$$x^5+x^4-12x^3-21x^2+x+5\equiv 0$$

Porro autem invenitur

$$\begin{aligned}
(5*0)^2 &\equiv 6+2(5*0)+2(5*3)+(5*4)\\
(5*0)^3 &\equiv 12+15(5*0)+4(5*1)+3(5*2)+6(5*3)+6(5*4)\\
(5*0)^4 &\equiv 90+60(5*0)+28(5*1)+26(5*2)+49(5*3)+38(5*4)
\end{aligned}$$

et hinc per eliminationem

$$\begin{aligned}
5(5*1) &\equiv 3(5*0)^4-(5*0)^3-33(5*0)^2-24(5*0)+15\\
5(5*2) &\equiv -2(5*0)^4-(5*0)^3+22(5*0)^2+31(5*0)\\
5(5*3) &\equiv (5*0)^4-2(5*0)^3\\
5(5*4) &\equiv -2(5*0)^4+4(5*0)^3
\end{aligned}$$

Congruentiae vero inventae una radix est $\equiv 17$; quare si ponatur $(5*0)\equiv 17$, erit $(5*1)\equiv 183$, $(5*2)\equiv 263$, $(5*3)\equiv 91$, $(5*4)\equiv 67$.

Iam periodi inventae iterum discerpantur singulae in ternas; scilicet

$(5*0)$ in $(15*0)$, $(15*5)$, $(15*10)$ sive in $(1)+(30)$, $(26)+(5)$, $(25)+(6)$
$(5*1)$ in $(15*1)$, $(15*6)$, $(15*11)$ sive in $(3)+(28)$, $(16)+(15)$, $(13)+(18)$
etc. etc.

Ponatur periodos, in quas discerpta est

$$\begin{array}{ll}
(5*0) \text{ esse radices congr. } & x^3+Ax^2+Bx+C\equiv 0\\
(5*1) & x^3+A'x^2+B'x+C'\equiv 0\\
(5*2) & x^3+A''x^2+B''x+C''\equiv 0
\end{array}$$

etc.

eritque

$$\begin{array}{lll} A \equiv -(5*0), & B \equiv (5*0)+(5*3), & C \equiv -2-(5*4) \\ A' \equiv -(5*1), & B' \equiv (5*1)+(5*4), & C' \equiv -2-(5*0) \\ \text{etc.} & \text{etc.} & \text{etc.} \end{array}$$

Quare

$$\begin{array}{l} (15*0),\ (15*5),\ (15*10) \text{ erunt radices congr. } x^3-17x^2+108x-69 \equiv 0 \\ (15*1),\ (15*6),\ (15*11) \\ (15*2),\ (15*7),\ (15*12) \\ (15*3),\ (15*8),\ (15*13) \\ (15*4),\ (15*9),\ (15*14) \end{array}$$

Hic autem habetur

$$\begin{array}{c} (15*0)^3 - 3(15*0) \equiv (15*1) \\ (15*1)^3 - 3(15*1) \equiv (15*2) \\ \text{etc.} \end{array}$$

Unde si una radicum primae congruentiae, 10, ponatur $(15*0)$, habetur

$$\begin{array}{lll} (15*0) \equiv 10 & (15*5) \equiv & (15*10) \equiv \\ (15*1) \equiv 37 & (15*6) \equiv & (15*11) \equiv \\ (15*2) \equiv -151 & (15*7) \equiv & (15*12) \equiv \\ (15*3) \equiv -39 & (15*8) \equiv & (15*13) \equiv \\ (15*4) \equiv -112 & (15*9) \equiv & (15*14) \equiv \end{array}$$

Tandem harum singularum periodorum capiantur termini constituentes eruntque

$$\begin{array}{ll} (1),\ (30) \text{ radices congr. } & x^2-(15*0)x+1 \equiv 0 \\ (3),\ (28) & x^2-(15*1)x+1 \equiv 0 \\ \text{etc.} & \end{array}$$

Primae congruentiae radices sunt 126 et 195, quae igitur erunt radices primitivae congruentiae $x^{31} \equiv 1$ et ex his reliquae sine negotio deduci possunt.

DISQUISITIONES GENERALES DE CONGRUENTIIS.

ANALYSIS RESIDUORUM CAPUT OCTAVUM.

330.

Quae in Sectionibus praecedentibus de congruentiis sunt tradita, simplicissimos tantum casus attinent methodisque particularibus plerumque sunt eruta. In hac Sectione periculum faciemus congruentiarum theoriam, quantum quidem adhuc licet, ad altiora principia reducere, simili fere modo ut *aequationum* theoria considerari solet, quacum insignis intercedit analogia, uti iam saepius observavimus. Quoniam igitur omnes congruentiae algebraicae unicam incognitam involventes ad hanc formam reduci possunt

$$X \equiv 0$$

ubi X est functio algebraica incognitae x, nullas fractiones involvens, huiusmodi functiones imprimis erunt considerandae.

331.

Si P, Q sint functiones indeterminatae x huius formae

$$A + Bx + Cxx + Dx^3 + \ldots$$
$$H + Ix + Kxx + Lx^3 + \ldots$$

(quales abhinc semper per *functiones* simpliciter designamus) et in utraque coëfficientes similium ipsius x potestatum secundum quemcunque modulum sint con-

grui, *functiones secundum hunc modulum congruae* dicentur. Perspicuum autem est, functiones congruas, si pro indeterminata valores aequales aut congrui accipiantur, valores congruos nancisci. Quae in Capp. I. et II. de *numeris* demonstravimus, plerumque etiam de functionibus sunt tenenda; ita si $P \equiv P'$, $Q \equiv Q'$, $R \equiv R'$ etc., patet, fore $P + Q + R +$ etc. $\equiv P' + Q' + R' +$ etc.; $P - Q \equiv P' - Q'$; $PQ \equiv P'Q'$; PQR etc. $\equiv P'Q'R'$ etc. Demonstrationes facillimae, possuntque simili modo adornari ut Cap. I^{mo}.

Si $PQ \equiv R$, functionem Q per $\frac{R}{P}$ designabimus apposito modulo, dicemusque, Q esse quotientem, si R per P secundum hunc modulum dividatur. Manifestum autem est, loco ipsius Q omnes functiones ipsi congruas accipi posse, quas omnes tamquam *unicum* valorem spectabimus. Infra vero ostendemus, quibus casibus talis quotiens plures valores (i. e. incongruos) nancisci possit.

332.

Si modulus sit numerus primus et divisor Q unicum tantum terminum involvat Hx^h, cuius coëfficiens H per modulum non dividitur, i. e. si modo H non sit $\equiv 0$, quotiens plures valores habere nequit. Si enim esset $QA \equiv P$ et $QB \equiv P$, foret $Q(A-B) \equiv 0$. Iam sit

$$Q \equiv \ldots + Hx^h + Ix^{h+1} + \text{etc.}$$

ita ut H per p non dividatur, et

$$A - B \equiv Lx^l + Mx^{l+1} + \text{etc.}$$

ita ut L per p non dividatur (hanc autem formam $A-B$ habebit, quia supponimus A non $\equiv B$). Foretque $Q(A-B) \equiv HLx^{h+l} +$ etc. $\equiv 0$. Q. E. A., quia HL non $\equiv 0$.

Facile iam regulae dantur functionem P per Q, siquidem fieri potest, dividendi; sit

$$P \equiv ax^\alpha + bx^{\alpha+1} + cx^{\alpha+2} + \text{etc.} + kx^\varkappa$$
$$Q \equiv mx^\mu + nx^{\mu+1} + qx^{\mu+2} + \text{etc.} + tx^\tau$$

ita ut a, k, m, t per modulum non dividantur, debetque esse α non $< \mu$, $\varkappa$ non $< \tau$. Divisio autem simili modo institui potest, ut in calculo logistico communi, modo semper pro quotiente numerus integer accipiatur; scilicet quotiens semper

hanc formam habebit $\frac{r}{m}$, quod secundum modulum determinari debet. Iam si postquam $\varkappa+\mu-\alpha-\tau+1$ termini sunt inventi, residuum remaneat, quod erit formae

$$Ax^{\varkappa+\mu-\tau+1}+Bx^{\varkappa+\mu-\tau+2}+\ldots+Cx^{\varkappa}$$

neque omnes coëfficientes $A, B, C\ldots$ sint $\equiv 0$, P per Q dividi nequit.

Ceterum patet, divisionem etiam a terminis, qui maximas dimensiones habent, $kx^{\varkappa}$, tx^{τ} incipi potuisse; operatio facilitabitur, si Q ad formam redigatur

$$mx^{\mu}(1+qx+rxx+\text{ etc.})$$

unde fiet posito $mv\equiv 1$

$$\frac{P}{Q}\equiv\frac{vP:x^{\mu}}{1+qx+\text{ etc.}}$$

tunc vero divisio per methodos communes perfici potest.

333.

THEOREMA. *Si $x\equiv a$ fuerit radix congruentiae $\xi\equiv 0$, ξ per $x-a$ dividi poterit secundum congruentiae modulum.*

Demonstratio. Si enim dividi non posset, foret $\xi\equiv(x-a)\xi'+b$, ita ut b per modulum dividi non posset. Iam si x ponatur $\equiv a$, ξ fiet $\equiv 0$ (hyp.), quare $(x-a)\xi'+b\equiv 0$; sed tunc etiam $(x-a)\xi'\equiv 0$, quare b necessario erit $\equiv 0$.

334.

PROBLEMA. *Datis binis functionibus, earum communem divisorem (maximae dimensionis) invenire secundum modulum datum.*

Solutio. Sint functiones A, B. Habeat A totidem aut plures dimensiones quam B; dividatur A per B, si fieri potest sine residuo, B erit divisor communis quaesitus. Si residuum maneat C, hoc inferiorem dimensionem habebit quam B. Sit itaque

$$A\equiv aB+C,\quad B\equiv bC+D,\quad C\equiv cD+E,\ \text{etc.}$$

ita ut A, B, C, D, a, b, c etc. sint functiones, et dimensiones functionum A, B, C, D etc. constituant seriem decrescentem. Iam si tandem aliqua divisio succedat, ex. gr. $D\equiv dE$, ultimus divisor erit divisor communis quaesitus; si vero nulla succedat, tandem ad residuum pervenietur, quod nullam dimensionem

habeat i. e. ad *numerum*; hoc autem casu functiones A, B communem divisorem non habent.

Demonstr. Si divisor E functionem praecedentem sine residuo dividat, omnes antecendentes dividere facile perspicitur; quare E erit divisor communis functionum A, B. Q. E. Pr. Si autem daretur divisor maioris dimensionis, puta E', hic propter $C \equiv A - aB$ etiam C similique argumento etiam D etc. adeoque E divideret, functio maioris dimensionis functionem minoris. Q. E. A. Q. E. Scd. Hinc etiam patet, si divisor communis ullius dimensionis datur, ad residuum nullius dimensionis perveniri non posse; alias enim functio nullius dimensionis per functionem alicuius dimensionis divideretur. Q. E. A.

335.

Theorema. *Si A, B sint functiones inter se primae secundum modulum p; A autem dimensionis α, B dimensionis β; inveniri poterunt functiones P, Q, dimensionum quae sunt respective $< \beta$, $< \alpha$, ita ut*

$$PA + QB \equiv 1 \ (mod.\ p)$$

Demonstr. Hoc enim casu erit

$$A \equiv aB + C, \quad B \equiv bC + D, \text{ etc. } \quad K \equiv kL + M$$

ita ut dimensiones functionum $A, B, C, D, \ldots K, L, M$ continuo decrescant et M nullam dimensionem habeat. Iam formentur series

$$\begin{array}{l} a,\ a',\ a'',\ a''',\ \ldots\ a^{(\varkappa)} \\ 1,\ b,\ b',\ b'',\ \ldots\ b^{(\varkappa-1)} \end{array}$$

ita ut

$$\begin{array}{lll} a' \equiv ba + 1 & a'' \equiv ca' + a & a''' \equiv da'' + a' \text{ etc.} \\ b' \equiv cb + 1 & b'' \equiv db' + b & b''' \equiv eb'' + b' \text{ etc.} \end{array}$$

eritque

$$A - aB \equiv +C, \quad bA - a'B \equiv -D, \quad b'A - a''B \equiv +E, \text{ etc.}$$

uti sine negotio perspicitur; hinc tandem

$$b^{(\varkappa-1)}A - a^{(\varkappa)}B \equiv \pm M$$

Iam sit $\frac{1}{\pm M} \equiv \mu$, eritque ponendo $P \equiv \mu b^{(\varkappa-1)}$, $Q \equiv -\mu a^{(\varkappa)}$

$$PA + QB \equiv 1$$

Porro vero manifestum est,

$$\text{Dimens. ipsius } B + \text{Dim. ipsius } a \text{ esse } = \text{Dim.} A$$

$$\text{Dim.} C + \text{Dim.} b = \text{Dim.} B$$

etc.

$$\text{Dim.} L + \text{Dim.} k = \text{Dim.} K.$$

Quare

$$\text{Dim.} L + \text{Sum. Dim. } a, b, \ldots k = \text{Dim.} A$$

Patet vero dimensionem ipsius $a^{(\varkappa)}$ adeoque etiam

$$\text{Dim. ipsius } Q \text{ esse } = \text{Sum. Dim. } a, b, c, \ldots \text{ i. e. } = \alpha - \text{Dim.} L$$

itemque

$$\text{Dim. ipsius } P = \beta - \text{Dim.} L \quad \text{Q. E. D.}$$

336.

Hinc autem sequitur, si M est divisor communis maximae dimensionis functionum A, B, semper poni posse

$$AP + BQ \equiv M$$

Exempla praecedentis theorematis brevitatis gratia omitto, sed lectores non negligent, per ea facilitatem huius generis problemata tractandi sibi comparare. Ceterum operae pretium erit admonere, theorema praecedens etiam de functionibus absolute sumtis valere, quarum quidem coëfficientes sint numeri rationales. Hoc ex demonstrationis modo per se elucebit. Nobis autem ei rei immorari non licet. Similia lector etiam non admonitus in sequentibus observabit.

Si A nec cum B nec cum C divisorem ullius dimensionis communem habeat, etiam cum producto BC nullum habebit divisorem communem. Sit enim

$$PA + QB \equiv 1, \quad \text{erit} \quad PAC + QBC \equiv C$$

Iam si A cum BC divisorem M communem haberet, hic etiam ipsam C divideret contra hyp. Hinc generaliter si functio A ad B, C, D etc. prima, etiam ad omnium productum erit prima.

Si A, B, C, D etc. nullum divisorem habeant omnibus communem, fieri potest

$$PA + QB + RC + SD + \text{etc.} \equiv 1$$

Sit divisor maximae dimensionis inter A et B, M; inter M et C, M'; inter M' et D, M'' etc.: patet, ultimum huius seriei terminum fore nullius dimensionis (hyp.). Quare poni poterit

$$aA + bB \equiv M, \quad mM + cC \equiv M', \quad m'M' + dD \equiv M'', \quad \text{etc.}$$

unde substitutionibus factis theorematis veritas apparet.

337.

Theorema. *Si A, B, C etc. sint functiones inter se primae (quarum binae quaeque nullum habeant divisorem communem) secundum modulum p, et functio M secundum eundem modulum per singulas sit divisibilis; etiam per omnium productum erit divisibilis.*

Demonstr. Poni enim potest $PA + QB \equiv 1$, quare erit

$$\frac{M}{A}Q + \frac{M}{B}P \equiv \frac{M}{AB}$$

Iam quum C ad AB prima, erit etiam M per ABC divisibilis similique ratiocinio per $ABCD$ etc.

338.

Si congruentia $\xi \equiv 0$ habeat radices $x \equiv a$, $x \equiv b$, $x \equiv c$ etc., ξ per productum ex $(x-a)$, $(x-b)$, $(x-c)$ etc. dividi poterit; cum enim a, b, c, etc. supponantur incongrui, functiones $x-a$, $x-b$, $x-c$ etc. erunt primae inter se, et quum ξ per singulas dividatur, etiam per productum ex omnibus dividetur. Hinc patet, radicum multitudinem congruentiae dimensionem superare non posse: quae est demonstratio huius theorematis, quam polliciti sumus.

Sed simul hinc perspicitur, quomodo congruentiarum solutio partem tantummodo constituat multo altioris disquisitionis, scilicet de resolutione functionum in factores. Manifestum est, congruentiam $\xi \equiv 0$ nullas habere radices reales, si ξ nullos factores unius dimensionis habeat; at hinc nihil obstat, quominus ξ in factores duarum, trium pluriumve dimensionum resolvi possit, unde radices quasi *imaginariae* illi attribui possint. Revera, si simili licentia, quam recentiores mathematici usurparunt, uti talesque quantitates imaginarias introducere vo-

luissemus, omnes nostras disquisitiones sequentes incomparabiliter contrahere licuisset; sed nihilominus maluimus omnia ex primis principiis deducere *).

339.

Functiones secundum modulum determinatum *primae* vocantur, quae per nullas functiones inferiorum dimensionum secundum hunc modulum dividi possunt.

Ita omnes functiones unius dimensionis erunt primae, functiones autem duarum dimensionum aut erunt primae aut ex binis unius dimensionis compositae: quare ξ erit functio prima duarum dimensionum, si congruentia $\xi \equiv 0$ nullas radices reales admittit. Ex. gr. $xx+x+1$ pro modulo 5 est prima, quia

$$xx+x+1 \equiv (x-2)^2-3 \pmod{5}$$

et 3 non-residuum quadraticum numeri 5.

Hae vero functiones primae prae omnibus attentionem nostram desiderant. Quamvis enim aliae quam primi gradus ad inveniendas radices reales inservire non possint, amplior earum consideratio tum ob insignes ipsarum proprietates tum ob alias egregias veritates ex his deducendas sese commendat.

340.

THEOREMA. *Functio quaecunque aut est prima aut ex functionibus primis composita, posteriorique casu unico tantum modo e functionibus primis componi potest.*

Demonstr. Nisi enim functio proposita A sit prima, per aliam inferioris dimensionis B dividetur. Si B non est functio prima, per aliam C inferioris gradus dividetur, itaque pergendo patet, tandem ad functionem primam deveniri, quoniam alias haec series foret infinita, quod, quoniam dimensiones perpetuo decrescunt, absurdum est. Jam si ultima functio prima sit L, haec omnes antecedentes metietur. Quare $A \equiv LA'$ eritque A' inferioris dimensionis quam A. Quod iterum fiet $A' \equiv L'A''$ etc., patet, tandem ad functionem primam perveniri, adeoque A erit $\equiv$ producto e functionibus primis L, L', L'' etc. Q. E. Pr.

Iam si etiam esset $A \equiv MM'M''$ etc. neque omnes L, L', L'' etc. eaedem cum omnibus M, M', M'' etc., eiiciantur eae, quae utrique seriei communes

*) Alia forsan occasione de hac re opinionem nostram fusius explicabimus.

sunt. Remaneantque $\lambda, \lambda', \lambda''..; \mu, \mu', \mu'', \ldots$ eritque μ ad $\lambda, \lambda', \lambda''$ etc. prima, quare etiam ad productum $\lambda\lambda'\lambda''$ etc.; tamen esse debet

$$\lambda\lambda'\lambda''.. \equiv \mu\mu'\mu.. \text{ i. e. } \frac{\lambda\lambda'\lambda''..}{\mu} \equiv \mu'\mu''.. \text{ Q. E. A.}$$

341.

Primum caput harum investigationum in eo consistet, ut functionum primarum cuiusvis dimensionis multitudinem determinemus. Quoniam enim pro modulo determinato numerus omnium functionum diversarum (incongruarum) cuiuslibet gradus est definitus, ex his vero aliae sunt ex primis inferiorum graduum compositae, aliae primae, etiam harum numerus finitus erit. Rigorosa huius rei evolutio satis est lubrica; a casibus simplicioribus incipiemus.

Posito modulo $= p$, numerus omnium functionum diversarum n^{ti} gradus huius formae

$$x^n + Ax^{n-1} + Bx^{n-2} + Cx^{n-3} + \text{ etc.}$$

erit p^n; coëfficientium enim A, B, C etc. numerus est n; et quum quivis independenter a reliquis possit esse $\equiv 0, 1, 2, 3 \,..\, (p-1) (\text{mod.} p)$, ex combinationum theoria sequitur, p^n combinationes diversas haberi; quae igitur omnium functionum diversarum huius gradus complexum definiunt.

Ita functiones unius dimensionis erunt p, scilicet x, $x+1$, $x+2$ usque ad $x+p-1$; functiones duarum dimensionum pp etc.

342.

Iam supra monuimus, omnes functiones primi gradus pro primis habendas esse; si igitur, quod ad propositum nostrum sufficit, ad eas functiones nos restringamus, quarum terminus summus habet coëfficientem 1, erunt p functiones primi gradus seu unius dimensionis.

Functiones secundi gradus omnes aut e binis primi gradus erunt compositae aut primae. Jam ex combinationum theoria constat, p res diversas admissis repetitionibus $\frac{p.p+1}{1.2}$ modis diversis combinari posse, quare totidem functiones erunt e binis primis unius dimensionis compositae, adeoque $pp - \frac{p.p+1}{1.2} = \frac{1}{2}(pp-p)$ functiones primae duarum dimensionum.

Simili modo e functionibus omnibus tertii gradus, quarum numerus est p^3, excludendae sunt eae, quae e ternis primis unius dimensionis componuntur, quarum numerus est $\frac{p.p+1.p+2}{1\,.\,2\,.\,3}$; insuperque eae, quae e functione prima unius aliaque duarum dimensionum componuntur, quarum numerus est $p.\frac{1}{2}(pp-p)$; quibus deletis restabunt $\frac{1}{3}(p^3-p)$; tot igitur sunt primae trium dimensionum. Elucet hoc modo semper continuari posse.

343.

Ut autem hae operationes facilius absolvantur simulque ad evolutionem legis generalis via sternatur, rem generaliter considerabimus. Brevitatis gratia designamus per (1) multitudinem functionum primarum unius dimensionis, per (2) numerum functionum primarum duarum dimensionum, sic porro per (1^2) multitudinem functionum e binis primis unius dimensionis compositarum etc. etc., generaliter per $(1^\alpha 2^\beta 3^\gamma \ldots)$ multitudinem functionum omnium, quae e functionibus primis compositae sunt, scilicet ex α unius, β duarum, γ trium etc. dimensionum, quarum itaque dimensio erit $\alpha+2\beta+3\gamma+$ etc. Tum per praecedentia theoriamque combinationum elucet, fore

$$(1^\alpha 2^\beta 3^\gamma 4^\delta \ldots) = (1^\alpha)(2^\beta)(3^\gamma)(4^\delta)\ldots$$

$$(1^\alpha) = \frac{(1).(1)+1.(1)+2.(1)+3\ldots(1)+\alpha-1}{1\,.\,2\,.\,3\,.\,4\ldots\alpha}$$

seu generaliter

$$(a^\alpha) = \frac{(a).(a)+1.(a)+2.(a)+3\ldots(a)+\alpha-1}{1\,.\,2\,.\,3\,.\,4\ldots\alpha}$$

Denique manifestum est, si omnes modi diversi numerum n e numeris $1, 2, 3, \ldots$ per additionem componendi colligantur, qui designentur per $\alpha.1+\beta.2+\gamma\,3+$ etc., summam omnium harum expressionum $(1^\alpha 2^\beta 3^\gamma\ldots)$ aequalem fore multitudini omnium functionum n dimensionum, i. e. $=p^n$. Ita

$$\begin{aligned}p &= (1)\\ pp &= (1^2)+(2)\\ p^3 &= (1^3)+(1.2)+(3)\\ p^4 &= (1^4)+(1^2.2)+(1.3)+(2^2)+(4)\\ &\text{etc.}\end{aligned}$$

Perspicuum est, in expressione p^n praeter quantitates (1), (2), (3) etc. etiam hanc

ingredi (n), unde patet, quomodo omnes quantitates per praecedentes sint determinandae. Ita invenitur

$$(1) = p \qquad (4) = \tfrac{1}{4}(p^4 - pp) \qquad (7) = \tfrac{1}{7}(p^7 - p)$$
$$(2) = \tfrac{1}{2}(pp - p) \qquad (5) = \tfrac{1}{5}(p^5 - p) \qquad (8) = \tfrac{1}{8}(p^8 - p^4)$$
$$(3) = \tfrac{1}{3}(p^3 - p) \qquad (6) = \tfrac{1}{6}(p^6 - p^3 - pp + p) \qquad \text{etc.}$$

344 — 346.

Observatur ex hoc seriei initio, summum terminum expressionis (n) esse $\frac{1}{n}p^n$, ad quem, si n est primus, accedit $-\frac{1}{n}p$; at si n est compositus, lex minus elucet. Si vero attentius rem consideramus, videmus esse

$$p = (1) \qquad p^5 = 5(5) + (1)$$
$$pp = 2(2) + (1) \qquad p^6 = 6(6) + 3(3) + 2(2) + (1)$$
$$p^3 = 3(3) + (1) \qquad p^7 = 7(7) + (1)$$
$$p^4 = 4(4) + 2(2) + (1) \qquad p^8 = 8(8) + 4(4) + 2(2) + (1) \quad \text{etc.}$$

ubi lex progressionis est manifesta; scilicet si omnes numeri n divisores sint α, β, γ, δ etc., erit

$$p^n = \alpha(\alpha) + \beta(\beta) + \gamma(\gamma) + \delta(\delta) + \text{ etc.}$$

Huius observationis generalitatem iam demonstrare accingimur.

Ostendimus summam omnium talium expressionum $(1^\alpha)(2^\beta)(3^\gamma)\ldots$ si semper $\alpha + 2\beta + 3\gamma + \ldots = n$, exhaurire omnes functiones n dimensionum adeoque esse $= p^n$. Hinc patet, — — —. Si

$$\left(\frac{1}{1-x}\right)^{(1)} \left(\frac{1}{1-xx}\right)^{(2)} \left(\frac{1}{1-x^3}\right)^{(3)} \ldots \text{ evolvatur in seriem } 1 + Ax + Bx^2 \ldots = P,$$

erit

$$A = p, \quad B = p^2, \quad C = p^3 \text{ etc.}$$
$$\frac{x\,\mathrm{d}P}{P\,\mathrm{d}x} = \frac{(1)x}{1-x} + \frac{2(2)x^2}{1-x^2} + \frac{3(3)x^3}{1-x^3} \ldots$$

— — — —

[hinc substituendo $\frac{px}{1-px}$ pro $\frac{x\,\mathrm{d}P}{P\,\mathrm{d}x}$ et evolvendo singulas fractiones in series infinitas theorematis veritas sponte elucet.]

347.

Theorema hoc etiam alio modo exprimi potest. Scilicet si numeri n divisores omnes sint n, 1, δ, δ', δ'', δ''' etc., theorema in eo consistit, ut sit

$$p^n = n(n) + (1) + \delta(\delta) + \delta'(\delta') + \text{etc.}$$

Iam patet, productum ex (n) functionibus primis, quae sunt n dimensionum, habere $n(n)$ dimensiones et sic de reliquis, quare

Productum ex omnibus functionibus primis dimensionis unius, dimensionum n, δ, δ' etc. habebit p^n dimensiones.

Facile nunc est ex hoc theoremate valorem expressionis (n) ipsum deducere; sed brevitatis gratia analysin, quae non est difficilis, supprimimus. Sit itaque $n = a^\alpha b^\beta c^\gamma$ etc., ita ut a, b, c etc. sint numeri primi diversi, eritque

$$n(n) = p^n - \Sigma p^{\frac{n}{a}} + \Sigma p^{\frac{n}{ab}} - \Sigma p^{\frac{n}{abc}} \text{ etc.}$$

ubi $\Sigma p^{\frac{n}{abc..}}$ significat complexum omnium expressionum huic $p^{\frac{n}{abc..}}$ similium, si quantitates $a, b, c\,..$ quomodocunque inter se permutentur. Ita pro $n = 36$ erit $36(36) = p^{36} - p^{18} - p^{12} + p^6$.

Unam adhuc observationem adiicere liceat. Si n est formae a^α et a primus, erit $n(n) = p^n - p^{\frac{n}{a}}$, quare, quum (n) necessario sit integer, erit quicquid sit p,

$$p^n \equiv p^{\frac{n}{a}} \pmod{n}$$

quare, si p ad a primus erit,

$$p^{n-\frac{n}{a}} \equiv 1 \pmod{n}$$

et pro $\alpha = 1$

$$p^{a-1} \equiv 1 \pmod{a}$$

Memorabile est, haec theoremata tam diversis modis erui posse.

348.

PROBLEMA. *Data aequatione*

$$x^m + Ax^{m-1} + Bx^{m-2} + Cx^{m-3} + \text{etc.} + M = 0$$

cuius radices sunt $x = a$, $x = b$, $x = c$ etc., invenire aequationem, cuius radices sint $x = a^\tau$, $x = b^\tau$, $x = c^\tau$ etc.

Solutio prima. Quaerantur per theorema notum summae radicum aequationis propositae, earum quadratorum, cuborum etc. usque ad potestatem $m\tau^{\text{tam}}$ Hinc igitur habentur etiam summae radicum aequationis quaesitae nec non quadratorum etc. scilicet Σa^{τ}, $\Sigma a^{2\tau}$ etc., unde per idem theorema coëfficientes determinari possunt.

Ad praxin quidem haec solutio est facilior; sed ad institutum nostrum nec non ad ostendendum, coëfficientes aequationis quaesitae fore integros, si aequationis propositae coëfficientes fuerint integri, quae sequitur magis est accomodata.

Solutio secunda. Sit θ radix prima aequationis $x^{\tau} = 1$, fiatque productum ex

$$\begin{array}{l} x^m + A x^{m-1} + B x^{m-2} + \text{etc.} \\ x^m + A\theta x^{m-1} + B\theta\theta x^{m-2} + \text{etc.} \\ x^m + A\theta\theta x^{m-1} + B\theta^4 x^{m-2} + \text{etc.} \\ \quad \text{etc.} \\ x^m + A\theta^{\tau-1} x^{m-1} + B\theta^{2\tau-2} x^{m-2} + \text{etc.} \end{array}$$

Huius itaque producti radices erunt

$$\begin{array}{llll} a, & \theta a, & \theta\theta a & \text{etc.} \\ b, & \theta b, & \theta\theta b & \text{etc.} \\ c, & \theta c, & \theta\theta c & \text{etc.} \end{array}$$

i. e. productum aequale erit huic

$$(x^{\tau} - a^{\tau})(x^{\tau} - b^{\tau})(x^{\tau} - c^{\tau}) \;.\;.\;.$$

adeoque huius formae

$$x^{\tau m} + A' x^{\tau(m-1)} + B' x^{\tau(m-2)} + \text{etc.}$$

Iam si pro x^{τ} scribatur x, erit

$$x^m + A' x^{m-1} + B' x^{m-2} + \text{etc.} = (x - a^{\tau})(x - b^{\tau})(x - c^{\tau}) \;.\;.$$

adeoque

$$x^m + A' x^{m-1} + B' x^{m-2} + \text{etc.} = 0$$

aequatio quaesita. Quod vero hic A', B' etc. sint non solum rationales sed etiam integri, facile ex theoria aequationis $x^{\tau} = 1$ deducitur.

Quoniam hac operatione in sequentibus saepe utemur, per (P, ρ^{τ}) indica-

bimus functionem, qua cifrae aequali posita aequatio proveniens habeat radices, quae sunt potestates τ^{tae} radicum aequationis $P = 0$.

Si $P \equiv Q$ secundum modulum quemcunque, erit etiam $(P, \rho^\tau) \equiv (Q, \rho^\tau)$ secundum eundem modulum.

349.

Theorema. *Coëfficiens termini x^n in (P, ρ^τ) congruus est secundum modulum τ coëfficienti termini $x^{\tau n}$ in P^τ, siquidem τ est numerus primus* (quod pro hoc casu est tertia solutio problematis praecedentis).

Demonstr. Ex capite sexto sequitur, producti

$$(x^m + Ax^{m-1} + \text{etc.})(x^m + A\theta x^{m-1} + \text{etc.})\ldots$$

coëfficientem quemcunque habere hanc formam, postquam pro θ^τ substituta est unitas,

$$E + (1 + \theta + \theta\theta + \text{etc.} + \theta^{\tau-1})F$$

Quodsi iam θ consideretur tamquam radix prima aequationis $x^\tau = 1$, totum productum abibit in E; si vero ponatur $\theta = 1$, totum productum abibit in $P^\tau = E + \tau F$, quare erit coëfficiens termini $x^{n\tau}$ in P^τ congruus secundum modulum τ coëfficienti termini $x^{n\tau}$ in E, i. e. coëfficienti termini x^n in (P, ρ^τ).

350.

Theorema. *Si τ est numerus primus, erit*

$$(P, \rho^\tau) \equiv P \ (mod.\, \tau)$$

Demonstr. Sit coëfficiens termini x^n in $(P, \rho^\tau) = N'$, in P vero eiusdem termini coëfficiens $= N$. Tunc posito

$$P = x^m + Ax^{m-1} + \text{etc.} + Nx^n + \text{etc.}$$

erit

$$P^\tau \equiv x^{m\tau} + A^\tau x^{(m-1)\tau} + \text{etc.} + N^\tau x^{n\tau} + \text{etc.} \ (\text{mod.}\, \tau)$$

adeoque (§. praec.) $N' \equiv N^\tau$ (mod. τ); quare, quum $N^\tau \equiv N$, erit $N' \equiv N$. Q.E.D.

Hinc etiam patet, esse $(P, \rho^\alpha) \equiv (P, \rho^{\alpha\tau})$ et $(P, \rho^\tau) \equiv (P, \rho^{\tau\tau})$, unde generaliter

$$(P, \rho^\alpha) \equiv (P, \rho^{\alpha\tau^k}) \ (\text{mod.}\, \tau)$$

351.

THEOREMA. *Datur valor numeri* ν *minor quam* p^m, *ita ut functio* $x^\nu - 1$ *per functionem propositam* P m *dimensionum, cuius pars infima indeterminatam* x *non involvit, secundum modulum* p *dividi possit.*

Dem. Dividatur per P series functionum 1, x, $xx\ldots$ usque ad x^{p^m-1}, simulac dimensionem m superant, et quoniam nulla per P sine residuo dividi poterit, omnia residua ad hanc formam redigi poterunt

$$Ax^{m-1} + Bx^{m-2} + \ldots + N$$

ita ut omnes coëfficientes sint positivi et $<p$. Sed patet, quum nunquam omnes possint esse $=0$, p^m-1 tantummodo functiones dari, quarum alicui singulae aequales esse debent, quare quum usque ad potestatem ipsius x, cuius exponens est p^m-1, p^m residua habeantur, necessario duo ad minimum eadem esse debent. Prodeat igitur idem residuum, si x^a et $x^{a+\nu}$ per P dividantur, ita ut $a+\nu<p^m$. Quare $x^{a+\nu}-x^a$ per P dividi poterit. Hinc quoniam (hyp.) x adeoque etiam x^a functio est ad P prima, etiam $x^\nu-1$ per P dividi poterit. Q. E. D.

Coroll. Si $x^\nu-1$ per P dividatur, etiam $x^{k\nu}-1$ per P dividi poterit, denotante k numerum quemcunque integrum.

352.

THEOREMA. *Manentibus denominationibus ut in §. praec., si* P *fuerit functio prima et* x^ν *infima potestas, quae unitate mulctata per* P *dividi possit, erit* ν *aut* $=p^m-1$ *aut pars aliquota huius numeri, excepto unico casu, ubi* $P\equiv x$.

Dem. Quoniam P est functio prima m dimensionum, dabuntur p^m-1 functiones diversae pauciorum quam m dimensionum (exclusa scilicet ab omnium numero functione 0), quae omnes ad P erunt primae. Iam quum x^ν supponatur esse infima potestas, quae per P divisa unitatem relinquit, palam est, si omnes inferiores potestates ab 1, x, .. usque ad $x^{\nu-1}$ per P dividantur, ν residua diversa prodire, quae per A generaliter designentur. Iam si haec exhauriant omnia quae sunt possibilia, theorema erit demonstratum; sin vero quaedam nondum sint in eorum numero, sit quodcunque eorum B; iam perspicuum est, functionem Bx^ν per P divisam residuum B dare et generaliter esse $Bx^{\nu+k}\equiv Bx^k$ (mod. P); sed omnes functiones ab B usque ad $Bx^{\nu-1}$ diversa inter se et ab residuis A

dabunt residua; si scilicet esset $Bx^\lambda \equiv Bx^{\lambda+\delta}$ (mod. P), foret etiam $1 \equiv x^\delta$ (mod P), et $\delta < \nu$ contra hyp.; si vero esset $Bx^\lambda \equiv x^\mu$ (mod. P), foret $B \equiv x^{\mu+\nu-\lambda}$ (mod. P) adeoque B unum ex residuis A contra hyp. . Quare patet haberi adhuc ν nova residua. Simili modo ulterius progredi licebit (omnino ut supra §. .) apparebitque numerum omnium residuorum possibilium $p^m - 1$ esse aut $= \nu$, aut $= 2\nu$, aut $= 3\nu$, aut generaliter multiplum numeri ν. Q. E. D.

353.

Ex theoremate praec. et Coroll. §. 351 sequitur, quamvis functionem primam n dimensionum metiri functionem $x^{p^n-1} - 1$ secundum modulum p. Omnes itaque functiones unius dimensionis excepta unica, quae est $\equiv x$, metientur $x^{p-1} - 1$, quod est theorema FERMATianum; omnes autem functiones primae secundi gradus i. e. formae $xx + Ax + B$ metientur functionem $x^{pp-1} - 1$ etc. Iam sint numeri n divisores omnes $n, \delta, \delta', \delta''$ etc.. 1, patetque, $p^n - 1$ etiam per $p^\delta - 1$ $p^{\delta'} - 1$, $p^{\delta''} - 1$ etc. $p - 1$ dividi posse, quare functio $x^{p^n-1} - 1$ per *omnes functiones primas dimensionum $n, \delta, \delta', \delta''$ etc. usque ad functiones primas unius dimensionis (exclusa functione x)* dividi poterit, quare etiam (quum omnes hae functiones sint absolute adeoque etiam inter se primae) per *productum ex omnibus*. Sed idem hoc productum habet $p^n - 1$ dimensiones (§. 347.) (ob deficientiam unius functionis x ; quare patet, *hoc productum ipsum ipsi $x^{p^n-1} - 1$ (mod. p) congruum esse debere.*

354.

THEOREMA. *Si functio $x^\nu - 1$ per functionem P dividitur, erit*

$$(P, \rho^{k\nu+t}) \equiv (P, \rho^t)$$

denotantibus k, t numeros quoscunque integros.

Dem. Sit

$$P = x^m + Ax^{m-1} + Bx^{m-2} + \text{etc.}$$

notum est, si

$$\frac{mx^{m-1} + (m-1)Ax^{m-2} + \text{etc.}}{x^m + Ax^{m-1} + \text{etc.}}$$

in seriem infinitam formae

$$m\frac{1}{x} + \alpha\frac{1}{xx} + \beta\frac{1}{x^3} + \gamma\frac{1}{x^4} + \text{etc.}$$

evolvatur, fore α summam radicum aequationis $P = 0$, $\mathfrak{b}$ summam quadratorum etc. Unde sine labore deducitur, potestatum $\nu+1$, $\nu+2$ etc.^{tarum} summam congruam esse summae radicum, quadratorum etc. Hinc vero nisi modulus est aequalis aut inferior numero dimensionum functionis P, sequitur esse

$$(P, \rho^{\nu+1}) \equiv P, \quad (P, \rho^{\nu+2}) \equiv (P, \rho^2), \quad (P, \rho^{\nu+3}) \equiv (P, \rho^3) \text{ etc.}$$

Istum autem casum infra considerabimus.

355.

THEOREMA. *Si in serie*

$$(P, \rho^0), (P, \rho)\ (P, \rho^2), (P, \rho^3) \text{ etc.}$$

post terminum ν^{tum} *sequentes primis deinceps sunt congrui*, $x^\nu - 1$ *per* P *dividi poterit, siquidem* P *nullum factorem pluries contineat.*

Dem. Posito $\frac{dP}{dx} = Q$, erit Q functio ad P prima. Sit

$$\frac{Q}{P} = \frac{A}{x} + \frac{B}{xx} + \frac{C}{x^3} + \text{etc.}$$

tum post terminum $\frac{N}{x^\nu}$ sequetur (hyp.)

$$\frac{A}{x^{\nu+1}} + \frac{B}{x^{\nu+2}} + \frac{C}{x^{\nu+3}} + \text{etc.}$$

Quare erit

$$\frac{Q}{P} = \frac{Ax^{\nu-1} + Bx^{\nu-2} + \text{etc.}}{x^\nu - 1}$$

unde patet, functionem $x^\nu - 1$ per P dividi posse. Q. E. D.

356.

THEOREMA. *Si* P *sit functio ipsius* x *prima* m *dimensionum et* X *functio ipsorum* $x, x^p, x^{pp}, x^{p^3} \ldots x^{p^{m-1}}$, *in quam omnes hae quantitates aequaliter ingrediantur, i.e. quae eadem maneat, quomodocunque eae inter se permutentur, functio* X *per* P *divisa dabit residuum, quod erit numerus.*

Dem. Sit residuum

$$\equiv Ax^{m-1} + Bx^{m-2} + \ldots + N \equiv \xi$$

omnes coëfficientes $A, B, C \ldots$ usque ad N exclusive erunt $\equiv 0$. Hoc ita demonstratur. Quum $X - \xi$ per P dividatur, etiam $X^p - \xi^p$ per P dividi pote-

rit. Sed facile perspicitur, X^p esse id, quod fit X, si pro x ponatur x^p, pro x^p, x^{pp} etc... et pro $x^{p^{m-1}}$, x^{p^m} seu quod idem est x. Hinc patet, esse $X^p \equiv X$ (mod. P); quare, quum $X^p \equiv \xi^p$ et $X \equiv \xi$ (mod. P), erit etiam $\xi^p \equiv \xi$ (mod. P) seu

$$\xi^p - \xi \equiv 0 \pmod{P}$$

At $\xi^p - \xi$ secundum modulum p congruum est producto ex ξ, $\xi+1$, $\xi+2$, .. usque ad $\xi+p-1$, qui factores omnes ad P primi erunt, nisi ξ sit simpliciter numerus. Quare etiam $\xi^p - \xi$ alio modo per P divisibilis non erit. Q. E. D.

Huiusmodi functiones sunt summa omnium, summa quadratorum, cuborum etc., summa productorum e binis, ternis etc. Quis vero sit ille numerus, per § sq. determinabimus.

357.

THEOREMA. *Sit functio prima § praec.*

$$P \equiv x^m - Ax^{m-1} + Bx^{m-2} - Cx^{m-3} + etc.$$

erit residuum, si summa quantitatum x, x^p *etc.* $x^{p^{m-1}}$ *per* P *dividatur*, $\equiv A$, *si summa productorum e binis*, $\equiv B$, *si summa productorum e ternis*, $\equiv C$ *etc.*

Dem. Sint functiones illae X, Y, Z etc. earumque residua ordine suo numeri A', B', C' etc. Iam facile intelligitur, esse x, x^p, x^{pp} etc. radices aequationis

$$z^m - Xz^{m-1} + Yz^{m-2} - Zz^{m-3} + \text{etc.} = 0$$

Quare erit ponendo $z = x$

$$x^m - Xx^{m-1} + Yx^{m-2} - Zx^{m-3} + \text{etc.} = 0$$

Sed functiones $X - A'$, $Y - B'$, $Z - C'$ etc. per P dividi possunt, quare etiam functio

$$x^m - A'x^{m-1} + B'x^{m-2} - C'x^{m-3} + \text{etc.}$$

Hoc autem aliter fieri nequit, nisi sit $A' \equiv A$, $B' \equiv B$, $C' \equiv C$ etc. Q. E. D.

Ceterum notum est, quaecunque alia functio sit X ipsorum x, x^p etc. [in quam omnes hae quantitates aequaliter ingrediantur,] eam semper ex his deduci posse. Ita erit

$$x^2 + x^{2p} + x^{2pp} + \text{etc.} \equiv AA - 2B \,(\text{mod.}\, P)\ \text{etc., etc.}$$

Exempl. Sit $p = 5$ et $P \equiv x^2 + 2x + 3$, erit functio $x + x^5$ per P divisa $\equiv -2$, $x^6 \equiv 3$ etc. etc.

358. 359.

Theorema. *Sit P functio prima et x^ν infima potestas ipsius x, quae per P divisa dat residuum* 1; *porro sit $P \equiv (P, \rho^n)$, erit n alicui numeri p potestati secundum ν congruus.*

Dem. Supra ostendimus, si P sit

$$= x^m + Ax^{m-1} + Bx^{m-2} + \text{etc.}$$

fore

$$z^m + Az^{m-1} + Bz^{m-2} + \text{etc.} - (z - x)(z - x^p) \,.\,.\, (z - x^{p^{m-1}})$$

per P divisibilem. Simili modo sequeretur esse

$$z^m + Az^{m-1} + Bz^{m-2} + \text{etc.} - (z - x^n)(z - x^{np}) \,.\,.\, (z - x^{np^{m-1}})$$

per P divisibilem. Quoniam autem hi factores inter se sunt primi, necessario singuli singulis secundum P, p congrui esse debent. Quare $z - x^n$ debet esse $\equiv z - x^{p^\varkappa}$ i. e. $p^\varkappa \equiv n \,(\text{mod.}\, \nu)$. Q. E. D.*)

De inventione divisorum primorum functionis $x^\nu - 1$ secundum modulum primum.

360.

Si ν per modulum p seu per aliquam eius potestatem est divisibilis, sit $\nu = p^k \lambda$, eritque

$$x^\nu - 1 \equiv (x^\lambda - 1)^{p^k} \,(\text{mod.}\, p).$$

Unde manifestum est, eum tantummodo casum considerari oportere, ubi ν per p non dividitur.

---

*) Si $(P, \rho^a) \equiv (P, \rho^b) \,(\text{mod.}\, p)$ erit $a \equiv p^\varkappa b \,(\text{mod.}\, \nu)$.

Demonstratio. Sit $z^m + Az^{m-1} + Bz^{m-2} + \,.\,. = \Pi$ erit $(\Pi, \rho^a) \equiv (\Pi, \rho^b) (\text{mod.}\, P)$; est autem

$$(\Pi, \rho^a) \equiv (z - x^a)(z - x^{ap})(z - x^{app}) \,.\,.\, (z - x^{ap^{m-1}}),\quad (\Pi, \rho^b) \equiv (z - x^b)(z - x^{bp})(z - x^{bpp}) \,.\,.\, (z - x^{bp^{m-1}})$$

unde patet propositio.

Productum ex Π, (Π, ρ^2), (Π, ρ^3) etc. (Π, ρ^ν) est $\equiv (z^\nu - 1)^m \,(\text{mod.}\, P)$; est enim

$$(z - x)(z - x^2)(z - x^3) \ldots (z - x^\nu) \equiv (z - x^p)(z - x^{2p})(z - x^{3p}) \,.\,.\, (z - x^{\nu p}) \equiv \text{etc.} \equiv z^\nu - 1$$

In serie P, (P, ρ^2), (P, ρ^3) etc. ... (P, ρ^ν) omnes divisores primi functionis $x^\nu - 1$ occurrunt, et quidem quisque m vicibus. Inde patet, productum ex omnibus esse $\equiv (x^\nu - 1)^m$.

Si $p^m \equiv 1 \pmod{\nu}$ et quidem m quam minimus, tum patet $x^{p^m-1}-1$ per $x^\nu-1$ dividi posse. Quamobrem $x^\nu-1$ alios divisores habere nequit quam $x^{p^m-1}-1$. At haecce expressio habet divisores primos m dimensionum aliosque, quorum dimensionum numerus est divisor numeri m. Tales igitur etiam $x^\nu-1$ habebit. Quot autem cuiusvis generis habeat, per exemplum declaramus, unde facile lex generalis deduci poterit.

Sit $\nu = 63$ et $p = 13$, erit $m = 6$. Quare $x^{63}-1$ secundum modulum 13 factores primos habebit sex, trium, duarum dimensionum uniusque. Iam palam est, productum ex factoribus unius dimensionis fore divisorem communem (maximae dimensionis) functionum $x^{63}-1$ et $x^{12}-1$ i. e. x^3-1; quare tres erunt factores primi unius dimensionis. Productum ex omnibus factoribus primis duarum dimensionum uniusque erit divisor communis functionum $x^{63}-1$ et $x^{168}-1$ i. e. $x^{21}-1$; quare erunt $\frac{21-3}{2}$ sive 9 factores duarum dimensionum. Productum ex factoribus primis trium dimensionum uniusque erit divisor communis functionum $x^{63}-1$ et $x^{2196}-1$ i. e. x^9-1; quare erunt $\frac{9-3}{3}$ i. e. 2 divisores trium dimensionum. Tandem reliqui erunt sex dimensionum, quorum igitur numerus $= \frac{63-6-18-3}{6}$ i. e. 6.

Facile per attentam huius rei ponderationem sequens regula generalis deducitur:

Sit δ divisor ipsius m, sint omnes numeri δ divisores ipso δ minores $\delta', \delta'', \delta'''$ etc. Sint divisores communes maximi ipsius ν cum $p^\delta-1$, $p^{\delta'}-1$, $p^{\delta''}-1$ etc. respective μ, μ', μ'' etc., sit $\frac{\mu}{\mu'}, \frac{\mu}{\mu''}, \frac{\mu}{\mu'''}$ etc. $= \lambda', \lambda'', \lambda'''$ etc. habebitque $x^\nu-1$ $\frac{1}{\delta}$ ties tot divisores primos δ dimensionum, quot infra numerum μ sunt numeri per nullum numerorum $\lambda', \lambda'', \lambda'''$ etc. divisibiles.

361.

THEOREMA. *Si functio X indeterminatae x per aliam ξ dividi possit et X si pro x scribatur x^k, transeat in X', X' per $(\xi, \rho^{\frac{1}{k}})$ dividi poterit.*

Dem. Sit $X \equiv \xi\upsilon$ transeantque ξ, υ in ξ', υ', si pro x scribatur x^k. Patet, fore $X' \equiv \xi'\upsilon'$. At ξ' per $(\xi, \rho^{\frac{1}{k}})$ dividi potest. Quare etiam X'. Q. E. D.

362.

His principiis positis facili negotio divisores primos functionis $x^\nu-1$ determinare possumus. Supponimus, omnes eos divisores, qui etiam functionem ali-

quam $x^{\nu'}-1$ dividunt, existente $\nu'<\nu$, iam inventos esse, reliquosque investigare proponi. Hi autem omnes in hac expressione comprehendi possunt (P, ρ^k), si P sit unus ex ipsis et pro k omnes numeri minores quam ν ad ipsumque primi substituantur.

In Cap. VI ostendimus, quomodo radices primae aequationis $x^\nu = 1$ ita in classes discerpi possint, ut, omnibus per alicuius potestates expressis, eadem in classes distributio habeatur, quaecunque radix prima pro hac basi accipiatur; *periodos* huiusmodi radicum complexus vocavimus. Iam patet, functiones x, x^α, x^β, x^γ etc., designantibus α, β, γ etc. omnes numeros ad ν primos, simili modo in periodos resolvi posse, quamque periodum maiorem rursus in minores donec tandem ad periodos formae x^k, x^{kp}, x^{kpp} . . . $x^{kp^{m-1}}$ perveniatur. Hoc ita facto patet

1° Quoniam periodus quaeque ex huiusmodi periodis minimis $x^k+x^{kp}+$ etc. composita est, si per quamcunque functionem primam m dimensionum dividatur, residuum fore numerum.

2°. Quum omnes periodi termini semper ad hanc formam reduci queant $x^{\varkappa . a^\alpha b^\beta c^\gamma} \cdot \cdot$, ubi $\varkappa$, a, b, c . . sunt numeri determinati, pro α, β, γ . . autem omnes valores substitui possunt; patet, periodum in se ipsam mutari, si pro x substituatur x^k et k sit formae $a^\alpha b^\beta c^\gamma$ . . (mod. ν), unde facile perspicitur omnes functiones P, (P, ρ^k) etc., designante k huiusmodi numerum, si periodus per eas dividatur, idem residuum dare.

3°. Quare periodus subducto tali residuo per productum ex omnibus functionibus (P, ρ^k) dividi poterit.

363.

Summa rei in hoc vertitur, ut haec residua determinentur. Primo quaeratur residuum, quod periodus maxima per productum ex omnibus functionibus primis idoneis dabit. Si hoc productum sit

$$\equiv x^\lambda - Ax^{\lambda-1} + \text{ etc.}$$

erit residuum hoc $\equiv A$. Huius autem producti forma facile invenitur et ex Cap. VI sequitur esse $A=0$, si ν per quadratum dividi possit, contra esse A aut $=+1$ aut $=-1$, prout multitudo factorum primorum numeri ν sit par aut impar.

Iam resolvatur haec periodus maxima in periodos inferiores repraesententurque periodi cuiusvis termini per $x^{kp^\pi u}$, ita ut k in quavis periodo sit numerus

determinatus, pro diversis vero variabilis, π et u autem in quavis periodo variabiles, eos autem valores, quos in aliqua periodo habent, etiam in reliquis adipisci possint. Supponatur aliquantisper aliqua functio prima P pro basi sitque residuum, quod periodi $\Sigma x^{p^\pi u}$, $\Sigma x^{k'p^\pi u}$ etc. per eam divisae praebent respective A, A' etc., erit $\Sigma x^{p^\pi u} - A$ per productum ex omnibus functionibus (P, ρ^u) divisibilis $\Sigma x^{k'p^\pi u} - A'$ per productum ex omnibus functionibus $(P, \rho^{k'u})$ etc. etc. At facile liquet, quantitates A, A' etc. esse radices congruentiae datae. Scilicet sint periodi radicum aequationis $x^\nu = 1$ periodis praecedentibus correspondentes radices aequationis $Q = 0$, erunt A, A' etc. radices congruentiae $Q \equiv 0$. Namque erit

$$A + A' + \text{etc.} \equiv \text{summae periodorum},$$
$$AA + A'A' + \text{etc.} \equiv \text{summae quadratorum periodorum}$$

etc. etc. Calculus enim prorsus similis erit ei, quem Cap. VI exposuimus, si pro ρ substituatur x, quoniam etiam hic poni potest pro x^ν unitas, uti illic pro ρ^ν.

Inventis radicibus A, A' etc. aliqua pro residuo periodi $\Sigma x^{p^\pi u}$ eligatur et inde reliquarum residua simili modo uti Cap. VI ordinentur. Namque illud etiam hic arbitrio relinquitur, quum functio P sit prorsus hactenus indeterminata. Calculus sequens omnino analogus est ei, quem Cap. VI pertractavimus, singula exponere nimis prolixum nobis foret. Tandem postquam ad Σx^{p^π} perventum est, rei summa perfecta est. Namque posito

$$P \equiv x^m + a x^{m-1} + b x^{m-2} + \text{etc.}$$

erit $-a \equiv \Sigma x^{p^\pi}$, eodem modo coëfficiens secundus reliquarum functionum (P, ρ^k) habebitur, unde reliqui ipsius P determinari possunt. Saepius evenire potest, ut ad congruentias identicas perveniatur, ex quibus nihil derivari posse videtur. Quomodo huic difficultati obveniri possit, infra monstrabitur.

364.

Omnia haec per exemplum multo clariora fient. Resolvenda proponitur functio $x^{15} - 1$ secundum modulum 17 in factores. Erit $m = 4$ et quoniam productum ex omnibus functionibus elementaribus

$$\equiv \frac{x^{15}-1 \,.\, x-1}{x^3-1 \,.\, x^5-1} = x^8 - x^7 + x^5 - x^4 + x^3 - x + 1$$

Quare duo tantummodo erunt factores primi quatuor dimensionum P et P'. Iam x, xx, x^4, x^7, x^8, x^{11}, x^{13}, x^{14} in has duas periodos distribuantur

$$\Sigma x^{17^\alpha} \equiv x + xx + x^4 + x^8, \quad \Sigma x^{7.17^\alpha} \equiv x^7 + x^{11} + x^{13} + x^{14}$$

Sit secundum alteram functionem P, P'

$$\Sigma x^{17^\alpha} \equiv A, \quad \Sigma x^{7.17^\alpha} \equiv A'$$

eritque

$$A + A' \equiv 1$$
$$AA \equiv \Sigma x^{2.17^\alpha} + \Sigma x^{3.17^\alpha} + \Sigma x^{5.17^\alpha} + \Sigma x^{9.17^\alpha}$$
$$A'A' \equiv \Sigma x^{14.17^\alpha} + \Sigma x^{6.17^\alpha} + \Sigma x^{5.17^\alpha} + \Sigma x^{3.17^\alpha}$$

quare

$$AA + A'A' \equiv \Sigma x^{17^\alpha} + \Sigma x^{7.17^\alpha} + 4\Sigma x^{3.17^\alpha} + 2\Sigma x^{5.17^\alpha} \equiv 1 - 4 - 4 \equiv -7$$

Hinc A et A' erunt radices congruentiae

$$xx - x + 4 \equiv 0 \pmod{17}$$

quae sunt 6, 12. Hinc P dividet

$$x^8 + x^4 + xx + x - 6$$

eritque

$$\equiv x^4 - 6x^3 - 2xx - 12x + 1$$

P' autem erit $\equiv (P, \rho^7)$ eritque

$$\equiv x^4 - 12x^3 - 2xx - 6x + 1$$

365.

Sufficit nobis hic possibilitatem solutionum harum monstravisse. Multa artificia, quibus hae operationes sublevari possunt, praeterimus brevitatis gratia. At consequentias quasdam pergraves praetermittere non possumus.

Per praecedentia demonstratum est, omnes aequationes auxiliares pro solutione aequationis $x^\nu = 1$, si in congruentias convertantur, habere radices possibiles, quando periodus

$$x + x^p + x^{pp} + \ldots + x^{p^{m-1}}$$

nondum est disiuncta. Subsistamus in casu, ubi ν est numerus primus; erit m divisor ipsius $\nu - 1$. Hic itaque congruentiae auxiliares, si numerus periodorum, quae per illas inveniuntur, est pars aliquota numeri $\frac{\nu-1}{m}$, habebunt radices reales. Si itaque $\frac{\nu-1}{m}$ est par i. e. si m est divisor numeri $\frac{\nu-1}{2}$ seu si $p^{\frac{\nu-1}{2}} \equiv 1$ (mod. ν) seu si p est residuum quadraticum numeri primi ν, aequatio quadratica, per quam radices in duas periodos dividuntur, habebit radices reales secundum modulum p. At in Cap. VI monstravimus hanc aequationem posito $\nu = 4n \pm 1$ semper esse $xx + x \mp n = 0$. Quare habetur insigne

THEOREMA. *Si numerus primus p est residuum quadraticum numeri primi $4n \pm 1$, congruentia*

$$xx + x \mp n \equiv 0 \ (mod. p)$$

habebit radices reales, adeoque etiam congruentia

$$4xx + 4x \mp 4n \equiv 0 \quad seu \quad (2x+1)^2 \mp \nu \equiv 0$$

i. e. $\pm\nu$ *erit residuum quadraticum numeri* p.

366.

Haec igitur est tertia theorematis fundamentalis Capitis IV completa demonstratio, eo magis attentione digna, quod principia, e quibus est petita, ab iis quibus ad priores usi sumus, prorsus sunt diversa. At ex eodem hoc fonte, sed via opposita quartam deducamus. Scilicet sit ν numerus primus formae $4n \pm 1$, p alius primus quicunque, sitque $\pm\nu$ residuum quadraticum numeri primi p, demonstrabimus, p fore residuum quadraticum numeri ν.

Sit p^m minima potestas numeri p, quae sit $\equiv 1$ (mod. ν). Divisores elementares functionis $\frac{x^\nu - 1}{x-1}$ secundum p habebunt m dimensiones, quare omnium numerus erit $= \frac{\nu-1}{m}$. Iam quoniam $\pm\nu R p$, congruentia

$$xx + x \mp n \equiv 0 \ (\text{mod.}\, p)$$

erit resolubilis; sint radices A, A'. Distribuantur functiones $x, xx, \ldots x^{\nu-1}$ in binas classes per ξ, ξ' designandas, erit

$$\xi + \xi' \equiv A + A' + (1 + x + xx + \ldots + x^{\nu-1})$$
$$\xi\xi' \equiv AA' + \lambda(1 + x + xx + \ldots + x^{\nu-1})$$

quare

$$(z-\xi)(z-\xi') - (z-A)(z-A')$$

per quemvis divisorem elementarem functionis $\frac{x^\nu - 1}{x-1}$ erit divisibilis. Hinc autem quivis horum divisorum elementarium aut $\xi - A$ et $\xi' - A'$, aut $\xi - A'$ et $\xi' - A$ dividet. Hinc patet (quoniam A non $\equiv A'$), si pro x ponatur x^p, ξ et ξ' non immutari. Si enim ξ in ξ' et vice versa transiret, $\xi - A$ et $\xi - A'$ per eandem functionem primam dividerentur. Q. E. A. Hinc denique sequitur, $\frac{\nu-1}{2}$ per m dividi seu $p^{\frac{\nu-1}{2}} - 1$ per ν. Quare p erit residuum quadraticum ipsius ν. Q. E. D.

Facile autem est omnes theorematis fundamentalis casus ex utroque theoremate derivare.

367.

Quamvis ad casum, ubi ν est numerus primus, hic nos restrinxerimus, tamen etiam, si ν sit compositus, theoremata analoga haud magno negotio determinari possunt, quod fusius exponere brevitatis gratia nunc non licet.

Manifestum est, similes observationes etiam de maiori periodorum multitudine formari posse. Ita si $\frac{\nu-1}{m}$ per 3 dividitur i. e. si p est residuum cubicum numeri primi ν, aequatio, per quam radices aequationis $x^\nu = 1$ in tres periodos distribuuntur quamque in Cap. VI a priori determinandam docuimus, solubilis erit secundum modulum p et vice versa. Ita ex. gr. congruentia $x^3 + xx - 2x - 1 \equiv 0$ secundum modulum primum quemcunque, qui est formae $7n \pm 1$, resolvi potest, si vero aliam formam habeat, non poterit.

Non difficile nobis foret hoc Caput multis aliis observationibus locupletare, nisi limites, intra quos restringi oportet, vetarent. Iis qui ulterius progredi amant, haec principia viam saltem addigitare poterunt.

368.

Congruentiam aliquam $X \equiv 0$ radices seu generalius divisores *aequales* habere dicimus, si per functionis alicuius potestatem dividi possit.

Num congruentia proposita divisores aequales habeat, eodem modo diiudicatur, uti in aequationum theoria. Ponamus

$$X \equiv \xi^m P$$

patet fore

$$\frac{dX}{dx} \equiv \xi^{m-1}\left(mP\frac{d\xi}{dx} + \xi\frac{dP}{dx}\right)$$

quare $\frac{dX}{dx}$ per ξ^{m-1} dividetur. Generaliter sit

$$X \equiv A^a B^b C^c \text{ etc.}$$

ubi A, B, C etc. denotant functiones primas diversas, erit

$$\frac{dX}{dx} \equiv X\left(\frac{a\,dA}{A\,dx} + \frac{b\,dB}{B\,dx} + \frac{c\,dC}{C\,dx} + \text{etc.}\right)$$

unde patet, nisi aliquis numerorum a, b, c etc. per modulum dividatur, $\frac{dX}{dx}$ per $A^{a-1}\,B^{b-1}\,C^{c-1}$etc. dividi posse, non autem per A^a, B^b, C^c etc. Hinc sequitur

THEOREMA. *Si functionum X et $\frac{dX}{dx}$ divisor communis maximae dimensionis sit ξ, omnes factores primos, quos ξ habet, etiam X habebit et quidem quemvis toties $+1$ vice quoties ξ, si igitur X et $\frac{dX}{dx}$ sint functiones inter se primae, X nullos factores aequales habebit.*

369.

Exemplum I. Quaeritur an functio

$$x^5 + 3x^4 - 6x^3 + 3x - 4 \;.\;.\;.\; (X)$$

secundum modulum 17 divisores aequales habeat. Erit

$$\frac{dX}{dx} \equiv 5x^4 - 5x^3 - xx + 3$$

Hinc invenitur, functiones X et $\frac{dX}{dx}$ inter se esse primas, quare X divisores aequales non habet.

Exemplum II. Sit

$$X \equiv x^5 + 6x^4 - 3x^3 - 4xx + 2x - 3 \pmod{13}$$

erit

$$\frac{dX}{dx} \equiv 5x^4 - 2x^3 + 4xx + 5x + 2$$

maxima vero functionum X, $\frac{dX}{dx}$ communis mensura $\equiv 5xx + 7x + 7$ seu mul-

tiplicata per 8: $xx+4x+4$; at quum hic divisor sit $\equiv (x+2)^2$, functio X per $(x+2)^3$ dividi poterit quotiensque (qui est $xx+11$) nullum amplius divisorem duplicem involvit.

370. 371.

Si ex §. §. praecc. functio X ita est exhibita $A^a B^b C^c$ etc., ita ut A, B, C etc. inter se sint primae et numeri a, b, c etc. inaequales, resolutio etiam ulterius extendi potest. Sit itaque X functio, quae nullos amplius divisores aequales involvit. Supra vidimus, $x^p - x$ esse productum ex omnibus functionibus primis unius dimensionis. Sit ξ divisor communis maximae dimensionis functionum X et $x^p - x$, erit ξ productum ex omnibus divisoribus ipsius X unius dimensionis, et $\frac{X}{\xi}$ huiusmodi divisores non amplius habebit. Quodsi autem inveniatur, functiones X et $x^p - x$ esse inter se primas, X nullum divisorem unius dimensionis habebit adeoque congruentia $X \equiv 0$ radices reales non habebit. Porro quoniam $x^{pp} - x$ est productum ex omnibus functionibus primis duarum dimensionum uniusque, divisor communis maximae dimensionis functionum $x^{pp} - x$ et $\frac{X}{\xi}$, ξ' involvet omnes divisores ipsius X, qui sunt duarum dimensionum. Hinc ulterius progrediendo perspicitur, X hoc modo in factores ξ, ξ', ξ'' etc. resolvi, qui continent respective omnes divisores unius, duarum, trium etc. dimensionum.

372.

Si autem productum ex pluribus functionibus primis eiusdem dimensionis datum est, singulae functiones tentando erui debebunt. Magnam analogiam habet hoc problema cum eo, quod numerorum compositorum factores quaerere iubet. Hic vero iam a priori determinatur, an functio proposita in factores adhuc discerpi possit. Quum et hic factorum omnium possibilium multitudo sit finita, simili subsidio ut supra uti possumus. Sed huic rei inhaerere nolumus, nam calculator exercitatus principia probe assecutus, quando opus est, facile artificia particularia reperiet.

Progredimur ad aliud caput, scilicet ad considerationem congruentiarum, si modulus non est numerus primus, uti hactenus semper supposuimus. Praesertim vero hic ille casus attentione dignus est, ubi modulus est numeri primi potestas, tum per se tum quod ad aliqua dubia removenda (§. §. . .) necessarius sit.

373.

Problema. *Si functio X secundum modulum p in factores inter se primos ξ, ξ', ξ'' etc. sit resoluta, X secundum modulum pp in similes factores Ξ, Ξ', Ξ'' etc. resolvere ita, ut sit*

$$\xi \equiv \Xi, \quad \xi' \equiv \Xi', \quad \xi'' \equiv \Xi'', \text{ etc. } (\text{mod.} p)$$

Sol. Sit $X \equiv \xi\psi (\text{mod.} p)$ seu $X = \xi\psi + p\Sigma$. Ponatur

$$\Xi = \xi + p\varphi, \quad \Psi = \psi + p\omega$$

erit

$$\Xi\Psi = X - p\Sigma + (\varphi\psi + \xi\omega)p + pp\varphi\omega$$

Si igitur $\Xi\Psi$ esse debet $\equiv X (\text{mod.} pp)$, necessario debet esse $\varphi\psi + \xi\omega - \Sigma$ per p divisibilis. At cum ψ et ξ secundum modulum p sint functiones inter se primae, φ et ω ita determinari poterunt, ut haec conditio adimpleatur (§. 336), et quidem insuper ita, ut dimensiones ipsarum φ et ω sint respective unitate minores dimensionibus functionum ξ, ψ. Hinc erit $X \equiv \Xi\Psi (\text{mod.} pp)$. Patet, simili modo Ψ rursus in factores $\Xi'\Omega$ discerpi posse, ita ut alter Ξ' sit $\equiv \xi'$ $(\text{mod.} p)$ et ita porro, unde tandem

$$X \equiv \Xi\,\Xi'\,\Xi'' \text{ etc. } (\text{mod.} pp). \quad \text{Q. E. Fac.}$$

374.

Facile hinc probari potest, functionem X etiam secundum modulos p^3 p^4 etc. in factores resolvi posse. Generaliter sit

$$X \equiv PQ (\text{mod.} p^m) \text{ seu } X = PQ + p^m R$$

et functio P ad ipsam Q prima secundum modulum p; posito

$$P' = P + Ap^m, \quad Q' = Q + Bp^m$$

erit

$$P'Q' = X - p^m R + (AQ + BP)p^m + ABp^{2m}$$

Hinc pro quovis modulo p^ν (ν existente $> m$ et $< 2m+1$) erit

$$P'Q' \equiv X, \text{ si } R \equiv AQ + BP (\text{mod.} p^{\nu - m})$$

Ex his perspicitur, si functio X aequales non habeat divisores secundum modulum p, eam secundum modulum p^k similiter in factores discerpi posse, uti secundum modulum p. At si X divisores aequales habeat, res fit multo magis complicata neque adeo ex principiis praecedentibus prorsus exhauriri potest. Quare quum quae huc pertineant cuncta communicare non possimus, unicum casum tantummodo considerabimus, qui plurimum occurrit cuiusque enodatio ad quaedam in praecedentibus dubia solvenda requiritur. Hic est, si factores aequales unius dimensionis tantum respiciantur. Hic proprie etiam ad congruentiarum radices inveniendas adhiberi potest. Generaliter alia occasione hanc rem pertractabimus.

375.

Sit igitur $X \equiv X'(x-a)^m \pmod{p}$ et functio X' ad $x-a$ prima; desiderantur omnes divisores unius dimensionis huic $x-a$ secundum modulum p congrui ipsius X secundum modulos pp, p^3 etc. (Supponimus, functionem X absolute per $x-a$ dividi non posse; alias enim $x-a$ secundum modulum quemcunque functionem X divideret). Si substituatur $z+a$ pro x, habebitur

$$Z \equiv Z'z^m \pmod{p} \quad \text{seu} \quad Z = Z'z^m + pA$$

Iam si Z secundum modulum pp per aliquem divisorem formae $z+\alpha p$ dividi potest, necessario A debet esse formae $zZ''+pB$. Nisi hoc sit, disquisitio iam est finita. Ponamus igitur

$$Z \equiv Z'z^m + pZ''z \pmod{pp} \quad \text{seu} \quad Z = Z'z^m + pZ''z + ppB$$

patetque, Z per z ac quemcunque alium divisorem huic secundum modulum p congruum dividi posse;

Ut attentio fixetur. ponemus $m=4$, facile perspicietur, quemvis alium casum simili modo tractari posse. Iam si Z secundum modulum p^3 per aliquem divisorem formae $z+\alpha p$ dividi potest, erit

$$0 \equiv -\alpha pp Z'' + ppB \,(\text{modd.}\, z+\alpha p, p^3) \quad \text{seu} \quad \alpha Z'' \equiv B \,(\text{modd.}\, z, p)$$

Iam tres casus esse possunt

1) si $Z'' \equiv 0 \,(\text{modd.}\, z, p)$ et B non $\equiv 0$, tunc patet, nullum ipsius α valorem congruentiae satisfacere adeoque Z secundum modulum p^3 nullum divisorem formae $z+\alpha p$ habere. Quare disquisitio erit finita

2) si nec Z'' nec $B \equiv 0\,(\text{modd.}\, z, p)$; tunc α unicum valorem habebit, scilicet

$$\alpha \equiv \frac{B}{Z''}\,(\text{modd.}\, z, p).$$

Quare erit unicus divisor $\equiv z + \alpha p\,(\text{mod.}\, pp)$ ipsius Z secundum modulum p^3; eritque

$$Z \equiv V\,(z + \alpha p) + p^3 W$$

Iam ponatur divisor ipsius $Z(\text{mod.}\, p^4)$ $z + \alpha p + \beta pp$ eritque

$0 \equiv$

BEMERKUNGEN ZUR ANALYSIS RESIDUORUM.

Die beiden vorstehenden Abhandlungen sind einem umfangreichen Manuscripte entnommen, welches den Titel Analysis Residuorum führt und vermuthlich aus dem Jahre 1797 oder 1798 stammt; durch eine gänzliche Umarbeitung sind aus demselben später die Disquisitiones Arithmeticae entstanden. Der vollständige Titel des Caput sextum lautet:

Solutio congruentiae $x^m - 1 \equiv 0$ et aequationis $x^m - 1 = 0$; cum dilucidationibus super theoria polygonorum regularium.

Der zweite Theil desselben (§§. 253—278) ist seinem wesentlichen Inhalte nach in die siebente Section der Disqq. Arithm. übergegangen.

Ausserdem ist noch zum Theil erhalten das Caput septimum. Variae quarundam investigationum praecedentium applicationes (§§. 279—302). Es zerfällt in folgende Unterabtheilungen:

De fractionum communium transmutationibus (§§. 279—281).

De fractionum communium in decimales conversione (§§. 282—292).

De resolutione aequationis indeterminatae $xx = a + by$ (§§. 293—297).

De resolutione aequationis indeterminatae $axx + byy = c$ (§§. 298—301).

De investigatione divisorum numerorum (§. 302; die folgenden Bogen fehlen).

Dies alles ist fast wörtlich in die sechste Section der Disqq. Arithm. aufgenommen.

Die beiden hier mitgetheilten Abschnitte behandeln die Gegenstände, welche, wie aus der Vorrede und den Artikeln 11, 44, 61, 62, 65, 84 der Disqq. Arithm. hervorgeht, den Inhalt der achten Section dieses Werkes bilden sollten. Es verdient indessen bemerkt zu werden, dass dieser Plan später wieder abgeändert ist; es findet sich nemlich unter den Manuscripten ein Fragment mit der Ueberschrift Sectio octava: Quarundam disquisitionum ad circuli sectionem pertinentium uberior consideratio. Dasselbe be-

ginnt mit Art. 367 und sollte also die Fortsetzung der Disqq. Arithm. bilden; die wenigen noch vorhandenen Artikel sind aber später ihrem Inhalte nach in die Abhandlung Summatio quarumdam serierum singularium übergegangen, und deshalb wird dieses Fragment von der gegenwärtigen Ausgabe ausgeschlossen.

In dem vorstehenden Abdruck der beiden Theile der Analysis Residuorum ist der Text des Originals im Wesentlichen treu beibehalten, obgleich dasselbe in formeller Beziehung nicht druckfertig zu nennen ist; in den folgenden Bemerkungen sind die wichtigsten Abänderungen bezeichnet, und zugleich einige Erläuterungen hinzugefügt.

§. 237. Vergl. Disqq. Arithm. artt. 61, 62.

§. 239. Vergl. Disqq. Arithm. artt. 53, 54, 65.

§. 241. Wenn $n = 2^\nu$ und $\nu \geqq 3$ ist, so existirt zwar keine Zahl ρ von der angegebenen Art, aber die ganze Untersuchung wird hierdurch nicht wesentlich geändert.

§. 251. Vermuthlich sollte die hier bemerkte Schwierigkeit durch die Einführung höherer Potenzen von p als Moduln beseitigt werden. Vergl. §§. 363, 372, 373.

§. 332. Die Voraussetzung, dass der Modulus eine Primzahl ist, wird bis §. 372 incl. beibehalten.

§. 338. Das unvollständige Citat kann auf Disqq. Arithm. art. 44 bezogen werden.

§§. 344—346. Von den beiden im Manuscript vorhandenen Beweisen ist hier der erste, welcher mit den Worten iam demonstrare accingimur eingeleitet wird und sich auf eine nähere Untersuchung der Ausdrücke $(1^\alpha\, 2^\beta\, 3^\gamma \ldots)$ gründet, nach der eigenen Vorschrift des Verfassers ganz unterdrückt ('Tota praecedens demonstratio una cum altera theorematis praec., quam adiicere mens erat, supprimenda erit, quoniam aliam infinities simpliciorem deteximus. Nititur ea huic fundamento'.); in dem obigen Abdruck ist ferner der zweite Beweis dadurch abgekürzt, dass die Entwicklung von $\frac{x\,dP}{P\,dx}$ statt derjenigen von $\frac{x\,dP}{dx}$ betrachtet wird, wodurch zugleich eine im Original enthaltene Beziehung auf den unterdrückten ersten Beweis umgangen wird.

§. 348. Der Ausdruck radix prima ist hier in derselben Bedeutung zu nehmen, wie der Ausdruck radix propria in der Abhandlung Summatio quarumdam serierum singularium art. 11. — Bei der Behauptung, dass die Coëfficienten $A', B' \ldots$ des entwickelten Productes ganze rationale Zahlen sind, wird auf das sechste Capitel verwiesen, in welchem aber die Theorie der Gleichung $x^\tau - 1 = 0$ nur für den Fall behandelt wird, dass τ eine Primzahl ist; die Form des Beweises in §. 349 führt zunächst auf folgende Ergänzung. Wird das entwickelte Product in die (für alle Wurzeln der Gleichung $\theta^\tau = 1$ geltende) Form

$$S = E + F\theta + \ldots + N\theta^{\tau-1}$$

gebracht, so sind die Coëfficienten $E, F \ldots N$ ganze rationale Functionen von x mit ganzen rationalen Coëfficienten; da ferner das Product ungeändert bleibt, wenn θ durch θ^k ersetzt wird, wo k irgend eine relative Primzahl zu τ bedeutet, so gilt dasselbe von dem Ausdruck S, und hieraus ergibt sich ohne Schwierigkeit, dass alle diejenigen in S enthaltenen Potenzen von θ, deren Exponenten s einen und denselben grössten gemeinschaftlichen Divisor mit τ haben, auch identische Coëfficienten haben müssen; da endlich eine jede Summe solcher Potenzen θ^s immer eine ganze Zahl ist, so leuchtet ein, dass der Ausdruck S, und folglich auch das in Rede stehende Product eine ganze Function von x mit ganzen Coëfficienten ist, was zu zeigen war. Ebenso geht aus dieser Betrachtung zugleich die Richtigkeit der Bemerkung am Schlusse des Paragraphen hervor. Andere Gründe lassen indessen vermuthen, dass dem Verfasser schon damals das allgemeine Theorem über die Transformation der symmetrischen Functionen (Demonstratio nova altera theorematis omnem functionem etc. art. 4) bekannt war, aus welchem sich die obigen Sätze als unmittelbare Folgerungen ergeben.

§. 352. Das Zeichen $R \equiv S \,(\text{mod. } P)$ oder auch $R \equiv S\,(\text{mod. } P, p)$ bedeutet hier und im Folgen-

den, dass die Differenz $R-S$ nach dem Modul p den Divisor P hat. — Das unvollständige Citat kann auf Disqq. Arithm. art. 49 bezogen werden.

§. 354. Durch Multiplication mit $x^\nu-1$ ergibt sich, dass die Summen gleich hoher Potenzen der Wurzeln der beiden Gleichungen $(P, \rho^{k\nu+t}) = 0, (P, \rho^t) = 0$ einander congruent sind (mod. p), und hieraus folgt die Congruenz $(P, \rho^{k\nu+t}) \equiv (P, \rho^t)$ (mod. p), sobald $m < p$ ist (vergl. §. 244); ist aber $m \geqq p$, so lässt sich der Coëfficient der Potenz x^{m-p} in einer Gleichung nicht mehr aus den gegebenen Potenzsummen ihrer Wurzeln nach dem Modul p bestimmen, weil er in den hierzu dienenden Newton'schen Formeln mit dem Factor p behaftet ist. In der That darf man aus der Congruenz je zweier gleich hoher Potenzsummen der Wurzeln der Gleichungen $A = 0$, $B = 0$ allgemein nur folgern, dass $A \equiv \mathfrak{A}^p\mathfrak{C}$, $B \equiv \mathfrak{B}^p\mathfrak{C}$ (mod. p) ist, wo $\mathfrak{C}$ den grössten gemeinschaftlichen Divisor der beiden Functionen A, B nach dem Primzahl-Modulus p bezeichnet, $\mathfrak{A}$ und $\mathfrak{B}$ aber ganz unbestimmte Functionen sind. Es ist zu vermuthen, dass der Verfasser die Allgemeingültigkeit des Satzes aus der Theorie der Transformation der symmetrischen Functionen und speciell aus dem folgenden Satze abgeleitet hat: Ist in Bezug auf einen beliebigen Modulus p die Differenz $R(x)-S(x)$ theilbar durch die Function $P(x)$, und sind $a, b, c \dots$ die Wurzeln der Gleichung $P(x) = 0$, so sind die Functionen

$$(x-R(a))(x-R(b))(x-R(c))\dots \quad \text{und} \quad (x-S(a))(x-S(b))(x-S(c))\dots$$

einander nach dem Modul p congruent.

§. 355. Es wird in §. 368 gezeigt, dass P und $\frac{dP}{dx}$ keinen gemeinschaftlichen Divisor haben, wenn P keinen Factor mehr als einmal enthält.

§§. 358, 359. Die unter den Text gesetzte Note ist einem einzelnen Blatt entnommen, welches wahrscheinlich den schon in der Handschrift gestrichenen §. 359 ersetzen sollte.

§. 360. In dem Ausdruck des Theorems ist eine Ungenauigkeit der Handschrift berichtigt.

§. 361. Hier bedeutet der Exponent $\frac{1}{k}$ in dem Zeichen $(\xi, \rho^{\frac{1}{k}})$ jede positive ganze Zahl k' von der Beschaffenheit, dass $kk' \equiv 1$ (mod. ν) wird, wo ν die kleinste positive ganze Zahl ist, für welche $x^\nu-1$ durch ξ nach dem Modul p theilbar wird; hierbei ist vorauszusetzen, dass ξ nicht durch x theilbar nach dem Modul p, und ausserdem, dass k relative Primzahl zu ν ist. Die Richtigkeit der Behauptung, dass ξ' durch $(\xi, \rho^{\frac{1}{k}})$ theilbar ist (mod. p), ergibt sich aus §. 354.

§. 363. Die Schlussbemerkung bezieht sich vermuthlich auf die Einführung von Moduln, welche Potenzen der Primzahl p sind; vergl. §§. 251, 372, 373.

§. 367. Die Wurzeln der Gleichung $x^3+xx-2x-1 = 0$ sind die zweigliedrigen Perioden, in welche die Wurzeln der Gleichung $\frac{x^7-1}{x-1} = 0$ zerfallen. Dasselbe Beispiel findet sich auch auf einem einzelnen Blatt, wo das Hauptresultat der §§. 362, 363 unter dem Titel 'der goldene Lehrsatz' ausgesprochen ist.

§. 371. Dieser Paragraph sollte ein Beispiel enthalten; doch ist dasselbe nicht ausgeführt.

R. Dedekind.

DISQUISITIONUM CIRCA AEQUATIONES PURAS

ULTERIOR EVOLUTIO.

1.

Quum methodus ea, per quam in *Disquiss. Arithm.* art. 360 aequationem $x^n - 1 = 0$ solvere docuimus, theoriam foecundissimam et gravissimam constituat, cuius prima tantum momenta in opere illo attingere licuit, gratum geometris fore speramus, si hoc argumentum denuo hic resumimus, quae breviter tantum partimque demonstrationibus suppressis adumbrata fuerant, uberius tractamus, et quae ex illo tempore accesserunt incrementa profundius persequimur.

Exponens n supponitur esse numerus primus, numerusque $n-1$ in factores $\alpha \times \beta \times \gamma$ resolutus; porro designamus per g aliquam radicem primitivam pro modulo n. Exhibeat r indefinite radicem aequationis $x^n - 1 = 0$, atque R indefinite radicem aequationis $x^\beta - 1 = 0$. Designando itaque peripheriam circuli, cuius radius $= 1$, per P, quantitatemque imaginariam $\sqrt{-1}$ per i, omnes radices aequationis $x^\beta - 1 = 0$, sive omnes valores ipsius R exhibebuntur per formulam

$$\cos\frac{kP}{\beta} + i\sin\frac{kP}{\beta}$$

exprimente k indefinite numeros integros $0, 1, 2, 3 \ldots \beta - 1$. Porro patet, omnes potestates cuiusvis radicis R ipsas quoque esse radices, nec non, si R fuerit radix valori ipsius k ad β primo respondens, omnes potestates $R^0, R, R^2, R^3 \ldots R^{\beta-1}$ inter se diversas esse, adeoque totum radicum complexum exhaurire; in hoc casu ipsam R radicem *propriam* aequationis $x^\beta - 1 = 0$ dicemus; contra radix R va-

lori ipsius k ad $\mathfrak{b}$ non primo respondens *impropria* vocabitur, nulloque negotio perspicitur, si δ fuerit divisor communis maximus numerorum k et $\mathfrak{b}$, fore $R^{\frac{\mathfrak{b}}{\delta}} = 1$, omnes vero potestates $R^0, R, R^2, R^3 \ldots R^{\frac{\mathfrak{b}}{\delta}-1}$ inter se diversas, adeoque R radicem propriam aequationis $x^{\frac{\mathfrak{b}}{\delta}} - 1 = 0$. Eadem de aequatione $x^n - 1 = 0$ valebunt, sed huius radices omnes necessario sunt propriae radice 1 excepta.

2.

His praemissis disquisitio nostra imprimis versabitur circa functiones huius formae, e $\mathfrak{b}\gamma$ terminis conflatas

$$r + Rr^{g^\alpha} + R^2 r^{g^{2\alpha}} + R^3 r^{g^{3\alpha}} \ldots + R^{\mathfrak{b}\gamma-1} r^{g^{\alpha\mathfrak{b}\gamma-\alpha}}$$

quas compendii caussa per hunc characterem $[r, R]$ designabimus. Singuli termini talis expressionis sunt producta e potestatibus ipsius r in potestates ipsius R; illarum exponentes progressionem geometricam constituunt, exponentes harum arithmeticam. Exponentes

$$1,\ g^\alpha,\ g^{2\alpha},\ g^{3\alpha} \ldots\ldots g^{\alpha\mathfrak{b}\gamma-\alpha}$$

omnes inter se incongrui sunt secundum modulum n, adeoque illae potestates ipsius r inter se diversae; ulterius vero continuatae eandem seriem denuo inciperent, quum sit $g^{\alpha\mathfrak{b}\gamma} \equiv 1 \pmod{n}$, adeoque $r^{g^{\alpha\mathfrak{b}\gamma}} = r$. Factores alteri autem

$$1,\ R,\ R^2,\ R^3 \ldots\ldots R^{\mathfrak{b}\gamma-1}$$

constituunt γ periodos aequales, quum sit $R^{\mathfrak{b}} = 1$, $R^{\mathfrak{b}+1} = R$ etc. Hinc patet, functionem $[r, R]$ ita quoque exhiberi posse

$$\begin{array}{lllll}
r & + r^{g^{\alpha\mathfrak{b}}} & + r^{g^{2\alpha\mathfrak{b}}} & \ldots\ldots & + r^{g^{\alpha\mathfrak{b}\gamma-\alpha\mathfrak{b}}} \\
+ R\ (r^{g^\alpha} & + r^{g^{\alpha\mathfrak{b}+\alpha}} & + r^{g^{2\alpha\mathfrak{b}+\alpha}} & \ldots\ldots & + r^{g^{\alpha\mathfrak{b}\gamma-\alpha\mathfrak{b}+\alpha}}) \\
+ R^2\ (r^{g^{2\alpha}} & + r^{g^{\alpha\mathfrak{b}+2\alpha}} & + r^{g^{2\alpha\mathfrak{b}+2\alpha}} & \ldots\ldots & + r^{g^{\alpha\mathfrak{b}\gamma-\alpha\mathfrak{b}+2\alpha}}) \\
+ \text{etc.} & & & & \\
+ R^{\mathfrak{b}-1} (r^{g^{\alpha\mathfrak{b}-\alpha}} & + r^{g^{2\alpha\mathfrak{b}-\alpha}} & + r^{g^{3\alpha\mathfrak{b}-\alpha}} & \ldots\ldots & + r^{g^{\alpha\mathfrak{b}\gamma-\alpha}})
\end{array}$$

sive introducendo signum art. 343 Disq. Ar.

$$[r, R] = (\gamma, 1) + R(\gamma\ g^\alpha) + R^2(\gamma, g^{2\alpha}) \ldots + R^{\mathfrak{b}-1}(\gamma\ g^{\alpha\mathfrak{b}-\alpha})$$

3

Si pro radice r unitatem accipimus, habemus

$$[1, R] = 1+R+R^2+R^3 \ldots + R^{\beta\gamma-1} = \gamma(1+R+R^2+R^3 \ldots + R^{\beta-1})$$

huius valor erit $= \beta\gamma$, si etiam pro R accipitur radix 1, sed $= 0$ pro quovis alio valore ipsius R. Contra manente r indeterminata, positaque $R = 1$, erit $[r, 1] = r + r^{g^\alpha} + r^{g^{2\alpha}} + r^{g^{3\alpha}} \ldots + r^{g^{\alpha\beta\gamma-\alpha}}$, sive adhibito signo in Disq. Ar. introducto, $[r, 1] = (\beta\gamma, 1)$, i. e. constabit e periodo $\beta\gamma$ radicum, e quibus una est ipsa r. Quoties est $\alpha = 1$, haec periodus omnes radices $r, r^2, r^3 \ldots r^{n-1}$ complectetur ordine tantum mutato.

Notentur adhuc relationes sequentes, quarum ratio sponte elucet:

$$[r, R] = R[r^{g^\alpha}, R] = R^2[r^{g^{2\alpha}}, R] \text{ sive generaliter } = R^k[r^{g^{\alpha k}}, R]$$

denotante k integrum positivum quemcunque. Hinc patet, functionem $[r^m, R]$ vel esse $= [1, R]$, scilicet si fuerit m divisibilis per n, vel reduci posse ad formam $R^\mu[r^{g^\nu}, R]$ in casibus reliquis et quidem ita, ut sit $\nu < \alpha$. Si enim m non est divisibilis per n, congruus erit secundum modulum n alicui potestati ipsius g, cuius exponens ad instar Disq. Ar. per ind. m commode exprimitur: statuendo itaque ind. $m = \lambda\alpha + \nu$, quod manifesto fieri potest, ita ut sit $\nu < \alpha$, erit $[r^m, R] = [r^{g^{\lambda\alpha+\nu}}, R] = R^{-\lambda}[r^{g^\nu}, R]$: faciendus est itaque $\mu = -\lambda$ aut si exponentem positivum desideras, $\mu \equiv -\lambda \pmod{\beta}$.

4.

THEOREMA. *Designante r' perinde ut r indefinite radicem aequationis $x^n - 1 = 0$, nec non R' perinde ut R indefinite radicem aequationis $x^\beta - 1 = 0$, erit productum*

$$[r, R] \times [r', R'] =$$
$$[rr', RR'] + R[r^{g^\alpha}r', RR'] + R^2[r^{g^{2\alpha}}r', RR']$$
$$+ R^3[r^{g^{3\alpha}}r', RR'] \ldots + R^{\beta\gamma-1}[r^{g^{\alpha\beta\gamma-\alpha}}r', RR']$$

Demonstr. Absolvendo multiplicationem ipsius $[r, R]$ per singulas partes ipsius $[r', R']$, productum in hac forma exhiberi potest

$$[r, R]r' + RR'[r^{g^\alpha}, R]r'^{g^\alpha} + R^2R'^2[r^{g^{2\alpha}}, R]r'^{g^{2\alpha}}$$
$$+ R^3R'^3[r^{g^{3\alpha}}, R]r'^{g^{3\alpha}} \ldots + R^{\beta\gamma-1}R'^{\beta\gamma-1}[r^{g^{\alpha\beta\gamma-\alpha}}, R]r'^{g^{\alpha\beta\gamma-\alpha}}$$

Collectis dein singularum partium rite evolutarum terminis primis, prodit $[rr', RR']$; perinde collectis terminis secundis, emergit $R[r^{g^\alpha}r', RR']$ et sic porro, unde tandem producti forma tradita conflatur. Q. E. D.

Ceterum per solam permutationem ipsarum r, R cum r', R' patet, idem productum etiam sub hanc formam poni posse:

$$[rr', RR'] + R'[rr'^{g^\alpha}, RR'] + R'^2[rr'^{g^{2\alpha}}, RR']$$
$$+ R'^3[rr'^{g^{3\alpha}}, RR'] \ldots . + R'^{6\gamma-1}[rr'^{g^{\alpha 6\gamma-\alpha}}, RR']$$

Hinc porro concluditur, si etiam r'', r''' etc. indefinite exprimant radices aequationis $x^n - 1 = 0$, nec non R'', R''' etc. indefinite radices aequationis $x^6 - 1 = 0$, productum e functionibus $[r, R]$, $[r', R']$, $[r'', R'']$, $[r''', R''']$ etc., quantacunque fuerit ipsarum multitudo, aequale fore aggregato

$$\Sigma R'^{k'} R''^{k''} R'''^{k'''} \text{ etc. } [rr'^{g^{\alpha k'}} r''^{g^{\alpha k''}} r'''^{g^{\alpha k'''}} \text{ etc.}, RR'R''R''' \text{ etc.}]$$

substitutis pro k', k'', k''' etc. omnibus numeris $0, 1, 2, 3 \ldots 6\gamma - 1$, omnibus modis diversis possibilibus inter se combinatis, quo pacto omnino $6^{\mu-1}\gamma^{\mu-1}$ termini emergent, si per μ multitudo illarum functionum inter se multiplicatarum denotatur.

5.

Formula, per quam in art. praec. productum e functionibus quotcunque expressimus, generalis est, neque ullum nexum inter radices r, r', r'', r''' etc., vel inter R, R', R'', R''' etc. supponit. Nullo inde negotio deducitur, si radices r', r'', r''' etc. tamquam potestates ipsius r, radicesque R', R'', R''' etc. tamquam potestates ipsius R considerare liceat, singulas partes producti sub forma $R^M [r^m, R^\lambda]$ comprehensas fore, ubi exponens λ pro singulis idem erit, scilicet $R^\lambda = RR'R''R'''$ etc. Quamobrem per ea, quae in art. 3 monuimus, huiusmodi productum reducetur ad formam sequentem

$$A[1, R^\lambda] + B[r, R^\lambda] + B'[r^g, R^\lambda] + B''[r^{g^2}, R^\lambda] + B'''[r^{g^3}, R^\lambda] + \text{etc.}$$
$$+ B^{(\alpha-1)}[r^{g^{\alpha-1}}, R^\lambda]$$

ubi singuli coëfficientes A, B, B', B'', B''' etc. erunt formae

$$h + h'R + h''R^2 + h'''R^3 + \text{etc.} + h^{(6-1)}R^{6-1}$$

designantibus h, h', h'', h''' etc. numeros determinatos integros.

Casus simplicissimus is erit, ubi ponitur $r = r' = r'' = r'''$ etc., nec non $R = R' = R'' = R'''$ etc.; tunc productum nostrum transit in potestatem $[r, R]^\lambda$, quae itaque ad formam supra traditam semper reveniet.

6.

Statuendo itaque $\lambda = \varepsilon$, potestas $[r, R]^\varepsilon$ hanc formam nanciscetur:

$$A[1,1] + B[r,1] + B'[r^g,1] + \text{etc.} + B^{(\alpha-1)}[r^{g^{\alpha-1}},1]$$
$$= \varepsilon\gamma A + B(\varepsilon\gamma,1) + B'(\varepsilon\gamma,g) + B''(\varepsilon\gamma,g^2) + \text{etc.} + B^{(\alpha-1)}(\varepsilon\gamma,g^{\alpha-1}) = \theta'$$

Quodsi itaque non modo valor radicis R (adeoque et valores coëfficientium A, B, B' etc.), sed etiam valores singulorum aggregatorum $\varepsilon\gamma$ terminorum $(\varepsilon\gamma, 1)$, $(\varepsilon\gamma, g)$ etc. cogniti supponuntur, valor ipsius θ' sponte innotescet, unde erui poterit $[r, R]$ per formulam $\sqrt[\varepsilon]{\theta'}$. Haec expressio ε valores diversos admittit; unde dubium videri posset, quemnam adoptare oporteat: facile autem ostenditur, hoc prorsus arbitrarium esse, quoties R sit radix *propria* aequationis $x^\varepsilon - 1 = 0$. In hoc enim casu patet, illos ε valores expressionis radicalis $\sqrt[\varepsilon]{\theta'}$ fore

$$[r, R], \ [r^{g^\alpha}, R], \ [r^{g^{2\alpha}}, R] \ \ldots . \ [r^{g^{\alpha\varepsilon-\alpha}}, R]$$

quippe quarum functionum potestates ε^{tae} per art. 3 inter se aequales erunt, ipsae vero inter se ipsis ε radicibus diversis aequationis $x^\varepsilon - 1 = 0$ proportionales: sed quamdiu aggregata $\varepsilon\gamma$ terminorum $(\varepsilon\gamma, 1)$, $(\varepsilon\gamma, g)$ etc. tantum cognita sunt, ipsa radix r eatenus tantum determinata est, quod in complexu $(\varepsilon\gamma, 1)$ contenta esse debet, arbitrariumque manet, quamnam ex hoc complexu pro r adoptemus. Hae radices vero sunt r, r^{g^α}, $r^{g^{2\alpha}}$ etc., et proin etiam e functionibus $[r, R]$, $[r^{g^\alpha}, R]$, $[r^{g^{2\alpha}}, R]$ etc. quamlibet pro $[r, R]$ adoptare possumus.

Hae conclusiones non valerent, si R non esset radix propria aequationis $x^\varepsilon - 1 = 0$; supponendo enim, R esse radicem propriam aequationis $x^{\varepsilon'} - 1 = 0$, ita ut ε' sit divisor ipsius ε, facile patet, fieri

$$[r, R] = [r^{g^{\alpha\varepsilon'}}, R], \quad [r^{g^\alpha}. R] = [r^{g^{\alpha\varepsilon'+\alpha}}, R] \text{ etc.}$$

adeoque in complexu ε functionum $[r, R]$, $[r^{g^\alpha}, R] \ldots [r^{g^{\alpha\varepsilon-\alpha}}, R]$ tantummodo ε' diversas reperiri, et proin etiam e valoribus expressionis $\sqrt[\varepsilon]{\theta'}$ haud plures quam ε' admissibiles esse, reliquos $\varepsilon - \varepsilon'$ autem spurios. At nullo negotio perspicitur, in hoc casu haud opus esse usque ad potestatum ε^{tam} functionis $[r, R]$ ascen-

dere, sed iam potestatem $[r,R]^{\mathfrak{6}'}$ ad formam nostram

$$\mathfrak{6}\gamma A + B(\mathfrak{6}\gamma, 1) + B'(\mathfrak{6}\gamma, g) + B''(\mathfrak{6}\gamma, g^2) \text{ etc.}$$

reduci. Habebimus itaque $[r,R]$ per expressionem talem $\sqrt[\mathfrak{6}']{\theta}$, nihilque intererit, quemnam valorem huius expressionis adoptemus.

7.

Perinde ut $[r,R]$ etiam functiones $[r,R^2]$, $[r,R^3]$ etc. sive generaliter $[r,R^k]$ determinare licebit: patet enim, si substituendo in θ' loco ipsius R potestates R^2, R^3 etc. R^k emergere supponantur functiones θ'', θ''' etc. $\theta^{(k)}$, fore $[r,R^2]^{\mathfrak{6}} = \theta''$, $[r,R^3]^{\mathfrak{6}} = \theta'''$ etc. et generaliter $[r,R^k]^{\mathfrak{6}} = \theta^{(k)}$; quamobrem hae quoque functiones per expressiones radicales exprimi poterunt, $[r,R^2] = \sqrt[\mathfrak{6}]{\theta''}$ etc. Sed haud convenit, hisce expressionibus radicalibus uti, quoties quantitas aliqua per functionem ipsarum $[r,R]$, $[r,R^2]$ etc. exprimenda est. Scilicet quum singularum valores haud penitus determinati sint, dubium maneret, quosnam inter se combinare liceret: manifesto autem hoc neutiquam arbitrarium est; facile enim perspicitur, simulac pro $[r,R]$ valor determinatus accipiatur, etiam omnes $[r,R^2]$, $[r,R^3]$ etc. valores penitus determinatos nancisci debere, qui autem per expressiones radicales non indicantur. His itaque reiectis, expressiones alias indagare oportet, quarum adiumento $[r,R^2]$, $[r,R^3]$ etc. *rationaliter* per $[r,R]$ atque quantitates cognitas exhibeantur, quod facile sequenti modo efficimus.

Per theorema art. 4, eaque quae in art. 5 docuimus, etiam productum $[r,R^k]\times[r,R]^{\mathfrak{6}-k}$ ad formam talem

$$\mathfrak{6}\gamma A + B(\mathfrak{6}\gamma, 1) + B'(\mathfrak{6}\gamma, g) + B''(\mathfrak{6}\gamma, g^2) + \text{ etc. } + B^{(\alpha-1)}(\mathfrak{6}\gamma, g^{\alpha-1})$$

reducetur, ubi A, B, B', B'' etc. erunt functiones rationales ipsius R. Positis itaque productis

$$[r,R^2]\times[r,R]^{\mathfrak{6}-2} = \vartheta''$$
$$[r,R^3]\times[r,R]^{\mathfrak{6}-3} = \vartheta'''$$
$$[r,R^4]\times[r,R]^{\mathfrak{6}-4} = \vartheta''''$$
etc.

erunt etiam ϑ'', ϑ''', ϑ'''' etc. quantitates rationaliter assignabiles, atque

$$[r, R^2] = \frac{\vartheta''}{\theta'}[r, R]^2$$
$$[r, R^3] = \frac{\vartheta'''}{\theta'}[r, R]^3$$
$$[r, R^4] = \frac{\vartheta''''}{\theta'}[r, R]^4$$
etc.

Hae expressiones itaque valores functionum $[r, R^2]$, $[r, R^3]$ etc. rationaliter exhibent, siquidem non fuerit $[r, R] = 0$, in quo casu indeterminatae fierent: at rigorose demonstrare possumus, numquam fieri posse $[r, R] = 0$, quoties quidem r denotet radicem ab 1 diversam, etiamsi expositionem huius demonstrationis, ne hic nimis prolixi fiamus, ad aliam occasionem nobis reservare oporteat.

8.

Quae in artt. praecc. exposuimus, usum praestant, si a periodis $\delta\gamma$ terminorum ad periodos γ terminorum descendere propositum est. Nullo scilicet negotio perspicitur, denotante R radicem propriam, haberi

$$\delta(\gamma, 1) = (\delta\gamma, 1) + [r, R] + [r, R^2] + [r, R^3] + \text{etc.} + [r, R^{\delta-1}]$$
$$\delta(\gamma, g^\alpha) = (\delta\gamma, 1) + R^{\delta-1}[r, R] + R^{\delta-2}[r, R^2] + R^{\delta-3}[r, R^3] + \text{etc.} + R[r, R^{\delta-1}]$$
$$\delta(\gamma, g^{2\alpha}) = (\delta\gamma, 1) + R^{2\delta-2}[r, R] + R^{2\delta-4}[r, R^2] + R^{2\delta-6}[r, R^3] + \text{etc.} + R^2[r, R^{\delta-1}]$$
etc.

Si hic pro singulis $[r, R]$, $[r, R^2]$ etc. expressiones radicales $\sqrt[\delta]{\theta'}$, $\sqrt[\delta]{\theta''}$ etc. acciperentur, valor cuiusvis seriei inter valores $\delta^{\delta-1}$ dubius esset, qui contra adoptatis expressionibus rationalibus pro $[r, R^2]$ etc. ambiguitati alii non erit obnoxius nisi quae per rei naturam est inevitabilis. Haec observatio attentionem ill. Lagrange subterfugisse videtur, qui methodum nostram in Disquis. arithm. art. 360 traditam, ubi haud inconsulto neglectis expressionibus radicalibus solas rationales proposueramus, *simplificavisse* sibi visus est, dum illas pro his substituit (Traité de la résolution numérique des équations; édition 2me pag. 311).

Ceterum vix opus est hic monere, simulac valores periodorum $(\gamma, 1)$, (γ, g^α) etc., aut tantummodo unius ex ipsis eruti sint, valores omnium reliquarum periodorum γ terminorum rationaliter inde deduci posse. Descensus itaque a periodis $\delta\gamma$ terminorum ad periodos γ terminorum requirit solutionem aequationum $x^\delta = 1$, $x^\delta = \theta'$. operationesque reliquae rationaliter perficientur.

9.

Haec omnia eodem fere modo iam in Disquis. Ar. pertractata fuerant; quaedam autem illic adiecta fuerant suppressa demonstratione, quam hic explere consultum iudicamus. Annuntiavimus illic, evolutionem valoris quantitatis radicalis $\sqrt[6]{\theta'}$, quae quandoquidem θ' est quantitas imaginaria, sectionem tum rationis tum anguli in $\mathfrak{б}$ partes requirere videtur, a sola posteriori pendere, prioremque semper ad solam extractionem unius radicis quadratae reduci posse: hoc ita demonstramus.

Designando ut supra quantitatem imaginariam $\sqrt{-1}$ per i, statuendoque $\theta' = P + iQ$, atque aliquem valorem expressionis $\sqrt[6]{\theta'} = p + iq$, ita ut P, Q, p, q sint reales, constat, si quantitates positivae E, e angulique F, f ita determinentur, ut sit $P = E\cos F$, $Q = E\sin F$, $p = e\cos f$, $q = e\sin f$, fore $e = \sqrt[6]{E}$, atque f aequalem alicui ex angulis

$$\tfrac{1}{6}F,\ \tfrac{1}{6}(F + 360^0),\ \tfrac{1}{6}(F + 720^0) \ldots . \tfrac{1}{6}(F + (6-1)360^0)$$

Determinabitur itaque f per sectionem anguli F in $\mathfrak{б}$ partes, at extractione radicis $\sqrt[6]{E}$ sequenti modo supersedere possumus. Quodvis productum $r^k R^K$ partem suam realem habet communem cum $r^{-k}R^{-K}$, partes imaginariae autem factorem i implicantes in his productis aequales sed oppositae erunt. Hinc sponte sequitur $[r^{-1}, R^{-1}] = p - iq = e(\cos f - i\sin f)$, adeoque

$$[r, R] \times [r^{-1}, R^{-1}] = e^2$$

Sed productum illud per theorema art. 4 fit

$$\begin{aligned} &= [1,1] + R[r^{g^{\alpha}-1}, 1] + R^2[r^{g^{2\alpha}-1}, 1] + \text{etc.} + R^{\mathfrak{б}\gamma-1}[r^{g^{\alpha\mathfrak{б}\gamma-\alpha}-1}, 1] \\ &= \mathfrak{б}\gamma + R(\mathfrak{б}\gamma, g^{\alpha}-1) + R^2(\mathfrak{б}\gamma, g^{2\alpha}-1) + \text{etc.} + R^{\mathfrak{б}\gamma-1}(\mathfrak{б}\gamma, g^{\alpha\mathfrak{б}\gamma-\alpha}-1) \end{aligned}$$

quae quantitas determinabilis est, si R omnesque periodi $\mathfrak{б}\gamma$ terminorum cognitae supponuntur. Determinatio ipsius e itaque solam extractionem radicis quadratae postulat.

In casu speciali, ubi $\alpha = 1$, singulae periodi $(\mathfrak{б}\gamma, g^{\alpha}-1)$, $(\mathfrak{б}\gamma, g^{2\alpha}-1)$ etc. manifesto sunt $= r + r^2 + r^3 + r^4 + \text{etc.} + r^{n-1}$, adeoque

$$\begin{aligned} ee &= \mathfrak{б}\gamma + (R + R^2 + R^3 + \text{etc.} + R^{\mathfrak{б}\gamma-1})(r + r^2 + r^3 + \text{etc.} + r^{n-1}) \\ &= \mathfrak{б}\gamma + 1 = n \end{aligned}$$

siquidem r et R radices ab 1 diversas exhibere supponuntur, et proin semper $e = \sqrt{n}$ (Disq. arithm. art. 360 fin.).

10.

Hactenus disquisitionem nostram summa generalitate instituimus, ut valores quoscunque numerorum α, β, γ complectatur: abhinc vero ad casum magis limitatum. ubi $\alpha = 1$, transibimus, qui ad disquisitiones foecundissimas et elegantissimas viam nobis sternet. Exprimet itaque signum $[r, R]$ functionem

$$r + Rr^g + R^2 r^{g^2} + R^3 r^{g^3} + \text{etc.} + R^{n-2} r^{g^{n-2}}$$

ubi n est numerus primus, r indefinite radix aequationis $x^n - 1 = 0$ (radice 1 non excepta), R indefinite radix aequationis $x^\beta - 1 = 0$, denotante β divisorem datum ipsius $n-1$, denique g integer, qui est radix primitiva determinata pro modulo n. Porro brevitatis caussa scribemus

$$1 + r + r^2 + r^3 + \text{etc.} + r^{n-1} = s$$
$$1 + R + R^2 + R^3 + \text{etc.} + R^{n-2} = S$$

unde patet s fieri $= n$ pro $r = 1$, sed $s = 0$ pro quovis alio valore ipsius r, et perinde $S = n-1$ pro $R = 1$, sed $S = 0$ pro quovis alio valore ipsius R.

Per art. 3 itaque habemus $[1, R] = S$, $[r, 1] = s - 1$; porro pro quovis valore integri m per n non divisibili $[r^m, R] = R^{-\operatorname{ind} m}[r, R]$, aut generalius $[r^m, R^M] = R^{-M \operatorname{ind} m}[r, R^M]$, ubi ind$m$ est exponens potestatis numeri g secundum modulum n ipsi m congruae. Applicando hanc transformationem ad ea, quae in art. 5 docuimus, sequitur, productum e duabus pluribusve functionibus talibus $[r^h, R^H]$ reduci ad formam hanc

$$A[1, R^\lambda] + B[r, R^\lambda]$$

ubi A et B erunt functiones rationales ipsius R cum coëfficientibus integris, atque λ aggregatum omnium valorum ipsius H. Magni momenti erit, huiusmodi transformationes ad algorithmum expeditum reducere, ad quem finem imprimis indoles producti e duabus functionibus propius nobis consideranda erit.

11.

Productum $[r, R^\mu] \times [r, R^\nu]$ per theorema art. 4 fit $=$

$$[r^2, R^{\mu+\nu}] + R^{\mu}[r^{g+1}, R^{\mu+\nu}] + R^{2\mu}[r^{g^2+1}, R^{\mu+\nu}] + R^{3\mu}[r^{g^3+1}, R^{\mu+\nu}] + \text{etc.}$$
$$+ R^{(n-2)\mu}[r^{g^{n-2}+1}, R^{\mu+\nu}]$$

Inter $n-1$ exponentes 2, $g+1$, g^2+1, g^3+1 etc. $g^{n-2}+1$ unus tantum repetitur per n divisibilis, puta $g^{\frac{1}{2}(n-1)}+1$, aggregati itaque nostri terminus respondens erit $R^{\frac{1}{2}(n-1)\mu}[1, R^{\mu+\nu}]$: hic terminus erit $=0$, quoties non est $R^{\mu+\nu}=1$, et $=(n-1)R^{\frac{1}{2}(n-1)\mu} = \pm(n-1)$, pro $R^{\mu+\nu}=1$. Partes reliquae aggregati nostri, quarum summam statuemus $=\Omega$, sequenti modo transformantur:

$$\begin{aligned}
[r^2, R^{\mu+\nu}] &= R^{-(\mu+\nu)\text{ind}\,2}[r, R^{\mu+\nu}]\\
R^{\mu}[r^{g+1}, R^{\mu+\nu}] &= R^{\mu-(\mu+\nu)\text{ind}(g+1)}[r, R^{\mu+\nu}]\\
R^{2\mu}[r^{g^2+1}, R^{\mu+\nu}] &= R^{2\mu-(\mu+\nu)\text{ind}(g^2+1)}[r, R^{\mu+\nu}]\\
R^{3\mu}[r^{g^3+1}, R^{\mu+\nu}] &= R^{3\mu-(\mu+\nu)\text{ind}(g^3+1)}[r, R^{\mu+\nu}]\\
&\text{etc.}
\end{aligned}$$

Hinc colligimus

I. $$\Omega = [r, R^{\mu+\nu}] \times \Sigma R^{\mu\,\text{ind}x-(\mu+\nu)\text{ind}(x+1)}$$

si pro x successive substituuntur valores $1, g, g^2, g^3 \ldots . g^{n-2}$ excepto hoc $g^{\frac{1}{2}(n-1)}$, seu quod manifesto eodem redit, si pro x substituuntur valores $1, 2, 3, 4 \ldots . n-2$, quoniam valores hi illis (etsi ordine mutato) congrui sunt secundum modulum n.

Statuendo integro y ipsi x reciprocum secundum modulum n, i. e. ita determinatum, ut fiat $xy \equiv 1 \pmod{n}$, erit $\text{ind}x \equiv -\text{ind}y \pmod{n-1}$, atque $\text{ind}(x+1)+\text{ind}y \equiv \text{ind}(xy+y) \equiv \text{ind}(1+y) \pmod{n-1}$; hinc fit

$$\begin{aligned}
\mu\,\text{ind}x-(\mu+\nu)\text{ind}(x+1) &\equiv -\mu\,\text{ind}y-(\mu+\nu)\{\text{ind}(y+1)-\text{ind}y\}\\
&\equiv \nu\,\text{ind}y-(\mu+\nu)\text{ind}(y+1)
\end{aligned}$$

Quamobrem quum numeri ipsis $1, 2, 3 \ldots n-2$ reciproci cum his ipsis ordine tantum mutato conveniant, etiam erit

II. $$\Omega = [r, R^{\mu+\nu}] \times \Sigma R^{\nu\,\text{ind}y-(\mu+\nu)\text{ind}(y+1)}$$

substituendo pro y successive numeros $1, 2, 3 \ldots n-2$. Eadem formula immediate ex I derivatur, quum manifesto numeros μ, ν inter se permutare liceat.

Denique statuendo integrum z ipsi $x+1$ reciprocum secundum modu-

lum n, sive $xz+z\equiv 1\,(\text{mod.}\,n)$, erit $\text{ind}(1-z)\equiv \text{ind}\,x+\text{ind}\,z\,(\text{mod.}\,n-1)$, $\text{ind}(x+1)\equiv -\text{ind}\,z\,(\text{mod.}\,n-1)$ adeoque

$$\begin{aligned}\mu\,\text{ind}\,x-(\mu+\nu)\,\text{ind}(x+1) &\equiv \mu(\text{ind}(1-z)-\text{ind}\,z)+(\mu+\nu)\,\text{ind}\,z\\ &\equiv \mu\,\text{ind}(1-z)+\nu\,\text{ind}\,z\end{aligned}$$

Quare quum percurrente x valores $1, 2, 3 \ldots n-2$, numerus z percurrere debeat valores $2, 3, 4 \ldots . n-1$ (etsi alio ordine), nanciscimur expressionem tertiam

$$\text{III.}\qquad \Omega=[r, R^{\mu+\nu}]\times\Sigma R^{\mu\,\text{ind}(1-z)+\nu\,\text{ind}\,z}$$

substituendo pro z successive valores $2, 3, 4 \ldots n-1$, aut si mavis

$$\begin{aligned}\text{IV.}\qquad \Omega&=[r, R^{\mu+\nu}]\times\Sigma R^{\mu\,\text{ind}(n+1-z)+\nu\,\text{ind}\,z}\\ &=[r, R^{\mu+\nu}]\times\Sigma R^{\mu\,\text{ind}\,z+\nu\,\text{ind}(n+1-z)}\end{aligned}$$

Quum habeatur $\text{ind}(1-z)=\frac{1}{2}(n-1)+\text{ind}(z-1)$, productum nostrum ita quoque exhiberi poterit:

$$\begin{aligned}[r, R^{\mu}]\times[r, R^{\nu}] &= R^{\frac{1}{2}(n-1)\mu}\{[1, R^{\mu+\nu}]+[r, R^{\mu+\nu}]\times\Sigma R^{\mu\,\text{ind}(z-1)+\nu\,\text{ind}\,z}\}\\ &= R^{\frac{1}{2}(n-1)\nu}\{[1, R^{\mu+\nu}]+[r, R^{\mu+\nu}]\times\Sigma R^{\mu\,\text{ind}\,z+\nu\,\text{ind}(z-1)}\}\end{aligned}$$

ubi semper pro z substituendi concipiuntur valores $2, 3, 4 \ldots . n-1$.

Ceterum in omnibus his formulis pro numeris

$$\mu\,\text{ind}\,x-(\mu+\nu)\,\text{ind}(x+1),\quad \nu\,\text{ind}\,y-(\mu+\nu)\,\text{ind}(y+1),\quad \mu\,\text{ind}(1-z)+\nu\,\text{ind}\,z$$

etc. manifesto ipsorum residua minima secundum modulum σ substitui poterunt.

Si $\mu+\nu\equiv 0\,(\text{mod.}\,\sigma)$ erit

$$\begin{aligned}&[r, R^{\mu}][r, R^{\nu}]=(n-1)R^{\frac{1}{2}(n-1)\mu}\\ &\quad+(r+r^2+r^3+\quad+r^{n-1})\times(1+R^{\mu}+R^{2\mu}+R^{3\mu}+\ldots+R^{(n-2)\mu}-R^{\frac{1}{2}(n-1)\mu})\end{aligned}$$

12.

Productum $[1, R^{\mu}]\times[r, R^{\nu}]$ per theorema art. 4 fit

$$\begin{aligned}&=[r, R^{\mu+\nu}]+R^{\mu}[r, R^{\mu+\nu}]+R^{2\mu}[r, R^{\mu+\nu}]+\text{ etc. }+R^{(n-2)\mu}[r, R^{\mu+\nu}]\\ &=[r, R^{\mu+\nu}]\times(1+R^{\mu}+R^{2\mu}+R^{3\mu}+\text{ etc. }+R^{(n-2)\mu})\\ &=[r, R^{\mu+\nu}]\times\tfrac{n-1}{\sigma}(1+R^{\mu}+R^{2\mu}+R^{3\mu}+\text{ etc. }+R^{(\sigma-1)\mu})\end{aligned}$$

Hinc productum $[1, R^{\mu}]\times[1, R^{\nu}]$ evolvitur in

$$\frac{n-1}{\mathfrak{f}}[1, R^{\mu+\nu}]\times(1+R^{\mu}+R^{2\mu}+R^{3\mu}+ \text{etc.} +R^{(\mathfrak{f}-1)\mu})$$

Nullo iam negotio generaliter productum $[r^m, R^{\mu}].[r^{m'}, R^{\mu'}]$ erui poterit, quum enim fiat $[r^m, R^{\mu}] = R^{-\mu \operatorname{ind} m}[r, R^{\mu}]$ pro valore ipsius m per n non divisibili, et $= [1, R^{\mu}]$ pro valore divisibili, et quum similis transformatio de factore altero $[r^{m'}, R^{\mu'}]$ valeat, multiplicatio vel ad problema art. praec. reducetur, vel ad casus eos, quos in hoc art. consideravimus.

13.

Postquam productum e duobus factoribus evolvere docuimus, evolutio producti e factoribus pluribus nulli difficultati obnoxia erit. Producto $[r, R^{\mu}]\times[r, R^{\nu}]$ ad formam $A[1, R^{\mu+\nu}]+B[r, R^{\mu+\nu}]$ reducto, patet, si accedat factor tertius $[r, R^{\pi}]$, productum fieri $= C[1, R^{\mu+\nu+\pi}]+D[r, R^{\mu+\nu+\pi}]$ statuendo

$$[r, R^{\mu+\nu}][r, R^{\pi}] = c[1, R^{\mu+\nu+\pi}]+d[r, R^{\mu+\nu+\pi}]$$

atque

$$C = Bc$$
$$D = Bd+A\{1+R^{\mu+\nu}+R^{2\mu+2\nu}+ \text{etc.} +R^{(n-2)(\mu+\nu)}\}$$

Hinc potestas $[r, R]^{\lambda}$ facile ad formam $A[1, R^{\lambda}]+B[r, R^{\lambda}]$ reduci poterit.

Exempli caussa evolvemus potestates functionis $[r, R]$ pro $n = 11$, $\mathfrak{f} = 5$, ubi statuemus $g = 2$. Hinc respondebunt

numeris 1.2.3.4.5.6.7.8.9.10
indices 0.1.8.2.4.9.7.3.6. 5

Habemus itaque ad evolutionem quadrati $[r, R]^2$ secundum formulam I art. 11:

$$\mu = 1, \quad \nu = 1$$

valores ipsius x	1.	2.	3.	4.	5.	6.	7.	8.	9
ind x	0.	1.	8.	2.	4.	9.	7.	3.	6
2 ind $(x+1)$	2.	16.	4.	8.	18.	14.	6.	12.	10
Res. min. ipsius ind. x — 2 ind. $(x+1)$ secundum modulum 5	3.	0.	4.	4.	1.	0.	1.	1.	1

unde deducimus

$$\Omega = [r, R^2] \times \{2 + 4R + R^3 + 2R^4\}$$

atque

1°. $$[r, R]^2 = [1, R^2] + [r, R^2] \times \{2 + 4R + R^3 + 2R^4\}$$

Eadem expressio resultat ex formula III art. 11 scilicet

valores ipsius z	2 . 3 . 4 . 5 . 6 . 7 . 8 . 9 . 10
ind z	1 . 8 . 2 . 4 . 9 . 7 . 3 . 6 . 5
ind $(n+1-z)$	5 . 6 . 3 . 7 . 9 . 4 . 2 . 8 . 1
resid. min. ipsius ind z + ind $(n+1-z)$ secundum modulum 5	1 . 4 . 0 . 1 . 3 . 1 . 0 . 4 . 1

Prorsus simili modo invenitur

2°. $$[r, R^2].[r, R] = [1, R^3] + [r, R^3] \times \{2 + R + 4R^2 + 2R^3\}$$

3°. $$[r, R^3].[r, R] = [1, R^4] + [r, R^4] \times \{2 + 4R + R^3 + 2R^4\}$$

Denique fit

4°. $$[r, R^4].[r, R] = [1, 1] + [r, 1] \times \{1 + 2R + 2R^2 + 2R^3 + 2R^4\}$$

Hinc multiplicando aequationem 1° per $[r, R]$ et substituendo pro $[r, R^2].[r, R]$ valorem suum ex 2°, nec non

$$[1, R^2].[r, R] = [r, R^3].\{2 + 2R + 2R^2 + 2R^3 + 2R^4\}$$

deducimus

$$[r, R]^3 = [1, R^3] \times \{2 + 4R + R^3 + 2R^4\}$$
$$+ [r, R^3] \times \{12 + 22R + 18R^2 + 24R^3 + 15R^4\}$$

et simili modo

$$[r, R]^4 = [1, R^4] \times \{12 + 22R + 18R^2 + 24R^3 + 15R^4\}$$
$$+ [r, R^4] \times \{164 + 170R + 205R^2 + 180R^3 + 190R^4\}$$
$$[r, R]^5 = [1, 1] \times \{164 + 170R + 205R^2 + 180R^3 + 190R^4\}$$
$$+ [r, 1] \times \{1836 + 1830R + 1795R^2 + 1820R^3 + 1810R^4\}$$
$$= 1640 + 1700R + 2050R^2 + 1800R^3 + 1900R^4$$
$$+ (1836 + 1830R + 1795R^2 + 1820R^3 + 1810R^4)(s - 1)$$
$$= 918Ss - 98S - (6R + 41R^2 + 16R^3 + 26R^4)s$$
$$+ 66R + 451R^2 + 176R^3 + 286R^4$$

14.

Calculus in praecc. ita absolutus, ut ad omnes valores ipsius r ipsiusque R extendi possit, notabiliter contrahitur, si ipsam R statim ab initio tamquam radicem propriam aequationis $x^6 - 1 = 0$ consideramus. Hacce suppositione productum $[r, R^\mu] \times [r, R^\nu]$ reducetur ad formam $B[r, R^{\mu+\nu}]$, quoties $\mu + \nu$ per 6 non est divisibilis; quando vero $\mu + \nu$ per 6 divisibilis est, illud productum fit $= (n-1) R^{\frac{1}{2}(n-1)\mu} + [r, 1] \Sigma R^{\mu \operatorname{ind} x}$, substituendo pro $\operatorname{ind} x$ omnes numeros $0, 1, 2, 3 \ldots . n-2$ excepto hoc $\frac{1}{2}(n-1)$. Hinc facile colligitur (si μ et proin etiam ν per 6 non est divisibilis), in hoc casu esse

$$[r, R^\mu] . [r, R^\nu] = R^{\frac{1}{2}(n-1)\mu} \{n - 1 - [r, 1]\}$$

adeoque $= 0$ pro $r = 1$, et $= n R^{\frac{1}{2}(n-1)\mu}$ pro quovis alio valore ipsius r. Ceterum quum $R^{\frac{1}{2}(n-1)\mu}$ fiat $= +1$, vel $= -1$, prout $\frac{n-1}{6} . \mu$ est numerus par vel impar, productum nostrum fit in casu priori $= n$, in posteriori $= -n$.

Hinc porro sequitur, statui posse

$$[r, R]^2 = A' [r, R^2]$$
$$[r, R^2] . [r, R] = A'' [r, R^3]$$
$$[r, R^3] . [r, R] = A''' [r, R^4]$$

etc. usque ad

$$[r, R^{6-2}] . [r, R] = A^{(6-2)} [r, R^{6-1}]$$

unde habemus

$$[r, R]^2 = A' [r, R^2]$$
$$[r, R]^3 = A' A'' [r, R^3]$$
$$[r, R]^4 = A' A'' A''' [r, R^4]$$

etc. Denique

$$[r, R]^6 = \pm n A' A'' A''' \ldots A^{(6-2)}$$

ubi signum superius vel inferius accipiendum est, prout $\frac{n-1}{6}$ par est vel impar.

Patet itaque, postquam valor ipsius $[r, R]$ inventus fuerit, functiones reliquas

$$[r, R^2] = \frac{[r, R]^2}{A'}, \quad [r, R^3] = \frac{[r, R]^3}{A' A''} \text{ etc.}$$

hic multo expeditius determinari posse, quam in casibus iis, ubi a non est $= 1$,

ut iam in *Disq. Ar.* (art. 360, III) monuimus. Per considerationem uberiorem indolis functionum A', A'' etc. hae operationes adhuc magis facilitabuntur.

15.

In art. 9 ostendimus, valorem functionis $[r, R]$ reduci posse ad formam $\sqrt{n}.(\cos f + i\sin f)$, eodemque modo functiones $[r, R^2]$, $[r, R^3]$ etc. usque ad $[r, R^{6-1}]$ ad similem formam reduci poterunt. Statuamus

$$[r, R] = \sqrt{n}(\cos f' + i\sin f')$$
$$[r, R^2] = \sqrt{n}(\cos f'' + i\sin f'')$$
$$[r, R^3] = \sqrt{n}(\cos f''' + i\sin f''')$$
etc.

eritque

$$A' = \sqrt{n}(\cos(2f' - f'') + i\sin(2f' - f''))$$
$$A'' = \sqrt{n}(\cos(f' + f'' - f''') + i\sin(f' + f'' - f'''))$$
$$A''' = \sqrt{n}(\cos(f' + f''' - f'''') + i\sin(f' + f''' - f''''))$$
etc.

Hinc patet, si functiones A', A'', A''' etc. reducantur ad formas

$$A' = a'(\cos b' + i\sin b')$$
$$A'' = a''(\cos b'' + i\sin b'')$$
$$A''' = a'''(\cos b''' + i\sin b''')$$
etc.

et quidem ita, ut omnes a', a'', a''' etc. sint positivi, fore

$$a' = a'' = a''' \text{ etc.} = \sqrt{n}$$
$$f' = \tfrac{1}{6}(b' + b'' + b''' + \text{ etc. } + b^{(6-2)})$$

si fuerit $\frac{n-1}{6}$ par, vel

$$f' = \tfrac{1}{6}(180^0 + b' + b'' + \text{ etc. } + b^{(6-2)})$$

si fuerit $\frac{n-1}{6}$ impar, ac dein

$$[r, R] = \sqrt{n}(\cos f' + i\sin f')$$
$$[r, R^2] = \sqrt{n}(\cos(2f' - b') + i\sin(2f' - b'))$$
$$[r, R^3] = \sqrt{n}(\cos(3f' - b' - b'') + i\sin(3f' - b' - b''))$$
etc.

denique erit per formulas art. 8

$$(\tfrac{n-1}{6}, 1) = -\tfrac{1}{6}+\tfrac{\sqrt{n}}{6}\{\cos f'+\cos(2f'-b')+\cos(3f'-b'-b'')+\text{ etc.}$$
$$+\cos((6-1)f'-b'-b''-b'''-\text{ etc. }-b^{(6-2)})\}$$
$$+\tfrac{i\sqrt{n}}{6}\{\sin f'+\sin(2f'-b')+\sin(3f'-b'-b'')+\text{ etc.}\}$$

et perinde prodeunt valores functionum $(\frac{n-1}{6}, g)$, $(\frac{n-1}{6}, g^2)$, $(\frac{n-1}{6}, g^3)$ etc., si in hac formula pro f' resp. substituitur $f'-\frac{360^\circ k}{6}$, $f'-2\frac{360^\circ k}{6}$, $f'-3\frac{360^\circ k}{6}$ etc., supponendo $R = \cos\frac{360^\circ k}{6}+i\sin\frac{360^\circ k}{6}$.

16.

Simplificatio nova ex observatione sequente petitur. Quum per art. 14 fiat

$$\pm[r, R][r, R^{6-1}] = [r, R^2][r, R^{6-2}] = \pm[r, R^3][r, R^{6-3}] \text{ etc. } = n$$

accipiendo [in producto primo, tertio etc.] signum superius vel inferius, prout $\frac{n-1}{6}$ par est vel impar, esse debebit in casu priori

$$\cos(f'+f^{(6-1)}) = \cos(f''+f^{(6-2)}) = \cos(f'''+f^{(6-3)}) \text{ etc. } = 1$$

in posteriori

$$-\cos(f'+f^{(6-1)}) = \cos(f''+f^{(6-2)}) = -\cos(f'''+f^{(6-3)}) \text{ etc. } = 1$$

et in utroque casu

$$\sin(f'+f^{(6-1)}) = \sin(f''+f^{(6-2)}) = \sin(f'''+f^{(6-3)}) \text{ etc. } = 0$$

Hinc statuere licebit in casu priori

$$f^{(6-1)} = -f',\quad f^{(6-2)} = -f'',\quad f^{(6-3)} = -f''' \text{ etc.}$$

in posteriori

$$f^{(6-1)} = 180^\circ-f',\quad f^{(6-2)} = -f'',\quad f^{(6-3)} = 180^\circ-f''' \text{ etc.}$$

hinc vero sequitur, in priori casu esse

$$b^{(6-2)} = b',\quad b^{(6-3)} = b'',\quad b^{(6-4)} = b''' \text{ etc.}$$
$$A^{(6-2)} = A',\quad A^{(6-3)} = A'',\quad A^{(6-4)} = A''' \text{ etc.}$$

in posteriori vero

$$b^{(\mathfrak{G}-2)} = b' - 180^0,\quad b^{(\mathfrak{G}-3)} = b'' + 180^0,\quad b^{(\mathfrak{G}-4)} = b''' - 180^0 \text{ etc.}$$
$$A^{(\mathfrak{G}-2)} = -A',\quad A^{(\mathfrak{G}-3)} = -A'',\quad A^{(\mathfrak{G}-4)} = -A''' \text{ etc.}$$

ita ut multitudo functionum A', A'', A''' etc. ad semissem reducatur. Hinc porro colligitur, in priori casu fore

$$f' = \tfrac{1}{\mathfrak{G}}(2b' + 2b'' + \text{etc.} + 2b^{(\frac{1}{2}\mathfrak{G}-1)})$$
$$\begin{aligned}(\tfrac{n-1}{\mathfrak{G}}, 1) = -\tfrac{1}{\mathfrak{G}} + \tfrac{\sqrt{n}}{\mathfrak{G}}\{&2\cos f' + 2\cos(2f' - b') + 2\cos(3f' - b' - b'') + \text{etc.}\\ &+ 2\cos((\tfrac{1}{2}\mathfrak{G} - 1)f' - b' - b'' - \text{etc.} - b^{(\frac{1}{2}\mathfrak{G}-2)})\\ &+ \cos(\tfrac{1}{2}\mathfrak{G}f' - b' - b'' - \text{etc.} - b^{(\frac{1}{2}\mathfrak{G}-1)})\}\end{aligned}$$

(ubi terminus ultimus manifesto est $= \cos 0 = 1$) vel

$$f' = \tfrac{1}{\mathfrak{G}}(2b' + 2b'' + \text{etc.} + 2b^{(\frac{1}{2}(\mathfrak{G}-3))} + b^{(\frac{1}{2}(\mathfrak{G}-1))})$$
$$\begin{aligned}(\tfrac{n-1}{\mathfrak{G}}, 1) = -\tfrac{1}{\mathfrak{G}} + \tfrac{\sqrt{n}}{\mathfrak{G}}\{&2\cos f' + 2\cos(2f' - b') + 2\cos(3f' - b' - b'') + \text{etc.}\\ &+ 2\cos(\tfrac{1}{2}(\mathfrak{G} - 1)f' - b' - b'' - \text{etc.} - b^{(\frac{1}{2}(\mathfrak{G}-3))})\}\end{aligned}$$

prout $\mathfrak{G}$ par est vel impar; et in casu posteriori

$$f' = \tfrac{1}{\mathfrak{G}}(2b' + 2b'' + \text{etc.} + 2b^{(\frac{1}{2}\mathfrak{G}-1)})$$
$$\begin{aligned}(\tfrac{n-1}{\mathfrak{G}}, 1) = -\tfrac{1}{\mathfrak{G}} + \tfrac{\sqrt{n}}{\mathfrak{G}}\{&2\cos(2f' - b') + 2\cos(4f' - b' - b'' - b''') + \text{etc.}\\ &+ 2\cos((\tfrac{1}{2}\mathfrak{G} - 2)f' - b' - b'' - \text{etc.} - b^{(\frac{1}{2}\mathfrak{G}-3)})\\ &+ \cos(\tfrac{1}{2}\mathfrak{G}f' - b' - b'' - \text{etc.} - b^{(\frac{1}{2}\mathfrak{G}-1)})\}\\ + i\tfrac{\sqrt{n}}{\mathfrak{G}}\{&2\sin f' + 2\sin(3f' - b' - b'') + \text{etc.}\\ &+ 2\sin((\tfrac{1}{2}\mathfrak{G} - 1)f' - b' - b'' - \text{etc.} - b^{(\frac{1}{2}\mathfrak{G}-2)})\}\end{aligned}$$

vel

$$f' = \tfrac{1}{\mathfrak{G}}(2b' + 2b'' + \text{etc.} + 2b^{(\frac{1}{2}\mathfrak{G}-1)} + 180^0)$$
$$\begin{aligned}(\tfrac{n-1}{\mathfrak{G}}, 1) = -\tfrac{1}{\mathfrak{G}} + \tfrac{\sqrt{n}}{\mathfrak{G}}\{&2\cos(2f' - b') + 2\cos(4f' - b' - b'' - b''') + \text{etc.}\\ &+ 2\cos((\tfrac{1}{2}\mathfrak{G} - 1)f' - b' - b'' - \text{etc.} - b^{(\frac{1}{2}\mathfrak{G}-2)})\}\\ + i\tfrac{\sqrt{n}}{\mathfrak{G}}\{&2\sin f' + 2\sin(3f' - b' - b'') + \text{etc.}\\ &+ 2\sin((\tfrac{1}{2}\mathfrak{G} - 2)f' - b' - b'' - \text{etc.} - b^{(\frac{1}{2}\mathfrak{G}-3)})\\ &+ \sin(\tfrac{1}{2}\mathfrak{G}f' - b' - b'' - \text{etc.} - b^{(\frac{1}{2}\mathfrak{G}-1)})\}\end{aligned}$$

prout $\frac{1}{2}\mathfrak{G}$ par est vel impar. De periodis reliquis $\frac{n-1}{\mathfrak{G}}$ terminorum eadem valent, quae supra annotavimus. Generaliter itaque hinc concluditur, ad determinationem harum periodorum requiri sectionem circuli integri in $\mathfrak{G}$ partes, a qua

constructio angulorum b', b'', b''' etc. rationaliter pendet, dein divisionem anguli $b'+b''+b'''+$ etc. in $\mathfrak{e}$ partes, denique radicem quadratam $\sqrt{n}$. Quodsi statuitur statim $\mathfrak{e} = \frac{1}{2}(n-1)$, periodi illae manifesto coincidunt cum duplicatis cosinibus angulorum $\frac{360^0}{n}$, $2\frac{360^0}{n}$, $3\frac{360^0}{n}$ etc. usque ad $\frac{1}{2}(n-1)\frac{360^0}{n}$, ita ut divisio circuli in n partes pendeat a divisione circuli integri in $\frac{1}{2}(n-1)$ partes, divisione anguli, qui illa sectione perfecta construi potest, in $\frac{1}{2}(n-1)$ partes, atque quantitate radicali $\sqrt{n}$. Si usque ad sinus angulorum $\frac{360^0}{n}$ etc. progredi constitutum est, una operatione amplius opus erit.

17.

Resumamus ad maiorem illustrationem exemplum art. 13, ubi invenimus

$$A' = A''' = 2+4R+R^3+2R^4 = 2R-2R^2-R^3$$
$$A'' = 2+R+4R^2+2R^3 = -R+2R^2-2R^4$$

Accipiendo pro R valorem $\cos 72^0 + i\sin 72^0$, erit

$$A' = A''' = 2\cos 72^0 - 3\cos 144^0 + i(2\sin 72^0 - \sin 144^0)$$
$$A'' = -3\cos 72^0 + 2\cos 144^0 + i(\sin 72^0 + 2\sin 144^0)$$

Determinabuntur itaque anguli b', b'' per aequationes

1) $$\sin b' = \frac{2\sin 72^0 - \sin 144^0}{\sqrt{11}}$$

2) $$\cos b' = \frac{2\cos 72^0 - 3\cos 144^0}{\sqrt{11}}$$

3) $$\operatorname{tang} b' = \frac{2\sin 72^0 - \sin 144^0}{2\cos 72^0 - 3\cos 144^0}$$

4) $$\sin b'' = \frac{\sin 72^0 + 2\sin 144^0}{\sqrt{11}}$$

5) $$\cos b'' = \frac{-3\cos 72^0 + 2\cos 144^0}{\sqrt{11}}$$

6) $$\operatorname{tang} b'' = \frac{\sin 72^0 + 2\sin 144^0}{-3\cos 72^0 + 2\cos 144^0}$$

Quaelibet aequationum 1, 2, 3 sufficit ad determinandum angulum b', si quadrans in quo accipiendus est innotuerit; hoc e signis quantitatum $2\sin 72^0 - \sin 144^0$, $2\cos 72^0 - 3\cos 144^0$ decidi debebit: idem valet de angulo b''. In casu nostro b' accipietur inter 0 et 90^0, b'' inter 90^0 et 180^0. Si aequationis 3 numerator et denominator multiplicantur per $-3\cos 72^0 + 2\cos 144^0$, transibit in hanc

$$\tang b' = \tfrac{2}{31}\{-\sin 72^0 + 13 \sin 144^0\}$$

et perinde ex aequatione 6, multiplicato numeratore et denominatore per $2\cos 72^0 - 3\cos 144^0$, prodit

$$\tang b'' = \tfrac{2}{31}\{-13 \sin 72^0 - \sin 144^0\}$$

Hinc fit in numeris

$$\tang b' = +0,4316226944,\quad \log\tang b' = 9,6351042715\quad b' = 23^0 20' 46'' 04603$$
$$\tang b'' = -0,8355819332,\quad \log\tang b'' = 9,9219890411\,n\quad b'' = 140^0 7' \,6'' 52441$$

unde derivatur

$$5f' = 186^0 48' 38'' 61647,\quad f' = 37^0 21' 43'' 723294$$

Habemus itaque

$$(2,1) = -\tfrac{1}{5} + \tfrac{\sqrt{11}}{5}\{2\cos 37^0\ 21' 43'' 723294 + 2\cos 51^0\ 22' 41'' 400558\}$$
$$(2,2) = -\tfrac{1}{5} + \tfrac{\sqrt{11}}{5}\{2\cos 325^0 21' 43'' 723294 + 2\cos 267^0 22' 41'' 400558\}$$
$$(2,4) = -\tfrac{1}{5} + \tfrac{\sqrt{11}}{5}\{2\cos 253^0 21' 43'' 723294 + 2\cos 123^0 22' 41'' 400558\}$$
$$(2,8) = -\tfrac{1}{5} + \tfrac{\sqrt{11}}{5}\{2\cos 181^0 21' 43'' 723294 + 2\cos 339^0 22' 41'' 400558\}$$
$$(2,5) = -\tfrac{1}{5} + \tfrac{\sqrt{11}}{5}\{2\cos 109^0 21' 43'' 723294 + 2\cos 195^0 22' 41'' 400558\}$$

unde invenitur

$$(2,1) = +1,6825070652 = 2\cos\frac{360^0}{11}$$
$$(2,2) = +0,8308299 \quad = 2\cos\frac{720^0}{11}$$
$$(2,4) = \quad = 2\cos\frac{1440^0}{11}$$
$$(2,8) = \quad = 2\cos\frac{2880^0}{11}$$
$$(2,5) = \quad = 2\cos\frac{1800^0}{11}$$

18.

Exemplum aliud nobis suppeditabit aequatio $x^{17} - 1 = 0$, quam per aliam methodum iam in *Disquis. Arithm.* pertractaveramus. Statuemus itaque $n = 17$, $\mathfrak{b} = 8$, $g = 3$; hinc respondent

numeris 1 . 2.3 . 4.5 . 6 . 7 . 8.9.10.11.12.13.14.15.16
indices 0.14.1.12.5.15.11.10.2 . 3 . 7.13 . 4 . 9 . 6 . 8

Hinc invenimus

$$A' = A''''''' = \quad 2R + 2R^2 \quad + 3R^4 + 4R^5 + 2R^6 + 2R^7$$
$$A'' = A'''''' = 2 + 3R \quad + R^3 + R^4 + 3R^5 + 4R^6 + R^7$$
$$A''' = A''''' = 3 + 3R + 2R^2 + 3R^3 \quad + R^5 + 2R^6 + R^7$$

sive, quum in hoc casu fiat $R^4 + 1 = 0$

$$A' = A''''''' = -3 - 2R - 2R^3$$
$$A'' = A'''''' = 1 - 4R^2$$
$$A''' = A''''' = 3 + 2R + 2R^3$$

Statuendo itaque $R = \cos 45^0 + i \sin 45^0$ erit

$$A' = A''''''' = -3 - 2i\sqrt{2}, \quad A'' = A'''''' = 1 - 4i, \quad A''' = A''''' = 3 + 2i\sqrt{2}$$

Invenientur itaque b', b'', b''' per aequationes

$$\sin b' = -\sqrt{\tfrac{8}{17}} \qquad \sin b'' = -\sqrt{\tfrac{16}{17}} \qquad \sin b''' = +\sqrt{\tfrac{8}{17}}$$
$$\cos b' = -\sqrt{\tfrac{9}{17}} \qquad \cos b'' = +\sqrt{\tfrac{1}{17}} \qquad \cos b''' = +\sqrt{\tfrac{9}{17}}$$
$$\operatorname{tang} b' = +\sqrt{\tfrac{8}{9}} \qquad \operatorname{tang} b'' = -4 \qquad \operatorname{tang} b''' = +\sqrt{\tfrac{8}{9}}$$

unde deducimus

$$b' = 223^0 18' 49'', \quad b'' = 284^0 2' 10'', \quad b''' = 43^0 18' 49'' = b' - 180^0$$
$$4f' = 550^0 39' 48'', \quad f' = 137^0 39' 57''$$

$$(2, 1) = -\tfrac{1}{8} + \tfrac{\sqrt{17}}{8}\{2\cos 137^0 39' 57'' + 2\cos 52^0 1' 5'' + 2\cos 265^0 38' 52'' + 1\}$$
$$(2, 3) = -\tfrac{1}{8} + \tfrac{\sqrt{17}}{8}\{2\cos 92^0 39' 57'' + 2\cos 322^0 1' 5'' + 2\cos 130^0 38' 52'' - 1\}$$
$$(2, 9) = -\tfrac{1}{8} + \tfrac{\sqrt{17}}{8}\{2\cos 47^0 39' 57'' + 2\cos 232^0 1' 5'' + 2\cos 355^0 38' 52'' + 1\}$$
$$(2, 10) = -\tfrac{1}{8} + \tfrac{\sqrt{17}}{8}\{2\cos 2^0 39' 57'' + 2\cos 142^0 1' 5'' + 2\cos 220^0 38' 52'' - 1\}$$
$$(2, 13) = -\tfrac{1}{8} + \tfrac{\sqrt{17}}{8}\{2\cos 317^0 39' 57'' + 2\cos 52^0 1' 5'' + 2\cos 85^0 38' 52'' + 1\}$$
$$(2, 5) = -\tfrac{1}{8} + \tfrac{\sqrt{17}}{8}\{2\cos 272^0 39' 57'' + 2\cos 322^0 1' 5'' + 2\cos 310^0 38' 52'' - 1\}$$
$$(2, 15) = -\tfrac{1}{8} + \tfrac{\sqrt{17}}{8}\{2\cos 227^0 39' 57'' + 2\cos 232^0 1' 5'' + 2\cos 175^0 38' 52'' + 1\}$$
$$(2, 11) = -\tfrac{1}{8} + \tfrac{\sqrt{17}}{8}\{2\cos 182^0 39' 57'' + 2\cos 142^0 1' 5'' + 2\cos 40^0 38' 52'' - 1\}$$

$$\tfrac{1}{2}(2,1) = +0{,}092268 = \cos\tfrac{4}{17}360^0$$
$$\tfrac{1}{2}(2,3) = \qquad = \cos\tfrac{5}{17}360^0$$
$$\tfrac{1}{2}(2,9) = \qquad = \cos\tfrac{2}{17}360^0$$
$$\tfrac{1}{2}(2,10) = \qquad = \cos\tfrac{6}{17}360^0$$
$$\tfrac{1}{2}(2,13) = +0{,}93247 = \cos\tfrac{1}{17}360^0$$
$$\tfrac{1}{2}(2,5) = \qquad = \cos\tfrac{3}{17}360^0$$
$$\tfrac{1}{2}(2,15) = \qquad = \cos\tfrac{8}{17}360^0$$
$$\tfrac{1}{2}(2,11) = \qquad = \cos\tfrac{7}{17}360^0$$

* * *

Ab his disquisitionibus generalioribus supra functiones $[r, R]$, quae theoriam secundam aequationum purarum in art. 360 *Disquiss. Ar.* inchoatam magis illustrant et ampliant, ad casuum quorundam specialium considerationem accuratiorem (puta si pro $\mathfrak{b}$ valores determinati accipiuntur) progredimur; plures hinc investigationes non minus fertiles quam elegantes prodibunt, quarum aliae quidem iam in *Disq. Ar.* (artt. . . .) pertractatae erant (sed per methodum diversam), aliae vero tamquam prorsus novae considerandae sunt. Mirum vero nexum inter hasce disquisitiones Arithmeticamque sublimiorem, quae incrementa maxima hactenusque inexspectata inde capit, in commentatione alia mox publici iuris facienda evolvere nobis reservamus. — Ceterum in tota disquisitione sequente supponemus, pro r accipi radicem *propriam* aequationis $x^n - 1 = 0$, et pro R radicem propriam aequationis $R^{\mathfrak{b}} - 1 = 0$.

19.

Initium facimus a valore $\mathfrak{b} = 2$, ubi itaque pro R accipiendus est valor -1. Functio itaque nostra $[r, R]$ fit

$$= r - r^g + r^{g^2} - r^{g^3} \dots - r^{g^{n-2}}$$

habeturque

$$[r, R] = -[r^g, R] = +[r^{g^2}, R] = -[r^{g^3}, R] \text{ etc.}$$

et generaliter, designante λ integrum quemcunque per n non divisibilem

$$[r^\lambda, R] = +[r, R] \text{ si } \lambda \text{ est residuum quadraticum ipsius } n,$$
$$[r^\lambda, R] = -[r, R] \text{ si } \lambda \text{ est non-residuum quadraticum ipsius } n.$$

Porro patet, si residua quadratica ipsius n inter $1, 2, 3 \ldots n-1$ contenta indefinite designentur per a, atque non-residua ipsius n inter eosdem limites per b, numeros

$$1, g^2, g^4 \ldots . g^{n-3}$$

si ad ordinem non respiciatur, congruos esse secundum modulum n numeris a, et perinde numeros

$$g, g^3, g^5 \ldots . g^{n-2}$$

congruos ipsis b, ita ut fiat $[r, R] = \Sigma r^a - \Sigma r^b$.

Quodsi itaque statuimus $\frac{360^\circ}{n} = \omega$, atque $r = \cos k\omega + i\sin k\omega$, erit $[r, R] = \Sigma\cos ak\omega - \Sigma\cos bk\omega + i\Sigma\sin ak\omega - i\Sigma\sin bk\omega$. Iam per art. 14 quadratum functionis $[r, R]$ erit $= +n$ vel $= -n$, prout n est formae $4z+1$ vel $4z-1$, adeoque in casu priori $[r, R] = \pm\sqrt{n}$, in posteriori $[r, R] = \pm i\sqrt{n}$; signum vero quantitati radicali praefixum ambiguum manet. Hinc derivantur summationes sequentes

I. Si n est formae $4z+1$

$$\Sigma\cos ak\omega - \Sigma\cos bk\omega = \pm\sqrt{n}$$
$$\Sigma\sin ak\omega - \Sigma\sin bk\omega = 0$$

II. Si n est formae $4z-1$

$$\Sigma\cos ak\omega - \Sigma\cos bk\omega = 0$$
$$\Sigma\sin ak\omega - \Sigma\sin bk\omega = \pm\sqrt{n}$$

Praeterea quum manifesto totus complexus numerorum a, b conveniat cum his $1, 2, 3 \ldots n-1$, fit $\Sigma r^a + \Sigma r^b = r + r^2 + r^3 + \text{etc.} + r^{n-1} = -1$, et proin $\Sigma\cos ak\omega + \Sigma\cos bk\omega = -1$, $\Sigma\sin ak\omega + \Sigma\sin bk\omega = 0$. Hinc e summationibus praecedentibus demanant sequentes:

I. Pro casu priori

$$\Sigma\cos ak\omega = -\tfrac{1}{2} \pm \tfrac{1}{2}\sqrt{n}$$
$$\Sigma\cos bk\omega = -\tfrac{1}{2} \mp \tfrac{1}{2}\sqrt{n}$$
$$\Sigma\sin ak\omega = \Sigma\sin bk\omega = 0$$

II. Pro casu posteriori

$$\Sigma\cos ak\omega = \Sigma\cos bk\omega = -\tfrac{1}{2}$$
$$\Sigma\sin ak\omega = \pm\tfrac{1}{2}\sqrt{n}$$
$$\Sigma\sin bk\omega = \mp\tfrac{1}{2}\sqrt{n}$$

Hae summationes per methodum haud multum diversam in *Disquiss. Arr.* art. 356 iam sunt erutae; neutra quidem methodus ambiguitatem signi quantitati radicali praefigendi tollere valet, attamen hunc defectum in commentatione peculiari nuper supplevimus, ubi demonstratum est, pro valore $k = 1$ signa superiora in omnibus formulis allatis accipi debere.

BEMERKUNGEN.

Von der ursprünglichen Fortsetzung dieser Abhandlung von art. 19 an, welche der Behandlung specieller Fälle gewidmet war, sind nur noch einige Artikel vorhanden, die sich mit der quadratischen Gleichung beschäftigen, deren Wurzeln die beiden $\frac{n-1}{2}$-gliedrigen Perioden sind; das Manuscript bricht im Anfang der Untersuchung ab, durch welche das Vorzeichen der bei der Auflösung derselben auftretenden Quadratwurzel bestimmt werden sollte; aus der Uebereinstimmung dieses noch vorhandenen Anfangs mit der Abhandlung Summatio quarumdam serierum singularium geht hervor, dass der Verfasser seinen Plan änderte, um die eben erwähnte Bestimmung des Vorzeichens zum Gegenstande einer besondern Abhandlung zu machen. Vergleicht man hiermit das Citat im art. 8 (wo im Manuscript statt der zweiten Ausgabe des Werkes von Lagrange durch ein Versehen die dritte angegeben war), so ergibt sich, dass diese Handschrift aus dem Jahre 1808 stammt. Dass aber die Publication des Vorhergehenden nicht aufgegeben war, lehrt ein bei art. 19 offenbar in späterer Zeit eingeschobenes Blatt, auf welchem eine andere Fortsetzung beginnt und bezüglich der Bestimmung des Vorzeichens schon auf die Abhandlung Summatio etc. verwiesen wird. Diese zweite Fortsetzung, welche aber auch bald abbricht, ist hier mitgetheilt. Der Text des durchaus druckfertigen Manuscriptes ist bei der Herausgabe treu beibehalten; nur in art. 16 mussten die Formeln für den zweiten Fall hinzugefügt werden.

R. Dedekind.

DÉMONSTRATION DE QUELQUES THÉORÈMES CONCERNANTS

LES PÉRIODES DES CLASSES DES FORMES BINAIRES DU SECOND DEGRÉ.

Théorème I. *Le nombre des classes (pr. pr.) d'un même déterminant, qui élevées à la dignité* P^{me}, *P étant ou un nombre premier ou la puissance d'un nombre premier* $= p^{\pi}$, *produisent la classe principale* K, *est égal ou à* 1 *ou à une puissance de ce même nombre premier* p.

Démonstration. Soit $(\mathfrak{Q})$ le groupe entier de toutes les classes en question et n leur nombre. Puisque la classe principale K est nécessairement contenue dans $(\mathfrak{Q})$, le théorème est évident, si elle y est la seule. Mais s'il y en a d'autres, le nombre des classes contenues dans la période de chacune sera une puissance de p; soit une d'elles A, et supposons que sa période $(\mathfrak{A})$ contienne p^{α} classes, qui seront toutes comprises dans $(\mathfrak{Q})$. Or si les classes de cette période $(\mathfrak{A})$ épuisent $(\mathfrak{Q})$, on aura $p^{\alpha} = n$, et le théorème sera démontré; sinon, soit B une classe quelconque de $(\mathfrak{Q})$ non contenue dans $(\mathfrak{A})$, et supposons que sa période soit développée jusqu'à ce qu'on y parvienne à une classe bB, qui soit en même temps parmi les classes de $(\mathfrak{A})$, ce qui doit nécessairement arriver, parceque du moins la classe principale est commune à cette période et à $(\mathfrak{A})$. Or supposant que bB soit la *première* classe dans la période de B commune à $(\mathfrak{A})$, ou b le plus petit possible, je dis

1°. Que b sera une puissance de p. Car il est évident qu'en faisant $b = p^{\beta}h$, $bB = iA$ et $hk \equiv 1 \,(\text{mod.}\, p^{\pi})$ (ce qui se pourra) on aura $kbB = p^{\beta}hkB = p^{\beta}B = ikA$,

c'est à dire que $p^{6}B$ sera aussi parmi les classes de $(\mathfrak{A})$, d'où il s'ensuit que $h=1$ et $b=p^{6}$.

2°. Qu'en désignant les classes $K, B, 2B \ldots (b-1)B$ par $(\mathfrak{B})$, toutes les compositions d'une classe de $(\mathfrak{A})$ avec une classe de $(\mathfrak{B})$ donneront $p^{\alpha+6}$ classes différentes. Car en supposant $mA+nB=m'A+n'B$ et $n=n'$, on aura nécessairement $m=m'$; si $n>n'$, on aura $(n-n')B=(m'-m)A$, ce qui est impossible, si l'on n'a pas $n=n'$.

3°. Que ces $p^{\alpha+6}$ classes différentes seront comprises sous (Ω), ce qui est évident.

Or, si ces $p^{\alpha+6}$ classes épuisent (Ω), le thèorème est démontré; sinon, on choisira une autre classe de (Ω) non contenue parmi celles-là, savoir C; on continuera sa période jusqu'à ce qu'on y parvienne à une classe déjà comprise sous les classes composées de $(\mathfrak{A})$ et $(\mathfrak{B})$. Par un raisonnement semblable au précédent on démontrera, que l'exposant de cette classe doit être une puissance de p, $=p^{\gamma}$, et que la composition des p^{γ} classes premières de la période de C avec les $p^{\alpha+6}$ classes déjà trouvées donnera $p^{\alpha+6+\gamma}$ classes différentes toutes comprises dans (Ω). Si ces classes n'épuisent pas encore (Ω), on traitera de la même manière une quatrième classe D etc. et il est évident que (Ω) étant formé d'un nombre fini de classes, ces opérations finiront aussi et qu'on aura n égal à une puissance de p. C. Q. F. D.

Théorème. II. *Le nombre de toutes les classes du genre principal étant exprimé par $a^{\alpha} b^{6} c^{\gamma}$ etc., a, b, c, dénotant des nombres premiers différents, il y aura dans ce genre $a^{\alpha}, b^{6}, c^{\gamma}$ etc. classes, qui étant élevées à la dignité $a^{\alpha}, b^{6}, c^{\gamma}$ etc. resp. produisent la classe principale.*

Démonstration. Soient A, A', A'' etc. toutes les classes qui élevées à la dignité a^{α} produisent K et $(\mathfrak{A})$ leur totalité; de même B, B', B'' etc. $(\mathfrak{B})$, C, C', C'', $(\mathfrak{C})$ etc. etc. Je dis que de la composition de toutes les classes de $(\mathfrak{A})$ avec toutes les classes de $(\mathfrak{B})$ avec toutes les classes de $(\mathfrak{C})$ etc. il proviendra des classes différentes entre elles. Car si $A+B+C\ldots=A'+B'+C'\ldots$ etc., on aura, en faisant $A-A'=A''$, $B-B'=B''$ etc.,

$$A''+B''+C'' \text{ etc.} = K$$

donc élevant à la dignité $b^{6}c^{\gamma}$ etc., $(b^{6}c^{\gamma}\ldots)A''=K$, d'où il s'ensuit facilement

$A'' = K$ et $A = A'$ et de la même manière on aura $B = B'$, $C = C'$ etc. Soit la totalité de ces classes $= (S)$. De plus il est clair que toutes ces classes seront du genre principal. Enfin il ne peut exister aucune classe dans le genre principal qui ne soit comprise sous (S). Soit . . .

BEMERKUNG.

Dieses im Jahre 1801 geschriebene Fragment bezieht sich auf Disq. Arithm. art. 306, IX. Das Wort *dignité* wird hier in einem sonst nicht üblichen Sinne gebraucht.

STERN.

[I.]

DE NEXU INTER MULTITUDINEM CLASSIUM, IN QUAS FORMAE BINARIAE SECUNDI GRADUS DISTRIBUUNTUR, EARUMQUE DETERMINANTEM.

COMMENTATIO PRIOR

SOCIETATI REGIAE EXHIBITA 1834....

1.

Triginta tres iam elapsi sunt anni, ex quo principia nexus mirabilis, cui haec commentatio dicata est deteximus, uti iam in fine *Disquisitionum Arithmeticarum* annunciatum est. Sed aliae occupationes ab hac scrutatione per longum tempus detraxerant, donec recentiori tempore ad eam reverti et per novas curas eam ampliare contigit. Attamen quum haec nova Arithmeticae Sublimioris pars limites unius commentationis excedat, haecce prior formis determinantium negativorum dicata erit: formae vero determinantium positivorum, quae tractationem prorsus peculiarem requirunt, commentationi alteri reservatae manere debebunt.

2.

Basis totius argumenti est disquisitio peculiaris circa multitudinem omnium combinationum valorum integrorum, quos duo numeri integri indefiniti x, y intra ambitum praescriptum accipiunt. Manifesto hoc problema etiam sub aspectu geometrico exhiberi potest, ut eruatur multitudo *numerorum complexorum*, quorum repraesentatio intra figuram praescriptam cadit. Indoles figurae ex indole lineae quae eam circumdat, adeoque pendebit vel ab unica aequatione inter coordinatas x; y (quoties peripheria est curva in se rediens) vel a pluribus huiusmodi aequa-

tionibus (quoties constat e pluribus partibus curvis seu rectis), pendebitque ab arbitrio nostro, utrum puncta numeris integris complexis respondentia, si quae forte in ipsa peripheria sint, multitudini annumerare velimus an inde excludere.

In repraesentatione analytica problematis conditiones illius limitationis semper ita exhiberi poterunt, ut functio data variabilium x, y vel una vel plures P, Q, R etc. nancisci debeant valores positivos, vel non-negativos (prout valor 0 vel excluditur vel admittitur).

Ita e. g. si figura praescripta est circulus, cuius radius $= \sqrt{A}$, dum centrum cadit in punctum numero complexo integro respondens, conditio analytica erit, ut $A - xx - yy$ non sit negativus, siquidem, quod semper supponemus, puncta in ipsa peripheria sita retinere placet. Si figura est triangulum, tres functiones lineares $ax + by + c$, $a'x + b'y + c'$, $a''x + b''y + c''$ valores non-negativos habere debent, similiterque in aliis casibus.

3

Solutio problematis *exacta*, generaliter loquendo, ita procedere debet, ut primo e natura conditionum variabilis altera e. g. x intra limites coërceatur, inter quos valores singuli integri deinceps percurrant, et quot valores integri alterius y singulis respondeant, eruere oportet, quorum multitudines dein in summam colligi debent. In casibus specialibus plerumque aderunt artificia specialia ad laborem abbreviandum.

E. g. si figura, ut supra, est circulus, cuius radius $= \sqrt{A}$, sit r integer proxime minor quam $\sqrt{A}$, vel ipse $\sqrt{A}$, si A est quadratum. Perinde sint r', r'', r''' etc. $r^{(r)}$ integri proxime minores quam $\sqrt{(A-1)}$, $\sqrt{(A-4)}$, $\sqrt{(A-9)}$ etc. usque ad $\sqrt{(A-rr)}$. Tunc multitudo quaesita erit

$$= 2r+1+2(2r'+1)+2(2r''+1)+2(2r'''+1)+ \text{etc.}$$
$$= 1+4r+4r'+4r''+4r'''+ \text{etc.} +4r^{(r)}$$

Brevior erit in hoc exemplo methodus sequens. Sit q integer proxime minor quam $\sqrt{\tfrac{1}{2}A}$ (vel huic aequalis, quoties est integer), atque $r^{(q+1)}$, $r^{(q+2)}$, $r^{(q+3)}$ etc. integri proxime minores quam $\sqrt{(A-(q+1)^2)}$, $\sqrt{(A-(q+2)^2)}$, $\sqrt{(A-(q+3)^2)}$ etc. usque ad $\sqrt{(A-rr)}$. Tunc erit multitudo quaesita

$$= 4qq+1+4r+8(r^{(q+1)}+r^{(q+2)}+r^{(q+3)}+ \text{etc.} +r^{(r)})$$

Per hanc formulam eruta est multitudo

A		A		A	
100	317	1000	3149	10000	31417
200	633	2000	6293	20000	62845
300	949	3000	9425	30000	94237
400	1257	4000	12581	40000	125629
500	1581	5000	15705	50000	157093
600	1885	6000	18853	60000	188453
700	2209	7000	21993	70000	219901
800	2521	8000	25137	80000	251305
900	2821	9000	28269	90000	282697
1000	3149	10000	31417	100000	314197

4.

Ad propositum nostrum non requiritur determinatio exacta, sed potius indagatio expressionis, quae ad multitudinem exactam quam prope velis accedere potest, dum limites in infinitum ampliantur. Sed ante omnia quum haec aliquid vagi involvant, rem exactius explicare oportet.

Supponemus itaque, functiones P, Q, R etc. praeter variabiles x, y implicare elementum constans k, ita ut singulae P, Q, R etc. sint functiones homogeneae trium quantitatum x, y, k. Hoc pacto figura per aequationes $P = 0$, $Q = 0$, $R = 0$ etc. determinata pendebit a k, ita ut valoribus diversis ipsius k respondeant figurae similes et respectu initii coordinatarum similiter positae, dimensionesque lineares similes valoribus ipsius k, areae valoribus ipsius kk proportionales erunt. Denotetur iam multitudo punctorum intra figuram per M, area per V, patetque M et V, crescente k, crescere debere; crescente vero k in infinitum, M et V ad rationem aequalitatis quam proxime velis accedent, vel si elementarem claritatem postulas, proposita quantitate quantumvis parva λ, semper assignari poterit terminus talis, ut pro quolibet valore ipsius k hunc terminum superante certo $\frac{M}{V}$ iacere debeat inter $1-\lambda$ et $1+\lambda$. Secundum morem suetum hoc ita indicare licet: fieri $M = V$ pro valore infinito ipsius k.

In exemplo nostro conditio requisita locum tenet, statuendo $k = \sqrt{A}$, curvaque fit circulus, cuius area $= \pi A$, denotante π semicircumferentiam circuli pro radio $= 1$. Numeri supra traditi convergentiam luculenter addigitant.

Ceterum si operae pretium esset, facile demonstrationem illius theorematis antiquo rigore absolvere possemus, quam tamen hocce quidem loco supprimere maluimus ad difficiliora properantes.

5.

In hacce commentatione limes per *unicam* aequationem talem exprimetur $axx+2bxy+cyy=A$, ita quidem ut a, b, c sint integri, atque $bb-ac$ numerus negativus quem statuemus $=-D$. Manifesto curva figuram definiens erit ellipsis, patetque facile, quadrata semiaxium esse radices aequationis

$$(ac-bb)qq-(a+c)Aq+AA=0 \text{ sive } =A\left(\frac{a+c\pm\sqrt{(4bb+(a-c)^2)}}{2(ac-bb)}\right)$$

Productum harum radicum fit $\frac{AA}{ac-bb}=\frac{AA}{D}$, proin area ellipsis $=\frac{\pi A}{\sqrt{D}}$. Hinc itaque colligitur, multitudinem omnium combinationum valorum integrorum ipsarum x, y, pro quibus $axx+2bxy+cyy$ valorem A non superet, crescente A continuo magis appropinquare ad $\frac{\pi A}{\sqrt{D}}$, et pro A infinito huic valorem aequalem statui debere. Ceterum manifestum est, hocce respectu nihil interesse, utrum combinatio $x=0$, $y=0$ reliquis annumeretur, an inde excludatur. Hoc itaque modo multitudo quaesita (in ratione posteriori) nihil aliud est, nisi aggregatum multitudinum repraesentationum singulorum numerorum $1, 2, 3, \ldots A$ per formam binariam secundi gradus $axx+2bxy+cyy$; et quum inter illos numeros alii omnino per hanc formam repraesentari nequeant, alii plures, alii pauciores repraesentationes admittant, quantitas $\frac{\pi}{\sqrt{D}}$ consideranda erit tamquam valor medius multitudinis repraesentationum numeri positivi indefiniti per formam quamlibet. cuius determinans $=-D$

6.

Antequam quae hinc sequantur generaliter perscrutemur, ut modus argumentationis facilius penetrari possit, casus quosdam singulares evolvere visum est. Resumamus itaque primo formam $xx+yy$, pro qua itaque multitudo repraesentationum numeri indefiniti valorem medium $=\pi$ nanciscitur. Multitudo vero repraesentationum actualium numeri dati haud difficile e principiis generalibus in Disquisitionibus Arithmeticis stabilitis determinatur. Designemus per fA multitudinem repraesentationum numeri A, quae erit $=4$, si $A=1$ vel 2 vel potestas binarii; $=8$, si A est numerus primus formae $4n+1$, vel productum

talis numeri primi in potestatem binarii; $=0$, si A est numerus primus formae $4n+3$, vel per talem numerum primum divisibilis, neque vero per ipsius quadratum; denique *generaliter*

$$\text{vel} = 4(\alpha+1)(\beta+1)(\gamma+1)\ldots$$
$$\text{vel} = 0$$

prout, reducto numero A ad formam $2^{\mu}Sa^{\alpha}b^{\beta}c^{\gamma}\ldots$, designantibus a, b, c etc. numeros primos inaequales formae $4n+1$, S autem productum e numeris primis formae $4n+3$, si qui inter factores numeri A semel pluriesve occurrunt, numerus S est vel quadratum vel non quadratum. Patet itaque, fA unice pendere a modo, quo numeri primi 3, 5, 7, 11, 13 etc. inter factores numeri A reperiuntur, ita ut generaliter statuere oporteat

$$fA = 4(3).(5).(7).(11).(13)\ldots.$$

si valores characterum (3), (5), (7) etc. ita acceptos supponimus, ut denotante p numerum primum sit

primo $(p)=1$, si p ipsum A non metitur

secundo $(p)=\alpha+1$, si p est formae $4n+1$, atque p^{α} potestas summa ipsum A metiens

tertio $(p)=0$, si p est formae $4n+3$, atque exponens potestatis altissimae ipsius p ipsum A metientis est impar; denique

quarto $(p)=1$, si p est formae $4n+3$, atque exponens potestatis summae ipsius p ipsum A metientis est par.

Manifesto casus primus sub secundo et quarto continetur.

Hoc itaque modo termini progressionis $f1$, $f2$, $f3$, $f4$ etc. valde irregulariter procedunt, etiamsi quo maior multitudo sumatur, eo accuratius valor medius $=\pi$ inde surgere debeat. Aggregatum $f1+f2+f3+\ldots+fA$ denotabimus per FA.

7.

Statuamus iam generaliter $fm+f3m=f'm$, perspicieturque facile, fieri

$$f'A = 4(5).(7).(11).(13)\ldots$$

i. e. $f'A$ a relatione ipsius A ad divisorem 3 erit independens, unde seriei $f'1$, $f'2$, $f'3$, $f'4$, $f'5$, $f'6$ etc. irregularitas tum serius incipiet tum longe minor erit. Porro si statuimus

$$f'1+f'2+f'3+f'4+\text{ etc. }+f'm = F'm$$

erit

$$F'3A = F3A+f3+f6+f9+\,..\,+f9A$$
$$= F3A+FA$$

Hinc facile concluditur crescente A in infinitum, statui debere

$$F'3A = 4\pi A$$

sive valorem medium terminorum seriei $f'1$, $f'2$, $f'3$, $f'4$ etc. esse

$$= \tfrac{4}{3}\pi$$

Simili modo statuendo generaliter $-f'm+f'5m = f''m$, fiet

$$f''A = 4(7)(11)(13)\ldots$$

sive e serie nova $f''1$, $f''2$ etc. abeunt vacillationes a relatione ad numerum 5 pendentes. Statuendoque aggregatum

$$f''1+f''2+f''3+\ldots+f''m = F''m$$

fiet

$$F''5m = -F'm+F'5m$$

unde concluditur crescente m in infinitum, statui debere

$$F''5m = \tfrac{4}{3}\pi\,.\,4m$$

sive valorem medium terminorum seriei esse $= \frac{4}{3}\,.\,\frac{4}{5}\pi$.

Si eodem modo ulterius procedimus, progressiones novas formando, dum deinceps factores (7), (11), (13), (17) etc. tollimus, hae continuo magis ad invariabilitatem appropinquabunt, valoresque medii deinceps novos factores $\frac{8}{7}$, $\frac{12}{11}$, $\frac{12}{13}$, $\frac{16}{17}$, $\frac{20}{19}$ etc. nanciscentur, ubi denominatores erunt numeri primi serie naturali, numeratores vero unitate vel maiores vel minores, prout illi sunt formae $4n-1$, vel $4n+1$. Quare quum hoc processu in infinitum continuato valor con-

stans 4 valori medio continuo propior fieri debeat, habemus

$$4 = \pi . \tfrac{4}{3} . \tfrac{4}{5} . \tfrac{8}{7} . \tfrac{12}{11} . \tfrac{12}{13} \ldots \text{ in inf.}$$

sive

$$\pi = 4 . \frac{3}{3+1} . \frac{5}{5-1} . \frac{7}{7+1} . \frac{11}{11+1} . \frac{13}{13-1} \ldots$$

Si singulae fractiones evolvuntur in series infinitas

$$\frac{3}{3+1} = 1 - \frac{1}{3} + \frac{1}{9} - \frac{1}{27} + \ldots$$

$$\frac{5}{5-1} = 1 + \frac{1}{5} + \frac{1}{25} + \frac{1}{125} + \ldots$$

$$\frac{7}{7+1} = 1 - \frac{1}{7} + \frac{1}{49} - \frac{1}{343} + \ldots$$

etc.

productum facile evolvitur in

$$1 - \tfrac{1}{3} + \tfrac{1}{5} - \tfrac{1}{7} + \tfrac{1}{9} - \tfrac{1}{11} + \tfrac{1}{13} \ldots .$$

cuius seriei summam esse $= \frac{1}{4}\pi$ vulgo notum est. Revera via inversa olim iam hinc aequalitas inter $\frac{1}{4}\pi$ et productum infinitum $\frac{4}{3} . \frac{4}{5} . \frac{8}{7} \ldots$ ab ill. Euler erutum fuerat (*Introd. in analys. inf.* T. i. Cap. xv. art. 285).

8.

Consideremus secundo loco formam $xx + 2yy$, pro qua multitudo repraesentationum numeri indefiniti valorem medium $= \frac{\pi}{\sqrt{2}}$ habebit. Designando per fA multitudinem repraesentationum numeri dati A per istam formam, haec erit $= 2$ pro $A = 1$ vel $A = 2$, vel quoties A est potestas binarii; porro $fA = 4$, quoties A est aliquis e serie numerorum primorum, quorum residuum quadraticum est -2, sive qui sunt formae $8k+1$, $8k+3$, puta $A = 3, 11, 17, 19, 41, 43$ etc.; denique $fA = 0$, quoties A est numerus primus, cuius non-residuum quadraticum est -2, puta e serie 5, 7, 13, 23, 29, 31 etc. sive vel formae $8k+5$, vel formae $8k+7$. Generaliter vero statui debet

$$\text{vel } fA = 2(\alpha+1)(\beta+1)(\gamma+1) \ldots$$
$$\text{vel } fA = 0$$

prout reducto numero A ad formam $2^\mu S a^\alpha b^\beta c^\gamma \ldots$, designantibus a, b, c etc. numeros primos inaequales formae $8k+1$, $8k+3$, contra S productum e nu-

meris reliquis (formae $8k+5$, $8k+7$), si qui inter factores numeri A habentur, prout S est quadratum vel non quadratum. Hinc per ratiocinia prorsus similia ut in art. praec. a serie $f1$, $f2$, $f3$, $f4$, $f5$ etc. puta 2, 2, 4, 2, 0, 2 etc. deinceps ad alias continuo longius *constantes* progrediemur, quarum valores *medii* sint deinceps $\frac{\pi}{\sqrt{2}}$, $\frac{\pi}{\sqrt{2}}\cdot\frac{2}{3}$, $\frac{\pi}{\sqrt{2}}\cdot\frac{2}{3}\cdot\frac{6}{5}$, $\frac{\pi}{\sqrt{2}}\cdot\frac{2}{3}\cdot\frac{6}{5}\cdot\frac{8}{7}$ etc.; progrediemur ita, ut deducamur ad aequationcm

$$2=\frac{\pi}{\sqrt{2}}\cdot\frac{2}{3}\cdot\frac{6}{5}\cdot\frac{8}{7}\cdot\frac{10}{11}\cdot\frac{14}{13}\cdot\frac{16}{17}\cdot\frac{18}{19}\cdots$$

ubi denominatores constituunt seriem naturalem numerorum primorum, numeratores vero unitate minores sunt, quoties denominatores sunt formae $8k+1$, vel $8k+3$, contra unitate maiores, quoties denominatores sunt formae $8k+5$ vel $8k+7$.

[II.]

DE NEXU INTER MULTITUDINEM CLASSIUM, IN QUAS FORMAE BINARIAE SECUNDI GRADUS DISTRIBUUNTUR, EARUMQUE DETERMINANTEM.

COMMENTATIO PRIOR

SOCIETATI REGIAE EXHIBITA 1837 . . .

1.

Triginta sex elapsi sunt annni, ex quo principia nexus mirabilis in hac commentatione tractandi detecta sunt, uti iam in fine *Disquisitionum arithmeticarum* annuntiatum est. Sed aliae occupationes per longum tempus ab hac scrutatione detraxerant, donec recentiori tempore ad eam reverti, et per novas curas eam ampliare contigerit. Attamen quum ambitus huius novae Arithmeticae Sublimioris partis limites unius commentationis transgrediatur, haecce prior formis determinantium negativorum dicata erit: formae autem determinantium positivorum, quae tractationem prorsus peculiarem requirunt, commentationi alteri reservatae manebunt.

2.

Ad propositum nostrum opus erit theoremate per se quidem arithmetico, cuius tamen indolem commodius et clarius per considerationes in forma geometrica exhibendas ob oculos ponere licet.

Proposita in plano indefinito figura per lineam qualemcunque terminata, illius area approximative assignari poterit, si plano in quadrata dispertito multitudo tum eorum quae integra sunt intra figuram, tum eorum quae ambitus figurae secat, numeretur, manifestoque area justo minor vel maior prodibit, prout quadrata posteriora vel omittuntur vel prioribus adnumerantur: si vero quadrata posteriora in limine sita, ad normam qualiscunque principii, partim excludere partim adnumerare placuerit, error modo positivus modo negativus esse poterit, necessario tamen minor quam aggregatum cunctorum quadratorum in limine. Quo minora quadrata accipiantur, eo exactius hoc modo area determinabitur, talemque approximationem in infinitum producere sive quadrata tam parva accipere licebit, ut error quavis quantitate data minor evadat. Quod quamquam iam per se evidens esse videatur, tamen demonstratione rigorosa munire non aspernabimur.

Bina quadrata vel unum punctum angulare, vel duo, vel nullum commune habere possunt; in casu primo et secundo contigua, in tertio disiuncta dicentur. Manifesto quadrata, quae omnia inter se contigua sint, quaterna tantum exstant, adeoque inter quina quadrata diversa duo ad minimum disiuncta inveniri debent. Iam quum distantia inter duo puncta in quadratis disiunctis sita nequeat esse minor quam latus quadratorum, quod per a designabimus, patet, si punctum a quocunque alicuius quadrati loco profectum deinceps quadratum secundum, tertium, quartum traiecerit, tandem ad quintum pervenerit, longitudinem viae certe non esse minorem quam a. Et quum simili ratione si linea continuo alia quadrata permeat, pars inter quadratum quintum et nonum, nec non inter nonum et decimum tertium etc. non possit esse minor quam a, facile colligimus, lineam quamcunque in se ipsam redeuntem, quae omnino n quadrata diversa attigerit, certo non posse esse minorem quam $\frac{(n-4)a}{4}$. Vice versa itaque linea clausa, cuius longitudo est $= l$, certo plura quam $4+\frac{4l}{a}$ quadrata diversa attigisse non potest. Quorum area $= 4aa+4al$ quum decrescente a in infinitum quavis quantitate data minor fieri possit, idem a potiori valebit de errore quadraturae, de qua supra diximus.

3.

Principium admissionis vel exclusionis quadratorum in limite figurae positorum multis modis diversis condi posset: simplicissimum tamen videtur, tantummodo situm centri cuiusque quadrati respicere, ita ut admittantur quadrata, quorum centra sunt intra figuram, excludantur ea, quorum centra sunt extra figuram, denique arbitrio relinquatur, utrum centra, quae forte in peripheria ipsa sunt, interioribus vel exterioribus adnumerare malimus. Loco centrorum etiam quaevis alia puncta in singulis quadratis similiter sita adoptare possemus.

Hoc pacto res eo redit, ut in plano puncta aequidistantia et in rectis aequidistantibus ita disseminata concipiamus, ut quadrata offerant: quo facto per theorema art. praec. affirmare possumus, multitudinem punctorum in figura contentorum in quadratum distantiae binorum punctorum proximorum multiplicatam areae figurae quam prope velis aequalem evadere, si modo distantia ista satis parva accipiatur, sive ad instar vulgaris loquendi modi, productum illud aream exhibere, si distantia sit infinite parva.

4.

Curva per aequationem inter coordinatas orthogonales p, q hancce

$$app+2bpq+cqq = 1$$

expressa, est sectio conica, et quidem ellipsis, si a, c atque $ac-bb$ sunt quantitates positivae: area hac ellipsi circumscripta invenitur $=\frac{\pi}{\sqrt{(ac-bb)}}$. Valor quantitatis $app+2bpq+cqq$ extra ellipsem ubique fit maior quam 1, intra ellipsem minor quam 1, negativus nullibi.

Concipiatur systema punctorum per planum, in quo ellipsis sita est, ita disseminatorum, ut forment quadrata, quorum latera $=\lambda$ axibus coordinatarum sint parallela, ubi nihil refert, utrum initium coordinatarum sive centrum ellipsis cum aliquo horum punctorum coincidat necne. Sit multitudo punctorum intra ellipsem, adnumeratis si quae sunt in ipsa peripheria, $=m$, eritque per theorema art. praec. $\frac{\pi}{\sqrt{(ac-bb)}}$ limes quantitatis $m\lambda\lambda$, ad quem quam prope velis accedit, decrescente λ in infinitum.

Si initium coordinatarum cum aliquo systematis puncto coincidere supponimus, statuendo $p=\lambda x$, $q=\lambda y$, manifesto pro singulis punctis systematis x et y erunt numeri integri, et vice versa quaevis combinatio valorum integrorum

quantitatum x, y respondebit alicui systematis puncto. Hinc numerus m nihil aliud est, nisi multitudo omnium combinationum valorum integrorum quantitatum x, y pro quibus F non fit maior quam M, si brevitatis caussa functionem, seu formam secundi ordinis $axx+2bxy+cyy$ per F, atque quantitatem $\frac{1}{\lambda\lambda}$ per M denotamus. Determinans huius formae est $bb-ac$, pro quo scribemus $-D$. Hoc pacto theorema nostrum iam ita enunciandum erit.

Theorema I. *Multitudo m omnium combinationum valorum integrorum indeterminatarum x, y, pro quibus valor formae determinantis negativi $-D$ limitem M non egreditur, fit $=\frac{\pi M}{\sqrt{D}}$, proxime quidem, sed approximatione in infinitum crescente, dum M crescit in infinitum. Vix erit monendum, approximationem infinitam hic (et perinde in sequentibus) non ita intelligendam, ac si differentia inter $\frac{\pi M}{\sqrt{D}}$ et m ipsa in infinitum decrescat, sed ratio inter has quantitates ad aequalitatem in infinitum appropinquabit, sive $\frac{\pi M}{m\sqrt{D}}-1$ in infinitum decrescet.*

5.

Ad dinumerationem reapse efficiendam ita procedi potest, ut pro singulis valoribus integris ipsius x inter limites $-\sqrt{\frac{cM}{D}}$ atque $+\sqrt{\frac{cM}{D}}$ sitis bini valores ipsius y aequationi $F=M$ respondentes computentur, unde multitudo integrorum inter hos iacentium sponte habetur. Quum haec multitudo eadem sit pro valoribus oppositis ipsius x, laboris dimidia fere parte liberamur. Res ita quoque perfici potest, ut valores ipsius x dinumerentur singulis valoribus ipsius y inter limites $-\sqrt{\frac{aM}{D}}$ atque $+\sqrt{\frac{aM}{D}}$ respondentes. Per combinationem idoneam utriusque methodi labor amplius sublevari potest, quod tamen fusius hic non exsequimur: sufficiat de casu simplicissimo quaedam adiungere.

Sit forma $F=xx+yy$, sive curva circulus, designentque $r, r', r'', r'''\ldots r^{(r)}$ numeros integros proxime minores quam

$$\sqrt{M},\ \sqrt{(M-1)},\ \sqrt{(M-4)},\ \sqrt{(M-9)}\ \ldots\ \sqrt{(M-rr)},$$

vel si quae inter has quantitates sunt integri, hos ipsos. Tunc erit multitudo quaesita

$$\begin{aligned} m &= 2r+1+2(2r'+1)+2(2r''+1)+2(2r'''+1)+\text{ etc. }+2(2r^{(r)}+1) \\ &= 1+4r+4r'+4r''+4r'''+\text{ etc. }+4r^{(r)} \end{aligned}$$

Expeditius autem idem assequimur, denotando per q integrum proxime

minorem quam $\sqrt{\frac{1}{2}M}$ (vel hanc quantitatem ipsam, si fit numerus integer) adiumento formulae

$$m = 4qq+1+4r+8(r^{(q+1)}+r^{(q+2)}+r^{(q+3)}+ \text{etc.} +r^{(r)})$$

Hoc modo eruta sunt sequentia:

M	m	M	m	M	m
100	317	1000	3149	10000	31417
200	633	2000	6293	20000	62845
300	949	3000	9425	30000	94237
400	1257	4000	12581	40000	125629
500	1581	5000	15705	50000	157093
600	1885	6000	18853	60000	188453
700	2209	7000	21993	70000	219901
800	2521	8000	25137	80000	251305
900	2821	9000	28269	90000	282697
1000	3149	10000	31417	100000	314197

6.

Theoremati art. 4 maiorem generalitatem conciliamus sequenti modo.

Theorema II. *Si non omnes combinationes valorum integrorum quantitatum x, y pro quibus F non egreditur valorem M, colligendae sunt, sed tantummodo per saltus, puta eae, ubi x congruus est numero dato G secundum modulum datum g, atque y congruus numero dato H secundum modulum datum h, harum combinationum multitudo m' exprimetur proxime per $\frac{\pi M}{gh\sqrt{D}}$, approximatione in infinitum aucta dum M in infinitum crescet.*

Revera statuendo $x = gx'+G$, $y = hy'+H$, patet, m' esse multitudinem omnium combinationum valorum integrorum quantitatum x', y', pro quibus

$$agg(x'+\tfrac{G}{g})^2+2bgh(x'+\tfrac{G}{g})(y'+\tfrac{H}{h})+chh(y'+\tfrac{H}{h})^2$$

valorem M non egrediatur. Manifesto igitur si in plano systema punctorum perinde quidem ut in art. 4 disseminatum supponimus, attamen ita ut non initium coordinatarum sed punctum, cuius coordinatae sunt $p = \frac{G\lambda}{g}$, $q = \frac{H\lambda}{h}$, cum aliquo systematis puncto coincidat, m' exprimet multitudinem punctorum intra el-

lipsin, cuius aequatio est

$$aggpp + 2bghpq + chhqq = 1$$

iacentium semper adnumeratis si quae sunt in peripheria ipsa. Cuius ellipsis area $= \frac{\pi}{gh\sqrt{(ac-bb)}} = \frac{\pi}{gh\sqrt{D}}$ erit limes, ad quem productum $m'\lambda\lambda = \frac{m'}{M}$ in infinitum appropinquabit, decrescente λ vel crescente M in infinitum.

Ceterum manifestum est, theorema nostrum complecti casum ubi alterutra indeterminatarum x, y sola per saltus progredi debet, dum alterius valor nulli conditioni subiicietur. Patet enim, hoc idem esse, ac si vel h vel g statuatur $= 1$.

7.

Quae hactenus exposita sunt, ab indole coëfficientium formae $axx + 2bxy + cyy$ sunt independentia: abhinc vero supponemus, hosce coëfficientes esse integros. Ita quaevis combinatio valorum integrorum quantitatum x, y ipsi formae valorem integrum conciliabit, sive repraesentationi alicuius numeri integri per istam formam respondebit. Hinc patet, complexum omnium combinationum valorum integrorum quantitatum x, y, per quos forma $F = axx + 2bxy + cyy$ valorem non maiorem limite M nanciscatur, esse idem ac complexum omnium repraesentationum numerorum integrorum limitem M non egredientium, sive usque ad hunc limitem incl., si ipse est numerus integer. Quodsi itaque brevitatis gratia multitudinem repraesentationum diversarum numeri determinati integri n per formam F per $F(n)$, vel quatenus ambiguitas non metuenda simpliciter per Fn denotamus, numerus supra per m expressus erit $= F0 + F1 + F2 + F3 +$ etc. $+ FM$, theoremaque primum sequentem induit formam.

Theorema III. *Aggregatum* $F0 + F1 + F2 +$ *etc.* $+ FM$ *proxime exprimitur per* $\frac{\pi M}{\sqrt{D}}$, *approximatione in infinitum crescente, dum* M *in infinitum augetur.*

8.

Theoremati tertio repraesentationes *omnium* numerorum spectanti aliud adiungere convenit, solos numeros impares spectans. Manifesto per formam F numeri impares repraesentari nequeunt, si a et c simul sunt numeri pares: quapropter disquisitio ad tres reliquos casus restricta erit.

I. Quoties a est impar, c par, numerus impar repraesentatur, tribuendo ipsi x valorem imparem, valore ipsius y arbitrario manente. Theorema II. ita-

que, statuendo $g = 2$, $G = 1$, $h = 1$, docet, multitudinem omnium combinationum valorum talium ipsorum x, y, qui formae valorem imparem limite M non maiorem concilient, approximatione infinita exprimi per $\frac{\pi M}{2\sqrt{D}}$, crescente M in infinitum.

II. Quoties a est par, c impar, ad repraesentationem numeri imparis requiritur, ut y sit impar, unde statuendo $g = 1$, $h = 2$, $H = 1$, ad eandem conclusionem deferimur.

III. Quoties tum a tum c impar est, vel valor impar ipsius x cum valore pari ipsius y combinari debet, vel valor par ipsius x cum valore impari ipsius y, ut prodeat valor impar formulae. Multitudo omnium combinationum tum prioris generis tum posterioris, pro quibus valor formae limitem M non egreditur, approximatione infinita per $\frac{\pi M}{4\sqrt{D}}$ exprimitur, quapropter multitudo omnium combinationum, quae formae valores impares limitem M non egredientes producunt, etiam hic approximatione infinita per $\frac{\pi M}{2\sqrt{D}}$ exprimitur.

Iam quum complexus omnium talium combinationum nihil aliud sit, nisi complexus omnium repraesentationum omnium numerorum $1, 3, 5, 7 \ldots M$, quoties M est integer impar, vel $1, 3, 5, 7 \ldots M-1$, quoties M est par, habemus

Theorema IV. *Aggregatum*

$$F1+F3+F5+F7\,..+FM \quad \text{vel} \quad F1+F3+F5+F7\,..+F(M-1)$$

(prout M impar est vel par) approximatione infinita exprimitur per $\frac{\pi M}{2\sqrt{D}}$, *siquidem F est forma, in qua alteruter coëfficientium a, c vel uterque est impar.*

[III.]

Es sei C der Complexus der Repräsentanten sämmtlicher Classen der formae proprie primitivae für den Determinant $-D$. Wir bezeichnen durch (n) die Anzahl aller Darstellungen der Zahl n durch Formen aus dem Complexus C. Es sei p eine ungerade Primzahl. Dann ist

1. $(pn) = (n)$ wenn p ein Divisor von D

2. $(pn) = (n)+(h)$ } wenn p Nichtdivisor von D {Divisor von $xx+D$

3. $(pn) = -(n)+(h)$ } wenn p Nichtdivisor von D {Nichtdivisor von $xx+D$

wo $n = hp^\mu$, μ beliebig und h nicht durch p theilbar.

Im Fall 1. ist $(h) = (ph) = (pph) = (p^3h)$ etc.

2. $(ph) = 2(h)$, $(pph) = 3(h)$, $(p^3h) = 4(h)$ etc.

3. $(ph) = 0$, $(pph) = (h)$, $(p^3h) = 0$, $(p^4h) = (h)$ etc.

* * *

Aus jeder Classis pr. pr. für den Determinans $= -D$, deren Anzahl $= \lambda$, sei eine Form ausgewählt, und der Complexus dieser Formen sei L.

Man bezeichne durch fA die Anzahl sämmtlicher Darstellungen der Zahl A durch Formen aus L.

Es sei ferner $f(A; p) = f\frac{A}{p^\alpha}$, wenn p^α die höchste Potenz der Primzahl p ist, welche A misst; ferner $f(A; p, q) = f\frac{A}{p^\alpha q^\beta}$, wenn q eine andere Primzahl, deren höchste A messende Potenz $= q^\beta$ und so ferner $f(A; p, q, r) = f\frac{A}{p^\alpha q^\beta r^\gamma}$ wenn r eine dritte Primzahl, deren höchste Potenz A messend r^γ ist u. s. w.

[IV.]

Man bezeichne durch (n) die Anzahl der Werthe x aus dem Complexus

$$0, 1, 2, 3, 4 \ldots . p^n - 1$$

für welche $xx - D = xx - ap^\mu$ durch p^n theilbar ist.

1) μ ungerade z. B. $= 7$. 2) μ gerade z. B. $= 6$

1)	2) aNp	2) aRp
$(1) = 1$	$(1) = 1$	$(1) = 1$
$(2) = p$	$(2) = p$	$(2) = p$
$(3) = p$	$(3) = p$	$(3) = p$
$(4) = pp$	$(4) = pp$	$(4) = pp$
$(5) = pp$		

$$\begin{array}{lll}
(6) = p^3 & (5) = pp & (5) = pp \\
(7) = p^3 & (6) = p^3 & (6) = p^3 \\
(8) = 0 & (7) = 0 & (7) = 2p^3 \\
(9) = 0 & (8) = 0 & (8) = 2p^3 \\
\text{etc.} & \text{etc.} & \text{etc.}
\end{array}$$

Man mache nun | Dann ist

$$\begin{array}{ll}
(1) - \frac{(2)}{p} = (1)' & fp = (1)' \\
(2) - \frac{(3)}{p} = (2)' & fpp = 1 + (2)' \\
(3) - \frac{(4)}{p} = (3)' & fp^3 = (1)' + (3)' \\
(4) - \frac{(5)}{p} = (4)' & fp^4 = 1 + (2)' + (4)' \\
\text{etc.} & \text{etc.}
\end{array}$$

Es ist folglich, $\frac{p-1}{p}(1 + \frac{fp}{p} + \frac{fpp}{pp} + \frac{fp^3}{p^3} + \text{etc.}) = T$ gesetzt,

$$\frac{p+1}{p} T = 1 + \frac{(1)'}{p} + \frac{(2)'}{pp} + \frac{(3)'}{p^3} + \frac{(4)'}{p^4} + \text{etc.} = 1 + \frac{(1)}{p} = 1 + \frac{1}{p}$$

Also $T = 1$

[V.]

Multitudo classium mediocris*) circa determinantem negativum $-D$ est proxime

$$= \frac{\pi\sqrt{D}}{4(1 + \frac{1}{27} + \frac{1}{125} + \text{etc.})}$$

Multitudo vera exprimitur sequentibus formulis, ubi brevitatis caussa scribitur m pro multitudine mediocri, M pro vera; p, q exprimunt omnes numeros impares primos ipsum D non metientes, ille divisores, hic non-divisores ipsius $\square + D$; r numeros**) primos ipsum D metientes:

*) [Vergl. *Disquiss. Arithm.* art. 302; die dortige Formel weicht um eine Constante δ von der hier im Text vorkommenden ab.]

**) [impares.]

I. $M = m$ Prod. ex $\frac{p^3+p^2}{p^3-1} \cdot \frac{q^3-q^2}{q^3-1} \cdot \frac{r^3-r}{r^3-1}$

II. $M = \frac{\pi\sqrt{D}}{4}$ Prod. ex $\frac{p+1}{p} \cdot \frac{q-1}{q} \cdot \frac{rr-1}{rr}$

III. NB. $M = \frac{2\sqrt{D}}{\pi}$ Prod. ex $\frac{p}{p-1} \cdot \frac{q}{q+1}$

IV. $M = \sqrt{\left\{\frac{D}{2}\right.}$. Prod. ex $\left.\frac{p+1}{p-1} \cdot \frac{q-1}{q+1} \cdot \frac{rr-1}{rr}\right\}$

V. $M = \frac{2\sqrt{D}}{\pi}\{1 \pm \frac{1}{3} \pm \frac{1}{5} \pm \frac{1}{7} \pm \frac{1}{9}$ etc.$\}$

NB. Die Formel III wird unmittelbar aus der Vergleichung der beiden Arten, die darstellbaren Zahlen bis zu einer gewissen Grenze zu zählen, abgeleitet.

[VI.]

Theorema. Multitudo classium, in quas omnes formae binariae proprie primitivae determinantis negativi $-D$*) aequalis est

$$\frac{\pi}{4} \times \sqrt{D} \times \text{Prod. ex.} \frac{p-1}{p} \frac{q+1}{q} \times \frac{rr-1}{rr}$$

designantibus

p omnes numeros primos**) quorum non-res. est $-D$
q omnes numeros primos**) quorum res. $-D$
r omnes numeros primos**) ipsum D metientes

$$= \frac{\frac{\pi}{4}\sqrt{D} \text{ Prod. ex } \frac{rr-1}{rr}}{1 \pm \frac{1}{3} \pm \frac{1}{5} \text{ etc.}}$$

ubi in denom. signum posit. praeponitur fractt., quarum denom. sunt in forma non divis.; negat. iis, quarum denom. sunt in forma divisorum ipsius $xx+D$; eae vero, quarum denom. ad D non forent primi, omnino omittuntur***).

---

*) [distribuuntur.]

**) [impares.]

***) [Bezeichnet man mit m alle positiven ganzen Zahlen, die relative Primzahlen zu $2D$ sind, und benutzt man das durch Jacobi verallgemeinerte Symbol von Legendre, so ist die obige Regel für die Zeichenbestimmung in folgender Weise zu berichtigen: in der vorhergehenden Formel ist der Nenner

$$= \frac{2\sqrt{D}(1 \pm \frac{1}{3} \pm \frac{1}{5} \ldots)}{\pi} = \frac{\operatorname{cotg}\theta \pm \operatorname{cotg} 3\theta \pm \operatorname{cotg} 5\theta \ldots \pm \operatorname{cotg} n\theta}{N : \sqrt{D}}$$

ponendo $\theta = \frac{\pi}{N}$, $N = \left\{\begin{smallmatrix}1\\4\end{smallmatrix}\right\}D$ et ponendo pro n omnes numeros ad D primos signo ut supra determinato*).

Pro determ. pos. erit mult. Classium**)

$$= \frac{2\sqrt{D}(1 \pm \frac{1}{3} \pm \frac{1}{5} \ldots)}{\log . T + U\sqrt{D}}$$

Designantibus T, U valores minimos quantitatum t, u aequationi $tt - Duu = 1$ satisfacientes

$$= \frac{\log \sin \frac{1}{2}\theta \pm \log \sin \frac{3}{2}\theta \pm \log \sin \frac{5}{2}\theta \text{ etc.}}{\log T + U\sqrt{D}}$$

[VII.]

Pro determinante negativo $-p$, qui***) est numerus primus formae $4n+1$, multitudo classium est†) $\equiv (\alpha - \beta)$, ubi α multitudo residuorum quadraticorum in quadrante primo

$$1 . 2 . 3 \ldots . \tfrac{1}{4}(p-1)$$

β multitudo non-residuorum.

$$1 \pm \tfrac{1}{3} \pm \tfrac{1}{5} \text{ etc.} = \Sigma \pm \left(\frac{-D}{m}\right)\frac{1}{m}$$

wo das obere oder untere Zeichen zu nehmen ist, je nachdem die Zahl m ein Product aus einer geraden oder ungeraden Anzahl (gleicher oder ungleicher) Primzahlen ist; dagegen ist im Zähler der nachfolgenden Formel

$$1 \pm \tfrac{1}{3} \pm \tfrac{1}{5} \ldots = \Sigma \left(\frac{-D}{m}\right)\frac{1}{m}\,]$$

*) [Siehe die weiter unten folgende Note zu diesem Fragment.]

**) [In der nachfolgenden Formel bedeutet D den positiven Determinanten, und es ist

$$1 \pm \tfrac{1}{3} \pm \tfrac{1}{5} \ldots = \Sigma \left(\frac{D}{m}\right)\frac{1}{m}\,]$$

***) [d. h. wenn p eine positive Primzahl von der Form $4n+1$ ist.]

†) [multitudo classium est $= 2(\alpha - \beta)$.]

[VIII.]

$b \equiv 2m + a - 1 \pmod{8}$

wo m die [halbe] Anzahl der Classen für den Determinans $-p$

p	m	a	b	f	$\frac{2m+a-1-b}{8}$	α	$\mathfrak{b}$
17	2	+1	−4	−4	+1	3	2
41	4	+5	+4	+9	+1	3	4
73	2	−3	−8	+27	+1	1	6
89	6	+5	−8	+34	+3	9	2
97	2	+9	+4	+22	+1	5	6
113	4	−7	+8	+15	−1	9	4
137	4	−11	+4	+37	−1	3	8
193	2	−7	+12	+81	−2	11	6
233	6	+13	+8	+144	+2	15	2
241	6	+15	+4	+64	−1	13	6
257	8	+1	+16	+16	0	15	4
281	10	+5	−16	+53	+5	9	10
313	4	+13	−12	−25	+1	5	12
337	4	+9	+16	−148	0	7	12
353	8	+17	+8	+42	+3	15	8
5	1	+1	+2	+2	0		
13	1	−3	−2	+5	0		
29	3	+5	+2	+12	+1		
37	1	+1	−6	−6	+1		
53	3	−7	−2	+23	0		
61	3	+5	−6	+11	+2		
101	7	+1	−10	−10	+3		
109	3	−3	+10	+33	−1		
149	7	−7	−10	+44	+2		
157	3	−11	−6	−28	0		
173	7	+13	+2	+80	+3		
181	5	+9	+10	−19	+1		
197	5	+1	−14	−14	+3		
229	5	−15	+2	−107	−1		
269	11	+13	+10	−82	+3		
277	3	+9	+14	−60	0		
293	9	+17	+2	+138	+4		
317	5	−11	+14	+114	−2		
349	7	+5	+18	−136	0		
373	5	−7	+18	+104	−2		
389	11	+17	−10	−115	+6		
397	3	−19	−6	+63	−1		

[IX.]

Vertheilung der quadratischen Reste in Octanten.

p Primzahl; (r) Anzahl der quadratischen Reste von p, welche zwischen $(r-1)\frac{p}{8}$ und $r\frac{p}{8}$ liegen.

Erster Fall; $p = 8n+1$.

$2t$ Anzahl der Classen für den Determinans $-p$;

$2u$ Anzahl der Classen für den Determinans $-2p$.

$$(1) = (8) = \tfrac{1}{4}(2n+t+u)$$

$$(2) = (4) = (5) = (7) = \tfrac{1}{4}(2n+t-u)$$

$$(3) = (6) = \tfrac{1}{4}(2n-3t+u)$$

p	$2n$	t	u	(1)	(2)	(3)	p	$2n$	t	u	(1)	(2)	(3)
17	4	2	2	2	1	0	233	58	6	4	17	15	11
41	10	4	2	4	3	0	241	60	6	10	19	14	13
73	18	2	8	7	3	5	257	64	8	8	20	16	12
89	22	6	4	8	6	2	281	70	10	4	21	19	11
97	24	2	10	9	4	7	313	78	4	18	25	16	21
113	28	4	4	9	7	5	337	84	4	12	25	19	21
137	34	4	6	11	8	7	353	88	8	12	27	21	19
193	48	2	10	15	10	13	401	100	10	6	29	26	19

Zweiter Fall; $p = 8n+5$.

$2t$ Anzahl der Classen für den Determinans $-p$;

$2u$ Anzahl der Classen für den Determinans $-2p$.

$$(1) = (3) = (6) = (8) = \tfrac{1}{4}(2n-t+u)$$

$$(2) = (7) = \tfrac{1}{4}(2n+3t-u+2)$$

$$(4) = (5) = \tfrac{1}{4}(2n-t-u+2)$$

p	$2n$	t	u	(1)	(2)	(4)	p	$2n$	t	u	(1)	(2)	(4)
5	0	1	1	0	1	0	181	44	5	9	12	13	8
13	2	1	3	1	1	0	197	48	5	5	12	15	10
29	6	3	1	1	4	1	229	56	5	13	16	15	10
37	8	1	5	3	2	1	269	66	11	5	15	24	13
53	12	3	3	3	5	2	277	68	3	11	19	17	14
61	14	3	5	4	5	2	293	72	9	9	18	23	14
101	24	7	3	5	11	4	317	78	5	7	20	22	17
109	26	3	5	7	8	5	349	86	7	13	23	24	17
149	36	7	3	8	14	7	373	92	5	13	25	24	19
157	38	3	13	12	9	6	389	96	11	7	23	31	20
173	42	7	5	10	15	8	397	98	3	21	29	22	19

Dritter Fall; $p = 8n + 3$.

t Anzahl der Classen für den Determinans $-p$

$2u$ Anzahl der Classen für den Determinans $-2p$.

$$(1) = (4) = (7) = \tfrac{1}{4}(2n + t - u)$$
$$(2) = (5) = (8) = \tfrac{1}{4}(2n - t + u)$$
$$(3) \qquad = \tfrac{1}{4}(2n + t + u + 2)$$
$$(6) \qquad = \tfrac{1}{4}(2n - t - u + 2)$$

p	$2n$	t	u	(1)	(2)	(3)	(6)	p	$2n$	t	u	(1)	(2)	(3)	(6)
3	0	1	1	0	0	1	0	163	40	3	11	8	12	14	7
11	2	3	1	1	0	2	0	179	44	15	3	14	8	16	7
19	4	3	3	1	1	3	0	211	52	9	5	14	12	17	10
43	10	3	5	2	3	5	1	227	56	15	7	16	12	20	9
59	14	9	3	5	2	7	1	251	62	21	7	19	12	23	9
67	16	3	7	3	5	7	2	283	70	9	15	16	19	24	12
83	20	9	5	6	4	9	2	307	76	9	17	17	21	26	13
107	26	9	3	8	5	10	4	331	82	9	11	20	21	26	16
131	32	15	3	11	5	13	4	347	86	15	5	24	19	27	17
139	34	9	7	9	8	13	5	379	94	9	11	23	24	29	19

Vierter Fall; $p = 8n + 7$.

t Anzahl der Classen für den Determinans $-p$;

$2u$ Anzahl der Classen für den Determinans $-2p$.

$$(1) \qquad = \tfrac{1}{4}(2n + 2t - u)$$
$$(2) = (3) = (5) = \tfrac{1}{4}(2n + u + 2)$$
$$(4) = (6) = (7) = \tfrac{1}{4}(2n - u + 2)$$
$$(8) \qquad = \tfrac{1}{4}(2n - 2t + u)$$

p	$2n$	t	u	(1)	(2)	(4)	(8)	p	$2n$	t	u	(1)	(2)	(4)	(8)
7	0	1	2	0	1	0	0	191	46	13	4	17	13	11	6
23	4	3	2	2	2	1	0	199	48	9	10	14	15	10	10
31	6	3	4	2	3	1	1	223	54	7	16	13	18	10	14
47	10	5	4	4	4	2	1	239	58	15	4	21	16	14	8
71	16	7	2	7	5	4	1	263	64	13	6	21	18	15	11
79	18	5	4	6	6	4	3	271	66	11	12	19	20	14	14
103	24	5	10	6	9	4	6	311	76	19	6	27	21	18	11
127	30	5	8	8	10	6	7	359	88	19	6	30	24	21	14
151	36	7	6	11	11	8	7	367	90	9	20	22	28	18	23
167	40	11	6	14	12	9	6	383	94	17	12	29	27	21	18

[X.]

Vertheilung der quadratischen Reste in Zwölftel.

p Primzahl; (r) Anzahl der quadratischen Reste von p, welche zwischen $\frac{r-1}{12}p$ und $\frac{r}{12}p$ liegen.

Erster Fall; $p = 24n+1$.

$2t$ Anzahl der Classen für den Determinans $-p$

$4u$ Anzahl der Classen für den Determinans $-3p$

$$(1) = (12) = \tfrac{1}{6}(6n+3t+2u)$$
$$(2) = (4) = (6) = (7) = (9) = (11) = \tfrac{1}{6}(6n-3t+2u)$$
$$(3) = (5) = (8) = (10) = \tfrac{1}{6}(6n+3t-4u)$$

p	n	t	u	(1)	(2)	(3)
73	3	2	3	5	3	2
97	4	2	3	6	4	3
193	8	2	6	11	9	5
241	10	6	3	14	8	11

Zweiter Fall; $p = 24n+13$.

$2t$ Anzahl der Classen für den Determinans $-p$;

$4u$ Anzahl der Classen für den Determinans $-3p$.

$$(1) = (3) = (10) = (12) = \tfrac{1}{2}(2n+1+t)$$
$$(2) = (6) = (7) = (11) = \tfrac{1}{2}(2n+1-t)$$
$$(4) = (9) = \tfrac{1}{2}(2n+1-t+2u)$$
$$(5) = (8) = \tfrac{1}{2}(2n+1+t-2u)$$

p	n	t	u	(1)	(2)	(4)	(5)
13	0	1	1	1	0	1	0
37	1	1	2	2	1	3	0
61	2	3	2	4	1	3	2
109	4	3	3	6	3	6	3
157	6	3	4	8	5	9	4
181	7	5	3	10	5	8	7
229	9	5	3	12	7	10	9

Dritter Fall; $p = 24n+5$.

$2t$ Anzahl der Classen für den Determinans $-p$;

$2u$ Anzahl der Classen für den Determinans $-3p$.

$$(1) = (2) = (6) = (7) = (11) = (12) = n$$
$$(3) = (10) = \tfrac{1}{2}(2n+1+t)$$
$$(4) = (9) = \tfrac{1}{2}(2n-t+u)$$
$$(5) = (8) = \tfrac{1}{2}(2n+1-u)$$

p	n	t	u	(1)	(3)	(4)	(5)
5	0	1	1	0	1	0	0
29	1	3	3	1	3	1	0
53	2	3	5	2	4	3	0
101	4	7	5	4	8	3	2
149	6	7	7	6	10	6	3
173	7	7	9	7	11	8	3
197	8	5	11	8	11	11	3
269	11	11	7	11	17	9	8

Vierter Fall; $p = 24n+17$.

$2t$ Anzahl der Classen für den Determinans $-p$;

$2u$ Anzahl der Classen für den Determinans $-3p$.

$$(1) = (2) = (6) = (7) = (11) = (12) = \tfrac{1}{6}(6n+3+u)$$
$$(3) = (10) = \tfrac{1}{6}(6n+6+3t-2u)$$
$$(4) = (9) = \tfrac{1}{6}(6n+3-3t+u)$$
$$(5) = (8) = \tfrac{1}{6}(6n+6-2u)$$

p	n	t	u	(1)	(3)	(4)	(5)
17	0	2	3	1	1	0	0
41	1	4	3	2	3	0	1
89	3	6	3	4	6	1	3
113	4	4	9	6	4	4	2
137	5	4	9	7	5	5	3
233	9	6	15	12	8	9	5
257	10	8	9	12	12	8	8

BEMERKUNGEN ZUR ABHANDLUNG

DE NEXU INTER MULTITUDINEM CLASSIUM, IN QUAS FORMAE BINARIAE SECUNDI GRADUS DISTRIBUUNTUR, EARUMQUE DETERMINANTEM.

Zu I. und II.

Die zweite Formel für die Anzahl der innerhalb des Kreises liegenden Punkte (I. art. 3 und II. art. 5) ergiebt sich aus der Betrachtung des in denselben eingeschriebenen Quadrates, dessen Seiten den Coordinatenaxen parallel sind; die Vergleichung beider Formeln führt zu dem auch arithmetisch leicht zu beweisenden Satze

$$r' + r'' + \ldots + r^{(q)} = qq + r^{(q+1)} + r^{(q+2)} + \ldots + r^{(r)}$$

aus welchem sich wieder die Richtigkeit der ersten von den beiden folgenden Regeln ergiebt, die sich auf einem besondern Blatt vorfanden:

,,Auflösungen der Gleichung $xx + yy \leqq A$; formula

$$1 + 4\sqrt{A} + 4\sqrt{\tfrac{1}{2}A} + 8\Sigma(\sqrt{(A - nn)} - n)$$

wo bei jeder Wurzel der Bruch weggelassen und von $n = 1$ bis $n = \sqrt{A}$,,(soll heissen $\sqrt{\tfrac{1}{2}A}$)" summirt wird.

Andre Formel

$$1 + 4\left\{A - \frac{A}{3} + \frac{A}{5} - \frac{A}{7} + \frac{A}{9} - \frac{A}{11} \ldots\right\}$$

wo bei jedem Theil der Bruch weggelassen."

Diese letztere Formel folgt aus dem später (I. art. 6) zur Anwendung kommenden Satze über die Anzahl aller verschiedenen Darstellungen einer bestimmten Zahl durch die Form $xx + yy$ (vergl. Disqq. Arithm. art. 182, Note), welcher leicht in den folgenden umgeformt werden kann: die Anzahl der verschiedenen Darstellungen einer positiven ganzen Zahl m durch die Form $xx + yy$ ist $= 4(a - b)$, wo a, b die Anzahlen der Divisoren von m bedeuten, welche resp. von der Form $4n + 1$, $4n + 3$ sind. Aus der Vergleichung

dieser arithmetischen Formel mit der (in I. art. 5 oder II. art. 4) durch geometrische Betrachtungen gewonnenen mittlern Darstellungsanzahl erhält man leicht und in aller Strenge das bekannte Resultat

$$\frac{\pi}{4} = 1 - \tfrac{1}{3} + \tfrac{1}{5} - \tfrac{1}{7} + \ldots$$

welches in der Abhandlung (I. art. 7) durch eine ähnliche Vergleichung, aber mit Hülfe unendlicher Producte abgeleitet wird.

Zu III. und IV.

Ist C der Complex aller positiven, nicht eigentlich-äquivalenten formae proprie primitivae von negativem Determinant $-D$, und legt man den Variabeln dieser Formen je zwei Werthe bei, welche relative Primzahlen zu einander sind, so ist die Anzahl aller Darstellungen einer positiven ganzen Zahl m gleich $\varepsilon\psi(m)$, wo ε die Anzahl der Auflösungen der Gleichung $tt + Duu = 1$, und $\psi(m)$ die Anzahl derjenigen Wurzeln n der Congruenz $nn + D \equiv 0 \pmod{m}$ bedeutet, für welche die drei Zahlen m, $2n$ und $\frac{nn+D}{m}$ ohne gemeinschaftlichen Divisor sind (Disqq. Arithm. art. 180). Der Factor ε ist $= 4$ für $D = 1$, in allen andern Fällen $= 2$. Ist ferner $m = p^\pi p'^{\pi'} p''^{\pi''} \ldots$, wo $p, p', p'' \ldots$ von einander verschiedene Primzahlen bedeuten, so ist $\psi(m) = \psi(p^\pi)\psi(p'^{\pi'})\psi(p''^{\pi''})\ldots$; bedeutet $\mathfrak{A}(m)$ die Anzahl aller Wurzeln n der Congruenz $nn + D \equiv 0 \pmod{m}$, und bedient man sich des von Legendre eingeführten, von Jacobi verallgemeinerten Zeichens, so ist $\psi(p^\pi) = \mathfrak{A}(p^\pi) = 1 + \left(\frac{-D}{p}\right)$, wenn p nicht in $2D$ aufgeht, sonst aber $= \mathfrak{A}(p^\pi) - \frac{1}{p}\mathfrak{A}(p^{\pi+1})$; die Anzahl $\mathfrak{A}(p^\pi)$ lässt sich immer leicht bestimmen (Disqq. Arithm. art. 104), für die Folge reicht aber die Bemerkung aus, dass $\mathfrak{A}(p^\pi)$ immer von π unabhängig wird, sobald π eine gewisse Grösse überschreitet.

Legt man den Variabeln der in dem Complex C enthaltenen Formen alle ganzzahligen Werthe ohne Ausnahme bei (Disqq. Arithm. art. 181), so wird die Anzahl (m) aller Darstellungen der Zahl m gleich $\varepsilon f(m)$, wo $f(m) = \Sigma\psi\left(\frac{m}{\mu\mu}\right)$ ist, und das Summenzeichen sich auf alle quadratischen Divisoren $\mu\mu$ der Zahl m bezieht. Hieraus folgt unmittelbar

$$f(m) = f(p^\pi p'^{\pi'} p''^{\pi''} \ldots) = f(p^\pi) f(p'^{\pi'}) f(p''^{\pi''}) \ldots$$

und

$$f(p^\pi) = \psi(p^\pi) + \psi(p^{\pi-2}) + \psi(p^{\pi-4}) + \ldots$$

welche Reihe so lange fortzusetzen ist, als die Exponenten π, $\pi - 2$, $\pi - 4 \ldots$ nicht negativ werden. Wenn p nicht in $2D$ aufgeht, so folgt hieraus

$$f(p^\pi) = 1 + \left(\frac{-D}{p}\right) + \left(\frac{-D}{pp}\right) + \ldots + \left(\frac{-D}{p^\pi}\right)$$

und allgemein, wenn m relative Primzahl zu $2D$ ist,

$$f(m) = \Sigma\left(\frac{-D}{n}\right)$$

wo das Summenzeichen sich auf alle Divisoren n der Zahl m bezieht.

Aus diesen Bemerkungen ergiebt sich unmittelbar die Richtigkeit der im Text (III, 1, 2, 3) aufgestellten Sätze über die Anzahl (m), wenn man für den ersten derselben noch die Bedingung hinzufügt, dass D nicht durch pp theilbar sein darf (die Bestimmung der Classenanzahl ist schon in den Disqq. Arithm. art. 256 auf den Fall zurückgeführt, in welchem D durch kein Quadrat theilbar ist). Zugleich findet man, auch ohne Rücksicht auf diese Beschränkung, dass die unendliche Reihe

$$1+\frac{f(p)}{p}+\frac{f(pp)}{pp}+\frac{f(p^3)}{p^3}+\ldots$$

den Werth

$$\frac{1}{1-\frac{1}{p}} \text{ oder } \frac{1}{1-\frac{1}{p}}\cdot\frac{1}{1-\left(\frac{-D}{p}\right)\frac{1}{p}}$$

hat, je nachdem $2D$ durch die Primzahl p theilbar oder nicht theilbar ist.

Zu V.

Die zu der Formel III hinzugefügte Bemerkung gibt den Weg an, auf welchem der Verf. zur Bestimmung der Anzahl k der in dem Complex C enthaltenen Formen gelangt ist. Aus geometrischen Betrachtungen (vergl. I. art. 5 und II. art. 4) ergiebt sich, dass der Grenzwerth, welchem sich der Quotient

$$\frac{(1)+(2)+(3)+\ldots+(m)}{m}$$

mit unbegrenzt wachsendem m nähert, d. h. die mittlere Anzahl der Darstellungen einer unbestimmten positiven ganzen Zahl

$$= k\frac{\pi}{\sqrt{D}}$$

ist; ein zweiter Ausdruck für denselben Grenzwerth lässt sich auf verschiedene Arten aus der Natur der im Vorhergehenden bestimmten Anzahl $(m)=\varepsilon f(m)$ der Darstellungen der Zahl m ableiten. Der zu diesem Zweck von dem Verf. zunächst eingeschlagene Weg scheint nach den vorhandenen Bruchstücken (I. artt. 7, 8; III und IV) folgender gewesen zu sein.

Ist $\theta(m)$ irgend eine Function der positiven ganzen Zahl m, und p irgend eine Primzahl, so kann man aus $\theta(m)$ immer eine neue Function $\theta'(m)$ ableiten, deren Werth unabhängig davon ist, ob und wie oft p als Factor in m enthalten ist, und welche für alle durch p nicht theilbaren Zahlen m mit $\theta(m)$ übereinstimmt; eine solche Function erhält man, wenn man $\theta'(m)=\theta\left(\frac{m}{p^\pi}\right)$ setzt, wo p^π die höchste in m aufgehende Potenz von p bedeutet; und man kann sagen, dass die Function $\theta'(m)$ aus $\theta(m)$ durch Elimination der Primzahl p entsteht. Bildet man auf diese Weise aus $f(m)$ eine neue Function $f'(m)$ durch Elimination der Primzahl 2, aus dieser die Function $f''(m)$ durch Elimination von 3 u.s.f., so wird jede folgende dieser Functionen einen regelmässigern Verlauf haben, als die vorhergehenden; eliminirt man eine Primzahl nach der andern, wie sie ihrer Grösse nach auf einander folgen, so wird eine solche Function

$\theta(m)$ für unendlich viele Werthe von m den Werth $f(1) = 1$ haben, und namentlich für alle diejenigen Werthe von m, welche kleiner sind als die zuletzt eliminirte Primzahl. Durch unendliche Fortsetzung dieses Processes nähert man sich immer mehr der Function $f^{\infty}(m)$, welche für alle Werthe von m den Werth 1 hat, und deren mittlerer Werth folglich ebenfalls $= 1$ ist. Gelingt es nun den mittlern Werth irgend einer Function $\theta(m)$ durch denjenigen der nächstfolgenden $\theta'(m)$ auszudrücken, so wird man auch den mittlern Werth der Function $f(m)$ durch eine unendliche Kette von Operationen finden können.

Ist p die Primzahl, durch deren Elimination $\theta'(m)$ aus $\theta(m)$ entsteht, so ist $\theta(m) = \theta'(m)f(p^{\pi})$, wenn p^{π} wieder die höchste in m aufgehende Potenz von p bedeutet. Für den Fall, dass p nicht in $2D$ aufgeht, findet man hieraus leicht, dass

$$\theta'(m) = \theta(mp) - \left(\frac{-D}{p}\right)\theta(m)$$

ist; setzt man zur Abkürzung

$$\Theta(m) = \theta(1) + \theta(2) + \ldots + \theta(m)$$
$$\Theta'(m) = \theta'(1) + \theta'(2) + \ldots + \theta'(m)$$

so ergiebt sich

$$\Theta'(mp) = \Theta(mp) - \left(\frac{-D}{p}\right)\Theta(m)$$

und hieraus, wenn man mit ω, ω' resp. die mittlern Werthe der Functionen $\theta(m)$, $\theta'(m)$ bezeichnet,

$$\omega = \frac{\omega'}{1 - \left(\frac{-D}{p}\right)\frac{1}{p}}$$

Wenn aber die Primzahl p in $2D$ aufgeht, so findet zwar zwischen den Functionen $\theta(m)$ und $\theta'(m)$ im Allgemeinen keine so einfache Beziehung mehr Statt; indessen ergiebt sich auf ähnliche Art leicht, dass in diesem Fall $\omega = \omega'$ ist. Ein anderer Weg, die Beziehung zwischen ω und ω' in beiden Fällen abzuleiten, ist folgender. Setzt man

$$\vartheta(m) = \Sigma\,\theta(\mu)$$

wo das Summenzeichen sich auf alle Zahlen μ bezieht, die nicht durch p theilbar und ausserdem nicht grösser als m sind, und bezeichnet man mit m', m'', m'''... resp. die grössten in $\frac{m}{p}$, $\frac{m'}{p}$, $\frac{m''}{p}$... enthaltenen ganzen Zahlen, so ist

$$\Theta(m) = \vartheta(m) + \vartheta(m')f(p) + \vartheta(m'')f(pp) + \vartheta(m''')f(p^3) + \ldots$$
$$\Theta'(m) = \vartheta(m) + \vartheta(m') + \vartheta(m'') + \vartheta(m''') + \ldots$$

und hieraus folgt

$$\frac{\omega}{\omega'} = \left(1 - \frac{1}{p}\right)\left\{1 + \frac{f(p)}{p} + \frac{f(pp)}{pp} + \frac{f(p^3)}{p^3} + \ldots\right\}$$

was mit dem eben gefundenen Resultat übereinstimmt (vergl. die Note zu III und IV).

Der mittlere Werth der Function $f(m)$ ist daher gleich dem unendlichen Product

$$\Pi \frac{1}{1 - \left(\frac{-D}{p}\right)\frac{1}{p}}$$

in welchem p alle in $2D$ nicht aufgehenden Primzahlen durchlaufen muss, und hieraus folgt

$$k = \frac{\varepsilon\sqrt{D}}{\pi}\Pi \frac{1}{1-\left(\frac{-D}{p}\right)\frac{1}{p}}$$

Hinsichtlich der Strenge dieser Deduction bleibt aber ein Bedenken übrig, welches sich auf die Methode bezieht, den mittlern Werth der Function $f(m)$ durch successive Elimination aller Primzahlen zu bestimmen; denn wenn es auch einleuchtet, dass der Werth der durch Elimination der ersten n Primzahlen erhaltenen Function $f^{(n)}(m)$ mit dem der Function $f^{\infty}(m) = 1$ übereinstimmt, so lange m kleiner bleibt als die zuletzt eliminirte Primzahl, und dass also durch die Wahl eines hinreichend grossen Werthes n diese Uebereinstimmung bis zu jeder vorher vorgeschriebenen Grösse der Zahl m getrieben werden kann, so ist hiermit allein doch keineswegs erwiesen, dass mit unbegrenzt wachsendem n der mittlere Werth der Function $f^{(n)}(m)$ sich dem mittlern Werthe der Function $f^{\infty}(m)$, d. h. dem Werthe 1 unbegrenzt nähert. In welcher Weise der Verf. diese Lücke auszufüllen beabsichtigte, lässt sich aus den vorhandenen Papieren nicht mit Sicherheit erkennen; doch führt die schon oben (in der Note zu I) mitgetheilte Formel

$$1+4\left\{A-\frac{A}{3}+\frac{A}{5}-\frac{A}{7}+\frac{A}{9}-\frac{A}{11}\cdots\right\}$$

für die Anzahl der Paare von Zahlen, deren Quadratsumme den Werth A nicht übertrifft, zu der Vermuthung, dass der Verf., mit Umgehung des unendlichen Productes, für den mittlern Werth der Function $f(m)$ unmittelbar die unendliche Reihe

$$\Sigma\left(\frac{-D}{n}\right)\frac{1}{n}$$

gefunden hat, in welcher n der Grösse nach alle positiven ganzen Zahlen durchlaufen muss, die relative Primzahlen zu $2D$ sind. Die einfachste Art, diesen Uebergang anzudeuten, scheint die folgende zu sein.

Ist μ der grösste aller derjenigen Divisoren einer Zahl m, welche relative Primzahlen zu $2D$ sind, und setzt man $\theta(m) = f(\mu)$, so ist $\theta(m)$ diejenige Function, welche durch Elimination aller in $2D$ aufgehenden Primzahlen aus $f(m)$ entsteht, und deren mittlerer Werth nach dem Obigen mit demjenigen der Function $f(m)$ übereinstimmt. Da nun $\theta(m) = \Sigma\left(\frac{-D}{n}\right)$ ist, wo n alle Divisoren von μ, d. h. alle diejenigen Divisoren von m durchläuft, welche relative Primzahlen zu $2D$ sind, so ergibt sich die der obigen analoge Formel

$$\Theta(m) = \theta(1)+\theta(2)+\ldots+\theta(m) = \Sigma\left(\frac{-D}{n}\right)\frac{m}{n}$$

wo in der Summe rechter Hand der Buchstabe n alle relativen Primzahlen zu $2D$ durchläuft, und von dem Quotienten $\frac{m}{n}$ immer nur die grösste in ihm enthaltene ganze Zahl beizubehalten ist. Ordnet man die Glieder dieser Reihe so, dass die Zahlen n ihrer Grösse nach wachsend auf einander folgen, so nimmt der Factor $\frac{m}{n}$ fortwährend ab oder doch wenigstens nie zu, und die Reihe bricht ab, sobald $n > m$ wird. Ausserdem ergiebt sich aus dem Fundamentaltheorem in der Theorie der quadratischen Reste und aus der Verallgemeinerung desselben, dass die Summe von je $\varphi(4D)$ auf einander folgenden Werthen des Factors $\left(\frac{-D}{n}\right)$ verschwindet, woraus folgt, dass die Summe von noch so vielen auf einander folgenden Werthen

desselben ihrem absoluten Werth nach die endliche, nur von dem Determinant D abhängige Grösse $\Delta = \varphi(2D)$ niemals übertrifft. Verbindet man diese beiden Bemerkungen mit einander, so findet man leicht, dass die Summe aller auf das Glied $\left(\frac{-D}{n}\right)\frac{m}{n}$ folgenden Glieder absolut genommen kleiner als $\Delta\frac{m}{n}$ ist, und dass folglich der Quotient $\Theta(m):m$ bei unendlich wachsendem m die in der angegebenen Art geordnete, convergirende unendliche Reihe

$$\Sigma\left(\frac{-D}{n}\right)\frac{1}{n}$$

zum Grenzwerth hat. Nachdem so der gemeinschaftliche mittlere Werth der Functionen $\theta(m)$ und $f(m)$ gefunden ist, erhält man unmittelbar

$$k = \frac{\varepsilon\sqrt{D}}{\pi}\,\Sigma\left(\frac{-D}{n}\right)\frac{1}{n}$$

Es verdient noch bemerkt zu werden, dass die Artikel 6 und 8 der Abhandlung II auf eine in mancher Beziehung einfachere und auch leicht auszuführende Behandlungsweise des Problems hindeuten, bei welcher nur die Darstellungen ungerader oder sogar nur solcher Zahlen betrachtet werden, die relative Primzahlen zu $2D$ sind.

Zu VI und VII.

Die Art, wie der Verf. die Summation der Reihe $\Sigma\left(\frac{-D}{n}\right)\frac{1}{n}$ ausgeführt hat, ergiebt sich aus einigen speciellen Beispielen, welche sich auf einzelnen Blättern vorfinden.

Ist $D \equiv 3 \pmod{4}$, so folgt aus dem Fundamentaltheorem in der Theorie der quadratischen Reste mit Benutzung der Reihe

$$\operatorname{cotang} u = \frac{1}{u} + \frac{1}{u-\pi} + \frac{1}{u+\pi} + \frac{1}{u-2\pi} + \frac{1}{u+2\pi} + \ldots$$

dass

$$\Sigma\left(\frac{-D}{n}\right)\frac{1}{n} = \Sigma\left(\frac{n}{D}\right)\frac{1}{n} = \frac{\pi}{2D}\Sigma\left(\frac{\nu}{D}\right)\operatorname{cotang}\frac{\nu\pi}{2D}$$

ist, wo ν alle relativen Primzahlen zu $2D$, durchläuft, die kleiner als D sind; setzt man

$$\sqrt{-1} = i, \quad \cos\frac{2\pi}{D} + i\sin\frac{2\pi}{D} = r$$

und bezeichnet mit μ alle relativen Primzahlen zu D, welche nicht grösser als D sind, so lässt die vorstehende Summe sich leicht in die folgende umformen

$$\Sigma\left(\frac{-D}{n}\right)\frac{1}{n} = \frac{\pi i}{4D}\left(\frac{2}{D}\right)\Sigma\left(\frac{\mu}{D}\right)\frac{r^\mu - 1}{r^\mu + 1}$$

wendet man nun die für jede Wurzel ω der Gleichung $\omega^D = 1$ gültige Formel

$$\frac{\omega-1}{\omega+1}=\Sigma(-1)^{\alpha-1}\omega^{\alpha}$$

an, in welcher α die Zahlen $1, 2, 3 \ldots (D-1)$ durchlaufen muss, so erhält man durch Umkehrung der Summationsordnung

$$\Sigma\left(\frac{-D}{n}\right)\frac{1}{n}=\frac{\pi i}{4D}\left(\frac{2}{D}\right)\Sigma(-1)^{\alpha-1}\Sigma\left(\frac{\mu}{D}\right)r^{\alpha\mu}$$

Die auf μ bezügliche Summation lässt sich bekanntlich mit Hülfe der in der Abhandlung *Summatio quarumdam serierum singularium* bewiesenen Sätze ausführen; beschränkt man sich auf den Fall, in welchem D durch kein Quadrat theilbar ist, so findet man allgemein

$$\Sigma\left(\frac{\mu}{D}\right)r^{\alpha\mu}=\left(\frac{\alpha}{D}\right)i^{\left(\frac{D-1}{2}\right)^2}\sqrt{D}$$

wo $\left(\frac{\alpha}{D}\right)=0$ gesetzt werden muss, falls α keine relative Primzahl zu D ist. In dem Fall $D\equiv 3 \pmod{4}$ erhält man daher

$$\Sigma\left(\frac{-D}{n}\right)\frac{1}{n}=\frac{\pi}{4\sqrt{D}}\left(\frac{2}{D}\right)\Sigma(-1)^{\alpha}\left(\frac{\alpha}{D}\right)=\frac{\pi}{2\sqrt{D}}\Sigma\left(\frac{\alpha'}{D}\right)$$

wo α' alle relativen Primzahlen zu D durchläuft, die kleiner als $\frac{1}{2}D$ sind; da endlich $\varepsilon=2$ ist, so wird die Anzahl der Classen

$$k=\Sigma\left(\frac{\alpha'}{D}\right)$$

Ist dagegen $D\equiv 1 \pmod{4}$, so erhält man mit Benutzung der Reihe

$$\operatorname{cosec} u=\frac{1}{u}-\frac{1}{u-\pi}-\frac{1}{u+\pi}+\frac{1}{u-2\pi}+\frac{1}{u+2\pi}-\ldots$$

auf ähnliche Weise

$$\Sigma\left(\frac{-D}{n}\right)\frac{1}{n}=\Sigma(-1)^{\frac{n-1}{2}}\left(\frac{n}{D}\right)\frac{1}{n}=\frac{\pi}{2D}\Sigma(-1)^{\frac{\nu-1}{2}}\left(\frac{\nu}{D}\right)\operatorname{cosec}\frac{\nu\pi}{2D}=\frac{\pi}{2D}\Sigma\left(\frac{\mu}{D}\right)\frac{r^{\mu}}{r^{2\mu}+1}$$

wo die Buchstaben ν und μ die frühere Bedeutung haben; schliesst man den evidenten Fall $D=1$ aus und wendet die fur jede Wurzel ω der Gleichung $\omega^D=1$ (mit Ausnahme von $\omega=1$) gültige Formel

$$\frac{\omega}{\omega\omega+1}=1+\Sigma\,\omega^{4\alpha''}+\Sigma\,\omega^{D-4\alpha''}$$

an, in welcher α'' die Zahlen $1, 2, 3 \ldots \frac{1}{4}(D-1)$ durchlaufen muss, so ergiebt sich, wieder unter der Beschränkung, dass D durch kein Quadrat theilbar ist,

$$\Sigma\left(\frac{-D}{n}\right)\frac{1}{n}=\frac{\pi}{\sqrt{D}}\Sigma\left(\frac{\alpha''}{D}\right)$$

und hieraus, da $\varepsilon=2$ ist,

$$k=2\Sigma\left(\frac{\alpha''}{D}\right)$$

Ganz ähnlich würden sich die Fälle behandeln lassen, in welchen D gerade ist. —

Was die Bestimmung der Classen-Anzahl für *positive* Determinanten D betrifft, so finden sich ausser der im Text mitgetheilten Schlussformel nur einzelne geometrische Figuren vor, welche Hyperbel-Sectoren von endlichen Dimensionen darstellen, und neben denselben Ungleichungen, durch welche die Punkte, deren Coordinaten die Variabeln der quadratischen Formen sind, in das Innere eines solchen Hyperbel-Sectors gedrängt werden. Diese Hyperbel-Sectoren treten an die Stelle der Ellipsen, welche den quadratischen Formen von negativen Determinanten entsprechen, und durch die Bestimmung ihres Flächeninhalts ergiebt sich wieder die mittlere Darstellungsanzahl, wenn nämlich nur solche Darstellungen zugelassen werden, bei welchen die Variabeln den eben erwähnten Ungleichungen Genüge leisten. Andererseits dienen diese Ungleichungen dazu, aus den unendlich vielen Darstellungen einer Zahl m, welche alle zu einer und derselben Wurzel n der Congruenz $nn - D \equiv 0 \left(\text{mod.} \frac{m}{\mu\mu}\right)$ gehören und welche den sämmtlichen Auflösungen der Gleichung $tt - Duu = 1$ entsprechen (vergl. Disqq. Arithm. art. 205), eine einzige zu isoliren und alle andern auszuschliessen. Die Anzahl aller zugelassenen Darstellungen der Zahl m durch den Complex aller nicht eigentlich äquivalenten formae proprie primitivae ist dann gleich dem Werth der Function $f(m)$, in welcher nur $-D$ durch D zu ersetzen ist, und aus der Betrachtung der Eigenschaften derselben ergiebt sich, wie früher bei negativen Determinanten, ein zweiter Ausdruck für die mittlere Darstellungsanzahl; die Vergleichung desselben mit dem vorher durch geometrische Betrachtungen abgeleiteten Werthe führt dann unmittelbar zu der Bestimmung der Anzahl der Classen.

Zu VIII.

Hier bedeutet p eine positive Primzahl von der Form $4n+1$; die Bezeichnung stimmt mit der in der Abhandlung *Theoria residuorum biquadraticorum* I. art. 23 angewendeten überein; es ist also

$$f \equiv 1.2.3 \ldots . \tfrac{1}{2}(p-3).\tfrac{1}{2}(p-1) \; (\text{mod.}\, p)$$

$$p = aa + bb; \quad a \equiv 1 \,(\text{mod. } 4); \quad b \equiv af \,(\text{mod.}\, p)$$

die mit α, β bezeichneten Zahlen sind durch die Zerlegung $p = \alpha\alpha + 2\beta\beta$ bestimmt. Die Columne f ist den beiden vorgefundenen Tabellen hinzugefügt; ausserdem sind einige Lücken in denselben ausgefüllt.

Der im Text aufgestellte Satz hängt mit dem biquadratischen Charakter der Zahl 2 zusammen; da nämlich (vergl. *Theoria resid. biqu.* I. art. 21)

$$2^{\frac{p-1}{4}} \equiv f^{\frac{1}{2}b} \,(\text{mod.}\, p)$$

ist, so folgt aus der Congruenz

$$b \equiv 2m + a - 1 \,(\text{mod. } 8)$$

die andere

$$2^{\frac{p-1}{4}} \equiv f^{m+\frac{a-1}{2}} \text{ (mod. } p)$$

und umgekehrt jene aus dieser. Der Beweis dieser letztern Congruenz ergiebt sich leicht auf folgende Art. Ist μ die Anzahl der quadratischen Reste α_1, welche zwischen 0 und $\frac{1}{4}p$ liegen, so ist (nach VII)

$$m = 2\mu - \tfrac{1}{4}(p-1)$$

und die Anzahl der quadratischen Reste α_2, welche zwischen $\frac{1}{4}p$ und $\frac{1}{2}p$ liegen, ist $= \frac{1}{4}(p-1) - \mu$. Ist nun $p \equiv 1 \text{ (mod. } 8)$, also die Zahl 2 quadratischer Rest, so stimmen die Zahlen $2\alpha_1$ und $p - 2\alpha_2$ im Complex mit den Zahlen α_1 und α_2 überein, und bezeichnet man das Product dieser Zahlen mit A, so ergiebt sich

$$2^{\frac{p-1}{4}} A \equiv (-1)^{\frac{1}{4}(p-1)-\mu} A \text{ (mod. } p)$$

und folglich

$$2^{\frac{p-1}{4}} \equiv (-1)^{\mu} \equiv f^{2\mu} \equiv f^{m+\frac{1}{4}(p-1)} \text{ (mod. } p)$$

da ferner in diesem Fall $b \equiv 0 \text{ (mod. } 4)$, und folglich

$$\frac{p-1}{4} = (a+1)\frac{a-1}{4} + \frac{bb}{4} \equiv 2\frac{a-1}{4} \equiv \frac{a-1}{2} \text{ (mod. } 4)$$

ist, so erhält man die zu beweisende Congruenz

$$2^{\frac{p-1}{4}} \equiv f^{m+\frac{a-1}{2}} \text{ (mod. } p)$$

Ist dagegen $p \equiv 5 \text{ (mod. } 8)$, also die Zahl 2 quadratischer Nichtrest, so stimmen die Zahlen $2\alpha_1$ und $p - 2\alpha_2$ mit den sämmtlichen zwischen 0 und $\frac{1}{2}p$ liegenden quadratischen Nichtresten überein; bezeichnet man ihr Product mit B, und das Product der Zahlen α_1 und α_2 wieder mit A, so ist

$$f \equiv AB, \quad (-1)^{\frac{p-1}{4}-\mu}\, 2^{\frac{p-1}{4}} A \equiv B \text{ (mod. } p)$$

erhebt man diese beiden Congruenzen zum Quadrat, indem man berücksichtigt, dass

$$ff \equiv -1, \quad 2^{\frac{p-1}{2}} \equiv -1 \text{ (mod. } p)$$

ist, so erhält man

$$-1 \equiv AABB, \quad -AA \equiv BB$$

und hieraus $A^4 \equiv +1$; da nun A ein Product aus quadratischen Resten, also AA ein Product aus biquadratischen Resten und folglich selbst ein biquadratischer Rest ist, so muss $AA \equiv +1$ sein, weil -1 ein biquadratischer Nichtrest ist. Hieraus folgt

$$(-1)^{\frac{p-1}{4}-\mu}\, 2^{\frac{p-1}{4}} \equiv AB \equiv f \pmod{p}$$

und

$$2^{\frac{p-1}{4}} \equiv (-1)^{\mu-1} f \equiv f^{2\mu-1} \equiv f^{m+\frac{p-5}{4}} \pmod{p}$$

da endlich in diesem Fall $b \equiv 2 \pmod{4}$, und folglich

$$\frac{p-5}{4} = (a+1)\frac{a-1}{4} + \frac{bb-4}{4} \equiv 2\frac{a-1}{4} \equiv \frac{a-1}{2} \pmod{4}$$

ist, so erhält man wieder die zu beweisende Congruenz

$$2^{\frac{p-1}{4}} \equiv f^{m+\frac{a-1}{2}} \pmod{p}$$

Zu IX.

Es sei p eine positive ungerade durch kein Quadrat theilbare Zahl, und

$$S_r = \Sigma\left(\frac{s_r}{p}\right)$$

wo s_r alle relativen Primzahlen zu p durchlaufen muss, welche zwischen $(r-1)\frac{p}{8}$ und $r\frac{p}{8}$ liegen; bezeichnet man die Anzahlen der nicht eigentlich äquivalenten formae proprie primitivae für die Determinanten $-p$ und $-2p$ resp. mit C_1 und C_2, so ist (vergl. Dirichlet Recherches sur diverses applications etc. §. 11 in Crelle's Journal XXI)

$$C_1 = 2(S_1 + S_2), \quad C_2 = 2(S_1 - S_4)$$

oder

$$C_1 = S_1 + S_2 + S_3 + S_4, \quad C_2 = 2(S_2 + S_3)$$

je nachdem $p \equiv 1$ oder $\equiv 3 \pmod{4}$ ist. Bedenkt man ferner, dass die Zahlen s_1 und s_2 im Complex mit den Zahlen $2s_1$ und $p-2s_4$, und ebenso die Zahlen s_3 und s_4 im Complex mit den Zahlen $2s_2$ und $p-2s_3$ übereinstimmen, und dass im Falle $p \equiv 1 \pmod{4}$ die Summe $S_1 + S_2 + S_3 + S_4 = 0$ ist, so ergeben sich in beiden Fällen noch zwei neue Relationen zwischen den vier Summen S_1, S_2, S_3, S_4, so dass jede derselben durch C_1 und C_2 ausgedrückt werden kann. Man erhält auf diese Weise, wenn $p \equiv 1 \pmod{4}$ ist,

$$S_1 = S_8 = \tfrac{1}{4}\left(\frac{2}{p}\right) C_1 + \tfrac{1}{4} C_2$$

$$S_2 = S_7 = \tfrac{1}{4}\left(2 - \left(\frac{2}{p}\right)\right) C_1 - \tfrac{1}{4} C_2$$

$$S_3 = S_6 = -\tfrac{1}{4}\left(2 + \left(\frac{2}{p}\right)\right) C_1 + \tfrac{1}{4} C_2$$

$$S_4 = S_5 = \tfrac{1}{4}\left(\frac{2}{p}\right) C_1 - \tfrac{1}{4} C_2$$

und, wenn $p \equiv 3 \pmod{4}$ ist

$$S_1 = -S_8 = \tfrac{1}{4}\left(3+\left(\tfrac{2}{p}\right)\right)C_1 - \tfrac{1}{4}C_2$$

$$S_2 = -S_7 = -\tfrac{1}{4}\left(1-\left(\tfrac{2}{p}\right)\right)C_1 + \tfrac{1}{4}C_2$$

$$S_3 = -S_6 = \tfrac{1}{4}\left(1-\left(\tfrac{2}{p}\right)\right)C_1 + \tfrac{1}{4}C_2$$

$$S_4 = -S_5 = \tfrac{1}{4}\left(1-\left(\tfrac{2}{p}\right)\right)C_1 - \tfrac{1}{4}C_2$$

Ist p eine Primzahl, so findet man hieraus unmittelbar die im Text angegebenen Formeln für die Anzahlen der quadratischen Reste, welche in den einzelnen Octanten enthalten sind.

Zu X.

Es sei p eine positive und durch kein Quadrat theilbare Zahl von der Form $6n \pm 1$, und

$$S_r = \Sigma\left(\frac{s_r}{p}\right)$$

wo s_r alle relativen Primzahlen zu p durchlaufen muss, welche zwischen $(r-1)\frac{p}{12}$ und $r\frac{p}{12}$ liegen; bezeichnet man die Anzahlen der nicht eigentlich äquivalenten formae proprie primitivae für die Determinanten $-p$ und $-3p$ mit C_1, C_3, so findet man leicht (vergl. Dirichlet Recherches etc. §. 11 oder die Note zu VI und VII)

$$C_1 = 2(S_1+S_2+S_3), \quad C_3 = 2(S_1+S_2-S_5-S_6)$$

oder

$$C_1 = S_1+S_2+S_3+S_4+S_5+S_6, \quad C_3 = 2(S_2+S_3+S_4+S_5)$$

je nachdem $p \equiv 1$ oder $\equiv 3 \pmod{4}$ ist. Berücksichtigt man ferner, dass

die Zahlen	s_1 und s_2	mit den Zahlen	$2s_1$ und $p-2s_6$
,,	,,	s_3 und s_4	,,	,,	,,	$2s_2$ und $p-2s_5$
,,	,,	s_5 und s_6	,,	,,	,,	$2s_3$ und $p-2s_4$

und ebenso

die Zahlen	s_1, s_2, s_3	mit den Zahlen	$3s_1,\ 3s_5-p,\ p-3s_4$
,,	,,	s_4, s_5, s_6	,,	,,	,,	$3s_2,\ 3s_6-p,\ p-3s_3$

übereinstimmen, und dass im Falle $p \equiv 1 \pmod{4}$ die Summe $S_1+S_2+S_3+S_4+S_5+S_6 = 0$ ist, so erhält man ausser den beiden obigen noch vier neue Relationen zwischen den sechs Summen $S_1, S_2 \ldots S_6$, so dass dieselben sämmtlich aus C_1 und C_3 bestimmt werden können. Man erhält auf diese Weise, wenn $p \equiv 1 \pmod{4}$ ist,

$$S_1 = S_{12} = \tfrac{1}{4}\left(1+\left(\tfrac{3}{p}\right)\right)C_1 + \tfrac{1}{12}\left(1+\left(\tfrac{2}{p}\right)\right)C_3$$

$$S_2 = S_{11} = -\tfrac{1}{4}\left(1+\left(\tfrac{3}{p}\right)\right)C_1 + \tfrac{1}{12}\left(1+\left(\tfrac{2}{p}\right)\right)C_3$$

$$S_3 = S_{10} = \tfrac{1}{2}C_1 - \tfrac{1}{6}\left(1+\left(\tfrac{2}{p}\right)\right)C_3$$

$$S_4 = S_9 = -\tfrac{1}{2}C_1 + \tfrac{1}{6}\left(2-\left(\tfrac{2}{p}\right)\right)C_3$$

$$S_5 = S_8 = \tfrac{1}{4}\left(1+\left(\tfrac{3}{p}\right)\right)C_1 - \tfrac{1}{12}\left(5-\left(\tfrac{2}{p}\right)\right)C_3$$

$$S_6 = S_7 = -\tfrac{1}{4}\left(1+\left(\tfrac{3}{p}\right)\right)C_1 + \tfrac{1}{12}\left(1+\left(\tfrac{2}{p}\right)\right)C_3$$

und, wenn $p \equiv 3 \pmod{4}$ ist,

$$S_1 = -S_{12} = \tfrac{1}{12}\left(9+3\left(\tfrac{2}{p}\right)-\left(\tfrac{3}{p}\right)+\left(\tfrac{6}{p}\right)\right)C_1 - \tfrac{1}{4}C_3$$

$$S_2 = -S_{11} = \tfrac{1}{4}\left(-1+\left(\tfrac{2}{p}\right)+\left(\tfrac{3}{p}\right)-\left(\tfrac{6}{p}\right)\right)C_1 + \tfrac{1}{4}C_3$$

$$S_3 = -S_{10} = \tfrac{1}{6}\left(-\left(\tfrac{3}{p}\right)+\left(\tfrac{6}{p}\right)\right)C_1$$

$$S_4 = -S_9 = \tfrac{1}{6}\left(3-2\left(\tfrac{3}{p}\right)-\left(\tfrac{6}{p}\right)\right)C_1$$

$$S_5 = -S_8 = \tfrac{1}{4}\left(-1-\left(\tfrac{2}{p}\right)+\left(\tfrac{3}{p}\right)+\left(\tfrac{6}{p}\right)\right)C_1 + \tfrac{1}{4}C_3$$

$$S_6 = -S_7 = \tfrac{1}{12}\left(3-3\left(\tfrac{2}{p}\right)+\left(\tfrac{3}{p}\right)-\left(\tfrac{6}{p}\right)\right)C_1 - \tfrac{1}{4}C_3$$

Ist p eine Primzahl, so findet man aus dem ersten System die im Text angegebenen Formeln; für die andern Fälle erhält man ähnliche Formeln aus dem zweiten System.

R. Dedekind.

GEOMETRISCHE SEITE DER TERNÄREN FORMEN.

Ein Punkt im Raume (0) sei als Anfangspunkt angenommen. Der Uebergang von da zu drei andern Punkten P. P', P'', die mit jenem nicht in einer Ebene liegen, sei resp. t, t', t''; wo, so oft keine Verwechslung möglich ist, die Punkte P, P', P'' selbst durch (t), (t'), (t'') bezeichnet werden mögen.

Es sei ferner allgemein (t, t') das Product der Länge der beiden Linien t, t' in den Cosinus ihrer Neigung etc.

Man hat allgemein $(\alpha t + \alpha' t' + \alpha'' t'' + \ldots, \; \beta u + \beta' u' + \beta'' u'' + \ldots)$ wenn man die Multiplication

$$(\alpha t + \alpha' t' + \alpha'' t'' + \ldots) \times (\beta u + \beta' u' + \beta'' u'' + \ldots)$$

ausführt und statt tu, tu', tu'', $t'u'$, $t'u''$.. u. s. w. (t,u), (t,u'), (t,u''), (t',u'), (t',u'')u.s.w. schreibt.

Jeder Punkt im Raume wird durch ein Trinomium

$$(xt + x't' + x''t'')$$

dargestellt werden können.

Für alle Punkte, die in einer bestimmten Ebene liegen, wird dann eine Gleichung

$$\lambda x + \lambda' x' + \lambda'' x'' = L$$

statt finden, wo $\lambda, \lambda', \lambda'', L$ bestimmte Zahlen bedeuten. Für eine Ebene durch die drei Punkte $\mu t, \mu' t', \mu'' t''$ ist

$$\lambda\mu = \lambda'\mu' = \lambda''\mu'' = L$$

Schreibt man

$$(t, t) = a,\ (t', t') = a',\ (t'', t'') = a'',\ (t', t'') = b,\ (t, t'') = b',\ (t, t') = b''$$

und

$$a'a'' - bb = A,\quad aa'' - b'b' = A',\quad aa' - b''b'' = A''$$
$$b'b'' - ab = B,\quad bb'' - a'b' = B',\quad bb' - a''b'' = B''$$
$$D = aa'a'' + 2bb'b'' - abb - a'b'b' - a''b''b''$$

so ist

$$T = At + B''t' + B't''\quad \text{senkrecht gegen } t' \text{ und } t''$$
$$T' = B''t + A't' + Bt''\quad t \text{ und } t''$$
$$T'' = B't + Bt' + A''t''\quad t \text{ und } t'$$

und allgemein, wenn

$$\lambda x + \lambda' x' + \lambda'' x'' = L$$

die Gleichung einer Ebene ist, so wird die Linie

$$\lambda T + \lambda' T' + \lambda'' T''$$

gegen dieselbe senkrecht sein.

Es ist dann ferner

$$aT + b''T' + b'T'' = Dt$$
$$b''T + a'T' + bT'' = Dt'$$
$$b'T + bT' + a''T'' = Dt''$$

und die Linien t, t', t'' sind senkrecht gegen die Ebenen, deren Gleichungen

$$ax + b''x' + b'x'' = \text{Const}$$
$$b''x + a'x' + bx'' = \text{Const}$$
$$b'x + bx' + a''x'' = \text{Const}$$

Der doppelte Flächeninhalt des Dreiecks durch die Punkte $mt, m't', m''t''$ ist aequal der Quadratwurzel aus dem Werthe der Form

$$F \ldots \binom{A,\ A',\ A''}{B,\ B',\ B''}$$

wenn substituirt wird $X = m'm''$, $X' = mm''$, $X'' = mm'$, während der sechsfache Cubikinhalt der Pyramide, die sich dadurch mit dem 0 Punkte bildet, $= mm'm''\sqrt{D}$ wird, folglich ist das Perpendikel

$$= \sqrt{\frac{D}{F(\frac{1}{m}, \frac{1}{m'}, \frac{1}{m''})}}$$

T, T', T'' beziehen sich ebenso auf die Form $\binom{AD,\ A'D,\ A''D}{BD,\ B'D,\ B''D}$ wie t, t', t'' auf $\binom{a,\ a',\ a''}{b,\ b',\ b''}$

Die drei Wurzeln der Gleichung

$$0 = p^3 - pp(a + a' + a'') + p(A + A' + A'') - D$$

stellen die Quadrate der drei Hauptaxen eines in dasjenige Parallelepipedum einbeschriebenen Ellipsoids vor, auf welches sich die ternäre positive Form

$$\binom{a,\ a',\ a''}{b,\ b',\ b''} \text{ mit Adjuncte } \binom{A,\ A',\ A''}{B,\ B',\ B''} \text{ und Determ. } = -D$$

bezieht

Beziehung der Raumverhältnisse auf ein gegebenes Tetraeder.

Es seien (0), (1), (2), (3) die vier Ecken, gegenüberstehenden Flächen und Perpendikel. Es kommen dann jedem Punkte des Raums P gegen einen beliebigen Anfangspunkt M vier Coordinaten zu x, x', x'', x''', unter welchen aber die Relation

$$x + x' + x'' + x''' = 0$$

Statt findet. Es bedeutet nemlich x den Quotienten, wenn man die Distanz des

Punktes P von einer durch M mit dem Planum (0) parallel gelegten Ebene mit dem Perpendikel (0) dividirt u. s. f.

Allgemein ist dann

$$-(PM)^2 = xx'(01)^2 + xx''(02)^2 + xx'''(03)^2 + x'x''(12)^2 + x'x'''(13)^2 + x''x'''(23)^2$$

Das Grundgesetz der Crystallisation lässt sich am kürzesten so aussprechen:

Zwischen je fünf Ebenen, welche dabei vorkommen, gibt es folgende Relation:

Sind ihre Normalen auf der Kugelfläche (0), (1), (2), (3), (4), so sind allezeit die Producte $\sin 102 . \sin 304$, $\sin 103 . \sin 204$, $\sin 203 . \sin 104$ in einem rationalen Verhältnisse; ist dies wie $\alpha : \beta : \gamma$, so ist $\beta = \alpha + \gamma$.

Sind die Coordinaten der 5 Punkte auf der Kugelfläche

$$\left.\begin{matrix} a\ b\ c \\ a'\ b'\ c' \\ a''\ b''\ c'' \\ a'''\ b'''\ c''' \\ 0\ 0\ 1 \end{matrix}\right\} \quad \text{so müssen} \quad \begin{matrix} (ab' - ba') . (a''b''' - b''a''') \\ (ab'' - ba'') . (a'''b' - b'''a') \\ (ab''' - ba''') . (a'b'' - b'a'') \end{matrix}$$

in rationalem Verhältnisse stehen.

Allgemein seien 1, 2, 3, 4, 5 die 5 Punkte auf der Kugelfläche, 0 der Mittelpunkt; dann stehen, wenn 12 den körperlichen Inhalt des Tetraeders 0345 bedeutet

$$\left.\begin{matrix} 23.45 \\ 24.53 \\ 25.34 \end{matrix}\right\} \text{in rationalem Verhältnisse}$$

ebenso

$$\left.\begin{matrix} 12.34 \\ 13.42 \\ 14.23 \end{matrix}\right\} \text{u. s. f.}$$

Transformationen der Form $\begin{pmatrix} 5, & 5, & 5 \\ -1, & -1, & -1 \end{pmatrix}$ Det. $= 108$

					Chaux carbonatée
$\begin{Bmatrix} +1 & +1 & -1 \\ -1 & +1 & +1 \\ +1 & -1 & +1 \end{Bmatrix}$	$\begin{pmatrix} 17 & 17 & 17 \\ -7 & -7 & -7 \end{pmatrix}$ 36.108		$\begin{pmatrix} 240 & 240 & 240 \\ +168 & +168 & +168 \end{pmatrix}$ 256.11664	$\begin{pmatrix} 10 & 10 & 10 \\ +7 & +7 & +7 \end{pmatrix}$ 216	equiaxe
$\begin{Bmatrix} +1 & +1 & 0 \\ 0 & +1 & +1 \\ +1 & 0 & +1 \end{Bmatrix}$	$\begin{pmatrix} 8 & 8 & 8 \\ +2 & +2 & +2 \end{pmatrix}$ 4.108	$\begin{pmatrix} 4 & 4 & 4 \\ +1 & +1 & +1 \end{pmatrix}$ 54	$\begin{pmatrix} 15 & 15 & 15 \\ -3 & -3 & -3 \end{pmatrix}$ 27.108	$\begin{pmatrix} 5 & 5 & 5 \\ -1 & -1 & -1 \end{pmatrix}$ 54	inverse
$\begin{Bmatrix} +2 & +1 & +1 \\ +1 & +2 & +1 \\ +1 & +1 & +2 \end{Bmatrix}$	$\begin{pmatrix} 20 & 20 & 20 \\ +14 & +14 & +14 \end{pmatrix}$ 16.108	$\begin{pmatrix} 10 & 10 & 10 \\ +7 & +7 & +7 \end{pmatrix}$ 216	$\begin{pmatrix} 51 & 51 & 51 \\ -21 & -21 & -21 \end{pmatrix}$ 432.108	$\begin{pmatrix} 17 & 17 & 17 \\ -7 & -7 & -7 \end{pmatrix}$ 16.108	contrastante
$\begin{Bmatrix} +1 & +2 & +2 \\ +2 & +1 & +2 \\ +2 & +2 & +1 \end{Bmatrix}$	$\begin{pmatrix} 29 & 29 & 29 \\ +23 & +23 & +23 \end{pmatrix}$ 25.108		$\begin{pmatrix} 312 & 312 & 312 \\ -138 & -138 & -138 \end{pmatrix}$ 67500.108	$\begin{pmatrix} 52 & 52 & 52 \\ -23 & -23 & -23 \end{pmatrix}$ 33750	mixte

Setzt man die ursprüngliche Form allgemein $= \begin{pmatrix} t, & t, & t \\ u, & u, & u \end{pmatrix}$

und eine abgeleitete $\begin{pmatrix} T, & T, & T \\ U, & U, & U \end{pmatrix}$

so ist

$$
\begin{array}{lll}
1, & T = 3t - 2u & U = -t + 2u \\
2, & T = 2t + 2u & U = t + 3u \\
3, & T = 6t + 10u & U = 5t + 11u \\
4, & T = 9t + 16u & U = 8t + 17u
\end{array}
$$

Die Form $\begin{pmatrix} 1, & 3, & k \\ 0, & 0, & 0 \end{pmatrix}$ geht durch die Substitution

$$
\begin{array}{lll}
x = u + u' - 2u'' & \text{umgekehrt} & 6u = x + 3y + 2z \\
y = u - u' & & 6u' = x - 3y + 2z \\
z = u + u' + u'' & & 6u'' = -2x + 2z
\end{array}
$$

$$x \equiv z (\text{mod. } 3), \quad x \equiv y (\text{mod. } 2)$$

über in $\begin{pmatrix} 4+k, & 4+k, & 4+k \\ k-2, & k-2, & k-2 \end{pmatrix}$

Um den Kalkspath zu produciren ist $k = 0{,}973103$ zu setzen.

Sind die complexen Werthe der orthographischen Projection von drei gleich langen und unter einander senkrechten Graden a, b, c, so ist $aa + bb + cc = 0$, allgemein kann man setzen, p und q beliebige complexe Zahlen bedeutend

$$a = (p - q)(q - pii), \quad b = (q - qi)(pii - pi), \quad c = (qi - p)(pi - q)$$

Hexakisoctaeder.

Gleichung: $px+qy+rz=1$

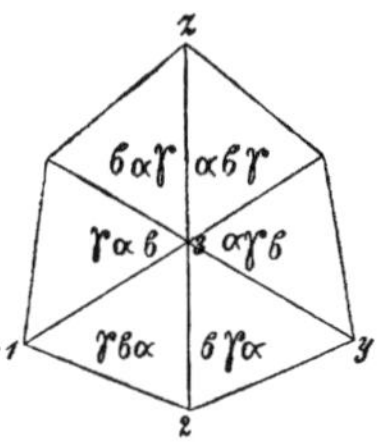

Coordinaten.

1.	$\frac{1}{\gamma}$	0	0
2.	$\frac{1}{\beta+\gamma}$	$\frac{1}{\beta+\gamma}$	0
3.	$\frac{1}{\alpha+\beta+\gamma}$	$\frac{1}{\alpha+\beta+\gamma}$	$\frac{1}{\alpha+\beta+\gamma}$

$\alpha<\beta<\gamma$

Sechsfacher Inhalt einer Elementarpyramide $=\frac{1}{\gamma\cdot(\beta+\gamma)(\alpha+\beta+\gamma)}$

Alle [Flächen] sind um eine Kugel beschrieben, deren Halbmesser $=\frac{1}{\sqrt{(\alpha\alpha+\beta\beta+\gamma\gamma)}}$

Doppelte Fläche eines Dreiecks $=\frac{\sqrt{(\alpha\alpha+\beta\beta+\gamma\gamma)}}{\gamma(\beta+\gamma)(\alpha+\beta+\gamma)}$

Kante $1.2=\frac{\sqrt{(\beta\beta+\gamma\gamma)}}{\gamma(\beta+\gamma)}$, $1.3=\frac{\sqrt{((\alpha+\beta)^2+2\gamma\gamma)}}{\gamma(\alpha+\beta+\gamma)}$, $2.3=\frac{\sqrt{(2\alpha\alpha+(\beta+\gamma)^2)}}{(\beta+\gamma)(\alpha+\beta+\gamma)}$

Cosinus Kanten Winkel $3.1.2=\frac{\alpha\beta+\beta\beta+\gamma\gamma}{\sqrt{(\beta\beta+\gamma\gamma)((\alpha+\beta)^2+2\gamma\gamma)}}$

Sinus $=\frac{\gamma\cdot\sqrt{(\alpha\alpha+\beta\beta+\gamma\gamma)}}{\sqrt{(\beta\beta+\gamma\gamma)((\alpha+\beta)^2+2\gamma\gamma)}}$

Vorkommende Werthe.

	$\alpha\ \beta\ \gamma$			$\alpha\ \beta\ \gamma$	
7.	0. 0. 1	Hexaeder	2.	1. 2. 2.	Triakisoctaeder
3.	0. 1. 1	Rhombendodekaeder	4.	1. 2. 3.	Hexakisoctaeder
6.	0. 1. 2	Tetrakishexaeder		1. 2. 4	
	0. 1. 3		2.	1. 3. 3	Triakisoctaeder
	0. 2. 3		4.	1. 3. 5	Hexakisoctaeder
1.	1. 1. 1	Octaeder	2.	2. 3. 3	Triakisoctaeder
5.	1. 1. 2	Trapezicositetraeder		2. 3. 4?	
	1. 1. 3			3. 5. 11	

BEMERKUNGEN.

Neben den vorstehenden Notizen, welche die in der Anzeige von SEEBER's Untersuchungen der ternären Formen gegebenen Gesichtspunkte theilweise weiter entwickeln, sind in der Handschrift mehre eigne mit einem achtzölligen REICHENBACH'schen Theodolithen ausgeführte Crystallmessungen aufgezeichnet. Die einzelnen Protokolle enthalten das jedesmalige Datum der Beobachtung, woraus zu ersehen ist, dass diese Untersuchung dem Monat Juli 1831 angehört.

Aus der Theorie der indifferenten ternären quadratischen Formen findet sich im handschriftlichen Nachlass nur der folgende, wahrscheinlich in der Zeit der Ausarbeitung der Disqu. Arr. aufgezeichnete Lehrsatz

'Omnes transformationes formae ternariae

$$\begin{pmatrix} 1, & 1, & -1 \\ 0, & 0, & 0 \end{pmatrix}$$

in se ipsam exhibentur per formulam

$$\begin{matrix} \alpha\delta+\beta\gamma & \alpha\beta-\gamma\delta & \alpha\beta+\gamma\delta \\ \alpha\gamma-\beta\delta & \frac{1}{2}(\alpha\alpha+\delta\delta-\beta\beta-\gamma\gamma) & \frac{1}{2}(\alpha\alpha+\gamma\gamma-\beta\beta-\delta\delta) \\ \alpha\gamma+\beta\delta & \frac{1}{2}(\alpha\alpha+\beta\beta-\gamma\gamma-\delta\delta) & \frac{1}{2}(\alpha\alpha+\beta\beta+\gamma\gamma+\delta\delta) \end{matrix}$$

acceptis $\alpha, \beta, \gamma, \delta$ ita ut fiat $\alpha\delta-\beta\gamma=1$.'

Es entstehen nemlich alle Transformationen, in denen die neun Coëfficienten ganze Zahlen sind, wenn für $\alpha, \beta, \gamma, \delta$ sowohl alle die der Bedingungsgleichung genügenden ganzen Zahlen und zwar zwei gerade und zwei ungerade gesetzt werden, als auch alle die ungeraden Vielfache von $\sqrt{\frac{1}{2}}$, welche dieselbe Bedingungsgleichung $\alpha\delta-\beta\gamma=1$ erfüllen.

Zu Seite 309. Chaux carbonatée équiaxe, inverse, contrastante und mixte sind die von Haüy (Traité de Minéralogie 1801 Tome II pag. 132, 137) gebrauchten Benennungen.

Die Tafel der Transformationen der Form $\begin{pmatrix}5, & 5, & 5\\ 1, & 1, & 1\end{pmatrix}$ enthält in der ersten Verticalreihe die Coëfficienten der Substitution, in der zweiten die dadurch entstandene neue Form, in der dritten die der letztern Form entsprechende primitive, wenn diese nicht selbst schon eine solche ist, und in der vierten deren Adjuncta.

Schering.

ZUR THEORIE DER BIQUADRATISCHEN RESTE.

[I.]

1.

Wir erweitern das Gebiet der höhern Arithmetik, indem wir darin auch die imaginären Grössen aufnehmen. Bei der gegenwärtigen Untersuchung nennen wir eine ganze imaginäre Zahl jede Grösse $x+iy$, wenn x, y reelle ganze Zahlen sind.

2.

Die unendliche Anzahl imaginärer ganzer Zahlen lässt sich am bequemsten durch Punkte in einer unbegrenzten Ebene sinnlich darstellen; wir nennen schlechthin denjenigen Punkt, dessen Abscisse x, die Ordinate y ist, den Punkt $x+iy$, alle Punkte, die ganze Zahlen vorstellen, sollen Ganzepunkte heissen.

3

Um etwas bestimmtes festzusetzen, sollen die Abscissen immer auf der linken Seite positiv, die Ordinaten oben positiv sein.

4.

Die gerade Linie von dem Punkte $x+iy$ zu dem Punkte $x'+iy'$ gezogen soll schlechtweg die gerade Linie $(x+iy,\ x'+iy')$ heissen, wir nehmen dabei zugleich, insofern es darauf ankommt, auf die Richtung Rücksicht und unterscheiden also die gerade Linie $x+iy$, $x'+iy'$ von der $x'+iy'$, $x+iy$.

5.

Der Kürze wegen wollen wir imaginäre Grössen wie $x+iy$ auch durch einen einzigen Buchstaben bezeichnen, wie z.

6.

Die Figur, welche durch die geraden Linien zz', $z'z''$, $z''z'''$, .. $z^{n-1}z^n$, z^nz begrenzt wird, nennen wir schlechtweg die Figur $zz'z''z'''..z^n$. Wir schliessen dabei den Fall nicht aus, wo etwa einige dieser Linien einander schneiden.

7.

Durch $S(z, z', z'' \dots z^n)$ bezeichnen wir allgemein die Summe von so vielen reellen ganzen Zahlen, als Ganzepunkte innerhalb der Figur liegen, indem wir für jeden Punkt, um den die Grenzlinie der Figur einmal, zweimal, dreimal u.s.w. herumgeht, die Zahl ± 1, ± 2, ± 3 etc. setzen; die obern Zeichen gelten, wenn die Grenzlinie den Punkt so umgibt, dass dieser auf der rechten Seite der Figur liegt, die untern im entgegengesetzten Fall. Schneiden sich also keine Seiten der Figur, so ist $S(z, z', z''..)$ schlechthin die Anzahl der Punkte innerhalb der Figur, positiv oder negativ genommen.

8.

Offenbar ist immer

$$S(z, z', z'' \dots z^n) = S(z', z'', z''' \dots z^n, z) = S(z'', z''' .. z') \text{ etc.}$$
$$= -S(z^n, z^{n-1} .. z'', z', z) = -S(z^{n-1}, z^{n-2} .. z', z, z^n) \text{ etc.}$$

9.

Wie es hiebei mit den auf der Grenzlinie selbst liegenden Punkten gehalten werden soll, muss noch näher bestimmt werden. Es gibt viele Fälle, wo auf der Grenzlinie gar keine ganze Punkte liegen können: dann ist keine Bestimmung nöthig. Liegen aber auf der Grenzlinie zz' solche Punkte, so zeigen wir durch ein zwischen z und z' eingeschobenes $+$ an, dass diese Punkte so betrachtet werden sollen, als lägen sie rechts von der Grenzlinie, so wie durch ein $-$, als lägen sie links. Auch werden wir wol ein 0 oder $\frac{1}{2}$ einschieben, wodurch angedeutet werden soll, dass sie gar nicht oder nur mit dem halben Werthe auf je-

der Seite in Betracht gezogen werden sollen. Falls einer oder der andere der Punkte z, z', z'' etc. selbst ein Ganzepunkt, so wird er, wo nicht ausdrücklich das Gegentheil gesagt wird, gar nicht mitgezählt, als insofern er zugleich etwa als Nicht-Eckpunkt auch in Betracht kommt.

10.

Lehrsätze. Wenn alle z, z', z'' etc. um eine und dieselbe Ganzezahl vermehrt werden, so bleibt das S ungeändert.

Wenn i in $-i$ und jedes Bindezeichen ins entgegengesetzte verwandelt wird, so ändert S bloss das Zeichen.

$$\begin{aligned} S(z,z',z''\ldots z^n) &= S(z,u,u'\ldots u^n,z',z'',z^n) - S(z,u,u'\ldots u^n,z') \\ &= S(z,u,u',u''\ldots u^n,z^m,z^{m+1}\ldots z^n) - S(z,u,u',u''\ldots u^n,z^m,z^{m-1}\ldots z',z) \end{aligned}$$

wo die Bindezeichen correspondiren müssen, aber zwischen den rückwärts laufenden Gliedern entgegengesetzt werden.

Ist ζ eine ganze Zahl $= a+bi$, so ist, wenn die gegenüberliegenden Bindezeichen entgegengesetzt,

$$S(z.z',z'+\zeta,z+\zeta) = [bx'-ay'] - [bx-ay]$$

Hiebei ist zu bemerken, dass wenn $bx'-ay'$ selbst eine ganze Zahl ist, diese für $[bx'-ay']$ angenommen werde, wenn das Bindezeichen zwischen z' und $z'+\zeta$ $+$ ist, hingegen 1 oder $\frac{1}{2}$ weniger, wenn dieses Bindezeichen $-$ oder $\frac{1}{2}$ ist; bei $bx-ay$ gilt das Umgekehrte.

Uebrigens gilt die Formel nur für den Fall, wo a und b keinen gemeinschaftlichen Divisor haben; ist ihr grösster gemeinschaftlicher Theiler $= h$, so hat man dafür zu nehmen

$$h\left[\frac{bx'-ay'}{h}\right] - h\left[\frac{bx-ay}{h}\right]$$

11.

Wenden wir uns nun näher zu unserm Gegenstande selbst. Wenn für den Modulus $m = a+bi$ die Zahlen f, f', f'' etc. so beschaffen sind, dass sie erstlich alle nach dem Modulus m unter sich incongruent sind, zweitens aber jede ganze Zahl einer von ihnen nothwendig congruent sein muss, so nennen wir den

Inbegriff der Zahlen f, f', f'' etc. das System der Primitivreste von m. Ihre Anzahl ist immer $= aa + bb$.

12.

Man kann das System der Primitivreste auf vielfache Art bilden; die einfachste ist, die Punkte innerhalb des Quadrats 0, m, $(1+i)m$, im zu wählen; dazu müssen aber noch hinzugefügt werden

I. der Punkt oder die Grösse 0

II. alle Punkte auf zwei einander nicht gegenüberliegenden Grenzlinien.

Anstatt auf einer der 4 Grenzlinien alle Punkte zu nehmen, kann man sie auch auf mehren zugleich nehmen.

Diese Auswahl dieser Punkte auf den Grenzlinien, falls welche darauf fallen, kann auf mehrfache Art geschehen, so dass obigen Bedingungen Genüge geschieht. Am einfachsten ist die folgende Manier.

Man nehme auf der Grenzlinie $0, m$ alle Punkte zwischen 0 und $\frac{1}{2}m$ inclus. und auf der Grenzlinie $0, im$ alle Punkte von $\frac{1}{2}im$ bis im exclusive und auf ähnliche Art bei den beiden andern.

Man kann diese beiden Manieren so sinnlich darstellen

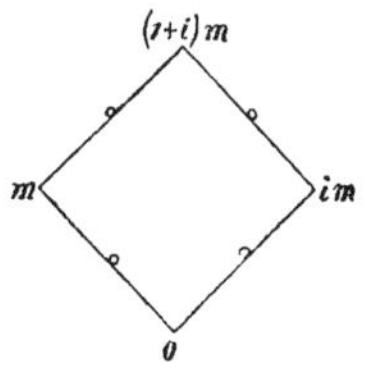

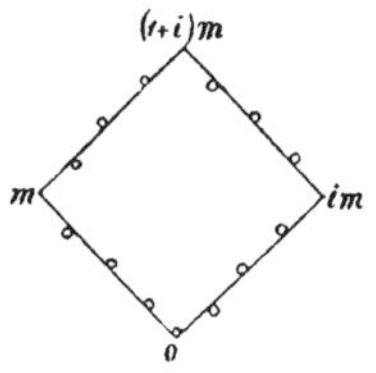

13.

Schliesst man von den Primitivpunkten aus

I. Bloss den Punkt 0, wenn a gerade und b ungerade oder umgekehrt.

II. Die Punkte 0 und $\frac{1}{2}(1+i)m$, wenn a und b beide ungerade.

III. Die vier Punkte 0, $\frac{1}{2}m$, $\frac{1}{2}(1+i)m$, $\frac{1}{2}im$, wenn a und b beide gerade, so nennen wir die übrigbleibenden eigentliche Primitivpunkte, die ausgeschlossenen uneigentliche. Die Anzahl von jenen ist also

$$\text{im Fall I} \quad = aa + bb - 1$$
$$\text{II} \quad = aa + bb - 2$$
$$\text{III} \quad = aa + bb - 4$$

also immer durch 4 theilbar.

14.

Diese eigentlichen Primitivpunkte lassen sich in 4 Classen F, F', F'', F''' theilen, so dass

$$\begin{array}{llll} iF \equiv F' & iF' \equiv F'' & iF'' \equiv F''' & iF''' \equiv F \\ -F \equiv F'' & -F' \equiv F''' & -F'' \equiv F & -F''' \equiv F' \\ -iF \equiv F''' & -iF' \equiv F & -iF'' \equiv F' & -iF''' \equiv F'' \end{array}$$

Hiebei findet nun folgendes höchst wichtige Theorem statt.

Es sei M eine Zahl, welche mit m keinen Factor gemein hat. Von den Zahlen MF gehören in die Classe F eine Anzahl von n

$$\begin{array}{ll} F' & n' \\ F'' & n'' \\ F''' & n''' \end{array}$$

und der kleinste Rest von $n' + 2n'' + 3n'''$ nach dem Modulus 4 sei $= N$, also N einer der 4 Zahlen 0, 1, 2, 3 gleich: unter dieser Voraussetzung ist N *unabhängig* von der Art der Vertheilung der Primitivreste in Classen. Wir nennen ihn den Decident des biquadratischen Verhältnisses der Zahl M zu m.

15.

Die einfachste Art der Vertheilung ist allerdings folgende

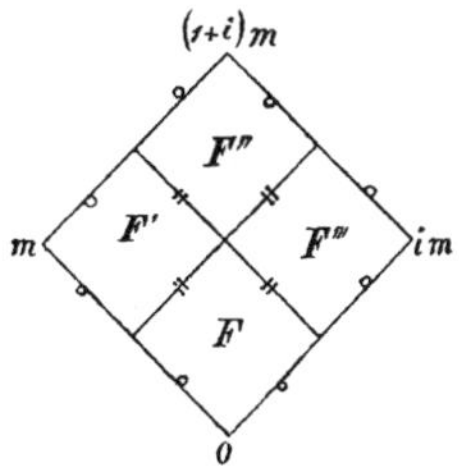

Inzwischen kann in speciellen Fällen eine andere Vertheilung vortheilhafter sein.

16.

Sind f, f', f'' etc. die sämmtlichen Primitivreste des Modulus m, so ist

$$
\begin{aligned}
& S\left(z+\frac{f}{m},\ z'+\frac{f}{m},\ z''+\frac{f}{m},\ \text{etc.}\right) \\
& +S\left(z+\frac{f'}{m},\ z'+\frac{f'}{m},\ z''+\frac{f'}{m},\ \text{etc.}\right) \\
& +S\left(z+\frac{f''}{m},\ z'+\frac{f''}{m},\ z''+\frac{f''}{m},\ \text{etc.}\right) \\
& +\text{etc.} \\
& = S(mz,\ mz',\ mz'',\ \text{etc.})
\end{aligned}
$$

17.

Theorie des biquadratischen Restes $1+i$.

Der Modulus soll mit dem Reste keinen Theiler gemein haben, wir nehmen also an, dass von den Zahlen a und b die eine gerade, die andere ungerade sei. Die Vertheilung der eigentlichen Primitivreste in die vier Classen stellt folgendes Schema vor

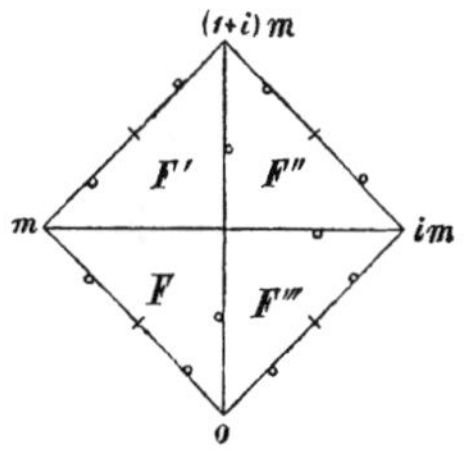

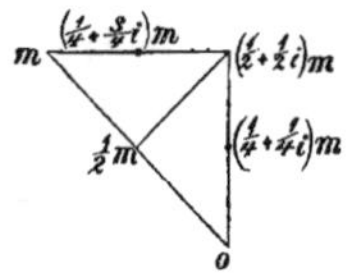

Zu n sind zu rechnen alle Zahlen auf
der Linie $0 \ldots \frac{1}{2}m$ Anzahl $= g$

Zu n' alle Zahlen auf
der Linie $0 \ \ldots (\frac{1}{4}+\frac{1}{4}i)m$ Anzahl $= g'$

Zu n'' alle Zahlen innerhalb
des Dreiecks $\frac{1}{2}m,\ m,\ (\frac{1}{2}+\frac{1}{2}i)m$ Anzahl $= h$

Zu n''' alle Zahlen innerhalb
des Dreiecks $0,\ \frac{1}{2}m,\ (\frac{1}{2}+\frac{1}{2}i)m$ Anzahl $= h'$

und ausserdem alle Zahlen auf
der Linie $(\frac{1}{4}+\frac{1}{4}i)m \ldots (\frac{1}{2}+\frac{1}{2}i)m$ Anzahl $= g''$

Man hat immer $g'+g'' = g$, $aa+bb = p$, $\frac{1}{4}(p-1) = g+g'+g''+h+h'$
Der Decident ist also

$$D = S(0_{(+)}, \tfrac{1}{2}m, (\tfrac{1}{2}+\tfrac{1}{2}i)m_{(-)}) + \tfrac{1}{2}(p-1) + 2g''$$

Man nehme nun an, dass für den Modulus $m+1+i$

g	übergehe in	G
g'		G'
g''		G''
h		H
h'		H'

so hat man

$$\begin{aligned}\Delta S(0_{(+)}, \tfrac{1}{2}m. (\tfrac{1}{2}+\tfrac{1}{2}i)m_{(-)}) \\ = + S(0_{(+)}, (\tfrac{1}{2}+\tfrac{1}{2}i)m, (\tfrac{1}{2}+\tfrac{1}{2}i)m+i_{(-)}) \\ - S(0_{(+)}, \tfrac{1}{2}m, \tfrac{1}{2}m+\tfrac{1}{2}+\tfrac{1}{2}i_{(-)}) \\ - S(\tfrac{1}{2}m, (\tfrac{1}{2}+\tfrac{1}{2}i)m, (\tfrac{1}{2}+\tfrac{1}{2}i)m+i, \tfrac{1}{2}m+\tfrac{1}{2}+\tfrac{1}{2}i)\end{aligned}$$

Das letzte dieser S ist

$$= [\tfrac{1}{2}(a-b)] - [\tfrac{1}{2}a] - S((\tfrac{1}{2}+\tfrac{1}{2}i)m, \tfrac{1}{2}m, \tfrac{1}{2}m+\tfrac{1}{2}-\tfrac{1}{2}i)$$

wenn a ungerade oder gerade

$$\begin{aligned}&= [\tfrac{1}{2}(a-b)] - [\tfrac{1}{2}a] - S(-\tfrac{1}{2}+\tfrac{1}{2}i, \tfrac{1}{2}m-\tfrac{1}{2}+\tfrac{1}{2}i, \tfrac{1}{2}m+i) \\ &= [\tfrac{1}{2}(a-b)] - [\tfrac{1}{2}a] + S(0_{(+)}, \tfrac{1}{2}m, \tfrac{1}{2}m+\tfrac{1}{2}+\tfrac{1}{2}i_{(-)}) \\ &\quad - S(0_{(+)}, (\tfrac{1}{2}+\tfrac{1}{2}i)m, (\tfrac{1}{2}+\tfrac{1}{2}i)m+i_{(-)})\end{aligned}$$

Also

$$\begin{aligned}\Delta D = -[\tfrac{1}{2}(a-b)] + [\tfrac{1}{2}a] + 2S(0_{(+)}, (\tfrac{1}{2}+\tfrac{1}{2}i)m, (\tfrac{1}{2}+\tfrac{1}{2}i)m+i_{(-)}) + a + b + 1 \\ - 2S(0_{(+)}, \tfrac{1}{2}m, \tfrac{1}{2}m+\tfrac{1}{2}+\tfrac{1}{2}i_{(-)}) - 2g'' + 2G''\end{aligned}$$

Die Bindezeichen gelten alle für den Fall, wo $a-b$ positiv ist, sonst nimmt man die entgegengesetzten.

Wir zerlegen ferner $S(0_{(+)}, (\tfrac{1}{2}+\tfrac{1}{2}i)m, (\tfrac{1}{2}+\tfrac{1}{2}i)m+i_{(-)})$ in

$$\begin{aligned}&S(0_{(+)}, (\tfrac{1}{4}+\tfrac{1}{4}i)m, (\tfrac{1}{4}+\tfrac{1}{4}m)+\tfrac{1}{2}i_{(-)}) \\ &+ [\tfrac{1}{2}(a-b)] - [\tfrac{1}{4}(a-b)] \\ &- S((\tfrac{1}{2}+\tfrac{1}{2}i)m_{(-)}, (\tfrac{1}{4}+\tfrac{1}{4}i)m, (\tfrac{1}{4}+\tfrac{1}{4}i)m-\tfrac{1}{2}i_{(+)})\end{aligned}$$

Der letzte Theil

$$
\begin{aligned}
&= -S(\tfrac{1}{2}+\tfrac{1}{2}i_{(-)},\ (-\tfrac{1}{4}-\tfrac{1}{4}i)m+\tfrac{1}{2}+\tfrac{1}{2}i,\ (-\tfrac{1}{4}-\tfrac{1}{4}i)m+\tfrac{1}{2}_{(+)})\\
&= -S(-\tfrac{1}{2}-\tfrac{1}{2}i'_{(-)},\ (\tfrac{1}{4}+\tfrac{1}{4}i)m-\tfrac{1}{2}-\tfrac{1}{2}i,\ (\tfrac{1}{4}+\tfrac{1}{4}i)m-\tfrac{1}{2}_{(+)})\\
&= -S(-\tfrac{1}{2}-\tfrac{1}{2}i_{(+)},\ (\tfrac{1}{4}+\tfrac{1}{4}i)m-\tfrac{1}{2}-\tfrac{1}{2}i,\ (\tfrac{1}{4}+\tfrac{1}{4}i)m-\tfrac{1}{2}_{(-)})+g''-G''\\
&= S(0_{(+)},\ (\tfrac{1}{4}+\tfrac{1}{4}i)m,\ (\tfrac{1}{4}+\tfrac{1}{4}i)m+\tfrac{1}{2}i_{(-)})\\
&\ -S(0_{(+)},\ \tfrac{1}{2}m,\ \tfrac{1}{2}m+\tfrac{1}{2}+\tfrac{1}{2}i_{(-)})+g''-G''
\end{aligned}
$$

Dadurch wird also

$$
\begin{aligned}
\Delta D = &+[\tfrac{1}{2}(a-b)]+[\tfrac{1}{2}a]-4S(-\tfrac{1}{2}-\tfrac{1}{2}i_{(+)},\tfrac{1}{4}+\tfrac{1}{4}im-\tfrac{1}{2}-\tfrac{1}{2}i,\ (\tfrac{1}{4}+\tfrac{1}{4}i)m-\tfrac{1}{2}_{(-)})\\
&-2[\tfrac{1}{4}(a-b)]+a+b+1
\end{aligned}
$$

Für den Fall der Vermehrung des Modulus um $1-i$, $-1+i$, $-1-i$ ist keine besondere Untersuchung nöthig, weil offenbar die Moduli m, im, $-m$, $-im$ gleiche Decidenten haben. Wir haben also folgende Lehrsätze:

Ist der Decident des Modulus $a+bi$, $=D$ so sind die Decidenten von

$a+1+(b+1)i$	$D+a+b+1+[\tfrac{1}{2}a]\quad+[\tfrac{1}{2}(a-b)]\quad-2[\tfrac{1}{4}(a-b)]$
$a+1+(b-1)i$	$D+a-b+1+[-\tfrac{1}{2}b]+[-\tfrac{1}{2}(a+b)]-2[-\tfrac{1}{4}(a+b)]$
$a-1+(b+1)i$	$D-a+b+1+[\tfrac{1}{2}b]\quad+[\tfrac{1}{2}(a+b)]\quad-2[\tfrac{1}{4}(a+b)]$
$a-1+(b-1)i$	$D-a-b+1+[-\tfrac{1}{2}a]+[\tfrac{1}{2}(b-a)]\quad-2[\tfrac{1}{4}(b-a)]$

Hieraus ferner

		oder insofern a ungerade ist
$a+2+bi$	$D-\frac{a-b-3}{2}+2[\tfrac{1}{2}a]\quad-2[\frac{a-b}{4}]-2[\frac{-a-b-2}{4}]$	$D+\frac{b-a-1}{2}$
$a-2+bi$	$D+\frac{a-b+3}{2}+2[-\tfrac{1}{2}a]-2[\frac{b-a}{4}]-2[\frac{a+b-2}{4}]$	D
$a+(b+2)i$	$D-\frac{a+b-3}{2}+2[\tfrac{1}{2}b]\quad-2[\frac{a+b}{4}]-2[\frac{a-b-2}{4}]$	$D+\frac{a+b-3}{2}$
$a+(b-2)i$	$D+\frac{a+b+3}{2}+2[-\tfrac{1}{2}b]-2[\frac{-a-b}{4}]-2[\frac{b-a-2}{4}]$	

$a+2+(b+2)i$	$2a-b+1+D$	oder	$D+b-1$
$a+2+(b-2)i$	$-a-2b+1+D$		$D+a-1$
$a-2+(b+2)i$	$a+2b+1+D$		$D-a-1$
$a-2+(b-2)i$	$-2a+b+1+D$		$D-b-1$

$a+4+bi$	$D+a+b$	$a+8+bi$	$D+2$
$a+(b+4)i$	$D-a+b$		
$a-4+bi$	$D-a-b$		
$a+(b-4)i$	[illegible]		

ZUR THEORIE DER BIQUADRATISCHEN RESTE. I.

$a+4+(b+4)i$	$D+2b$
$a+4+(b-4)i$	$D+2a$
$a-4+(b+4)i$	$D+2a$
$a-4+(b-4)i$	$D+2b$

Das Resultat der vorhergehenden Untersuchungen ist also folgendes:

Für den Modulus $m=a+bi$, wo a ungerade b gerade, wird

$$D\frac{1+i}{m}=\tfrac{1}{8}(-aa+2ab+bb-8b+1)\text{ (und wenn } a+bi=1+(2+2i)(\alpha+\beta i))$$

$$\text{oder } \tfrac{1}{8}(-aa+2ab-3bb+1)\equiv-(\alpha-\beta)^2-\beta$$

$$D\frac{1-i}{m}=\tfrac{1}{8}(+aa+2ab-bb-8b-1)\text{ oder }\tfrac{1}{8}(+aa+2ab+3bb-1)$$

$$D\frac{-1-i}{m}=\tfrac{1}{8}(-aa+2ab+bb+1)=\beta+\alpha\alpha+2\alpha\beta-\beta\beta\equiv-\beta+(\alpha+\beta)^2$$

$$D\frac{-1+i}{m}=\tfrac{1}{8}(+aa+2ab-bb-1)=\alpha+\alpha\alpha-2\alpha\beta-\beta\beta\equiv-\alpha-(\alpha+\beta)^2$$

$$D\frac{2}{m}=\tfrac{1}{2}ab$$

$$D\frac{i}{m}=\tfrac{1}{4}(aa+bb-1)$$

$$D\frac{-1}{m}=\tfrac{1}{2}(aa+bb-1)$$

Allgemeines Theorem über die Decidenten.

Es seien A, B, C etc. ungleiche (unger. imag.) Primzahlen, deren keine die Zahl M misst: alsdann ist

$$D\frac{M}{A^\alpha B^\beta C^\gamma D^\delta}=\alpha D\frac{M}{A}+\beta D\frac{M}{B}+\gamma D\frac{M}{C}+\text{ etc.}$$

$$M^{\frac{1}{4}(aa+bb-1)}\equiv i^{D\frac{M}{a+bi}}\text{ mod. }(a+bi)\text{ wenn } a+bi\text{ eine Primzahl}$$

$$D\frac{1+i}{m}=\tfrac{1}{8}(-aa+2ab-3bb+1)=-\tfrac{1}{8}(3(a-b)\mp1)(a-b\mp1)\text{ wenn } a\equiv{}^{1}_{3}$$

$$D\frac{1-i}{m}=\tfrac{1}{8}(+aa+2ab+3bb-1)$$

$$D\frac{-1-i}{m}=\tfrac{1}{8}(-aa+2ab+bb+1)=\tfrac{1}{8}(a-b\mp1)(a-b\mp3)\text{ wenn } a\equiv\pm1$$

$$D\frac{-1+i}{m}=\tfrac{1}{8}(+aa+2ab-bb-1)$$

Allgemein $m \equiv 1 \mod. (1+i)$

$$D\frac{1+i}{m} = -\text{P. Real.}\,\frac{(1+i)(m^2-1)}{16} = \text{Coëff. im.}\,\frac{m^2-1}{8+8i}$$

$$D\frac{1-i}{m} = +\text{P. Real.}\,\frac{(1-i)(m^2-1)}{16} = \text{Coëff. im.}\,\frac{m^2-1}{8-8i}$$

$1+i \pmod{16}$

a	b 0	2	4	6	8	10	12	14
1	0	3	3	0	2	1	1	2
3	3	3	0	2	1	1	2	0
5	1	2	0	3	3	0	2	1
7	2	0	3	3	0	2	1	1
9	2	1	1	2	0	3	3	0
11	1	1	2	0	3	3	0	2
13	3	0	2	1	1	2	0	3
15	0	2	1	1	2	0	3	3

[18.]

Theorie des biquadratischen Restes $-1-2i$.

Der Modulus $= m = a+bi$ soll so beschaffen sein, dass a ungerade, b gerade; auch setzen wir voraus, dass derselbe eine Primzahl sei.

Der Decident wird durch folgende Schemata vorgestellt, von deren Identität man sich leicht überzeugt:

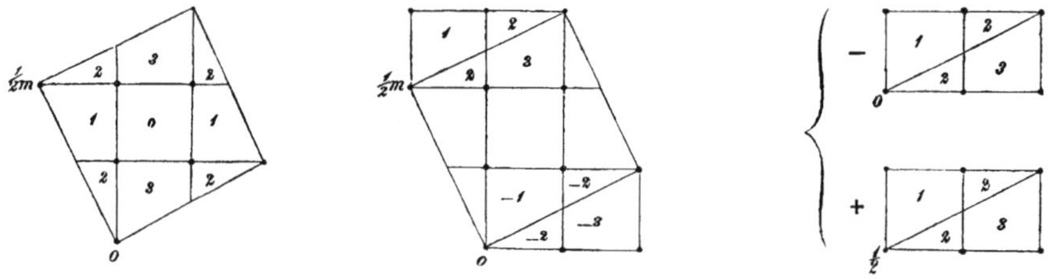

Der Kürze wegen bezeichnen wir $S(x,\ x+\alpha,\ x+\alpha+\mathfrak{b},\ x+\mathfrak{b})$ durch $[x, \alpha, \mathfrak{b}]$ so dass

$$[x,\alpha,\mathfrak{b}] = -[x,\mathfrak{b},\alpha] = [x+\alpha,\mathfrak{b},-\alpha] = -[x+\alpha,-\alpha,\mathfrak{b}]$$
$$= [x+\alpha+\mathfrak{b},-\alpha,-\mathfrak{b}] = -[x+\alpha+\mathfrak{b},-\mathfrak{b},-\alpha]$$

Setzt man ferner

$$\frac{m}{-2-4i} = \frac{-a-2b}{10} + \frac{-b+2a}{10}\,i = Q$$

so besteht der Decident aus folgenden acht Theilen

$$\begin{aligned} \mathrm{I} &= [0,\ \tfrac{1}{2},\ -iQ] \\ -2\,\mathrm{II} &= -2\,[0,\ \tfrac{1}{2},\ Q] \\ \mathrm{III} &= +[Q,\ \tfrac{1}{2},\ -iQ] \\ \mathrm{IV} &= +[-iQ,\ \tfrac{1}{2},\ Q] \\ -3\,\mathrm{V} &= -3\,[Q,\ \tfrac{1}{2},\ Q] \\ -3\,\mathrm{VI} &= -3\,[2Q,\ \tfrac{1}{2},\ -iQ] \\ +2\,\mathrm{VII} &= +2\,[(1-i)Q,\ \tfrac{1}{2},\ Q] \\ +\ \mathrm{VIII} &= +[0,\ \tfrac{1}{2},\ \tfrac{1}{2}im] \end{aligned}$$

Ist F indefinite ein Elementarrest des Modulus $-1-2i$, so hat man

$$\Sigma\,[2FQ,\ \tfrac{1}{2},\ iQ] = [0,\ -\tfrac{1}{2}-i,\ \tfrac{1}{2}im]$$

Setzt man also für F: $0,\ 1,\ i,\ -1,\ -i$ so hat man

$$\begin{aligned} 0 = \quad & [0,\ \tfrac{1}{2},\ iQ] && = \mathrm{IX} \\ & +[2Q,\ \tfrac{1}{2},\ iQ] && = \mathrm{X} \\ & +[2iQ,\ \tfrac{1}{2},\ iQ] && = \mathrm{XI} \\ & +[-2Q,\ \tfrac{1}{2},\ iQ] && = \mathrm{XII} \\ & +[-2iQ,\ \tfrac{1}{2},\ iQ] && = \mathrm{XIII} \\ & -[0,\ -\tfrac{1}{2}-i,\ \tfrac{1}{2}im] && = -\mathrm{XIV} \end{aligned}$$

Man setze dies zu dem vorigen Werth des Decident hinzu. Aus dieser Vereinigung fliessen folgende Resultate.

(1) Da $(1+2i)Q+\tfrac{1}{2}$ eine ganze Zahl ist, so wird

$$\mathrm{XI} = [-Q-\tfrac{1}{2},\ \tfrac{1}{2},\ iQ] = -[-Q,\ -\tfrac{1}{2},\ iQ] = -[Q,\ \tfrac{1}{2},\ -iQ]$$

also

$$\mathrm{III}+\mathrm{XI} = 0$$

(2) Wir ziehen zusammen IV, -3V, X, XIII auf folgende Weise

$$\begin{aligned} \mathrm{IV} &= +[-2Q+\tfrac{1}{2}i,\ \tfrac{1}{2},\ Q] && = [-2iQ-\tfrac{1}{2},\ \tfrac{1}{2}i,\ iQ] \\ \mathrm{V} &= -[2Q,\ +\tfrac{1}{2},\ -Q] && = -[-2iQ,\ -\tfrac{1}{2}i,\ iQ] \\ \mathrm{X} &= [+iQ-\tfrac{1}{2}i,\ \tfrac{1}{2},\ iQ] \\ &= [-iQ+\tfrac{1}{2}i,\ -\tfrac{1}{2},\ -iQ] && = [-2iQ-\tfrac{1}{2}+\tfrac{1}{2}i,\ \tfrac{1}{2},\ iQ] \\ \mathrm{XIII} &= && \ [-2iQ,\ \tfrac{1}{2},\ iQ] \end{aligned}$$

Also die ganze Ausbeute aus diesen Theilen

$$\begin{aligned}&-4\,\mathrm{V}\\&+R(-2iQ)-R(-iQ)-I(-2iQ)+I(-iQ)\\&-\text{Quadr.}\left[-2iQ-\tfrac{1}{4}+\tfrac{1}{4}i\right]\\&+\text{Quadr.}\left[-2iQ+\tfrac{1}{4}-\tfrac{1}{4}i\right]\end{aligned}$$

(3) I, —2II, —3VI, +2VII, +IX, +XII zusammengezogen geben folgendes

$$\begin{aligned}
\mathrm{I} &= [0,\ \tfrac{1}{2},\ -iQ]\\
\mathrm{II} &= [0,\ -\tfrac{1}{2}i,\ -iQ]\\
\mathrm{VI} &= [iQ-\tfrac{1}{2}i,\ \tfrac{1}{2},\ -iQ] = [\tfrac{1}{2}-\tfrac{1}{2}i,\ -\tfrac{1}{2},\ iQ] = [-\tfrac{1}{2}+\tfrac{1}{2}i,\ \tfrac{1}{2},\ -iQ]\\
\mathrm{VII} &= [-Q-\tfrac{1}{2}i,\ \tfrac{1}{2},\ Q] = [-\tfrac{1}{2}+\tfrac{1}{2}i,\ -\tfrac{1}{2},\ -Q] = [+\tfrac{1}{2}+\tfrac{1}{2}i,\ -\tfrac{1}{2}i,\ -iQ]\\
\mathrm{IX} &= [0,\ -\tfrac{1}{2},\ -iQ]\\
\mathrm{XII} &= [-iQ+\tfrac{1}{2}i,\ \tfrac{1}{2},\ iQ] = [\tfrac{1}{2}+\tfrac{1}{2}i,\ -\tfrac{1}{2},\ -iQ]
\end{aligned}$$

$$\begin{aligned}
&= +4\,\mathrm{I}-4\,\mathrm{II}-4\,\mathrm{VI}+4\,\mathrm{XII}\\
&\quad -I(\tfrac{1}{2}i)+I(-iQ+\tfrac{1}{2}i)+I0-I(-iQ)-2R0+2R(-iQ)\\
&\quad +2\,\text{Quadr.}\,(-iQ+\tfrac{1}{4}+\tfrac{1}{4}i)\\
&= 4\,\mathrm{I}-4\,\mathrm{II}-4\,\mathrm{VI}+4\,\mathrm{XII}\\
&\quad +R(-1-2i)Q-R(-2iQ)-I(-iQ)+2R(-iQ)\\
&\quad +2\,\text{Quadr.}\,(-2iQ+\tfrac{1}{4}+\tfrac{1}{4}i)
\end{aligned}$$

Dies Alles zusammen gibt folglich

$$+4\,\mathrm{I}-4\,\mathrm{II}-4\,\mathrm{V}-4\,\mathrm{VI}+4\,\mathrm{XII}+\tfrac{1}{2}(a-1)-\tfrac{1}{2}b$$
$$+\text{Quadr.}(-2iQ+\tfrac{1}{4}-\tfrac{1}{4}i)+2\,\text{Quadr.}\,(-2iQ+\tfrac{1}{4}+\tfrac{1}{4}i)-\text{Quadr.}\,(-2iQ-\tfrac{1}{4}+\tfrac{1}{4}i)$$

Endlich gibt VIII — XIV $= \tfrac{1}{2}(a-1)+\tfrac{1}{2}b$

Also da die drei Quadrattheile dem Decident von $\frac{m}{-1-2i}$ gleich sind, so wird

$$\text{Dec.}\,\frac{-1-2i}{m} \equiv a-1+\text{Dec.}\,\frac{m}{-1-2i}\qquad \text{W. Z. B. W.}$$

Wahrscheinlich wird der Beweis noch sehr dadurch vereinfacht werden können, dass

$$\text{Dec.}\,\frac{1+2i}{m} =$$

[19.]

Durch Induction ist folgendes gefunden

$$\text{Dec.}\ \frac{a-bi}{a+bi} \equiv \frac{aa+2ab-1}{4}, \qquad a \equiv 1\ (\text{mod. } 4)$$
$$\equiv \frac{aa+2ab+2bb-1}{4}, \qquad a+bi \equiv 1\ (\text{mod. } 2+2i)$$

Hiermit steht Folgendes in Verbindung:
Es sei $aa+bb=p$ (Primzahl) $a \equiv 1$ (mod. 4)

$$\begin{array}{ll} 1.2.3 \ldots\ldots\ldots\ldots \tfrac{1}{4}(p-1) \equiv \alpha & \text{mod. } p \\ \tfrac{1}{4}(p+3).\tfrac{1}{4}(p+7)\ldots\tfrac{1}{2}(p-1) \equiv \beta & \\ \tfrac{1}{2}(p+1).\tfrac{1}{2}(p+3)\ldots\tfrac{3}{4}(p-1) \equiv \gamma & \\ \tfrac{1}{4}(3p+1) \ldots\ldots\ldots\ p-1 \equiv \delta & \end{array}$$

so ist

$$\begin{array}{lll} \alpha \equiv \delta, & \beta \equiv \gamma & \text{wenn } \tfrac{1}{2}b \text{ gerade} \\ \alpha \equiv -\delta, & \beta \equiv -\gamma & \text{wenn } \tfrac{1}{2}b \text{ ungerade} \end{array}$$

$$\pm\alpha\beta \equiv i, \quad \pm\beta\beta \equiv 2b, \quad \frac{\beta}{\alpha} \equiv 2a, \quad \frac{\beta}{1+\alpha\beta} \equiv \sqrt{a}, \quad \tfrac{1}{2}\beta(1-\alpha\beta) \equiv \sqrt{a}$$

Es wird demnach nur darauf ankommen die Decidenten bei reellen Resten zu bestimmen

$$a^{\frac{1}{4}bb}.b^{\frac{1}{4}(aa-1)} \equiv 1\ (\text{mod.}(aa+bb)) \quad \text{si } a \equiv 1\ (\text{mod. } 4)\ \ b \text{ par } aa+bb \text{ primus}$$

Will man bloss mit reellen Zahlen zu thun haben, so kommt es auf folgendes Haupttheorem an. Es sei $a-1$ durch 4, b durch 2 theilbar; a und b ohne gemeinschaftlichen Divisor, k bedeute die Zahlen $1, 2, 3 \ldots aa+bb-1$.

Es sei

α die Zahl aller Werthe von k, wo die kleinsten
Reste von ak, bk, aak, abk alle zwischen 0 und $\frac{1}{2}(aa+bb)$ liegen
β ak, bk, aak, $-abk$
γ ak, bk, $-aak$, $-abk$
δ ak, bk, $-aak$, abk

alsdann ist $\beta+2\gamma+3\delta-\frac{1}{4}(aa-1)$ durch 4 theilbar.

[II.]
VORBEREITUNGEN ZUR ALLGEMEINEN THEORIE DER BIQUADRATISCHEN RESTE.

(1.)

Es sei $P = x+iy$, wo weder x noch y eine ganze Zahl ist. Wir bezeichnen die Zahl $+1$ durch LP, $L'P$, $L''P$, $L'''P$, je nachdem P im ersten, zweiten, dritten oder vierten Qradranten liegt (im ersten und zweiten Quadranten ist $[y]$ gerade, im dritten und vierten ungerade; im ersten und vierten ist $[x]$ gerade, im zweiten und dritten ungerade). In allen Fällen, wo diese Zeichen nicht $=1$ sind, werden sie $=0$ vorausgesetzt. Man hat dann folgende 24 Relationen

$$\begin{array}{lll}
L(P\pm 1) = L'P & L(P\pm i) = L'''P & L(P\pm 1\pm i) = L''P \\
L'(P\pm 1) = LP & L'(P\pm i) = L''P & L'(P\pm 1\pm i) = L'''P \\
L''(P\pm 1) = L'''P & L''(P\pm i) = L'P & L''(P\pm 1\pm i) = LP \\
L'''(P\pm 1) = L''P & L'''(P\pm i) = LP & L'''(P\pm 1\pm i) = L'P
\end{array}$$

$$\begin{array}{lll}
LiP = L'''P & L(-P) = L''P & L(-iP) = L'P \\
L'iP = LP & L'(-P) = L'''P & L'(-iP) = L''P \\
L''iP = L'P & L''(-P) = LP & L''(-iP) = L'''P \\
L'''iP = L''P & L'''(-P) = L'P & L'''(-iP) = LP
\end{array}$$

(2.)

Durch PP' oder z bezeichnen wir eine Linie, die von P anfängt und in P' endigt. Sie braucht nicht gerade zu sein. Wir legen allen geraden Linien von $2x+2iy$ nach $2x+(2y+1)i$ gezogen (wo x, y indefinite alle ganzen Zahlen bedeuten) eine positive und eine negative Seite bei; für jene wählen wir die rechte, für diese die linke. Durch Tz bezeichnen wir die Anzahl aller Schnitte

der Linie z mit den eben gedachten Linien, als positiv gezählt diejenigen, wo z von der negativen Seite auf die positive übergeht, als negativ die andern. Ferner setzen wir

$$Tz - T(z-1) = Sz$$

($z-1$ ist eine der z parallele Linie, die von dem Punkte $P-1$ nach $P'-1$ geht). Offenbar brauchen wir nur dem oben gedachten System von Linien noch die von $2x+1+2yi$ nach $2x+1+(2y+1)i$ gezognen beizufügen und deren linke Seiten positiv und die rechten als negativ zu betrachten um in Sz die Anzahl aller Schnitte von z mit diesem zweifachen System von Geraden zu erkennen. Wir haben nun ferner

$$\begin{aligned}
T(-z) &= -T(z+i)\\
T(z)+T(z+i) &= [\tfrac{1}{2}x]-[\tfrac{1}{2}x']\\
S(z+1) &= -Sz\\
S(z+i) &= -Sz+LP+L'''P-LP'-L'''P'\\
S(z+1+i) &= Sz-LP-L'''P+LP'+L'''P'\\
Siz &= Sz-LP+LP'\\
S(-z) &= Sz-LP-L'''P+LP'+L'''P'\\
S(-iz) &= Sz+L'P-L'P'
\end{aligned}$$

1.

Wir betrachten in der Ebene zwei Gattungen von Punkten; einmal die, denen ganze Zahlen entsprechen; dann diejenigen, welche durch Producte aus ganzen Zahlen in die Grösse $Q = \frac{m}{2M}$ bestimmt werden. Wir können dieselben durch die Benennungen Punkte der ersten und Punkte der zweiten Ordnung unterscheiden.

2.

Indem wir jeden Punkt der zweiten Ordnung mit seinen vier Nachbarn durch gerade Linien verbinden, die wir *Ligaturen* nennen werden, theilt sich die ganze Ebene in unendlich viele Quadrate. Die Punkte der ersten Ordnung liegen theils innerhalb dieser Quadrate, theils auf den Ligaturen innerhalb der Gren-

zen derselben, theils auf den Grenzen der Ligaturen, das letzte, wenn sie zugleich Punkte der zweiten Ordnung sind. Ist kQ ein solcher Punkt, so muss insofern m, M ohne gemeinschaftlichen Theiler und beide ungerade sind, k durch M theilbar sein.

3.

Bei den Ligaturen können wir zugleich einen Unterschied zwischen dem Anfangspunkte und Endpunkte machen, also PQ von QP unterscheiden, oder auch in einigen Fällen diesen Unterschied bei Seite setzen Wir nennen zwei solche Ligaturen entgegengesetzte. Bezeichnen können wir überhaupt am bequemsten die Ligaturen durch ihren Anfangs- und Endpunkt, die man allenfalls in eine Klammer einschliessen mag. Einer Ligatur entgegengesetzte soll durch das doppelte Ueberstreichen angedeutet werden $QP = \overline{\overline{PQ}}$.

4.

Jedes der gedachten Quadrate wird von vier solchen Ligaturen eingeschlossen

$$\{kQ, (k+1)Q\},\ \{(k+1)Q, (k+1+i)Q\},\ \{(k+1+i)Q, (k+i)Q\},\ \{(k+i)Q, kQ\} \ldots \Omega$$

denen es zur rechten liegt. Es ist wichtig hiebei auf die Form der Zahl k zu sehen, und wir unterscheiden in dieser Beziehung viererlei Quadrate, je nachdem $k \equiv 0,\ 1,\ 1+i,\ i \pmod{2}$ ist, und bedienen uns dann der Zahlen 0, 1, 2, 3, die wir resp. die Intensoren der Quadrate nennen.

5.

Den Ligaturen legen wir dieselben Intensoren bei, welche die ihnen zur rechten liegenden Quadrate haben.

6.

Wir haben nun ein anderes grösseres Quadrat Ω' zu betrachten, nemlich dasjenige, welches entsteht, wenn das in 4 angezeigte für $k = 0$, mit M multiplicirt wird: dies wird also durch die geraden Linien μ, μ', μ'', μ''' begrenzt

$$\{0, \tfrac{1}{2}m\},\ \{\tfrac{1}{2}m, \tfrac{1}{2}(1+i)m\},\ \{\tfrac{1}{2}(1+i)m, \tfrac{1}{2}im\},\ \{\tfrac{1}{2}im, 0\}$$

Es besteht aus ganzen Quadraten Ω und Stücken solcher Quadrate; man zähle

alle Punkte der ersten Ordnung innerhalb desselben zusammen, indem man für jeden Punkt den Intensor des Quadrats Ω, worin er liegt, nimmt, diese Summe oder deren kleinster Rest nach dem Modulus 4 heisst der Decident von M für den Modulus m, und bestimmt die biquadratische Modalität von M in Beziehung auf diesen Modulus.

7.

Wir zerlegen das Quadrat Ω' in 5 Stücke auf folgende Art. Man verbinde den Punkt 0 mit $\frac{1}{4}(1+i)(m-1)$ durch die Linie λ, die durch lauter Ligaturen innerhalb Ω' gehe. Es sei

$$\tfrac{1}{2}m+i\lambda = \lambda', \quad \tfrac{1}{2}(1+i)m-\lambda = \lambda'', \quad \tfrac{1}{2}im-i\lambda = \lambda'''$$

diese 4 Linien gehen also von den Ecken des Quadrats Ω' aus ins Innere und endigen sich an den vier Ecken des innersten Quadrats, dessen Intensor 0 sein wird, wenn $m \equiv 1$ (mod. $2+2i$); die Ligaturen dieses Quadrats seien ν, ν', ν'', ν'''

Die 5 Stücke werden also begrenzt sein

I. . . . μ, λ', $\overline{\overline{\nu}}$, $\overline{\lambda}$
II. . . . μ', λ'', $\overline{\overline{\nu'}}$, $\overline{\lambda'}$
III. . . . μ'', λ''', $\overline{\overline{\nu''}}$, $\overline{\lambda''}$
IV. . . . μ''', λ, $\overline{\overline{\nu'''}}$, $\overline{\overline{\lambda'''}}$
V. das innere Quadrat ν, ν', ν'', ν'''

Der Decident ist also die Aufzählung aller Punkte erster Ordnung in I. II. III. IV.

8.

Der Kürze wegen soll Intensor irgend eines Punkts der Intensor des Quadrats sein, in dem er liegt, und durch vorgesetztes Υ ausgedrückt werden.

9.

Der Decident ist also

$$\Sigma\Upsilon P+\Sigma\Upsilon P'+\Sigma\Upsilon P''+\Sigma\Upsilon P'''$$

wo P alle Punkte in I. u. s. w. bedeuten.

10

Wir betrachten nun noch den Raum $VI = -i\,IV$, welcher ausserhalb Ω' liegt, sich aber durch μ an I anschliesst und mit ihm zusammen den Raum ω ausmacht, der aus $AA+BB$ vollständigen Quadraten besteht. Bedeutet Π alle ganzen; Π' alle um $\frac{1}{2}i$ vermehrten ganzen Punkte dieses Raumes, so lässt sich leicht beweisen, dass der Decident

$$= \Sigma\Upsilon\Pi - \Sigma\Upsilon\Pi' + \text{Anzahl aller ganzen Punkte innerhalb VI}$$
$$- \text{Anzahl aller halben Punkte innerhalb VI.}$$

11.

Man denke sich von jedem ganzen Punkte k nach $k+\frac{1}{2}i$ gerade Linien gezogen, deren rechte Seite als positiv, die linke als negativ angesehen wird. Es sei l eine Linie und Sl bezeichne die Summe aller Schnitte der l mit jenem System von Linien, diejenigen als positiv angesehen, wo l von der negativen auf die positive übergeht, die entgegengesetzten Schnitte als negativ. Man hat dann für den Decidenten folgenden Ausdruck

$$\Sigma(\Upsilon l.Sl) + \Sigma Sl' - S\mu$$

wo l *alle* Ligaturen der Quadrate in ω bedeuten (immer so genommen, dass die Quadrate ihnen zur rechten liegen) und wo l' diejenigen Ligaturen bedeutet, die auf dem Umfange der Figur ω zwischen 0 und $\frac{1}{2}m$ liegen, also ausserhalb Ω'.

Alle Ligaturen l bestehen aus

1) l'
2) l'' die innerhalb Ω' liegenden Grenzligaturen also λ', $\bar{\bar{\nu}}$, $\bar{\bar{\lambda}}$.
3) l''' die im Innern von ω liegen.

Verstände man unter l indefin. alle Ligaturen, die sich innerhalb ω oder auf den Grenzen dieser Figur befinden, insofern sie von Punkten $\frac{km}{2M}$ ausgehen, so dass k durch $1+i$ theilbar ist, so wäre der Decident

$$= \Sigma\alpha.Sl - S\mu$$

wo $\alpha = 1$ für alle Ligaturen im Innern von ω

$\alpha = \Upsilon l + 1$ für alle Grenzligaturen ausserhalb Ω', deren Richtung in der von 0 nach $\frac{1}{2}m$ gehenden Grenze liegt

$\alpha = -(\Upsilon\overline{\overline{\lambda}}+1) = -\Upsilon l$ für alle auf dieser Grenze, die in entgegengesetztem Sinne laufen

$\alpha = \Upsilon l$ für alle Grenzligaturen innerhalb Ω', deren Richtung auf 0 zugeht

$\alpha = -\Upsilon l+1$ für alle Grenzligaturen innerhalb Ω', deren Richtung von 0 abwärts geht.

12.

Wir können nun die sämmtlichen vorkommenden l (nach der letzten Manier) zu zweien combiniren, nemlich l mit $\overline{\overline{\tfrac{1}{2}m-l}}$, welche wir verbundene Ligaturen nennen wollen; eine einzige ist hiervon ausgenommen, welche isolirt steht oder mit ihrer verbundenen Ligatur identisch ist, nemlich diejenige, welche von

$$\tfrac{1}{2}(M-1)\,\frac{m}{2M} \text{ nach } \tfrac{1}{2}(M+1)\,\frac{m}{2M} \text{ läuft}$$

für verbundene Ligaturen ist das α immer einerlei.

[III.]

THEORIE DER BIQUADRATISCHEN RESTE.

1.

Kleinste Reste des Modulus $m = a+bi$ heissen die ganzen Zahlen $\mu = \alpha+\beta i$, für welche $\frac{\mu}{m} = x+yi$ so beschaffen ist, dass x und y positiv und kleiner als 1 sind. Es kommt noch dazu der Rest 0 *). Ihre Anzahl ist $= aa+bb$.

2.

In sofern $aa+bb$ ungerade ist, wird $aa+bb$ von der Form $4n+1$ sein. Den kleinsten Rest 0 ausgeschlossen, theilen sich die übrigen in vier Classen. Zur ersten Classe f zählen wir diejenigen, wo x und y kleiner als $\frac{1}{2}$ sind,

*) und wenn a und b etwa den gemeinschaftlichen Divisor e haben, die Zahlen $\frac{m}{e}, \frac{2m}{e}, \frac{3m}{e} \ldots \frac{(e-1)m}{e}$. Jedoch wollen wir diesen Fall vorerst von der Untersuchung ausschliessen.

die zweite f' wo $x>\frac{1}{2}$, $y<\frac{1}{2}$
dritte f'' $x>\frac{1}{2}$, $y>\frac{1}{2}$
vierte f''' $x<\frac{1}{2}$, $y>\frac{1}{2}$

Man erhält alle Reste

f' aus $if+m$
f'' aus $-f+(1+i)m$
f''' aus $-if+im$

3.

Es sei M eine andere Zahl, die mit m keinen Factor gemein hat, so wird

$$M^{aa+bb-1} \equiv 1 \pmod{m}$$

sein: folglich $M^{\frac{1}{4}(aa+bb-1)}$ entweder $\equiv 1$, oder $\equiv i$, oder $\equiv -1$, oder $\equiv -i$ d. i. $\equiv i^{\varepsilon}$, wo ε eine der vier Zahlen 0, 1, 2, 3 vorstellt. Im ersten Fall wird M biquadratischer Rest von m sein, mithin auch quadratischer. Im dritten ist M quadratischer aber nicht biquadratischer Rest; im zweiten und vierten sowohl quadratischer als biquadratischer Nichtrest. Wir nennen dies ε, wovon die biquadratische Modalität der Zahl M in Beziehung auf den Modulus m abhängt, den Decidenten von M beim Modulus m. Die Induction lehrt folgenden schönen Lehrsatz. „Sind M und m ungerade Primzahlen von der Form $1+(2+2i)\mu$ so dass μ eine ganze Zahl ist, so ist die Differenz der beiden Decidenten, von M beim Modulus m, und von m beim Modulus M entweder $=0$ oder $=2$; das erstere, wenn wenigstens eine der Zahlen m, M von der Form $1+4N$ ist; das andere, wenn beide von der Form $1+2i+4N$ sind.“ Dies Theorem der Reciprocität ist dem bei den Quadratischen Resten bei bloss reellen Zahlen analog.

4.

Man multiplicire alle Zahlen f mit M, und suche deren kleinste Reste nach dem Modulus m. Es seien darunter α zu f gehörig
β f'
γ f''
δ f'''

so ist $\varepsilon \equiv \beta+2\gamma+3\delta \pmod{4}$.

Beweis. Der Inbegriff derjenigen Zahlen aus f, deren Producte mit M Reste zu f gehörig geben, sei g; der Inbegriff derjenigen, deren Producte Reste aus f' geben, sei g', und ebenso g'', g'''; so werden die kleinsten Reste von

$$-ig'M, \quad -g''M, \quad ig'''M$$

alle in f enthalten, und sowohl unter sich als von den kleinsten Resten der Producte gM verschieden sein, folglich das Product aus allen

$$gM, \quad -ig'M, \quad -g''M, \quad +ig'''M$$

dem Producte aller f congruent sein, mithin auch dem Producte aller g, g', g'', g''' Jenes Product ist aber gleich dem Producte aus allen g, g', g'', g''' in

$$M^{\alpha}.(-iM)^{\beta}.(-M)^{\gamma}.(iM)^{\delta}$$

also dies letzte Product $\equiv 1$

folglich $$M^{\alpha+\beta+\gamma+\delta}(-i)^{\beta}(-1)^{\gamma}i^{\delta} \equiv 1$$
oder $$M^{\alpha+\beta+\gamma+\delta} \equiv i^{\beta}(-1)^{\gamma}(-i)^{\delta} \equiv i^{\beta+2\gamma+3\delta}$$

woraus der Lehrsatz von selbst folgt.

5.

Die Entscheidung, ob der kleinste Rest einer Zahl N nach dem Modulus m zur Classe f, f', f'' oder f''' gehöre, ist leicht. Ist nemlich ω die in $\frac{N}{m}$ enthaltene ganze Zahl, so wird jener Rest $= N - \omega m$ sein, und also zu f, f', f'' gehören, je nachdem

$$\frac{N}{m} - \omega = x + iy$$

gesetzt

$$x < \tfrac{1}{2}, \quad y < \tfrac{1}{2}$$
$$x > \tfrac{1}{2}, \quad y < \tfrac{1}{2}$$
$$x > \tfrac{1}{2}, \quad y > \tfrac{1}{2}$$
$$x < \tfrac{1}{2}, \quad y > \tfrac{1}{2}$$

ist. In diesen 4 Fällen wird der Reihe nach die in $\frac{2N}{m}$ enthaltene ganze Zahl folgende sein

$$2\omega$$
$$2\omega+1$$
$$2\omega+1+i$$
$$2\omega+i$$

Hieraus ist klar, dass der kleinste Rest von N nach dem Modulus m zu f, f', f'', f''' gehören werde, je nachdem die in $\frac{2N}{m}$ enthaltene ganze Zahl $=\xi+\eta i$ gesetzt

ξ gerade	η gerade
ξ ungerade	η gerade
ξ ungerade	η ungerade
ξ gerade	η ungerade

6.

Hiernach findet sich der Decident von M nach dem Modulus m auf folgende Art. Man suche die ganzen Zahlen, die in allen einzelnen $\frac{2fM}{m}$ enthalten sind. Diese allgemein durch $x+yi$ bezeichnet, lasse man ganz aus der Acht, diejenigen, wo x und y beide gerade sind, rechne für jede derjenigen, wo x ungerade und y gerade ist, eins. entnehme für jede derjenigen, wo x und y beide ungerade sind, zwei, und drei für jede von denen, wo x gerade, y ungerade ist. Von der Summe aller dieser Zahlen nehme man den kleinsten Rest nach 4, welcher der verlangte Decident sein wird. Wir drücken dies so aus

$$\text{Dec.}\,\frac{M}{m}=\Sigma n$$

wo $\left[\frac{2fM}{m}\right]=x+yi$, $n=0$ zu setzen ist wenn x gerade y gerade
1 x ungerade y gerade
2 x ungerade y ungerade
3 x gerade y ungerade

Kürze halber wollen wir n durch die Characteristik θ bezeichnen, $n=\theta\frac{2fM}{m}$*).

*) Um zu entscheiden, in welche Classe M in Beziehung auf m gehört, wählt man diejenigen Werthe von k (unter den Zahlen $1, 2, 3 \ldots p-1$) aus wodurch $\left[\frac{2km'M}{p}\right]$ gerade wird und addirt $-\Sigma\left[\frac{2km'}{p}\right]^2$ Nimmt man k nur bis $\frac{1}{2}p$, so hat man zu summiren

$$-\Sigma\left\{\left[\frac{2km'M}{p}\right]^2+\left[\frac{2km'}{p}\right]^2\right\}$$

für diejenigen Werthe von $\left[\frac{2km'M}{p}\right]$ die durch $1+i$ theilbar sind.

7. 8.

Diese Regel ist allgemein, was für eine Zahl auch M bedeute. Für den Fall, der zunächst den Gegenstand unserer Untersuchung ausmachen soll, wo M ungerade und von der Form $1+(2+2i)N$ vorausgesetzt wird, ist eine etwas abgeänderte Vorschrift zweckmässiger.

Man denke sich die Zahlen f wiederum in 4 Classen zerlegt; in die erste setzt man die (h), deren Doppeltes sich auch noch in f findet; in die zweite h' zählen wir die, deren Doppelte $2h'$ zu f' gehören, und ebenso h'' und h''' bedeuten diejenigen, deren Doppelte zu f'' und f''' gehören. Es ist also der Decident ε

$$\varepsilon = \Sigma\theta\frac{2hM}{m}+\Sigma\theta\frac{2h'M}{m}+\Sigma\theta\frac{2h''M}{m}+\Sigma\theta\frac{2h'''M}{m}$$

Den Complexus aller $2h$ und $-2h''+(1+i)m$ nennen wir H

den von allen $-i(2h'-m)$ und $i(2h'''-im)$ nennen wir H'

H und H' umfassen also alle f, jene sind die geraden, diese die ungeraden.

Ferner sind folgende Relationen in Anwendung zu bringen

$$\begin{aligned}
\theta iN &= 1+\theta N\\
\theta(-N) &= 2+\theta N\\
\theta(-iN) &= 3+\theta N\\
\theta(N+1) &= 1-\theta N\\
\theta(N+1+i) &= 2+\theta N\\
\theta(N+i) &= 3-\theta N
\end{aligned}$$

folglich

$$\begin{aligned}
\theta\frac{(-2h'i+mi)M}{m} &= 3-\theta\frac{-2h'iM}{m} = -\theta\frac{2h'M}{m}\\
\theta\frac{(-2h''+m(1+i))M}{m} &= 2+\theta\frac{-2h''M}{m} = \theta\frac{2h''M}{m}\\
\theta\frac{(2h'''i+m)M}{m} &= 1-\theta\frac{2h'''iM}{m} = -\theta\frac{2h'''M}{m}
\end{aligned}$$

und

$$\begin{aligned}
\varepsilon &= \Sigma\theta\frac{2hM}{m}-\theta\frac{(-2h'i+mi)M}{m}+\theta\frac{(-2h''+m(1+i))M}{m}-\theta\frac{(2h'''i+m)M}{m}\\
&= \Sigma\theta\frac{HM}{m}-\Sigma\theta\frac{H'M}{m}
\end{aligned}$$

oder

$$\varepsilon = \Sigma \pm \theta \cdot \frac{fM}{m}$$

ubi signum superius accipiendum pro paribus f, inferius pro imparibus.

9.

Es sei nun allgemein $f = \xi + \eta i$. Die Zahlen ξ, η sind durch die Bedingung, dass f ein kleinster Rest von m sein, oder $\frac{f}{m} = x + yi$ gesetzt, x und y zwischen den Grenzen 0 und $\frac{1}{2}$ liegen müssen, innerhalb gewisser Grenzen beschränkt, wofür sich durch Unterscheidung der verschiedenen Fälle leicht bestimmte Regeln geben liessen. Ertheilen wir η einen bestimmten Werth, so wird wiederum ξ seine bestimmten Grenzen haben. Z. B. wenn wir annehmen, dass a negativ, b positiv ist, so muss, da

$$x = \frac{a\xi + b\eta}{aa + bb}$$
$$y = \frac{a\eta - b\xi}{aa + bb}$$

I. damit x positiv werde $\xi < -\frac{b}{a}\eta$

II. damit y positiv werde $\xi < \frac{a}{b}\eta$

III. damit $x < \frac{1}{2}$ werde $\xi > \frac{aa + bb - 2b\eta}{2a}$

IV. damit $y < \frac{1}{2}$ werde $\xi > \frac{2a\eta - aa - bb}{2b}$

für positive η schliesst die zweite Bedingung bereits die erste ein. für negative η hingegen ist es umgekehrt; ebenso ist die dritte Bedingung schon in der vierten enthalten

wenn $\eta < \frac{1}{2}(a + b)$
und umgekehrt, wenn $\eta > \frac{1}{2}(a + b)$

Wir haben indessen nicht nöthig alle acht Fälle, die hier eintreten können, besonders zu betrachten, sondern bezeichnen nur für einen bestimmten Werth von η die kleinere Grenze von ξ durch ξ^0, die grössere durch ξ^{00} und bemerken nur, dass bei diesen Grenzwerthen immer entweder $x = 0$, $y = 0$, $x = \frac{1}{2}$, $y = \frac{1}{2}$ ist, und zwar dass

wenn	in der *obern* Grenze	in der *untern* Grenze
a pos. b positiv	$x = \frac{1}{2}$ oder $y = 0$	$x = 0$ oder $y = \frac{1}{2}$
a neg. b positiv	$x = 0$ oder $y = 0$	$x = \frac{1}{2}$ oder $y = \frac{1}{2}$
a neg. b negativ	$x = 0$ oder $y = \frac{1}{2}$	$x = \frac{1}{2}$ oder $y = 0$
a pos. b negativ	$x = \frac{1}{2}$ oder $y = \frac{1}{2}$	$x = 0$ oder $y = 0$

sein muss. Wir werden diese vier Fälle Kürze halber so unterscheiden, dass wir sagen, im ersten gehöre m zum ersten Quadranten, im zweiten zum zweiten etc.

10.

Wir wollen nun das Aggregat aller $\pm\theta\frac{fM}{m}$ näher betrachten, bei denen η einen bestimmten Werth hat. Indem ξ nach und nach stetig von dem kleinsten Werthe ξ^0 bis zum grössten ξ^{00} wächst, wird sich

$$\frac{(\xi+\eta i)M}{m} = X + Yi$$

auch nach dem Gesetze der Stetigkeit ändern, und zwar wird, wenn $\frac{M}{m}$ im ersten Quadranten liegt, sowohl X als Y beständig wachsen; liegt $\frac{M}{m}$ im zweiten Quadranten, so wird X beständig abnehmen und Y zunehmen; im dritten Quadranten wird das umgekehrte vom ersten, im vierten das umgekehrte vom zweiten Statt finden. Allein die in $X+iY$ enthaltene ganze Zahl wird sich sprungsweise ändern, indem entweder $[X]$ oder $[Y]$ sich um Eine Einheit ändert. Es seien die Werthe von ξ, wo ein solcher Uebergang Statt findet, d. i. wo entweder X oder Y eine ganze Zahl wird, der Reihe nach folgende

$$\xi', \xi'', \xi''', \ldots \xi^n$$

Hier muss bemerkt werden, dass weder diese Werthe noch ξ^0 und ξ^{00} ganze Zahlen sein können, ausgenommen für $\eta = 0$, wo entweder ξ^0 oder $\xi^{00} = 0$ wird. Es sei nun

$$\theta\frac{(\xi'+\eta i)M}{m} - \theta\frac{(\xi^0+\eta i)M}{m} = \delta' \quad \text{(anders auszudrücken)}$$

$$\theta\frac{(\xi''+\eta i)M}{m} - \theta\frac{(\xi'+\eta i)M}{m} = \delta''$$

etc.

$$\theta\frac{(\xi^{00}+\eta i)M}{m} - \theta\frac{(\xi^{n-1}+\eta i)M}{m} = \delta^n$$

so sieht man leicht, weil zwischen ξ^0 und ξ' $[\frac{1}{2}\xi']-[\frac{1}{2}\xi^0]$ gerade und $[\frac{1}{2}\xi'+\frac{1}{2}]-[\frac{1}{2}\xi^0+\frac{1}{2}]$ ungerade ganze Zahlen liegen etc., dass bloss den bestimmten Werth von η betrachtet

$$
\begin{aligned}
(\pm 1)\Sigma\Theta\frac{fM}{m} = & \{[\tfrac{1}{2}\xi']-[\tfrac{1}{2}\xi^0]-[\tfrac{1}{2}\xi'+\tfrac{1}{2}]+[\tfrac{1}{2}\xi^0+\tfrac{1}{2}]\}\,.\,\Theta\frac{(\xi^0+\eta i)M}{m} \\
& +\{[\tfrac{1}{2}\xi'']-[\tfrac{1}{2}\xi']-[\tfrac{1}{2}\xi''+\tfrac{1}{2}]+[\tfrac{1}{2}\xi'+\tfrac{1}{2}]\}\,.\,\{\Theta\frac{(\xi^0+\eta i)M}{m}+\delta'\} \\
& +\{[\tfrac{1}{2}\xi''']-[\tfrac{1}{2}\xi'']-[\tfrac{1}{2}\xi'''+\tfrac{1}{2}]+[\tfrac{1}{2}\xi''+\tfrac{1}{2}]\}\,.\,\{\Theta\frac{(\xi^0+\eta i)M}{m}+\delta'+\delta''\} \\
& + \text{etc.} \\
& +\{[\tfrac{1}{2}\xi^{00}]-[\tfrac{1}{2}\xi^n]-[\tfrac{1}{2}\xi^{00}+\tfrac{1}{2}]+[\tfrac{1}{2}\xi^n+\tfrac{1}{2}]\}\,.\,\{\Theta\frac{(\xi^0+\eta i)M}{m}+\delta'+\delta''+\ldots+\delta^n\}
\end{aligned}
$$

$$
\begin{aligned}
= & -([\tfrac{1}{2}\xi^0]-[\tfrac{1}{2}\xi^0+\tfrac{1}{2}])\,.\,\Theta\frac{(\xi^0+\eta i)M}{m} \\
& -([\tfrac{1}{2}\xi']-[\tfrac{1}{2}\xi'+\tfrac{1}{2}])\,.\,\delta' \\
& -([\tfrac{1}{2}\xi'']-[\tfrac{1}{2}\xi''+\tfrac{1}{2}])\,.\,\delta'' \\
& - \text{etc.} \\
& -([\tfrac{1}{2}\xi^n]-[\tfrac{1}{2}\xi^n+\tfrac{1}{2}])\,.\,\delta^n \\
& +([\tfrac{1}{2}\xi^{00}]-[\tfrac{1}{2}\xi^{00}+\tfrac{1}{2}])\,.\,\Theta\frac{(\xi^{00}+\eta i)M}{m}
\end{aligned}
$$

(wo das obere Zeichen für gerade η, das untere für ungerade gilt.)

Die Zahlen δ', δ'', δ''' u.s.w. können keine andere Werthe haben als $+1$ und -1. Den Werth $+1$ bekommt δ', wenn die Werthe von X, Y, die zu ξ' gehören, durch X', Y' bezeichnet

$\frac{M}{m}$ im 1. Quadr.	$\frac{M}{m}$ im 2. Quadr.
X' ganze gerade Zahl	X' ganze gerade Zahl
und $[Y]$ ungerade	$[Y]$ gerade
Y' ganze gerade Zahl	Y' ganze gerade Zahl
und $[X]$ gerade	$[X]$ gerade

$\frac{M}{m}$ im 3. Quadr.	$\frac{M}{m}$ im 4. Quadr.
X' ganze gerade Zahl	X' ganze gerade Zahl
und $[Y]$ gerade	$[Y]$ ungerade
Y' ganze gerade Zahl	Y' ganze gerade Zahl
und $[X]$ ungerade	$[X]$ ungerade

So oft sich eine dieser Bedingungen in die entgegengesetzte ändert, wird $\delta = -1$; so oft sich beide ändern, bleibt $\delta = +1$.

11.

Zur bequemern Uebersicht dieser Rechnungen dienen folgende Formeln:

$$\begin{aligned} \text{es ist } m &= a+bi, & aa+bb &= d \\ M &= A+Bi, & AA+BB &= D \\ \tfrac{dM}{m} &= \alpha+\mathfrak{b}i, & \alpha = aA+bB, &\quad \mathfrak{b} = aB-bA \\ \tfrac{\xi+i\eta}{m} &= x+iy, & M(x+iy) &= X+iY \end{aligned}$$

Ist gegeben η und X, so wird

$$1.\quad \xi = \frac{\mathfrak{b}\eta}{\alpha}+\frac{dX}{\alpha}$$

$$2.\quad Y = \frac{D\eta}{\alpha}+\frac{\mathfrak{b}X}{\alpha}$$

Ist gegeben η und Y, so wird

$$3.\quad \xi = -\frac{\alpha\eta}{\mathfrak{b}}+\frac{dY}{\mathfrak{b}}$$

$$4.\quad X = -\frac{D\eta}{\mathfrak{b}}+\frac{\alpha Y}{\mathfrak{b}}$$

Ist gegeben η und x, so wird

$$5.\quad \xi = -\frac{b\eta}{a}+\frac{dx}{a}$$

$$6.\quad X = -\frac{B\eta}{a}+\frac{\alpha x}{a}$$

$$7.\quad Y = \frac{A\eta}{a}+\frac{\mathfrak{b}x}{a}$$

Ist gegeben η und y, so wird

$$8.\quad \xi = \frac{a\eta}{b}-\frac{dy}{b}$$

$$9.\quad X = \frac{A\eta}{b}-\frac{\alpha y}{b}$$

$$10.\quad Y = \frac{B\eta}{b}-\frac{\mathfrak{b}y}{b}$$

12.

Die Regel des 10. Art. lässt sich nun so ausdrücken. Indem η einen bestimmten Werth erhält, ist

$$\Sigma \pm \theta\frac{fM}{m} = k^0\theta(X^0+Y^0 i)-k^{00}\theta(X^{00}+Y^{00}i)+\Sigma k$$

Hier ist $k^0 = 0$, wenn $[\xi^0]$ gerade; $k^0 = +1$, wenn $[\xi^0]$ ungerade und η gerade; $k^0 = -1$, wenn $[\xi^0]$ ungerade und η ungerade ist; k^{00} wird eben so durch $[\xi^{00}]$ und η bestimmt. Endlich ist Σk ein Aggregat von so vielen Zahlen, als es zwischen $\xi = \xi^0$ und $\xi = \xi^{00}$ ganze Werthe von X oder Y gibt; jedesmal ist $k = 0$, wenn das entsprechende $[\xi]$ gerade ist, hingegen $= \pm 1$, wenn $[\xi]$ ungerade ist. Das Zeichen wird auf folgende Art bestimmt. Ist X eine ganze Zahl, so wird $k = 1$ wenn zugleich

η gerade
X gerade
$[Y]$ gerade
$\frac{M}{m}$ im zweiten oder dritten Quadranten d. i. α negativ

Ist eine oder drei dieser Bedingungen nicht vorhanden, so wird $k = -1$; fehlen zwei oder alle vier, so bleibt $k = 1$. Ist hingegen Y eine ganze Zahl, so wird $k = 1$, wenn von den 4 Bedingungen

η gerade
Y gerade
$[X]$ gerade
$\frac{M}{m}$ im ersten oder zweiten Quadranten d. i. $\mathfrak{b}$ positiv

alle oder zwei oder keine erfüllt ist.

13.

Jetzt haben wir noch die Fälle besonders zu betrachten, wo ξ^0 oder ξ^{00} (oder X^0, Y^0, X^{00}, Y^{00}) eine ganze Zahl ist. Es sind hier vier Fälle zu unterscheiden, indem wir a und A ungerade setzen.

I. Liegt m im ersten Quadranten, so wird für $x = \frac{1}{2}$, $y = 0$; $\eta = \frac{1}{2}b$ eine ganze Zahl; es ist dann $Y^{00} = \frac{1}{2}B$ eine ganze Zahl und $\Theta(X^{00} + Y^{00}i)$ wird nur dann $= \Theta(\frac{1}{2}A + \frac{1}{2}Bi)$ sein, wenn $\mathfrak{b}$ negativ ist, bei einem positiven $\mathfrak{b}$ hingegen wird dafür $\Theta(\frac{1}{2}A + (\frac{1}{2}B - 1)i)$ genommen werden.

II. Liegt m im zweiten Quadranten, so wird für $x = 0$, $y = 0$; $\eta = 0$. Hier wird für diesen Werth von η, $X^{00} = 0$, $Y^{00} = 0$. Man hat dann

$\theta(X^{00}+Y^{00}i) = 2$, je nachdem $\frac{M}{m}$ im 1.

3 2.

0 3.

1 4. Quadr. liegt, und $k^{00} = 1$

III. Liegt m im dritten Quadranten, so wird für $x = \frac{1}{2}$, $y = 0$; $\eta = \frac{1}{2}b$ eine ganze Zahl, wofür $X^0+Y^0i = \frac{1}{2}A+\frac{1}{2}Bi$. Man setzt dann

$$\theta(X^0+Y^0i) = \theta(\tfrac{1}{2}A+(\tfrac{1}{2}B-1)i)$$

so oft $\mathfrak{b}$ negativ ist.

IV. Liegt m im vierten Quadranten, so ist für $\eta = 0$,

$\theta(X^0+Y^0i) = 0, 1, 2, 3$ zu setzen, je nachdem $\frac{M}{m}$ im 1. 2. 3. 4. Quadranten liegt $k^0 = 0$.

14.

Aus den vorhergehenden Untersuchungen folgt nunmehr folgende Bestimmung des Decidenten.

Man sammle alle Werthe von x und y, die *innerhalb* der Grenzen 0 und $\frac{1}{2}$ liegen und wofür entweder η und X oder η und Y eine ganze Zahl ist, und bestimme für jedes $x+iy$ nach den Regeln des 12. Art. den Werth von k.

Man sammle ferner alle Werthe auf den Grenzen d. i. wo entweder $x = 0$ oder $\frac{1}{2}$, während y *zwischen* 0 und $\frac{1}{2}$, oder $y = 0$ oder $= \frac{1}{2}$, während x *zwischen* 0 und $\frac{1}{2}$, die so beschaffen sind, dass η eine ganze Zahl und $[\xi]$ ungerade, und bestimme das zugehörige l auf folgende Weise. Es sei $\theta M(x+yi) = \pm\theta$, das obere Zeichen für gerade, das untere für ungerade η

so ist für m im

für	1. Quadr.	2. Quadr.	3. Quadr.	4. Quadr.
$y = 0$	$l = -\theta$	$l = -\theta$	$l = +\theta$	$l = +\theta$
$x = \frac{1}{2}$	$l = -\theta$	$l = +\theta$	$l = +\theta$	$l = -\theta$
$y = \frac{1}{2}$	$l = +\theta$	$l = +\theta$	$l = -\theta$	$l = -\theta$
$x = 0$	$l = +\theta$	$l = -\theta$	$l = -\theta$	$l = +\theta$

Kürzer so $l = \pm\theta$,

das Zeichen ist dasselbe wie das von a wenn $x = 0$
das entgegengesetzte wenn $x = \frac{1}{2}$
dasselbe wie das von b wenn $y = \frac{1}{2}$
das entgegengesetzte wenn $y = 0$

Zu $\Sigma k + \Sigma l$ kommt dann noch hinzu

wenn m im zweiten Quadranten liegt: 2, 1, 0, 3 } je nachdem $\frac{M}{m}$ im
wenn m im vierten Quadranten liegt: 0, } 1. 2. 3. 4. Quadr.

wenn m im ersten Quadranten liegt und $\frac{1}{2}(a-1)$ ungerade ist

$\theta(\frac{1}{2}A + (\frac{1}{2}B - 1)i)$ wenn $\mathfrak{b}$ positiv
$\theta(\frac{1}{2}A + \frac{1}{2}Bi)$ wenn $\mathfrak{b}$ negativ

wenn m im dritten Quadranten liegt und $\frac{1}{2}(a-1)$ ungerade ist

$-\theta(\frac{1}{2}A + \frac{1}{2}Bi)$ wenn $\mathfrak{b}$ positiv
$-\theta(\frac{1}{2}A + (\frac{1}{2}B - 1)i)$ wenn $\mathfrak{b}$ negativ.

[IV.]

1.

Biquadratischer Rest? $m = a + bi$; $aa + bb = d$

Modulus $M = A + Bi$, $AA + BB = D$

$\frac{mD}{M} = \mu$ $\mu = \alpha + \mathfrak{b}i$, $\alpha = aA + bB$, $\mathfrak{b} = Ab - Ba$

$\xi + \eta i = \pi$; $\pi m = x + yi = p$; $\pi M = X + Yi = P$

Relationen

$$\begin{array}{lll}
x = a\xi - b\eta & d\xi = ax + by & D\xi = AX + BY \\
y = b\xi + a\eta & d\eta = -bx + ay & D\eta = -BX + AY \\
X = A\xi - B\eta & dX = \alpha x + \mathfrak{b}y & Dx = \alpha X - \mathfrak{b}Y \\
Y = B\xi + A\eta & dY = -\mathfrak{b}x + \alpha y & Dy = \mathfrak{b}X + \alpha Y
\end{array}$$

$$\begin{aligned}
\mathfrak{b}\xi &= -Bx+bX = \quad Ay-aY\\
\mathfrak{b}\eta &= -Ax'+aX = -By+bY\\
\alpha\xi &= \quad Ax+bY = \quad By+aX\\
\alpha\eta &= -Bx+aY = \quad Ay-bX
\end{aligned}$$

Diejenigen π, wo ξ und η zwischen 0 und $\frac{1}{2}$ liegen, sollen durch π^0 bezeichnet werden, und die entsprechenden p und P durch p^0 und P^0; diejenigen π, wo $\eta = 0$ und ξ zwischen 0 und $\frac{1}{2}$, durch π'; die, wo $\xi = \frac{1}{2}$ und η zwischen 0 und $\frac{1}{2}$, durch π''; diejenigen π, wo $\eta = \frac{1}{2}$ und ξ zwischen 0 und $\frac{1}{2}$, durch π'''; endlich die wo $\xi = 0$ und η zwischen 0 und $\frac{1}{2}$ durch π''''

Der Decident von $\frac{m}{M}$ wird so gefunden:

Man sammle alle *ganzen* P^0, für welche mithin x^0 und y^0 gebrochen sein werden; die respectiven Intensoren von p^0 seien t^0 d. i. die Zahlen 0, 1, 2, 3, je nachdem

$[x^0]$	gerade,	ungerade,	ungerade,	gerade
$[y^0]$	gerade,	gerade,	ungerade,	ungerade

So ist der gesuchte Decident $= \Sigma \pm t^0$, wo das obere Zeichen für gerade P^0, das untere für die ungeraden zu nehmen ist.

Dies ist die *erste* Methode.

2.

Wir wollen nun die einzelnen P^0 nach den Werthen von Y^0 zusammenordnen. Indem wir uns auf den Fall einschränken, wo a, b, A, B positiv sind, ist der kleinste Werth von Y^0.. $+1$, der grösste $\frac{1}{2}(A+B-1)$. Für jeden bestimmten Werth von Y^0 müssen die Werthe von X^0 zwischen bestimmtenGrenzen liegen, nemlich

I. wenn $A-B$ positiv ist

wenn	zwischen	und
$Y < \frac{1}{2}B$	$-\frac{BY^0}{A}$	$\frac{AY^0}{B}$
$Y = \frac{1}{2}B$	$-\frac{BB}{2A}$	$\frac{1}{2}A$
$Y > \frac{1}{2}B$ und $< \frac{1}{2}A$	$-\frac{BY^0}{A}$	$-\frac{BY^0}{A}+\frac{D}{2A}$
$Y > \frac{1}{2}A$	$\frac{AY^0}{B}-\frac{D}{2B^0}$	$-\frac{BY^0}{A}+\frac{D}{2A}$

II. Wenn $A - B$ negativ ist,

wenn	zwischen	und
$Y < \frac{1}{2}A$	$-\frac{BY^0}{A}$	$\frac{AY^0}{B}$
$Y > \frac{1}{2}A$ und $< \frac{1}{2}B$	$\frac{AY^0}{B} - \frac{D}{2B}$	$\frac{AY^0}{B}$
$Y = \frac{1}{2}B$	$\frac{AB-D}{2B}$	$\frac{1}{2}A$
$Y > \frac{1}{2}B$	$\frac{AY^0}{B} - \frac{D}{2B}$	$-\frac{BY^0}{A} + \frac{D}{2A}$

In den kleinern Grenzen ist entweder $\xi = 0$ oder $\eta = \frac{1}{2}$, in den grössern Grenzen hingegen entweder $\eta = 0$ oder $\xi = \frac{1}{2}$. Es lässt sich leicht beweisen, dass nie die Grenzen von x ganze Zahlen sind.

3.

Wir wollen nun die Partialsummen für jedes bestimmte Y^0 auf eine andere Weise darstellen. Auf den Grenzen wird p bestimmte Werthe haben, die durch p^*, p^{**} bezeichnet werden mögen, und während X stetig von der einen Grenze zur andern sich ändert, wird p stetig von p^* zu p^{**} übergehen. Allein die in $[p]$ enthaltene ganze Zahl wird hiebei sprungsweise geändert, indem immer entweder der reelle oder der imaginäre Theil sich um eine Einheit ändert. Es geschehen die Aenderungen bei den Werthen von X

$$X', X'', X''' \ldots X^{\mu}$$

die bereits nach ihrer Grösse geordnet sind und denen die Werthe von p

$$p', p'', p''' \ldots$$

entsprechen.

Das letzte X^{μ} kann auch mit X^{**} identisch sein, wenn $\mathfrak{b}$ positiv, oder X' mit X^* identisch etc.

Die x sind hier zunehmend, also wenn x^{**} eine ganze Zahl, wird sie für x^{μ} gezählt.

Die y sind zunehmend bei positiven $\mathfrak{b}$, da wird y^{**} ganz mitgezählt
abnehmend bei negativen $\mathfrak{b}$, da wird y^* mitgezählt.

Die Intensoren von p^*, p^{**} seien λ^* und λ^{**}

$$\begin{array}{llll} \text{der Intensor von} & p' \text{ an} & \text{bis } p'' & .\,.\ \lambda^* + \delta' \\ & p'' & \text{bis } p''' & .\,.\ \lambda^* + \delta' + \delta'' \\ & p^\mu & \text{bis } p^{**} & .\,.\ \lambda^* + \delta' + \delta'' \,.\,. + \delta^\mu = \lambda^{**} \end{array}$$

so wird die Partialsumme, in sofern Y^0 gerade,

$$= \lambda^*(g-h) + (\lambda^*+\delta')(g'-h') + (\lambda^*+\delta'+\delta'')(g''-h'') + \text{etc.} + \lambda^{**}(g^\mu - h^\mu)$$

wo g die Anzahl der geraden X^0 von X^* bis X', h die der ungeraden bedeutet.

4.

Diese Formel lässt sich auch so darstellen:

$$\begin{array}{l} \lambda^* \left\{[\tfrac{1}{2}X^* - \tfrac{1}{2}] - [\tfrac{1}{2}X^*]\right\} \\ +\delta' \left\{[\tfrac{1}{2}X' - \tfrac{1}{2}] - [\tfrac{1}{2}X']\right\} \\ +\delta'' \left\{[\tfrac{1}{2}X'' - \tfrac{1}{2}] - [\tfrac{1}{2}X'']\right\} \\ + \text{etc.} \\ +\delta^\mu \left\{[\tfrac{1}{2}X^\mu - \tfrac{1}{2}] - [\tfrac{1}{2}X^\mu]\right\} \\ -\lambda^{**} \left\{[\tfrac{1}{2}X^{**} - \tfrac{1}{2}] - [\tfrac{1}{2}X^{**}]\right\} \end{array}$$

oder durch $\lambda^*\varepsilon^* + \delta'\varepsilon' + \delta''\varepsilon'' + \text{etc.} + \delta^\mu\varepsilon^\mu - \lambda^{**}\varepsilon^{**}$

wo allgemein $\varepsilon = 0$ wenn $[X]$ ungerade

und $= -1$ wenn $[X]$ gerade ist und Y gerade

$+1$ wenn $[X]$ gerade und Y ungerade.

Für δ hingegen hat man die Werthe

		$\mathfrak{b}$ positiv	$\mathfrak{b}$ negativ
wenn x eine ganze gerade Zahl,	$[y]$ gerade	-1	-1
	$[y]$ ungerade	$+1$	$+1$
x eine ganze ungerade Zahl,	$[y]$ gerade	$+1$	$+1$
	$[y]$ ungerade	-1	-1
y eine ganze gerade Zahl,	$[x]$ gerade	-3	$+3$
	$[x]$ ungerade	-1	$+1$
y eine ganze ungerade Zahl,	$[x]$ gerade	$+3$	-3
	$[x]$ ungerade	$+1$	-1

5.

Hieraus leiten wir folgende zweite Methode den Decidenten zu bestimmen ab.

I. Man sammle alle Combinationen von ganzen Werthen von Y und x, die folgende Eigenschaften haben

1. dass $\xi = \frac{Ax+bY}{a}$ zwischen 0 und $\frac{1}{2}$ falle, wobei die zweite Grenze inclusive genommen wird
2. dass $\eta = \frac{-Bx+aY}{a}$ zwischen 0 und $\frac{1}{2}$ falle, die erste Grenze inclusive genommen.

II Man berechne dafür

$$X = \frac{Dx+\mathfrak{b}Y}{a}$$

$$y = \frac{\mathfrak{b}x+dY}{a}$$

III. Man lasse alle diejenigen weg, wo $[X]$ eine ungerade Zahl ist, und theile die übrigen, wo $[X]$ gerade ist, in zwei Classen;

in die erste Classe setze man diejenigen, wo zugleich

Y gerade, x gerade, $[y]$ gerade

oder wo eine dieser Bedingungen Statt findet;

in die zweite Classe diejenigen, wo zwei dieser Bedingungen oder gar keine Statt hat,

oder in I. wo $[Y+x+y]$ gerade

II. wo $[Y+x+y]$ ungerade

und nenne den Ueberschuss der Anzahl in der ersten Classe über die in der zweiten c.

IV. Man sammle alle Combinationen von ganzen Werthen von Y und y, die folgende Eigenschaften haben:

1. dass $\xi = \frac{Ay-aY}{\mathfrak{b}}$ zwischen 0 und $\frac{1}{2}$ falle, die erste Grenze inclusive, wenn $\mathfrak{b}$ negativ, die zweite inclusive, wenn $\mathfrak{b}$ positiv;
2. dass $\eta = \frac{-By+bY}{\mathfrak{b}}$ zwischen 0 und $\frac{1}{2}$ falle, die erste Grenze inclusive bei positivem $\mathfrak{b}$, die zweite bei negativem.

[V.]

[1.]

Modulus $M = A + Bi, \quad AA + BB = D$

Rest $m = a + bi, \quad aa + bb = d$

$$\frac{mD}{M} = \mu = \alpha + \mathfrak{b}i = aA + bB + (Ab - Ba)i$$

$$\xi + \eta i = \pi, \quad \pi m = p = x + yi; \quad \pi M = P = X + Yi$$

ω eine unbestimmte unendlich kleine reelle positive Grösse.

[2.]

Vorbereitung.

I. Man sammle alle π, wo

ξ nicht negativ und nicht grösser als $\frac{1}{2}$
η positiv und kleiner als $\frac{1}{2}$
Entweder x oder y eine Ganze
Entweder X oder Y eine Ganze

und bestimme für jedes π die Grösse ε nach folgender Regel:

Es sei p^0 die nächste Ganze durch $1+i$ theilbare bei p
P^0 die nächste Ganze durch $1+i$ theilbare bei P

und setze $\varepsilon = \pm 1$, wo das Zeichen immer dasselbe ist wie das Zeichen des imaginären Theils der Grösse

$$\frac{p - p^0}{P - P^0}(\alpha - \mathfrak{b}i)$$

folgendes sind die Specialregeln: Erste Classe, x und X Ganze

$$\mathfrak{b}\xi = -Bx + bX$$
$$\mathfrak{b}\eta = -Ax + aX$$
$$\mathfrak{b}y = -\alpha x + dX$$
$$\mathfrak{b}Y = -Dx + \alpha X$$

$\varepsilon = -1$, wenn β positiv, x gerade, $[y]$ gerade, X gerade, $[Y]$ gerade oder wenn nur eine ungerade Anzahl dieser Bedingungen gilt.

$\varepsilon = +1$, wenn keine oder eine gerade Anzahl dieser Bedingungen gilt.

Zweite Classe, y und Y Ganze

$$\begin{aligned} \beta\xi &= +Ay - aY \\ \beta\eta &= -By + bY \\ \beta x &= +\alpha y - dY \\ \beta X &= +Dy - \alpha Y \end{aligned}$$

$\varepsilon = -1$, wenn β positiv, $[x]$ gerade, y gerade, $[X]$ gerade, Y gerade oder wenn eine ungerade Anzahl dieser Bedingungen gilt.

$\varepsilon = +1$, wenn keine oder eine gerade Anzahl gilt.

Dritte Classe, y und X Ganze

$$\begin{aligned} \alpha\xi &= +By + aX \\ \alpha\eta &= +Ay - bX \\ \alpha x &= -\beta y + dX \\ \alpha Y &= +Dy - \beta X \end{aligned}$$

$\varepsilon = -1$, wenn α positiv, $[x]$, y, X, $[Y]$ alle Gerade oder wenn eine ungerade Anzahl dieser Bedingungen gilt.

$\varepsilon = +1$, wenn keine oder eine gerade Anzahl Statt hat.

Vierte Classe, x und Y Ganze

$$\begin{aligned} \alpha\xi &= +Ax + bY \\ \alpha\eta &= -Bx + aY \\ \alpha y &= +\beta x + dY \\ \alpha X &= +Dx + \beta Y \end{aligned}$$

$\varepsilon = +1$, wenn α positiv, x, $[y]$, $[X]$, Y alle Gerade oder bei einer ungeraden Anzahl dieser Bedingungen.

$\varepsilon = -1$, bei keiner oder einer geraden Anzahl derselben.

[3.]

II. Man sammle alle π, wo

ξ positiv und kleiner als $\frac{1}{2}$
$\eta = \omega$
und entweder X oder Y eine Ganze,

und setze $\varepsilon = \pm 1$ so dass das Zeichen des imaginären Theils von

$$\frac{M}{P - P^0}$$

zu nehmen ist.

Specialregel: Erste Classe, X ganz

$$\begin{aligned} A\xi &= + X + B\omega \\ Ax &= + aX - \mathfrak{b}\omega \\ Ay &= + bX - \alpha\omega \\ AY &= + BX + D\omega \end{aligned}$$

$\varepsilon = -1$, wenn A positiv, X und [Y] gerade oder wenn nur eine Bedingung gilt.

$\varepsilon = +1$, wenn keine oder zwei gelten.

Zweite Classe, Y ganz

$$\begin{aligned} B\xi &= + Y - A\omega \\ Bx &= + aY - \alpha\omega \\ By &= + bY - \mathfrak{b}\omega \\ BX &= + AY - D\omega \end{aligned}$$

$\varepsilon = +1$, wenn B positiv, [X] und Y gerade oder wenn nur eine Bedingung gilt.

$\varepsilon = -1$, wenn keine oder zwei gelten.

[4.]

III. Man sammle alle π, wo

ξ und η denselben Bedingungen unterworfen sind wie in II.
entweder x oder y Ganze,

und setze $\varepsilon = \pm 1$ mit dem Zeichen des imaginären Theils von

$$\frac{m}{p - p^0}$$

Specialregeln: Erste Classe, x ganz

$$\begin{aligned} a\xi &= +\ x\ + b\omega \\ ay &= + bx + d\omega \\ a\mathrm{X} &= + Ax + \mathfrak{b}\omega \\ aY &= + Bx + \mathfrak{a}\omega \end{aligned}$$

$\varepsilon = -1$, wenn a positiv, x, [y] beide gerade oder wenn nur eine Bedingung gilt.

$\varepsilon = +1$, wenn keine oder zwei gelten.

Zweite Classe, y ganz

$$\begin{aligned} b\xi &= +\ y\ - a\omega \\ bx &= + ay - d\omega \\ bX &= + Ay - \mathfrak{a}\omega \\ bY &= + By + \mathfrak{b}\omega \end{aligned}$$

$\varepsilon = +1$, wenn b positiv, [x] und y gerade oder wenn nur eine Bedingung gilt.

$\varepsilon = -1$, wenn keine gilt.

[5.]

IV. Man sammle alle π, wo

$$\xi = \tfrac{1}{2} + \tfrac{1}{2}\omega$$

η positiv und kleiner als $\frac{1}{2}$

X oder Y ganz,

und setze $\varepsilon = \pm 1$ mit dem Zeichen des imaginären Theils von

$$\frac{iM}{P - P^0}$$

Specialregeln: Erste Classe X eine Ganze,

$$\begin{aligned} 2B\eta &= + A - \ 2X + A\omega \\ 2Bx &= - \mathfrak{b} + 2bX - \mathfrak{b}\omega \\ 2By &= + \mathfrak{a} - 2aX + \mathfrak{a}\omega \\ 2BY &= + D - 2AX + D\omega \end{aligned}$$

$\varepsilon = +1$, wenn B positiv. X, [Y] gerade oder bei einer Bedingung.

$\varepsilon = -1$, bei keiner oder zwei Bedingungen.

Zweite Classe, Y eine Ganze

$$\begin{aligned}
2A\eta &= -B+2Y-B\omega\\
2Ax &= +\alpha-2bY+\alpha\omega\\
2Ay &= +\mathfrak{b}+2aY+\mathfrak{b}\omega\\
2AX &= +D-2BY+D\omega
\end{aligned}$$

$\varepsilon = +1$, wenn A positiv, $[X]$, Y gerade, oder bei einer

$\varepsilon = -1$ bei keiner oder zwei Bedingungen.

[6.]

V. Man sammle alle π, wo

ξ, η denselben Bedingungen unterworfen sind wie in IV,
und wo x oder y eine ganze Zahl,

und setze $\varepsilon = \pm 1$ mit dem Zeichen des imaginären Theils von

$$\frac{im}{p-p^0}$$

Specialregeln: Erste Classe, x eine Ganze

$$\begin{aligned}
2b\eta &= +a-2x+a\omega\\
2by &= +d-2ax+d\omega\\
2bX &= +\mathfrak{b}+2Bx+\mathfrak{b}\omega\\
2bY &= +\alpha-2Ax+\alpha\omega
\end{aligned}$$

$\varepsilon = +1$, wenn b positiv, x, $[y]$ gerade oder bei einer Bedingung,

$\varepsilon = -1$, bei keiner oder zwei Bedingungen.

Zweite Classe, y eine Ganze

$$\begin{aligned}
2a\eta &= -b+2y-b\omega\\
2ax &= +d-2by+d\omega\\
2aX &= +\alpha-2By+\alpha\omega\\
2aY &= -\mathfrak{b}+2Ay-\mathfrak{b}\omega
\end{aligned}$$

$\varepsilon = +1$, wenn a positiv, $[x]$, y gerade, oder bei einer Bedingung,

$\varepsilon = -1$, bei keiner oder zwei Bedingungen.

[7.]

Die erste Methode gibt nun folgende Resultat:

4 Decident $=$ I. $\quad \Sigma \varepsilon$ von allen

$-4\Sigma\varepsilon$ von denen, wo y ganz $[x]$ gerade

II. $-\Sigma\varepsilon$ von allen

$+4\Sigma\varepsilon$ von denen, wo $[x]$ gerade $[y]$ ungerade

IV. $+4\Sigma\varepsilon$ von denen, wo nicht zugleich $[x]$ und $[y]$ gerade

$+Q$

Hier ist

für A B	$Q =$
$+\;+$	$-$Intens. $+\mu\omega i$ $+$Int. $\frac{1}{2}m$ $-\mu\omega$
$+\;-$	$-$Intens. $+\mu\omega$ $+$Int. $\frac{1}{2}mi - \mu\omega i$
$-\;-$	$-$Intens. $-\mu\omega i$ $-$Int. $\frac{1}{2}m$ $+\mu\omega$
$-\;+$	$-$Intens. $-\mu\omega$ $-$Int. $\frac{1}{2}mi + \mu\omega i$

folgende Tabelle stellt dies dar

α $\mathfrak{b}$	A B $+\;+$		A B $+\;-$		A B $-\;-$		A B $-\;+$	
$+\;+$	$+2$	0	0	$+2$	-3	-5	-3	-5
$+\;-$	0	$+2$	-2	0	-5	-3	-1	-3
$-\;-$	-3	-1	-1	$+1$	-4	-2	0	-2
$-\;+$	$+1$	-1	-1	$+1$	0	-2	-4	-6

$\frac{m-1}{2}$ par, impar

Pars prior ipsius

$$2Q \,..\, -3-(\alpha\mathfrak{b}AB)+(A\alpha)+(A\mathfrak{b})+(B\alpha)-(B\mathfrak{b})$$

Das ganze $2Q$ für

$\frac{m-1}{2}$ impar $\quad -3+4(A)-(B)-(\mathfrak{b})+(\alpha A)+(\alpha B)+(\mathfrak{b}A)-(\mathfrak{b}B)-(\alpha\mathfrak{b}AB)$

$\frac{m-1}{2}$ par $\quad -3+2(A)+(B)+(\mathfrak{b})+(\alpha A)+(\alpha B)+(\mathfrak{b}A)-(\mathfrak{b}B)+2(\mathfrak{b}AB)$
$-(\alpha\mathfrak{b}AB)$

Beispiel

$m = +3 - 2i$ | 13

$M = -1 - 6i$ | 37

$\mu = +9 + 20i$

$(1+i)M + (-2+i)m = 1$

$mM = -15 - 16i$

$+4+13i$	$+38+31i$	$+1$	-1
$+5+7i$	$+29+11i$	0	$+0$
$+6+i$	$+20-9i$	$0-i$	-3
$+10+14i$	$+58+22i$	$+1$	$+1$
$+11+8i$	$+49+2i$	$+1$	-1
$+12+2i$	$+40-18i$	$+1-i$	$+2$
$+16+15i$	$+78+13i$	$+2$	-0
$+17+9i$	$+69-7i$	$+1-i$	$+2$
$+18+3i$	$+60-27i$	$+1-i$	-2

Decident $= -2$

I . . $+1$ 0
II . . 0 -4
IV . . 0
$Q = -5$
-8
Gut.

I

x	X	20ξ	20η	$20y$	$20Y$	ε
$+1$	0	6	1	-9	-37	-1
	$+1$	4	4	$+4$	-28	-1
	$+2$	2	7	$+17$	-19	-1
$+2$	$+1$	10	5	-5	-65	-1
	$+2$	8	8	$+8$	-56	$+1$
						-3

y	Y	20ξ	20η	$20x$	$20X$	ε
0	-1	3	2	$+13$	$+9$	$+1$
	-2	6	4	$+26$	$+18$	$+1$
	-3	9	6	$+39$	$+27$	$+1$
$+1$	-1	2	8	$+22$	$+46$	$+1$
						$+4$
						$(+1)$

y	X	9ξ	9η	$9x$	$9Y$	ε
0	$+1$	3	2	$+13$	-20	$+1$
$+1$	$+2$	0	3	$+6$	-3	-1^*

0 (-1)

x	Y	9ξ	9η	$9y$	$9X$	ε
$+1$	-1	1	3	$+7$	$+17$	-1
$+2$	-3	4	3	$+1$	$+14$	$+1$
						0

I . . . $+1$ (0)

II

Y	6ξ	$6x$	$6y$	$6X$	ε
-1	$+1$	$+3+9\omega$	-2	-1	-1^*
-2	$+2$	$+6+9\omega$	-4	-2	$+1$

0(-1)

III

x	3ξ	$3y$	$3X$	$3Y$	ε
$+1$	1	-2	-1	$-6+9\omega$	$-i$

IV

X	12η	$12x$	$12y$	$12Y$	ε
0	$+1$	$+20+20\omega$	-9	-37	-1^*
$+1$	$+3$	$+24+20\omega$	-3	-39	$+1^*$
$+2$	$+5$	$+28+20\omega$	$+3$	-41	-1

-1 (0)

V

x	4η	$4y$	$4X$	$4Y$	ε
$+2$	$+1$	-1	$+4-20\omega$	-13	$+1$

y	6η	$6x$	$6X$	$6Y$	ε
0	$+2$	$+13$	$+9$	-20	$+1$

[8.]

Wir wollen nunmehro das Resultat von I näher betrachten. Es sind vier Combinationen

1^0, wenn x und X Ganze sind. Man hat hier

$$\begin{aligned} \mathfrak{b}\xi &= -Bx + b\mathrm{X} \\ \mathfrak{b}\eta &= -Ax + a\mathrm{X} \\ \mathfrak{b}y &= -\alpha x + d\mathrm{X} \\ \mathfrak{b}Y &= -Dx + \alpha\mathrm{X} \end{aligned}$$

Es seien y^0 und Y^0 die absolut kleinsten Reste von $-\alpha x + d\mathrm{X}$, $-Dx + \alpha\mathrm{X}$ nach dem Modulus $\mathfrak{b}$ und $\mathfrak{b}y = \mathfrak{b}y' + y^0$, $\mathfrak{b}Y = \mathfrak{b}Y' + Y^0$ und man setze

$$\begin{aligned} \mathfrak{b}u &= -By^0 + bY^0 \qquad & y^0 &= +au - bt \\ \mathfrak{b}t &= -Ay^0 + aY^0 \qquad & Y^0 &= +Au - Bt \end{aligned}$$

so werden t, u ganze Zahlen sein, nemlich

$$\begin{aligned} -u + ti &= M(x + y'i) - m(\mathrm{X} + Y'i) \\ i(t + ui) &= Mi(y' - y) - mi(Y' - Y) \end{aligned}$$

und man hat dann $\varepsilon = -1$, wenn
$t + u$ gerade, $\mathfrak{b}$, y^0, Y^0 positiv, oder wenn zwei oder keine Bedingung gilt, sonst $\varepsilon = +1$
Wir setzen

$$\begin{aligned} t + ui &= +\theta \quad \text{wenn } y^0 \text{ und } Y^0 \text{ beide positiv} \\ & -\theta \quad \phantom{\text{wenn }} y^0 \text{ und } Y^0 \text{ beide negativ} \\ & +\theta' \quad \phantom{\text{wenn }} y^0 \text{ positiv } Y^0 \text{ negativ} \\ & -\theta' \quad \phantom{\text{wenn }} y^0 \text{ negativ } Y^0 \text{ positiv} \end{aligned}$$

jedem durch $1+i$ theilbaren θ entspricht dann ein $\varepsilon = -1$
jedem durch $1+i$ theilbaren θ' $\varepsilon = +1$
jedem durch $1+i$ untheilbaren θ $\varepsilon = +1$
jedem durch $1+i$ untheilbaren θ' $\varepsilon = -1$

insofern $\mathfrak{b}$ positiv.

Für negative $\mathfrak{b}$ ist es umgekehrt.

x	X	y^0	Y^0	$t+ui$	θ	θ'	ε
$+1$	0	-9	$+3$	$0-3i$		$0+3i$	-1
	$+1$	$+4$	-8	$-1+2i$		$-1+2i$	-1
	$+2$	-3	$+1$	$0-i$		$0+i$	-1
$+2$	$+1$	-5	-5	$-1-i$	$+1+i$		-1
	$+2$	$+8$	$+4$	$+1+2i$	$+1+2i$		$+1$

[9.]

2^0, wenn y und Y Ganze. Es seien hier x', X' die nächsten Ganzen bei x und X, und

$$x-x' = \frac{x^0}{6}, \quad X-X' = \frac{X^0}{6}$$

und man setze

$$6(t+ui) = -Mx^0+mX^0 = -Mp^0+mP^0, \qquad t+ui = Mp'-mP'$$

d. i.

$$6t = -Ax^0+aX^0 \qquad x^0 = -bt+au$$
$$6u = -Bx^0+bX^0 \qquad X^0 = -Bt+Au$$

Man hat dann

$\varepsilon = -1$, wenn 6 positiv, x^0 positiv, X^0 positiv, $t+u$ gerade
etc.

Wir setzen

		besser
$t+ui = +\theta$	wenn x^0 und X^0 positiv	$+\theta''$
$= -\theta$	wenn beide negativ	$-\theta''$
$= +\theta'$	wenn x^0 positiv, X^0 negativ	$-\theta$
$= -\theta'$	wenn x^0 negativ, X^0 positiv	$+\theta$

wo für ε dieselbe Regel gelten wird wie oben

y	Y	x^0	X^0	$t+ui$	θ	θ'	ε
0	-1	-7	$+9$	$+1-3i$		$-1+3i$	$+1$
	-2	$+6$	-2	$0+2i$		$0+2i$	$+1$
	-3	-1	$+7$	$+1-i$		$-1+i$	$+1$
$+1$	-1	$+2$	$+6$	$+1$	$+1$		$+1$

Man kann nun beweisen

1) Dass alle θ, die aus (1) und aus (2) hervorgegangen sind, unter einander verschieden sind. Ihr Complexus heisse Θ.

2) Dass alle $\theta = T + Ui$ die Eigenschaft haben, dass

$$\begin{array}{c} -bT + aU \\ -BT + AU \end{array}$$

positive Zahlen kleiner als $\frac{1}{2}\mathfrak{b}$ sind

3) Dass wenn T, U zwei der eben genannten Bedingung unterworfene ganze Zahlen sind, $T + Ui$ sich gewiss in Θ findet.
(wie denn? es wird auf obige Gleichung * gegründet.)

4) Auf ähnliche Weise verhält es sich mit θ', deren Complexus Θ aus denjenigen Zahlen $T' + U'i$ bestehen wird, für welche

$$\begin{array}{c} -bT' + aU' \\ -(-BT' + AU') \end{array}$$

positive Zahlen kleiner als $\frac{1}{2}\mathfrak{b}$.

In unserm Falle ist

θ	ε	θ	ε	θ''	ε	θ'''	ε
$+1$	$+1$	$0+i$	-1	$+2-i$	$+1$	$+1$	-1
$+1+i$	-1	$0+2i$	$+1$	$+3-i$	-1	$+2$	$+1$
$+1+2i$	$+1$	$0+3i$	-1				
		$-1+i$	$+1$				
		$-1+2i$	-1				
		$-1+3i$	$+1$				

Hier ist

$$\begin{aligned} \theta &= -{}_*M + {}_*m \\ \theta' &= -{}_*M - {}_*m \\ \theta'' &= +{}_*Mi + {}_*m \\ \theta''' &= +{}_*Mi - {}_*m \end{aligned}$$

[10.]

3^0. y und X Ganze. Es seien x', Y' die nächsten Ganzen bei x und Y, und

$$x'+yi = p', \quad X+Y'i = P'; \quad p-p' = \frac{p^0}{\alpha}, \quad P-P' = \frac{P^0}{\alpha}$$

und man setze

$$i(t+ui) = Mp'-mP' = -\frac{Mp^0}{\alpha}+\frac{mP^0}{\alpha} = -\frac{Mx^0}{\alpha}+\frac{miY^0}{\alpha} \quad \text{d. i.}$$

$$\begin{aligned} \alpha t &= -Bx^0+aY^0 \quad \text{so ist} \quad & x^0 &= -bt+au \\ \alpha u &= +Ax^0+bY^0 & Y^0 &= +At+Bu \end{aligned}$$

Man hat dann

$\varepsilon = -1$, wenn α positiv, x^0 positiv, Y^0 positiv, $t+u$ gerade etc.

Wir setzen

$$\begin{aligned} t+ui &= +\theta'' \text{ wenn } x^0 \text{ positiv, } Y^0 \text{ positiv} && \overset{\textit{besser}}{+\theta'} \\ &= +\theta''' \text{ wenn } x^0 \text{ positiv, } Y^0 \text{ negativ} && -\theta''' \\ & \quad -\theta'' \text{ wenn } x^0 \text{ negativ, } Y^0 \text{ negativ} && -\theta' \\ & \quad -\theta''' \text{ wenn } x^0 \text{ negativ, } Y^0 \text{ positiv} && +\theta''' \end{aligned}$$

Es wird also für jedes $\theta'' \ldots \varepsilon = -1$

$\theta''' \ldots \varepsilon = +1$

insofern θ'' oder θ''' durch $1+i$ theilbar und α positiv.

y	X	x^0	Y^0	$t+ui$	θ''	θ'''	ε
0	+1	+4	−2	+2		+2	+1
+1	+2	−3	−3	$-3+i$	$+3-i$		−1

[11.]

4te Classe x und Y Ganze. Nach ähnlichen Praemissen wie in 3 setze man

$$-(t+ui) = Mp'-mP' = -\frac{Mp^0}{\alpha}+\frac{mP^0}{\alpha} = -\frac{Miy^0}{\alpha}+\frac{mX^0}{\alpha}$$

$$\begin{aligned} \alpha t &= -By^0-aX^0 & y^0 &= -bt+au \\ \alpha u &= +Ay^0-bX^0 & X^0 &= -At-Bu \end{aligned}$$

Man hat dann

$\varepsilon = +1$ wenn α positiv, y^0 positiv, X^0 positiv, $t+u$ gerade etc.

Wir setzen

$$
\begin{aligned}
t+ui = & +\theta'' \text{ wenn } y^0 \text{ positiv } X^0 \text{ negativ}\\
& +\theta''' \text{ wenn } y^0 \text{ positiv } X^0 \text{ positiv}\\
& -\theta'' \text{ wenn } y^0 \text{ negativ } X^0 \text{ positiv}\\
& -\theta''' \text{ wenn } y^0 \text{ negativ } X^0 \text{ negativ}
\end{aligned}
$$

für ε gilt dann die Regel, dass (wie oben in 3), insofern α positiv

$$\varepsilon = -1 \text{ für jedes durch } 1+i \begin{cases}\text{theilbare } \theta''\\ \text{untheilbare } \theta'''\end{cases}$$

$$\varepsilon = +1 \text{ für jedes durch } 1-i \begin{cases}\text{theilbare } \theta'''\\ \text{untheilbare } \theta''\end{cases}$$

x	Y	y^0	X^0	$t+ui$	θ''	θ'''	ε
$+1$	-1	-2	-1	-1		$+1$	-1
$+2$	-3	$+1$	-4	$+2-i$	$+2-i$		$+1$

Der Complexus aller θ'' aus 3 und 4, den wir durch Θ'' bezeichnen, besteht also aus allen Zahlen $T+Ui$, wofür

$$\left.\begin{aligned}& -bT+aU\\ \text{und } & +AT+BU\end{aligned}\right\}\text{ positiv und kleiner als } \tfrac{1}{2}\alpha$$

der Complexus aller $\theta''' \ldots (\Theta''')$ aus denen, wo

$$\left.\begin{aligned}& -bT+aU\\ & -AT-BU\end{aligned}\right\}\text{ positiv und kleiner als } \tfrac{1}{2}\alpha$$

[12.]

Nach obiger Verbesserung heisst also die Regel so.

Es enthalte

Θ alle Zahlen $T+Ui$, wo $+bT-aU$ positiv $-BT+AU$ positiv und $<\frac{1}{2}\mathfrak{b}$
Θ' alle Zahlen $T+Ui$, wo $-bT+aU$ positiv $+AT+BU$ positiv und $<\frac{1}{2}\alpha$
Θ'' alle Zahlen $T+Ui$, wo $-bT+aU$ positiv $-BT+AU$ positiv und $<\frac{1}{2}\mathfrak{b}$
Θ''' alle Zahlen $T+Ui$, wo $+bT-aU$ positiv $+AT+BU$ positiv und $<\frac{1}{2}\alpha$

insofern resp. $\mathfrak{b}$ oder α positiv.

Für alle durch $1+i$ theilbaren	ist dann $\varepsilon =$	wenn
θ	$+1$	β positiv
θ'	-1	α positiv
θ''	-1	β positiv
θ'''	$+1$	α positiv

θ		θ'		θ''		θ'''	
$0-i$	-1	$+2-i$	$+1$	$+1$	$+1$	-1	-1
$0-2i$	$+1$	$+3-i$	-1	$+1+i$	-1	-2	$+1$
$0-3i$	-1			$+1+2i$	$+1$		
$+1-i$	$+1$						
$+1-2i$	-1						
$+1-3i$	$+1$						

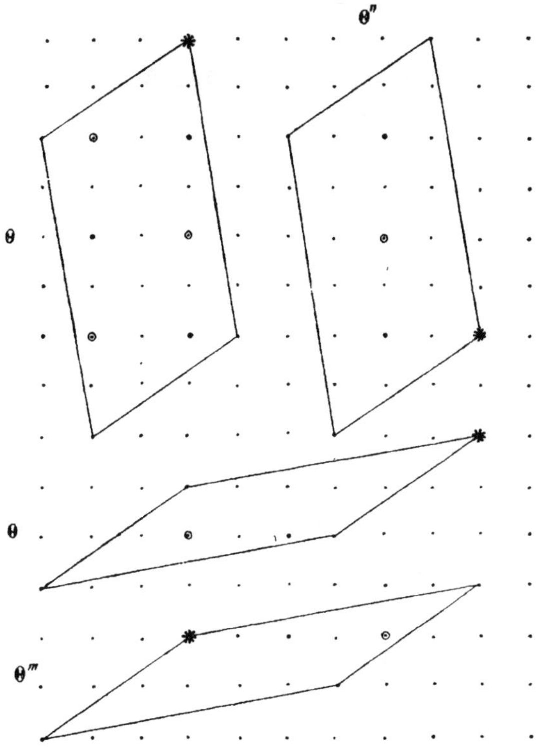

[13.]

Hieraus fliesst folgende Regel. Es sei das Resultat aus den Vorschriften

$$\text{II} \ldots G, \quad \text{III} \ldots g, \quad \text{IV} \ldots H, \quad \text{V} \ldots h$$

So ist

$$\begin{aligned}
4\theta &= R = 0\\
4\theta' &= -g + G - h - H + R'\\
4\theta'' &= -2g + 2G + R''\\
4\theta''' &= -g + G + h + H + R'''
\end{aligned}$$

In unserm Beispiele ist

$$G = 0,\quad g = -1,\quad H = -1,\quad h = +2,\quad R' = 0,\quad R'' = +2,\quad R''' = -2$$

$$4\theta = 0,\ 4\theta' = +1-1+0 = 0,\ 4\theta'' = +2+2 = +4,\ 4\theta''' = +1+1-2 = 0$$

und die Correctionen R, R' etc. werden so bestimmt: Es ist

$$R = \left\{\begin{array}{l}
-(\mathfrak{b}) + \frac{1}{2}(\alpha\mathfrak{b}) + \frac{1}{2}(\alpha\mathfrak{b}abAB)\\
-\frac{1}{2}(b) - \frac{1}{2}(B)\\
+(\mathfrak{b}) - \frac{1}{2}(\alpha\mathfrak{b}) - \frac{1}{2}(\alpha\mathfrak{b}abAB)\\
+\frac{1}{2}(b) + \frac{1}{2}(B)
\end{array}\right.$$

$$R' = \left\{\begin{array}{l}
+(\alpha) - \frac{1}{2}(\alpha\mathfrak{b}) + \frac{1}{2}(\alpha\mathfrak{b}abAB)\\
-\frac{1}{2}(b) - \frac{1}{2}(A)\\
0\\
-\frac{1}{2}(a) + \frac{1}{2}(B)
\end{array}\right.$$

$$R'' = \left\{\begin{array}{l}
+(\mathfrak{b}) + \frac{1}{2}(\alpha\mathfrak{b}) + \frac{1}{2}(\alpha\mathfrak{b}abAB)\\
-\frac{1}{2}(b) + \frac{1}{2}(B)\\
+(\mathfrak{b}) + \frac{1}{2}(\alpha\mathfrak{b}) + \frac{1}{2}(\alpha\mathfrak{b}abAB)\\
-\frac{1}{2}(b) + \frac{1}{2}(B)
\end{array}\right.$$

$$R''' = \left\{\begin{array}{l}
-(\alpha) - \frac{1}{2}(\alpha\mathfrak{b}) + \frac{1}{2}(\alpha\mathfrak{b}abAB)\\
-\frac{1}{2}(b) + \frac{1}{2}(A)\\
0\\
+\frac{1}{2}(a) + \frac{1}{2}(B)
\end{array}\right.$$

wo die in Paranthese stehenden Grössen bloss die Zeichen hergeben.

Es ist also

$$R+R'+R''+R'''=2(\alpha\beta abAB)-2(b)+2(B)+2(\beta)$$

folglich

$$\theta+\theta'+\theta''+\theta'''=-g+G+\tfrac{1}{2}(\alpha\beta abAB)+\tfrac{1}{2}(\beta)-\tfrac{1}{2}(b)+\tfrac{1}{2}(B)$$
$$=-g+G+S$$

ab	$++$		$-+$		$--$		$+-$	
$A\ B$	$\alpha\ \beta$	S	$\alpha\ \beta$	S	$\alpha\ \beta$	S	$\alpha\ \beta$	S
$+\ +$	$+\ +$	$+1$	$-\ +$	$+1$	$-\ -$	$+1$	$+\ -$	$+1$
	$+\ -$	-1	$+\ +$	0	$-\ +$	$+1$	$-\ -$	0
$-\ +$	$+\ -$	0	$+\ +$	$+1$	$-\ +$	$+2$	$-\ -$	$+1$
	$-\ -$	-1	$+\ -$	-1	$+\ +$	$+1$	$-\ +$	$+1$
$-\ -$	$-\ -$	-1	$+\ -$	-1	$+\ +$	$+1$	$-\ +$	$+1$
	$-\ +$	-1	$-\ -$	-2	$+\ -$	-1	$+\ +$	0
$+\ -$	$-\ +$	0	$-\ -$	-1	$+\ -$	0	$+\ +$	$+1$
	$+\ +$	-1	$-\ +$	-1	$-\ -$	-1	$+\ -$	-1

[14.]

Hiernach bekommt nun die erste Regel folgende Gestalt:

4 Dec. = I. $-4\Sigma\varepsilon$ von denen, wo y ganz, $[x]$ gerade

II. $+4\Sigma\varepsilon$ von denen, wo $[x]$ gerade, $[y]$ ungerade

III. $-\Sigma\varepsilon$ von allen

IV. $+4\Sigma\varepsilon$ von denen, wo nicht zugleich $[x]$ und $[y]$ gerade

$+Q+S$

In unserm Beispiel

I	0
II	-4
III	$+1$
IV	0
Q	-5
S	0
	-8

Man denke sich nun in III diejenigen besonders bemerkt, wo y ganz, $[x]$ gerade, so ist

III. $\begin{matrix} \Sigma\varepsilon \text{ von allen} \\ -4\Sigma\varepsilon \text{ der besonderen} \end{matrix}\Bigg\} = \text{Intensor } (\tfrac{1}{2}-\omega)m - \text{Intens. } \omega m = -W$

Hier ist $W =$

a	b		
+	+	—3	—1
—	+	—2	0
—	—	+2	0
—	+	+3	+1
		$\frac{m-1}{2}$ par	$\frac{m-1}{2}$ impar

Also

4 Decident = I. $-4\Sigma\varepsilon$ y ganz, $[x]$ gerade
II. $+4\Sigma\varepsilon$ $[x]$ gerade, $[y]$ ungerade
III. $-4\Sigma\varepsilon$ y ganz, $[x]$ gerade
IV. $+4\Sigma\varepsilon$ alle wo nicht zugleich $[x]$, $[y]$ gerade
$+Q+S+W$

Tabelle für $\frac{1}{4}(Q+S+W)$

a	b	A	B	α	β			a	b	A	B	α	β		
+	+	+	+	+	+	0	0	—	—	+	+	—	—	0	0
				+	—	—1	0					—	+	+1	0
		—	+	+	—	—1	—1			—	+	—	+	0	—1
				—	—	—1	—1					+	+	0	—1
		—	—	—	—	—2	—1			—	—	+	+	0	—1
				—	+	—1	—1					+	—	—1	—1
		+	—	—	+	—1	0			+	—	+	—	0	0
				+	+	—1	0					—	—	0	0
—	+	+	+	—	+	0	0	+	—	+	+	+	—	+1	+1
				+	+	0	0					—	—	0	0
		—	+	+	+	—1	—1			—	+	—	—	+1	0
				+	—	—1	—1					—	+	0	—1
		—	—	+	—	—2	—1			—	—	—	+	+1	0
				—	—	—2	—1					+	+	0	—1
		+	—	—	—	—1	0			+	—	+	+	+1	+1
				—	+	—1	0					+	—	0	0

[15.]

Die zweite Methode ist folgende:

Decident = I. $+\ \Sigma\varepsilon$, wo Y ganz, $[X]$ gerade

$-4\Sigma\varepsilon$, unter diesen, wo noch y ganz, $[x]$ gerade

II. $+\ \Sigma\lambda\varepsilon$, wo Y ganz, $[X]$ gerade; λ ist der Intensor von p

II. $-\ \Sigma\lambda'\varepsilon$, wo X ganz, $[Y]$ ungerade

λ' der Intensor von ip $= 1, 2, 3, 0$

wenn λ $= 0, 1, 2, 3$

IV. $+\ \Sigma\lambda\varepsilon$, wo Y ganz, $[X]$ gerade, λ der Intensor von p

IV. $+\ \Sigma\lambda'\varepsilon$, wo X ganz, $[Y]$ gerade

λ' der Intensor von $im - ip$ $= 0\ 3\ 2\ 1$

wenn Int. p $= 0\ 1\ 2\ 3$

$+q$

Hier ist $q = 0$, wenn $\frac{M-1}{2}$ ungerade i.e. nur durch $1+i$, nicht durch 2 theilbar, und nicht zugleich $AB+-$, hingegen übrigens

		α б	α б	α б	α б
$A\ B$		$+\ +$	$-\ +$	$-\ -$	$+\ -$
$+\ +$	Int. $\frac{1}{2}(m - \omega\mu)$	$+3\ \ +1$	$+3\ \ +1$	$+0\ \ +2$	$+0\ \ +2$
$-\ +$	0	0	0	0	0
$-\ -$	$-$ Int. $\frac{1}{2}(m + \omega\mu)$	$-0\ \ -2$	$-0\ \ -2$	$-3\ \ -1$	$-3\ \ -1$
$+\ -$	$-$ Int. $\omega\mu$	-0	-1	-2	-3

wo doppelte Zahlen stehen, gilt die erste für gerade $\frac{m-1}{2}$, die andere für ungerade.

In unserm Beispiele: I.

y	Y	$20x$	$20Y$	ε		
						$+3$
0	-1	$+13$	$+9$	$+1$*		-4
0	-2	$+26$	$+18$	$+1$		-1
$+1$	-1	$+22$	$+46$	$+1$	Dec. =	-2
				$+3\ (+1)$		

II. desunt. IV.

X	$12x$	$12y$	$12Y$	ε	λ	λ'	$\lambda'\varepsilon$
0	$+20\ +20\omega$	-9	-37	-1	2	2	-2
$+1$	$+24\ +20\omega$	-3	-39	$+1$	3	1	$+1$
$+2$	$+28\ +20\omega$	$+3$	-41	-1	0	0	0
							-1

Was aus II genommen ist, vereinigt sich in folgendes Resultat

II. $-\ \Sigma\varepsilon$, wo Y ganz, $[X]$ gerade
$+4\Sigma\varepsilon$ von eben diesen, wenn zugleich $[x]$ gerade, $[y]$ ungerade
II. $+\ \Sigma\lambda'\varepsilon$, wo Y ganz, $[X]$ gerade
$-\ \Sigma\lambda'\varepsilon$, wo X ganz, $[Y]$ ungerade, λ' der Intensor von ip

Die beiden letzten Theile vereinigen sich wiederum in

III. $+\ \Sigma\varepsilon$, wo $[X]$ gerade, $[Y]$ ungerade
$-4\Sigma\varepsilon$, wenn zugleich x eine Ganze, $[y]$ ungerade
$+r+s$

wo $r=0$, wenn $AB\ldots\ldots \begin{cases} + + \\ - + \\ - - \end{cases}$

und $r=$ Int. ωmi, wenn $AB\ldots + -$
$s = -$ Int. $(\frac{1}{2}-\omega)mi$, wenn $\frac{M-1}{2}$ gerade und B positiv, in allen andern Fällen $=0$

In unserm Beispiele

III. Fällt aus. $r=0$, $s=0$

Was aus IV genommen ist, vereinigt sich in folgende Resultate

IV. $+4\Sigma\varepsilon$, wo Y ganz, $[X]$ gerade und nicht zugleich $[x]$ gerade, $[y]$ gerade
$-\Sigma\lambda'\varepsilon$, wo Y ganz, $[X]$ gerade
$+\Sigma\lambda'\varepsilon$, wo X ganz, $[Y]$ gerade
wo λ' Int. von $im-ip$

Die zwei letzten Theile vereinigen sich wiederum zu

V $+\ \Sigma\varepsilon$, wo nicht zugleich $[X]$ und $[Y]$ gerade
$-4\Sigma\varepsilon$, wo zugleich x eine Ganze, $[y]$ gerade
$+w$

Hier ist $w=0$, wenn $\frac{M-1}{2}$ gerade und A positiv; in allen übrigen Fällen $= -$ Intensor $(\frac{1}{2}i+\omega)m$

In unserm Beispiele

V.

y	$6x$	$6X$	$6Y$	ε
0	+13	+9	−20	+1

$$w = -2$$

Tafel für q, r, s, w und deren Summe.

$a\,b$	$A\,B$	$\alpha\,\beta$	$\frac{M-1}{2}$ ger. $\frac{m-1}{2}$ ger.					$\frac{M-1}{2}$ ung. $\frac{m-1}{2}$ ger.					$\frac{M-1}{2}$ ger. $\frac{m-1}{2}$ ung.					$\frac{M-1}{2}$ ung. $\frac{m-1}{2}$ ung.				
++	++	++	+3	0	0	0	+3	0	0	0	0	0	+1	0	−2	0	−1	0	0	0	−2	−2
		+−	0	0	0	0	0	0	0	0	0	0	+2	0	−2	0	0	0	0	0	−2	−2
	−+	+−	0	0	0	0	0	0	0	0	0	0	0	0	−2	−2	−4	0	0	0	−2	−2
		−−	0	0	0	0	0	0	0	0	0	0	0	0	−2	−2	−4	0	0	0	−2	−2
	−−	−−	−3	0	0	0	−3	0	0	0	0	0	−1	0	0	−2	−3	0	0	0	−2	−2
		−+	0	0	0	0	0	0	0	0	0	0	−2	0	0	−2	−4	0	0	0	−2	−2
	+−	−+	−1	+1	0	0	0	−1	+1	0	0	0	−1	+1	0	0	0	−1	+1	0	−2	−2
		++	0	+1	0	0	+1	0	+1	0	0	+1	0	+1	0	0	+1	0	+1	0	−2	−1
−+	++	−+	+3	0	0	0	+3	0	0	0	−1	−1	+1	0	−2	0	−1	0	0	0	−3	−3
		++	+3	0	0	0	+3	0	0	0	−1	−1	+1	0	−2	0	−1	0	0	0	−3	−3
	−+	++	0	0	0	−1	−1	0	0	0	−1	−1	0	0	−2	−3	−5	0	0	0	−3	−3
		+−	0	0	0	−1	−1	0	0	0	−1	−1	0	0	−2	−3	−5	0	0	0	−3	−3
	−−	+−	−3	0	0	−1	−4	0	0	0	−1	−1	−1	0	0	−3	−4	0	0	0	−3	−3
		−−	−3	0	0	−1	−4	0	0	0	−1	−1	−1	0	0	−3	−4	0	0	0	−3	−3
	+−	−−	−2	+2	0	0	0	−2	+2	0	−1	−1	−2	+2	0	0	0	−2	+2	0	−3	−3
		−+	−1	+2	0	0	+1	−1	+2	0	−1	0	−1	+2	0	0	+1	−1	+2	0	−3	−2
−−	++	−−	0	0	−1	0	−1	0	0	0	−1	−1	+2	0	−3	0	−1	0	0	0	−3	−3
		−+	+3	0	−1	0	+2	0	0	0	−1	−1	+1	0	−3	0	−2	0	0	0	−3	−3
	−+	−+	0	0	−1	−1	−2	0	0	0	−1	−1	0	0	−3	−3	−6	0	0	0	−3	−3
		++	0	0	−1	−1	−2	0	0	0	−1	−1	0	0	−3	−3	−6	0	0	0	−3	−3
	−−	++	0	0	0	−1	−1	0	0	0	−1	−1	−2	0	0	−3	−5	0	0	0	−3	−3
		+−	−3	0	0	−1	−4	0	0	0	−1	−1	−1	0	0	−3	−4	0	0	0	−3	−3
	+−	+−	−3	+3	0	0	0	−3	+3	0	−1	−1	−3	+3	0	0	0	−3	+3	0	−3	−3
		−−	−2	+3	0	0	+1	−2	+3	0	−1	0	−2	+3	0	0	+1	−2	+3	0	−3	−2
+−	++	+−	0	0	−1	0	−1	0	0	0	0	0	+2	0	−3	0	−1	0	0	0	−2	−2
		−−	0	0	−1	0	−1	0	0	0	0	0	+2	0	−3	0	−1	0	0	0	−2	−2
	−+	−−	0	0	−1	0	−1	0	0	0	0	0	0	0	−3	−2	−5	0	0	0	−2	−2
		−+	0	0	−1	0	−1	0	0	0	0	0	0	0	−3	−2	−5	0	0	0	−2	−2
	−−	−+	0	0	0	0	0	0	0	0	0	0	−2	0	0	−2	−4	0	0	0	−2	−2
		++	0	0	0	0	0	0	0	0	0	0	−2	0	0	−2	−4	0	0	0	−2	−2
	+−	++	0	0	0	0	0	0	0	0	0	0	0	0	0	0	0	0	0	0	−2	−2
		+−	−3	0	0	0	−3	−3	0	0	0	−3	−3	0	0	0	−3	−3	0	0	−2	−5

[16.]

Es ist folglich

$$\text{Dec.}\,\tfrac{m}{M} - \text{Dec.}\,\tfrac{M}{m} =$$

I. $-4\Sigma\varepsilon$, wo y, Y ganz, $[x]$, $[X]$ gerade

II. $+4\Sigma\varepsilon$, Y ganz, $[X]$ gerade, $[x]$ gerade, $[y]$ ungerade

III. $-4\Sigma\varepsilon$, x ganz, $[X]$ gerade, $[Y]$ ungerade, $[y]$ ungerade

IV. $+4\Sigma\varepsilon$, Y ganz, $[X]$ gerade, und nicht zugleich $[x]$, $[y]$ gerade

V. $-4\Sigma\varepsilon$, x ganz, $[y]$ gerade und nicht zugleich $[X]$, $[Y]$ gerade

$+\psi$

Hier ist ψ in folgender Tabelle dargestellt

$a\,b$	$A\,B$	$\alpha\,\beta$	ψ				$a\,b$	$A\,B$	$\alpha\,\beta$	ψ			
$++$	$++$	$++$	$+4$	0	0	-2	$--$	$++$	$--$	0	0	0	-2
	$++$	$+-$	0	0	0	-2		$++$	$-+$	$+4$	0	0	-2
	$-+$	$+-$	0	-4	0	-2		$-+$	$-+$	0	-4	0	-2
	$-+$	$--$	0	-4	0	-2		$-+$	$++$	0	-4	0	-2
	$--$	$--$	-4	-4	0	-2		$--$	$++$	0	-4	0	-2
	$--$	$-+$	0	-4	0	-2		$--$	$+-$	-4	-4	0	-2
	$+-$	$-+$	0	0	0	-2		$+-$	$+-$	0	0	0	-2
	$+-$	$++$	0	0	0	-2		$+-$	$--$	0	0	0	-2
$-+$	$++$	$-+$	$+4$	0	0	-2	$+-$	$++$	$+-$	0	0	0	-2
	$++$	$++$	$+4$	0	0	-2		$++$	$--$	0	0	0	-2
	$-+$	$++$	0	-4	0	-2		$-+$	$--$	0	-4	0	-2
	$-+$	$+-$	0	-4	0	-2		$-+$	$-+$	0	-4	0	-2
	$--$	$+-$	-4	-4	0	-2		$--$	$-+$	0	-4	0	-2
	$--$	$--$	-4	-4	0	-2		$--$	$++$	0	-4	0	-2
	$+-$	$--$	0	0	0	-2		$+-$	$++$	0	0	0	-2
	$+-$	$-+$	0	0	0	-2		$+-$	$+-$	-4	-4	-4	-6

Hier gelten die ersten beiden Columnen für $\frac{1}{2}(M-1)$ gerade
letzten beiden für $\frac{1}{2}(M-1)$ ungerade
die erste und dritte für $\frac{1}{2}(m-1)$ gerade
zweite und vierte für $\frac{1}{2}(m-1)$ ungerade

[17.]

Die 128 Fälle, welche in obiger Tafel bei der Bestimmung von ψ unterschieden sind, lassen sich viel kürzer auf folgende Weise umfassen:

$\psi = k + l$

$k = -4$, wenn zugleich $a, A, \alpha, b, B, \mathfrak{b}$ die Zeichen $+ + + - - -$ haben, sonst immer

$k = 0$

$\frac{1}{2}(M-1)$ gerade	$\frac{1}{2}(m-1)$ gerade	$l = +4$, wenn $AB\mathfrak{b}$ positiv -4, wenn $AB\mathfrak{b}$ negativ 0 in allen übrigen Fällen
$\frac{1}{2}(M-1)$ gerade	$\frac{1}{2}(m-1)$ ungerade	$l = -4$, wenn A negativ 0, wenn A positiv
$\frac{1}{2}(M-1)$ ungerade	$\frac{1}{2}(m-1)$ gerade	$l = 0$
$\frac{1}{2}(M-1)$ ungerade	$\frac{1}{2}(m-1)$ ungerade	$l = -2$

Zu versuchen ist noch, ob es vortheilhafter ist, A und a positiv, dagegen aber $m \equiv 1$, $M \equiv 1$ nur nach mod. 2 (nicht nach Modulus $2+2i$) zu nehmen. Das Endresultat muss werden

$$\text{Dec.}\,\frac{m}{M} - \text{Dec.}\,\frac{M}{m} \equiv$$

	$M \equiv$			
$m \equiv$	1	$1+2i$	3	$3+2i$
1	0	0	0	0
$1+2i$	0	2	2	0
3	0	2	0	2
$3+2i$	0	0	2	2

Alles nach Mod. 4.

[VI.]

THEORIE DER BIQUADRATISCHEN RESTE.

1.

Eine Reihe ganzer complexer Zahlen φ, φ', φ'' u. s. w. sei so beschaffen, dass erstlich sie unter einander alle incongruent sind nach dem Modulus $\mu = \alpha + 6i$, α und 6 ganze reelle Zahlen bezeichnend, zweitens dass jede ganze complexe Zahl einer von jenen nach dem Modulus μ congruent ist. Unter dieser Voraussetzung heisst der Inbegriff der Zahlen φ, φ', φ'' u. s. w. ein vollständiges Restsystem für den Modulus μ. Es ist bewiesen, dass die Anzahl der darin begriffenen Zahlen der Norm von μ, d. i. der Zahl $\alpha\alpha + 66$ gleich ist, welche mit ν bezeichnet werden soll.

2.

Unter den Zahlen φ, φ', φ'' u. s. w ist Eine durch μ theilbare; wird dieselbe ausgeschlossen und der Inbegriff der übrigen mit χ bezeichnet, so bildet χ ein vollständiges System der durch den Modulus untheilbaren Reste, deren Anzahl $= \nu - 1$. Beschränken wir die Untersuchung auf ungerade Modulen, so ist $\nu - 1$ durch 4 theilbar. Es werden dann ferner f, if, $-f$, $-if$ unter sich incongruent sein, folglich diejenigen Zahlen in χ, welche resp. denen if, $-f$, $-if$ congruent sind, unter sich und von f verschieden. (Associirte und zusammengesetzte Zahlen.)

Hieraus ergibt sich eine Zerlegung von χ in vier Gruppen oder partielle Systeme $\varkappa$, $\varkappa'$, $\varkappa''$, $\varkappa'''$. Man setzt eine beliebige Zahl aus χ, z. B. φ in die Gruppe $\varkappa$, und die drei den Zahlen $i\varphi$, $-\varphi$, $-i\varphi$ congruenten Glieder von χ, der Reihe nach in die Gruppen $\varkappa'$, $\varkappa''$, $\varkappa'''$. Nachdem diese vier Zahlen aus χ gestrichen sind, setzt man eine beliebige der übrigen wieder in $\varkappa$, und die drei auf ähnliche Art davon abhängigen in $\varkappa'$, $\varkappa''$, $\varkappa'''$. So fährt man fort, bis das ganze System χ vertheilt ist. Die Gruppen $\varkappa$, $\varkappa'$, $\varkappa''$, $\varkappa'''$ sollen zusammengehörige Viertelsysteme heissen. Es ist klar dass sie folgende Eigenschaften haben:

1) Jedes Viertelsystem besteht aus $\frac{1}{4}(\nu-1)=\frac{1}{4}(\alpha\alpha+\mathfrak{b}\mathfrak{b}-1)$ Zahlen.

2) Das Charakteristische eines Viertelsystems ist, dass keine der darin befindlichen Zahlen weder selbst, noch ihr Product in i, -1, oder $-i$, einer andern aus demselben Viertelsystem congruent ist, jede durch μ nicht theilbare Zahl aber, entweder selbst oder ihr Product durch i, -1, oder $-i$ sich darin findet, oder einer daraus congruent ist.

3) So wie aus der Multiplication der Zahlen in $\varkappa$ mit i, -1 und $-i$, resp. die Zahlen in $\varkappa'$, $\varkappa''$, $\varkappa'''$ entstehen, oder ihnen congruente, so reproducirt die Multiplication der Zahlen in $\varkappa'$, mit jenen Factoren, resp. die Zahlen in $\varkappa''$, $\varkappa'''$, $\varkappa$; die Multiplication der Zahlen $\varkappa''$ reproducirt auf ähnliche Weise die Zahlen $\varkappa'''$, $\varkappa$, $\varkappa'$; endlich die Multiplication der Zahlen $\varkappa'''$ reproducirt $\varkappa$, $\varkappa'$, $\varkappa''$. Kürze halber kann diese gegenseitige Abhängigkeit der vier Viertelsysteme so ausgedrückt werden $\varkappa'\equiv i\varkappa$, $\varkappa''\equiv-\varkappa\equiv i\varkappa'$, $\varkappa'''\equiv i\varkappa''\equiv-\varkappa'\equiv-i\varkappa$.

3.

Wenn m eine complexe ganze Zahl bedeutet, die mit μ keinen gemeinschaftlichen Divisor hat, und die sämmtlichen Zahlen eines Viertelsystems $\varkappa$ mit m multiplicirt werden, so bilden die Producte, oder beliebige ihnen congruente Zahlen ihrerseits auch ein Viertelsystem; und ebenso entstehen durch Multiplication der Zahlen der Systeme $\varkappa'$, $\varkappa''$, $\varkappa'''$ noch drei Viertelsysteme, die mit jenem zusammengehören werden. Der Beweis ist leicht zu führen. Diese vier neuen Systeme mögen mit $m\varkappa$, $m\varkappa'$, $m\varkappa''$, $m\varkappa'''$ bezeichnet werden, gleichviel, ob die Producte selbst oder nur ihnen congruente Zahlen gewählt werden. Im letztern Fall kann dies so geschehen, dass man immer nur solche wählt, die sich in einem der Systeme $\varkappa$, $\varkappa'$, $\varkappa''$, $\varkappa'''$ befinden. Auf diese Art ist also das System χ, wenigstens allgemein zu reden, auf zwei verschiedene Arten in Viertelsysteme zerlegt. Nehmen wir an, dass $m\varkappa$ gemeinschaftlich hat

mit $\varkappa$ . . . . . λ Zahlen
$\varkappa'$ . . . . . λ' Zahlen
$\varkappa''$ . . . . . λ'' Zahlen
$\varkappa'''$ . . . . . λ''' Zahlen

so wird auch $\varkappa'$ mit $m\varkappa'$, $\varkappa''$ mit $m\varkappa''$, $\varkappa'''$ mit $m\varkappa'''$ gemein haben λ Glieder;

$\varkappa''$ mit $m\varkappa'$, $\varkappa'''$ mit $m\varkappa''$, $\varkappa$ mit $m\varkappa'''$, λ' Glieder u. s. w. Es sei ε der kleinste Rest von $\lambda'+2\lambda''+3\lambda'''$ nach dem Modulus 4, oder ε eine der vier Zahlen 0, 1, 2, 3, je nachdem $\lambda'+2\lambda''+3\lambda'''$ von der Form $4n$, $4n+1$, $4n+2$, $4n+3$ ist. Ich behaupte nun, dass ε von der Anordnung des Viertelsystems $\varkappa$ unabhängig ist.

Um die Beweisführung zu erleichtern, bediene ich mich folgender Bezeichnung. $\Pi\psi$ soll die Zahl 0, 1, 2, 3 bezeichnen, je nachdem die durch μ nicht theilbare Zahl ψ sich (selbst oder durch Congruenz Repräsentation) in der Gruppe $\varkappa$, $\varkappa'$, $\varkappa''$, $\varkappa'''$ befindet. Von selbst hat man daher die Folge

I. $\Pi(i\psi) \equiv 1+\Pi\psi \pmod{4}$

II. Die Zahl $i^{-\Pi\psi}.\psi$ findet sich, entweder selbst oder durch Congruenz Repräsentation in der Gruppe $\varkappa$.

III. $\Sigma\Pi m\varphi \equiv \varepsilon$, (mod. 4), wenn die Summation über alle in $\varkappa$ befindliche Glieder φ erstreckt wird.

Es sei nun k ein anderes Viertelsystem, bestehend aus f, f', f'' u. s. w., während $\varkappa$ aus $\varphi, \varphi', \varphi''$ u. s. w. besteht. Ich setze voraus, was erlaubt ist, da die *Ordnung* der Glieder in $\varkappa$ willkürlich, dass f mit φ identisch oder zusammenhängend ist, f' mit φ', f'' mit φ'' u. s. w. Die mit k zusammenhängenden Viertelsgruppen seien $k'(\equiv ik)$, $k''(\equiv -k)$, $k'''(\equiv -ik)$. Es habe ferner die Charakteristik P in Beziehung auf die Gruppen k, k', k'', k''' dieselbe Bedeutung wie Π in Beziehung auf $\varkappa, \varkappa', \varkappa'', \varkappa'''$, so dass $\mathrm{P}\psi = 0, 1, 2, 3$, je nachdem ψ zu k, k', k'', k''' gehört.

Es wird demnach, wenn man von der Vertheilung der χ in die Viertelsysteme k, k', k'', k''' anstatt von $\varkappa, \varkappa', \varkappa'', \varkappa'''$ ausgeht, an die Stelle von ε treten der kleinste Rest von $\mathrm{P}mf+\mathrm{P}mf'+\mathrm{P}mf''+\mathrm{P}mf'''$ u.s.w. u.s.w. oder von $\Sigma\mathrm{P}mf$ nach dem Modulus 4 und es handelt sich, zu beweisen, dass $\Sigma\mathrm{P}mf-\Sigma\Pi m\varphi$ durch 4 theilbar ist.

Wir schreiben diese Grösse so

$$\begin{aligned}&\mathrm{P}mf+\mathrm{P}mf'+\mathrm{P}mf''+\mathrm{P}mf'''+\text{ u. s. w.}\\ &-\mathrm{P}m\varphi-\mathrm{P}m\varphi'-\mathrm{P}m\varphi''-\mathrm{P}m\varphi'''-\\ &+\mathrm{P}m\varphi+\mathrm{P}m\varphi'+\mathrm{P}m\varphi''+\mathrm{P}m\varphi'''+\\ &-\Pi m\varphi-\Pi m\varphi'-\Pi m\varphi''-\Pi m\varphi'''-\end{aligned}$$

Da der Voraussetzung nach f und φ congruent sind oder zusammengehören, so gilt dasselbe auch von mf und $m\varphi$ und man hat

$$\left.\begin{array}{r} f \equiv i^{-P\varphi}\varphi \\ i^{-Pmf}mf \equiv i^{-Pm\varphi}m\varphi \end{array}\right\} \text{mod.}\, \mu$$

woraus leicht folgt $Pmf - Pm\varphi \equiv -P\varphi (\text{mod.}\, 4)$ und das Aggregat der beiden obersten Reihen $\equiv -\Sigma P\varphi$. Da nun ferner $Pm\varphi - \Pi m\varphi \equiv P(i^{-\Pi m\varphi} m\varphi)$ ist, $m\varphi . i^{-\Pi m\varphi}$ zu $\varkappa$ gehört und der Inbegriff *aller* $m\varphi . i^{-\Pi m\varphi}$ ohne Rücksicht auf die Ordnung mit allen φ übereinkommt, so wird das Aggregat *aller* $P(m\varphi . i^{-\Pi m\varphi})$ aequal sein dem Aggregat aller $P\varphi$; folglich das Aggregat der dritten und vierten Reihe $\equiv \Sigma P\varphi$ (mod. 4), also das Aggregat aller vier Reihen $\equiv 0$ (mod. 4) W. Z. B. W.

Da also ε, unabhängig von der Wahl der Viertelsysteme bloss von m und μ abhängt, so werden wir ε den Character der Zahl m in Beziehung auf den Modulus μ nennen und mit Ch. m (mod. μ) bezeichnen. Man sieht leicht, dass dies nur eine Generalisirung derjenigen Definition ist, die (Art. . . .) für den Fall, wo μ eine Primzahl ist, gegeben ist, oder sie unter sich begreift.

4.

Ich gehe jetzt zu *bestimmten* Anordnungen der Viertelsysteme über, und werde den mit m zu bezeichnenden Modulus $= ea + ebi$ setzen, so dass die positive ganze Zahl e den grössten reellen Divisor, oder den grössten Divisor, welchen die beiden Bestandtheile von m haben, bedeutet, oder a, b. Primzahlen unter sich. Das am einfachsten angeordnete Viertelsystem wird das sein, dessen Glieder $x + iy$ so beschaffen sind, dass $ax + by$ positiv und kleiner als $\frac{1}{2}e(aa + bb)$, $ay - bx$ nicht negativ, und gleichfalls kleiner als $\frac{1}{2}e(aa + bb)$ wird; die letztere Bedingung wird geflissentlich so ausgedrückt, dass auch die Fälle, wo $ay - bx = 0$ wird, darunter begriffen sind. Man sieht leicht, dass solcher Fälle zusammen $\frac{1}{2}(e-1)$ sein werden, nemlich

$$\begin{array}{ll} x = a, & y = b \\ x = 2a, & y = 2b \\ x = 3a, & y = 3b \\ \text{u. s. w. bis} & \\ x = \frac{1}{2}(e-1)a, & y = \frac{1}{2}(e-1)b \end{array}$$

also gar keine, wenn die Bestandtheile von m keinen gemeinschaftlichen Divisor

47 *

haben. Nennen wir dieses Viertelsystem k, und k', k'', k''' diejenigen, welche entstehen, indem man die zu k gehörigen Zahlen mit i, -1, $-i$ multiplicirt, oder man mag auch setzen

$$k' = m + ik, \quad k'' = (1+i)m - k, \quad k''' = im - ik$$

Auf diese Art erhält man folgende Regel, um zu beurtheilen, ob eine beliebige vorgegebene durch m nicht theilbare ganze Zahl $x+iy$ congruent sei einem Gliede von k, k', k'' oder k''', nemlich indem man kann $2(ax+by)$ in die Form $Pe(aa+bb)+Q$, $2(ay-bx)$ in die Form $Re(aa+bb)+S$ bringen, so dass P, Q, R, S ganze reelle Zahlen und zwar

	wenn $x+iy$ congruent ist einer Zahl aus			
so dass	k	k'	k''	k'''
P	gerade	ungerade	ungerade	gerade
R	gerade	gerade	ungerade	ungerade
Q	positiv	positiv	positiv	nicht negativ
$e(aa+bb)-Q$	positiv	nicht negativ	positiv	positiv
S	nicht negativ	positiv	positiv	positiv
$e(aa+bb)-S$	positiv	positiv	nicht negativ	positiv

Man erleichtert sich die Uebersicht, wenn man die Fälle, wo keine der Zahlen $ax+by$, $ay-bx$ durch $e(aa+bb)$ theilbar ist, von den übrigen unterscheidet.

I. Im ersten Falle hat man für P schlechthin die (algebraisch) kleinere der beiden ganzen Zahlen zu nehmen, zwischen welche (ausschliesslich) $\frac{2(ax+by)}{e(aa+bb)}$ fallen wird, und eben so für R die kleinere der beiden, zwischen welche $\frac{2(ay-bx)}{e(aa+bb)}$ fällt.

II. Ist $ax+by$ durch $e(aa+bb)$ theilbar, so wird $ay-bx$ zwar durch $aa+bb$, nicht aber durch $e(aa+bb)$ theilbar sein (weil sonst $x+iy$ durch $ea+ebi$ theilbar sein würde). Ist nun R, d.i. die Zahl, welche zunächst kleiner ist als $\frac{2(ay-bx)}{e(aa+bb)}$, gerade, so wird $x+iy$ einer Zahl aus k' congruent sein nach dem Mod. $ea+ebi$, einer aus k''' hingegen, wenn R ungerade ist.

III. Ist $ay-bx$ durch $e(aa+bb)$ theilbar, nicht aber $ax+by$, so wird $x+iy$ einer Zahl aus k, oder aus k'' congruent sein, je nachdem die ganze Zahl welche algebraisch zunächst kleiner ist als $\frac{2(ax+by)}{e(aa+bb)}$, gerade oder ungerade ist.

5.

Man leitet aus obigem ohne Mühe folgende Methode ab zur Bestimmung des Characters einer gegebenen ganzen Zahl $M = A + Bi$ in Beziehung auf den ungeraden sie nicht messenden Modulus $m = ea + ebi$.

Zur Abkürzung bedienen wir uns folgender Bezeichnung.. Wenn p irgend eine gebrochene reelle Zahl vorstellt, soll durch $[p]$ diejenige ganze Zahl bezeichnet werden, die zugleich $p - [p]$ und $1 + [p] - p$ positiv macht. Bei dieser Definition ist also die Anwendung der Bezeichnung auf ganze Zahlen ausgeschlossen. Fasste man die Definition so, dass weder $p - [p]$ noch $1 + [p] - p$ negativ sein soll, so würde das Zeichen $[p]$ für den Fall, wo p ganze Zahl ist, zweideutig sein. Man könnte auch, wie in einer früheren Abhandlung geschehen ist, die Bedingung so stellen, dass $1 + [p] - p$ positiv und $p - [p]$ nur nicht negativ sein soll. Für unsern Zweck ist es etwas bequemer, sich an die erste Begriffsbestimmung zu halten.

Das Viertelsystem k bilden hienach alle ganzen Zahlen f, wofür wenn man $\frac{2f}{m} = \xi + \eta i$ setzt, ξ zwischen 0 und 1 ausschliesslich, η zwischen 0 und 1, die 0 eingeschlossen, liegt, oder

$$[\xi] = 0, \quad [\eta] = 0$$
$$\text{oder} \quad [\xi] = 0, \quad \eta = 0$$

Setzt man nun für jedes f, $\frac{2fM}{m} = \xi + i\eta$ und nimmt

$\Psi f = 0$ wenn zugleich $[\xi]$ gerade und entweder $[\eta]$ gerade oder η ganz
1 $[\eta]$ gerade und entweder $[\xi]$ ungerade oder ξ ganz
2 $[\xi]$ ungerade und entweder $[\eta]$ ungerade oder η ganz
3 $[\eta]$ ungerade und entweder $[\xi]$ gerade oder ξ ganz

tabellarisch so

	$[\eta]$ gerade	$[\eta]$ ungerade	η ganz
$[\xi]$ gerade	0	3	0
$[\xi]$ ungerade	1	2	2
ξ ganz	1	3	—

was man durch $\bigtriangledown(\xi + i\eta)$ bezeichnen mag, so wird der gesuchte Character der Zahl M in Beziehung auf den Modulus m aequal dem kleinsten Reste von $\Sigma\Psi f$ nach dem Modulus 4.

6.

Die im vorhergehenden Art. gegebene Vorschrift ist allgemein: für den Fall, wo M ungerade ist, werden wir ihr aber eine andere Gestalt geben. Wir werden zugleich annehmen, dass die reellen Theile von m und M ungerade, also die imaginären gerade sind.

Wir lassen jeder zu dem Viertelsysteme k gehörenden Zahl f eine andere g correspondiren, die aus f auf folgende Art abgeleitet wird. Indem man $\frac{2f}{m} = \xi + i\eta$ setzt, unterscheidet man vier Fälle

I. Wenn $[2\xi] = 0$ und entweder $[2\eta] = 0$ oder $\eta = 0$

II. Wenn $[2\xi] = 1$ und entweder $[2\eta] = 0$ oder $\eta = 0$

III. Wenn $[2\xi] = 0$ und $[2\eta] = 1$

IV. Wenn $[2\xi] = 1$ und $[2\eta] = 1$

Im ersten Falle wird man $g = 2f$, im zweiten $g = im - 2if$, im dritten $g = m + 2if$, im vierten $g = (1+i)m - 2f$ setzen. Man sieht leicht, dass der Inbegriff aller g ein vollständiges Viertelsystem l bildet; ihre Characteristik ist, dass zugleich, wenn man $\frac{g}{m} = \xi + i\eta$ setzt

entweder $[\xi] = 0$, $[\eta] = 0$

oder $\eta = 0$, $[\xi] = 0$ und g durch $1+i$ theilbar

oder $\xi = 0$, $[\eta] = 0$ und g durch $1+i$ nicht theilbar

Daraus folgt, dass l sich von k nur dadurch unterscheidet, dass diejenigen Zahlen in k, für welche $\eta = 0$, und die durch $1+i$ untheilbar sind, nemlich

$$a+bi,\quad 3(a+bi),\quad 5(a+bi)\ldots\frac{e-3}{2}(a+bi) \text{ oder bis } \frac{e-1}{2}(a+bi)$$

je nachdem e von der Form $4n+1$ oder $4n+3$, in l fehlen und dagegen in letzterm Complex die Producte jener Zahlen in i auftreten. Zugleich sieht man, dass für $e = 1$, d. i. wenn m durch keine reelle ganze Zahl theilbar ist, k und l ganz gleich sind.

Es kommt nun darauf an, Ψf unmittelbar aus dem dem f entsprechenden g abzuleiten. Das Resultat ist, dass für obige 4 Fälle

I. $\Psi f = \nabla \frac{gM}{m}$

II. $\Psi f = \begin{cases} -\nabla \frac{gM}{m} & \text{wenn weder reeller noch imaginärer Th. von } \frac{gM}{m} \text{ ganz} \\ 1-\nabla \frac{gM}{m} & \text{wenn einer von beiden ganz} \end{cases}$

III. wie II. IV. wie I.

BEMERKUNGEN.

Die Bruchstücke, die hier im Druck mit I und II bezeichnet sind, gehören nach dem Orte zu urtheilen, den die betreffenden Handschriften in einem Notizbuche einnehmen, dem Jahre 1811 oder der zunächst folgenden Zeit an. Von den vorangehenden Versuchen, den Beweis des Fundamentaltheorems für biquadratische Reste nach den hier für den Rest $1+i$ angewandten Methoden durchzuführen, ist eine Aufzeichnung vorhanden, welche den speciellen Fall des Restes $1+2i$ erledigt und von derjenigen Bestimmung des biquadratischen Characters ausgeht, die man als Note dem Art. 6 des Bruchstücks III beigefügt hat. Im übrigen lassen sich die historischen Angaben, die Gauss in den Anzeigen seiner arithmetischen Abhandlungen veröffentlicht hat, mit Hülfe des Nachlasses dahin ergänzen, dass die in den Artt. 15 bis 20 der *Theoria residuorum biquadrat.* aufgenommenen Lehrsätze schon vor der Ausarbeitung der *Theoria motus corporum coel.* niedergeschrieben sind. Die in den Anzeigen erwähnten Untersuchungen über cubische Reste werden wohl nicht zur Ausarbeitung gelangt sein; aufgezeichnet finden sich davon die mit den Hülfsmitteln, welche die Abhandlung *Disquisitionum circa aequationes puras ulterior evolutio* bietet, durchgeführten Beweise der Reciprocitätssätze für zwei Primzahlen, von denen die eine reell ist.

Die Bruchstücke III bis VI bilden in der Handschrift besondere Hefte und für die drei ersten derselben weist die Form der Schriftzüge auf eine Zeit, die der für die Bruchstücke I und II nicht fern liegt, während für das letzte, Nr. VI, ein bedeutend späterer Zeitpunkt angenommen werden muss.

[I.] Art. 10. Die Bestimmung der Anzahl der Ganzepunkte in $(z, z', z'+\zeta, z+\zeta)$ ergibt sich aus dem Satze: bedeuten a und b relative Primzahlen, so geht die von $\xi+\eta i$ nach $\xi+\eta i+a+bi$ gezogene Gerade durch Einen Ganzepunkt, wenn der imaginäre Theil von $(\xi+\eta i).(-a+bi)$ eine ganze Zahl ist.

[I.] Art. 17. Die erste Umformung des letzten S in dem Ausdrucke für $\triangle S$ erhält man, wenn man das betreffende Flächenstück in solche drei Theile zerlegt, dass jenes S in

$$
\begin{aligned}
&S(\tfrac{1}{2}m+\tfrac{1}{2}-\tfrac{1}{2}i,\ \ (\tfrac{1}{2}+\tfrac{1}{2}i)m,\ \ (\tfrac{1}{2}+\tfrac{1}{2}i)m+i,\ \ \tfrac{1}{2}m+\tfrac{1}{2}+\tfrac{1}{2}i_{(+)})\\
-&S(\tfrac{1}{2}m,\ \ \tfrac{1}{2}m+\tfrac{1}{2}+\tfrac{1}{2}i_{(+)},\ \ \tfrac{1}{2}m+\tfrac{1}{2}-\tfrac{1}{2}i)\\
-&S((\tfrac{1}{2}+\tfrac{1}{2}i)m,\ \ \tfrac{1}{2}m,\ \ \tfrac{1}{2}m+\tfrac{1}{2}-\tfrac{1}{2}i)
\end{aligned}
$$

übergeht, und wenn man dann die Ganzepunkte in dem ersten Flächentheile mit Hülfe des Satzes in Art. 10 auszählt und ferner berücksichtigt, dass in dem zweiten Flächentheile sich kein Ganzepunkt befindet.

Die zweite Umformung erhält man, wenn man die den Eckpunkten des dritten Flächentheils entsprechenden Grössen mit i multiplicirt und um die ganze Zahl $(1-i)\frac{m-1}{2}$ vermehrt, endlich die dritte Umformung, wenn man mit der zuletzt entstandenen Figur nach Vorschrift des Art. 16 diejenige vergleicht, die gegen jene die Ortsverschiedenheit $\frac{-1}{1+i}$ hat.

[I.] Art. [18.] Eine Erläuterung zum ersten Schema findet man in dem später niedergeschriebenen hier mit [II.] bezeichneten Bruchstücke Art. 1 bis 6.

[I.] Art. [18.] (2.) Die geometrische Deutung ergibt mit Zuhülfenahme der beiden Systeme von Ganzepunkten

$$[-2iQ-\tfrac{1}{2},\ \tfrac{1}{2},\ iQ]=[-2iQ+\tfrac{1}{2},\ \tfrac{1}{2},\ iQ]=\mathrm{IV}^*\ \text{und}\ -[-2iQ+\tfrac{1}{2}i,\ -\tfrac{1}{2}i,\ iQ]=-[-2iQ-\tfrac{1}{2}i,\ -\tfrac{1}{2}i,\ iQ]=\mathrm{X}^*$$

die Gleichungen

$$
\begin{aligned}
\mathrm{IV}-\mathrm{IV}^* &+[-2iQ,\ \tfrac{1}{2}i,\ -\tfrac{1}{2}]=-\mathrm{X}+\mathrm{X}^*+[-iQ,\ \tfrac{1}{2}i,\ -\tfrac{1}{2}]\\
\mathrm{XIII}+\mathrm{IV}^* &=[-2iQ,\ 1,\ iQ]\ \ =-I(-2iQ)+I(-iQ)\\
\mathrm{V}+\mathrm{X}^* &=-[-2iQ,-i,iQ]=R(-2iQ)-R(-iQ)
\end{aligned}
$$

wenn allgemein Rx und Ix die grössten Ganzen des reellen Theils und des Coëfficienten des imaginären Theils von x bedeuten.

$[-2iQ,\ \tfrac{1}{2}i,\ -\tfrac{1}{2}]$ ist aber die Anzahl der Ganzepunkte in dem Quadrate, dessen Mittelpunkt sich in $-2iQ-\tfrac{1}{4}+\tfrac{1}{4}i$ befindet und zwischen dessen Eckpunkten die Ortsunterschiede $\tfrac{1}{2}$ und $\tfrac{1}{2}i$ Statt haben.

$[-iQ,\ \tfrac{1}{2}i,\ -\tfrac{1}{2}]$ oder $[-2iQ,\ -\tfrac{1}{2}i,\ \tfrac{1}{2}]$ ist die Anzahl der Ganzepunkte in einem gleichen Quadrate mit dem Mittelpunkte $-2iQ+\tfrac{1}{4}-\tfrac{1}{4}i$.

[I.] Art. [18.] (3.) Mit Zuhülfenahme der Ganzepunkte $[0,\ \tfrac{1}{2}i,\ -iQ]=-[-\tfrac{1}{2}i,\ -\tfrac{1}{2}i,\ -iQ]=\mathrm{I}^*$ erhält man

$$\begin{aligned}
\mathrm{VII}-\mathrm{XII} &= \mathrm{I}-\mathrm{I}^*+[-iQ,\ \tfrac{1}{2},\ \tfrac{1}{2}i]-[0,\ \tfrac{1}{2},\ \tfrac{1}{2}i] = \mathrm{I}-\mathrm{I}^*+[-2iQ,\ \tfrac{1}{2},\ \tfrac{1}{2}i]\\
\mathrm{II}-\mathrm{I}^* &= [0,\ -i,\ -iQ] = -R0+R(-iQ)\\
\mathrm{IX}-\mathrm{I} &= [0,\ -1,\ -iQ] = I0-I(-iQ)\\
\mathrm{VI}-\mathrm{XII} &= -[\tfrac{1}{2}i,\ -1,\ -iQ] = -I(\tfrac{1}{2}i)+I(-iQ+\tfrac{1}{2}i)\\
\mathrm{VIII}-\mathrm{XIV} &= -[\tfrac{1}{2},\ -1-i,\ \tfrac{1}{2}im_{(-)}] = \frac{a-1}{2}+\frac{b}{2}
\end{aligned}$$

[II.] Art. 10. Es ist

$$\Upsilon P' \equiv -\Upsilon(-iP'+\tfrac{1}{2}im),\quad \Upsilon P'' \equiv -1-\Upsilon(P''-\tfrac{1}{2}im),\quad \Upsilon P''' \equiv 1+\Upsilon(-iP''') \pmod{4}$$

und $-iP'+\frac{1}{2}im$, $P''-\frac{1}{2}im$ sind die um $\frac{1}{2}i$ vermehrten Ganzepunkte resp. in I, VI.

[III.] Art. 6. Die in der Note angegebenen Regeln für die Bestimmung des Dec. $\frac{M}{m}$ hat man der vorliegenden Abhandlung aus einem andern Orte der Handschriften beigefügt. Die erste dieser beiden Regeln, die wie leicht zu sehen mit der zweiten übereinstimmt, folgt aus der des Art. 6, weil

$$k \equiv f.i^{-n} \pmod{m},\quad n = \Theta\frac{2fM}{m},\quad p = mm',\quad \left[\frac{2km'}{p}\right]^2 \equiv \Theta\frac{2km'}{p} \pmod{2+2i}$$

ist.

[III.] Art. 8 enthält in der Handschrift ein Beispiel zu Art. 7, nemlich die Bestimmung des Decidenten von $-1+2i$ für den Modulus $-11+4i$.

[III.] Art. 10. In Bezug auf die Bemerkung 'anders auszudrücken' kann man Art. 3 des folgenden Bruchstücks [IV] vergleichen.

[IV.] Die Art. 1. 2. 4 enthalten in der Handschrift ausser dem hier Abgedruckten noch die Anwendung auf die beiden Beispiele für $m = 5+8i$, $M = 9+4i$ und für $m = 9+4i$, $M = 5+8i$.

[V.] Art. [7.] Es bezeichnet hier Dec. $\frac{m}{M}$ wie in Art. 1 des vorhergehenden Bruchstücks [IV] den Werth von

$$\Sigma(-1)^X \Sigma(-1)^Y \,\mathrm{Int.}\, p$$

worin die Summation über alle ganze Zahlen X und Y auszudehnen ist, für welche die zugehörigen ξ und η innerhalb der Grenzen 0 und $\frac{1}{2}$ liegen.

Die Formeln für den Decidenten in Art. 7 und 15 sind nach der Angabe des Textes auf zwei be-

sondern Wegen gefunden, um aber diese Erläuterungen nicht zu sehr auszudehnen, werden sie hier aus einer gemeinsamen Quelle abgeleitet.

Indem X irgend einen bestimmten ganzzahligen Werth annimmt, sei Y^* das kleinere, Y^{**} das grössere der beiden Y, welche den Grenzwerthen von ξ, η entsprechen. Die zu Y^* und Y^{**} zugehörigen Werthe von p seien p^* und p^{**}, die ebenso wie Y^* und Y^{**} einander nicht gleich werden können, weil die Summe Σ sich nicht über die Grenzwerthe von ξ und η erstreckt.

Führt man auf dieselbe Weise wie in den beiden vorhergehenden Aufsätzen [III] und [IV] die Summation über alle bei demselben X Statt habenden Werthe von Y aus, setzt dabei für die Anzahl der zwischen Y' und Y'' liegenden ungeraden Zahlen $[\frac{1}{2}Y''-\frac{1}{2}]-[\frac{1}{2}Y'-\frac{1}{2}]$ und fügt die Intensoren, die sich auf die Grenzen $\xi = 0$ und $= \frac{1}{2}$ beziehen, zwei Mal aber mit entgegengesetzten Zeichen hinzu, so erhält man für $\Sigma(-1)^Y \text{Int.}\, p$ den aus sieben Theilen bestehenden Ausdruck

$$-\Sigma[-\text{Int.}(p-\mu\omega i)+\text{Int.}(p+\mu\omega i)] \text{ worin alle } p \text{ aufzunehmen, für welche } [Y] \text{ gerade,}$$
$$x \text{ oder } y \text{ ganz, incl. } \xi = 0 \text{ und } \tfrac{1}{2}, \text{ excl. } \eta = 0 \text{ und } \tfrac{1}{2}$$

$$\left.\begin{array}{l} -\text{Int.}(p^* - \mu\omega i) \text{ wenn } [Y^*] \text{ gerade} \\ +\text{Int.}(p^{**}+\mu\omega i) \text{ wenn } [Y^{**}] \text{ gerade} \end{array}\right\} \xi = 0 \text{ oder } \tfrac{1}{2}, \quad 0<\eta<\tfrac{1}{2}$$

$$\left.\begin{array}{l} -\text{Int.}(p^* + \mu\omega i) \text{ wenn } [Y^*] \text{ gerade} \\ +\text{Int.}(p^{**}-\mu\omega i) \text{ wenn } [Y^{**}] \text{ gerade} \end{array}\right\} 0<\xi<\tfrac{1}{2}, \quad \eta = 0 \text{ oder } \tfrac{1}{2}$$

$$\left.\begin{array}{l} -\text{Int.}(p^* + \mu\omega i) \text{ wenn } [Y^*] \text{ gerade} \\ +\text{Int.}(p^{**}-\mu\omega i) \text{ wenn } [Y^{**}-\omega] \text{ gerade} \end{array}\right\} \xi = 0 \text{ oder } \tfrac{1}{2}, \quad \eta = 0 \text{ oder } \tfrac{1}{2}$$

welcher mit $(-1)^X$ multiplicirt und über alle ganzzahligen X summirt den Decidenten $\frac{m}{M}$ ergibt.

Aus dem ersten Theil des Ausdrucks entsteht auf diese Weise von den nach Art. 2 Vorschrift I gebildeten ε

$$\Sigma\varepsilon \text{ wo } X \text{ ganz, } [Y] \text{ gerade}$$
$$-4\Sigma\varepsilon \text{ wo ausserdem } y \text{ ganz, } [x] \text{ gerade}$$

Für die folgenden Theile kann

$$\left.\begin{array}{l} -(B)\,\text{Int.}(p-B\mu\omega i) \text{ wenn } \xi = 0 \\ +(B)\,\text{Int.}(p+B\mu\omega i) \text{ wenn } \xi = \tfrac{1}{2} \end{array}\right\} X \text{ ganz, } [Y] \text{ gerade, } 0<\eta<\tfrac{1}{2}$$

$$\left.\begin{array}{l} -(A)\,\text{Int.}(p+A\mu\omega i) \text{ wenn } \eta = 0 \\ +(A)\,\text{Int.}(p-A\mu\omega i) \text{ wenn } \eta = \tfrac{1}{2} \end{array}\right\} X \text{ ganz, } [Y] \text{ gerade, } 0<\xi<\tfrac{1}{2}$$

$$-\tfrac{1}{2}[(A')+(B')]\ \text{Int.}(p+A'\mu\omega i) \text{ wenn } X \text{ ganz, } [Y+A'\omega] \text{ gerade, } \xi \text{ und } \eta = 0 \text{ oder } \tfrac{1}{2}$$

gesetzt werden, worin $A' = +A$ oder $-A$ ist, wenn $\eta = 0$ oder $\frac{1}{2}$, $B' = +B$ oder $-B$, wenn $\xi = 0$ oder $\frac{1}{2}$, und worin z. B. (A): $+1$ oder -1 bezeichnet, jenachdem A positiv oder negativ ist.

Multiplicirt man mit $(-1)^X$, führt die Summation über X aus, lässt dabei in diesen Ausdrücken u. zwar im

ersten $p-B\mu\omega i,\ P-BD\omega i,\ \pi-AB\omega i-BB\omega,\ X,\ [Y]$ bez. in $ip,\ iP,\ i\pi,\ -Y,\ [X]$
zweiten $p+B\mu\omega i,\ P+BD\omega i,\ \pi+AB\omega i+BB\omega,\ X.\ [Y]\ \ldots\ p,\ P,\ \pi,\ X,\ [Y]$
dritten $p+A\mu\omega i,\ P+AD\omega i,\ \pi+AA\omega i+AB\omega,\ X,\ [Y]\ \ldots\ p,\ P,\ \pi,\ X,\ [Y]$
vierten $p-A\mu\omega i,\ P-AD\omega i,\ \pi-AA\omega i-AB\omega,\ X,\ [Y]\,..\,im-ip,\ iM-iP,\ i-i\pi,\ Y-B,\ A-1-[X]$

übergehen und bezeichnet das aus dem fünften Ausdruck sich ergebende Resultat mit Q_1, so entsteht

$$-\Sigma(-1)^Y(B)\ \text{Int.}\,ip,\ \text{wo } Y \text{ ganz, } [X] \text{ gerade, } \eta=\omega,\ 0<\xi<\tfrac{1}{2}$$
$$+\Sigma(-1)^X(B)\ \text{Int.}\,p,\ \text{wo } X \text{ ganz, } [Y] \text{ gerade, } \xi=\tfrac{1}{2}+\omega,\ 0<\eta<\tfrac{1}{2}$$
$$-\Sigma(-1)^X(A)\ \text{Int.}\,p,\ \text{wo } X \text{ ganz, } [Y] \text{ gerade, } \eta=\omega,\ 0<\xi<\tfrac{1}{2}$$
$$+\Sigma(-1)^Y(A)\ \text{Int.}\,(im-ip),\ \text{wo } Y \text{ ganz, } [X] \text{ gerade, } \xi=\tfrac{1}{2}+\omega,\ 0<\eta<\tfrac{1}{2}$$
$$+Q_1$$

Die Untersuchung der einzelnen Fälle lässt erkennen, dass unter der Voraussetzung $M \equiv 1 \pmod{2+2i}$

$$Q_1 = -\text{Int.}\,\mu\omega i \text{ ist, wenn } M \text{ im 1. Quadranten liegt}$$
$$-\text{Int.}\,(\tfrac{1}{2}mi+\mu\omega i),\ \text{wenn } M \text{ im 2. Quadr. und } \frac{M-1}{2} \text{ gerade}$$
$$+\text{Int.}\,(\tfrac{1}{2}mi-\mu\omega i),\ \text{wenn } M \text{ im 4. Quadr. und } \frac{M-1}{2} \text{ gerade}$$

indem man eine complexe Zahl gerade oder ungerade nennt, je nachdem sie durch 2 theilbar ist oder nicht.

Hiernach wird also bei Anwendung der in den Vorschriften II und IV bestimmten ε

$$\begin{array}{lll} \text{Dec.}\,\frac{m}{M} = \text{I,} & \Sigma\varepsilon, & \text{wo } X \text{ ganz, } [Y] \text{ gerade} \\ & -4\Sigma\varepsilon, & \text{wo noch } y \text{ ganz, } [x] \text{ gerade} \\ \text{II,} & -\Sigma\varepsilon\,\text{Int.}\,ip, & \text{wo } Y \text{ ganz, } [X] \text{ gerade} \\ \text{IV,} & +\Sigma\varepsilon\,\text{Int.}\,p, & \text{wo } X \text{ ganz, } [Y] \text{ gerade} \\ \text{II,} & +\Sigma\varepsilon\,\text{Int.}\,p, & \text{wo } X \text{ ganz, } [Y] \text{ gerade} \\ \text{IV,} & +\Sigma\varepsilon\,\text{Int.}\,(im-ip), & \text{wo } Y \text{ ganz, } [X] \text{ gerade} \\ & +Q_1 & \end{array}$$

In einer andern Form erhält man den Ausdruck für den Decidenten, wenn man zuerst nach X summirt und dabei die Anzahl der zwischen X' und X'' liegenden ungeraden Zahlen durch $[\tfrac{1}{2}X''+\tfrac{1}{2}]-[\tfrac{1}{2}X'+\tfrac{1}{2}]$ darstellt, nemlich

$$\begin{array}{lll} \text{Dec.}\,\frac{m}{M} = \text{I,} & \Sigma\varepsilon, & \text{wo } Y \text{ ganz, } [X] \text{ ungerade} \\ & -4\Sigma\varepsilon, & \text{wo noch } y \text{ ganz, } [x] \text{ gerade} \\ \text{II,} & -\Sigma\varepsilon\,\text{Int.}\,ip, & \text{wo } X \text{ ganz, } [Y] \text{ gerade} \\ \text{IV,} & +\Sigma\varepsilon\,\text{Int.}\,p, & \text{wo } Y \text{ ganz, } [X] \text{ ungerade} \\ \text{II,} & +\Sigma\varepsilon\,\text{Int.}\,p, & \text{wo } Y \text{ ganz, } [X] \text{ ungerade} \\ \text{IV,} & +\Sigma\varepsilon\,\text{Int.}\,(im-ip), & \text{wo } X \text{ ganz, } [Y] \text{ ungerade} \\ & +Q_2 & \end{array}$$

$$Q_2 = -\text{Int.}\,(-\mu\omega),\ \text{wenn } M \text{ im 2. Quadr.}$$
$$+\text{Int.}\,(\tfrac{1}{2}m-\mu\omega),\ \text{wenn } M \text{ im 1. Quadr. und } \frac{M-1}{2} \text{ ungerade}$$
$$-\text{Int.}\,(\tfrac{1}{2}m+\mu\omega),\ \text{wenn } M \text{ im 3. Quadr. und } \frac{M-1}{2} \text{ ungerade}$$

Führt man die Summation nach Y zuerst aus, wählt aber die zweite so eben angewandte Art der Bestimmung der Anzahl der zwischen zwei Werthen liegenden ungeraden Zahlen, so wird

$$\begin{array}{lll} \text{Dec.}\,\frac{m}{M} = \text{I}, & \Sigma\varepsilon, & \text{wo } X \text{ ganz, } [Y] \text{ ungerade} \\ & -4\Sigma\varepsilon, & \text{wo noch } y \text{ ganz, } [x] \text{ gerade} \\ \text{II}, & -\Sigma\varepsilon\,\text{Int.}\,ip, & \text{wo } Y \text{ ganz, } [X] \text{ ungerade} \\ \text{IV}, & +\Sigma\varepsilon\,\text{Int.}\,p, & \text{wo } X \text{ ganz, } [Y] \text{ ungerade} \\ \text{II}, & +\Sigma\varepsilon\,\text{Int.}\,p, & \text{wo } X \text{ ganz, } [Y] \text{ ungerade} \\ \text{IV}, & +\Sigma\varepsilon\,\text{Int.}\,(im-ip), & \text{wo } Y \text{ ganz, } [X] \text{ ungerade} \\ & +Q_3 & \end{array}$$

$$\begin{array}{ll} Q_3 = -\text{Int.}\,(-\mu\omega i), & \text{wenn } M \text{ im 3. Quadr.} \\ -\text{Int.}\,(\tfrac{1}{2}mi+\mu\omega i), & \text{wenn } M \text{ im 2. Quadr. und } \frac{M-1}{2} \text{ ungerade} \\ +\text{Int.}\,(\tfrac{1}{2}mi-\mu\omega i), & \text{wenn } M \text{ im 4. Quadr. und } \frac{M-1}{2} \text{ ungerade} \end{array}$$

Summirt man zuerst noch X und gebraucht dabei die erste Art der Darstellung der Anzahl der zwischen zwei Werthen liegenden ungeraden Zahlen, so erhält man die in [V.] Art. 15 angegebene Form für den Decidenten, wo die Grösse q auch durch folgende Gleichung definirt werden kann

$$\begin{array}{ll} q = -\text{Int.}\,\mu\omega, & \text{wenn } M \text{ im 4. Quadr.} \\ +\text{Int.}\,(\tfrac{1}{2}m-\mu\omega), & \text{wenn } M \text{ im 1. Quadr. und } \frac{M-1}{2} \text{ gerade} \\ -\text{Int.}\,(\tfrac{1}{2}m+\mu\omega), & \text{wenn } M \text{ im 3. Quadr. und } \frac{M-1}{2} \text{ gerade} \end{array}$$

Die Vereinigung dieser vier Ausdrücke für den Decidenten bildet das in [V.] Art. 7 aufgestellte Resultat, weil $\text{Int.}\,ip - \text{Int.}\,p$ gleich 3 wird für $[x]$ gerade $[y]$ ungerade, sonst aber gleich 1, ferner $\text{Int.}\,(im-ip)+\text{Int.}\,p$ gleich 0 für $[x]$ gerade $[y]$ gerade, in den übrigen Fällen aber gleich 4.

[V.] Art. [7.] Die erste Tafel für das Beispiel gibt in der ersten Spalte die zu jedem ganzzahligen P zugehörigen Werthe von $\frac{37.P}{M}$ oder $37(\xi+\eta i)$, wenn $0<\xi<\frac{1}{2}$, $0<\eta<\frac{1}{2}$ ist, in der zweiten $\frac{37.Pm}{M}$ oder $37.p$, in der dritten die in p enthaltene grösste ganze Zahl, in der vierten $\pm\,\text{Int.}\,p$, wo das obere Zeichen gilt, wenn P durch $1+i$ theilbar, das untere, wenn P nicht durch $1+i$ theilbar ist.

[V.] Art. [9.]. [12.] Die verbesserte Bezeichnungsweise der θ ist nur bei der zweiten und dritten Classe Artt. 9. 10 angedeutet, aber auch auf die erste und vierte Artt. 8. 11 auszudehnen. Hiernach wird ein $\theta^\lambda = T+Ui$ denjenigen Index λ, $=0$, 1, 2 oder 3 haben, für welchen die durch die Gleichungen

$$i^{\lambda} M = \mathfrak{A} + \mathfrak{B} i, \quad i^{-\lambda}\mu = \rho + \sigma i$$
$$\sigma\varphi^0 = -\text{Coëff. Img}\, \theta^{\lambda}(a - bi) = +bT' - aU$$
$$\sigma\Phi^0 = +\text{Coëff. Img}\, \theta^{\lambda}(\mathfrak{A} - \mathfrak{B} i) = -\mathfrak{B} T' + \mathfrak{A} U$$

bestimmten Grössen φ^0 und Φ^0 zwischen 0 und $\frac{1}{2}$ liegen.

Um nach den Andeutungen in Art. 9 (3) zu beweisen, dass, wenn T, U zwei ganze reelle Zahlen sind, welche die so eben aufgestellten Bedingungen erfüllen, $T + Ui$ sich auch in dem bei einer der vier Combinationen Artt. 8..11 bestimmten Complexus θ^{λ} befindet, bezeichne man mit φ', Φ' diejenigen ganzen complexen Zahlen, für welche die Gleichung

$$T + Ui = \varphi' i^{\lambda} M + \Phi' m$$

Statt hat und für welche eine der vier Grössen $\pm \frac{\varphi' - \varphi^0}{m}$, $\pm i \frac{\varphi' - \varphi^0}{m}$ so beschaffen, dass der reelle Theil und der Coëfficient des imaginären Theils zwischen 0 und $\frac{1}{2}$ liegen (*Theoria residuorum biquadr. artt.* 45, 46). Die betreffende Grösse ist dann, wie man aus der Untersuchung der in den vier Combinationen enthaltenen sechzehn einzelnen Fälle leicht ersieht, $\frac{p}{m}$ und die ihr entsprechende Grösse unter $\pm \frac{\Phi' - \Phi^0}{m}$, $\pm i \frac{\Phi' - \Phi^0}{M}$ ist $\frac{P}{M}$, weil $\frac{\Phi' - \Phi^0}{M} = -\frac{\varphi' - \varphi^0}{m} i^{\lambda} \frac{m}{M}$ wird.

Aus dieser Art der Darstellung der Grössen $\frac{p}{m}$ oder $\frac{P}{M}$ folgt auch, dass I, $\Sigma\varepsilon$ von allen aus $\theta + \theta' + \theta'' + \theta'''$ besteht, worin θ^{λ} die Summe derjenigen ε bedeutet, die für jeden Ganzepunkt θ innerhalb des Parallelogramms 0, $\frac{1}{2}m$, $\frac{1}{2}m + \frac{1}{2}i^{\lambda}M$, $\frac{1}{2}i^{\lambda}M$,

$= +1$ zu setzen sind, wenn θ durch $1+i$ theilbar und Coëff. Imag. $\mu i^{-\lambda}$ positiv oder wenn keine Bedingung gilt, dagegen

$= -1$ wenn nur eine gilt.

[V.] Art. 13. Die Bestimmung von θ^{λ} kann entweder durch die oben für Dec. $\frac{m}{M}$ angewandten vier verschiedenen Summationsarten oder, was im Wesentlichen dasselbe ist, nach den in [II.] Art. 11 angedeuteten Methoden ausgeführt werden, bei welchen dann die vier Constructionen zu Grunde zu legen sind, die durch Verbindung der Punkte, deren θ ein Vielfaches von $1+i$ ist, resp. mit den Punkten $\theta + 1$, $\theta + i$, $\theta - 1$ und $\theta - i$ entstehen.

Lässt man in der Begrenzung des zuvor erwähnten Parallelogramms allen den Punkten ein θ entsprechen, für welche der reelle oder imaginäre Theil von θ eine ganze Zahl wird, bezeichnet mit θ^0 die nächste durch $1+i$ theilbare Ganze bei θ, mit l die Ortsverschiebung von einem Punkte des geraden Begrenzungsstückes, das den Punkt θ enthält, bis zu irgend einem nachfolgenden Punkte derselben Geraden, also z. B. bei jenem Parallelogramm der Reihe nach die Grössen m, Mi^{λ}, $-m$, $-Mi^{\lambda}$, und setzt

$$\varepsilon = \pm 1 \text{ mit dem Zeichen des imaginären Theils von } \frac{l}{\theta - \theta^0}$$

so ergibt die Vereinigung der auf die eine oder andere Weise erhaltenen vier Resultate $4\theta^{\lambda} = -\Sigma\varepsilon$.

Die gesonderte Bestimmung der den Eckpunkten entsprechenden θ und ε wird umgangen, wenn man dies Parallelogramm durch ein anderes ersetzt, dessen Begrenzungen den Begrenzungen des erstern

unendlich nahe sind, und welches die beiden Punkte 0 und $\frac{1}{2}m+\frac{1}{2}i^\lambda M$ nicht einschliesst. Die Begrenzung eines solchen Parallelogramms erhält man, wenn man sie an die positiven Seiten der Linien

$$0\ldots\tfrac{1}{2}m,\quad \tfrac{1}{2}m+\tfrac{1}{2}i^\lambda M\ldots\tfrac{1}{2}m,\quad \tfrac{1}{2}m+\tfrac{1}{2}i^\lambda M\ldots\tfrac{1}{2}i^\lambda M,\quad 0\ldots\tfrac{1}{2}i^\lambda M$$

legt. Lässt man den vier so entstandenen Geraden der Reihe nach die unendlich kleinen positiven Grössen ω_1, ω_2, ω_3, ω_4 entsprechen, so kann man für die auf ihnen liegenden Punkte θ

$$\theta=p=m(\xi+\omega_1 i),\ -\theta i^\lambda+\tfrac{1}{2}mi^\lambda+\tfrac{1}{2}M=P=M(\xi+\omega_2 i),\quad -\theta+\tfrac{1}{2}m+\tfrac{1}{2}Mi^\lambda=p=m(\xi+\omega_3 i),$$
$$\theta i^{-\lambda}=P=M(\xi+\omega_4 i)\ \text{ wenn } \lambda \text{ gerade}$$
$$\theta=p=m(\xi+\omega_1 i),\ \theta i^{1-\lambda}-\tfrac{1}{2}mi^{1-\lambda}+\tfrac{1}{2}M=P=M(\tfrac{1}{2}+\omega_2+\eta i),\ \theta i+\tfrac{1}{2}m-\tfrac{1}{2}Mi^{1+\lambda}=p=m(\tfrac{1}{2}+\omega_3+\eta i),$$
$$\theta i^{-\lambda}=P=M(\xi+\omega_4 i)\ \text{ wenn } \lambda \text{ ungerade}$$

setzen, worin ξ und η auch theilweise zur Schliessung der Figur das Gebiet der reellen Werthe von 0 bis $\frac{1}{2}$ um unendlich kleine Grössen überschreiten.

Bezeichnen G, g, H, h die Summen der resp. nach den Vorschriften II, III, IV, V (in Artt. 3 bis 6) gebildeten ε, und umfassen G' oder $G_,$ und g' oder $g_,$ diejenigen ε, welche für die beim zweiten Parallelogramm etwa auftretenden unendlich kleinen Werthe von ξ Statt haben, im Uebrigen aber resp. nach den Vorschriften II und III gebildet sind, beziehen sich ferner G'' oder $G_{,,}$ und g'' oder $g_{,,}$ ebenso auf dieselben Vorschriften aber auf die unendlich kleinen Werthe von $\frac{1}{2}-\xi$, und endlich H', $h_,$, H'', $h_{,,}$ resp. auf die Vorschriften IV, V, IV, V und die unendlich kleinen Werthe resp. von $\frac{1}{2}-\eta$, $\frac{1}{2}-\eta$, η, η, so wird

$$4\theta^\lambda=-(g+g'+g'')\ -i^\lambda(G+G'+G'')\ +i^\lambda(g+g_,+g_{,,})\ +(G+G_,+G_{,,})\qquad \text{wenn } \lambda \text{ gerade}$$
$$4\theta^\lambda=-(g+g'+g'')\ -i^{1-\lambda}(H+H'+H'')\ -i^{\lambda-1}(h+h_,+h_{,,})\ +(G+G_,+G_{,,})\quad \text{wenn } \lambda \text{ ungerade}$$

Für denjenigen Eckpunkt θ des Parallelogramms, welcher dem Punkte 0 zunächst liegt, bezeichne ξ_1 den zugehörigen Werth von dem ξ der ersten Seite, ξ_4 den zugehörigen Werth von dem ξ der vierten Seite, so dass

$$\theta=m(\xi_1+\omega_1 i)=i^\lambda M(\xi_4+\omega_4 i)$$

wird, dann ergibt sich dasjenige ξ, welchem auf der ersten Seite oder deren Verlängerung ein Punkt p mit dem reellen Theile gleich 0 entspricht, aus der Gleichung

$$(\text{Real.}\, p=0),\quad \xi-\xi_1=\sigma a\mathfrak{A}\omega_1-\sigma\omega_4$$

worin die positiven Factoren der unendlich kleinen positiven Grössen durch die Einheit ersetzt sind und σ, $\mathfrak{A}$ die durch

$$\rho+\sigma i=i^{-\lambda}(a+b i),\quad \mathfrak{A}+\mathfrak{B}i=i^\lambda(A+Bi)$$

bestimmten reellen Grössen bedeuten. Dieser Punkt p liegt auf der ersten Seite selbst, wenn $\xi-\xi_1$ positiv, also, indem man ω_1 unendlich klein gegen ω_4 annimmt, wenn σ negativ ist. Der dem Punkte p zunächst liegende Punkt p^0, dessen darstellende Zahl durch $1+i$ getheilt wird, ist der Punkt 0, also hat

Imag. $\frac{m}{p-p^0}$ oder Imag. $\frac{1}{\xi+\omega_1 i}$ das Minuszeichen. Man erhält daher für Real. $p = 0$:

$$\varepsilon = -1 \text{ wenn } (\sigma) = -1,\quad \varepsilon = 0 \text{ wenn } (\sigma) = +1,\quad \text{d. i. } \varepsilon = -\tfrac{1}{2}+\tfrac{1}{2}(\sigma)$$

und auf dieselbe Weise für Imag. $p = 0$

$$\xi-\xi_1 = \sigma b\mathfrak{B}\omega_1 - \sigma\omega_4,\quad \text{Imag.}\frac{m}{p-p^0} = \text{Imag.}\frac{1}{\xi+\omega_1 i},\quad \varepsilon = -\tfrac{1}{2}+\tfrac{1}{2}(\sigma) \text{ also } g' = -1+(\sigma)$$

In Bezug auf die vierte Seite wird $P^0 = 0$, Imag. $\frac{M}{P-P^0}$ = Imag. $\frac{1}{\xi+\omega_4 i}$.

$$\text{also für Real.}(i^\lambda P) = 0;\quad \xi-\xi_4 = -\sigma a\mathfrak{A}\omega_4+\sigma\omega_1,\quad \varepsilon = -\tfrac{1}{2}+\tfrac{1}{2}(\sigma a\mathfrak{A})$$

$$\text{und für Imag.}(i^\lambda P) = 0;\quad \xi-\xi_4 = -\sigma b\mathfrak{B}\omega_4+\sigma\omega_1,\quad \varepsilon = -\tfrac{1}{2}+\tfrac{1}{2}(\sigma b\mathfrak{B})$$

demnach $G_{,} = -1+\frac{1}{2}(\sigma a\mathfrak{A})+\frac{1}{2}(\sigma b\mathfrak{B})$ oder, weil $\rho = a\mathfrak{A}+b\mathfrak{B}$ ist, $G_{,} = -1+\frac{1}{2}(\rho\sigma)+\frac{1}{2}(\rho\sigma ab\mathfrak{A}\mathfrak{B})$

Der Theil R_1^λ von $4\Theta^\lambda$, der aus dem unendlich nahe bei dem Punkte 0 liegenden Stücke der Begrenzung entsteht, ist also

$$R_1^\lambda = +G_{,}-g' = -(\sigma)+\tfrac{1}{2}(\rho\sigma)+\tfrac{1}{2}(\rho\sigma ab\mathfrak{A}\mathfrak{B})$$

Durch ähnliche Betrachtungen findet man für die Theile R_2^λ, R_3^λ, R_4^λ, welche ebensolche Beziehungen resp. zu den Punkten $\frac{1}{2}m$, $\frac{1}{2}m+\frac{1}{2}Mi^\lambda$, $\frac{1}{2}Mi^\lambda$ haben, wie R_1^λ zum Punkte 0, bei geradem λ

$$R_2^\lambda = -g''-i^\lambda G'' = -\tfrac{1}{2}(b)-\tfrac{1}{2}(\mathfrak{B}),\quad R_3^\lambda = -i^\lambda G'+i^\lambda g_1 = i^\lambda(\sigma)-\tfrac{1}{2}i^\lambda(\rho\sigma)-\tfrac{1}{2}i^\lambda(\rho\sigma ab\mathfrak{A}\mathfrak{B}),$$
$$R_4^\lambda = +i^\lambda g_{,,}+G_{,,} = \tfrac{1}{2}i^\lambda(b)+\tfrac{1}{2}i^\lambda(\mathfrak{B})$$

bei ungeradem λ

$$R_2^\lambda = -g''-i^{1-\lambda}H'' = -\tfrac{1}{2}(b)-\tfrac{1}{2}(\mathfrak{B}),\quad R_3^\lambda = -i^{1-\lambda}H'-i^{\lambda-1}h_{,} = 0,$$
$$R_4^\lambda = -i^{\lambda-1}h_{,,}+G_{,,} = \tfrac{1}{2}i^{\lambda+1}(a)+\tfrac{1}{2}i^{\lambda+1}(\mathfrak{A})$$

[V.] Art. [14.] Die Auswerthung der Summen von den nach Vorschrift III gebildeten ε ergibt sich aus der durch die Definition der ε leicht zu verificirenden Gleichung

$$\text{III, } \Sigma\varepsilon \text{ von allen } -4\Sigma\varepsilon \text{ von denen, wo } y \text{ ganz, } [x] \text{ gerade} = \text{III, } \Sigma[-\text{Int.}(p-m\omega)+\text{Int.}(p+m\omega)]$$

worin p alle Werthe annimmt, die den unter Vorschrift III angegebenen Bedingungen genügen. Diese Intensoren lassen sich nemlich mit Ausnahme der beiden dem kleinsten (ξ^*) und dem grössten zulässigen Werthe (ξ^{**}) von ξ entsprechenden Intensoren, welche resp. gleich

$$-\text{Int.}(p^*-m\omega) \text{ und } +\text{Int.}(p^{**}+m\omega) \text{ oder } -\text{Int.}(\omega m) \text{ und } +\text{Int.}(\tfrac{1}{2}-\omega)m$$

sind, immer zu je zweien $+\text{Int.}(p'+m\omega)$ und $-\text{Int.}(p''-m\omega)$ so zusammen ordnen, dass zwischen ξ' und ξ'', welche den Grössen p' und p'' entsprechen, kein Werth von ξ liegt, der den reellen oder imaginären Theil von p zu einer ganzen Zahl macht, so dass also die zwei Intensoren sich stets gegenseitig annulliren.

[V.] Art. [15.] Es ist

II. $+\Sigma\varepsilon\,\text{Int.}\,ip$ wo Y ganz $[X]$ gerade, $-\Sigma\varepsilon\,\text{Int.}\,ip$ wo X ganz $[Y]$ ungerade

$= \Sigma[-\text{Int.}\,i(p-m\omega)+\text{Int.}\,i(p+m\omega)]$ für diejenigen p, für welche x oder y ganz, $[X]$ gerade Y ungerade, $0<\xi<\frac{1}{2}$, $\eta=\omega$

$+\text{Int.}\,i(p^{*}-m\omega)$ wenn $[X^{*}]$ gerade $[Y^{*}]$ ungerade

$-\text{Int.}\,i(p^{**}+m\omega)$ wenn $[X^{**}]$ gerade $[Y^{**}]$ ungerade

wie man sich leicht überzeugt, wenn man auf der zweiten Seite der Gleichung die Summation nach dem in der vorhergehenden Note angewandten Verfahren über jedes so kleine Intervall von $\xi_{,}$ bis $\xi_{,,}$ ausführt, dass es zwischen $\xi_{,}$ und $\xi_{,,}$ kein ξ gibt, welches in dem zugehörigen P den reellen oder imaginären Theil zu einer ganzen Zahl macht. Die Anwendung der nach Vorschrift III gebildeten ε lässt die zweite Seite dieser Gleichung die in Art. 15. aufgestellte Form annehmen.

[V.] Art. [15.] Die Verwandlung der Summen von den nach Vorschrift IV gebildeten $\lambda'\varepsilon$ in die Summen der ε aus V ergibt sich durch eben solche Betrachtungen wie die in der letzten Note angewandten, wenn noch die Gleichung

V, $\Sigma\varepsilon$ von allen, $-4\Sigma\varepsilon$ wo x ganz $[y]$ gerade, $= +\text{Int.}(\frac{1}{2}im+m\omega)-\text{Int.}(\frac{1}{2}im+\frac{1}{2}-\omega m)$

zu Hülfe gezogen wird, die der zuvor ermittelten Auswerthung der Summe von den ε in Vorschrift III entspricht.

[V.] Art. [17.] Bestimmt man die Hülfsgrössen U, T, L, V durch die Gleichungen

$U = 1-2(B)-(AB)+(\alpha a)+(\mathfrak{b} b)+(\alpha b)-(\mathfrak{b} a)+(\alpha\mathfrak{b} ab)-(\alpha\mathfrak{b} abAB)$ oder

$U = (1+(A))(1-(B))(1-(a\mathfrak{b})+(b\mathfrak{b})+(\alpha\mathfrak{b}))$

weil $(\alpha a)+(\mathfrak{b} b) = (A)+(A\alpha\mathfrak{b} ab)$, $(\alpha b)-(\mathfrak{b} a) = (B)-(B\alpha\mathfrak{b} ab)$ ist,

$T = -2+(a)+(b)-(\mathfrak{b})-2(B)-(\alpha ab)$ oder

$T = -2+(a)+(b)-(\mathfrak{b})-2(B)-(\alpha A)+(bB)-(\mathfrak{b} AB)$

$L = (1+(A))(1+(B))(1+(\mathfrak{b}))-(1-(A))(1-(B))(1-(\mathfrak{b}))$

$V = (1+(A))(1-(B))(-2(a)+2(\mathfrak{b})+(ab)+(\alpha\mathfrak{b}))$ oder

$V = (1+(A))(1-(B))(-(a)+(b)+(\mathfrak{b})+(ab)-(\mathfrak{b} ab)+(\alpha\mathfrak{b}))$

weil $(a)+(b) = (\mathfrak{b})+(\mathfrak{b} ab)$ wenn A positiv B negativ

und bezeichnet mit W', S', Q' die Grössen, in welche die W, S, Q des Ausdrucks für den Dec. $\frac{m}{M}$ in Art. 14. übergehen, wenn man darin m mit M also $\alpha+\mathfrak{b} i$ mit $\alpha-\mathfrak{b} i$ vertauscht, so wird

$$2\,W' = -5(B)-(AB) \text{ wenn } \frac{M-1}{2} \text{ gerade}$$

$$2\,W' = -(B)-(AB) \text{ wenn } \frac{M-1}{2} \text{ ungerade}$$

$$2\,S' = -(\alpha\mathfrak{b}ab\,AB)-(\mathfrak{b})-(B)+(b)$$

$$2\,Q'+2\,S'+2\,W' = 2\,T+U \text{ wenn } \frac{M-1}{2} \text{ gerade}$$

$$2\,Q'+2\,S'+2\,W' = -4+4(a)+U \text{ wenn } \frac{M-1}{2} \text{ ungerade}$$

$$8\psi = 8(q+r+s+w)-(2\,Q'+2\,S'+2\,W')$$

Ersetzt man hier $8(q+r+s+w)$ durch dessen in Art. 15 aufgestellten Werth, bringt ihn aber unter die Form

$$2\,T+4\,L+V \quad \text{wenn } \frac{M-1}{2} \text{ gerade } \frac{m-1}{2} \text{ gerade}$$

$$2\,T-16+16(A)+V \quad \text{wenn } \frac{M-1}{2} \text{ gerade } \frac{m-1}{2} \text{ ungerade}$$

$$-4+4(a)+V \quad \text{wenn } \frac{M-1}{2} \text{ ungerade } \frac{m-1}{2} \text{ gerade}$$

$$-20+4(a)+V \quad \text{wenn } \frac{M-1}{2} \text{ ungerade } \frac{m-1}{2} \text{ ungerade}$$

und beachtet, dass

$$V-U = -\tfrac{1}{2}(1+(a))(1+(A))(1+(\alpha))(1-(b))(1-(B))(1-(\mathfrak{b}))$$

ist, so erhält man für ψ die in Art. 17 angegebene Bestimmungsart.

[VI.] Art. 3. Das unvollständige Citat kann auf Art. 4 des Bruchstücks III bezogen werden.

SCHERING.

ZUR THEORIE DER COMPLEXEN ZAHLEN.

[I.]

NEUE THEORIE DER ZERLEGUNG DER CUBEN.

I. Wir nehmen an, es gebe eine Auflösung der Gleichung $x^3+y^3+z^3=0$, nemlich $x=a$, $y=b$, $z=c$, wo a, b, c keinen gemeinschaftlichen Divisor haben, folglich auch unter sich Primzahlen sind. Wir setzen

$$\begin{aligned} b+c &= \alpha \\ c+a &= \beta \\ a+b &= \gamma \end{aligned}$$

wo nothwendig auch α, β, γ unter sich Primzahlen sein werden. Hätten nemlich α und β einen gemeinschaftlichen Divisor, so würde dieser auch a^3 und b^3 messen, es müssten daher auch a und b einen gemeinschaftlichen Divisor haben.

Wir werden nun haben

$$(\beta+\gamma-\alpha)^3+(\gamma+\alpha-\beta)^3+(\alpha+\beta-\gamma)^3=0$$

allein es ist identisch

$$(\beta+\gamma-\alpha)^3+(\gamma+\alpha-\beta)^3+(\alpha+\beta-\gamma)^3=(\alpha+\beta+\gamma)^3-24\alpha\beta\gamma$$

Es wird folglich

$$(\alpha+\beta+\gamma)^3=24\alpha\beta\gamma$$

Sind α, $\mathfrak{b}$, γ reelle Zahlen, so wird $\alpha+\mathfrak{b}+\gamma$ durch 3 theilbar sein, also $(\alpha+\mathfrak{b}+\gamma)^3$ durch 27, folglich $\alpha\mathfrak{b}\gamma$ durch 9. Es muss daher eine der Zahlen α, $\mathfrak{b}$, γ z. B. γ durch 9 theilbar sein, also c^3 ebenfalls, folglich c durch 3.

Sind hingegen α, $\mathfrak{b}$, γ imaginäre Zahlen, so schliessen wir, dass $\alpha+\mathfrak{b}+\gamma$ durch $1-\varepsilon$, folglich $24\alpha\mathfrak{b}\gamma$ durch $(1-\varepsilon)^3$, mithin $\alpha\mathfrak{b}\gamma$ durch $1-\varepsilon$ theilbar sein müsse. Es ist also eine der Zahlen α, $\mathfrak{b}$, γ durch $1-\varepsilon$ theilbar und folglich auch eine der Zahlen a, b, c.

II. Wir haben allgemein die identische Gleichung

$$(p+q+r)^3+(p+q\varepsilon+r\varepsilon\varepsilon)^3+(p+q\varepsilon\varepsilon+r\varepsilon)^3$$
$$=27pqr+3(p+q+r)(p+q\varepsilon+r\varepsilon\varepsilon)(p+q\varepsilon\varepsilon+r\varepsilon)$$

Ist folglich $p+q+r=0$, so wird

$$(p+q\varepsilon+r\varepsilon\varepsilon)^3+(p+q\varepsilon\varepsilon+r\varepsilon)^3-27pqr=0$$

Sind hier p, q, r selbst Cuben, nemlich resp. $=a^3$, b^3, c^3; d. i. existirt eine Auflösung der Gleichung $x^3+y^3+z^3=0$, so wird

$$\begin{aligned} a^3+b^3\varepsilon+c^3\varepsilon\varepsilon &= a' \\ a^3+b^3\varepsilon\varepsilon+c^3\varepsilon &= b' \\ -3abc &= c' \end{aligned}$$

gesetzt, auch $a'^3+b'^3+c'^3=0$ werden. Aus dieser neuen Auflösung kann man auf gleiche Weise eine dritte ableiten u. s. w. Man überzeugt sich leicht, dass wenn die erste Auflösung in reellen Zahlen ist, auch die dritte eine solche sein wird.

Es ist noch zu bemerken, dass wenn a, b, c keinen Factor gemein haben, dasselbe auch von a', b', c' gelten wird, den Factor $1-\varepsilon$ abgerechnet. Es ist nemlich

$$\begin{aligned} \frac{a'}{1-\varepsilon} &= -\varepsilon\varepsilon a^3+\varepsilon b^3 = a^3-\varepsilon c^3 = -b^3+\varepsilon\varepsilon c^3 \\ \frac{b'}{1-\varepsilon} &= a^3-\varepsilon b^3 = -\varepsilon\varepsilon a^3+\varepsilon c^3 = \varepsilon\varepsilon b^3-c^3 \\ \frac{c'}{1-\varepsilon} &= (\varepsilon\varepsilon-1)abc \end{aligned}$$

Die beiden ersten Zahlen haben also weder mit a, noch mit b, noch mit c einen Factor gemein, können auch nicht durch $1-\varepsilon$ theilbar sein, wenn nicht a, b, c

zugleich durch $1-\varepsilon$ theilbar sind: daher haben jene auch keinen Factor mit der dritten gemein.

III. Aber auch der umgekehrte Weg wird offen stehen. Wir haben gesehen, dass eine der Grössen durch $1-\varepsilon$ theilbar ist: dies mag c sein. Da man statt a auch $a\varepsilon$ oder $a\varepsilon\varepsilon$ substituiren kann, und ebenso statt b auch $b\varepsilon$ oder $b\varepsilon\varepsilon$, so dürfen wir voraussetzen, dass a entweder $\equiv 1$ oder $\equiv -1$ sein wird; wir werden das erstere voraussetzen, da im andern Fall $b \equiv 1$ sein würde und nur mit a vertauscht zu werden brauchte. Wir setzen demnach

$$a = 1+3\alpha$$
$$b = -1+3\beta$$

und

$$\frac{a\varepsilon+b\varepsilon\varepsilon}{\varepsilon-\varepsilon\varepsilon} = 1+(\varepsilon\varepsilon-\varepsilon)(\alpha\varepsilon+\beta\varepsilon\varepsilon) = A$$
$$\frac{a\varepsilon\varepsilon+b\varepsilon}{\varepsilon-\varepsilon\varepsilon} = -1+(\varepsilon\varepsilon-\varepsilon)(\alpha\varepsilon\varepsilon+\beta\varepsilon) = B$$
$$\frac{a+b}{\varepsilon-\varepsilon\varepsilon} = (\varepsilon\varepsilon-\varepsilon)(\alpha+\beta) = C$$

wo $A+B+C=0$ wird, und $ABC = \frac{a^3+b^3}{(\varepsilon-\varepsilon\varepsilon)^3} = \left(\frac{c}{\varepsilon\varepsilon-\varepsilon}\right)^3$

Da hier

$$a = -\varepsilon A+\varepsilon\varepsilon B$$
$$b = \varepsilon\varepsilon A-\varepsilon B$$

so können A und B keinen Factor gemein haben, weil ein solcher sonst auch gemeinschaftlicher Factor von a und b sein würde. Wegen $A+B+C=0$ kann folglich auch C keinen Factor weder mit A noch mit B gemein haben. Hieraus folgt leicht, dass A und B und mithin auch C Cuben sind. Denn $\left(\frac{c}{\varepsilon\varepsilon-\varepsilon}\right)^3$ wird durch $\varepsilon-\varepsilon\varepsilon$, folglich auch durch $(\varepsilon-\varepsilon\varepsilon)^3$ theilbar sein oder $\alpha+\beta$ durch 3, daher wird $A\equiv 1$, $B\equiv -1$ (mod. 3).

Setzen wir nun

$$A = a'^3$$
$$B = b'^3$$
$$C = c'^3$$

so haben wir aus der Auflösung der Gleichung $x^3+y^3+z^3=0$

$$x = a$$
$$y = b$$
$$z = c$$

eine andere abgeleitet

$$x = a'$$
$$y = b'$$
$$z = c'$$

$$\text{wo}\quad a'^3 b'^3 c'^3 = \frac{c^3}{(\varepsilon\varepsilon - \varepsilon)^3}$$

wo folglich c' den Factor $1-\varepsilon$ einmal weniger enthalten wird, als c. Dies ist aber absurd, wenn c nur durch eine bestimmte Potenz von $1-\varepsilon$ theilbar, d.i. wenn c von 0 verschieden ist. Denn durch Fortsetzung dieser Operationen würde man sonst am Ende auf eine Auflösung kommen, wo z gar nicht durch $1-\varepsilon$ theilbar wäre gegen (I).

Einen ähnlichen Weg kann man für die 5ten Potenzen nehmen. Ist nämlich $a^5 + b^5 + c^5 = 0$, so setzt man $b + c = \alpha$, $c + a = \beta$, $a + b = \gamma$, so wird

$$0 = (2a)^5 + (2b)^5 + (2c)^5 = (\beta + \gamma - \alpha)^5 + (\gamma + \alpha - \beta)^5 + (\alpha + \beta - \gamma)^5$$
$$= (\alpha + \beta + \gamma)^5 - 80\,\alpha\beta\gamma(\alpha\alpha + \beta\beta + \gamma\gamma)$$

Es kann aber nicht $(\alpha + \beta + \gamma)^5 = 80\,\alpha\beta\gamma(\alpha\alpha + \beta\beta + \gamma\gamma)$ werden, ohne dass eine der Zahlen α, β, γ durch $1-\varepsilon$ theilbar sei. Denn wären sie alle nicht theilbar, so müsste sowohl $\alpha + \beta + \gamma$ als $\alpha\alpha + \beta\beta + \gamma\gamma$ durch $1-\varepsilon$ theilbar sein, folglich auch $2(\alpha\alpha + \beta\beta + \gamma\gamma) + 2(\alpha + \beta + \gamma)(\alpha + \beta - \gamma) = (2\alpha + \beta)^2 + 3\beta\beta$, was unmöglich ist.

Man kann dies auch so darstellen. Ist $a^5 + b^5 + c^5 = 0$, so wird

$$4(a + b + c)^5 = 5(b + c)(c + a)(a + b)[(a + 2b + 3c)^2 + 3(a + c)^2 - 8(a + b + c)c]$$
$$= 5(b + c)(c + a)(a + b)[(b - c)^2 + 3(b + c)^2 + 4(a + b + c)a]$$
$$4(a + b + c)^5 + 5abc[(b - c)^2 + 3(b + c)^2] = 5(a + b + c)\{\ldots\}$$

Uebrigens würde der Beweis dem vorigen sehr ähnlich.

Versucht man aber denselben Gang bei den siebenten Potenzen, so gelingt es nicht zu beweisen, dass bei einer gegebenen Auflösung

$$a^7 + b^7 + c^7 = 0$$

nothwendig eine der Grössen a, b, c durch 7 theilbar sein müsse. Es folgt nemlich nur

$$(\alpha + \beta + \gamma)^7 = 5\alpha\beta\gamma\{3(\alpha^4 + \beta^4 + \gamma^4) + 10(\alpha\alpha\beta\beta + \alpha\alpha\gamma\gamma + \beta\beta\gamma\gamma)\}$$

welches bestehen kann, ohne dass α, β, γ durch $1 - \varepsilon$ theilbar wäre.

Hoffentlich wird sich indessen dies in Zukunft aus der Natur der Determinanten und der Einheitszahlen ableiten lassen.

[II.]

BESTIMMUNG DER NÄCHSTEN GANZEN ZAHL.

Es sei $\varepsilon^3 = 1, \quad m = a + b\varepsilon + c\varepsilon\varepsilon$

$$2a - b - c = A + \alpha$$
$$2b - c - a = B + \beta$$
$$2c - a - b = C + \gamma$$

wo A, B, C ganze Zahlen; α, β, γ positive echte Brüche sind. Man hat dann

$$A + B + C + \alpha + \beta + \gamma = 0$$

also drei Fälle zu unterscheiden:

I. $\alpha + \beta + \gamma = 0$, folglich $\alpha = 0, \beta = 0, \gamma = 0$

1, $A \equiv B \equiv C \pmod{3}$. Hier ist m selbst eine ganze Zahl.
2, $A - B \equiv B - C \equiv C - A \equiv \pm 1 \pmod{3}$. Hier ist $m \pm \frac{\varepsilon - \varepsilon\varepsilon}{3} . \varepsilon^n$ eine ganze Zahl.

II. $\alpha + \beta + \gamma = 1$.

Hier ist
$$A + B\varepsilon + C\varepsilon\varepsilon + 1$$
$$A + B\varepsilon + C\varepsilon\varepsilon + \varepsilon$$
$$A + B\varepsilon + C\varepsilon\varepsilon + \varepsilon\varepsilon$$

jedes durch $1-\varepsilon$ theilbar, und eine dieser Zahlen durch 3. Der Quotient oder

$$m+\frac{\varepsilon^n-\alpha-\beta\varepsilon-\gamma\varepsilon\varepsilon}{3}$$

die gesuchte ganze Zahl.

III. $\alpha+\beta+\gamma=2$

Hier sind
$$A+B\varepsilon+C\varepsilon\varepsilon+\varepsilon+\varepsilon\varepsilon$$
$$A+B\varepsilon+C\varepsilon\varepsilon+\varepsilon\varepsilon+1$$
$$A+B\varepsilon+C\varepsilon\varepsilon+1+\varepsilon$$

durch $1-\varepsilon$ und eine dieser Zahlen durch 3 theilbar. Der Quotient, oder

$$m+\frac{\varepsilon^n(\varepsilon+\varepsilon\varepsilon)-\alpha-\beta\varepsilon-\gamma\varepsilon\varepsilon}{3}$$

ist die gesuchte ganze Zahl.

In allen drei Fällen hat der Rest die Form

$$x+y\varepsilon+z\varepsilon\varepsilon$$

so dass x, y, z ohne Rücksicht auf das Zeichen kleiner als $\frac{1}{3}$ und $x+y+z=0$ wird. Dadurch wird aber nothwendig

$$xx+yy+zz=2xx-2yz=2yy-2xz=2zz-2xy<\tfrac{2}{9}$$

weil von den drei Grössen x, y, z nothwendig zwei einerlei Zeichen haben. Folglich ist der Determinant des Restes

$$=\tfrac{3}{2}(xx+yy+zz)<\tfrac{1}{3} \qquad \text{Q. E. D.}$$

Die Bestimmung der nächsten ganzen Zahl geschieht *bequemer* auf folgende Art. Es sei vorgegeben $a+b\varepsilon+c\varepsilon\varepsilon=m$, man setze

$$b-a=C+\gamma$$
$$c-b=A+\alpha$$
$$a-c=B+\beta$$

wo A, B, C die nächst kleinern ganzen Zahlen; α, β, γ positive Brüche sind. Hier sind drei Fälle zu unterscheiden:

I. $\alpha+\beta+\gamma=0$, so ist m selbst ganze Zahl

II. $\alpha+\beta+\gamma=1$, so ist die nächste ganze Zahl

$B+(B+C)\varepsilon$	wenn α der grösste Bruch ist.	
$C\varepsilon+(A+C)\varepsilon\varepsilon$	β	
$A+B \qquad +A\varepsilon\varepsilon$	γ	

III. $\alpha+\beta+\gamma=2$, so ist die nächste ganze Zahl

$B+1+(B+C+2)\varepsilon$	wenn α der kleinste Bruch ist.
$(C+1)\varepsilon+(A+C+2)\varepsilon\varepsilon$	β
$A+B+2 \qquad +(A+1)\varepsilon\varepsilon$	γ

In II, 1 ist der Rest $\beta+(\beta+\gamma)\varepsilon$, dessen Determinant

$$=\beta\beta+\beta\gamma+\gamma\gamma=\tfrac{1}{3}-\tfrac{1}{6}[(\alpha-\beta)(1+3\beta)+(\alpha-\gamma)(1+3\gamma)]$$

Noch einfacher so:

Man ordne die Brüche $a-[a]$, $b-[b]$, $c-[c]$ nach ihrer Grösse: so heissen sie der Reihe nach p, q, r. Sind alle drei gleich gross, so ist m eine ganze Zahl. Sind sie aber ungleich, so sei t ein beliebiger Bruch zwischen

p und q,	jenachdem $q-p$	am grössten ist
q und r	$r-q$	
r und $1+p$	$1+p-r$	

Sodann ist

$$[a-t]+[b-t]\varepsilon+[c-t]\varepsilon\varepsilon$$

die nächste ganze Zahl.

[III.]

Es sei $\varepsilon^5 = 1$

$$a + b\varepsilon + c\varepsilon\varepsilon + d\varepsilon^3 + e\varepsilon^4 = q'$$
$$a + b\varepsilon^{-1} + c\varepsilon^{-2} + d\varepsilon^{-3} + e\varepsilon^{-4} = q''''$$

$$(a-b)^2 + (b-c)^2 + (c-d)^2 + (d-e)^2 + (e-a)^2 = 2p'$$
$$(a-c)^2 + (b-d)^2 + (c-e)^2 + (d-a)^2 + (e-b)^2 = 2p''$$

$$q'q'''' = -p'\varepsilon - p''\varepsilon\varepsilon - p''\varepsilon^3 - p'\varepsilon^4 = P'$$
$$q''q''' = -p'\varepsilon\varepsilon - p''\varepsilon^4 - p''\varepsilon - p'\varepsilon^3 = P''$$

Determinant $= P'P'' = -p'p' + 3p'p'' - p''p''$

Mensura $= 2p' + 2p'' = 2P' + 2P''$

$$= 5(aa + bb + cc + dd + ee) - (a + b + c + d + e)^2$$

Multiplicando per $1-\varepsilon$ fit mensura nova $= 8p'$

Höchste Mensur $= 2\left(\frac{\sin 72^0}{\sin 36^0} + \frac{\sin 36^0}{\sin 72^0}\right)\sqrt{D} = 4{,}472\sqrt{D}$

Modulus $= 1-\varepsilon$

$$1-\varepsilon = x$$
$$\varepsilon = 1-x$$
$$\varepsilon\varepsilon = 1 - 2x + xx$$
$$\varepsilon^3 = 1 - 3x + 3xx - x^3$$
$$\varepsilon^4 = 1 - 4x + 6xx - 4x^3 + x^4$$
$$= -4 + 6x - 4xx + x^3$$

Also

$$\frac{1-\varepsilon^n}{1-\varepsilon} \equiv n \text{ mod. } (1-\varepsilon)$$
$$\varepsilon^n \equiv 1 - nx \text{ mod. } (1-\varepsilon)^2$$
$$\left(\frac{\varepsilon+\varepsilon^4}{\varepsilon\varepsilon+\varepsilon^3}\right)^n \equiv 1 + nxx \text{ mod. } (1-\varepsilon)^3$$

Also eine Zahl, welche $\equiv 1$ mod. $(1-\varepsilon)^3$ kann *nur* dann eine Einzahl sein, wenn sie zugleich $\equiv 1$ (mod. 5).

[IV.]

EINIGES ÜBER DIE MENSUR DER ZAHLEN.

Es sei $\varepsilon^n = 1$, n Primzahl

$$m = a + a'\varepsilon + a''\varepsilon\varepsilon + a'''\varepsilon^3 + \ldots + a^{(n-1)}\varepsilon^{n-1} = f\varepsilon$$
$$D = f\varepsilon . f\varepsilon\varepsilon . f\varepsilon^3 \ldots f\varepsilon^{n-1}$$
$$f\varepsilon . f\varepsilon^{n-1} = -b'(\varepsilon + \varepsilon^{n-1}) - b''(\varepsilon^2 + \varepsilon^{-2}) - b'''(\varepsilon^3 + \varepsilon^{-3}) \ldots$$

so ist

$$2b' = (a-a')^2 + (a'-a'')^2 + (a''-a''')^2 + \text{ etc.}$$
$$2b'' = (a-a'')^2 + (a'-a''')^2 + (a''-a'''')^2 + \text{ etc.}$$
$$\text{etc.}$$

hier sind also b', b'', b'''.. lauter positive Grössen; sie heissen *Partialmensuren* von m, so wie ihre Summe

$$b' + b'' + b''' + \text{ etc.} = n(aa + a'a' + a''a'' + \ldots) - (a + a' + a'' + \text{ etc.})^2$$

die *Generalmensur*. Setzt man

$$f\varepsilon . f\varepsilon^{n-1} = c', \quad f\varepsilon\varepsilon . f\varepsilon^{n-2} = c'' \text{ etc.}$$

so ist

$$c' + c'' + c''' + \text{ etc. } + c^{\frac{1}{2}(n-1)} = b' + b'' + b''' + \text{ etc. } + b^{\frac{1}{2}(n-1)}$$
$$c'(\varepsilon + \varepsilon^{n-1}) + c''(\varepsilon\varepsilon + \varepsilon^{n-2}) + c'''(\varepsilon^3 + \varepsilon^{n-3}) + \text{etc.} = 2(b' + b'' + b''' + \text{etc.} + b^{\frac{1}{2}(n-1)}) - nb'$$
$$c'(2 - \varepsilon - \varepsilon^{n-1}) + c''(2 - \varepsilon\varepsilon - \varepsilon^{n-2}) + c'''(2 - \varepsilon^3 - \varepsilon^{n-3}) + \text{ etc.} = nb'$$
$$b' > \frac{n-1}{2n}(nD)^{\frac{2}{n-1}}, \quad b' + b'' + b''' + \text{ etc.} > \frac{n-1}{2} . D^{\frac{2}{n-1}}$$

Ist allgemein

$$f\varepsilon . f\varepsilon^{n-1} = A + A'\varepsilon + A''\varepsilon\varepsilon + A'''\varepsilon^3 + \ldots$$

so ist die Generalmensur $\triangle = -A - A' - A'' - \text{ etc.} + nA$
Mensur von $(1+\varepsilon)f\varepsilon \ldots \triangle' = 4\triangle - 2n(A - A') = 4\triangle - 2nb'$
Ist $a + a' + a'' + \ldots = 0$, so ist $\triangle = n(aa + a'a' + a''a'' + \text{etc.})$
und ist $A + A' + A'' + \ldots = 0$, so ist $\triangle = nA$, $\triangle' = n(2A + 2A')$

Ist also einer der Coëfficienten A', A'' etc. negativ und absolut grösser als $\frac{1}{2}A$, so lässt sich die Mensur salvo determinante herabbringen.

[V.]

Sollte sich bestätigen, dass jede Einheitszahl bloss aus Factoren von der Form

$$\frac{\varepsilon^\alpha - \varepsilon^\beta}{\varepsilon^\gamma - \varepsilon^\delta}$$

zusammengesetzt wäre, so würde folgender Satz bewiesen sein:

Ist $f(\varepsilon)$ *eine Einheitszahl, so ist*

$$\frac{f(\varepsilon)}{f(\varepsilon^{-1})} = \varepsilon^n$$

Auch ohne *jenen* Satz *vorauszusetzen*, ist der Schlusssatz leicht zu beweisen. Es sei

$$\frac{f\varepsilon}{f\varepsilon^{-1}} = F\varepsilon$$

so ist

$$F\varepsilon . F\varepsilon^{-1} = 1$$

woraus mit Hülfe der Lehre von der Mensur leicht gefolgert wird, dass

$$F\varepsilon = \pm \varepsilon^n$$

Das untere Zeichen ist aber unmöglich, weil sonst $f\varepsilon$ durch $1 - \varepsilon$ theilbar sein müsste.

Dass der Determinant einer von 0 verschiedenen Zahl nicht $= 0$ sein könne, lässt sich leicht beweisen. Wenn der Determinant durch m theilbar ist, so ist die Zahl selbst durch $1 - \varepsilon$ theilbar; folglich wenn der Determinant durch m^{m-1} theilbar ist, muss die Zahl selbst durch m theilbar sein. Welches absurd ist, da beim Det. 0 die Zahl erst salvo Det. so oft durch m dividirt werden könnte, bis sie nicht mehr theilbar wäre. Der erste Satz aber erhellt so. Es sei die vorgegebene Zahl

$$a + b\varepsilon + c\varepsilon\varepsilon + \text{ etc.} \equiv a + b + c \,.\,.\, \text{ mod. } 1 - \varepsilon$$

also Determinans $\equiv (a + b + c\,.\,.)^{m-1}$ mod. $1 - \varepsilon$.

[VI.]

Es sei $\varepsilon^n = 1$

$$f\varepsilon = a + b\varepsilon + c\varepsilon\varepsilon + d\varepsilon^3 + \text{etc.}$$
$$m = \text{Determinans dieser Zahl}$$
$$\frac{m}{f\varepsilon} = f\varepsilon\varepsilon . f\varepsilon^3 \ldots f\varepsilon^{n-1} = A + B\varepsilon + C\varepsilon\varepsilon + \text{etc.} = F\varepsilon$$

Der Zahl $f\varepsilon$ entspricht eine Wurzel der Congruenz $x^n \equiv 1 \pmod{m.}$ Es sei dieselbe r. Man hat

$$\begin{aligned} nA &= F1 + F\varepsilon + F\varepsilon\varepsilon + \ldots \\ nB &= F1 + \varepsilon^{-1}F\varepsilon + \varepsilon^{-2}F\varepsilon\varepsilon + \ldots \\ nC &= F1 + \varepsilon^{-2}F\varepsilon + \varepsilon^{-4}F\varepsilon\varepsilon + \ldots \\ &\text{etc.} \end{aligned}$$

also, da $F\varepsilon\varepsilon$, $F\varepsilon^3$, $F\varepsilon^4$ etc. durch $f\varepsilon$ theilbar sind,

$$\begin{gathered} nA - F1 - \varepsilon(nB - F1) \\ nA - F1 - \varepsilon\varepsilon(nC - F1) \\ nA - F1 - \varepsilon^3(nD - F1) \\ \text{etc.} \end{gathered}$$

alle durch $f\varepsilon$ theilbar, oder auch

$$\begin{gathered} n(A - B) - \varepsilon n(B - C) \\ n(B - C) - \varepsilon n(C - D) \\ \text{etc.} \end{gathered}$$

durch $f\varepsilon$ theilbar; folglich [wenn $f\varepsilon$ durch $1 - \varepsilon$, und $F\varepsilon$ durch eine ganze reelle Zahl nicht theilbar ist]

$$\varepsilon \equiv \frac{A - B}{B - C} \equiv \frac{B - C}{C - D} \equiv \frac{C - D}{D - E} \text{ etc. } (\text{mod.} f\varepsilon)$$

BEMERKUNGEN.

Die hier unter der gemeinsamen Ueberschrift, zur Theorie der complexen Zahlen, zusammengestellten Untersuchungen bilden zerstreute Notizen in der Handschrift. Sie enthalten die wesentlichen Momente des Beweises vom FERMATschen Satze für die dritte und fünfte Potenz. Die aus dritten Wurzeln der Einheit zusammengesetzten Zahlen sind in unvollständigen hier nicht abgedruckten Aufzeichnungen sowohl mit Hülfe der Theorie der binären quadratischen Formen, als auch der Kreistheilung untersucht. Bei Gelegenheit der Anwendung der letztern und zwar während der Ausarbeitung der Abhandlung *Disquisitionum circa aequationes puras ulterior evolutio* ist noch die ternäre cubische Form aufgestellt, in welche $27\frac{x^n-1}{x-1}$ für eine Primzahl $n\equiv 1 \text{ mod. } 3$ verwandelt werden kann, und zugleich die Theorie der Composition der mit jener verwandten Form $X^3+mY^3+mmZ^3-3mXYZ$ entwickelt.

Die in den Untersuchungen des Bruchstück [I] vorausgesetzte Eigenschaft der aus dritten Wurzeln der Einheit gebildeten ganzen Zahlen, dass jede nur auf Eine Weise in Primfactoren zerlegt werden kann, ergibt sich aus dem EUCLIDischen Verfahren, die gemeinsamen Theiler zweier Zahlen zu bestimmen, wenn dabei der unter [II] abgeleitete Satz über die nächste ganze Zahl für irgend eine vorgegebene Bruchzahl in Anwendung gebracht wird.

Dass dieselbe Fundamentaleigenschaft auch den aus fünften Wurzeln der Einheit zusammengesetzten Zahlen zukommt, folgt daraus, dass der nach einer ganz analogen Regel wie in [II] gebildete Bruchrest entweder von m oder doch von m multiplicirt in eine geeignete Einheitszahl E so beschaffen ist, dass er durch Subtraction von der vorgegebenen Zahl mE eine ganze Zahl entstehen lässt und dass sein Determinant die Einheit nicht übertrifft. Die Einheitszahlen lassen sich aber, wie in [III] angedeutet, aus der Theorie der binären quadratischen Formen vom Determinant 5 in Verbindung mit der Zerlegung irgend einer reellen Primzahl in vier Factoren (z. B. $11 = \text{Det.}(2+\varepsilon)$) ableiten, nemlich als Producte der Potenzen von ε und $1+\varepsilon$.

SCHERING.

TAFEL

DES QUADRATISCHEN CHARACTERS

DER PRIMZAHLEN VON 2 BIS 997 ALS RESTE

IN BEZUG

AUF DIE PRIMZAHLEN VON 3 BIS 503 ALS THEILER.

NACHLASS.

	2	3	5	7	11	13	17	19	23	29	31	37	41	43	47	53	59	61	67	71	73	79	83	89	97	101	103	107	109	113	127	131	137	139	
3		—		—		—		—			—	—		—				—	—		—	—			—		—		—		—			—	3
5			—		—			—		—	—		—				—	—		—		—		—		—			—			—		—	5
7	—			—	—				—	—		—		—		—			—	—		—						—	—	—	—		—		7
11		—	—		—				—		—	—			—	—	—		—	—				—	—		—			—			—		11
13		—				—	—		—	—				—		—		—				—				—	—	—		—	—	—		—	13
17	—					—	—	—						—	—	—	—		—				—	—		—	—				—		—		17
19			—	—	—		—	—	—					—	—			—			—		—			—						—	—	—	19
23	—	—				—			—	—	—		—		—		—		—		—					—					—	—		—	23
29			—	—		—			—	—						—	—		—	—			—				—	—	—					—	29
31	—		—	—				—			—		—		—		—		—	—					—	—	—	—	—	—		—			31
37		—		—	—							—	—		—	—		—	—		—		—			—		—			—		—	—	37
41	—		—						—		—	—	—	—			—	—			—		—				—	—		—	—	—		—	41
43					—	—	—		—		—		—	—	—	—	—		—			—	—		—	—	—	—	—		—			—	43
47	—	—		—			—					—			—	—	—	—		—		—	—	—	—	—	—					—			47
53				—	—	—	—			—		—		—	—	—	—							—	—			—		—		—			53
59		—	—	—			—	—		—			—			—	—			—		—						—			—		—	—	59
61		—	—			—		—					—		—			—			—		—		—		—	—	—	—	—	—	—		61
67							—	—	—	—		—			—		—		—	—	—		—	—			—	—			—	—			67
71	—	—	—					—		—		—		—						—	—	—	—	—		—	—	—	—			—			71
73	—	—						—	—			—	—					—	—	—	—	—		—	—				—		—		—		73
79	—		—		—	—		—	—		—								—		—	—	—	—	—	—						—			79
83		—		—	—		—		—	—	—	—	—				—	—					—						—	—	—	—			83
89	—		—		—		—								—	—			—	—	—	—		—	—			—	—			—		—	89
97	—	—			—						—			—	—	—		—			—	—		—	—	—	—		—	—					97
101			—			—	—	—	—		—	—		—	—					—		—			—	—		—				—	—		101
103	—			—		—	—	—	—	—			—				—	—				—	—		—		—	—				—	—	—	103
107		—			—	—		—	—	—			—		—	—		—				—	—	—		—		—					—		107
109		—	—	—						—	—			—				—		—	—		—	—	—				—	—		—	—		109
113	—			—	—	—					—		—			—		—					—		—				—	—	—	—		—	113
127					—	—	—	—			—	—	—		—			—		—	—	—					—	—		—	—	—			127
131		—	—	—	—	—							—	—		—	—	—						—		—		—	—	—		—			131
137	—			—	—		—	—				—					—	—			—					—	—	—	—				—	—	137
139			—	—	—	—				—	—	—	—		—				—	—		—	—	—				—		—	—	—	—	—	139
149			—	—			—	—		—	—	—			—	—		—	—		—						—	—		—	—				149
151	—		—		—		—	—		—	—	—		—	—		—								—		—				—		—	—	151
157		—			—	—	—	—			—	—			—				—	—				—		—			—	—	—				157
163													—	—	—	—		—		—			—		—					—		—			163
167	—	—		—	—			—		—	—				—			—						—	—			—			—		—		167
173						—			—	—	—	—	—	—	—				—		—		—	—					—	—			—	—	173
179		—	—			—	—	—		—	—			—	—		—	—	—				—	—		—		—						—	179
181		—	—		—	—				—		—		—			—		—		—	—				—		—					—	—	181
191	—	—	—			—	—		—					—			—		—			—			—		—	—	—						191
193	—	—		—					—		—			—			—		—				—		—	—		—	—			—	—	—	193
197				—				—	—	—		—	—	—	—	—	—	—					—		—	—		—	—		—		—		197
199	—		—	—		—			—	—	—			—	—	—		—				—		—			—					—		—	199
211			—		—	—		—				—		—	—	—	—			—	—	—	—			—	—	—	—	—	—		—	—	211
223	—			—			—	—		—	—	—	—	—	—	—					—		—	—		—			—		—	—		—	223
227		—		—	—			—	—	—				—	—	—	—			—	—	—		—	—	—	—		—	—		—		—	227
	2	3	5	7	11	13	17	19	23	29	31	37	41	43	47	53	59	61	67	71	73	79	83	89	97	101	103	107	109	113	127	131	137	139	

TABULA II. DISQUISS. ARITHMM. (art. 99)

	2	3	5	7	11	13	17	19	23	29	31	37	41	43	47	53	59	61	67	71	73	79	83	89	97	101	103	107	109	113	127	131	137	139
229		—	—		—		—	—				—		—		—		—		—			—		—		—							
233	—			—		—		—	—	—	—	—								—				—		—		—	—	—		—		
239	—	—	—		—		—			—	—							—	—	—			—			—			—	—	—			
241	—	—	—							—			—		—	—	—	—	—			—	—		—			—		—				
251		—	—	—		—	—		—		—		—								—	—	—	—		—	—			—		—		
257	—				—	—	—		—	—	—						—	—	—		—	—		—						—			—	—
263	—	—			—	—	—		—		—	—		—				—					—	—			—		—				—	
269			—		—	—			—			—	—	—	—	—		—	—		—	—		—	—		—				—	—		
271	—		—	—	—		—				—	—	—			—		—	—			—	—	—			—							—
277		—		—		—		—	—	—			—		—		—		—	—		—	—	—						—		—		
281	—		—	—			—			—	—			—		—	—					—				—			—				—	
283				—	—	—			—	—			—				—	—		—	—		—	—	—	—	—			—	—		—	
293							—				—	—		—		—	—	—	—	—	—		—		—			—	—				—	
307				—	—		—	—				—	—			—				—		—	—	—	—	—	—	—	—	—	—			
311	—	—	—	—		—									—	—			—		—	—	—	—				—	—	—	—		—	—
313	—	—			—	—		—		—										—		—	—		—		—	—		—			—	—
317				—	—				—		—	—		—		—	—	—	—		—	—	—	—		—	—			—		—		
331			—				—	—			—			—		—			—	—		—	—	—			—		—	—	—	—		—
337	—	—		—		—						—	—	—	—							—					—	—		—		—	—	
347		—			—	—				—	—			—		—	—	—	—	—	—		—	—				—	—	—	—	—	—	
349		—	—				—	—	—	—	—	—	—						—		—		—						—					—
353	—				—		—	—	—	—			—	—	—			—			—		—		—				—	—	—	—		
359	—	—	—		—		—		—			—	—		—						—	—				—		—			—	—		
367	—			—		—			—		—	—	—		—	—	—	—	—		—		—	—		—		—		—			—	
373		—		—		—	—			—	—	—	—				—			—	—		—	—		—	—	—	—				—	
379			—					—	—			—	—					—	—			—	—		—	—	—	—			—		—	—
383	—	—		—			—	—	—	—	—			—					—	—	—					—	—			—			—	—
389			—	—	—	—	—	—					—				—		—		—	—			—					—	—		—	
397		—			—			—	—	—	—	—		—	—				—		—	—	—		—			—			—	—	—	
401	—		—	—	—					—			—	—	—						—		—	—			—		—	—				
409	—	—	—				—		—				—			—				—			—	—		—	—		—			—	—	—
419		—	—	—		—			—	—		—	—	—	—		—				—	—			—			—				—	—	—
421		—	—	—	—		—				—								—			—			—	—	—	—	—	—		—		—
431	—	—	—		—			—	—	—			—			—	—	—							—				—					—
433	—	—			—	—	—					—	—			—	—					—							—		—		—	—
439	—		—	—	—	—		—		—						—		—		—	—		—				—		—	—	—		—	—
443		—				—	—					—	—		—		—	—	—	—		—		—			—	—	—	—		—	—	—
449	—		—	—	—				—				—			—	—	—	—					—	—	—					—		—	
457	—	—		—			—	—		—					—				—		—	—						—	—		—	—		
461			—				—	—	—				—	—		—	—	—	—		—			—			—	—	—	—			—	—
463	—						—			—	—			—	—		—	—	—		—	—		—	—		—		—	—		—		
467		—		—		—	—		—				—	—	—	—	—			—			—	—	—				—	—	—		—	—
479	—	—	—	—	—				—									—		—	—			—	—		—	—	—			—	—	—
487	—							—		—	—		—			—		—	—	—	—		—	—	—		—	—			—		—	—
491		—	—		—	—	—				—	—	—	—				—		—		—	—		—	—		—			—	—		—
499			—							—	—			—	—				—		—					—	—	—	—		—	—	—	—
503	—	—		—	—	—			—					—	—		—	—	—		—	—	—		—					—		—		

NACHLASS.

	149	151	157	163	167	173	179	181	191	193	197	199	211	223	227	229	233	239	241	251	257	263	269	271	277	281	283	293	307	311	313	317	331	337	
3		—	—	—				—		—		—	—	—		—			—					—	—		—		—		—		—	—	3
5	—	—					—	—	—			—	—			—		—	—	—			—	—		—				—			—		5
7	—	—		—			—		—	—	—		—				—	—				—			—	—						—	—	—	7
11			—	—			—	—	—			—		—		—				—	—		—							—	—	—	—		11
13			—			—	—	—	—			—	—				—			—	—	—	—		—		—			—	—			—	13
17	—	—	—				—		—					—		—		—		—	—	—		—		—		—	—				—		17
19	—		—	—					—		—	—				—	—	—		—		—		—	—		—			—	—				19
23		—		—	—	—	—			—	—		—	—			—	—			—		—	—	—				—	—		—	—		23
29	—	—			—	—	—	—			—	—		—	—		—	—	—		—				—	—	—				—				29
31	—		—	—		—			—	—			—		—		—				—					—	—	—	—	—		—			31
37	—	—	—			—		—			—		—	—		—	—					—	—	—				—	—			—		—	37
41				—		—					—			—					—	—			—	—	—		—		—					—	41
43					—	—		—		—	—					—		—		—			—	—		—	—	—	—	—		—		—	43
47	—		—			—			—		—							—	—	—		—	—	—	—		—		—				—	—	47
53	—			—							—	—	—	—	—	—			—				—	—		—		—	—	—		—	—		53
59				—	—			—		—	—	—		—				—	—	—	—	—		—	—	—		—	—	—		—	—		59
61	—			—	—		—				—	—				—		—	—		—	—	—	—			—	—				—			61
67	—	—	—	—	—	—		—		—		—	—	—	—				—		—	—	—		—		—	—	—			—			67
71		—	—		—		—		—			—		—		—	—			—		—		—	—			—		—	—				71
73	—					—		—					—	—	—					—	—		—				—	—		—		—			73
79		—		—	—		—	—						—				—	—		—	—	—		—	—	—				—	—		—	79
83		—			—	—			—	—	—	—			—	—			—						—			—			—	—			83
89			—		—	—	—					—		—	—		—			—	—	—	—	—	—		—		—	—		—	—		89
97		—		—	—				—	—	—				—	—			—				—				—	—	—		—				97
101			—				—	—		—	—		—	—	—		—	—		—						—	—		—			—			101
103	—			—	—		—							—		—		—					—							—	—	—		—	103
107	—	—		—						—	—	—		—	—		—	—	—	—		—		—			—	—			—		—	—	107
109			—			—			—	—	—		—	—	—		—	—				—				—		—	—	—			—		109
113	—		—	—		—							—		—		—	—	—	—	—				—		—		—	—	—	—	—	—	113
127	—		—	—			—		—		—	—	—		—					—		—	—	—											127
131		—			—		—		—	—			—				—	—				—	—	—	—		—		—	—		—		—	131
137		—			—	—		—		—	—		—								—	—				—	—	—		—	—			—	137
139				—	—	—		—	—	—								—		—	—	—					—		—		—				139
149	—					—	—		—							—				—		—	—			—		—	—			—	—	—	149
151		—			—	—			—	—				—	—	—		—	—	—			—						—	—	—		—		151
157			—		—	—				—	—	—					—	—			—	—			—	—	—			—	—	—	—		157
163		—		—	—	—	—				—	—		—	—					—		—				—			—		—				163
167			—		—	—	—	—	—			—	—	—		—	—	—		—		—				—	—	—		—		—		—	167
173	—	—	—	—	—	—	—				—		—		—	—	—			—	—	—	—							—	—	—	—	—	173
179	—	—				—	—		—	—		—			—			—														—		—	179
181					—			—		—	—			—	—	—	—		—	—		—				—	—		—		—	—		—	181
191	—			—					—	—	—	—	—	—	—			—	—	—		—	—	—	—	—	—	—		—					191
193		—	—				—	—	—	—	—	—	—			—		—	—		—				—			—		—		—	—	—	193
197			—	—		—		—	—	—	—			—			—	—		—	—							—		—	—		—		197
199		—	—							—		—			—			—		—	—	—	—	—				—		—	—		—		199
211		—		—		—	—			—		—	—		—				—		—	—	—		—	—		—	—	—			—	—	211
223							—	—			—	—	—	—	—			—	—	—	—					—	—					—			223
227					—	—		—							—			—			—	—		—						—		—	—	—	227
	149	151	157	163	167	173	179	181	191	193	197	199	211	223	227	229	233	239	241	251	257	263	269	271	277	281	283	293	307	311	313	317	331	337	

TABULA II. DISQUISS. ARITHMM. (art. 99)

	149	151	157	163	167	173	179	181	191	193	197	199	211	223	227	229	233	239	241	251	257	263	269	271	277	281	283	293	307	311	313	317	331	337	
229	—	—			—	—		—		—						—	—		—					—	—			—	—	—				—	229
233			—		—	—		—			—					—	—		—	—		—	—	—			—	—	—				—	—	233
239			—	—						—	—		—					—	—	—	—	—	—	—			—	—	—	—				—	279
241		—						—	—	—			—	—		—	—	—	—	—	—			—	—	—					—		—	—	241
251	—					—	—	—			—		—		—		—		—	—		—		—						—		—	—	—	251
257			—			—				—	—	—	—	—	—			—	—		—						—	—	—			—			257
263	—	—	—			—	—	—						—			—					—	—	—		—			—	—	—	—	—	—	263
269	—	—				—			—			—	—				—	—				—	—				—	—	—		—		—		269
271		—		—	—		—						—	—		—	—		—					—		—		—	—	—					271
277			—						—	—			—			—			—						—	—		—	—	—	—	—			277
281	—		—	—	—			—	—				—	—					—			—		—	—	—	—				—	—	—	—	281
283		—	—	—			—	—				—	—		—		—			—	—	—	—	—		—	—	—	—	—		—		—	283
293	—				—				—	—	—	—	—			—	—	—			—		—	—	—		—	—	—			—	—		293
307	—				—		—	—	—			—		—	—	—	—			—	—		—		—			—	—	—	—	—	—		307
311			—	—		—	—			—	—			—		—									—					—	—	—	—	—	311
313		—	—	—		—		—			—	—							—			—	—		—	—			—	—	—	—	—	—	313
317	—		—		—	—	—	—		—				—	—					—	—	—			—	—	—	—	—	—	—	—			317
331	—		—	—	—	—	—		—	—	—			—			—	—	—				—	—		—	—	—			—		—	—	331
337	—				—	—	—	—		—			—		—	—	—	—	—	—		—				—	—			—	—		—	—	337
347	—		—		—	—		—			—	—				—			—	—		—	—	—	—	—		—							347
349		—	—					—	—					—	—		—	—	—		—	—	—	—		—	—	—	—		—			—	349
353			—		—			—	—		—			—			—						—	—	—	—	—	—	—	—		—	—	—	353
359	—	—				—		—	—	—						—	—		—							—	—		—			—	—		359
367	—	—				—		—	—			—	—		—	—				—				—	—	—	—				—				367
373				—			—	—								—		—		—	—						—		—					—	373
379	—	—			—	—	—		—	—	—		—		—			—		—	—	—		—	—	—			—	—	—		—	—	379
383	—					—				—				—	—	—				—		—			—			—			—	—	—		383
389			—			—	—	—		—			—	—				—					—		—		—	—		—	—		—	—	389
397		—		—	—	—	—		—							—					—			—	—	—		—	—						397
401	—	—				—	—	—			—			—		—		—	—		—	—							—	—	—		—	—	401
409				—	—		—		—	—	—				—	—		—						—		—			—	—	—	—		—	409
419	—	—	—			—			—		—	—								—	—		—			—		—						—	419
427	—			—	—			—	—			—				—		—	—				—		—	—	—		—		—	—		—	421
431	—	—	—	—		—	—				—			—	—	—						—			—		—		—					—	431
433					—		—		—		—	—	—	—		—	—		—		—		—	—	—		—	—					—	—	433
439					—				—			—	—	—		—				—			—	—		—	—		—				—		439
443	—	—		—	—			—	—		—				—	—	—					—		—		—		—	—	—			—		443
449					—			—	—	—	—	—			—	—				—		—	—	—				—					—	—	449
457		—	—	—					—		—				—	—	—	—	—		—		—				—		—	—	—		—		457
461		—	—	—	—			—	—	—		—		—	—	—						—				—				—		—	—		461
463	—			—	—	—	—	—					—			—		—		—				—	—		—	—		—	—			—	463
467	—	—	—	—		—	—			—		—		—	—	—	—	—	—	—					—		—					—	—		467
479		—		—	—	—		—		—	—		—				—		—	—	—			—	—			—	—		—		—		479
487			—		—			—	—	—	—								—	—		—	—	—	—				—	—	—			—	487
491				—			—	—			—	—		—	—	—	—	—	—		—	—	—		—			—					—		491
499		—			—			—			—	—	—		—		—	—		—	—	—			—	—		—	—			—	—	—	499
503						—					—	—		—		—	—				—	—		—		—	—	—				—			503
	149	151	157	163	167	173	179	181	191	193	197	199	211	223	227	229	233	239	241	251	257	263	269	271	277	281	283	293	307	311	313	317	331	337	

NACHLASS.

	347	349	353	359	367	373	379	383	389	397	401	409	419	421	431	433	439	443	449	457	461	463	467	479	487	491	499	503	509	521	523	541	547	557	
3		—			—	—	—			—		—		—		—	—			—		—			—		—				—	—	—		3
5		—		—			—		—		—	—	—	—	—		—		—		—			—		—	—		—	—		—			5
7	—			—		—	—		—		—			—	—			—	—	—		—			—	—	—					—	—	—	7
11			—		—		—	—	—	—	—		—	—		—		—	—			—	—		—		—		—	—					11
13	—				—	—			—				—			—	—	—					—			—		—		—	—		—		13
17		—	—	—		—		—	—			—		—		—		—		—	—	—	—			—			—		—			—	17
19	—	—	—	—	—				—	—			—					—		—	—	—	—	—		—	—	—				—		—	19
23	—	—	—							—		—					—	—	—		—	—			—	—	—		—			—	—		23
29	—	—	—			—		—		—	—		—		—		—			—		—			—		—		—	—	—		—	—	29
31		—		—		—	—			—			—	—	—		—	—					—	—				—		—		—	—		31
37		—		—	—	—	—			—			—			—		—								—			—	—					37
41		—	—	—	—	—	—		—		—	—	—		—	—		—	—		—		—		—	—					—	—			41
43			—	—	—		—			—	—				—		—	—			—			—	—				—			—	—	—	43
47	—		—				—	—		—	—				—		—			—				—	—	—				—	—	—			47
53	—				—							—			—	—	—		—		—		—		—					—	—	—	—		53
59				—		—	—	—	—							—	—		—		—			—	—	—	—			—	—		—	—	59
61	—		—		—		—								—		—	—	—		—	—		—	—	—		—							61
67		—		—					—	—			—	—	—		—		—	—	—		—	—		—			—		—			—	67
71				—	—	—	—					—	—		—							—					—	—	—	—			—	—	71
73	—	—	—	—	—	—		—	—	—	—		—				—			—	—	—		—	—		—	—	—		—		—	—	73
79	—				—			—	—	—				—	—	—	—			—			—	—	—		—				—	—	—	—	79
83		—	—	—		—		—		—	—	—	—		—			—				—		—			—		—	—	—		—	—	83
89	—				—	—					—	—						—	—		—	—	—	—	—				—		—				89
97			—				—		—	—			—	—	—				—		—	—	—	—	—	—		—	—	—			—	—	97
101				—	—	—	—	—				—		—					—							—	—		—	—		—		—	101
103	—			—	—	—					—	—	—	—	—						—		—			—		—	—		—	—	—		103
107						—		—		—				—	—		—			—	—	—	—					—	—				—		107
109	—	—	—			—					—	—		—	—	—	—	—		—	—	—	—	—			—		—		—	—		—	109
113	—		—		—			—	—		—			—			—	—			—	—	—					—	—	—			—	—	113
127			—		—			—	—	—			—		—	—		—	—	—		—		—				—	—	—	—			—	127
131			—		—		—	—		—		—		—	—		—			—			—		—									—	131
137	—				—	—	—	—	—	—		—	—			—	—	—	—		—		—	—	—		—		—		—	—		—	137
139	—	—		—	—							—	—	—		—					—	—						—			—	—		—	139
149	—			—	—		—	—			—		—	—	—			—				—	—								—		—	—	149
151	—	—						—		—	—						—			—	—	—			—	—		—		—		—	—		151
157	—	—	—						—				—		—					—	—		—		—						—		—	—	157
163	—			—	—	—	—	—		—		—	—	—			—			—	—				—		—	—			—		—		163
167			—	—	—			—		—		—	—	—	—	—			—		—		—			—		—	—		—			—	167
173	—			—	—		—	—	—	—	—		—		—							—	—	—				—	—		—	—		—	173
179	—			—	—	—		—	—	—	—	—	—			—	—	—						—	—		—	—	—			—		—	179
181	—	—		—	—	—			—		—			—				—	—		—	—		—	—	—	—		—		—		—	—	181
191	—	—	—					—		—		—		—	—	—			—	—	—	—	—	—		—	—	—							191
193				—			—	—	—			—							—		—		—	—	—						—		—		193
197	—		—				—				—	—	—		—	—		—	—	—				—	—	—	—	—		—				—	197
199				—			—	—						—	—	—		—	—		—	—		—	—				—	—	—				199
211	—			—				—	—				—		—	—		—					—		—	—		—	—	—	—	—	—		211
223	—	—	—	—	—		—		—		—		—			—		—			—	—		—	—		—		—				—		223
227	—	—		—								—	—				—		—	—	—	—		—	—			—			—	—		—	227
	347	349	353	359	367	373	379	383	389	397	401	409	419	421	431	433	439	443	449	457	461	463	467	479	487	491	499	503	509	521	523	541	547	557	

TABULA II. DISQUISS. ARITHMM. (art. 99)

	347	349	353	359	367	373	379	383	389	397	401	409	419	421	431	433	439	443	449	457	461	463	467	479	487	491	499	503	509	521	523	541	547	557	
229	—			—	—	—		—		—	—	—		—	—	—	—	—	—	—	—	—	—			—		—	—			—		—	229
233		—	—	—												—		—		—			—	—		—	—	—		—			—	—	233
239	—	—		—	—	—		—	—		—	—	—	—	—		—	—		—				—	—			—	—		—				239
241	—	—		—							—			—		—				—			—	—	—	—			—		—	—		—	241
251				—		—									—			—	—							—		—	—		—	—	—		251
257		—				—	—			—	—		—			—				—				—		—	—	—			—				257
263		—		—	—						—		—				—		—		—	—	—	—						—				—	263
269	—	—	—						—				—	—		—	—		—	—					—	—							—		269
271		—	—	—				—		—		—	—		—	—			—				—			—	—		—	—	—		—		271
277	—		—		—		—	—	—	—				—	—	—						—	—	—	—	—	—					—	—	—	277
281	—	—	—	—	—		—			—		—	—	—			—	—			—						—	—	—		—			—	281
283	—	—	—			—	—	—	—				—	—		—		—		—				—	—	—	—			—	—		—		283
293	—	—	—					—	—	—			—			—		—	—			—		—		—	—	—	—	—			—		293
307	—	—	—		—	—		—		—	—	—	—	—						—		—	—			—		—			—	—	—	—	307
311	—		—	—	—			—	—		—	—	—		—		—			—	—		—	—		—	—	—		—	—				311
313		—			—		—	—	—		—	—		—						—		—		—	—				—	—	—	—	—		313
317			—	—				—				—		—							—		—				—	—		—			—	—	317
331	—		—		—				—		—		—		—	—			—	—	—	—			—			—					—		331
337		—	—			—	—		—		—	—	—	—	—	—			—			—			—		—		—					—	337
347	—			—				—	—					—					—	—	—	—	—	—	—	—	—	—			—	—			347
349		—	—							—		—	—					—	—	—			—	—		—						—	—		349
353		—	—					—	—	—				—	—		—										—		—	—		—	—		353
359				—	—		—	—	—			—	—		—	—	—		—	—	—		—	—	—	—		—	—	—	—	—	—	—	359
367	—				—			—		—			—		—	—	—		—		—		—	—	—	—	—					—		—	367
373						—		—	—		—	—	—	—			—	—		—	—	—	—	—	—			—		—				—	373
379	—				—		—	—			—	—				—		—	—			—	—	—			—		—	—	—			—	379
383			—			—		—	—	—	—		—	—	—	—	—						—	—		—	—		—	—				—	383
389	—		—	—		—		—	—			—	—		—	—		—		—		—	—			—		—	—					—	389
397		—	—		—			—		—	—	—			—	—	—				—			—	—		—	—		—	—	—		—	397
401						—	—	—		—	—	—	—	—		—				—				—	—	—	—	—				—	—	—	401
409		—		—		—	—		—	—	—	—	—	—		—	—	—	—	—		—				—	—		—				—		409
419	—	—				—	—		—		—	—	—		—		—			—			—	—			—	—		—		—			419
421	—		—			—		—			—	—		—		—			—	—			—	—			—	—		—					421
431	—		—				—		—	—					—	—	—	—	—		—	—	—	—		—	—			—	—	—	—		431
433				—	—		—	—	—	—	—	—		—	—	—	—		—	—			—		—		—	—		—		—			433
439	—		—			—	—			—		—				—	—	—	—	—	—		—	—		—		—	—			—			439
443	—	—		—	—	—		—	—			—	—					—		—				—		—	—		—					—	443
449	—	—		—	—		—					—		—	—	—	—		—	—		—	—				—			—		—	—		449
457	—	—		—		—			—		—	—	—	—		—	—	—	—	—	—	—				—	—			—		—		—	457
461	—			—	—	—				—					—		—			—	—		—		—	—					—	—		—	461
463				—	—	—		—	—			—	—				—	—	—	—		—	—	—			—			—	—	—	—	—	463
467		—				—			—					—		—		—	—		—		—	—				—				—		—	467
479		—				—				—	—			—										—	—	—	—	—	—	—	—				479
487						—	—	—		—	—		—		—	—	—	—			—	—	—		—	—		—			—		—	—	487
491		—					—		—		—	—	—							—	—	—	—			—		—					—		491
499			—	—						—	—	—		—	—	—	—		—	—			—		—	—	—	—		—	—				499
503					—	—	—	—	—	—	—			—		—		—				—						—	—	—			—	—	503
	347	349	353	359	367	373	379	383	389	397	401	409	419	421	431	433	439	443	449	457	461	463	467	479	487	491	499	503	509	521	523	541	547	557	

NACHLASS.

	563	569	571	577	587	593	599	601	607	613	617	619	631	641	643	647	653	659	661	673	677	683	691	701	709	719	727	733	739	743	751	757	761
3			—	—				—	—	—		—	—		—				—	—			—		—		—	—	—		—	—	
5		—	—				—	—				—	—	—				—	—				—	—	—	—			—		—		—
7		—	—				—			—	—		—	—			—	—		—		—		—	—				—	—	—	—	
11				—	—		—				—	—	—	—	—	—	—		—			—	—		—	—	—				—	—	
13	—	—	—				—	—	—					—		—	—	—		—	—			—		—	—				—	—	
17	—	—		—	—	—	—			—			—			—		—	—					—			—	—	—			—	—
19			—	—	—	—				—	—	—	—		—	—	—						—	—	—	—	—	—	—			—	—
23				—	—	—	—	—	—							—	—			—		—	—			—			—				—
29			—		—	—				—			—		—	—			—	—		—	—	—	—	—							—
31	—			—		—	—		—		—						—	—	—			—	—	—			—	—			—		
37			—			—	—	—		—	—	—		—				—		—	—		—			—		—	—	—	—		—
41		—					—		—	—	—	—	—			—			—		—			—				—	—	—			—
43	—	—					—			—	—	—			—			—	—			—		—	—	—							
47			—					—		—	—	—			—	—	—	—	—			—			—	—		—	—				—
53				—	—	—	—		—			—			—	—	—		—	—		—					—	—		—	—	—	
59				—		—	—		—		—	—	—	—	—	—	—		—		—				—		—	—		—		—	—
61	—	—	—					—	—	—		—						—				—	—			—	—	—			—	—	
67		—	—					—	—	—	—	—			—			—					—		—	—				—	—		—
71		—	—	—	—	—				—	—			—	—	—		—			—					—			—				
73					—	—			—			—		—			—	—	—	—							—	—	—			—	
79	—	—	—			—	—				—			—	—		—				—	—				—	—	—		—	—	—	—
83	—					—			—		—	—						—		—			—	—			—	—	—		—	—	
89					—			—	—	—		—	—	—	—			—		—			—	—				—			—	—	—
97			—			—			—	—	—		—		—	—			—	—	—	—	—	—			—	—		—	—		
101	—	—			—	—		—	—			—	—		—		—				—	—	—	—			—			—			—
103			—		—				—	—		—	—	—	—	—		—		—	—			—	—				—		—	—	
107		—	—	—	—		—								—		—		—		—	—	—				—			—			—
109			—			—						—				—	—	—	—			—					—			—	—		
113	—	—			—	—		—			—					—	—				—		—		—	—	—		—				—
127		—		—	—				—						—		—		—	—	—				—	—		—	—			—	
131	—	—		—	—		—	—		—			—	—		—	—	—				—	—	—		—			—			—	
137	—				—				—	—	—			—		—	—				—	—		—		—						—	—
139	—	—			—	—		—	—	—		—				—				—	—	—		—		—		—	—				—
149	—		—	—	—			—		—			—	—	—			—			—		—		—	—			—		—		—
151	—	—	—	—				—		—				—	—	—	—	—		—				—	—		—			—		—	
157			—	—		—		—			—	—	—	—		—	—	—	—		—				—		—	—	—	—			
163	—			—		—			—					—		—	—		—	—	—		—	—	—			—	—	—			
167	—			—			—	—		—	—		—				—				—			—				—		—		—	—
173			—						—			—		—	—			—	—		—	—	—	—			—	—	—	—			
179						—		—	—	—	—	—			—	—	—		—			—			—	—		—		—			—
181	—			—	—		—		—	—					—			—					—		—	—	—	—	—		—	—	—
191				—		—	—		—	—		—		—			—	—		—	—		—	—	—		—	—		—		—	
193	—		—	—	—	—			—					—	—						—		—		—						—		
197	—	—			—			—	—	—	—	—	—				—		—			—	—				—	—	—		—		
199	—						—	—	—	—	—				—	—	—	—	—		—	—	—	—	—	—	—					—	
211						—		—	—				—			—	—				—		—		—			—					
223				—			—				—				—	—		—		—	—	—		—		—	—	—		—	—		
227	—				—	—		—		—			—		—			—	—	—			—		—					—	—	—	

TABULA II. DISQUISS. ARITHMM. (art. 99)

	563	569	571	577	587	593	599	601	607	613	617	619	631	641	643	647	653	659	661	673	677	683	691	701	709	719	727	733	739	743	751	757	761
229		—			—	—			—		—	—	—	—	—				—	—		—	—	—				—		—	—	—	
233			—		—		—	—	—					—	—	—	—		—	—		—	—	—			—				—	—	—
239	—	—	—	—	—		—			—			—	—	—	—			—				—			—	—	—	—		—	—	—
241	—	—						—	—		—			—	—			—		—		—	—			—	—	—	—	—			
251		—	—	—	—	—			—		—	—									—	—	—		—	—	—		—	—	—	—	
257	—		—		—	—				—			—		—	—	—			—		—		—	—	—	—		—				
263	—	—		—	—			—	—			—	—		—	—		—		—	—	—			—		—	—			—		—
269	—				—	—	—				—	—	—	—	—		—	—									—			—	—		
271				—	—		—					—	—	—					—			—			—	—	—						—
277	—			—		—		—		—	—			—	—						—			—	—	—			—	—		—	—
281	—	—	—		—	—		—	—			—	—	—	—	—				—		—				—	—			—		—	
283	—			—					—		—				—	—		—	—		—	—		—	—		—				—		—
293		—	—	—	—			—	—		—	—		—	—	—	—	—		—	—	—		—	—	—	—		—				
307	—	—	—		—	—		—					—				—				—	—	—	—		—	—	—		—			
311	—		—			—	—						—		—	—			—					—			—		—	—		—	—
313		—		—	—	—	—	—	—	—	—						—	—	—			—		—	—			—	—	—			
317		—	—	—								—		—	—			—		—	—	—	—	—		—		—	—			—	
331	—	—			—		—	—	—							—		—				—		—				—	—	—	—	—	
337	—		—			—	—					—	—			—	—		—	—	—	—		—									
347		—	—			—					—		—		—	—	—			—	—					—	—	—		—			—
349	—			—	—				—	—	—		—	—		—	—		—	—		—		—			—		—	—			
353			—			—			—	—				—				—			—	—	—				—						
359	—						—	—		—			—	—		—	—	—	—			—				—	—	—		—	—		
367	—	—	—	—	—	—		—	—			—	—	—				—					—							—		—	
373		—	—	—		—	—						—		—		—	—		—		—	—		—	—		—	—	—			
379				—				—		—				—		—		—		—		—		—			—			—	—		
383		—			—		—		—				—	—	—			—	—		—	—				—	—	—			—		—
389		—					—		—			—		—			—	—	—			—	—	—	—	—		—		—			—
397		—			—	—	—						—		—	—	—			—		—		—	—	—	—				—	—	—
401	—			—	—		—	—	—			—			—		—				—		—		—	—		—	—		—	—	—
409	—	—	—		—	—		—		—								—				—			—		—	—		—			
419	—		—				—		—		—							—		—		—				—			—	—			—
421	—				—		—	—		—	—			—	—		—		—	—	—							—	—	—		—	—
431	—	—				—			—	—			—		—	—		—	—	—	—			—	—	—		—			—	—	—
433		—		—									—	—	—											—	—	—	—	—	—	—	—
439		—		—		—	—	—				—			—	—		—	—	—		—	—			—	—			—			
443	—	—			—		—		—	—	—		—	—		—							—	—			—			—	—	—	—
449	—		—	—		—				—					—	—	—		—	—	—		—	—								—	—
457		—	—		—	—		—	—			—	—				—		—	—	—				—	—			—	—	—	—	—
461	—		—		—	—	—				—	—		—				—		—	—				—	—	—	—			—	—	
463	—			—	—	—	—	—	—		—	—	—	—			—	—				—	—		—	—	—	—	—	—	—		—
467					—			—		—		—	—	—			—	—		—	—					—		—	—	—	—		
479	—	—	—	—	—		—	—	—		—	—		—		—		—		—	—				—	—				—		—	
487	—	—	—		—	—			—		—	—	—	—	—		—					—	—	—	—	—	—			—	—	—	—
491			—				—				—				—	—		—		—		—		—	—						—		
499	—	—			—		—				—	—	—	—	—					—	—	—					—	—				—	
503		—			—		—	—	—				—	—		—	—	—	—	—			—	—		—	—		—				—

NACHLASS.

	769	773	787	797	809	811	821	823	827	829	839	853	857	859	863	877	881	883	887	907	911	919	929	937	941	947	953	967	971	977	983	991	997	
3	—		—			—		—		—		—		—		—		—		—		—		—				—				—	—	3
5	—				—	—	—			—	—			—			—				—	—	—		—				—			—		5
7					—		—	—	—						—	—		—		—	—	—				—	—	—		—		—		7
11		—		—				—		—	—			—	—		—	—		—	—		—			—			—	—	—	—		11
13				—	—			—		—			—	—			—	—	—	—	—	—		—			—		—			—	—	13
17	—	—		—						—				—	—			—				—		—			—	—	—	—				17
19	—				—		—	—				—		—			—	—				—	—	—		—		—					—	19
23					—	—	—	—		—		—	—	—	—	—		—	—				—			—		—				—	—	23
29			—			—	—						—		—	—		—				—	—	—	—		—			—		—		29
31	—					—					—	—	—			—			—	—		—		—					—	—			—	31
37		—	—			—	—	—			—				—	—	—		—				—	—	—		—		—		—			37
41	—		—	—		—	—			—		—	—	—	—	—	—			—	—				—	—	—				—			41
43	—		—	—	—		—	—	—			—	—			—	—	—		—		—			—	—		—	—	—				43
47	—	—				—		—	—			—			—			—		—	—		—		—	—		—		—		—		47
53						—		—			—		—	—	—	—				—	—		—	—	—	—	—	—	—		—	—	—	53
59			—						—	—		—				—		—		—	—					—	—		—				—	59
61		—		—	—				—	—	—	—	—	—	—	—	—				—	—	—	—				—	—	—		—		61
67		—		—			—	—	—	—	—	—		—	—	—	—		—	—	—					—	—	—	—	—			—	67
71			—	—		—	—			—	—	—	—			—	—						—		—	—	—		—	—	—		—	71
73			—	—	—	—	—		—		—	—	—			—					—			—	—	—	—	—					—	73
79		—	—		—	—	—				—		—		—	—			—	—	—	—			—		—	—	—				—	79
83		—	—			—					—	—	—	—	—		—			—	—		—		—		—			—	—	—	—	83
89	—			—	—	—	—	—									—			—	—		—	—		—			—	—	—		—	89
97		—	—		—	—		—		—			—			—	—							—				—	—				—	97
101			—		—		—		—	—	—	—	—						—				—					—		—		—	—	101
103		—	—	—			—				—	—	—					—	—	—			—		—		—			—	—	—		103
107				—		—					—		—	—			—	—						—	—			—		—			—	107
109				—	—	—		—	—	—			—		—	—	—		—	—						—	—			—			—	109
113	—	—	—		—		—	—	—			—			—						—	—	—				—	—				—		113
127		—	—	—	—	—		—								—		—		—	—	—			—		—		—	—	—			127
131	—		—	—		—	—		—	—	—				—	—			—	—	—		—	—			—			—		—	—	131
137		—		—		—	—	—		—	—			—			—	—	—				—	—	—			—		—		—	—	137
139		—				—					—			—	—		—	—			—				—	—			—	—			—	139
149	—	—	—		—		—		—				—	—	—	—			—		—	—	—		—	—		—					—	149
151		—	—	—				—	—	—	—	—						—		—	—			—			—					—	—	151
157	—	—		—			—		—	—		—								—	—		—		—		—	—		—		—		157
163		—	—	—			—			—	—	—				—					—	—			—	—		—	—					163
167					—						—	—	—	—	—	—		—		—	—	—	—			—		—					—	167
173	—	—	—		—	—			—	—				—			—		—			—	—				—		—		—	—	—	173
179		—		—	—	—		—					—		—	—			—	—	—			—	—	—			—	—	—			179
181	—	—		—		—		—				—	—	—	—							—			—	—	—	—						181
191	—	—	—		—			—		—	—						—				—				—			—	—			—		191
193	—	—		—			—		—		—	—	—				—				—	—	—	—	—	—	—	—	—	—	—		—	193
197	—	—	—	—		—	—		—	—	—	—					—															—		197
199	—			—	—		—		—	—	—	—	—	—		—			—	—	—	—			—	—	—		—		—		—	199
211	—		—		—	—	—		—	—		—	—		—		—		—					—		—	—	—			—			211
223	—			—			—						—				—		—	—	—		—		—	—							—	223
227		—		—								—	—		—	—					—	—	—	—	—			—	—	—	—		—	227
	769	773	787	797	809	811	821	823	827	829	839	853	857	859	863	877	881	883	887	907	911	919	929	937	941	947	953	967	971	977	983	991	997	

TABULA II. DISQUISS. ARITHMM. (art. 99)

	769	773	787	797	809	811	821	823	827	829	839	853	857	859	863	877	881	883	887	907	911	919	929	937	941	947	953	967	971	977	983	991	997	
229	—		—				—							—	—			—		—	—	—			—		—	—	—	—		—	—	229
233		—		—	—	—		—	—							—	—	—		—		—			—	—					—			233
239				—					—		—	—		—		—		—	—			—		—				—	—		—			239
241		—	—				—	—		—	—		—			—	—	—	—		—	—		—				—				—		241
251	—	—				—	—		—		—	—		—	—	—				—						—		—	—					251
257	—	—	—	—			—	—		—	—			—	—				—	—	—		—			—		—	—				—	257
263	—			—		—	—	—			—	—	—	—	—	—	—		—		—		—	—				—					—	263
269	—	—	—			—	—	—	—					—	—	—			—	—									—	—	—		—	269
271			—				—	—	—	—		—	—		—	—	—	—	—		—	—		—	—	—	—	—	—	—	—	—		271
277	—			—	—		—		—			—		—				—		—		—		—		—	—	—		—		—		277
281		—	—		—	—		—	—	—	—	—	—	—	—	—		—		—	—		—		—			—	—		—			281
283	—	—						—	—	—		—		—		—		—	—		—	—			—						—			283
293				—		—	—	—			—	—	—		—			—				—		—		—		—			—			293
307	—			—				—		—	—							—	—	—		—		—		—		—			—	—	—	307
311	—			—	—	—		—					—	—					—		—			—	—	—	—				—		—	311
313	—	—	—	—		—		—			—				—		—		—	—				—	—	—			—	—	—	—	—	313
317	—				—				—		—		—	—			—		—	—	—				—	—		—		—		—		317
331		—	—			—		—	—	—	—	—	—	—		—	—		—	—					—		—					—	—	331
337	—		—	—		—	—	—		—	—	—			—			—		—	—		—	—		—					—		—	337
347	—		—		—	—	—	—	—			—			—	—				—		—	—	—			—		—		—	—		347
349		—			—		—	—				—						—					—	—	—	—	—	—	—	—	—	—		349
353			—	—					—					—	—	—		—	—	—		—	—	—				—	—	—	—	—		353
359	—	—	—	—	—					—	—	—		—				—	—		—			—		—	—		—			—		359
367			—	—			—	—		—	—				—			—		—			—		—	—			—					367
373		—	—	—	—		—		—	—	—	—	—		—			—			—							—	—				—	373
379				—	—						—	—		—	—	—		—	—	—			—	—		—	—		—	—	—		—	379
383	—	—	—	—	—		—	—		—	—	—		—					—			—		—	—			—	—		—	—		383
389	—	—	—	—				—	—				—	—	—	—				—	—	—		—		—	—		—		—	—		389
397	—			—			—	—	—	—				—	—	—	—		—						—			—						397
401		—		—	—	—			—			—	—	—				—			—					—	—		—	—	—		—	401
409	—	—			—		—	—	—					—	—				—	—		—			—		—		—	—			—	409
419			—				—		—		—	—		—	—	—	—	—	—	—	—	—	—				—	—		—	—			419
421			—	—	—	—	—		—		—	—	—	—	—	—			—			—			—	—		—		—		—	—	421
431	—	—		—		—		—	—						—	—	—		—	—	—	—		—			—		—	—	—		—	431
433			—						—	—	—	—	—		—	—		—		—		—			—	—			—	—	—			433
439		—				—	—				—		—		—			—	—	—			—		—	—			—	—		—		439
443			—				—	—		—		—	—		—		—		—		—			—	—	—	—	—				—	—	443
449	—	—	—	—	—	—	—				—	—	—	—	—				—	—				—		—	—					—	—	449
457		—	—						—		—		—	—	—				—	—	—				—				—	—				457
461	—			—	—	—			—	—					—	—	—	—							—	—		—	—		—			461
463	—		—	—	—		—		—		—				—		—			—		—			—	—					—	—		463
467					—			—	—	—			—			—						—	—	—	—	—				—	—		—	467
479		—	—		—					—	—		—		—					—	—	—	—		—			—			—	—		479
487	—	—			—	—	—	—	—	—			—				—		—		—		—	—		—		—	—		—			487
491		—			—	—		—							—	—			—			—	—			—	—				—	—	—	491
499	—			—				—	—				—		—		—	—			—	—		—							—	—		499
503				—		—			—		—	—	—				—	—	—			—			—		—		—	—		—		503
	769	773	787	797	809	811	821	823	827	829	839	853	857	859	863	877	881	883	887	907	911	919	929	937	941	947	953	967	971	977	983	991	997	

TAFEL

ZUR VERWANDLUNG

GEMEINER BRÜCHE MIT NENNERN AUS DEM ERSTEN TAUSEND

IN DECIMALBRÜCHE.

NACHLASS.

3	(1)..6; (0)..3
7	(0)..428571
9	(1)..2; (2)..4; (3)..8; (4)..7; (5)..5; (0)..1
11	(1)..81; (2)..63; (3)..27; (4)..54; (0)..90
13	(1)..615384; (0)..769230
17	(0)..5882352941 176470
19	(0)..5263157894 73684210
23	(0)..4347826086 9565217391 30
27	(1)..740; (2)..481; (3)..962; (4)..925; (5)..851; (0)..370
29	(0)..3448275862 0689655172 41379310
31	(1)..4838709677 41935; (0)..3225806451 61290
37	(1)..351; (2)..756; (3)..783; (4)..918; (5)..594; (6)..972; (7)..864; (8)..324; (9)..621; (10)..108; (11)..540; (0)..270
41	(1)..46341; (2)..78048; (3)..68292; (4)..09756; (5)..58536; (6)..51219; (7)..07317; (0)..24390
43	(1)..5116279069 7674418604 6; (0)..2325581395 3488372093 0
47	(1)..2127659574 4680851063 8297872340 4255319148 936170
49	(0)..2040816326 5306122448 9795918367 3469387755 10
53	(1)..9056603773 584; (2)..5471698113 207; (3)..2264150943 396; (0)..1886792452 830
59	(0)..1694915254 2372881355 9322033898 3050847457 6271186440 67796610
61	(0)..1639344262 2950819672 1311475409 8360655737 7049180327 8688524590
67	(1)..7910447761 1940298507 4626865671 641; (0)..1492537313 4328358208 9552238805 970
71	(1)..7323943661 9718309859 1549295774 64788; (0)..1408450704 2253521126 7605633802 81690
73	(1)..68493150; (2)..42465753; (3)..12328767; (4)..61643835; (5)..08219178; (6)..41095890 (7)..05479452; (8)..27397260; (0)..13698630
79	(1)..6708860759 493; (2)..4556962025 316; (3)..2151898734 177; (4)..2405063291 139; (5)..9746835443 037; (0)..1265822784 810
81	(1)..358024691; (2)..938271604; (3)..320987654; (4)..530864197; (5)..839506172; (0)..123456790
83	(1)..0240963855 4216867469 8795180722 8915662650 6; (0)..1204819277 1084337349 3975903614 4578313253 0
89	(1)..3707865168 5393258426 9662921348 3146067415 7303; (0)..1123595505 6179775280 8988764044 9438202247 1910
97	(0)..1030927835 0515463917 5257731958 7628865979 3814432989 6907216494 8453608247 4226804123 7113402061 855670
101	(1)..1980; (2)..3960; (3)..7920; (4)..5841; (5)..1683; (6)..3366; (7)..6732; (8)..3465; (9)..6930; (10)..3861; (11)..7722; (12)..5445; (13)..0891; (14)..1782; (15)..3564; (16)..7128; (17)..4257; (18)..8514; (19)..7029; (20)..4059; (21)..8118; (22)..6237; (23)..2475; (24)..4950; (0)..0990
103	(1)..5825242718 4466019417 4757281553 3980; (2)..4951456310 6796116504 8543689320 3883 (0)..0970873786 4077669902 9126213592 2330

VERWANDLUNG GEMEINER BRÜCHE IN DECIMALBRÜCHE.

107 (1)..8878504672 8971962616 8224299065 4205607476 6355140186 915
(0)..0934579439 2523364485 9813084112 1495327102 8037383177 570

109 (0)..0917431192 6605504587 1559633027 5229357798 1651376146 7889908256 8807339449 5412844036
6972477064 2201834862 38532110

113 (0)..0884955752 2123893805 3097345132 7433628318 5840707964 6017699115 0442477876 1061946902
6548672566 3716814159 2920353982 30

121 (1)..8925619834 7107438016 52; (2)..2396694214 8760330578 51; (3)..3884297520 6611570247 93;
(4)..5950413223 1404958677 68; (0)..0826446280 9917355371 90;

127 (1)..3464566929 1338582677 1653543307 0866141732 28; (2)..7244094488 1889763779 5275590551
1811023622 04; (0)..0787401574 8031496062 9921259842 5196850393 70

131 (0)..0763358778 6259541984 7328244274 8091603053 4351145038 1679389312 9770992366 4122137404
5801526717 5572519083 9694656488 5496183206 1068702290

137 (1)..87591240; (2)..51094890; (3)..13138686; (4)..57664233; (5)..91970802; (6)..03649635;
(7)..43795620; (8)..25547445; (9)..06569343; (10)..78832116; (11)..45985401; (12)..51824817;
(13)..21897810; (14)..62773722; (15)..53284671; (16)..39416058; (0)..07299270

139 (1)..6187050359 7122302158 2733812949 6402877697 841726; (2)..9208633093 5251798561 1510791366
9064748201 438848; (0)..0719424460 4316546762 5899280575 5395683453 237410

149 (0)..0671140939 5973154362 4161073825 5033557046 9798657718 1208053691 2751677852 3489932885
9060402684 5637583892 6174496644 2953020134 2281879194 6308724832 21476510

151 (1)..5496688741 7218543046 3576158940 3973509933 7748344370 8609271523 1788079470 19867
(0)..0662251655 6291390728 4768211920 5298013245 0331125827 8145695364 2384105960 26490

157 (1)..1464968152 8662420382 1656050955 4140127388 5350318471 3375796178 3439490445 85987261
(0)..0636942675 1592356687 8980891719 7452229299 3630573248 4076433121 0191082802 54777070

163 (1)..2944785276 0736196319 0184049079 7546012269 9386503067 4846625766 8711656441 7177914110 4
(0)..0613496932 5153374233 1288343558 2822085889 5705521472 3926380368 0981595092 0245398773 0

167 (0)..0598802395 2095808383 2335329341 3173652694 6107784431 1377245508 9820359281 4371257485
0299401197 6047904191 6167664670 6586826347 3053892215 5688622754 4910179640 7185628742
514970

169 (1)..1065088757 3964497041 4201183431 9526627218 9349112426 0355029585 7988165680 47337278
(0)..0591715976 3313609467 4556213017 7514792899 4082840236 6863905325 4437869822 48520710

173 (1)..7398843930 6358381502 8901734104 0462427745 664; (2)..6705202312 1387283236 9942196531
7919075144 508; (3)..9826589595 3757225433 5260115606 9364161849 710; (0)..0578034682
0809248554 9132947976 8786127167 630

179 (0)..0558659217 8770949720 6703910614 5251396648 0446927374 3016759776 5363128491 6201117318
4357541899 4413407821 2290502793 2960893854 7486033519 5530726256 9832402234 6368715083
7988826815 64245810

181 (0)..0552486187 8453038674 0331491712 7071823204 4198895027 6243093922 6519337016 5745856353
5911602209 9447513812 1546961325 9668508287 2928176795 5801104972 3756906077 3480662983
4254143646 4088397790

191 (1)..2198952879 5811518324 6073298429 3193717277 4869109947 6439790575 9162303664 9214659685 8638743455 49738; (0)..0523560209 4240837696 3350785340 3141361256 5445026178 0104712041 8848167539 2670157068 0628272251 30890

193 (0)..0518134715 0259067357 5129533678 7564766839 3782383419 6891191709 8445595854 9222797927 4611398963 7305699481 8652849740 9326424870 4663212435 2331606217 6165803108 8082901554 4041450777 2020725388 6010362694 30

197 (1)..7055837563 4517766497 4619289340 1015228426 3959390862 9441624365 4822335025 3807106598 9847715736 04060913; (0)..0507614213 1979695431 4720812182 7411167512 6903553299 4923857868 0203045685 2791878172 5888324873 09644670

199 (1)..3819095477 3869346733 6683417085 4271356783 9195979899 4974874371 8592964824 1206030150 7537688442 211055276; (0)..0502512562 8140703517 5879396984 9246231155 7788944723 6180904522 6130653266 3316582914 5728643216 080402010

211 (1)..3317535545 0236966824 6445497630; (2)..3222748815 1658767772 5118483412; (3)..2559241706 1611374407 5829383886; (4)..7914691943 1279620853 0805687203; (5)..5402843601 8957345971 5639810426; (6)..7819905213 2701421800 9478672985; (0)..0473933649 2890995260 6635071090

223 (0)..0448430493 2735426008 9686098654 7085201793 7219730941 7040358744 3946188340 8071748878 9237668161 4349775784 7533632286 9955156950 6726457399 1031390134 5291479820 6278026905 8295964125 5605381165 9192825112 1076233183 8565022421 5246636771 30

227 (1)..1806167400 8810572687 2246696035 2422907488 9867841409 6916299559 4713656387 6651982378 8546255506 6079295154 1850220264 317; (0)..0440528634 3612334801 7621145374 4493392070 4845814977 9735682819 3832599118 9427312775 3303964757 7092511013 2158590308 370

229 (0)..0436681222 7074235807 8602620087 3362445414 8471615720 5240174672 4890829694 3231441048 0349344978 1659388646 2882096069 8689956331 8777292576 4192139737 9912663755 4585152838 4279475982 5327510917 0305676855 8951965065 5021834061 1353711790 39301310

233 (0)..0429184549 3562231759 6566523605 1502145922 7467811158 7982832618 0257510729 6137339055 7959914163 0901287553 6480686695 2789799570 8154506437 7682403433 4763948497 8540772532 1888412017 1673819742 4892703862 6609442060 0858369098 7124463519 3133047210 30

239 (1)..4644351; (2)..2552301; (3)..9330543; (4)..6569037; (5)..9916317; (6)..7071129; (7)..7489539; (8)..2133891; (9)..4686192; (10)..4016736; (11)..0585774; (12)..0502092; (13)..7573221; (14)..5062761; (15)..7196652; (16)..1882845; (17)..5899581; (18)..6485355; (19)..6987447; (20)..4560669; (21)..9623430; (22)..6820083; (23)..8702928; (24)..4602510; (25)..1087866; (26)..8075313; (27)..2635983; (28)..2259414; (29)..9079497; (30)..7782426; (31)..2384937; (32)..3472803; (33)..1548117; (0)..0418410

241 (1)..5809128630 7053941908 7136929460; (2)..1327800829 8755186721 9917012448;
(3)..8589211618 2572614107 8838174273; (4)..0248962655 6016597510 3734439834;
(5)..3485477178 4232365145 2282157676; (6)..8796680497 9253112033 1950207468;
(7)..3153526970 9543568464 7302904564; (0)..0414937759 3360995850 6224066390

243 (1)..6748971193 4156378600 8230452; (2)..8683127572 0164609053 4979423; (3)..4403292181 0699588477 3662551; (4)..6213991769 5473251028 8065843; (5)..3909465020 5761316872 4279835; (0)..0411522633 7448559670 7818930

VERWANDLUNG GEMEINER BRÜCHE IN DECIMALBRÜCHE.

251	(1)..4223107569 7211155378 4860557768 9243027888 4462151394;
	(2)..8764940239 0438247011 9521912350 5976095617 5298804780;
	(3)..2908366533 8645418326 6932270916 3346613545 8167330677;
	(4)..2828685258 9641434262 9482071713 1474103585 6573705179;
	(0)..0398406374 5019920318 7250996015 9362549800 7968127490
257	(0)..0389105058 3657587548 6381322957 1984435797 6653696498 0544747081 7120622568 0933852140
	0778210116 7315175097 2762645914 3968871595 3307392996 1089494163 4241245136 1867704280
	1556420233 4630350194 5525291828 7937743190 6614785992 2178988326 8482490272 3735408560
	3112840466 926070
263	(0)..0380228136 8821292775 6653992395 4372623574 1444866920 1520912547 5285171102 6615969581
	7490494296 5779467680 6083650190 1140684410 6463878326 9961977186 3117870722 4334600760
	4562737642 5855513307 9847908745 2471482889 7338403041 8250950570 3422053231 9391634980
	9885931558 9353612167 30
269	(0)..0371747211 8959107806 6914498141 2639405204 4609665427 5092936802 9739776951 6728624535
	3159851301 1152416356 8773234200 7434944237 9182156133 8289962825 2788104089 2193308550
	1858736059 4795539033 4572490706 3197026022 3048327137 5464684014 8698884758 3643122676
	5799256505 5762081784 38661710
271	(1)..22140; (2)..32841; (3)..97047; (4)..82287; (5)..93726; (6)..62361; (7)..74169; (8)..45018;
	(9)..70110; (10)..20664; (11)..23985; (12)..43911; (13)..63468; (14)..80811; (15)..84870;
	(16)..09225; (17)..55350; (18)..32103; (19)..92619; (20)..55719; (21)..34317; (22)..05904;
	(23)..35424; (24)..12546; (25)..75276; (26)..51660; (27)..09963; (28)..59778; (29)..58671;
	(30)..52029; (31)..12177; (32)..73062; (33)..38376; (34)..30258; (35)..81549; (36)..89298;
	(37)..35793; (38)..14760; (39)..88560; (40)..31365; (41)..88191; (42)..29151; (43)..74907;
	(44)..49446; (45)..96678; (46)..80073; (47)..80442; (48)..82656; (49)..95940; (50)..75645;
	(51)..53874; (52)..23447; (53)..39483; (0)..03690
277	(1)..8880866425 9927797833 9350180505 4151624548 7364620938 6281588447 653429602
	(2)..0469314079 4223826714 8014440433 2129963898 9169675090 2527075812 274368231
	(3)..7545126353 7906137184 1155234657 0397111913 3574007220 2166064981 949458483
	(0)..0361010830 3249097472 9241877256 3176895306 8592057761 7328519855 595667870
281	(1)..9217081850 5338078291 81494661; (2)..7722419928 8256227758 00711743;
	(3)..7010676156 5836298932 38434163; (4)..8576512455 5160142348 75444839;
	(5)..3131672597 8647686832 74021352; (6)..9110320284 6975088967 97153024;
	(7)..1957295373 6654804270 46263345; (8)..5693950177 9359430604 98220640;
	(9)..7473309608 5409252669 03914590; (0)..0355871886 1209964412 81138790
283	(1)..1519434628 9752650176 6784452296 8197879858 6572438162 5441696113 0742049469 9646643109
	5406360424 0282685512 3674911660 7773851590 1060070671 3780918727 9
	(0)..0353356890 4593639575 9717314487 6325088339 2226148409 8939929328 6219081272 0848056537
	1024734982 3321554770 3180212014 1342756183 7455830388 6925795053 0

NACHLASS.

289	(0)..0346020761	2456747404	8442906574	3944636678	2006920415	2249134948	0968858131	4878892733
	5640138408	3044982698	9619377162	6297577854	6712802768	1660899653	9792387543	2525951557
	0934256055	3633217993	0795847750	8650519031	1418685121	1072664359	8615916955	0173010380
	6228373702	4221453287	1972318339	10				
293	(1)..0375426621	1604095563	1399317406	1433447098	9761092150	1706484641	6382252559	7269624573
	3788395904	4368600682	5938566552	9010238907	8498293515	3583617747	440273	
	(0)..0341296928	3276450511	9453924914	6757679180	8873720136	5187713310	5802047781	5699658703
	0716723549	4880546075	0853242320	8191126279	8634812286	6894197952	218430	
307	(1)..4951140065	1465798045	6026058631	9218241042	3452768729	6416938110	7491856677	5244299674
	2671009771	9869706840	3908794788	2736156351	7915309446	2540716612	3778501628	664
	(0)..0325732899	0228013029	3159609120	5211726384	3648208469	0553745928	3387622149	8371335504
	8859934853	4201954397	3941368078	1758957654	7231270358	3061889250	8143322475	570
311	(1)..2958199356	9131832797	4276527331	1897106109	3247588424	4372990353	6977491961	4147909967
	8456591639	8713826366	5594855305	4662379421	2218649517	6848874598	0707395498	39228
	(0)..0321543408	3601286173	6334405144	6945337620	5787781350	4823151125	4019292604	5016077170
	4180064308	6816720257	2347266881	0289389067	5241157556	2700964630	2250803858	52090
313	(0)..0319488817	8913738019	1693290734	8242811501	5974440894	5686900958	4664536741	2140575079
	8722044728	4345047923	3226837060	7028753993	6102236421	7252396166	1341853035	1437699680
	5111821086	2619808306	7092651757	1884984025	5591054313	0990415335	4632587859	4249201277
	9552715654	9520766773	1629392971	2460063897	7635782747	6038338658	1469648562	30
317	(1)..2397476340	6940063091	4826498422	7129337539	4321766561	5141955835	9621451104	100946372
	(2)..0220820189	2744479495	2681388012	6182965299	6845425867	5078864353	3123028391	167192429
	(3)..5678233438	4858044164	0378548895	8990536277	6025236593	0599369085	1735015772	870662460
	(0)..0315457413	2492113564	6687697160	8832807570	9779179810	7255520504	7318611987	381703470
331	(1)..1178247734	1389728096	6767371601	2084592145	0151057401	8126888217	5226586102	7190332326
	2839879154	0785498489	4259818731					
	(2)..3595166163	1419939577	0392749244	7129909365	5589123867	0694864048	3383685800	6042296072
	5075528700	9063444108	7613293051					
	(0)..0302114803	6253776435	0453172205	4380664652	5679758308	1570996978	8519637462	2356495468
	2779466193	3534743202	4169184290					
337	(0)..0296735905	0445103857	5667655786	3501483679	5252225519	2878338278	9317507418	3976261127
	5964391691	3946587537	0919881305	6379821958	4569732937	6854599406	5281899109	7922848664
	6884272997	0326409495	5489614243	3234421364	9851632047	4777448071	2166172106	8249258160
	2373887240	3560830860	5341246290	8011869436	2017804154	3026706231	4540059347	1810089020
	7715133531	157270						
343	(0)..0291545189	5043731778	4256559766	7638483965	0145772594	7521865889	2128279883	3819241982
	5072886297	3760932944	6064139941	6909620991	2536443148	6880466472	3032069970	8454810495
	6268221574	3440233236	1516034985	4227405247	8134110787	1720116618	0758017492	7113702623
	9067055393	5860058309	0379008746	3556851311	9533527696	7930		

VERWANDLUNG GEMEINER BRÜCHE IN DECIMALBRÜCHE.

347	(1)..6023054755	0432276657	0605187319	8847262247	8386167146	9740634005	7636887608	0691642651
	2968299711	8155619596	5417867435	1585014409	2219020172	9106628242	0749279538	9048991354
	4668587896	253						
	(0)..0288184438	0403458213	2564841498	5590778097	9827089337	1757925072	0461095100	8645533141
	2103746397	6945244956	7723342939	4812680115	2737752161	3832853025	9365994236	3112391930
	8357348703	170						
349	(1)..3037249283	6676217765	0429799426	9340974212	0343839541	5472779369	6275071633	2378223495
	7020057306	5902578796	5616045845	272206				
	(2)..8194842406	8767908309	4555873925	5014326647	5644699140	4011461318	0515759312	3209169054
	4412607449	8567335243	5530085959	885386				
	(0)..0286532951	2893982808	0229226361	0315186246	4183381088	8252148997	1346704871	0601719197
	7077363896	8481375358	1661891117	478510				
353	(1)..7932011331	4447592067	9886685552	40;	(2)..2096317280	4532577903	6827195467	42;
	(3)..8696883852	6912181303	1161473087	81;	(4)..3512747875	3541076487	2521246458	92;
	(5)..8356940509	9150141643	0594900849	85;	(6)..3994334277	6203966005	6657223796	03;
	(7)..1841359773	3711048158	6402266288	95;	(8)..1558073654	3909348441	9263456090	65;
	(9)..3626062322	9461756373	9376770538	24;	(10)..1529745042	4929178470	2549575070	82;
	(0)..0283286118	9801699716	7138810198	30;				
359	(1)..3286908077	9944289693	5933147632	3119777158	7743732590	5292479108	6350974930	3621169916
	4345403899	7214484679	6657381615	5988857938	7186629526	4623955431	7548746518	1058485821
	7270194986	072423398						
	(0)..0278551532	0334261838	4401114206	1281337047	3537604456	8245125348	1894150417	8272980501
	3927576601	6713091922	0055710306	4066852367	6880222841	2256267409	4707520891	3649025069
	6378830083	565459610						
361	(0)..0277008310	2493074792	2437673130	1939058171	7451523545	7063711911	3573407202	2160664819
	9445983379	5013850415	5124653739	6121883656	5096952908	5872576177	2853185595	5678670360
	1108033240	9972299168	9750692520	7756232686	9806094182	8254847645	4293628808	8642659279
	7783933518	0055401662	0498614958	4487534626	0387811634	3490304709	1412742382	2714681440
	4432132963	9889196675	90					
367	(0)..0272479564	0326975476	8392370572	2070844686	6485013623	9782016348	7738419618	5286103542
	2343324250	6811989100	8174386920	9809264305	1771117166	2125340599	4550408719	3460490463
	2152588555	8583106267	0299727520	4359673024	5231607629	4277929155	3133514986	3760217983
	6512261580	3814713896	4577656675	7493188010	8991825613	0790190735	6948228882	8337874659
	4005449591	2806539509	5367847411	4441416893	732970			
373	(1)..1983914209	1152815013	4048257372	6541554959	7855227882	0375335120	6434316353	8873994638
	0697050938	3378016085	7908847184	9865951742	6273458445	0402144772	1179624664	8793565683
	6461126005	3619302949	061662					
	(0)..0268096514	7453083109	9195710455	7640750670	2412868632	7077747989	2761394101	8766756032
	1715817694	3699731903	4852546916	8900804289	5442359249	3297587131	3672922252	0107238605
	8981233243	9678284182	305630					

NACHLASS.

379 (0)..0263852242 7440633245 3825857519 7889182058 0474934036 9393139841 6886543535 6200527704
4854881266 4907651715 0395778364 1160949868 0738786279 6833773087 0712401055 4089709762
5329815303 4300791556 7282321899 7361477572 5593667546 1741424802 1108179419 5250659630
6068601583 1134564643 7794722955 1451187335 0923482849 6042216358 8390501319 2612137203
1662269129 2875989445 9102902374 6701846965 6992084432 71767810

383 (0)..0261096605 7441253263 7075718015 6657963446 4751958224 5430809399 4778067885 1174934725
8485639686 6840731070 4960835509 1383812010 4438642297 6501305483 0287206266 3185378590
0783289817 2323759791 1227154046 9973890339 4255874673 6292428198 4334203655 3524804177
5456919060 0522193211 4882506527 4151436031 3315926892 9503916449 0861618798 9556135770
2349869451 6971279373 3681462140 9921671018 2767624020 8877284595 30

389 (0)..0257069408 7403598971 7223650385 6041131105 3984575835 4755784061 6966580976 8637532133
6760925449 8714652956 2982005141 3881748071 9794344473 0077120822 6221079691 5167095115
6812339331 6195372750 6426735218 5089974293 0591259640 1028277634 9614395886 8894601542
4164524421 5938303341 9023136246 7866323907 4550128534 7043701799 4858611825 1928020565
5526992287 9177377892 0308483290 4884318766 0668380462 7249357326 47814910

397 (1)..3501259445 8438287153 6523929471 0327455919 3954659949 6221662468 5138539042 8211586901
7632241813 602015113; (2)..5667506297 2292191435 7682619647 3551637279 5969773299 7481108312
3425692695 2141057934 5088161209 068010075; (3)..3778337531 4861460957 1788413098 2367758186
3979848866 4987405541 5617128463 4760705289 6725440806 045340050; (0)..0251889168 7657430730
4785894206 5491183879 0931989924 4332493702 7707808564 2317380352 6448362720 303022670

401 (1)..7381546134 6633416458 8528678304 2394014962 5935162094 7630922693 2668329177 0573566084
7880299251 8703241895 2618453865 3366583541 1471321695 7605985037 4064837905 2369077306
7331670822 9426433915 2119700748 1296758104

(0)..0249376558 6034912718 2044887780 5486284289 2768079800 4987531172 0698254364 0897755610
9725685785 5361596009 9750623441 3965087281 7955112219 4513715710 7231920199 5012468827
9301745635 9102244389 0274314214 4638403990

409 (1)..2542787286 0635696821 5158924205 3789731051 3447432762 8361858190 7090464547 6772616136
9193154034 2298288508 5574572127 1393643031 7848410757 9462102689 4865525672 3716381418
0929095354 5232273838 6308068459 6577017114 9144

(0)..0244498777 5061124694 3765281173 5941320293 3985330073 3496332518 3374083129 5843520782
3960880195 5990220048 8997555012 2249388753 0562347188 2640586797 0660146699 2665036674
8166259168 7041564792 1760391198 0440097799 5110

419 (0)..0238663484 4868735083 5322195704 0572792362 7684964200 4773269689 7374701670 6443914081
1455847255 3699284009 5465393794 7494033412 8878281622 9116945107 3985680190 9307875894
9880668257 7565632458 2338902147 9713603818 6157517899 7613365155 1312649164 6778042959
4272076372 3150357995 2267303102 6252983293 5560859188 5441527446 3007159904 5346062052
5059665871 1217183770 8830548926 0143198090 6921241050 1183317422 4343675417 6610978520
2863961813 84248210

VERWANDLUNG GEMEINER BRÜCHE IN DECIMALBRÜCHE.

421	(1)..2826603325	4156769596	1995249406	1757719714	9643705463	1828978622	3277909738	7173396674
	5843230403	8004750593	8242280285	0356294536	8171021377	6722090261		
	(2)..2636579572	4465558194	7743467933	4916864608	0760095011	8764845605	7007125890	7363420427
	5534441805	2256532066	5083135391	9239904988	1235154394	2992874109		
	(0)..0237529691	2114014251	7814726840	8551068883	6104513064	1330166270	7838479809	9762470308
	7885985748	2185273159	1448931116	3895486935	8669833729	2161520190		
431	(1)..4872389791	1832946635	7308584686	7749419953	5962877030	1624129930	3944315545	2436194895
	5916473317	8654292343	3874709976	7981438515	0812064965	1972197772	6218097447	7958236658
	9327146171	6937354988	3990719257	5406032482	5986078886	31090		
	(0)..0232018561	4849187935	0348027842	2273781902	5522041763	3410672853	8283062645	0116009280
	7424593967	5174013921	1136890951	2761020881	6705336426	9141531322	5058004640	3712296983
	7587006960	5568445475	6380510440	8352668213	4570765661	25290		
433	(0)..0230946882	2170900692	8406466512	7020785219	3995381062	3556581986	1431870669	7459584295
	6120092378	7528868360	2771362586	6050808314	0877598152	4249422632	7944572748	2678983833
	7182448036	9515011547	3441108545	0346420323	3256351039	2609699769	0531177829	0993071593
	5334872979	2147806004	6189376443	4180138568	1293302540	4157043879	9076212471	1316397228
	6374133949	1916859122	4018475750	5773672055	4272517321	0161662817	5519630484	9884526558
	8914549653	5796766743	6489607390	30				
439	(1)..4920273348	5193621867	8815489749	4305239179	9544419134	3963553530	7517084282	4601366742
	5968109339	4077448747	1526195899	7722095671	9817767653	7585421412	3006833712	9840546697
	0387243735	7630979498	8610478359	9088838268	7927107061	503416856		
	(0)..0227790432	8018223234	6241457858	7699316628	7015945330	2961275626	4236902050	1138952164
	0091116173	1207289293	8496583143	5079726651	4806378132	1184510250	5694760820	0455580865
	6036446469	2482915717	5398633257	4031890660	5922551252	847380410		
443	(1)..4176072234	7629796839	7291196388	2618510158	0135440180	5869574492	0993227990	9706546275
	3950338600	4514672686	2302483069	9774266365	6884875846	5011286681	7155756207	6749435665
	9142212189	6162528216	7042889390	5191873589	1647855530	4740406320	5	
	(0)..0225733634	3115124153	4988713318	2844243792	3250564334	0857787810	3837471783	2957110609
	4808126410	8352144469	5259593679	4582392776	5237020316	0270880361	1738148984	1986455981
	9413092550	7900677200	9029345372	4604966139	9548532731	3769751693	0	
449	(1)..7572383073	4966592427	6169265033	40;	(2)..7461024498	8864142538	9755011135	85;
	(3)..3674832962	1380846325	1670378619	15;	(4)..4944320712	6948775055	6792873051	22;
	(5)..8106904231	6258351893	0957683741	64;	(6)..5634743875	2783964365	2561247216	03;
	(7)..1581291759	4654788418	7082405345	21:	(8)..3763919821	8262806236	0801781737	19;
	(9)..7973273942	0935412026	7260579064	58;	(10)..1091314031	1804008908	6859688195	99;
	(11)..7104677060	1336302895	3229398663	69;	(12)..1559020044	5434298440	9799554565	70;
	(13)..3006681514	4766146993	3184855233	85;	(0)..0222717149	2204899777	2828507795	10

457	(1) . .	7768052516	4113785557	9868708971	5536105032	8227571115	9737417943	1072210065	6455142231
		9474835886	2144420131	2910284463	8949671772	4288840262	5820568927	7899343544	85
	(2) . .	0765864332	6039387308	5339168490	1531728665	2078774617	0678336980	3063457330	4157549234
		1356673960	6126914660	8315098468	2713347921	2253829321	6630196936	5426695842	45
	(0) . .	0218818380	7439824945	2954048140	0437636761	4879649890	5908096280	0875273522	9759299781
		1816192560	1750547045	9518599562	3632385120	3501094091	9037199124	7264770240	70
461	(0) . .	0216919739	6963123644	2516268980	4772234273	3188720173	5357917570	4989154013	0151843817
		7874186550	9761388286	3340563991	3232104121	4750542299	3492407809	1106290672	4511930585
		6832971800	4338394793	9262472885	0325379609	5444685466	3774403470	7158351409	9783080260
		3036876355	7483731019	5227765726	6811279826	4642082429	5010845986	9848156182	2125813449
		0238611713	6659436008	6767895878	5249457700	6507592190	8893709327	5488069414	3167028199
		5661605206	0737527114	9674620390	4555314533	6225596529	2841648590		
463	(1) . .	7580993520	5183585313	1749460043	1965442764	5788336933	0453563714	9028077753	7796976241
		9006479481	6414686825	0539956803	4557235421	1663066954	6436285097	1922246220	3023
	(2) . .	9092872570	1943844492	4406047516	1987041036	7170626349	8920086393	0885529157	6673866090
		7127429805	6155507559	3952483801	2958963282	9373650107	9913606911	4470842332	6133
	(0) . .	0215982721	3822894168	4665226781	8574514038	8768898488	1209503239	7408207343	4125269978
		4017278617	7105831533	4773218142	5485961123	1101511879	0496760259	1792656587	4730

[Theiler	3	9	11	13	27	31	37	41	43	53	67	71	73	79	81	83	89	101
Primitivwurzel . .	2	2	2	6	2	17	5	6	28	26	12	62	5	29	11	50	30	2

Theiler	103	107	121	127	137	139	151	157	163	169	173	191	197	199	211
Primitivwurzel . .	6	63	35	106	12	92	114	18	70	137	82	157	73	127	7

Theiler	227	239	241	243	251	271	277	281	283	293	307	311	317	331	347
Primitivwurzel .	163	35	14	65	111	6	80	54	259	89	138	258	71	37	125

Theiler	349	353	359	373	397	401	409	421	431	439	443	449	457	463]
Primitivwurzel .	220	28	299	82	133	190	174	54	21	285	240	34	264	174]

VERWANDLUNG GEMEINER BRÜCHE IN DECIMALBRÜCHE.

467	2141327623	1263383297	6445396145	6102783725	9100642398	2869379014	9892933618	8436830835
	1177730192	7194860813	7044967880	0856531049	2505353319	0578158458	2441113490	3640256959
	3147751605	9957173447	5374732334	0471092077	0877944325	4817987152	0342612419	7002141327
	.....							
479	2087682672	2338204592	9018789144	0501043841	3361169102	2964509394	5720250521	9206680584
	5511482254	6972860125	2609603340	2922755741	1273486430	0626304801	6701461377	8705636743
	2150313152	4008350730	6889352818	3716075156	5762004175	3653444676	4091858037	5782881002
	.....							
487	2053388090	3490759753	5934291581	1088295687	8850102669	4045174537	9876796714	5790554414
	7843942505	1334702258	7268993839	8357289527	7207392197	1252566735	1129363449	6919917864
	4763860369	6098562628	3367556468	1724845995	8932238193	0184804928	1314168377	8234086242
	2997946611	9096509240	2464065708	4188911704	3121149897	3305954825	4620123203	2854209445
	5852156057	4948665297	7412731006	1601642710	4722792607	8028747433	2648870636	5503080082
	1355236139	6303901437	3716632443	5318275154	0041067761	8069815195	0718685831	6221765913
	7577002053	...						
491	2036659877	8004073319	7556008146	6395112016	2932790224	0325865580	4480651731	1608961303
	4623217922	6069246435	8452138492	8716904276	9857433808	5539714867	6171079429	7352342158
	8594704684	3177189409	3686354378	8187372708	7576374745	4175152749	4908350305	4989816700
	6109979633	4012219959	2668024439	9185336048	8798370672	0977596741	3441955193	4826883910
	3869653767	8207739307	5356415478	6150712830	9572301425	6619144602	8513238289	2057026476
	5784114052	9531568228	1059063136	4562118126	2729124236	2525458248	4725050916	4969450101
	8329938900	...						
499	2004008016	0320641282	5651302605	2104208416	8336673346	6933867735	4709418837	6753507014
	0280561122	2444889779	5591182364	7294589178	3567134268	5370741482	9659318637	2745490981
	9639278557	1142284569	1382765531	0621242484	9699398797	5951903807	6152304609	2184368737
	4749498997	9959919839	6793587174	3486973947	8957915831	6633266533	0661322645	2905811623
	2464929859	7194388777	5551102204	4088176352	7054108216	4328657314	6292585170	3406813627
	2545090180	3607214428	8577154308	6172344689	3787575150	3006012024	0480961923	8476953907
	8156312625	2505010020	....					
503	1988071570	5765407554	6719681908	5487077534	7912524850	8946322067	5944333996	0238568588
	4691848906	5606361829	0258449304	1749502982	1073558648	1113320079	5228628230	6163021868
	7872763419	4831013916	5009940357	8528827037	7733598409	5427435387	6739562624	2544731610
	3379721669	9801192842	9423459244	5328031809	1451292246	5208747514	9105367793	2405566600
	3976143141	1530815109	3439363817	0974155069	5825049701	7892644135	1888667992	0477137176
	9383697813	1212723658	0516898608	3499005964	2147117296	2226640159	0457256461	2326043737
	5745526838	9662027833	0019880715	.....				

NACHLASS.

509	1964636542	2396856581	5324165029	4695481335	9528487229	8624754420	4322200392	9273084479
	3713163064	8330058939	0962671905	6974459724	9508840864	4400785854	6168958742	6326129666
	0117878192	5343811394	8919449901	7681728880	1571709233	7917485265	2259332023	5756385068
	7622789783	8899803536	3457760314	3418467583	4970530451	8664047151	2770137524	5579567779
	9607072691	5520628683	6935166994	1060903732	8094302554	0275049115	9135559921	4145383104
	1257367387	0333988212	1807465618	8605108055	0098231827	1119842829	0766208251	4734774066
	7976424361	4931237721	0216110019	.....				
521	1919385796	5451055662	1880998080	6142034548	9443378119	0019193857....		
523	1912045889	1013384321	2237093690	2485659655	8317399617	5908221797	3231357552	5812619502
	8680688336	5200764818	3556405353	7284894837	4760994263	8623326959	8470363288	7189292543
	0210325047	8011472275	3346080305	9273422562	1414913957	9349904397	7055449330	7839388145
	3154875717	0172084130	0191204588	.....				
529	1890359168	2419659735	3497164461	2476370510	3969754253	3081285444	2344045368	6200378071
	8336483931	9470699432	8922495274	1020793950	8506616257	0888468809	0737240075	6143667296
	7863894139	8865784499	0548204158	7901701323	2514177693	7618147448	0151228733	4593572778
	8279773156	8998109640	8317580340	2646502835	5387523629	4896030245	7466918714	5557655954
	6313799621	9281663516	0680529300	5671077504	7258979206	0491493383	7429111531	1909262759
	9243856332	7032136105	8601134215	5009451795	8412098298	6767485822	3062381852	5519848771
	2665406427	2211720226	8431001890	....				
541	1848428835	4898336414	0480591497	2273567467	6524953789	2791127541	5896487985	2125693160
	8133086876	1552680221	8114602587	8003696857	6709796672	8280961182	9944547134	9353049907
	5785582255	0831792975	9704251386	3216266173	7523105360	4436229205	1756007393	7153419593
	3456561922	3659889094	2698706099	8151571164	5101663585	9519408502	7726432532	3475046210
	7208872458	4103512014	7874306839	1866913123	8447319778	1885397412	1996303142	3290203327
	1719038817	0055452865	0646950092	4214417744	9168207024	0295748613	6783733826	2476894639
	5563770794	8243992606	2846580406	6543438077	6340110905	7301293900	1848428835....	
547	1828153564	8994515539	3053016453	3820840950	6398537477	1480804387	5685557586	8372943327
	2394881170	0182815356	....					
557	1795332136	4452423698	3842010771	9928186714	5421903052	0646319569	1202872531	4183123877
	9174147217	2351885098	7432675044	8833034111	3105924596	0502692998	2046678635	5475763016
	1579892280	0718132854	5780969479	3536804308	7971274685	8168761220	8258527827	6481149012
	5673249551	1669658886	8940754039	4973070017	....			
563	1776198934	2806394316	1634103019	5381882770	8703374777	9751332149	2007104795	7371225577
	2646536412	0781527531	0834813499	1119005328	5968028419	1829484902	3090586145	6483126110
	1243339253	9964476021	3143872113	6767317939	6092362344	5825932504	4404973357	0159857904
	0852575488	4547069271	7584369449	3783303730	0177619893	.....		
569	1757469244	2882249560	6326889279	4376098418	2776801405	9753954305	7996485061	5114235500
	8787346221	4411247803	1634446397	1880492091	3884007029	8769771528	9982425307	5571177504
	3936731107	2056239015	8172231985	9402460456	9420035149	3848857644	9912126537	7855887521
	9683655536	0281195079	0861159929	7012302284	7100175746	....		

VERWANDLUNG GEMEINER BRÜCHE IN DECIMALBRÜCHE.

571	1751313485	1138353765	3239929947	4605954465	8493870402	8021015761	8213660245	1838879159
	3695271453	5901926444	8336252189	1418563922	9422066549	9124343257	4430823117	3380035026
	2697022767	0753064798	5989492119	0893169877	4080560420	3152364273	2049036777	5831873905
	4290718038	5288966725	0437828371	2784588441	3309982486	8651488616	4623467600	7005253940
	4553415061	2959719789	8423817863	3975481611	2084063047	2854640980	7355516637	4781085814
	3607705779	3345008756	5674255691	7688266199	6497373029	7723292469	3520140105	0788091068
	3012259194	3957968476	3572679509	6322241681	2609457092	8196147110	3327495621	7162872154
	1155866900	1751313485	....					
577	1733102253	0329289428	0762564991	3344887348	3535528596	1871750433	2755632582	3223570190
	6412478336	2218370883	8821490467	9376083188	9081455805	8925476603	1195840554	5927209705
	3726169844	0207972270	3639514731	3691507798	9601386481	8024263431	5424610051	9930675909
	8786828422	8769497400	3466204506	0658578856	1525129982	6689774696	7071057192	3743500866
	5511265164	6447140381	2824956672	4436741767	7642980935	8752166377	8162911611	7850953206
	2391681109	1854419410	7452339688	0415944540	7279029462	7383015597	9202772963	6048526863
	0849220103	9861351819	7573656845	7538994800	6932409012	1317157712	3050259965	3379549393
	4142114384	7487001733	....					
587	1703577512	7768313458	2623509369	1763202725	7240204429	3015332197	6149914821	1243611584
	3270868824	5315161839	8637137989	7785349233	3901192504	2589437819	4207836456	5587734241
	9080068143	1005110732	5383304940	3747870528	1090289608	1771720613	2879045996	5928449744
	4633730834	7529812606	4735945485	5195911413	9693356047	7001703577	....	
593	1686340640	8094435075	8853288364	2495784148	3979763912	3102866779	0893760539	6290050590
	2192242833	0522765598	6509274873	5244519392	9173693086	0033726812	8161888701	5177065767
	2849915682	9679595278	2462057335	5817875210	7925801011	8043844856	6610455311	9730185497
	4704890387	8583473861	7200674536	2563237774	0303541315	3456998313	6593591905	5649241146
	7116357504	2158516020	2360876897	1332209106	2394603709	9494097807	7571669477	2344013490
	7251264755	4806070826	3069139966	2731871838	1112984822	9342327150	0843170320	4047217537
	9426644182	1247892074	1989881956	1551433389	5446880269	8145025295	1096121416	5261382799
	3254637436	7622259696	4586846543	0016863406	....			
599	1669449081	8030050083	4724540901	5025041736	2270450751	2520868113	5225375626	0434056761
	2687813021	7028380634	3906510851	4190317195	3255425709	5158597662	7712854757	9298831385
	6427378964	9415692821	3689482470	7846410684	4741235392	3205342237	0617696160	2671118530
	8848080133	5559265442	4040066777	9632721202	0033388981	6360601001	....	
601	1663893510	8153078202	9950083194	6755407653	9101497504	1597337770	3826955074	8752079866
	8885191347	7537437603	9933444259	5673876871	8801996672	2129783693	8435940099	8336106489
	1846921797	0049916805	3244592346	0898502495	8402662229	6173044925	1247920133	1114808652
	2462562396	0066555740	4326123128	1198003327	7870216306	1564059900	1663893510	....

NACHLASS.

607	1647446457	9901153212	5205930807	2487644151	5650741350	9060955518	9456342668	8632619439
	8682042833	6079077429	9835255354	2009884678	7479406919	2751235584	8434925864	9093904448
	1054365733	1136738056	0131795716	6392092257	0016474464	....		
613	1631321370	3099510603	5889070146	8189233278	9559543230	0163132137	....	
617	1620745542	9497568881	6855753646	6774716369	5299837925	4457050243	1118314424	6353322528
	3630470016	....						
619	1615508885	2988691437	8029079159	9353796445	8804523424	8788368336	0258481421	6478190630
	0484652665	5896607431	3408723747	9806138933	7641357027	4636510500	8077544426	4943457189
	0145395799	6768982229	4022617124	3941841680	1292407108	2390953150	2423263327	9483037156
	7043618739	9030694668	8206785137	3182552504	0387722132	4717285945	0726978998	3844911147
	0113085621	9709208400	6462035541	1954765751	2116316639	7415185783	5218093699	5153473344
	1033925686	5912762520	1938610662	3586429725	3634894991	9224555735	0565428109	8546042003
	2310177705	9773828756	0581583198	7075928917	6090468497	5767366720	5169628432	9563812600
	9693053311	7932148626	8174474959	6122778675	2827140549	2730210016	....	
631	1584786053	8827258320	1267828843	1061806656	1014263074	4849445324	8811410459	5879556259
	9049128367	6703645007	9239302694	1362916006	3391442155	3090332805	0713153724	2472266244
	0570522979	3977812995	2456418383	5182250396	1965134706	8145800316	9572107765	4516640253
	5657686212	3613312202	8526148969	8890649762	2820919175	9112519809	8256735340	7290015847
	....							
641	1560062402	4960998439	9375975039	0015600624	..			
643	1555209953	3437013996	8895800933	1259720062	2083981337	4805598755	8320373250	3888024883
	3592534992	2239502332	8149300155	....				
647	1545595054	0958268933	5394126738	7944358578	0525502318	3925811437	4034003091	1901081916
	5378670788	2534775888	7171561051	0046367851	6228748068	0061823802	1638330757	3415765069
	5517774343	1221020092	7357032457	4961360123	6476043276	6615146831	5301391035	5486862442
	0401854714	0649149922	7202472952	0865533230	2936630602	7820710973	7248840803	7094281298
	2998454404	9459041731	0664605873	2612055641	4219474497	6816074188	5625965996	9088098918
	0834621329	2117465224	1112828438	9489953632	1483771251	9319938176	1978361669	2426584234
	9304482225	6568778979	9072642967	5425038639	8763523956	7233384853	1684698608	9644513137
	5579598145	2859350850	0772797527	0479134466	7697063369	3972179289	0262751159	1962905718
	7017001545	....						
653	1531393568	1470137825	4211332312	4042879019	9081163859	1117917304	7473200612	5574272588
	0551301684	5329249617	1516079632	4655436447	1669218989	2802450229	7090352220	5206738131
	6998468606	4318529862	1745788667	6875957120	9800918836	1408882082	6952526799	3874425727
	4119448698	3154670750	3828483920	3675344563	5528330781	0107197549	7702909647	7794793261
	8683001531	....						

VERWANDLUNG GEMEINER BRÜCHE IN DECIMALBRÜCHE.

659	1517450682	8528072837	6327769347	4962063732	9286798179	0591805766	3125948406	6767830045
	5235204855	8421851289	8330804248	8619119878	6039453717	7541729893	7784522003	0349013657
	0561456752	6555386949	9241274658	5735963581	1836115326	2518968133	5356600910	4704097116
	8437025796	6616084977	2382397572	0789074355	0834597875	5690440060	6980273141	1229135053
	1107738998	4825493171	4719271623	6722306525	0379362670	7132018209	4081942336	8740515933
	2321699544	7647951441	5781487101	6691957511	3808801213	9605462822	4582701062	2154779969
	6509863429	4385432473	4446130500	7587253414	2640364188	1638846737	4810318664	6433990895
	2959028831	5629742033	3839150227	6176024279	2109256449	1654021244	3095599393	0197268588
	7708649468	8922610015	....					
661	1512859304	0847201210	2874432677	7609682299	5461422087	7458396369	1376701966	7170953101
	3615733736	7624810892	5869894099	8487140695	9152798789	7125567322	2390317700	4538577912
	2541603630	8623298033	2829046898	6384266263	2375189107	4130105900	1512859304	....
673	148[illegible]884101	0401188707	2808320950	9658246656	7607726597	3254086181	2778603268	9450222882
	6151560178	3060921248	1426448736	9985141158	9895988112	9271916790	4903417533	4323922734
	0267459138	1872213967	3105497771	1738484398	2169390787	5185735512	6300148588	....
677	1477104874	4460856720	8271787296	8980797636	6322008862	6292466765	1403249630	7237813884
	7858197932	0531757754	8005908419	4977843426	8833087149	1875923190	5465288035	4505169867
	0605612998	5228951255	5391432791	7282127031	0192023633	6779911373	7075332348	5967503692
	7621861152	1418020679	4682422451	9940915805	0221565731	1669128508	1240768094	5347119645
	4948301329	3943870014	....					
683	1464128843	3382137628	1112737920	9370424597	3645680819	9121522693	9970717423	1332357247
	4377745241	5812591508	0527086383	6017569546	1200585651	5373352855	0512445095	1683748169
	8389458272	3279648609	0775988286	9692532942	8989751098	0966325036	6032210834	5534407027
	8184480234	2606149341	1420204978	0380673499	2679355783	3089311859	4436310395	3147877013
	1771595900	4392386530	0146412884	....				
691	1447178002	8943560057	8871201157	7424023154	8480463096	9609261939	2185238784	3704775687
	4095513748	1910274963	8205499276	4109985528	2199710564	3994211287	9884225759	7684515195
	3690303907	3806078147	6121562952	2431259044	8625180897	2503617945	0072358900	1447178022
	....							
701	1426533523	5378031383	7375178316	6904422253	9229671897	2895863052	7817403708	9871611982
	8815977175	4636233951	4978601997	1469329529	2439372325	2496433666	1911554921	5406562054
	2082738944	3651925820	2567760342	3680456490	7275320970	0427960057	0613409415	1212553495
	0071326676	1768901569	1868758915	8345221112	6961483594	8644793152	6390870185	4493580599
	1440798858	7731811697	5748930099	8573466476	4621968616	2624821683	3095577746	0770328102
	7104136947	2182596291	0128388017	1184022824	5363766048	5021398002	8530670470	7560627674
	7503566333	8088445078	4593437945	7917261055	6348074179	7432239657	6319543509	2724679029
	9572039942	9386590584	8787446504	9928673323	8231098430	8131241084	1654778887	3038516405
	1355206847	3609129814	5506419400	8559201141	2268188302	4251069900	....	

NACHLASS.

709	1410437235	5430183356	8406205923	8363892806	7700987306	0648801128	3497884344	1466854724
	9647390691	1142454160	7898448519	0409026798	3074753173	4837799717	9125528913	9633286318
	7588152327	2214386459	8025387870	2397743300	4231311706	6290550070	5218617771	5091678420
	3102961918	1946403385	0493653032	4400564174	8942172073	3427362482	3695345557	1227080394
	9224259520	4513399153	7376586741	8899858956	2764456981	6643159379	4076163610	7193229901
	2693935119	8871650211	5655853314	5275035260	9308885754	5839210155	1480959097	3201692524
	6826516220	0282087447	1086036671	3681241184	7672778561	3540197461	2129760225	6699576868
	8293370944	9929478138	2228490832	1579689703	8081805359	6614950634	6967559943	5825105782
	7926657263	7517630465	4442877291	9605077574	0479548660	0846262341	3258110014	....
719	1390320584	1446453407	5104311543	8108484005	5632823365	7858136300	4172461752	4339360222
	5312934631	4325452016	6898470097	3574408901	2517385257	3018080667	5938803894	2976356050
	0695410292	0723226703	7552155771	9054242002	7816411682	8929068150	2086230876	2169680111
	2656467315	7162726008	3449235048	6787204450	6258692628	6509040333	7969401947	1488178025
	0347705146	0361613351	8776077885	9527121001	....			
727	1375515818	4319119669	8762035763	4112792297	1114167812	9298486932	5997248968	3631361760
	6602475928	4731774415	4057771664	3741403026	1348005502	0632737276	4786795048	1430536451
	1691884456	6712517193	9477303988	9958734525	4470426409	9037138927	0976616231	0866574965
	6121045392	0220082530	9491059147	1801925722	1458046767	5378266850	0687757909	2159559834
	9381017881	7056396148	5557083906	4649243466	2998624484	1815680880	3301237964	2365887207
	7028885832	1870701513	0674002751	0316368638	2393397524	0715268225	5845942228	3356258596
	9738651994	4979367262	7235213204	9518569463	5488308115	5433287482	8060522696	0110041265
	4745529573	5900962861	0729023383	7689133425	0343878954	6079779917	4690508940	8528198074
	2778541953	2324621733	1499312242	0907840440	1650618982	1182943603	8514442916	0935350756
	5337001375	....						
729	1371742112	4828532235	9396433470	5075445816	1865569272	9766803840	8779149519	8902606310 0137174211
733	1364256480	2182810368	3492496589	3587994542	9740791268	7585266030	0136425648	....
739	1353179972	9364005412	7198917456	0216508795	6698240866	0351826792	9634641407	3071718538
	5656292286	8741542625	1691474966	1705006765	8998646820	0270635994	5872801082	5439783491
	2043301759	1339648173	2070365358	5926928281	4614343707	7131258457	3748308525	0338294993
	2341001353	....						
743	1345895020	1884253028	2637954239	5693135935	3970390309	5558546433	3781965006	7294751009
	4212651413	1897711978	4656796769	8519515477	7927321668	9098250336	4737550471	0632570659
	4885598923	2839838492	5975773889	6366083445	4912516823	6877523553	1628532974	4279946164
	1991924629	8788694481	8304172274	5625841184	3876177658	1426648721	3997308209	9596231493
	9434724091	5208613728	1292059219	3808882907	1332436069	9865410497	9811574697	1736204576
	0430686406	4602960969	0444145356	6621803499	3270524899	0578734858	6810228802	1534320323
	0148048452	2207267833	1090174966	3526244952	8936742934	0511440107	6716016150	7402422611
	0363391655	4508748317	6312247644	6837146702	5572005383	5800807537	0121130551	8169582772
	5437415881	5612382234	1857335127	8600269179	0040376850	6056527590	8479138627	1870794078
	0619111709	2866756393	0013458950	....				

VERWANDLUNG GEMEINER BRÜCHE IN DECIMALBRÜCHE.

751	1331557922	7696404793	6085219707	0572569906	7909454061	2516644474	0346205059	9201065246
	3382157123	8348868175	7656458055	9254327563	2490013315	....		
757	1321003963	0118890356	6710700132	....				
761	1314060446	7805519053	8764783180	0262812089	3561103810	7752956636	0052562417	8712220762
	1550591327	2010512483	5742444152	4310118265	4402102496	7148488830	4862023653	0880420499
	3429697766	0972404730	6176084099	8685939553	2194480946	1235216819	9737187910	6438896189
	2247043363	9947437582	1287779237	8449408672	7989487516	4257555847	5689881734	5597897503
	2851511169	5137976346	9119579500	6570302233	9027595269	3823915900	1314060446	....
769	1300390117	0351105331	5994798439	5318595578	6736020806	2418725617	6853055916	7750325097
	5292587776	3328998699	6098829648	8946684005	2015604681	4044213263	9791937581	2743823146
	9440832249	6749024707	4122236671	0013003901	....			
773	1293661060	8020698576	9728331177	2315653298	8357050452	7813712807	2445019404	9159120310
	4786545924	9676584734	7994825355	7567917205	6921096675	2910737386	8046571798	1888745148
	7710219922	3803363518	7580853816	3001293661	...			
787	1270648030	4955527318	9326556543	8373570520	9656925031	7662007623	8881829733	1639135959
	3392630241	4231257941	5501905972	0457433290	9783989834	8157560355	7814485387	5476493011
	4358322744	5997458703	9390088945	3621346886	9123252858	9580686149	9364675984	7522236340
	5336721728	0813214739	5171537484	1168996188	0559085133	4180432020	3303684879	2884371029
	2249047013	9771283354	5108005082	5921219822	1092757306	2261753494	2820838627	7001270648
	....							
797	1254705144	2910915934	7553324968	6323713927	2271016311	1668757841	9071518193	2245922208
	2810539523	2120451693	8519447929	7365119196	9887076537	0138017565	8720200752	8230865746
	5495608531	9949811794	2283563362	6097867001	....			
809	1236093943	1396786155	7478368355	9950556242	2744128553	7700865265	7601977750	3090234857
	8491965389	3695920889	9876390605	6860321384	4252163164	4004944375	7725587144	6229913473
	4239802224	9690976514	2150803461	0630407911	0012360939	....		
811	1233045622	6880394574	5992601726	2638717632	5524044389	6424167694	2046855733	6621454993
	8347718865	5980271270	0369913686	8064118372	3797780517	8791615289	7657213316	8927250308
	2614056720	0986436498	1504315659	6794081381	0110974106	0419235511	7139334155	3637484586
	9297163995	0678175092	4784217016	0295930949	4451294697	9038224414	3033292231	8125770653
	5141800246	6091245376	0789149198	5203452527	7435265104	8088779284	8335388409	3711467324
	2909987669	5437731196	0542540073	9827373612	8236744759	5561035758	3230579531	4426633785
	4500616522	8113440197	2872996300	8631319358	8162762022	1948212083	8471023427	8668310727
	4969173859	4327990135	6350184956	8434032059	1861898890	2589395807	6448828606	6584463625
	1541307028	3600493218	2490752157	8298397040	6905055487	0530209617	7558569667	0776818742
	2934648581	9975339087	5462392108	5080147965	4747225647	3489519112	2071516646	1159062885
	3267570900	1233045662	....					

NACHLASS.

821	1218026796	5895249695	4933008526	1875761266	7478684531	0596833130	3288672350	7917174177
	8319123020	7064555420	2192448233	8611449451	8879415347	1376370280	1461632155	9074299634
	5919610231	4250913520	0974421437	2716199756	3946406820	9500609013	3982947624	8477466504
	2630937880	6333739342	2655298416	5651644336	1753958587	0889159561	5103532277	7101096224
	1169305724	7259439707	6735688185	1400730816	0779537149	8172959805	1157125456	7600487210
	7186358099	8781973203	4104750304	5066991473	8124238733	2521315468	9403166869	6711327649
	2082825822	1680876979	2935444579	7807551766	1388550548	1120584652	8623629719	8538367844
	0925700365	4080389768	5749086479	9025578562	7283800243	6053593179	0499390986	6017052375
	1522533495	7369062119	3666260657	7344701583	4348355663	8246041412	9110840438	4896467722
	2898903775	8830694275	2740560292	3264311814	8599269183	9220462850	1827040194	8842874543
	2399512789	2813641900	1218026796	....				
823	1215066828	6755771567	4362089914	9453219927	0959902794	6537059538	2746051032	8068043742
	4058323207	7764277035	2369380315	9173754556	5006075334	1433778857	8371810449	5747266099
	6354799513	9732685297	6913730255	1640340218	7120291616	0388821385	1761846901	5795868772
	7825030376	6707168894	2891859052	2478736330	4981773997	5698663426	4884568651	2758201701
	0935601458	0801944106	9258809234	5078979343	8639125151	8833535844	4714459295	2612393681
	6524908869	9878493317	1324422843	2563791008	5054678007	2904009720	5346294046	1725394896
	7193195625	7594167679	2223572296	4763061968	4082624544	3499392466	5856622114	2162818955
	0425273390	0364520048	6026731470	2308626974	4835965978	1287970838	3961117861	4823815309
	8420413122	7217496962	3329283110	5710814094	7752126366	9501822600	2430133657	3511543134
	8724179829	8906439854	1919805589	3074119076	5492102065	6136087484	8116646415	5528554070
	4738760631	8347509113	0012150668	....				
827	1209189842	8053204353	0834340991	5356711003	6275695284	1596130592	5030229746	0701330108
	8270858524	7883917775	0906892382	1039903264	8125755743	6517533252	7206771463	1197097944
	3772672309	5525997581	6203143893	5912938331	3180169286	5779927448	6094316807	7388149939
	5405078597	3397823458	2829504232	1644498186	2152357920	1934703748	4885126964	9334945586
	4570737605	8041112454	6553808948	0048367593	7122128174	1233373639	6614268440	1451027811
	3663845223	7001209189	....					
829	1206272617	6115802171	2907117008	4439083232	8106151990	3498190591	0735826296	7430639324
	4873341375	1507840772	0144752714	1133896260	5548854041	0132689987	9372738238	8419782870
	9288299155	6091676718	9384800965	0180940892	6417370325	6936067551	2665862484	9215922798
	5524728588	6610373944	5114595898	6731001206	....			
839	1191895113	2300357568	5339690107	2705601907	0321811680	5721096543	5041716328	9630512514
	8986889153	7544696066	7461263408	8200238379	0226460071	5137067938	0214541120	3814064362
	3361144219	3087008343	2657926102	5029797377	8307508939	2133492252	6817640047	6758045292
	0143027413	5876042908	2240762812	8724672228	8438617401	6686531585	2205005959	4755661501
	7878426698	4505363528	0095351609	0584028605	4827175208	5816448152	5625744934	4457687723
	4803337306	3170441001	....					

VERWANDLUNG GEMEINER BRÜCHE IN DECIMALBRÜCHE.

841	1189060642	0927467300	8323424494	6492271105	8263971462	5445897740	7847800237	8121284185
	4934601664	6848989298	4542211652	7942925089	1795481569	5600475624	2568370986	9203329369
	7978596908	4423305588	5850178359	0963139120	0951248513	6741973840	6658739595	7193816884
	6611177170	0356718192	6278240190	2497027348	3947681331	7479191438	7633769322	2354340071
	3436385255	6480380499	4054696789	5362663495	8382877526	7538644470	8680142687	2770511296
	0760998810	9393579072	5326991676	5755053507	7288941736	0285374554	1022592152	1997621878
	7158145065	3983353151	0107015457	7883472057	0749108204	5184304399	5243757431	6290130796
	6706302021	4030915576	6944114149	8216409036	8608799048	7514863258	0261593341	2604042806
	1831153388	8228299643	2818073721	7598097502	9726516052	3186682520	8085612366	2306777645
	6599286563	6147443519	6195005945	3032104637	3365041617	1224732461	3555291319	8573127229
	4887039239	0011890606	....					
853	1172332942	5556858147	7139507620	1641266119	5779601406	7995310668	2297772567	4091441969
	5193434935	5216881594	3728018757	3270808909	7303634232	1219226260	2579132473	6225087924
	9706916764	3610785463	0715123094	9589683470	1055099648	3001172332	....	
857	1166861143	5239206534	4224037339	5565927654	6091015169	1948658109	6849474912	4854142357
	0595099183	1971995332	5554259043	1738623103	8506417736	2893815635	9393232205	3675612602
	1003500583	4305717619	6032672112	0186697782	9638273045	5075845974	3290548424	7374562427
	0711785297	5495915985	9976662777	1295215869	3115519253	2088681446	9078179696	6161026837
	8063010501	7502917152	8588098016	3360560093	3488914819	1365227537	9229871645	2742123687
	2812135355	8926487747	9579929988	3313885647	6079346557	7596266044	3407234539	0898483080
	5134189031	5052508751	4585764294	0490081680	2800466744	4574095682	6137689614	9358226371
	0618436406	0676779463	2438739789	9649941656	9428238039	6732788798	1330221703	6172695449
	2415402567	0945157526	2543757292	8821470245	0408401400	2333722287	0478413068	8448074679
	1131855309	2182030338	3897316219	3698949824	9708284714	1190198366	3943990665	1108518086
	3477246207	7012835472	5787631271	8786464410	7351225204	2007001166	....	
859	1164144353	8998835855	6461001164	....				
863	1158748551	5643105446	1181923522	5955967555	0405561993	0475086906	1413673232	9084588644
	2641946697	5666280417	1494785631	5179606025	4924681344	1483198146	0023174971	0312862108
	9223638470	4519119351	1008111239	8609501738	1228273464	6581691772	8852838933	9513325608
	3429895712	6303592120	5098493626	8829663962	9200463499	4206257242	1784472769	4090382387
	0220162224	7972190034	7624565469	2931633835	4577056778	6790266512	1668597914	2526071842
	4101969872	5376593279	2584009269	9884125144	8435689455	3881807647	7404403244	4959443800
	6952491309	3858632676	7091541135	5735805330	2433371958	2850521436	8482039397	4507531865
	5851680185	3997682502	8968713789	1077636152	9548088064	8899188876	0139049826	1877172653
	5341830822	7114716106	6048667439	1657010438	7369640787	9490150637	3117033603	7079953650
	0579374275	7821552723	0590961761	2977983777	5202780996	5237543453	0706836616	4542294322
	1320973348	7833140208	5747392815	7589803012	7462340672	0741599073	0011587485	....

NACHLASS.

877	1140250855	1881413911	0604332953	2497149372	8620296465	2223489167	6168757126	5678449258
	8369441277	0809578107	1835803876	8529076396	8072976054	7320410490	3078677309	0079817559
	8631698973	7742303306	7274800456	1003420752	5655644241	7331812998	8597491448	1185860889
	3956670467	5028506271	3797035347	7765108323	8312428734	3215507411	6305587229	1904218928
	1641961231	4709236031	9270239452	6795895096	9213226909	9201824401	3683010262	2576966932
	7251995438	9965792474	3443557582	6681870011	....			
881	1135073779	7956867196	3677639046	5380249716	2315550510	7832009080	5902383654	9375709421
	1123723041	9977298524	4040862656	0726447219	0692395005	6753688989	7843359818	3881952326
	9012485811	5777525539	1600454029	5119182746	8785471055	6186152099	8864926220	2043132803
	6322360953	4619750283	7684449489	2167990919	4097616345	0624290578	8876276958	0022701475
	5959137343	9273552780	9307604994	3246311010	2156640181	6118047673	0987514188	4222474460
	8399545970	4880817253	1214528944	3813847900	1135073779	....		
883	1132502831	2570781426	9535673839	1845979614	9490373725	9343148357	8708946772	3669309173
	2729331823	3295583238	9580973952	4348810872	0271800679	5016987542	4688561721	4043035107
	5877689694	2242355605	8890147225	3680634201	5855039637	5990939977	3499433748	5843714609
	2865232163	0804077010	1925754813	1370328425	8210645526	6138165345	4133635334	0883352208
	3805209513	0237825594	5639864099	6602441506	2287655719	1392978482	4462061155	1528878822
	1970554926	3873159682	8992072480	1812004530	0113250283	....		
887	1127395715	8962795941	3754227733	9346110484	7801578354	0022547914	3179255918	8275084554
	6786922209	6956031567	0800450958	2863585118	3765501691	0935738444	1939120631	3416009019
	1657271702	3675310033	8218714768	8838782412	6268320180	3833145434	0473506200	6764374295
	3776775648	2525366403	6076662908	6809470124	0135287485	9075535512	9650507328	0721533258
	1736189402	4802705749	7181510710	2593010146	5614430665	1634723788	0496054114	9943630214
	2051860202	9312288613	3032694475	7609921082	2998872604	2841037204	0586245772	2660653889
	5152198421	6459977452	0856820744	0811724915	4453213077	7903043968	4329199549	0417136414
	8816234498	3089064261	5558060879	3686583990	9808342728	2976324689	9661781285	2311161217
	5873731679	8196166854	5659526493	7993235625	7046223224	3517474633	5963923337	0913190529
	8759864712	5140924464	4870349492	6719278466	7418263810	5975197294	2502818489	2897406989
	8534385569	3348365276	2119503945	8850056369	7857948139	7970687711	3866967305	5242390078
	9177001127	....						
907	1102535832	4145534729	8787210584	3439911797	1334068357	2216097023	1532524807	0562293274
	5314222712	2381477398	0154355016	5380374862	1830209481	8081587651	5986769570	0110253583
	....							
911	1097694840	8342480790	3402854006	5861690450	0548847420	4171240395	1701427003	2930845225
	0274423710	2085620197	5850713501	6465422612	5137211855	1042810098	7925356750	8232711306
	2568605927	5521405049	3962678375	4116355653	1284302963	7760702524	6981339187	7058177826
	5642151481	8880351262	3490669593	8529088913	2821075740	9440175631	1745334796	9264544456
	6410537870	4720087815	5872667398	4632272228	3205268935	2360043907	7936333699	2316136114
	1602634467	6180021953	8968166849	6158068057	0801317233	8090010976	....	

VERWANDLUNG GEMEINER BRÜCHE IN DECIMALBRÜCHE.

919	1088139281	8280739934	7116430903	1556039173	0141458106	6376496191	5125136017	4102285092
	4918389553	8628944504	8966267682	2633297062	0239390642	0021762785	6365614798	6942328618
	0631120783	4602829162	1327529923	8302502720	3482045701	8498367791	0772578890	0979325353
	6452665941	2404787812	8400435255	7127312295	9738846572	3612622415	6692056583	2426550598
	4766050054	4069640914	0369967355	8215451577	8019586507	0729053318	8248095756	2568008705
	1142546245	9194776931	4472252448	3133841131	6648531011	9695321001	....	
929	1076426264	8008611410	1184068891	2809472551	1302475780	4090419806	2432723358	4499461786
	8675995694	2949407965	5543595263	7244348762	1097954790	0968783638	3207750269	1065662002
	1528525296	0172228202	3681377825	6189451022	6049515608	1808396124	8654467168	9989235737
	3519913885	8988159311	0871905274	4886975242	1959095801	9375672766	4155005382	1313240043
	0570505920	3444564047	3627556512	3789020452	0990312163	6167922497	3089343379	9784714747
	0398277717	9763186221	7438105489	7739504843	9181916038	7513455328	3100107642	....
937	1067235859	1248665955	1760939167	5560298826	0405549626	4674493062	9669156883	6712913553
	8954108858	0576307363	9274279615	7950907150	4802561366	0618996798	2924226254	0021344717
	1824973319	1035218783	3511205976	5208110992	5293489861	2593383137	6734258271	0779082177
	1611526147	2785485592	3159018143	0096051227	3212379935	9658484525	0800426894	3436499466
	3820704375	6670224119	5304162219	8505869797	2251867662	7534685165	4215581643	5432230522
	9455709711	8463180362	8601921024	5464247598	7193169690	5016008537	8868729989	3276414087
	5133404482	3906083244	3970117395	9445037353	2550693703	3084311632	8708644610	4589114194
	2369263607	2572038420	4909284951	9743863393	8100320170	7577374599	7865528281	7502668089
	6478121664	8879402347	9188900747	0651013874	0661686232	6574172892	2091782283	8847385272
	1451440768	4098185699	0394877267	8762006403	4151547491	9957310565	6350053361	7929562433
	2977588046	9583778014	9413020277	4813233724	6531483457	8441835645	6776947705	4429028815
	3681963713	9807897545	3575240128	0683030949	8399146211	3127001067	....	
941	1062699256	1105207226	3549415515	4091392136	0255047821	4665249734	3251859723	6981934112
	6461211477	1519659936	2380446333	6875664187	0350690754	5164718384	6971307120	0850159404
	8884165781	0839532412	3273113708	8204038257	1732199787	4601487778	9585547290	1168969181
	7215727948	9904357066	9500531349	6280552603	6131774707	7577045696	0680127523	9107332624
	8671625929	8618490967	0563230605	7385759829	9681190223	1668437832	0935175345	3772582359
	1923485653	5600425079	7024442082	8905419766	2061636556	8544102019	1285866099	8937300743
	8894792773	6450584484	5908607863	9744952178	5334750265	6748140276	3018065887	3538788522
	8480340063	7619553666	3124335812	9649309245	4835281615	3028692879	9149840595	1115834218
	9160467587	6726886291	1795961742	8267800212	5398512221	0414452709	8831030818	2784272051
	0095642933	0499468650	3719447396	3868225292	2422954303	9319872476	0892667375	1328374070
	1381509032	9436769394	2614240170	0318809776	8331562167	9064824654	6227417640	8076514346
	4399574920	2975557917	1094580233	7938363443	1455897980	8714133900	1062699256	....

NACHLASS.

947	1055966209	0813093980	9926082365	3643083421	3305174234	4244984160	5068637803	5902851108
	7645195353	7486800422	3864836325	2375923970	4329461457	2333685322	0696937697	9936642027
	4551214361	1404435058	0781414994	7201689545	9345300950	3695881731	7845828933	4741288278
	7750791974	6568109820	4857444561	7740232312	5659978880	6758183738	1203801478	3526927138
	3315733896	5153115100	3167898627	2439281942	9778247096	0929250263	9915522703	2734952481
	5205913410	7708553326	2935586061	2460401267	1594508975	7127771911	2988384371	7001055966
	....							
953	1049317943	3368310598	1112277019	9370409233	9979013641	1332633788	0377754459	6012591815
	3200419727	1773347324	2392444910	8079748163	6935991605	4564533053	5152151101	7838405036
	7261280167	8908709338	9296956977	9643231899	2654774396	6421825813	2214060860	4407135362
	0146904512	0671563483	7355718782	7911857292	7597061909	7586568730	3252885624	3441762854
	1448058761	8048268625	3934942287	5131164742	9171038824	7639034627	4921301154	2497376705
	1416579223	5047219307	4501573976	9150052465	8971668415	5299055613	8509968520	4616998950
	6820566631	6894018887	7229800629	5907660020	9863588667	3662119622	2455403987	4081846799
	5802728226	6526757607	5550891920	2518363064	0083945435	4669464847	8488982161	5949632738
	7198321091	2906610703	0430220356	7681007345	2256033578	1741867785	9391395592	8646379853
	0954879328	4365162644	2812172088	1427072402	9380902413	4312696747	1143756558	2371458551
	9412381951	7313746065	0577124868	8352570828	9611752360	9653725078	6988457502	6232948583
	4207764952	7806925498	4260230849	9475341028	3315844700	9443861490	0314795383	0010493179
	....							
961	1040582726	3267429760	6659729448	4911550468	2622268470	3433922996	8782518210	1977107180
	0208116545	2653485952	1331945889	6982310093	6524453694	0686784599	3756503642	0395421436
	0041623309	0530697190	4266389177	9396462018	7304890738	8137356919	8751300728	4079084287
	2008324661	8106139438	0853277835	5879292403	7460978147	7627471383	9750260145	6815816857
	4401664932	3621227887	6170655567	1175858480	7492195629	5525494276	7950052029	1363163371
	4880332986	4724245577	5234131113	4235171696	1498439125	9105098855	3590010405	....
967	1034126163	3919338159	2554291623	5780765253	3609100310	2378490175	8014477766	2874870734
	2295760082	7300930713	5470527404	3433298862	4612202688	7280248190	2792140641	1582213029
	9896587383	6608066184	0744570837	6421923474	6639089968	9762150982	4198552223	3712512926
	5770423991	7269966928	6452947259	5656670113	7538779731	1271975180	9720785935	8841778697
	0010341261	....						

VERWANDLUNG GEMEINER BRÜCHE IN DECIMALBRÜCHE.

971	1029866117	4047373841	4006179196	7044284243	0484037075	1802265705	4582904222	4510813594
	2327497425	3347064881	5653964984	5520082389	2893923789	9073120494	3357363542	7394438722
	9660144181	2564366632	3377960865	0875386199	7940267765	1905252317	1987641606	5911431513
	9031925849	6395468589	0834191555	0978372811	5345005149	3305870236	8692070030	8959835221
	4212152420	1853759011	3285272914	5211122554	0679711637	4871266735	3244078269	8249227600
	4119464469	6189495365	6024716786	8177136972	1936148300	7209062821	8331616889	8043254376
	9309989701	3388259526	2615859938	2080329557	1575695159	6292481977	3429454170	9577754891
	8640576725	0257466529	3511843460	3501544799	1761071060	7621009268	7950566426	3645726055
	6127703398	5581874356	3336766220	3913491246	1380020597	3223480947	4768280123	5839340885
	6848609680	7415036045	3141091658	0844490216	2718846549	9485066941	2976313079	2996910401
	6477857878	4757981462	4098867147	2708547888	7744593202	8836251287	3326467559	2173017507
	7239958805	3553038105	0463439752	8321318228	6302780638	5169927909	3717816683	8311019567
	4562306900	1029866117	....					
977	1023541453	4288638689	8669396110	5424769703	1729785056	2947799385	8751279426	8167860798
	3623336745	1381780962	1289662231	3203684749	2323439099	2835209825	9979529170	9314227226
	2026612077	7891504605	9365404298	8741044012	2824974411	4636642784	0327533265	0972364380
	7574206755	3735926305	0153531218	0143295803	4800409416	5813715455	4759467758	4442169907
	8812691914	0225179119	7543500511	7707267144	3193449334	6980552712	3848515864	8925281473
	8996929375	6397134083	9303991811	6683725690	8904810644	8311156601	8423746161	7195496417
	6049129989	7645854657	1136131013	3060388945	7523029682	7021494370	5220061412	4872057318
	3213920163	7666325486	1821903787	1033776867	9631525076	7656090071	6479017400	2047082906
	8577277379	7338792221	0849539406	3459570112	5895598771	7502558853	6335721596	7246673490
	2763561924	2579324462	6407369498	4646878198	5670419651	9959058341	8628454452	4053224155
	5783009211	8730808597	7482088024	5649948822	9273285568	0655066530	1944728761	5148413510
	7471852610	0307062436	0286591606	9600818833	1627430910	9518935516	8884339815	7625383828
	0450358239	5087001023	....					
983	1017293997	9654120040	6917599186	1648016276	7039674465	9206510681	5869786368	2604272634
	7914547304	1709053916	5818921668	3621566632	7568667344	8626653102	7466937945	0661241098
	6775178026	4496439471	0071210579	8575788402	8484231943	0315361139	3692777212	6144455747
	7110885045	7782299084	4354018311	2919633774	1607324516	7853509664	2929806714	1403865717
	1922685656	1546286876	9074262461	8514750762	9704984740	5900305188	1993896236	0122075279
	7558494404	8830111902	3397761953	2044760935	9104781281	7904374364	1912512716	1749745676
	5005086469	9898270600	2034587995	9308240081	3835198372	3296032553	4079348931	8413021363
	1739572736	5208545269	5829094608	3418107833	1637843336	7243133265	5137334689	7253306205
	4933875890	1322482197	3550356052	8992878942	0142421159	7151576805	6968463886	0630722278
	7385554425	2288911495	4221770091	5564598168	8708036622	5839267548	3214649033	5707019328
	5859613428	2807731434	3845371312	3092573753	8148524923	7029501525	9409969481	1800610376
	3987792472	0244150559	5116988809	7660223804	6795523906	4089521871	8209562563	5808748728
	3825025432	3499491353	0010172939	....				

NACHLASS.

991	1009081735	6205852674	0665993945	5095862764	8839556004	0363269424	8234106962	6639757820
	3834510595	3582240161	4530776992	9364278506	5590312815	3380423814	3289606458	1231079717
	4571140262	3612512613	5216952573	1584258324	9243188698	2845610494	4500504540	8678102926
	3370332996	9727547931	3824419778	0020181634	7124117053	4813319878	9101917255	2976791120
	0807265388	4964682139	2532795156	4076690211	9071644803	2290615539	8587285570	1311806256
	3067608476	2865792129	1624621594	3491422805	2472250252	2704339051	4631685166	4984863773
	9656912209	88900<u>10090</u>	....					
997	1003009027	0812437311	9358074222	6680040120	3610832497	4924774322	9689067201	6048144433
	2998996990	9729187562	6880641925	7773319959	8796389167	5025075225	6770310932	7983951855
	566700<u>1003</u>	....						

T A F E L

DER

FREQUENZ DER PRIMZAHLEN.

NACHLASS.

1	168	51	89	101	81	151	85	201	77	251	71	301	85	351	74	401	70	451	92
2	135	52	97	102	93	152	90	202	87	252	88	302	83	352	80	402	71	452	76
3	127	53	89	103	87	153	88	203	78	253	78	303	72	353	82	403	76	453	63
4	120	54	92	104	80	154	77	204	78	254	81	304	84	354	76	404	75	454	72
5	119	55	90	105	91	155	84	205	77	255	76	305	88	355	87	405	70	455	74
6	114	56	93	106	82	156	85	206	85	256	87	306	80	356	79	406	83	456	82
7	117	57	99	107	92	157	76	207	83	257	72	307	82	357	67	407	67	457	73
8	107	58	91	108	76	158	88	208	87	258	78	308	73	358	80	408	81	458	77
9	110	59	90	109	91	159	87	209	85	259	86	309	76	359	83	409	79	459	75
10	112	60	94	110	88	160	85	210	88	260	76	310	80	360	71	410	82	460	68
11	106	61	88	111	83	161	85	211	84	261	77	311	79	361	68	411	73	461	77
12	103	62	87	112	84	162	84	212	86	262	73	312	69	362	79	412	81	462	69
13	109	63	88	113	81	163	81	213	69	263	79	313	86	363	76	413	74	463	74
14	105	64	93	114	88	164	83	214	81	264	84	314	86	364	84	414	69	464	77
15	102	65	80	115	82	165	77	215	86	265	80	315	76	365	77	415	90	465	85
16	108	66	98	116	93	166	80	216	74	266	78	316	77	366	77	416	80	466	74
17	98	67	84	117	81	167	81	217	76	267	87	317	84	367	85	417	67	467	69
18	104	68	99	118	90	168	83	218	80	268	94	318	84	368	79	418	82	468	83
19	94	69	80	119	79	169	73	219	84	269	75	319	81	369	72	419	85	469	85
20	102	70	81	120	87	170	87	220	91	270	78	320	86	370	68	420	75	470	72
21	98	71	98	121	88	171	87	221	78	271	84	321	79	371	70	421	75	471	87
22	104	72	95	122	86	172	81	222	80	272	78	322	80	372	76	422	73	472	78
23	100	73	90	123	88	173	89	223	81	273	83	323	81	373	81	423	77	473	73
24	104	74	83	124	88	174	79	224	80	274	71	324	71	374	73	424	83	474	78
25	94	75	92	125	83	175	83	225	83	275	80	325	87	375	82	425	81	475	80
26	98	76	91	126	84	176	75	226	84	276	83	326	85	376	85	426	74	476	86
27	101	77	83	127	83	177	95	227	76	277	83	327	73	377	80	427	71	477	75
28	94	78	95	128	86	178	73	228	80	278	74	328	86	378	71	428	78	478	69
29	98	79	84	129	89	179	89	229	89	279	81	329	73	379	77	429	71	479	85
30	92	80	91	130	83	180	94	230	88	280	73	330	81	380	83	430	89	480	71
31	95	81	88	131	85	181	71	231	84	281	87	331	80	381	72	431	76	481	77
32	92	82	92	132	83	182	79	232	78	282	85	332	82	382	76	432	79	482	78
33	106	83	89	133	87	183	91	233	76	283	77	333	72	383	74	433	84	483	82
34	100	84	84	134	82	184	79	234	71	284	72	334	80	384	81	434	80	484	75
35	94	85	87	135	80	185	83	235	87	285	90	335	77	385	78	435	85	485	65
36	92	86	85	136	89	186	91	236	73	286	77	336	77	386	80	436	82	486	63
37	99	87	88	137	96	187	79	237	76	287	71	337	84	387	78	437	73	487	82
38	94	88	93	138	80	188	87	238	73	288	71	338	80	388	69	438	70	488	78
39	90	89	76	139	85	189	80	239	87	289	85	339	77	389	75	439	75	489	83
40	96	90	94	140	84	190	88	240	79	290	84	340	68	390	84	440	75	490	78
41	88	91	89	141	87	191	75	241	80	291	84	341	84	391	81	441	79	491	78
42	101	92	85	142	87	192	81	242	91	292	77	342	77	392	79	442	72	492	76
43	102	93	97	143	82	193	89	243	76	293	78	343	77	393	86	443	85	493	67
44	85	94	86	144	77	194	84	244	77	294	68	344	80	394	87	444	88	494	82
45	96	95	87	145	79	195	74	245	78	295	85	345	80	395	75	445	82	495	80
46	86	96	95	146	85	196	85	246	80	296	75	346	76	396	72	446	68	496	87
47	90	97	84	147	84	197	76	247	84	297	82	347	80	397	75	447	68	497	68
48	95	98	82	148	83	198	87	248	79	298	73	348	82	398	75	448	73	498	81
49	89	99	87	149	83	199	96	249	88	299	73	349	77	399	82	449	70	499	72
50	98	100	87	150	91	200	77	250	80	300	78	350	82	400	81	450	80	500	81

FREQUENZ DER PRIMZAHLEN.

501	78	551	79	601	75	651	61	701	75	751	68	801	85	851	70	901	74	951	76
502	74	552	75	602	73	652	74	702	71	752	85	802	66	852	77	902	73	952	70
503	67	553	71	603	83	653	85	703	81	753	73	803	70	853	74	903	70	953	78
504	76	554	80	604	76	654	69	704	71	754	71	804	69	854	66	904	63	954	65
505	76	555	77	605	73	655	78	705	87	755	83	805	78	855	71	905	81	955	73
506	83	556	61	606	74	656	73	706	68	756	70	806	79	856	73	906	70	956	76
507	76	557	88	607	72	657	71	707	82	757	66	807	68	857	78	907	80	957	58
508	71	558	68	608	78	658	70	708	74	758	68	808	70	858	76	908	80	958	69
509	76	559	74	609	78	659	79	709	77	759	79	809	69	859	69	909	79	959	77
510	75	560	77	610	80	660	73	710	77	760	77	810	78	860	71	910	82	960	69
511	72	561	86	611	73	661	83	711	78	761	77	811	78	861	77	911	62	961	68
512	82	562	61	612	71	662	70	712	76	762	80	812	72	862	74	912	81	962	88
513	70	563	83	613	76	663	74	713	72	763	68	813	69	863	83	913	71	963	71
514	77	564	67	614	79	664	77	714	73	764	79	814	72	864	60	914	54	964	74
515	81	565	77	615	71	665	77	715	66	765	72	815	78	865	80	915	73	965	74
516	66	566	78	616	75	666	77	716	83	766	82	816	69	866	80	916	70	966	70
517	85	567	72	617	85	667	73	717	69	767	78	817	75	867	68	917	72	967	73
518	83	568	72	618	81	668	73	718	65	768	68	818	75	868	78	918	79	968	66
519	76	569	71	619	67	669	66	719	67	769	77	819	62	869	80	919	75	969	75
520	78	570	80	620	73	670	74	720	74	770	74	820	83	870	73	920	71	970	73
521	73	571	85	621	77	671	75	721	78	771	77	821	75	871	79	921	72	971	76
522	83	572	72	622	70	672	76	722	77	772	75	822	72	872	58	922	72	972	78
523	79	573	85	623	74	673	76	723	73	773	70	823	84	873	76	923	72	973	74
524	69	574	72	624	75	674	77	724	86	774	76	824	78	874	65	924	81	974	63
525	77	575	70	625	68	675	69	725	75	775	72	825	71	875	75	925	76	975	85
526	79	576	77	626	69	676	75	726	69	776	67	826	81	876	80	926	80	976	70
527	84	577	78	627	70	677	74	727	76	777	70	827	78	877	75	927	74	977	66
528	72	578	77	628	70	678	63	728	75	778	76	828	69	878	67	928	63	978	60
529	70	579	76	629	71	679	82	729	76	779	81	829	69	879	68	929	70	979	80
530	78	580	77	630	75	680	83	730	75	780	71	830	68	880	75	930	80	980	65
531	80	581	73	631	67	681	75	731	69	781	70	831	76	881	80	931	69	981	67
532	68	582	79	632	81	682	78	732	76	782	82	832	79	882	69	932	69	982	75
333	79	583	73	633	77	683	66	733	71	783	68	833	82	883	72	933	76	983	70
534	74	584	78	634	70	684	78	734	75	784	74	834	68	884	73	934	68	984	70
535	72	585	72	635	82	685	72	735	74	785	75	835	67	885	69	935	81	985	74
536	71	586	81	636	78	686	74	736	79	786	77	836	73	886	77	936	68	986	76
537	87	587	79	637	73	687	74	737	69	787	70	837	71	887	76	937	71	987	76
538	67	588	87	638	74	688	82	738	78	788	73	838	64	888	71	938	71	988	63
539	78	589	73	639	59	689	74	739	70	789	80	839	80	889	77	939	72	989	71
540	71	590	68	640	72	690	79	740	81	790	68	840	69	890	68	940	68	990	72
541	73	591	71	641	77	691	60	741	67	791	78	841	70	891	68	941	74	991	71
542	77	592	67	642	71	692	79	742	74	792	71	842	69	892	80	942	79	992	79
543	78	593	80	643	68	693	77	743	73	793	82	843	83	893	69	943	72	993	65
544	81	594	77	644	70	694	73	744	67	794	71	844	68	894	72	944	76	994	68
545	68	595	78	645	86	695	76	745	64	795	73	845	78	895	74	945	73	995	78
546	68	596	77	646	75	696	77	746	67	796	79	846	70	896	80	946	66	996	69
547	73	597	79	647	74	697	73	747	76	797	77	847	69	897	64	947	72	997	69
548	76	598	73	648	79	698	79	748	71	798	72	848	77	898	75	948	66	998	83
549	77	599	72	649	73	699	62	749	76	799	71	849	75	899	76	949	67	999	74
550	78	600	73	650	84	700	72	750	72	800	81	850	68	900	61	950	75	1000	65

1000000 ... 1100000

	0	1	2	3	4	5	6	7	8	9	
1	1										1
2		1				1		1	1		4
3		4	2	2	3	1	2	3	3	1	21
4	2	8	5	4	3	6	9	4	5	8	54
5	11	10	8	18	12	10	10	12	15	8	114
6	14	14	18	21	16	22	19	15	17	15	171
7	26	17	23	23	24	24	17	22	20	21	217
8	19	19	21	7	14	15	20	17	15	17	164
9	11	13	9	13	14	14	12	13	11	16	126
10	8	6	8	5	9	5	5	9	7	9	71
11	6	6	4	6	3	1	3	1	4	5	39
12	1	1	2	1	1	1	2	2	1		12
13	1	1			1		1	1	1		6
14											
15											
16											
	752	719	732	700	731	698	713	722	706	737	7210

$$\int \frac{\mathrm{d}x}{\log x} = 7212{,}99$$

1100000 ... 1200000

	0	1	2	3	4	5	6	7	8	9	
0											0
1					1						1
2			1				1	1		2	5
3	4	3	3	3	3	3	3	2		1	25
4	5	6	7	5	9	4	4	5	6	6	57
5	8	13	10	12	11	11	9	12	12	9	107
6	14	20	17	20	17	17	18	16	17	14	170
7	21	19	22	19	21	21	20	18	29	27	217
8	22	13	10	12	18	20	17	19	9	20	160
9	13	14	16	17	7	11	16	14	12	11	131
10	9	6	10	10	8	9	6	8	3	8	77
11	1	4	2	2	2	1	4	5	9	2	32
12	1	1	1		2	3	1		2		11
13	1	1	1				1		1		5
14	1				1						2
	736	710	716	713	697	725	729	723	735	710	7194

$$\int \frac{\mathrm{d}x}{\log x} = 7165{,}911$$

1200000 ... 1300000

	0	1	2	3	4	5	6	7	8	9	
0											
1								1	1		2
2	2		2	1						1	6
3	3	2	4	5	4	3	1	4	3	3	32
4	7	7	7	3	5	7	12	2	3	10	63
5	15	12	12	15	10	14	9	15	6	12	120
6	16	14	13	19	17	16	16	15	20	14	160
7	24	15	25	24	21	20	15	22	24	24	214
8	17	19	16	11	17	15	22	18	19	14	168
9	8	12	7	10	12	13	14	13	13	9	111
10	3	11	10	8	10	4	5	3	9	10	73
11	3	6	3	2	3	5	3	6	1	3	35
12	1	1	1			1	3	1	1		9
13	1	1		1		2					5
14				1							1
16					1						1
	676	744	693	693	724	713	718	709	722	689	7081

$$\int \frac{\mathrm{d}x}{\log x} = 7123{,}35$$

1300000 ... 1400000

	0	1	2	3	4	5	6	7	8	9	
1						1					1
2		1	1		1	1	1	2	1	1	9
3	3	1	1	3	2	2	2		5		19
4	3	10	7	11	6	8	7	6	6	5	69
5	17	13	11	11	15	12	8	8	14	10	119
6	15	14	17	14	20	18	23	17	16	19	173
7	22	18	26	18	21	16	16	28	19	23	207
8	14	22	14	16	14	13	21	17	15	15	161
9	17	11	12	14	12	9	12	7	13	13	120
10	5	6	2	11	5	15	5	8	6	7	70
11	4	2	7	1	1	3	3	6	3	3	33
12		1	2	1	2	2	2	1	1	3	15
13		1			1				1		3
14										1	1
	709	702	713	705	692	713	709	723	695	737	7098

$$\int \frac{\mathrm{d}x}{\log x} = 7084{,}48$$

FREQUENZ DER PRIMZAHLEN.

1400000 . . . 1500000

	141	142	143	144	145	146	147	148	149	150	
0											0
1			1		1	1	1			1	5
2		1	1		2				2	1	7
3	3	3	0	2	1	2	2	4	2	0	19
4	8	8	8	4	6	7	9	9	5	8	72
5	17	9	7	14	13	11	14	15	16	13	129
6	21	23	20	18	20	19	11	16	16	19	183
7	17	23	18	18	13	24	18	11	15	22	179
8	12	16	28	17	24	14	17	18	23	14	183
9	12	11	4	15	6	10	13	12	7	8	98
10	7	2	7	7	9	7	8	9	8	9	73
11	2	2	2	4	2	3	6	5	4	4	34
12	1	2	3	1	2	2	1	1	2	1	16
13			1		1						2
	679	680	717	723	703	701	716	705	706	698	7028

$$\int \frac{\mathrm{d}x}{\log x} = 7048{,}78186$$

1500000 . . . 1600000

	151	152	153	154	155	156	157	158	159	160	
0											0
1						1	1				2
2			1	1	2		2		1	3	10
3	2		4	2	2	3	5	3	6	1	28
4	8	5	5	7	9	13	6	10	7	7	77
5	8	19	9	13	11	9	12	15	11	17	124
6	16	20	25	21	20	12	26	14	23	22	199
7	19	21	18	19	18	15	12	19	11	20	172
8	19	12	15	18	15	17	10	17	15	11	149
9	16	14	16	12	8	17	15	6	11	9	124
10	8	3	5	4	9	7	5	10	10	2	63
11		5	2	2	3	3	3	2	4	5	29
12	4			1	3	1	1	4	1	2	17
13		1				2	2			1	6
	731	702	691	686	698	714	680	701	693	675	6971

$$\int \frac{\mathrm{d}x}{\log x} = 7015{,}78776$$

1600000 . . . 1700000

	161	162	163	164	165	166	167	168	169	170	
0								1			1
1						2					2
2	1	3	1		1	1	2			2	11
3	3	3	3	4	4	2	2	4	4		29
4	7	4	9	7	7	10	4	4	10	6	68
5	10	11	8	12	11	11	13	12	18	14	120
6	18	22	15	19	15	11	14	19	10	16	159
7	22	15	14	21	25	18	22	24	24	18	203
8	14	23	25	15	17	16	17	15	13	19	174
9	8	12	18	12	12	21	12	8	14	13	130
10	7	2	5	8	4	6	11	7	4	9	63
11	7	3	1	1	3	1	3	2	2	3	26
12	2	1	1	1				4			9
13	1				1				1		3
14		1									1
15						1					1
	719	694	710	692	692	700	716	702	675	712	7012

$$\int \frac{\mathrm{d}x}{\log x} = 6985{,}13714$$

1700000 . . . 1800000

	171	172	173	174	175	176	177	178	179	180	
0											0
1				1							1
2	1					2	1			1	5
3	3	4		3	3	4	3	5	3	2	30
4	7	9	6	6	5	8	6	6	10	7	70
5	13	15	19	16	12	15	21	13	13	15	152
6	17	16	22	22	20	14	15	13	18	17	174
7	23	21	22	15	22	19	19	21	17	15	194
8	11	16	11	15	16	15	13	18	19	13	147
9	18	11	8	11	15	10	12	14	10	15	124
10	3	1	8	7	2	9	6	9	5	11	61
11	1	3	3	1	3	4	4	1	4	2	26
12	2	3		1	1				1	2	10
13	1	1	1	2							5
14											
15					1						1
	695	685	691	689	706	684	679	700	689	713	6931

$$\int \frac{\mathrm{d}x}{\log x} = 6956{,}53562$$

1800000 . . . 1900000

	181	182	183	184	185	186	187	188	189	190	
0											
1											
2	1	1	2	1		2				3	10
3	3	2	1	5	1	1	1	2	3	3	22
4	6	5	10	12	7	6	5	5	8	7	71
5	14	15	10	11	11	12	19	17	12	14	135
6	13	20	14	15	21	19	16	19	23	15	175
7	25	26	18	17	21	21	20	22	19	17	206
8	15	19	13	18	22	15	19	15	11	14	161
9	10	7	19	13	9	8	10	12	10	15	113
10	9	4	8	6	6	13	4	6	8	10	74
11	2		4			3	5	2	5	2	23
12	2	1	1	2	2		1		1		10
13											
14											
	704	672	718	674	700	707	703	689	697	691	6955

$$\int \frac{\mathrm{d}x}{\log x} = 6929{,}73917$$

1900000 . . . 2000000

	191	192	193	194	195	196	197	198	199	200	
0											
1	1										1
2			1			1	2		1		5
3	4	3	1	2	10	1	3	4	4	2	34
4	5	4	4	6	4	9	7	10	11	7	67
5	12	18	15	18	11	12	11	16	11	12	136
6	19	20	18	16	17	24	20	20	18	10	182
7	21	20	23	27	20	16	25	17	21	31	221
8	16	10	16	14	14	18	17	15	8	20	148
9	15	14	8	8	9	12	8	8	15	6	103
10	5	6	8	6	11	4	5	5	6	6	62
11	2	4	6	2	3	2	1	3	2	5	30
12		1		1				2	1		5
13					1		1		1		3
14						1			1	1	3
	689	697	711	683	692	685	673	670	688	714	6902

$$\int \frac{\mathrm{d}x}{\log x} = 6904{,}54424$$

2000000 . . . 2100000

	201	202	203	204	205	206	207	208	209	210	
0											
1					2	1					3
2			2	2	1			2	2	1	10
3	3	3	5	2	2	3	4	5	2	3	32
4	7	8	9	4	8	5	6	7	9	6	69
5	13	10	9	15	13	10	12	13	9	15	119
6	25	20	13	16	26	23	25	14	17	18	197
7	10	22	23	25	13	23	18	23	25	22	204
8	13	17	15	22	12	13	12	16	18	19	157
9	16	15	11	4	11	12	11	14	11	10	115
10	10	2	8	6	11	7	7	3	3	6	63
11	2	1	5	3		1	3	3	3		21
12		2			1	2	2		1		8
13	1			1							2
	705	691	693	690	671	696	694	674	686	674	6874

$$\int \frac{\mathrm{d}x}{\log x} = 6880{,}780$$

2100000 . . . 2200000

	211	212	213	214	215	216	217	218	219	220	
0											
1		1					1				2
2	1	1	1			1	1	1	1	2	9
3	5	3	3	1	4		2	3	2	4	27
4	7	7	2	13	5	3	9	6	9	8	69
5	12	14	20	16	16	12	17	13	12	14	146
6	12	20	17	14	16	25	16	23	21	19	183
7	19	14	18	23	26	22	18	22	22	17	201
8	22	21	20	20	12	16	20	10	12	15	168
9	12	10	8	7	9	10	7	13	16	17	109
10	6	5	6	2	7	7	8	5	2	4	52
11	3	2	3	1	4	2	1		2		18
12	1	1	1	1	1	2		2			9
13		1	1	1					1		4
14				1				2			3
	699	683	697	673	693	712	666	691	679	664	6857

$$\int \frac{\mathrm{d}x}{\log x} = 6858{,}292$$

FREQUENZ DER PRIMZAHLEN.

2200000 . . . 2300000

	221	222	223	224	225	226	227	228	229	230	
1					1				1		2
2			1	1		2			3	2	9
3	5	2	4	7	2	1	2	2	2	2	29
4	8	9	5	5	10	7	7	7	6	9	73
5	12	24	16	13	11	10	14	14	15	9	138
6	17	18	12	18	18	20	16	17	21	22	179
7	19	17	25	21	18	20	23	25	19	18	205
8	12	12	19	15	18	24	13	17	16	22	168
9	14	9	6	9	19	11	16	9	13	7	113
10	7	6	6	6	1	3	7	5		3	44
11	5	2	4	4	2	2	2	2	2	5	30
12	1	1	2	1				2	2	1	10
	701	660	695	680	683	688	701	694	662	685	6849

$$\int \frac{dx}{\log x} = 6836{,}977$$

2400000 . . . 2500000

	241	242	243	244	245	246	247	248	249	250	
1									1		1
2	2						1	1	2	3	9
3	4	6	4	4	1	5	3	5	3	2	37
4	12	8	7	7	9	7	10	8	6	4	78
5	13	14	17	19	15	12	18	11	11	17	147
6	18	16	21	20	18	22	18	18	20	22	193
7	21	16	19	20	17	17	21	22	19	17	189
8	10	16	14	14	21	17	10	17	16	16	151
9	8	13	9	11	7	12	6	11	12	13	102
10	9	6	5	4	6	4	8	6	7	3	58
11	2	4	3	1	4	1	4	1	2	1	23
12	1		1		1	1	1			2	7
13		1			1	2			1		5
	660	690	672	657	701	687	666	672	687	674	6766

$$\int \frac{dx}{\log x} = 6797{,}394$$

2300000 . . . 2400000

	231	232	233	234	235	236	237	238	239	240	
1	1	1	1		1						4
2			1		2	2	1	2	1	2	11
3	4	1	2	3	4	3	2	6	4	3	32
4	8	12	10	9	8	7	3	13	7	9	86
5	13	18	13	14	17	12	10	13	10	16	136
6	15	16	21	20	16	21	26	11	14	16	176
7	22	25	20	20	13	16	26	18	19	15	194
8	13	9	16	21	17	15	15	15	21	16	158
9	13	9	6	7	14	14	8	13	14	14	112
10	7	5	3	2	5	5	8	7	8	5	55
11	3	3	4	3	3	5	1	2	2	2	28
12	1		3	1						2	7
13		1									1
	690	662	672	671	666	690	691	660	705	680	6787

$$\int \frac{dx}{\log x} = 6816{,}706$$

2500000 . . . 2600000

	251	252	253	254	255	256	257	258	259	260	
1		1	1							1	3
2	1	2		1	1						5
3	4		6	6	2	2	1	2	8	4	35
4	7	18	9	7	8	6	10	7	8	8	88
5	10	11	7	15	15	23	16	16	10	13	136
6	22	14	20	21	20	15	18	19	20	25	194
7	24	17	12	20	22	22	23	15	13	12	180
8	18	15	20	9	16	18	16	20	19	19	170
9	8	10	13	7	9	7	6	12	6	10	88
10	2	5	8	10	5	4	7	4	9	4	58
11	1	5	3	2	2	1	2	3	5		24
12	1	1	1	2		2	1	2	1	2	13
13	2	1							1	2	6
	677	675	696	670	670	671	678	698	693	676	6804

$$\int \frac{dx}{\log x} = 6778{,}960$$

2600000 ... 2700000

	261	262	263	264	265	266	267	268	269	270	
0				1							1
1			2					2			4
2	1	2	1		2		1	2	1		10
3	3	6	2	2	4		3	3	3	2	28
4	9	6	6	12	3	7	7	8	6	7	71
5	11	15	14	11	13	17	22	16	18	21	158
6	26	17	14	18	23	19	20	24	19	15	195
7	23	11	27	20	21	21	21	14	22	21	201
8	14	23	16	13	15	16	12	8	12	13	142
9	9	10	13	16	10	10	5	10	5	8	96
10	3	6	5	4	2	8	2	5	8	10	53
11	1	1		1	3	1	4	4	5	2	22
12		3		2	4	1	1	4	1	1	17
13							1				1
14							1				1
	653	681	672	680	689	695	660	665	681	686	6762

$$\int \frac{dx}{\log x} = 6761{,}332$$

2700000 ... 2800000

	271	272	273	274	275	276	277	278	279	280	
1						1			1		2
2	2		2			2			1		7
3	4	5	6	5	4	4	4	3	3	5	43
4	9	7	16	7	8	9	8	8	12	11	95
5	10	14	13	14	13	12	13	17	11	18	135
6	24	18	15	28	19	20	15	21	18	17	195
7	18	22	15	20	24	16	23	19	22	9	188
8	13	10	13	12	15	13	20	19	15	15	145
9	9	9	10	4	11	12	9	7	8	8	87
10	6	9	6	7	5	8	7	2	7	10	67
11	3	3	4	2		2		3	1	6	24
12	1	3		1	1	1			1	1	9
13							1	1			2
14											
15											
16											
17	1										1
	679	695	644	657	672	671	684	666	662	684	6714

$$\int \frac{dx}{\log x} = 6744{,}430$$

2800000 ... 2900000

	281	282	283	284	285	286	287	288	289	290	
1					1		1				2
2		2	4		5	2		1	1		15
3	2	4	4	3	4	3	1	3	2	4	30
4	9	7	6	9	7	8	10	11	10	8	85
5	14	7	14	14	7	16	19	16	18	15	140
6	18	17	20	13	23	18	16	18	15	21	179
7	24	22	21	20	20	27	22	23	21	22	222
8	13	18	9	20	13	12	9	12	12	14	132
9	10	17	12	12	8	6	14	9	10	11	109
10	7	4	6	3	5	7	5	5	8	3	53
11		1	3	3	5		1	2	1	2	18
12	2	1				1	2		2		8
13			1	2	2						5
14	1			1							2
	690	695	667	704	671	654	672	653	676	662	6744

$$\int \frac{dx}{\log x} = 6728{,}220$$

2900000 ... 3000000

	291	292	293	294	295	296	297	298	299	300	
1		1							1		2
2		1	2	1	2	2		1	1	3	13
3	3	3	5	2	8	6	4	4	5	4	44
4	7	7	6	6	7	9	6	6	6	4	64
5	20	11	14	18	12	15	17	19	16	11	153
6	17	21	22	18	18	16	11	26	21	17	187
7	19	30	18	22	22	25	27	13	15	23	214
8	14	11	12	12	17	11	13	11	14	19	134
9	10	9	12	13	9	6	12	12	9	11	103
10	6	4	5	6	3	6	8	7	9	4	58
11	2	1	3	1		2	1		1	4	15
12	2	1		1	2	2		1	2		11
13			1								1
14											
15							1				1
	680	663	671	680	649	652	694	658	671	687	6705

$$\int \frac{dx}{\log x} = 6712{,}64$$

FREQUENZ DER PRIMZAHLEN.

1000000 . . . 2000000

	110	120	130	140	150	160	170	180	190	200	
0							1				1
1	1	1	2	1	5	2	2	1		1	16
2	4	5	6	9	7	10	11	5	10	5	72
3	21	25	32	19	19	28	29	30	22	34	259
4	54	57	63	69	72	77	68	70	71	67	668
5	114	107	120	119	129	124	120	152	135	136	1256
6	171	170	160	173	183	199	159	174	175	182	1746
7	217	217	214	207	179	172	203	194	206	221	2030
8	164	160	168	161	183	149	174	147	161	148	1615
9	126	131	111	120	98	124	130	124	113	103	1180
10	71	77	73	70	73	63	63	61	74	62	687
11	39	32	35	33	34	29	26	26	23	30	307
12	12	11	9	15	16	17	9	10	10	5	114
13	6	5	5	3	2	6	3	5		3	38
14		2	1	1			1			3	8
15							1	1			2
16			1								1
	7210	7194	7081	7098	7028	6971	7012	6931	6955	6902	70382

$$\int \frac{dx}{\log x} = 70427{,}78$$

2000000 . . . 3000000

	210	220	230	240	250	260	270	280	290	300	
0							1				1
1	3	2	2	4	1	3	4	2	2	2	25
2	10	9	9	11	9	5	10	7	15	13	98
3	32	27	29	32	37	35	28	43	30	44	337
4	69	69	73	86	78	88	71	95	85	64	778
5	119	146	138	136	147	136	158	135	140	153	1408
6	197	183	179	176	193	194	195	195	179	187	1878
7	204	201	205	194	189	180	201	188	222	214	1998
8	157	168	168	158	151	170	142	145	132	134	1525
9	115	109	113	112	102	88	96	87	109	103	1034
10	63	52	44	55	58	58	53	67	53	58	561
11	21	18	30	28	23	24	22	24	18	15	223
12	8	9	10	7	7	13	17	9	8	11	99
13	2	4		1	5	6	1	2	5	1	27
14		3					1		2		6
15										1	1
16											
17								1			1
	6874	6857	6849	6787	6766	6804	6762	6714	6744	6705	67862

Die 26379te Centade enthält keine Primzahl
Die 27050te Centade enthält 17 Primzahlen.

$$\int \frac{dx}{\log x} = 67915{,}733$$

GAUSS AN ENCKE.

Hochzuverehrender Freund!

— — Die gütige Mittheilung Ihrer Bemerkungen über die Frequenz der Primzahlen ist mir in mehr als einer Beziehung interessant gewesen. Sie haben mir meine eigenen Beschäftigungen mit demselben Gegenstande in Erinnerung gebracht, deren erste Anfänge in eine sehr entfernte Zeit fallen, ins Jahr 1792 oder 1793, wo ich mir die Lambertschen Supplemente zu den Logarithmentafeln angeschafft hatte. Es war noch ehe ich mit feineren Untersuchungen aus der höhern Arithmetik mich befasst hatte eines meiner ersten Geschäfte, meine Aufmerksamkeit auf die abnehmende Frequenz der Primzahlen zu richten, zu welchem Zweck ich dieselben in den einzelnen Chiliaden abzählte, und die Resultate auf einem der angehefteten weissen Blätter verzeichnete. Ich erkannte bald, dass unter allen Schwankungen diese Frequenz durchschnittlich nahe dem Logarithmen verkehrt proportional sei, so dass die Anzahl aller Primzahlen unter einer gegebenen Grenze n nahe durch das Integral

$$\int \frac{\mathrm{d}n}{\log n}$$

ausgedrückt werde, wenn der hyperbolische Logarithm. verstanden werde. In späterer Zeit, als mir die in Vega's Tafeln (von 1796) abgedruckte Liste bis 400031 bekannt wurde, dehnte ich meine Abzählung weiter aus, was jenes Verhältniss bestätigte. Eine grosse Freude machte mir 1811 die Erscheinung von Chernac's

cribrum, und ich habe (da ich zu einer anhaltenden Abzählung der Reihe nach keine Geduld hatte) sehr oft einzelne unbeschäftigte Viertelstunden verwandt, um bald hie bald dort eine Chiliade abzuzählen; ich liess jedoch zuletzt es ganz liegen, ohne mit der Million ganz fertig zu werden. Erst später benutzte ich GOLDSCHMIDT's Arbeitsamkeit, theils die noch gebliebenen Lücken in der ersten Million auszufüllen, theils nach BURCKHARDT's Tafeln die Abzählung weiter fortzusetzen. So sind (nun schon seit vielen Jahren) die drei ersten Millionen abgezählt, und mit dem Integralwerth verglichen. Ich setze hier nur einen kleinen Extract her:

Unter	gibt es Primzahlen	Integral $\int \frac{dn}{\log n}$	Abweich.	Ihre Formel	Abweich.
500000	41556	41606,4	+ 50,4	41596,9	+ 40,9
1000000	78501	79627,5	+ 126,5	78672,7	+ 171,7
1500000	114112	114263,1	+ 151,1	114374,0	+ 264,0
2000000	148883	149054,8	+ 171,8	149233,0	+ 350,0
2500000	183016	183245,0	+ 229,0	183495,1	+ 479,1
3000000	216745	216970,6	+ 225,6	217308,5	+ 563,5

Dass LEGENDRE sich auch mit diesem Gegenstande beschäftigt hat, war mir nicht bekannt, auf Veranlassung Ihres Briefes habe ich in seiner *Théorie des Nombres* nachgesehen, und in der zweiten Ausgabe einige darauf bezügliche Seiten gefunden, die ich früher übersehen (oder seit dem vergessen) haben muss. LEGENDRE gebraucht die Formel

$$\frac{n}{\log n - A}$$

wo A eine Constante sein soll, für welche er 1,08366 setzt. Nach einer flüchtigen Rechnung finde ich danach in obigen Fällen die Abweichung

$$\begin{array}{r} -\ 23,3 \\ +\ 42,2 \\ +\ 68,1 \\ +\ 92,8 \\ +159,1 \\ +167,6 \end{array}$$

Diese Differenzen sind noch kleiner als die mit dem Integral, sie scheinen aber bei zunehmendem n schneller zu wachsen als diese, so dass leicht möglich

wäre, dass bei viel weiterer Fortsetzung jene die letztern überträfen. Um Zählung und Formel in Uebereinstimmung zu bringen müsste man respective anstatt $A = 1,08366$ setzen

1,09040
1,07682
1,07582
1,07529
1,07179
1,07297

Es scheint, dass bei wachsendem n der (Durchschnitts-)Werth von A abnimmt, ob aber die Grenze beim Wachsen des n ins Unendliche 1 oder eine von 1 verschiedene Grösse sein wird, darüber wage ich keine Vermuthung. Ich kann nicht sagen dass eine Befugniss da ist, einen ganz einfachen Grenzwerth zu erwarten; von der andern Seite könnte der Ueberschuss des A über 1 ganz füglich eine Grösse von der Ordnung $\frac{1}{\log n}$ sein. Ich würde geneigt sein zu glauben, dass das Differential der betreffenden Function einfacher sein muss, als die Function selbst. Indem ich für jene $\frac{dn}{\log n}$ vorausgesetzt habe, würde LEGENDRE's Formel eine Differentialfunction voraussetzen, die etwa $\frac{dn}{\log n - (A-1)}$ wäre. Ihre Formel übrigens würde für ein sehr grosses n als mit

$$\frac{n}{\log n - \frac{1}{2k}}$$

übereinstimmend betrachtet werden können, wo k der Modulus der BRIGGI'schen Logarithmen ist, also mit LEGENDRE's Formel, wenn man

$$A = \frac{1}{2k} = 1,1513 \text{ setzt.}$$

Endlich will ich noch bemerken, dass ich zwischen Ihren Abzählungen und den meinigen ein Paar Differenzen bemerkt habe.

Zwischen	59000 u.	60000 haben Sie	95	ich 94
	101000	102000	94	93

Die erste Differenz hat vielleicht ihren Grund darin, dass in LAMBERT's Suppl. die Primzahl 59023 zweimal aufgeführt ist. Die Chiliade von 101000—102000 wimmelt in LAMBERT's Supplementen von Fehlern, ich habe in meinem Exemplare 7 Zahlen angestrichen, die keine Primzahlen sind, und dagegen 2 fehlende ein-

geschaltet. Könnten Sie nicht den jungen DASE veranlassen, dass er die Primzahlen in den folgenden Millionen aus denjenigen bei der Akademie befindlichen Tafeln abzählte, die wie ich fürchte das Publikum nicht besitzen soll? Für diesen Fall bemerke ich, dass in der 2. und 3. Million die Abzählung auf meine Vorschrift nach einem besondern Schema gemacht ist, welches ich selbst auch schon bei einem Theile der ersten Million angewandt hatte. Die Abzählungen von je 100000 stehen auf Einer (klein) Octavseite in 10 Columnen, jede sich auf Eine Myriode beziehend; dazu kommt noch eine Columne davor (links) und eine dahinter rechts; als Beispiel hier eine Verticalcolumne und die beiden Zusatzcolumnen aus dem Intervall 1000000 ... 1100000 — — —

Zur Erläuterung diene z. B. die 1. Verticalreihe. In der Myriade 1000000 bis 1010000 sind 100 Hecatontaden; darunter ist 1 die nur eine Primzahl enthält; gar keine mit 2 oder 3; 2 Stück mit je 4 Primzahlen; 11 Stück mit je 5 u. s. w. alle zusammen geben $752 = 1.1 + 4.2 + 5.11 + 6.14 +$ Die letzte Columne enthält die Aggregate aus den 10 einzelnen. Die Zahlen 14. 15. 16 in der ersten Verticalreihe stehen hier nur zum Ueberfluss, da keine Hecatontaden mit so vielen Primzahlen vorkommen; aber auf den folgenden Blättern bekommen sie Geltung. Zuletzt werden wieder die 10 Seiten in 1 vereinigt, und umfassen so die ganze 2te Million.

Doch es ist Zeit abzubrechen. — — — Unter herzlichen Wünschen für Ihr Wohlbefinden

Stets der Ihrige

Göttingen, 24. December 1849. C. F. GAUSS.

T A F E L

DER ANZAHL DER CLASSEN

BINÄRER QUADRATISCHER FORMEN.

NACHLASS.

Centas 1.

G. I....(17)..(61)	
1	1. 2. 3. 4. 7
3	11. 19. 23. 27. 31. 43. 67
5	47. 79
7	71
9	59. 83
G. II..(58)..(280)	
1	5. 6. 8. 9. 10. 12. 13. 15. 16. 18. 22. 25. 28. 37. 58
2	14. 17. 20. 32. 34. 36. 39. 46. 49. 52. 55. 63. 64. 73. 82. 97. 160
3	26. 29. 35. 38. 44. 50. 51. 53. 54. 61. 75. 76. 81. 87. 91. 92. 99
4	41. 62. 68. 94. 95. 98
5	74. 86
6	89
G. IV..(25)..(136)	
1	21. 24. 30. 33. 40. 42. 45. 48. 57. 60. 70. 72. 78. 85. 88. 93
2	56. 65. 66. 69. 77. 80. 84. 90. 96
Summa	233...477
Irreg. 0	Impr. 74

Centas 2.

G. I......(11)..(101)	
3	163
5	103. 127
7	151
9	107. 139. 199
11	167
13	191
15	131. 179
G. II.....(46)..(406)	
2	142. 148. 193
3	106. 108. 109. 115. 118. 121. 123. 124. 135. 147. 157. 162. 169. 172. 175. 187
4	111. 113. 128. 137. 158. 178. 183. 196
5	119. 122. 125. 143. 159. 166. 181. 188. 197
6	116. 155. 171
7	101. 134. 149. 173
8	146. 164
10	194
G. IV....(39)..(356)	
1	102. 112. 130. 133. 177. 190
2	114. 117. 126. 132. 136. 138. 141. 144. 145. 150. 153. 154. 156. 160. 180. 184. 192. 198
3	104. 110. 129. 140. 152. 170. 174. 176. 182. 186. 189. 195. 200
4	161. 185
G. VIII...(4)...(32)	
1	105. 120. 165. 168
Summa	291 ... 895
Irreg. 0	

Centas 3.

G. I.......(9).....(109)	
7	223
9	211. 243(*3*). 283
11	271
13	263
15	227. 239
21	251
G. II......(42).....(482)	
3	202. 207. 214. 235. 247. 262. 267. 268. 277. 298
4	226. 256. 289. 292. 295
5	218. 229. 242. 250
6	203. 212. 219. 233. 241. 244. 259. 274. 275. 279. 291
7	215. 278. 284. 287
8	254. 257
9	236. 293
10	206. 281
11	269
12	299
G. IV.....(43).....(512)	
1	232. 253
2	205. 208. 213. 217. 220. 225. 228. 238. 252. 258. 265. 282. 288
3	201. 204. 216. 222. 231. 234. 237. 245. 246. 249. 255. 261. 270. 286. 294. 297. 300
4	221. 224. 248. 260. 272. 276
5	209. 230. 266. 290. 296
G. VIII.... (6)......(64)	
1	210. 240. 273. 280
2	264. 285
Summa	313.....1167
Irreg. 1	Impr. 183.

Centas 4.

G. I........(9).....(113)	
7	343
9	307(*3*). 331. 367. 379
15	347
17	383
19	311. 359
G. II......(40).....(554)	
3	358. 397
4	313. 337. 382. 388
5	303. 316. 317. 319. 346. 361. 373. 375. 394
6	302. 323. 324. 327. 334. 351. 355. 363. 387
7	338. 349. 391
8	353
9	332. 335. 339(*3*). 362
10	386. 398
11	326. 389
12	356. 371. 395
13	314
G. IV..... (43).....(608)	
2	301. 310. 322. 328. 333. 340. 352. 372. 400
3	304. 309. 315. 318. 325. 342. 348. 364. 366. 368. 370. 378. 393. 396
4	305. 306. 308. 320. 350. 354. 369. 376. 377. 380. 384. 392. 399
5	321. 344. 365. 381.
6	329
7	341. 374
G. VIII....(8)......(88)	
1	312. 330. 345. 357. 385
2	336. 360. 390
Summa	325.....1363
Irreg. 2	Impr. 229

DETERMINANTES NEGATIVI.

Centas 5.

G. I..... (10)..(174)	
7	463. 487
9	499
15	439. 443
21	431. 467
25	479
27	419. 491
G. II.... (33)..(512)	
3	403. 427
4	457. 466. 478
5	412. 415. 421. 422. 423
6	433. 436. 475. 484
7	447. 454
8	407. 409. 452. 471
9	411. 428. 451. 459(*). 486
10	401. 449. 482. 500
13	458
14	404
15	461
16	446
G. IV.... (49).. (760)	
2	418. 438. 442. 445. 448. 498
3	405. 417. 424. 430. 432. 435. 450. 453. 460. 472. 473. 477. 483. 490. 492. 493. 496
4	402. 406. 410. 414. 441. 444. 468. 469. 481. 485. 495
5	413. 437. 455. 470. 474. 476. 488. 489
6	416. 425. 426. 434. 464. 497
7	494
G. VIII... (8).. (120)	
1	408. 462
2	420. 429. 456. 465. 480
3	440
Summa 336 .. 1566	
Irreg. 1	

Centas 6.

G. I...... (7)..(133)	
9	547
15	523. 571
21	503. 587
25	599
27	563
G. II.... (40)..(724)	
4	562. 577. 583
5	508. 538. 541
6	507. 526. 529. 543. 567
7	502. 511. 535
8	512. 514. 548. 559. 578
9	515. 519. 527. 531. 556. 557. 575. 586
11	551. 554. 591
12	539. 542. 579. 593
14	596
15	509. 524. 566
16	521. 569
G. IV.... (41)..(672)	
2	505. 522. 532. 553. 568. 592. 598
3	513. 517. 533. 537. 540. 550. 555. 565. 588. 595. 597
4	501. 518. 544. 558. 564. 573. 574. 576(*2*). 580(*2*). 582. 589
5	534. 572. 590
6	516. 549. 594
7	506. 530. 536. 581
8...	545. 584
G. VIII..(12)..(200)	
1	520
2	504. 510. 525. 528. 552. 561. 570. 585. 600
3	546. 560
Summa 347 ... 1729	
Irreg. 2	

Centas 7.

G. I...... (8)..(138)	
9	643
13	607. 631
15	619. 683. 691
25	647
33	659
G. II.... (37)..(718)	
3	652
5	613. 625. 694
6	603. 617. 622. 628. 655. 667. 673. 676. 687
7	604. 634. 639. 653
9	661. 675(*3*). 679
10	601
11	623. 662. 668
12	674. 695
13	698
14	641. 686. 692
15	611. 635. 671. 677. 699
17	614
18	626
G. IV.... (43)..(812)	
2	658. 697
3	606. 610. 618. 627. 637; 648. 669. 670. 682. 685. 688. 700
4	612. 632. 640. 642. 646. 657. 663
5	615. 633. 636. 638. 649. 664. 666. 678. 681
6	602. 605. 608. 620. 621. 650. 651. 684
7	654
8	644. 656
9	629
10	689
G. VIII.. (12)..(216)	
2	609. 616. 624. 630. 645. 660. 672. 690. 693
3	665. 680. 696
Summa 350 .. 1884	
Irreg. 1	

Centas 8.

G. I......... (6)...(110)	
13	727
15	739. 751. 787
21	743
31	719
G. II....... (39)...(860)	
4	772
5	709. 757
6	718. 723. 763. 775
7	703. 733. 778
8	799
9	707. 722. 729. 747. 771. 783. 796
10	711. 724. 769. 788
11	758. 767
12	706. 766
13	746. 764. 773
15	716. 779. 797
16	791
17	701
18	731. 755(*3*)
20	734. 761
21	794
G. IV........ (42)... (792)	
2	708. 742. 793
3	702. 715. 730. 748. 753. 762. 795
4	712. 717. 721. 732. 735. 736. 738. 745. 768. 784. 785. 786. 790
5	726. 737. 750. 752. 754. 774. 781
6	704. 713. 725. 756. 759. 782. 800
8	710. 740. 749. 789
10	776
G. VIII..... (13)... (264)	
1	760
2	720. 765. 777. 792. 798
3	705. 714. 728. 741. 744. 780
4	770
Summa 356... 2026	
Irreg. 1	

NACHLASS.

Centas 9.

G. I ....(8)....(164)	
9	823. 883
21	811. 827. 859. 863
29	887
33	839
G. II........(34)....(750)	
4	862
5	847. 853. 877
6	802. 898
7	807. 838. 841. 892
8	895
9	835. 843. 844, 867. 886. 891(*3*)
10	878
11	829. 871. 879
13	842
14	818. 831
15	803. 815. 821. 851. 875
16	809. 857
20	881
21	899
22	866
G. IV.......(47)...(1024)	
3	808. 813. 814. 817. 826. 828. 837. 856
4	820(*2*). 832. 834. 850. 852. 855. 865. 868. 873. 882. 889. 900(*2*)
5	822. 830. 872. 874
6	801. 804. 810. 812. 819. 833. 848. 864. 876. 890. 894
7	806. 845. 849. 860. 893
8	846. 869. 884(*2*). 896
10	824. 836
11	854
G. VIII.....(10)....(200)	
2	805. 858. 870. 880. 897
3	816. 825. 861. 885. 888
G. XVI.....(1).....(16)	
1	840
Summa 360.....2154	
Irreg. 4	

Centas 10.

G. I..........(8)....(174)	
9	907
11	967
15	947
17	991
19	919
27	983
31	911
45	971
G. II.......(33)....(810)	
5	982
6	955
7	997
8	943. 958. 961
9	922. 931. 963. 972
10	916. 927. 937. 977
12	932. 939. 964. 979. 995. 999
13	934. 951. 998
15	908. 923. 956
16	953
18	914. 929. 959. 974(*3*).
20	926
23	941
G. IV......(45)....(976)	
2	928
3	913. 918. 925. 933. 940. 942. 949. 970. 973. 988
4	903. 904. 993. 938. 946. 975. 994
5	917. 921. 968. 1000
6	901. 905. 915. 948. 954. 976. 978. 980. 981. 985. 987. 996
7	902. 906. 909. 935. 962
8	992
9	944. 950. 989
11	965. 986
G. VIII.....(14)....(312)	
2	910. 912. 952. 957. 960
3	924. 930, 936. 945. 966. 969. 984. 990
5	920
Summa 366......2272	
Irreg. 1	

Centas 11.

G. I............(7)......(191)	
9	1087
15	1051
19	1063
23	1039
35	1031
39	1019
51	1091
G. II..........(35)......(880)	
5	1093
6	1003. 1027. 1033. 1042
8	1024. 1047
9	1018. 1059. 1075(*3*). 1083. 1099
10	1006. 1009
11	1021. 1082. 1084
12	1043. 1058
13	1013. 1052. 1061. 1094.
15	1007. 1069
16	1028
17	1079
18	1011. 1055. 1067. 1097
21	1004. 1046
22	1049. 1076.
G. IV.........(44)......(984)	
2	1012
3	1030. 1038. 1048. 1068. 1072. 1090
4	1002. 1015. 1017. 1023. 1054. 1057. 1060. 1078. 1081
5	1037. 1066. 1071. 1098
6	1026. 1035. 1036. 1044. 1053. 1062. 1073. 1077. 1089. 1096. 1100
7	1010. 1014. 1029. 1086. 1095
8	1016. 1022. 1025. 1074. 1088(*2*)
9	1041. 1070
11...1034	
G. VIII.......(14)......(344)	
2	1005. 1008. 1032. 1045. 1065. 1092
3	1020. 1050. 1080
4	1040. 1056. 1085
5	1001. 1064
Summa 365.......2399.	
Irreg. 2	

Centas 12.

G. I...........(6)......(148)	
15	1123
21	1163. 1171
23	1103
27	1187(*3*)
41	1151
G. II.........(36)......(924)	
6	1108. 1138. 1198
7	1117. 1183
8	1129. 1153. 1156. 1159
9	1107(*3*). 1132. 1135. 1142. 1147
10	1143
11	1111. 1114. 1126. 1167
12	1127. 1186. 1191. 1195.
15	1115. 1174. 1175. 1179
16	1119
18	1172. 1193
19	1199
20	1124
23	1181
24	1139
25	1109
28	1154
G. IV.........(40).....(1064)	
3	1162. 1177. 1192
4	1149. 1150. 1152. 1168. 1178. 1180
5	1102. 1125. 1237. 1165. 1182. 1189
6	1131. 1134. 1141. 1145. 1158. 1164. 1188
7	1101. 1112. 1133. 1136. 1148. 1157. 1194
8	1146
9	1116. 1118. 1161. 1166
10	1184
11	1121. 1130
12	1106. 1169. 1196
G. VIII......(18)......(408)	
2	1105. 1110. 1113. 1120. 1122. 1128. 1170. 1185. 1197
3	1144. 1155. 1173. 1176. 1200
4	1104. 1140
5	1160, 1190
Summa 382.......2544	
Irreg. 2	

DETERMINANTES NEGATIVI.

Centas 13.

G. I	(6) (190)
23	1279
27	1231. 1291
33	1283
35	1223
45	1259(*3*)
G. II	(38) (986)
5	1213
6	1227. 1243. 1255. 1282. 1297
7	1237
8	1201. 1252
9	1203. 1207. 1215. 1219. 1228(*3*). 1267(*3*)
10	1261. 1263. 1268.
12	1202. 1234. 1299
13	1247
14	1294
15	1250
16	1217. 1249
17	1277
18	1251. 1262. 1289
19	1229. 1244
20	1214. 1271
21	1211. 1226. 1238
29	1286
G. IV	(40) (1008)
3	1222. 1258. 1285
4	1204. 1225. 1233. 1246. 1278
5	1210. 1212. 1257. 1264. 1270. 1273. 1276. 1287
6	1208. 1216. 1236. 1242. 1269. 1275. 1292. 1293. 1296. 1300
7	1206
8	1220(*2*). 1239. 1241. 1253. 1266. 1280. 1298
9	1235. 1274. 1295
10	1205. 1284
13	1256
G. VIII	(16) (416)
2	1240. 1248. 1288. 1290
3	1218. 1230. 1254. 1260. 1272. 1281
4	1221. 1224. 1232. 1245
5	1209. 1265
Summa	370 ... 2600
Irreg. 4	

Centas 14.

G. I	(7) (191)
11	1303
15	1327
27	1367. 1399
33	1307. 1331
45	1319
G. II	(32) (846)
5	1318
6	1387
7	1372
8	1348
9	1306. 1315(*3*). 1323(*3*). 1324. 1347. 1363. 1366. 1369. 1373. 1383
10	1375
11	1354
12	1321. 1339. 1351
13	1381
14	1346. 1359
15	1388
17	1343
18	1355. 1371
19	1382
21	1322
22	1391
24	1379
25	1301
30	1361
G. IV	(46) (1340)
4	1312(*2*). 1332(*2*). 1345. 1357. 1393
5	1317. 1333. 1338. 1342. 1378. 1384. 1390. 1398
6	1308. 1313. 1336. 1337. 1350. 1358. 1362. 1377. 1395. 1397
7	1311. 1335. 1341. 1352. 1374. 1389. 1396
8	1314. 1334
9	1310. 1325. 1328. 1329. 1340. 1356(*3*)
10	1376
11	1304. 1370
12	1316. 1385. 1394
14	1349. 1364
G. VIII	(13) (328)
2	1302. 1353. 1360. 1380
3	1309. 1330. 1368. 1392
4	1305. 1344. 1386. 1400
5	1326
G. XVI	(2) (32)
1	1320. 1365.
Summa	391 ... 2737
Irreg. 5	Propr. 3192

Centas 15.

G. I	(10) (308)
9	1423
21	1483
23	1447. 1471
33	1459
37	1487
39	1439. 1451. 1499
45	1427
G. II	(26) (746)
6	1411. 1467
7	1402. 1453
8	1438
9	1458. 1468
10	1444. 1486. 1489. 1492.
11	1429. 1493
15	1431. 1478
16	1412
17	1415. 1418
18	1409. 1433. 1475
19	1436
21	1403
26	1481
29	1466
30	1454
G. IV	(49) (1348)
3	1432. 1435. 1450
4	1408. 1417. 1422. 1462. 1465. 1474. 1477. 1498
5	1495. 1497. 1500
6	1404. 1405. 1407. 1413. 1420. 1437. 1442. 1443. 1452. 1457. 1472
7	1401. 1414. 1441. 1455. 1461. 1473. 1479
8	1426. 1434. 1446. 1463. 1476
9	1419. 1445. 1448. 1490. 1491.
10	1460. 1494
11	1406
12	1421. 1424. 1484
14	1469
G. VIII	(15) (424)
2	1428. 1488
3	1425. 1456. 1464. 1480. 1482. 1485
4	1410. 1416. 1430. 1440(*2*). 1449. 1470
7	1496
Summa	378 ... 2826
Irreg. 1	Propr. 3282

NACHLASS.

Centas 16.

G. I.........(9)......(299)	
15	1567
19	1543
21	1523
27	1579
33	1531. 1583
49	1511
51	1559. 1571
G. II.......(24)......(656)	
6	1507. 1555. 1588
7	1527. 1597
9	1516. 1519. 1549. 1563
10	1522
11	1503. 1591
12	1502. 1587
17	1532. 1546. 1594
18	1539(*3*)
19	1535
20	1553
22	1538. 1556
25	1514
27	1574
G. IV......(53)......(1564)	
3	1558. 1593
4	1510. 1513(*2*). 1528. 1537. 1552. 1578. 1582(*2*). 1600(*2*).
5	1534. 1542. 1570. 1573. 1576
6	1501. 1506. 1521. 1525. 1548. 1572. 1575. 1585
7	1557. 1562. 1564. 1565. 1569. 1577
8	1504. 1508. 1536. 1551. 1561. 1568(*2*). 1598
9	1515. 1541. 1547. 1566. 1599
10	1509. 1524. 1544. 1592
11	1586
12	1517. 1526. 1550. 1580. 1595
13	1529. 1589
G. VIII.....(13)......(360)	
2	1540
3	1512. 1518. 1530. 1533. 1545. 1554. 1584
4	1520. 1590(*2*). 1596
5	1505. 1581
G. XVI......(1).......(32)	
2	1560
Summa 389.......2911	
Irreg. 6	Propr. 3416

Centas 17.

G. I.........(6)......(182)	
17	1663
21	1627
27	1607
33	1699
39	1667
45	1619
G. II.......(37)......(1116)	
6	1618
7	1642
8	1657
9	1603. 1621. 1675(*). 1683. 1687
10	1678. 1681. 1684
11	1639. 1654. 1693
12	1647. 1651
13	1669
14	1609. 1623. 1697
15	1611. 1622. 1643. 1682
16	1636
19	1637. 1671
20	1604
21	1613. 1658
22	1631. 1646. 1655
26	1679
27	1676. 1691
28	1601
G. IV.......(41).....(1312)	
3	1612
4	1633. 1660. 1698
5	1626. 1648. 1660. 1662. 1688. 1692. 1695
6	1615. 1620. 1635. 1659. 1666. 1668. 1690. 1696
7	1606. 1614. 1630. 1670
8	1602. 1628. 1673
9	1644. 1674. 1689
10	1625. 1629. 1652
11	1641. 1686
12	1649. 1661. 1664. 1694
13	1685
14	1616
16	1634
G. VIII....(15).......(368)	
2	1605. 1632. 1645. 1653 1672. 1677
3	1617. 1638
4	1608. 1610. 1624. 1640. 1650. 1656. 1665
G. XVI......(1).......(32)	
2	1680
Summa 380.......3010	
Irreg. 1	Impr. 513

Centas 18.

G. I.........(5).......(95)	
15	1723. 1747
17	1783
21	1787
27	1759
G. II.......(35).....(1182)	
10	1714. 1753. 1774
12	1726. 1731. 1732. 1762. 1777. 1795
13	1719. 1735. 1741. 1789
14	1703. 1711. 1775
15	1707. 1756. 1772. 1779
17	1733
18	1727. 1763(*3*). 1791
19	1754
21	1709. 1715. 1724
23	1718
24	1751
25	1766. 1799
26	1721
29	1706
30	1739
G. IV.......(41).....(1260)	
3	1708
4	1717. 1737. 1738. 1780. 1792
5	1702. 1750. 1758. 1761. 1765. 1773. 1786. 1798
6	1728. 1743. 1744. 1771. 1782. 1797
7	1757. 1788
8	1764(*2*). 1767
9	1701. 1712. 1713. 1730. 1734. 1755(*). 1793
10	1745. 1746. 1748. 1778. 1796
11	1742
13	1790
16	1769. 1784
17	1781
G. VIII.....(18)......(536)	
2	1705. 1710. 1752. 1768
3	1720. 1722. 1729. 1740. 1800
4	1716. 1725. 1776. 1794
5	1749. 1770
6	1704. 1736. 1760
G. XVI......(1).......(32)	
2	1785
Summa 399.......3105	
Irreg. 3	Impr. 525

DETERMINANTES NEGATIVI.

Centas 19.

G. I........(7)...........(263)
15 1867
19 1831
27 1879
43 1847
45 1823. 1871
69 1811
G II.......(31)...........(994)
6 1807. 1873
7 1852
8 1822. 1828
9 1843. 1863. 1882
10 1858
11 1849
12 1803
14 1801. 1838
15 1819. 1835. 1875. 1891. 1894
17 1877
18 1899
19 1861
20 1839
21 1851. 1859. 1868. 1883
23 1814
24 1895
28 1874
30 1844
36 1889
G. IV.......(45).........(1416)
4 1813. 1842. 1864. 1897
5 1810. 1857. 1887. 1893
6 1812. 1815. 1818. 1825. 1827. 1837. 1878. 1888. 1892. 1900
7 1816. 1846. 1855. 1898
8 1802. 1808. 1866. 1876. 1884
9 1804. 1809. 1821. 1834. 1836. 1853. 1862
10 1805. 1817. 1829. 1841. 1850. 1854
12 1856. 1865
13 1832
14 1826
16 1886 (*2*)
G. VIII.....(16).............(496)
2 1870. 1885
3 1830. 1833. 1840. 1890
4 1824. 1845. 1860. 1872
5 1806. 1820. 1869. 1880. 1881. 1896
G. XVI.......(1).............(16)
1 1848

Summa 393 3185
Irreg. 1 Impr. 513

Centas 20.

G. I..........(6)............(252)
21 1987
27 1999
33 1951
39 1907
63 1931 (*3*)
69 1979
G. II.......(33)............(1090)
7 1948
8 1983
9 1915. 1927. 1933. 1963. 1996
10 1906. 1975
11 1903. 1942
12 1939. 1982. 1993
14 1954
15 1923
16 1922. 1943
18 1913. 1966. 1967. 1971 (*3*)
21 1901. 1959. 1973. 1997
22 1919
25 1916
26 1934
27 1964. 1994
28 1991
35 1949
G. IV.......(43)............(1356)
3 1978
4 1912. 1918 (*2*). 1945. 1957
5 1930. 1962. 1969. 1981
6 1908. 1917. 1926. 1936. 1941. 1947. 1972. 1984. 1990
7 1909. 1929. 1935
8 1911. 1924. 1940. 1958. 1961
9 1902. 1944. 1955. 1977. 1998
10 1921. 1928. 1952. 1956. 1985. 2000
12 1982. 1986. 1988
13 1970
14 1910
17 1946
G. VIII ......(18)............(584)
2 1992
3 1905. 1932. 1950. 1960. 1968. 1995
4 1920. 1938. 1953. 1974. 1980. 1989
5 1904. 1965
6 1914. 1925
7 1976

Summa 388............ 3282
Irreg. 3 Impr. 556

Centas 21.

O. I.................(8).............(284)
21 2011. 2083
27 2003
33 2027
35 2087
45 2039. 2063
57 2099
G. II..............(30)............(1054)
6 2017. 2062
8 2095
9 2023. 2038. 2047. 2053
12 2059. 2098
14 2007. 2018
15 2043. 2071. 2092
16 2048
17 2026. 2029
19 2031. 2069
20 2078
21 2012
22 2089
24 2019
25 2042
27 2051. 2075 (*3*)
28 2066
30 2036. 2081
32 2084
G. IV..............(42)............(1376)
4 2020. 2077
5 2032. 2073. 2074
6 2022. 2025. 2028. 2035. 2050. 2052. 2067. 2068. 2082. 2086. 2096
7 2008. 2033. 2044. 2055. 2058. 2094
8 2004. 2005. 2034. 2041. 2056
9 2014. 2049. 2060. 2076. 2079. 2091
10 2057. 2061
12 2006. 2009. 2045
13 2015
15 2096
17 2021
18 2054
G .VIII............(19)..............(632)
2 2002. 2013. 2080. 2088
3 2037. 2065
4 2010. 2016. 2046. 2072. 2100
5 2030. 2070. 2085. 2093
6 2001. 2064. 2090
7 2024
G. XVI............(1)..............(32)
2 2040

Summa 404 3378
Irreg. 1 Impr. 560

NACHLASS.

Centas 22.

G. I.....(5)..(149)	
13	2143
21	2179
27	2187 (*3*)
39	2131
49	2111
G. II...(33).(1174)	
8	2113.
	2137
9	2122.
	2167.
	2188
10	2164
11	2182
12	2107.
	2116
13	2102.
	2197
14	2127
15	2151.
	2191
16	2153.
	2194
17	2103.
	2119
18	2155.
	2161.
	2199
21	2123.
	2138.
	2147.
	2171.
	2183.
	2186
24	2195
28	2129
30	2126.
	2159
32	2174
39	2141
G. IV.(46).(1592)	
5	2101.
	2118.
	2125.
	2152.
	2158.
	2173.
	2178
6	2104.
	2115.
	2132.
	2139.
	2148.
	2157.
	2163.
	2172
7	2110.
	2140.
	2146.
	2149.
	2165
8	2134.
	2176 (*2*)
	2192
9	2106.
	2108.
	2117.
	2124.
	2133 (*3*).
	2175.
	2181.
	2198
10	2150.
	2154.
	2166.
	2177
11	2135
12	2105.
	2156.
	2168.
	2169.
	2196
14	2114.
	2144.
	2162
15	2189
16	2180
G. VIII.(14).(424)	
2	2128.
	2170
3	2160.
	2185.
	2190.
	2193.
	2200
4	2112 (*2*).
	2130.
	2142
5	2109.
	2121.
	2136
7	2120
G. XVI.(2)...(80)	
2	2145
3	2184
Summa	399... 3419
Irreg. 4	Impr. 585

Centas 23.

G. I.....(7)..(217)	
15	2203
21	2251
29	2287
33	2267
35	2239
39	2207
45	2243 (*3*)
G. II..(29).(1084)	
7	2293
9	2221.
	2227.
	2283
10	2281
11	2215.
	2263
12	2209
13	2218
14	2258
15	2237.
	2269.
	2284.
	2299
16	2206
17	2234
18	2228
20	2297
21	2213.
	2259
22	2271
24	2273
27	2252.
	2291
28	2279
29	2231
32	2276
36	2219 (*3*)
39	2246
G. IV.(46).(1612)	
4	2212.
	2242.
	2248.
	2272
5	2202.
	2230.
	2247.
	2290
6	2223.
	2257.
	2260.
	2268.
	2275.
	2278
7	2217.
	2238.
	2270
8	2236.
	2245.
	2254 (*2*).
	2286.
	2292.
	2298
9	2214.
	2221.
	2235 (*3*).
	2241.
	2253.
	2266.
	2295.
	2300
10	2249.
	2250.
	2255.
	2282
11	2204.
	2216
12	2211.
	2225.
	2229
13	2222
14	2274
15	2264.
	2285
16	2201
19	2294
G. VIII.(17).(584)	
2	2233.
	2277
3	2205.
	2220.
	2262
4	2208.
	2232.
	2244.
	2256.
	2265.
	2289.
	2296
5	2226.
	2288
6	2240
7	2210
9	2261
G. XVI.(1)..(32)	
2	2280
Summa	401...3529
Irreg. 4	Impr. 571

Centas 24.

G. I....(7)..(291)	
15	2347
29	2311.
	2383
39	2371
57	2339
59	2399
63	2351
G. II..(32).(1106)	
7	2335
8	2302.
	2308.
	2377
11	2326.
	2374
12	2307.
	2323.
	2395
13	2362.
	2367
14	2359
15	2303.
	2319.
	2341.
	2363
16	2386
17	2333.
	2389.
	2391
19	2381
20	2375
21	2342.
	2348.
	2357
24	2327.
	2372
25	2396
27	2315 (*3*)
30	2393
32	2306
33	2309
G. IV..(40).(1520)	
4	2332.
	2353.
	2368
5	2398
6	2305.
	2317.
	2322.
	2338.
	2358.
	2388
7	2314.
	2382
8	2304.
	2312.
	2313.
	2329 (*2*).
	2343.
	2350.
	2356
9	2318.
	2344.
	2349.
	2355.
	2361.
	2387
11	2334.
	2364
12	2316.
	2331.
	2376.
	2379 (*2*).
	2390
14	2324.
	2354.
	2384
15	2321.
	2330.
	2378
16	2336
18	2369
G. VIII.(20).(648)	
2	2392
3	2325.
	2346.
	2352.
	2370.
	2373.
	2380
4	2320.
	2328.
	2337.
	2340.
	2365.
	2385 (*2*).
	2397.
	2400 (*2*)
5	2360.
	2394
6	2301.
	2376
7	2345
G. XVI.(1)..(32)	
2	2310
Summa	407... 3597
Irreg. 5	Impr. 611

DETERMINANTES NEGATIVI.

Centas 25.

G. I...(5)..(217)	
21	2467
33	2423
37	2447
57	2459
69	2411
G. II..(35).(1250)	
9	2403 (*3*).
	2437 (*3*).
	2443.
	2458
10	2407.
	2452.
	2473.
	2487.
	2500
12	2419.
	2468.
	2479
13	2428
14	2401.
	2446.
	2455
15	2476
16	2434.
	2462
17	2463
18	2417.
	2491
19	2477
20	2402.
	2404.
	2498
21	2427
22	2439
27	2426
28	2495
30	2483
31	2471
33	2435
38	2441
39	2474
G. IV.(38).(1472)	
4	2410
5	2422.
	2433.
	2494
6	2412.
	2413.
	2425.
	2451.
	2475.
	2482.
	2488.
	2493
7	2416.
	2431.
	2438.
	2497
8	2454
9	2430 (*3*).
	2461
10	2449
11	2421.
	2489.
	2492
12	2420 (*2*).
	2432.
	2450.
	2466.
	2484.
	2499
13	2453.
	2469.
	2481
14	2429.
	2486
15	2406.
	2444
17	2456
18	2414
G. VIII.(22).(720)	
3	2418.
	2424.
	2440.
	2457.
	2472.
	2485
4	2436.
	2442.
	2445.
	2448 (*2*).
	2464.
	2465.
	2470.
	2478.
	2490.
	2496
5	2405.
	2409.
	2415.
	2460
6	2408.
	2480

Summa 403..3659
Irreg. 5 Impr. 595

Centas 26.

G. I...(7)..(301)	
21	2503
33	2539
35	2543
41	2551
51	2531
57	2591
63	2579
G. II..(29).(1028)	
8	2578
9	2515.
	2557.
	2563 (*3*).
	2566.
	2572
10	2527
12	2587.
	2593
13	2524
15	2523.
	2575.
	2518.
	2599
16	2521
18	2511.
	2547
19	2554
20	2559
21	2507.
	2571
22	2567.
	2594
25	2582.
	2588
28	2564
32	2519.
	2558
35	2549
G. IV.(45).(1752)	
4	2533.
	2542 (*2*)
5	2577
6	2512.
	2517.
	2538.
	2545.
	2548.
	2592.
	2598
7	2502.
	2509.
	2535.
	2536.
	2556.
	2583
8	2506.
	2513.
	2528.
	2560.
	2569.
	2589
9	2522.
	2555.
	2581.
	2595
10	2514.
	2529.
	2532.
	2596
11	2570.
	2573
12	2597
13	2510
14	2501.
	2525.
	2586
15	2526.
	2534.
	2537.
	2540
16	2546.
	2561
18	2504.
	2516
G. VIII (18).(648)	
3	2508.
	2530.
	2550.
	2553.
	2562.
	2590
4	2568.
	2580.
	2584
5	2505.
	2541.
	2544.
	2552.
	2585
6	2565.
	2574.
	2600
8	2576
G. XVI.(1)..(32)	
2	2520

Summa 405..3761
Irreg. 2 Impr. 641

Centas 27.

G. I...(7)...(231)	
15	2647.
	2683
23	2671
39	2659
43	2663
45	2699 (*3*)
51	2687
G. II..(29).(1196)	
10	2638
11	2623.
	2662.
	2677
12	2611.
	2689.
	2692
14	2612
15	2602.
	2643
16	2617.
	2633.
	2657
18	2619 (*3*).
	2627.
	2644
21	2693
23	2614.
	2615
24	2631.
	2654
26	2642
27	2675 (*3*)
30	2603.
	2606
31	2621
33	2636
39	2651
42	2609
G. IV.(46).(1776)	
3	2608
4	2605
5	2641
6	2620.
	2629.
	2650.
	2653.
	2658.
	2667.
	2668.
	2676.
	2682.
	2695.
	2698
7	2607
8	2601.
	2628 (*2*).
	2655.
	2674.
	2686
9	2626.
	2634.
	2635.
	2637.
	2646 (*3*).
	2673.
	2700 (*3*)
10	2656.
	2678
11	2645.
	2648.
	2649.
	2672
12	2661.
	2691.
	2696
13	2679
15	2630.
	2684.
	2690.
	2694
16	2624 (*3*).
	2639.
	2669
17	2666
18	2681
G. VIII.(17).(584)	
2	2632
3	2613.
	2622.
	2680.
	2685.
	2697
4	2652.
	2665.
	2688
5	2610.
	2618.
	2625.
	2664.
	2670.
6	2604.
	2660
7	2616
G. XVI..(1)..(32)	
2	2640

Summa 401...3819
Irreg. 7 Impr. 625

NACHLASS.

Centas 28.

		7	2703.
G. I ... (6) .. (208)			2761.
21	2707.		2766.
	2767		2782
33	2731	8	2733.
39	2791		2742.
41	2719		2775.
53	2711		2785
G. II . (29) . (1190)		9	2716.
9	2787.		2770.
	2797		2778.
10	2722.		2781.
	2743		2795
12	2713	10	2724.
13	2762		2751
14	2734.	11	2757
	2753	12	2701.
15	2727.		2702 (*2*).
	2732.		2739.
	2764		2754
18	2723.		2780
	2763 (*3*).	13	2721.
	2783		2792
19	2738.	14	2744.
	2746.		2768.
	2799		2774
20	2777	15	2750.
21	2749.		2796
	2779	17	2726
22	2798	18	2705.
27	2747.		2786
	2759	20	2714.
29	2741		2756 (*2*)
30	2708	G. VIII . (16) . (568)	
31	2735	2	2737
39	2771	3	2728.
40	2729		2800
41	2789	4	2706.
G. IV . (47) . (1864)			2709.
4	2773.		2717.
	2788		2745.
5	2776		2772.
6	2704.		2790.
	2710.		2793
	2715.	5	2712.
	2718.		2769
	2725.	6	2720.
	2740.		2736.
	2748.		2784
	2752.	7	2765
	2755.	G. XVI . (2) .. (64)	
	2758.	2	2730.
	2794		2760
		Summa	412 .. 3894
Irreg. 3		Impr.	644

Centas 29.

			2847.
G. I .. (6) .. (250)			2848 (*2*).
25	2887		2868.
27	2803		2884
33	2851	9	2806.
45	2843		2828.
57	2879		2835 (*3*).
63	2819		2862.
G. II .. (32) . (1298)			2887.
8	2878		2888.
10	2818.		2890.
	2836.		2895
	2857	10	2810.
11	2815.		2844.
	2863		2869.
12	2827		2871.
13	2809.		2874.
	2823.		2896
	2839.	11	2841
	2854	12	2816.
15	2875.		2822.
	2883.		2824.
	2899		2825.
16	2833		2852.
18	2867.		2873.
	2897		2900
19	2858	13	2826
20	2866	15	2813.
23	2837		2864.
24	2811		2889
26	2807	16	2882
27	2859.	21	2834
	2891 (*3*)	G. VIII (17) . (648)	
30	2801.	2	2832
	2855	3	2808.
31	2876		2860
33	2861	4	2821.
34	2804.		2829.
	2831.		2850 (*2*).
	2894		2865.
36	2846		2880.
G. IV . (43) . (1680)			2898
4	2842.	5	2814.
	2893		2838.
5	2830.		2877.
	2853		2886
6	2802.	6	2820
	2872.	7	2870
	2892	8	2840.
7	2812.		2849
	2881	G. XVI . (2) .. (96)	
8	2817.	3	2805.
	2845.		2856
		Summa	410 .. 3972
Irreg. 4		Impr.	636

Centas 30.

G. I .. (6) .. (322)		8	2944.
31	2927		2946.
33	2971		2949.
39	2963		2980 (*2*)
59	2903	9	2950.
73	2999		2955.
87	2939		2988.
G. II .. (33) . (1266)			2989
8	2962	10	2919.
9	2902.		2929.
	2923.		2948.
	2998		2975
10	2983	11	2922.
11	2917.		2933.
	2935		2934.
12	2947.		2967
	2953.	12	2993 (*2*)
	2995	13	2901.
13	2908		2984
14	2932	16	2921.
15	2956.		2994.
	2986		2996
17	2918	18	2915.
18	2916.		2924
	2943.	20	2936.
	2979		2954.
20	2942.		2981
	2959	G. VIII (24) . (888)	
21	2911.	2	2968
	2931.	3	2905.
	2972		2920.
24	2974.		2937.
	2991		2970.
26	2969		2982.
27	2951.		2992
	2957	4	2928.
30	2978.		2940.
	2987		2952.
33	2906		2958.
35	2909		2985
43	2966	5	2904.
G. IV . (37) . (1588)			2910.
5	2965		2926.
6	2907.		2990.
	2914.		3000
	2938.	6	2912.
	2977.		2925.
	2997		2961.
7	2913.		2964.
	2930.		2976
	2941.	8	2945.
	2973		2960
		Summa	412 .. 4064
Irreg. 2		Impr.	714

DETERMINANTES NEGATIVI.

Centas 43.			4263.
G. I...(7)..(425)			4285.
27	4243		4293.
45	4219		4294.
51	4231		4300 (*3*)
63	4283	11	4215.
65	4271		4238.
69	4211		4281.
105	4259		4298
G. II.(32).(1592)		12	4212 (*2*).
12	4222.		4232.
	4258.		4251.
	4267.		4275 (*2*).
	4273		4292
13	4207.	13	4202.
	4282		4206.
14	4279		4208.
15	4204.		4234
	4227	14	4205
17	4261	15	4235.
18	4201.		4250.
	4291 (*3*).		4266
	4297	17	4269
19	4252	18	4220.
21	4203.		4265.
	4253		4268
22	4223	19	4254
24	4239.	20	4214
	4287.	G. VIII (22)..(976)	
	4295	3	4218.
26	4217.		4257.
	4244		4272
27	4262.	4	4216.
	4299		4240.
30	4276		4260.
31	4247		4270.
39	4229		4278
40	4286	5	4230.
42	4274		4233.
54	4226.		4242.
	4241		4264.
56	4289		4284
G. IV.(38).(1780)		6	4245.
6	4225.		4248.
	4237.		4277
	4288	7	4209
7	4210.	8	4221.
	4213		4224.
8	4228.		4296
	4249	9	4280
9	4236.	10	4256
	4246.	G. XVI.(1)..(48)	
	4255.	3	4290
		Summa	415...4821
Irreg.	4		

Centas 51.			5052.
G. I...(8)..(546)			5053.
25	5023		5056.
45	5003		5072.
57	5059		5092
63	5011	11	5093
69	5087	12	5022.
83	5039		5076
87	5051	13	5029.
117	5099		5090
G. II..(22).(1104)		14	5046.
11	5077.		5074
	5098	15	5019.
15	5047.		5030.
	5062		5094
16	5086	16	5012.
18	5007.		5031 (*2*)
	5041.	18	5004.
	5042.		5033.
	5063		5034.
21	5027.		5048.
	5043.		5054.
	5091		5069 (*3*)
24	5095		5075 (*3*)
25	5071	19	5001.
27	5067.		5018
	5078	20	5057.
30	5009		5084
32	5079	22	5015
39	5021	26	5024.
42	5006		5045
45	5036 (*3*)	30	5066
58	5081	G. VIII (16).(784)	
G. IV.(51).(2728)		3	5032
6	5020.	4	5037
	5065.	5	5061.
	5083		5080
7	5038	6	5010.
8	5002.		5025.
	5008.		5049.
	5017.		5070.
	5058.		5073.
	5089		5082.
9	5013.		5085.
	5014.		5088.
	5035.		5100
	5050.	8	5064
	5055.	9	5096
	5068 (*3*).	10	5060
	5097	G. XVI.(3).(128)	
10	5026.	2	5005
	5028.	3	5016.
	5044.		5040
		Summa	424...5290
Irreg.	5		

Centas 61.			6004.
G. I...(7)..(353)			6008.
27	6007.		6025.
	6043		6027.
45	6067 (*3*).		6057.
	6091 (*3*)		6066.
57	6079		6077.
71	6047		6084.
81	6011 (*3*)		6099.
G. II..(22).(1440)			6100 (*2*)
12	6073	13	6033.
15	6022		6094
17	6037	14	6062
18	6087	15	6017.
22	6082.		6039.
	6092		6050.
24	6098		6081.
25	6031.		6093.
	6053	16	6016
27	6075 (*3*)	18	6065.
28	6046		6083 (*3*)
31	6038	19	6009
33	6019	20	6036.
35	6029		6054
39	6059	21	6035.
41	6023		6095
42	6051	24	6014 (*2*).
46	6002		6068.
48	6071		6086
49	6044	25	6056
58	6089	26	6005
63	6074	28	6026
G. IV.(53).(3012)		30	6041
7	6013.	G. VIII.(14).(768)	
	6028	3	6097
8	6001 (*2*).	4	6040.
	6052 (*2*)		6042
9	6015.	6	6018.
	6021 (*3*).		6024.
	6055.		6030.
	6063.		6048
	6064.	8	6032.
	6070.		6061.
	6076.		6069.
	6078.		6080
	6085 (*3*)	9	6060
10	6010.	10	6020.
	6034.		6096
	6049.	G. XVI.(4).(208)	
	6058.	3	6045.
	6088.		6072.
11	6012		6090
12	6003.	4	6006
		Summa	439..5781
Irreg.	11	Impr.	933

NACHLASS.

Centas 62.

G. I . . . (5) . . (265)	
33	6163
39	6199
41	6143
59	6151
93	6131
G. II . . (28) . (1704)	
11	6127
14	6103
15	6115.
	6147
16	6178
18	6183.
	6187.
	6196
19	6172
21	6133
22	6121
27	6122
29	6166
30	6139
33	6124.
	6167
34	6113
35	6134.
	6197
37	6173
40	6159
41	6119
42	6155.
	6158
45	6107
49	6191
53	6101
60	6179
G. IV . (44) . (2568)	
6	6157
7	6108.
	6142.
	6193
8	6112.
	6148
9	6130.
	6154.
	6175
10	6106.
	6117.
	6169.
	6198
11	6182.
	6190
12	6123 (*2*).
	6181
14	6145.
	6174.
	6185
15	6102.
	6109.
	6125.
	6126.
	6129.
	6171
16	6144.
	6189
17	6128.
	6184
18	6111.
	6135.
	6156 (*3*).
	6164
19	6140
20	6114.
	6137.
	6161.
	6176.
	6186
22	6152.
	6194
25	6170
28	6146
G. VIII (20) . (1200)	
4	6118
5	6136.
	6153.
	6162.
	6168
6	6132.
	6138.
	6150.
	6165.
	6177.
	6180.
	6192.
	6195
7	6141
9	6188
10	6110
12	6104.
	6200
13	6116
15	6149
G. XVI (3) . . (128)	
2	6160
3	6105.
	6120
Summa	445 . . 5865
Irreg. 2	Impr. 975

Centas 63.

G. I . . . (7) . . (447)	
43	6247
45	6211
51	6203.
	6271.
	6287
77	6263
129	6299
G. II . . (28) . (1678)	
12	6238.
	6295
15	6259.
	6268
16	6217
18	6267 (*3*).
	6283 (*3*)
20	6223.
	6241.
	6274
23	6218.
	6277
25	6207.
	6250
27	6227 (*3*)
29	6229
30	6212.
	6219
33	6243
36	6242
38	6257
42	6275
45	6239.
	6291 (*3*)
51	6236.
	6284
57	6269
63	6221 (*3*)
G. IV . (39) . (2428)	
6	6220.
	6262
7	6253
8	6202.
	6208 (*2*)
9	6235.
	6252.
	6297
10	6246.
	6292
11	6298
12	6255.
	6286 (*2*)
13	6282
14	6228.
	6245.
	6260.
	6276
15	6214.
	6234.
	6249
16	6231.
	6233.
	6244.
	6272 (*4*)
17	6294
18	6226 (*3*).
	6251
19	6281.
	6289
20	6261
21	6266
22	6224
23	6278
24	6209.
	6215
25	6206
27	6296
35	6254
G. VIII (23) . (1176)	
3	6232
4	6273
5	6205.
	6213.
	6258.
.	6280.
	6285
6	6210.
	6222.
	6225.
	6237.
	6288.
	6290.
	6300
7	6248.
	6256.
	6265.
	6279.
	6293
8	6204
9	6264
10	6201
11	6230
G. XVI (3) . . (176)	
3	6216
4	6240.
	6270
Summa	451 . . 5905
Irreg. 9	

Centas 91.

G. I . . . (6) . . (386)	
27	9067
35	9007
45	9043
63	9091
99	9011
117	9059
G. II . . (26) . (1960)	
15	9013
18	9003 (*3*).
	9055
19	9034
21	9004.
	9046
26	9079
27	9031.
	9094
29	9098
30	9001.
	9076
33	9068
36	9049.
	9083
40	9023
42	9041
44	9047
45	9019 (*3*)
46	9038
48	9092
54	9099 (*3*)
57	9029
69	9014.
	9071
80	9026
G. IV . (42) . (2928)	
8	9087.
	9088
9	9022.
	9037.
	9073.
	9097
10	9025.
	9058
11	9052
12	9018.
	9027.
	9028
13	9082
14	9017.
	9032.
	9066
15	9033.
	9051.
	9063
17	9002.
	9057.
	9070
18	9012.
	9015.
	9069 (*).
	9075 (*3*)
19	9053.
	9095
20	9039.
	9054.
	9062.
	9081
21	9036
22	9084
27	9008.
	9050.
	9074
28	9089
30	9005.
	9035.
	9056.
	9077
G. VIII (23) . (1640)	
5	9010
6	9040.
	9042.
	9045.
	9072.
	9085.
	9100
7	9078.
	9080.
	9090.
	9093
8	9016 (*2*).
	9024.
	9060
9	9061.
	9064
10	9020
11	9006
12	9021.
	9065
14	9096
17	9086
18	9044
G. XVI (3) . . (176)	
3	9030.
	9048
5	9009
Summa	458 . . 7090
Irreg. 6	Impr. 1122

DETERMINANTES NEGATIVI.

Centas 92.			9136.
G. I...(5)..(295)			9195.
51	9199		9196
57	9103.	17	9158
	9127	18	9154
63	9187	19	9146
67	9151	20	9169
G. II..(30).(2208)		21	9126.
13	9157		9197
14	9172	22	9138.
19	9133		9189
20	9124.	24	9113.
	9183		9159
21	9115	25	9101.
23	9181		9125
27	9109.	27	9164
	9123.	28	9116
	9167.	30	9140
	9175	31	9191
28	9137	32	9104 (*2*)
29	9148	33	9149
30	9147	34	9110
32	9111	G. VIII (26).(1752)	
34	9122.	4	9108
	9166	5	9102.
36	9143		9160
39	9107.	6	9112.
	9171		9130.
40	9188		9145.
47	9173		9150
54	9134.	7	9174
	9155	8	9135.
56	9182		9144.
57	9179		9156.
60	9131		9168.
62	9119		9184.
63	9194		9192.
72	9161		9198
G. IV.(36).(2652)		9	9105.
7	9178		9114.
8	9118 (*2*).		9180.
	9193		9185.
9	9132.		9200
	9139.	10	9128.
	9162.		9152
	9163 (*3*)	11	9129.
10	9190		9170
12	9121.	12	9141
	9142.	19	9176
	9153.	G. XVI (3)..(176)	
	9186	3	9177
13	9117	4	9120.
15	9106.		9165
		Summa	465..7083
Irreg. 3		Impr.	1207

Centas 93.		14	9217.
G. I...(4)..(340)			9226.
33	9283		9253
75	9227	15	9212.
93	9203		9250.
139	9239		9276
G. II..(27).(2092)		16	9214 (*2*).
13	9277		9216.
17	9223		9248 (*2*).
18	9241.		9252
	9298	17	9254
21	9235	18	9234
25	9293	21	9201.
27	9211.		9229.
	9247		9261
29	9244	22	9233.
30	9271		9245
31	9263	24	9275.
33	9267		9291
35	9279	25	9231.
36	9259		9294
37	9274	26	9218.
39	9242.		9290
	9286.	27	9260 (*3*)
	9287	29	9215
40	9278	30	9284
45	9251 (*3*)	32	9224
49	9221	36	9266 (*2*)
54	9209	G. VIII (20).(1440)	
60	9257	6	9205.
63	9206		9213.
66	9236		9265.
75	9299		9270.
80	9281		9288.
G. IV.(47).(3216)			9300
7	9262	7	9256
8	9202.	8	9222.
	9208.		9225.
	9232		9273.
10	9238.		9280 (*2*).
	9289		9285
11	9237.	9	9272
	9258	10	9210
12	9207.	11	9230
	9219.	12	9204.
	9220 (*2*).		9264
	9228.	14	9269.
	9243 (*2*).		9296
	9268.	15	9246
	9292.	G. XVI.(1)..(48)	
	9295. 9297	3	9282
13	9249.	G. XXXII (1).(64)	
	9255	2	9240
		Summa	454..7200
Irreg. 9		Impr.	1145

Centas 94			9316 (*2*)
G. I...(6)...(478)		17	9303
41	9319	18	9315 (*3*).
51	9343		9357.
55	9391		9362.
87	9323		9376.
97	9311		9385 (*3*).
147	9371		9396.
G. II..(27).(1894)			9398
15	9307.	21	9334.
	9388		9368.
18	9355		9392
21	9397	22	9305.
23	9382		9317.
25	9375	23	9365
26	9337	24	9308.
27	9349		9399
28	9327	27	9369.
30	9346.		9374
	9358.	30	9386
	9363.	32	9344 (*2*)
	9364	33	9329.
32	9377		9389
34	9326.	G. VIII (25).(1752)	
	9332	4	9310.
36	9347.		9328.
	9379.		9373
	9395	5	9333
41	9302	6	9352
46	9351	7	9321.
49	9335		9361.
51	9383		9381
52	9359	8	9312 (*2*).
56	9314		9348.
57	9356		9372.
69	9341		9393.
G. IV.(39).(2848)			9394.
7	9340.		9400
	9367	9	9390
9	9342 (*3*).	10	9330.
	9370		9338.
11	9304.		9366
	9322	11	9306.
12	9378.		9309.
	9387		9336
13	9313.	12	9324
	9318	14	9350.
14	9353.		9380
	9354	15	9320
15	9325.	G. XVI.(3)..(176)	
	9331.	3	9384
	9339	4	9345.
16	9301.		9360
		Summa	464..7148
Irreg. 6		Impr.	1210

NACHLASS.

Centas 95.		14	9436
G. I....(8)..(708)		15	9443.
33	9403		9452
45	9463	17	9410
75	9439	18	9444.
91	9431		9477.
101	9479		9482.
105	9419		9495
123	9467	20	9500
135	9491	21	9414.
G. II..(24).(1706)			9481.
16	9433		9489.
18	9475		9499
19	9466.	22	9441
	9487	24	9422 (*2*).
20	9442		9426.
21	9427		9474.
24	9406.		9488
	9409.	28	9494
	9423	29	9449
30	9459	30	9455
33	9421	35	9470
34	9458	36	9476
36	9451.	42	9434
	9497 (*3*)	G.VIII(25).(1744)	
39	9484	4	9430
40	9473	5	9417
42	9428	6	9408.
45	9411.		9432.
	9437		9438.
46	9407		9465.
51	9413		9492
57	9461	7	9453.
63	9404		9462
71	9446	8	9424.
G. IV.(41).(2988)			9460.
8	9412 (*2*).		9485.
	9457 (*2*).		9486.
	9472		9490
9	9493	9	9420.
11	9402.		9450 (*3*).
	9447.		9471
	9496	10	9440
12	9445.	11	9429.
	9469.		9456
	9483.	12	9425.
	9498		9435.
13	9415.		9464
	9418.	14	9416
	9448.	16	9401
	9454.	G.XVI.(2)..(112)	
	9468.	3	9480
	9478	4	9405
		Summa	452..7258
Irreg. 5			

Centas 96.			9529.
G. I....(5)..(471)			9542
39	9547	15	9582
69	9511.	16	9544
	9587	17	9564
129	9551	18	9558
165	9539	19	9565
G. II..(28).(1964)		20	9503 (*2*).
16	9508		9589.
17	9535		9591.
18	9523.		9593
	9583	21	9515.
20	9598		9561
24	9502.	24	9519.
	9507		9579
25	9559	25	9530.
26	9543		9584
27	9531 (*3*).	27	9509
	9563.	28	9536
	9574 (*3*)	30	9506
29	9532	38	9569
30	9571	40	9554
33	9527	G.VIII(26).(1960)	
34	9556.	4	9568
	9586	5	9592
38	9524.	6	9552.
	9567		9585.
42	9518		9597
43	9578	7	9528
48	9566	8	9510 (*2*).
49	9599		9513 (*2*).
51	9575		9537.
59	9596		9540 (*2*).
60	9572		9588.
61	9533		9600 (*2*).
64	9521	9	9541.
G. IV.(38).(2700)			9548.
8	9538.		9555 (*3*)
	9562.	10	9525.
	9577		9534.
10	9517.		9594
	9553.	12	9504.
	9573		9516 (*2*).
12	9505.		9560
	9522.	13	9545.
	9526.		9594
	9550.	14	9581
	9580.	15	9512
	9595 (*2*)		9590
13	9514.	G. XVI.(3).(176)	
	9549.	3	9520.
	9557		9570
14	9501.	5	9576
		Summa	469..7271
Irreg. 10			

Centas 97.		15	9639
G. I....(5)..(333)		16	9610
33	9643	17	9606
57	9619	18	9603.
71	9679		9675 (*3*).
77	9631		9693 (*3*)
95	9623	19	9638.
G. II..(29).(2108)			9694
12	9667	20	9608.
19	9661		9616.
20	9697		9650.
21	9607.		9653
	9613	21	9699
24	9601	22	9654.
26	9655		9684
27	9627 (*3*).	23	9695
	9663.	24	9641.
	9683 (*3*)		9666
28	9604.	25	9609
	9634.	29	9617.
	9649		9674.
30	9687.		9698
	9691	30	9621
32	9662	32	9665
33	9692	33	9635
36	9668	42	9686
42	9651	G.VIII (22).(1600)	
43	9647	4	9640
44	9602	5	9618.
45	9626		9625.
49	9677		9685.
52	9689		9688
55	9629	6	9648.
57	9659		9696
63	9671	7	9633.
66	9611		9646
69	9644	8	9645.
G. IV..(41).(3108)			9669
9	9612 (*3*).	9	9630.
	9615.		9657
	9622.	10	9620.
	9678		9636
10	9628	11	9681
11	9670	12	9605.
12	9652.		9632.
	9673 (*2*).		9680 (*2*)
	9676.	15	9624
	9682.	16	9614
	9700	18	9656
13	9637	G. XVI.(3)..(192)	
14	9642.	3	9672
	9658.	4	9690
	9664	5	9660
		Summa	451..7341
Irreg. 7			

DETERMINANTES NEGATIVI.

Centas 98.

G. I... (6)..(524)
39 9739.
9787
89 9767
105 9743
119 9791
133 9719

G. II . (24).(1646)
17 9703
18 9748 (*3*).
9783
19 9727
21 9733
22 9742
24 9763
25 9781
26 9769.
9778
27 9747 (*3*).
9751
30 9755
33 9799
35 9754
37 9788
39 9707.
9771
43 9722
46 9721.
9759
48 9731
76 9764
81 9749

G. IV . (43) . (3292)
7 9718
9 9772
10 9732.
9793
11 9738.
9753
12 9706.
9745.
9762
13 9712.
9713
14 9757.
9775.
9784
15 9766.
9777.
9795
16 9736.
9797
17 9711
18 9715.
9723.
9782
19 9773
20 9714.
9796
21 9708.
9710.
9770.
9774
22 9725.
9756
24 9728
26 9794
27 9704.
9726
28 9716.
9734
29 9761
30 9746
33 9740
36 9779
38 9701

G. VIII (24) . (1752)
5 9717.
9730
6 9760.
9790
7 9724.
9752
8 9702 (*2*).
9729.
9735.
9758.
9780.
9792 (*2*)
9 9705.
9709.
9720 (*3*)
10 9741.
9750.
9798
11 9737.
9786
12 9800
14 9789
15 9776.
9785

G. XVI (3)..(192)
4 9744.
9765.
9768

Summa 466..7406

Irreg. 5

Centas 99.

G. I... (8) . (638)
49 9871
51 9883
63 9811 (*3*).
9859
75 9887
91 9839
111 9803
135 9851

G. II..(22). (1700)
20 9892
21 9829.
9862.
9868
22 9847
24 9817.
9874
26 9838
28 9886.
9895
30 9857
34 9826
42 9827
45 9899 (*3*)
48 9863
49 9818
51 9819
52 9833
57 9836
60 9875
70 9806
77 9866

G. IV . (43) . (3164)
6 9823
7 9802
8 9865
9 9832.
9843.
9853.
9898
10 9808.
9837.
9850
11 9813
12 9872.
9835
13 9846
14 9820.
9878
15 9822.
9882
16 9807.
9814.
9848
17 9852.
9893.
9897
18 9801 (*3*).
9844.
9873.
9891
19 9815.
9879
21 9855
22 9841
25 9830
26 9812.
9876
27 9831
28 9881 (*2*)
31 9884
32 9809 (*2*)
34 9824
37 9854
39 9896
41 9869

G. VIII (24) . (1712)
5 9877
6 9804.
9810.
9828.
9867.
9888.
9900
7 9805.
9858.
9885
8 9816.
9856.
9860
9 9825 (*3*).
9849 (*3*).
9889
10 9821.
9834
11 9894
12 9861.
9864
13 9842
16 9845
17 9890

G. XVI (3)..(192)
3 9870
4 9880
5 9840

Summa 464..7406

Irreg. 7

Centas 100.

G. I... (4)..(228)
39 9967
45 9907 (*3*)
69 9931
75 9923

G. II . (28) . (2302)
16 9991
18 9934 (*3*)
23 9927.
9973
25 9949
27 9963 (*3*)
28 9903.
9943
30 9938.
9979
31 9901
32 9986
34 9998
38 9908
39 9914.
9987
42 9939.
9947
46 9983
47 9935.
9946
50 9902
60 9995
63 9971
65 9959
67 9941
76 9929
85 9974

G. IV . (46) . (3248)
7 9937
9 9925.
9958.
9997
10 9913.
9942.
9948.
10000
11 9970
12 9916.
9922.
9952.
9955 (*2*).
9972 (*2*)
13 9993
14 9988
15 9904.
9921.
9969.
9978
16 9961.
9985
17 9919.
9965
18 9910.
9915.
9964
19 9951.
9957.
9977
20 9992
21 9909
22 9953.
9956.
9962.
9999
23 9917.
9994
25 9981
26 9924
27 9989
28 9926.
9980
30 9932.
9950
34 9911

G. VIII (18) . (1328)
4 9982
5 9976
6 9928.
9940.
9990
7 9906
8 9930.
9975.
9984
10 9918
11 9968
12 9905.
9920.
9936.
9954.
9996
13 9966
14 9944

G. XVI (4)..(240)
3 9933
4 9912.
9945.
9960

Summa 452..7346

Irreg. 5

NACHLASS.

Centas 117.			11694
G. I.... (1)..(147)		16	11629.
147	11699		11665
G. II.. (35).(2896)		17	11672
16	11617	18	11601.
18	11698		11627.
19	11677		11637.
20	11614		11664
22	11668	19	11687
26	11647	21	11644
27	11643.	23	11618
	11683 (*3*)	24	11615
29	11663	25	11693
30	11602.	26	11604.
	11623.		11669.
	11659		11679
35	11686	28	11646
36	11603.	29	11630
	11631.	32	11666.
	11633.		11684
	11667.	33	11624
	11671.	35	11606
	11689.	G. VIII (27).(2248)	
	11691.	6	11610.
	11695		11620.
37	11642		11628.
42	11657		11656.
43	11626		11680.
45	11611		11697
51	11621	8	11605.
54	11619		11622.
56	11678		11658.
59	11612		11670.
63	11675		11682
67	11639	9	11613.
70	11636		11655
73	11654	10	11616.
81	11651 (*3*)		11625.
90	11681		11676
G. IV .(35).(2672)		11	11688
8	11650	12	11648.
9	11608.		11661.
	11692		11700(*2*)
11	11638.	13	11634.
	11653		11645.
12	11635.		11649
	11641.	14	11690
	11673	18	11660.
13	11632.		11696
	11674	21	11609
14	11652.	G. XVI.(2).(128)	
	11662	3	11685
15	11607.	5	11640
		Summa	459... 8091
Irreg. 3		Impr. prim.	1339

Centas 118.			11776.
G. I.....(5)..(319)			11796
39	11743	17	11761
41	11719	18	11754.
63	11731		11772
81	11779 (*3*)	19	11706
95	11783	20	11716.
G. II..(28).(2560)			11768
18	11707	21	11724.
21	11767		11799
22	11727.	22	11703.
	11758		11732.
25	11734		11749
29	11722	25	11709.
30	11755		11769.
31	11701.		11780
	11708	27	11795 (*3*)
33	11702.		11798.
	11763	28	11786
36	11762	29	11721.
39	11747.		11741.
	11787	30	11774
40	11791	34	11729
49	11789	40	11744
50	11794	G. VIII (23).(1744)	
53	11751	4	11713 (*3*)
54	11723	6	11715.
60	11711.		11718.
	11771.		11748.
	11777		11752
61	11735.	7	11720.
	11738		11742.
65	11759		11778
73	11717	8	11712.
87	11756		11725 (*2*).
98	11714		11753.
G. IV.(40).(3100)			11770.
8	11797		11784.
9	11782		11790
.10	11785	9	11800
11	11740.	10	11792
	11757	11	11736
12	11733.	12	11739.
	11737.		11745
	11788	15	11766
14	11728.	16	11780
	11746.	18	11726.
	11764		11765
15	11710.	G. XVI.(4)..(320)	
	11773.	4	11760
	11793	5	11704.
16	11705.		11730
	11775.	6	11781
		Summa	469...8043
Irreg. 4		Impr. prim.	1369

Centas 119.			11874
G. I.....(7)..(505)		19	11841
31	11863	20	11822 (*2*).
39	11827		11836.
47	11887		11847.
61	11839		11858.
75	11867		11866
113	11807	21	11859.
139	11831		11888
G. II...(23).(1990)			11898
21	11878	23	11829
24	11806.	24	11826.
	11812.		11889.
	11854		11896
27	11851(*3*).	26	11834.
	11881		11894
30	11875	27	11804.
33	11884		11810.
39	11852		11861
40	11833.	29	11882
	11897	35	11870
43	11821	36	11849
45	11871.	37	11885
	11899 (*3*)	42	11891
49	11813.	43	11864
	11846	G. VIII (22).(1688)	
52	11876	4	11872
54	11828.	6	11817.
	11843 (*3*)		11845.
58	11855		11869.
70	11801		11895
72	11819	7	11830.
75	11879		11890
G. IV.(44).(3608)		8	11805.
8	11848		11808(*2*).
9	11803.		11877
	11818.	9	11802.
	11893		11820.
10	11860.		11825
	11862	10	11850.
11	11815		11900
12	11823	11	11837.
13	11838		11868
14	11842.	12	11844.
	11892		11886
15	11824.	16	11814.
	11853.		11840
	11883	20	11816
16	11857	G. XVI.(4)..(304)	
18	11809.	3	11880
	11811.	4	11832
	11835(*3*).	6	11856.
	11873.		11865
		Summa	469... 8095
Irreg. 6		Impr.	1337

DETERMINANTES NEGATIVI.

Centas 120.

G. I...(7)..(547)			11956.
			11991
39	11923	19	11918.
45	11971 (*3*)		11993.
81	11903.		11994
	11939 (*3*)	20	11978
83	11927	21	11901.
95	11959		11957
123	11987	23	11989
G II..(22).(1912)		24	11926.
20	11953		11964.
21	11962		11972 (*2*)
24	11995	26	11936.
27	11907 (*9*).		11945
	11911.	27	11919.
	11967		11930.
30	11943.		11942.
	11947		11961 (*3*)
31	11983	29	11951
33	11974.	30	11912.
	11979		11948
41	11941	32	11966 (*2*)
48	11963	33	11931
49	11933.	40	11924
	11999	42	11954
50	11975	G. VIII (22).(1832)	
57	11915	6	11914.
66	11906		11937.
69	11909		11968.
71	11981		11977
73	11996	7	11973
80	11969	8	11920 (*2*).
G. IV.(45).(3564)			11940.
9	11992		11946
10	11922.	9	11913.
	11932.		11925.
	11938.		11935.
	11958		11949.
11	11902.		11952
	11965	10	11997.
12	11905.		12000
	11908.	12	11904.
	11917.		11910
	11929.	15	11934
	11950.	16	11976.
	11980.		11984
	11988 (*2*).	17	11990
	11998	21	11921
13	11986	G. XVI.(4)..(288)	
15	11944.	3	11928
	11955	4	11985
17	11982	5	11960
18	11916.	6	11970
		Summa	471 .. 8143
Irreg. 8		Impr. prim.	1361

Millias I.

G. I...(93)..(1277)	
1	1. 2. 3.
	4. 7 . . 5
3	11. 19.
	23. 27.
	31. 43.
	67. 163 . . 8
5	47. 79.
	103. 127 . . 4
7	71. 151.
	223. 343.
	463. 487 . . 6
9	59. 83.
	107. 139.
	199. 211.
	243 (*3*).
	283.
	307 (*3*).
	331. 367.
	379. 499.
	547. 643.
	823. 883.
	907 18
11	167. 271.
	967 3
13	191. 263.
	607. 631.
	727 5
15	131. 179.
	227. 239.
	347. 439.
	443. 523.
	571. 619.
	683. 691.
	739. 751.
	787. 947 . . 16
17	383. 991 .. 2
19	311. 359.
	919 3
21	251. 431.
	467. 503.
	587. 743.
	811. 827.
	859. 863 . . 10
25	479. 599.
	647 3
27	419. 491.
	563. 983 . . 4
29	887 1
31	719. 911 . . 2
33	659. 839 . . 2
45	971 1
Irreg. 2	pr. 2130

G. II ...... (402) .... (6068)	
1	5. 6. 8. 9. 10.
	12. 13. 15. 16. 18.
	22. 25. 28. 37.58 15
2	14. 17. 20. 32. 34.
	36. 39. 46. 49. 52.
	55. 63. 64. 73. 82.
	97. 100. 142. 148. 193 .. 20
3	26. 29. 35. 38. 44.
	50. 51. 53. 54. 61.
	75. 76. 81. 87. 91.
	92. 99. 106. 108. 109.
	115. 118. 121. 123. 124.
	135. 147. 157. 162. 169.
	172. 175. 187. 202. 207.
	214. 235. 247. 262. 267.
	268. 277. 298. 358. 397.
	403. 427. 541. 652 49
4	41. 62. 68. 94. 95.
	98. 111. 113. 128. 137.
	158. 178. 183. 196. 226.
	256. 289. 292. 295. 313.
	337. 382. 388. 415. 457.
	466. 478. 562. 577. 583.
	772. 862 32
5	74. 86. 119. 122. 125.
	143. 159. 166. 181. 188.
	197. 218. 229. 242. 250.
	303. 316. 317. 319. 346.
	361. 373. 375. 394. 412.
	421. 422. 423. 508. 538.
	613. 625. 694. 709. 757.
	847. 853. 877. 982 39
6	89. 116. 155. 171. 203.
	212. 219. 233. 241. 244.
	259. 274. 275. 279. 291.
	302. 323. 324. 327. 334.
	351. 355. 363. 387. 433.
	436. 475. 484. 507. 526.
	529. 543. 567. 603. 617.
	622. 628. 655. 667. 673.
	676. 687. 718. 723. 763.
	775. 802. 898. 955 49
7	101. 134. 149. 173. 215.
	278. 284. 287. 338. 349.
	391. 447. 454. 502. 511.
	535. 604. 634. 639. 653.
	703. 733. 778. 807. 838.
	841. 892. 997 28
8	146. 164. 254. 257. 353.
	407. 409. 452. 471. 512.
	514. 527. 548. 559. 578.
	722. 799. 895. 943. 958.
	961 22

9 194. 236. 293. 332. 335.
339 (*3*). 362. 411. 428.
451. 459. 486. 515. 519.
531. 556. 557. 575. 586.
661. 675 (*3*). 679. 707.
729. 747. 771. 783. 796.
835. 843. 844. 867. 886.
891 (*3*). 922. 931. 963.
972 37
10 206. 281. 386. 398. 401.
449. 482. 500. 601. 711.
724. 769. 788. 878. 916.
927. 937. 977 18
11 269. 326. 389. 551. 554.
591. 623. 662. 668. 758.
767. 829. 842. 871. 879 . 15
12 299. 356. 371. 395. 539.
542. 579. 593. 674. 695.
706. 766. 932. 939. 964.
979. 995. 999 18
13 314. 458. 698. 746. 764.
773. 934. 951. 998 9
14 404. 596. 641. 686. 692.
818. 831 7
15 461. 509. 524. 566. 611.
635. 671. 677. 699. 716.
779. 797. 803. 815. 821.
851. 875. 908. 923. 956 . 20
16 446. 521. 569. 791. 809.
857. 953 7
17 614. 701 2
18 626. 731. 755 (*3*). 914.
929. 959. 974 (*3*) 7
20 734. 761. 881. 926 4
21 794. 899 2
22 866 1
23 941 1
Irreg. 5 omnes *3* pr. 7394

G. IV . . . . . (417) . . . . (6620)
1 21. 24. 30. 33. 40.
42. 45. 48. 57. 60.
70. 72. 78. 85. 88.
93. 102. 112. 130. 133.
177. 190. 232. 253 24
2 56. 65. 66. 69. 77.
80. 84. 90. 96. 114.
117. 126. 132. 136. 138.
141. 144. 145. 150. 153.
154. 156. 160. 180. 184.
192. 198. 205. 208. 213.
217. 220. 225. 228. 238.
252. 258. 265. 282. 288.
301. 310. 322. 328. 333.
340. 352. 372. 400. 418.
438. 442. 445. 448. 498.
505. 522. 553. 568. 592.
598. 658. 697. 708. 742.
793. 928 67
3 104. 110. 129. 140. 152.
170. 174. 176. 182. 186.
189. 195. 200. 201. 204.
216. 222. 231. 234. 237.
245. 246. 249. 255. 261.
270. 286. 294. 297. 300.
304. 309. 315. 318. 325.
342. 348. 364. 366. 368.
370. 378. 393. 396. 405.
417. 424. 430. 432. 435.
450. 453. 460. 472. 473.
477. 483. 490. 492. 493.
496. 513. 517. 533. 537.
540. 550. 555. 565. 588.
595. 597. 606. 610. 618.
627. 637. 648. 669. 670.
682. 685. 688. 700. 702.
715. 730. 748. 753. 762.
784. 795. 808. 813. 814.
817. 826. 827. 837. 856.
913. 918. 925. 933. 940.
942. 949. 970. 973. 988 . 110
4 161. 185. 221. 224. 248.
260. 272. 276. 305. 306.
308. 320. 350. 354. 369.
376. 377. 380. 384. 392.
399. 402. 406. 410. 414.
441. 444. 468. 469. 481.
485. 495. 501. 518. 532.
544. 558. 564. 573. 574.
576 (*2*). 580 (*2*). 582.
589. 612. 632. 640. 642.
646. 657. 663. 712. 717.
721. 732. 735. 736. 738.
745. 768. 785. 786. 790.
820 (*2*). 832. 834. 850.
852. 855. 865. 868. 873.
882. 889. 900 (*2*). 903.
904. 933. 938. 946. 975.
994 82
5 209. 230. 266. 290. 296.
321. 344. 365. 381. 413.
425. 437. 455. 470. 474.
476. 488. 489. 534. 572.
590. 608. 615. 629. 633.
636. 638. 649. 664. 666.
678. 681. 726. 737. 750.
752. 754. 774. 781. 822.
830. 872. 874. 917. 921.
968. 1000 47
6 329. 416. 426. 434. 464.
497. 516. 549. 594. 602.
605. 620. 621. 650. 651.
684. 704. 713. 725. 756.
759. 782. 800. 801. 804.
810. 812. 819. 833. 848.
864. 876. 890. 894. 901
905. 915. 948. 954. 976.
978. 980. 981. 985. 987.
996 46
7 341. 374. 494. 506. 530.
536. 581. 654. 806. 845.
849. 860. 893. 902. 906.
909. 935. 962 18
8 545. 584. 644. 656. 710.
740. 749. 789. 846. 869.
884 (*2*). 896. 992 13
9 944. 950. 989 3
10 689. 776. 824. 836 4
11 854. 965. 986 3
pr. 6904

G. VIII . . . . (87) . . . . (1496)
1 105. 120. 165. 168. 210.
240. 273. 280. 312. 330.
345. 357. 385. 408. 462.
520. 760 17
2 264. 285. 336. 360. 390.
420. 429. 456. 465. 480.
504. 510. 525. 528. 552.
561. 570. 585. 600. 609.
616. 624. 630. 645. 660.
672. 690. 693. 720. 765.
777. 792. 798. 805. 858.
870. 880. 897. 910. 912.
952. 957. 960 43
3 440. 546. 560. 665. 680
696. 705. 714. 728. 741.
744. 780. 816. 825 861.
885. 888. 924. 930. 936.
945. 966. 969. 984. 990 . 25
4 770 1
5 920 1
G. XVI . . . . . . (1) . . . . (16)
1 840 1

Multitudo integra omnium

generum = 3277
classium $p.p.p$ = 15467
$\sqrt{1} + \sqrt{2} + .. + \sqrt{1000}$ = 21097,661
Quotiens = 0,733

Irreg. 11. 5 (*2*). 6 (*3*)

DETERMINANTES NEGATIVI.

Millias III.

G. I . . . . . . (64) . . . . . . (2470)

13	2143	1
15	2203. 2347. 2647. 2683	4
21	2011. 2083. 2179. 2251. 2467. 2503. 2707. 2767	8
23	2671	1
25	2887	1
27	2003. 2187*. 2803	3
29	2287. 2311. 2383	3
31	2927	1
33	2027. 2267. 2423. 2539. 2731. 2851. 2971	7
35	2087. 2239. 2543	3
37	2447	1
39	2131. 2207. 2371. 2659. 2791. 2963	6
41	2551. 2719	2
43	2663	1
45	2039. 2063. 2243*. 2699*. 2843	5
49	2111	1
51	2531. 2687	2
53	2711	1
57	2099. 2339. 2459. 2591. 2879	5
59	2399. 2903	2
63	2351. 2579. 2819	3
69	2411	1
73	2999	1
87	2939	1

Irreg. 3

G. II . . . . . (311) . . . . . (11646)

6	2017. 2062	2
7	2293. 2335	2
8	2095. 2113. 2137. 2302. 2308. 2377. 2578. 2878. 2962	9
9	2023 2038. 2047. 2053. 2122. 2167. 2188. 2221. 2227. 2283. 2403 (*3*). 2437 (*3*). 2443. 2458. 2515. 2557. 2563 (*3*). 2566. 2572. 2787. 2797. 2902. 2923. 2998	24
10	2164. 2281. 2407. 2452. 2473. 2487. 2500. 2527. 2638. 2722. 2743. 2818. 2836. 2857. 2983	15
11	2182. 2215. 2263 2326. 2374. 2623. 2662. 2677. 2815. 2863. 2917. 2935	12
12	2059. 2098. 2107. 2116. 2209. 2307. 2323. 2395. 2419. 2468. 2479. 2587. 2593. 2611. 2689. 2692. 2713. 2827. 2947. 2953 2995	21
13	2102. 2197. 2218. 2362. 2367. 2428. 2524 2762. 2809. 2823. 2839. 2854. 2908	13
14	2007. 2018. 2127. 2258. 2359. 2401. 2446. 2455. 2612. 2734. 2753. 2932	12
15	2043. 2071. 2092. 2151. 2191. 2237. 2269. 2284. 2299. 2303. 2319. 2341. 2363. 2476. 2523. 2575. 2578. 2599. 2602. 2643. 2727. 2732. 2764. 2875. 2883. 2899. 2956. 2986	28
16	2048. 2153. 2194. 2206. 2386. 2434. 2462. 2521. 2617. 2633. 2657. 2833	12
17	2026. 2029. 2103. 2119. 2234. 2333. 2389. 2391. 2463. 2918	10
18	2155. 2161. 2199, 2228. 2417. 2491. 2511. 2547. 2619 (*3*). 2627. 2644. 2723. 2763 (*3*). 2783. 2867. 2897. 2916. 2943. 2979	19
19	2031. 2069. 2381. 2477. 2554. 2738. 2746. 2799. 2858	9
20	2078. 2297. 2375. 2402. 2404. 2498. 2559. 2777. 2866. 2942. 2959	11
21	2012. 2123. 2138. 2147. 2171. 2183. 2186. 2213. 2259. 2342. 2348. 2357. 2427. 2507. 2571. 2693. 2749. 2779. 2911. 2931. 2972	21
22	2089. 2271. 2439. 2567. 2594. 2798	6
23	2614. 2615. 2837	3
24	2019. 2195. 2273. 2327. 2372. 2631. 2654. 2811. 2974. 2991	10
25	2042. 2396. 2582. 2588	4
26	2642. 2807. 2969	3
27	2051. 2075 (*3*). 2252. 2291. 2315 (*3*). 2426. 2675 (*3*). 2747. 2759. 2859. 2891 (*3*). 2951. 2957	13
28	2066. 2129. 2279. 2495. 2564	5
29	2231. 2741	2
30	2036. 2081. 2126. 2159. 2393. 2483. 2603. 2606. 2708. 2801. 2855. 2978. 2987	13
31	2471. 2621. 2735. 2876	4
32	2084. 2174. 2276. 2306. 2519. 2558	6
33	2309. 2435. 2636. 2861. 2906	5
34	2804. 2831. 2894	3
35	2549 2909	2
36	2219 (*3*). 2846	2
38	2441	1
39	2141. 2246. 2474. 2651. 2771	5
40	2729	1
41	2789	1
42	2609	1
43	2966	1

Irreg. 10

G. IV . . . . (430) . . . . . . (16232)

3	2608	1
4	2020. 2077. 2212. 2242. 2248. 2272. 2332, 2353. 2368. 2410. 2533. 2542(*2*) 2605. 2773. 2788. 2842. 2893	17
5	2032. 2073. 2074. 2101. 2118. 2125. 2152. 2158. 2173. 2178. 2202. 2230. 2247. 2290. 2398. 2422. 2433. 2494. 2577. 2641. 2776. 2830. 2853. 2965	24
6	2022. 2025. 2028. 2035. 2050. 2052. 2067. 2068. 2082. 2086. 2096. 2104. 2115. 2132. 2139. 2148. 2157. 2163. 2172. 2223. 2257. 2260. 2268. 2275. 2278. 2305. 2317. 2322. 2338. 2358. 2388. 2412. 2413. 2425. 2451. 2475. 2482. 2488. 2493. 2512. 2517. 2538. 2545. 2548. 2592. 2598. 2620. 2629. 2650. 2653. 2658. 2667. 2668. 2676. 2682. 2695. 2698. 2704. 2710, 2715. 2718. 2725. 2740. 2748. 2752. 2755. 2758. 2794.	

NACHLASS.

2802. 2872. 2892. 2907.
2914. 2938. 2977. 2997 . . 76
7 2008. 2033. 2044. 2055.
2058. 2094. 2110. 2140.
2146. 2149. 2165. 2217.
2238. 2270. 2314. 2382.
2416. 2431. 2438. 2497.
2502. 2509. 2535. 2536.
2556. 2583. 2607. 2703.
2761. 2766. 2782. 2812.
2881. 2913. 2930. 2941.
2973 37
8 2004. 2005. 2034. 2041.
2056. 2134. 2176 (*2*).
2192. 2236. 2245. 2254(*2*).
2286. 2292. 2298. 2304.
2312. 2313. 2329 (*2*).
2343. 2350. 2356. 2454.
2506. 2513. 2528. 2560.
2569. 2589. 2601. 2628(*2*).
2655. 2674. 2686. 2733.
2742 2775. 2785. 2817.
2845. 2847. 2848 (*2*).
2868. 2884. 2944. 2946.
2949. 2980 (*2*) 47
9 2014. 2049. 2060. 2076.
2079. 2091. 2106 2108.
2117. 2124. 2133 (*3*).
2175. 2181. 2198. 2214.
2221. 2235 (*3*). 2241.
2253. 2266. 2295. 2300.
2318. 2344. 2349. 2355.
2361. 2387. 2430 (*3*).
2461. 2522. 2555. 2581.
2595. 2626. 2634. 2635.
2637. 2646 (*3*). 2673.
2700 (*3*). 2716. 2770.
2778. 2781. 2795. 2806.
2828. 2835 (*3*). 2862.
2887. 2888. 2890. 2895.
2950. 2955. 2988. 2989 . . 58
10 2057. 2061. 2150. 2154.
2166. 2177. 2249. 2250.
2255 2282. 2449. 2514.
2529. 2532. 2596. 2656.
2678. 2724. 2751. 2810.
2844. 2869. 2871. 2874.
2896. 2919. 2929. 2948.
2975 29
11 2135. 2204. 2216. 2334.
2364. 2421. 2489. 2492.
2570. 2573. 2645. 2648.
2649 2672. 2757. 2841.
2922. 2933. 2934. 2967 . . 20
12 2006. 2009. 2045. 2105.
2156. 2168. 2169. 2196.
2211. 2225. 2229. 2316.
2331. 2366. 2379 (*2*).
2390. 2420 (*2*). 2432.
2450. 2466. 2484. 2499.
2597. 2661. 2691. 2696.
2701. 2702 (*2*). 2739.
2754. 2780. 2816. 2822.
2824. 2825. 2852. 2873.
2900. 2993 (*2*) 39
13 2015. 2222 2453. 2469.
2481. 2510. 2679. 2721.
2792. 2826. 2901. 2984 . . 12
14 2114. 2144. 2162. 2274.
2324. 2354. 2384. 2429.
2486. 2501. 2525. 2587.
2744. 2768. 2774 15
15 2096. 2189. 2264. 2285.
2321. 2330. 2378. 2406.
2444. 2526. 2534. 2537.
2540. 2630. 2684. 2690.
2694. 2750. 2796. 2813.
2864. 2889. 22
16 2180. 2201. 2336. 2546.
2561. 2624 (*2*). 2639.
2669. 2882. 2921. 2994.
2996 12
17 2021. 2456. 2666. 2726 . . 4
18 2054. 2369. 2414. 2504.
2516. 2681. 2705. 2786.
2915. 2924 10
19 2294 1
20 2714. 2756 (*2*). 2936.
2954. 2981 5
21 2834 1
Irreg. 13 (2). 6 (3). Sa . . 19

G. VIII . . . . (184) . . . . (6344)
2 2002. 2013. 2080. 2088.
2128. 2170. 2233. 2277.
2392. 2632. 2737. 2832.
2968 13
3 2037. 2065. 2160. 2185.
2190. 2193. 2200. 2205.
2220. 2262. 2325. 2346.
2352. 2370. 2373. 2380.
2418. 2424. 2440. 2457.
2472. 2485. 2508. 2530.
2550. 2553. 2562. 2590.
2613. 2622. 2680. 2685.
2697. 2728. 2800. 2808.
2860. 2905. 2920. 2937.
2970. 2982. 2992 43
4 2010. 2016. 2046. 2072.
2100. 2112 (*2*). 2130.
2142. 2208. 2232. 2244.
2256. 2265. 2289. 2296.
2320. 2328. 2337. 2340.
2365. 2385 (*2*). 2397.
2400 (*2*). 2436. 2442.
2445. 2448 (*2*). 2464.
2465. 2470. 2478. 2490.
2496. 2568. 2580. 2584.
2652. 2665. 2688. 2706.
2709. 2717. 2745. 2772.
2790. 2793. 2821. 2829.
2850 (*2*). 2865. 2880.
2898. 2928. 2940. 2952.
2958. 2985 57
5 2030. 2070. 2085. 2093.
2109. 2121. 2136. 2226.
2288. 2360. 2394. 2405.
2409. 2415. 2460. 2505.
2541. 2544. 2552. 2585.
2610. 2618. 2625. 2664.
2670. 2712. 2769. 2814.
2838. 2877. 2886. 2904.
2910. 2926. 2990. 3000 . . 36
6 2001. 2064. 2090. 2240.
2301. 2376. 2408. 2480.
2564. 2574. 2600. 2604.
2660. 2720. 2736. 2784.
2820. 2912. 2925. 2961.
2964. 2976 22
7 2024. 2120. 2210. 2345.
2616. 2765. 2870 7
8 2576. 2840. 2849. 2945.
2960 5
9 2261 1
Irreg. 5 (2)

G. XVI . . . . (11) . . . . . (400)
2 2040. 2145. 2280. 2310.
2520, 2640. 2730. 2760 . . 8
3 2184. 2805. 2856 3

Summa omnium

gener. *p.p.p* = 4054 exsp. 4051,3
class. *p.p.p* = 37092 . . 37074,3
.. impr. *p.p* = 6182

Irreg. 18 (*2*). 19 (*3*). Sa = 37

DETERMINANTES NEGATIVI.

Millias X.

Genera I.

27 9067
33 9283. 9403. 9643
35 9007
39 9547. 9739. 9787. 9967
41 9319
45 9043. 9463. 9907 (*3*)
49 9871
51 9199. 9343. 9883
55 9391
57 9103. 9127. 9619
63 9091. 9187. 9811 (*3*) 9859
67 9151
69 9511. 9587. 9931
71 9679
75 9227. 9439. 9887. 9923
77 9631
87 9323
89 9767
91 9431. 9839
93 9203
95 9623
97 9311
99 9011
101 9479
105 9419. 9743
111 9059. 9803
119 9791
123 9467
129 9551
133 9719
135 9491. 9851
139 9239
147 9371
165 9539

57 . . . 4401.

Genera II.

12 9667 1
13 9157. 9277 2
14 9172 1
15 9013. 9307. 9388 3
16 9433. 9508. 9991 3
17 9223. 9535. 9703 3
18 9003 (*3*). 9055. 9241.
9298. 9355. 9475. 9523.
9583. 9748 (*3*). 9783.
9934 (*3*) 11
19 9034. 9133. 9466. 9487.
9661. 9727 6
20 9124. 9183. 9442. 9598.
9697. 9892 6
21 9004. 9046. 9115. 9235.
9397. 9427. 9607. 9613.
9733. 9829. 9862. 9868 . . 12
22 9742. 9847 2
23 9181. 9382. 9927. 9973 . . 4
24 9406. 9409. 9423. 9502.
9507. 9601. 9763. 9817.
9874 9
25 9293. 9375. 9559. 9781.
9949 5
26 9079. 9337. 9543. 9655.
9769. 9778. 9838 7
27 9031. 9094. 9109. 9123.
9167. 9175. 9211. 9247.
9349. 9531 (*3*). 9563.
9574 (*3*). 9627 (*3*).
9663. 9683 (*3*). 9747 (*3*)
9751. 9963 (*3*) 18
28 9137. 9327. 9604. 9634.
9649. 9886. 9895. 9903.
9943 9
29 9098. 9148. 9244. 9532 . . 4
30 9001. 9076. 9147. 9271.
9346. 9358. 9363. 9364.
9459. 9571. 9687. 9691.
9755. 9857. 9938. 9979 . . 16
31 9263. 9901 2
32 9111. 9377. 9662. 9986 . . 4
33 9068. 9267. 9421. 9527.
9692. 9799 6
34 9122. 9166. 9326. 9332.
9458. 9556. 9586. 9826.
9998 9
35 9279. 9754 2
36 9049. 9083. 9143. 9259.
9347. 9379. 9395. 9451.
9497 (*3*). 9668 10
37 9274. 9788 2
38 9524. 9567. 9908 3
39 9107. 9171. 9242. 9286.
9287. 9484. 9707. 9771.
9914. 9987 10
40 9023. 9188. 9278. 9473 . . 4
41 9302 1
42 9041. 9428 9518. 9651.
9827. 9939. 9947 7
43 9578. 9647. 9722 3
44 9047. 9602 2
45 9019 (*3*). 9251 (*3*).
9411. 9437. 9626. 9899 (*3*). 6
46 9038. 9351. 9407. 9721.
9759. 9983 6
47 9173. 9935. 9946 3
48 9092. 9566. 9731. 9863 . . 4
49 9221. 9335. 9599. 9677.
9818 5
50 9902 1
51 9383. 9413. 9575. 9819 . . 4
52 9359. 9689. 9833 3
54 9099 (*3*). 9134. 9155.
9209 4
55 9629 1
56 9182. 9314 2
57 9029. 9179. 9356. 9461.
9659. 9836 6
59 9596 1
60 9131. 9257. 9572. 9875.
9995 5
61 9533 1
62 9119 1
63 9194. 9206. 9404. 9671.
9971 5
64 9521 1
65 9959 1
66 9236. 9611 2
67 9941 1
69 9014. 9071. 9341. 9644 . . 4
70 9806 1
71 9446 1
72 9161 1
75 9299 1
76 9764. 9929 2
77 9866 1
80 9026. 9281 2
81 9749 1
85 9974 1

Summa 265 . . 19580

Irreg. 14

Genera IV.

6 9823 1
7 9178. 9262. 9340. 9367.
9718. 9802. 9937 7
8 9087. 9088. 9118 (*2*).
9193. 9202. 9208. 9232.
9412 (*2*). 9457 (*2*).
9472. 9538. 9562. 9577.
9865 14
9 9022. 9037. 9073. 9097.
9132. 9139. 9162. 9163 (*3*).
9342 (*3*). 9370. 9493.
9612 (*3*). 9615. 9622.
9678. 9772. 9832. 9843.
9853. 9898. 9925. 9958.
9997 23
10 9025. 9058. 9190. 9238.
9289. 9517. 9553. 9573.
9628. 9732. 9793. 9808.
9837. 9850. 9913. 9942.
9948. 10000 18
11 9052. 9237. 9258. 9304.

NACHLASS.

	9322. 9402, 9447. 9496.	
	9670. 9738. 9753. 9813.	
	9970	13
12	9018. 9027. 9028. 9121.	
	9142. 9153. 9186. 9207.	
	9219. 9220 (*2*). 9228.	
	9243 (*2*). 9268. 9292.	
	9295. 9297. 9378. 9387.	
	9445. 9469. 9483. 9498.	
	9505. 9522. 9526. 9550.	
	9580. 9595 (*2*). 9652.	
	9673 (*2*). 9676. 9682.	
	9700. 9706. 9745. 9762.	
	9835. 9872. 9916. 9922.	
	9952. 9955(*2*). 9972(*2*)	43
13	9082. 9117. 9249. 9255.	
	9313. 9318. 9415. 9418.	
	9448. 9454. 9468. 9478.	
	9514. 9549. 9557. 9637.	
	9712. 9713. 9846. 9993 . .	20
14	9017. 9032. 9066. 9217.	
	9226. 9253. 9353. 9354.	
	9436. 9501. 9529. 9542.	
	9642. 9658. 9664. 9757.	
	9775. 9784. 9820. 9878.	
	9988	21
15	9033. 9051. 9063. 9106.	
	9136. 9195. 9196. 9212.	
	9250. 9276. 9325. 9331.	
	9339. 9443. 9452. 9582.	
	9639. 9766. 9777. 9795.	
	9822. 9882. 9904. 9921.	
	9969. 9978	26
16	9214 (*2*). 9216 (*2*).	
	9248 (*2*). 9252. 9301.	
	9316 (*2*). 9544. 9610.	
	9736. 9797. 9807. 9814.	
	9848. 9961. 9985	15
17	9002. 9057. 9070. 9158.	
	9254. 9303. 9410. 9564.	
	9606. 9711 9852. 9893.	
	9897. 9919. 9965	15
18	9012. 9015. 9069 (*3*).	
	9075 (*3*). 9154. 9234.	
	9315 (*3*). 9357. 9362.	
	9376. 9385 (*3*). 9396.	
	9398. 9444. 9477. 9482.	
	9495. 9558. 9603. 9675(*3*).	
	9693 (*3*). 9715. 9723.	
	9782. 9801 (*3*). 9844.	
	9873. 9891. 9910. 9915.	
	9964	31
19	9053. 9095. 9146. 9565.	
	9638. 9694. 9773. 9815.	
	9879. 9951. 9957. 9977 . .	12

20	9039. 9054. 9062. 9081.	
	9169. 9500. 9503 (*2*).	
	9589. 9591. 9593. 9608.	
	9616. 9650. 9653. 9714.	
	9796 9992	17
21	9036. 9126. 9197. 9201.	
	9229. 9261. 9334. 9368.	
	9392. 9414. 9481. 9489.	
	9499. 9515. 9561. 9699.	
	9708. 9710. 9770. 9774.	
	9855. 9909	22
22	9084. 9138. 9189. 9233.	
	9245. 9305. 9317. 9441.	
	9654. 9684. 9725. 9756.	
	9841. 9953. 9956. 9962.	
	9999	17
23	9365. 9695. 9917. 9994 . .	4
24	9113. 9159. 9275. 9291.	
	9308. 9399. 9422 (*2*).	
	9426. 9474. 9488. 9519.	
	9579. 9641. 9666. 9728 . .	15
25	9101. 9125. 9231. 9294.	
	9530. 9584. 9609. 9830.	
	9981	9
26	9218. 9290. 9794. 9812.	
	9876. 9924.	6
27	9008. 9050. 9074. 9164.	
	9260 (*3*). 9369. 9374.	
	9509. 9704. 9726. 9831.	
	9989	12
28	9089. 9116. 9494. 9536.	
	9716. 9734. 9881 (*2*).	
	9926. 9980	9
29	9215. 9449. 9617. 9674,	
	9698. 9761	6
30	9005. 9035. 9056. 9077.	
	9140. 9284. 9386. 9455.	
	9506. 9621. 9746. 9932.	
	9950	13
31	9191. 9884	2
32	9104 (*2*). 9224. 9344(*2*).	
	9665. 9809 (*2*)	5
33	9149. 9329. 9389. 9635.	
	9740	5
34	9110. 9824. 9911	3
35	9470	1
36	9266 (*2*). 9476. 9779 . .	3
37	9854	1
38	9569. 9701	2
39	9896	1
40	9554	1
41	9869	1
42	9434. 9686	2
	Summa 416 . . .	30144

Irreg. 20(*2*). 11 (*3*)

Genera VIII.

4	9108. 9310. 9328. 9373.	
	9430. 9568. 9640. 9982.	
5	9010. 9102. 9160. 9333.	
	9417. 9592. 9618. 9625.	
	9685. 9688. 9717. 9730.	
	9877. 9976	14
6	9040. 9042. 9045. 9072.	
	9085. 9100. 9112. 9130.	
	9145. 9150. 9206. 9213.	
	9265. 9270. 9288. 9300.	
	9352. 9408. 9432. 9438.	
	9465. 9492. 9552. 9585.	
	9597. 9648. 9696. 9760.	
	9790. 9804. 9810. 9828.	
	9867. 9888. 9900. 9928.	
	9940. 9990	38
7	9078. 9080. 9090. 9093.	
	9174. 9256. 9321. 9361.	
	9381. 9453. 9462. 9528.	
	9633. 9646. 9724. 9752.	
	9805. 9858. 9885. 9906. .	20
8	9016 (*2*). 9024. 9060.	
	9135. 9144. 9156. 9168.	
	9184 9192. 9198. 9222.	
	9225. 9273. 9280 (*2*).	
	9285. 9312 (*2*). 9348.	
	9372. 9393. 9394. 9400.	
	9424. 9460. 9485. 9486.	
	9490. 9510 (*2*). 9513(*2*)	
	9537 9540 (*2*). 9588.	
	9600 (*2*). 9645. 9669.	
	9702 (*2*). 9729. 9735.	
	9758. 9780. 9792 (*2*).	
	9816. 9856. 9860. 9930.	
	9975. 9984	46
9	9061. 9064. 9105. 9114.	
	9180. 9185. 9200. 9272.	
	9390. 9420. 9450 (*3*).	
	9471. 9541. 9548. 9555(*3*).	
	9630. 9657. 9705. 9709.	
	9720 (*3*). 9825 (*3*).	
	9849 (*3*). 9889	23
10	9020. 9128. 9152. 9210.	
	9330. 9338. 9366. 9440.	
	9525. 9534. 9594. 9620.	
	9636. 9741. 9750 9798.	
	9821. 9834. 9918	19
11	9006. 9129. 9170. 9230.	
	9306. 9309. 9336. 9429.	
	9456. 9681. 9737. 9786.	
	9894. 9968	14
12	9021. 9065. 9141. 9204.	
	9264. 9324. 9425. 9435.	
	9464. 9504. 9516 (*2*).	

	9560. 9605. 9632. 9680(*2*). 9800. 9861. 9864. 9905. 9920. 9936. 9954. 9996. .	23
13	9545. 9594. 9842. 9966. .	4
14	9096. 9269. 9296. 9350. 9380. 9416. 9581. 9789. 9944	9
15	9246. 9320. 9512. 9590. 9624 9776. 9785	7
16	9401. 9614. 9845	3
17	9086. 9890	2
18	9044. 9656	2
19	9176	1
	Summa 233	. . 16680

Irreg. 11 (*2*). 5(*3*)

Genera XVI.

3	9030. 9048. 9177. 9281. 9384. 9480. 9520. 9570. 9672. 9870. 9933	11
4	9120. 9165. 9345. 9360. 9405. 9690. 9744. 9765. 9768. 9880. 9912. 9945. 9960	13
5	9009. 9576. 9660. 9840. .	4
	28 . . . 1680.	

Genera XXXII.

2	9240	1
	1 . . . 64	

Summam omnium
classium *p.p.p.* 72549
exsp. 72572
$\Sigma\gamma\sqrt{D}$ 72775
generum *p.p.p.* 4595
exsp. 4594,9
Irreg. 31 (*2*). 32 (*3*) . . . 63
Quotiens maximus
1,729662 ex 9434 . IV, 42
minimus
0,2421048 ex 9823 . IV, 6
Multitudo classium
minor quam semissis radicis 244
minor quam radix
maior semissi 566
maior radice 199

Octingenti determ. neg.

formae $-(15n+7)$.

G. I . . . . . . (93) . . . . . (2793)

1	7	1
3	67	1
5	127	1
7	487	1
9	307 (*3*). 367. 547. 907. 1087	5
11	967	1
13	607. 727	2
15	787. 1327. 1567. 1747. 1867. 2347. 2647	7
17	4447	1
19	3607. 4327. 5527	3
21	1627. 1987. 2467. 2707. 2767. 3067. 3187. 3907. 5107. 5647	10
23	1447. 3847	2
25	2887	1
27	3307. 3547 (*3*). 4027(*3*). 4987. 6007. 6427. 7027. 9067. 10627	9
29	2287. 7207. 7687	3
31	3727. 8647	2
33	3967. 4567. 5167. 6547. 6967 7867. 8167. 10987 .	8
35	9007	1
37	6367	1
39	4507. 5347. 7507. 9547. 9787. 9967. 10567. 11467. 11587. 11827	10
41	11047	1
43	5407. 6247. 8527. 8887. .	4
45	5227 (*3*). 5827. 6067(*3*). 6607. 8287. 8467. 8707. 9907 (*3*). 10267	9
47	7927. 11887	2
51	6907. 10687	2
53	11287	1
57	9127	1
61	11527	1
63	9187	1
69	10867	1

Irreg. 6

G. II . . . . . (343) . . . . (10010)

1	22. 37	2
2	52. 82. 97. 142	4
3	157. 172. 187. 202. 247. 262. 277. 397. 427. 652 .	10
4	292. 337. 382. 457. 562. 577. 772. 862	8
5	412. 757. 847. 877. 982 .	5
6	622. 667. 802. 1027. 1042. 1282. 1297. 1387. 1507. 1807. 2017. 2062.	12
7	502. 892. 997. 1117. 1237. 1372 1402. 1597. 1642. 1852	10
8	1252. 1657. 1822. 2137. 2302. 2377. 2962. 3217. 4687	9
9	922. 1132. 1147. 1207. 1267 (*3*). 1687. 1882. 1927. 2047. 2122. 2167. 2227. 2437 (*3*). 2557. 2572. 2797. 2902. 3037. 3292. 3427. 3532. 5692 .	22
10	937. 1492. 1522. 2407. 2452. 2527. 2722. 2857. 3007. 3412. 3697. 4057. 4162. 4372. 4852	15
11	1942. 2182. 2662. 2677. 2917. 3637. 3802. 4957. 5077. 5212. 6127. 6637 .	12
12	1732. 1762. 1777. 2107. 2587. 2692. 2827. 2947. 3127. 3202. 3742. 3787. 4132, 4222. 4267. 4387. 4657. 4747. 4867. 4882. 5182. 5587. 5707. 5947. 7417. 7492. 7522. 7987. 8002. 9667	30
13	2197. 2362. 3622. 3862. 4207. 4282. 5482. 6742. 6847. 6997. 8422. 8572. 8842. 9157. 9277. 10207. 11302	17
14	2932. 3022. 3457. 3487. 5422. 5602. 5812. 5887. 6337. 8017. 8782. 9172 .	12
15	2092. 2602. 3142. 3517. 3667. 3877. 4087. 4357. 4492. 4627. 5047. 5062. 5437. 6022. 6442. 6667. 6727. 6892. 6922. 7087. 7162. 7387. 7477. 7627. 8227. 8677. 8812. 8947. 9307. 10147. 10732. 10957	32
16	2617. 3247. 4612. 4702. 6217. 7177. 8452. 8962. 10327. 10462. 11617 . . .	11
17	4762. 4927. 5197. 5287. 5557. 6037. 6502. 6652. 6982. 7132. 7327. 7402. 7642. 7702. 8047. 8317. 10042. 11482	18
18	4297. 5737. 5767. 5857(*3*) 6187. 6382. 6577. 6787.	

7057. 7267 (*3*). 7732.
7807. 8107 (*3*). 8212.
8347. 8407. 8482. 8737.
8767. 10747(*3*). 10882.
11257. 11347. 11707 . . . 24
19 4252. 4597. 4822. 5722.
6172. 9487. 9727. 10597.
10837. 11062. 11197. 11677 12
20 3442. 4177. 7012. 8542.
9442. 9697. 9892. 10162.
10177 9
21 5242. 5932. 6487. 7147.
7447. 8182. 8332. 9397.
9427. 9607. 9862. 10012.
10102. 10342. 10927. 11002.
11227. 11317. 11767. 11962 20
22 6082. 6772. 7297. 7537.
7822. 9742. 9847. 11167 . 8
23 6277. 6397. 7237. 7717.
8902. 9382. 10522. 10762 . 8
24 7747. 7972. 8377. 9502.
9817. 10372. 10657. 10807.
10852. 10942. 11107. 11422.
11812 13
25 10477 1
26 7342. 7762. 9337. 11647 . 4
27 8587. 9247. 10357. 10447.
11212 5
28 11497 1
29 9532. 11722 2
30 10027. 11182. 11602. 11947 4
32 11332 1
34 10702 1
35 11437 1

Irreg. 6

G. IV . . . . . (310) . . . . (9688)
1 112. 232 2
2 217. 322. 352. 442. 532.
592. 697. 742. 1012 . . . 9
3 472. 517. 637. 682. 817.
1072. 1162. 1177. 1192.
1222. 1432. 1612 12
4 712. 832. 1057. 1312(*2*).
1357. 1417. 1462. 1477.
1537. 1552. 1582 (*2*).
1717. 1792. 1897. 1912.
1957. 2077. 2212. 2242.
2272. 2332. 2542 (*2*).
2842. 3172 (*2*). 3322.
3502 (*2*). 3712 27
5 1102. 1342. 1702. 2032.
2152. 2422. 3082. 3367.
3382. 3397. 3817. 3922.
4102. 4342. 5272. 5377 . 16
6 1837. 1972. 2257. 2317.
2482. 2512. 2752. 2872.
2977. 3052. 3232. 3337.
3577. 3592. 3652. 3892.
3937. 3997. 4012. 4117.
4192. 4237. 4417. 4432.
4477. 4537. 4552. 4642.
4717. 4792. 4942. 4972.
5317. 5362. 5467. 5497.
5842. 6157. 6262. 6307.
6352. 6472. 6682. 6862.
7282. 7837. 10432 47
7 2497. 2782. 2812. 3097.
3112. 3277. 3352. 3562.
3982. 4582. 4732. 5122.
5137. 5302. 5902. 5977.
6142. 6517. 7792. 9262.
9367. 9802. 9937 23
8 3262 (*2*). 3682. 3757.
3772. 3832. 4402. 4672(*2*).
4777 (*2*). 5002. 5017.
5257. 5392. 5572. 5632.
5752. 5917. 5962. 6052(*2*).
6112. 6202. 6532. 6697.
6757. 6817. 7252. 7312.
7357. 7582 (*2*). 7597.
8122. 8197. 8257. 8497.
8992 (*2*). 9202. 9232.
9412 (*2*). 9457 (*2*).
9472. 9562. 9577. 10132(*2*).
10312. 10537. 10642. 11092.
11377. 11512. 11572. 11797 50
9 4042. 4072. 4147. 4837.
4897. 4912 (*3*). 5452.
5542. 5677. 5782. 5872.
6322. 6412. 6457. 7102.
7117. 7372. 7852. 7942.
8062. 8092. 8152. 8242(*3*).
8752. 8827 (*3*). 9022.
9037. 9097. 9622. 9772.
9832. 9997. 10222.
10252 (*3*). 10717. 10822.
11407. 11692. 11782. 11992 40
10 4462. 4807. 5092. 5332.
6292. 6592. 6712. 6802.
6937. 7432. 7897. 8077.
8137. 8302. 8557. 8617.
8692. 8857. 8977. 9517.
10057. 10087. 10297. 10402.
10552. 10777. 10972. 11122.
11272. 11932 30
11 5662. 7222. 7567. 7612.
7882. 8362. 8662. 8917.
9052. 9322. 10417. 10492.
11452. 11902 14
12 5617. 6562. 6877. 7042.
7552. 7957. 8392. 8722.
9142. 9292. 9652. 9682.
9922. 9952. 10237. 10387.
10612. 10672. 11017. 11542.
11737. 11917 22
13 8872. 9082. 9637. 9712.
10117. 11632 6
14 8032. 9217. 9757. 11662.
11842 5
15 8797. 10072. 10507 . . . 3
16 10282. 10897. 11392(*2*).
11857 4

Irreg. 19

G. VIII . . . . . (54) . . . . (1856)
2 952. 1672. 2002. 2392.
2632. 2737 6
3 2992. 3157. 3952. 4522.
5032. 5797. 6097. 6232.
6832. 7912 10
4 3472. 4312. 5152 (*2*).
5992. 6622. 6952. 7072(*2*).
7672 (*2*). 8437. 8512.
8932. 9982. 11152. 11872 14
5 5512. 7192. 7462. 7657.
7777. 8632. 9592. 9877.
11242. 11362. 11557 . . . 11
6 8272. 9112. 9352. 10192.
10582. 10792. 10912. 11032.
11077. 11137. 11752. 11977 12
7 8602 1

Irreg. 3

Omnia gen. 2451 exsp. 2445,10
omnes class. 24347 exsp. 24358,82

$8n$ . . . . . 3068 } 6078 } 12174
$8n+4$ . . 3010 }
$8n+2$ . . 3062 } 6096 }
$8n+6$ . . 3034 }
$8n+1$ . . 3076 } 6102 } 12173
$8n+5$ . . 3026 }
$8n+3$ . . 3033 } 6071 }
$8n+7$ . . 3038 }
$7n$ . . . . . 115 . . 3411
$7n+1$ . . 115 . . 3009
$7n+2$ . . 114 . . 2975
$7n+4$ . . 114 . . 2993
R_7 . . . 343 . . 8977
$7n+3$ . . 114 . . 3979
$7n+5$ . . 114 . . 3998
$7n+6$ . . 114 . . 3982
N_7 . . . 342 . 11959

Classes impr. 4049
Propriae cum impropriis
28396 exsp. 28418,62

Octingenti det. neg.

formae $-(15n+13)$

G. I	..... (91)	(2561)
3	43. 163	2
5	103	1
7	223. 343. 463	3
9	283. 643. 823. 883. 1423.	5
11	1303	1
13	2143	1
15	523. 1123. 1723. 2203.	
	2683	5
17	1663. 1783	2
19	1063. 1543. 3343. 3463. .	4
21	1483. 2083. 2503. 4603.	
	5923	5
23	4783. 6703	2
25	5023. 5503	2
27	2803. 3163. 3643. 3943.	
	4243. 4363. 4483. 4723.	
	4903. 5443 (*3*). 6043.	
	6763. 6883. 7723 (*3*).	
	8563. 8803 (*3*). 11383	17
29	2383. 3583. 3823. 5743.	
	8863	5
31	11863	1
33	4423. 4663. 5623. 5683.	
	6163. 6343. 6823. 7603.	
	8443. 9283. 9403. 9643 . .	12
35	11503	1
39	4003. 7243. 7963. 11743.	
	11923	5
41	10903	1
43	8263	1
45	5323. 5563 (*3*). 9043.	
	9463. 10243. 10663.	
	10723 (*3*). 11083	8
51	8623. 9343. 9883. 10303.	
	11443	5
57	8923. 9103	2

G. II	.... (340)	(10110)
1	13. 28. 58	3
2	73. 148. 193	3
3	118. 268. 298. 358. 403 .	5
4	178. 313. 388. 478. 583 .	5
5	373. 508. 538. 613. 853.	
	1093. 1213. 1318	8
6	433. 628. 673. 718. 763.	
	898. 1003. 1033. 1108.	
	1138. 1198. 1243. 1588.	
	1618. 1873	15
7	703. 733. 778. 838, 1183.	
	1453. 1948. 2293	8
8	943. 958. 1153. 1348.	
	1438. 1828. 2113. 2308.	
	2578. 2878	10
9	1018. 1228 (*3*). 1363.	
	1468. 1603. 1843. 1933.	
	1963. 2023. 2038. 2053.	
	2188. 2443. 2458. 2563(*3*).	
	2923. 2998. 3238. 3523.	
	3628. 3733. 3763. 4348.	
	4678. 5413	25
10	1678. 1753. 1858. 2473.	
	2638. 2743. 2818. 2983.	
	3028. 3103. 3118. 3508.	
	4153	13
11	1693. 1903. 2263. 2623.	
	2863. 3418. 3703. 3868.	
	3958. 4918. 5098. 8023.	
	8143	13
12	1993. 2098. 2323. 2593.	
	2713. 2953. 3283. 3313.	
	3403. 3433. 3778. 3883.	
	4063. 4258. 4273. 4513.	
	4843. 5188. 5233. 5758.	
	5938. 6073. 6238. 8068	24
13	2218. 2428. 2908. 3373.	
	3613. 3853. 3898. 4093.	
	4618. 4933. 5383. 5818.	
	5878. 6598. 7078. 8383.	
	8743. 10333. 10543	19
14	3673. 3988. 4078. 4183.	
	4468. 4948. 5218. 5263.	
	6103. 6388. 6658. 6673.	
	7438. 7753. 7858. 8233.	
	8353. 11113. 11278	19
15	2518. 3148. 3223. 4138.	
	4813. 5203. 5398. 5653.	
	5803. 6268. 6403. 6463.	
	6778. 6988. 7123. 7303.	
	7363. 7468. 7483. 8053.	
	8458. 8698. 9013. 9388.	
	10483. 10588.	26
16	2833. 4993. 6178. 6628.	
	7183. 7393. 8548. 8578.	
	9433. 9508. 10558	11
17	3253. 4303. 5308. 5578.	
	7333. 7558. 8038. 9223.	
	9703	9
18	3043. 3793. 4963. 5458.	
	5998. 6283 (*3*). 6418.	
	6553. 6583 (*3*). 6793.	
	7543. 9298. 9523. 9583.	
	9748 (*3*). 10003. 10018.	
	10228. 10603. 10753.	
	10798 (*3*). 11698	22
19	5158. 5638. 6373. 6733.	
	7573. 7933. 8983. 9133.	
	10198. 11173	10
20	3748. 5143. 6223. 6718.	
	6898. 7063. 7423. 8098.	
	8158. 9598. 10063- 10513.	
	10993. 11428. 11953 ...	15
21	4198. 6133. 6508. 6523.	
	7213. 7318. 7948. 7978.	
	8518. 9613. 9733. 9868.	
	10093. 10123. 10363. 10378.	
	10453. 10828. 11023. 11068.	
	11263. 11323. 11878	23
22	5113. 5953. 5983. 7663.	
	7783. 7873. 7903. 7993.	
	8713. 10273. 10708. 11668.	
	11758	13
23	5788. 8278. 8293. 8893.	
	9973. 10423. 10618. ...	7
24	4798. 6943. 7003. 7108.	
	8083. 8503. 8683. 8818.	
	9763. 10843. 10963. 11143.	
	11203. 11353. 11563	15
25	10783. 11548	2
26	8788. 9778. 9838	3
27	8203. 11683 (*3*).	2
28	9943. 10078. 11038. 11593 .	4
29	9148	1
30	9358. 11623	2
31	11983.	1
32	10183. 10468	2
33	11338.	1
40	11833.	1

G. IV	.... (320)	(10088)
1	88. 133. 253	3
2	208. 238. 328. 418. 448.	
	553. 568. 598. 658. 793.	
	928	11
3	493. 688. 748. 808. 913.	
	973. 988. 1048. 1258.	
	1558. 1708. 1978. 2608 .	13
4	868. 1078. 1168. 1393.	
	1408. 1498. 1513 (*2*).	
	1528. 1633. 1738. 1813.	
	1918 (*2*). 2248. 2353.	
	2368. 2533. 2773. 2788(*2*).	
	2893. 3088. 3193. 3298.	
	3448	23
5	1273. 1333. 1378. 1573.	
	1648. 1798. 2158. 2173.	
	2398. 3133. 3178. 3388.	
	3928. 3973. 4558. 4873 .	16
6	1888. 2068. 2278. 2338.	
	2413. 2488. 2548. 2653.	
	2668. 2698. 2758. 2938.	
	3073. 3208. 3268. 3478.	

NACHLASS. DETERMINANTES NEGATIVI.

3598. 3658. 3718. 4018.
4033. 4108. 4123. 4168.
4288. 4393. 4438. 4453.
4708. 4753. 4768. 4978.
5083. 5128. 5173. 5293.
5338. 5518. 5548. 5713.
5728. 6028. 6433. 6493.
6913. 7018. 7093. 7228.
7813. 8248. 9823 51
7 2008. 3538. 3568. 3838.
4213. 4333. 4498. 4543.
4573. 5038. 5488. 5608.
5833. 5863. 6013. 6193.
6253. 6538. 6568. 6973.
7198. 7408. 9178. 9718.
10858. 10873 26
8 2848 (*2*). 3013. 3058.
3328. 3358 (*2*). 3493.
4228. 4318 (*2*). 4633 (*2*).
4738. 5008. 5248 (*2*).
5428. 5533. 5668. 5908.
6148 (*2*). 6208 (*2*).
6868 (*2*). 6958 (*2*).
7033. 7168. 7288. 7588.
7648. 7828. 8308. 8338.
8638 (*2*). 8653. 8878 (*2*).
9088. 9118 (*2*). 9193.
9208. 9538. 10033. 10138.
11533. 11848 40
9 3688. 4378. 4528. 4588.
4693. 4828. 5068 (*3*).
5773. 6313. 6359. 6643.
6748. 7258. 7513. 7528.
7678. 7693 (*3*). 7708.
7738. 7918. 8188. 8218.
8323 (*3*). 8488. 8668.
8908. 8998. 9073. 9163 (*3*).
9493. 9853. 9898. 9958.
10213. 10288. 10393. 10693.
11158. 11188. 11608. 11803.
11818. 11893 43
10 4858. 5053. 5473. 5968.
6058. 6088. 6613. 7153.
7273. 7453. 7498. 7798.
8128. 8173. 8473. 8593.
8608. 8758. 8773. 8833.
8953. 9058. 9238. 9553.
9628. 9793. 9808. 9913.
10108. 10438. 10888. 10978.
11053. 11293. 11398. 11458.
11938 37
11 6298. 7618. 7768. 8413.
8728. 10648. 11638. 11653 8
12 5353. 5893. 6838. 6928.
7048. 7348. 7633. 7843.
8428. 9028. 9268. 9673 (*2*).
10048. 10258. 10348. 10768.
11008. 11218. 11308. 11488.
11578. 11788. 11908. 11998 24
13 8938. 9313. 9418. 9448.
9478. 10498. 10678. 10918.
11098. 11518 10
14 6478. 7138. 9253. 9658.
9988. 10573. 10633. 10933.
11233. 11728 10
15 8368. 10408. 10813. 11413.
11773 5

G. VIII . . . . (48) . . . . (1600)
2 1288. 1768. 2128. 2233.
2968. 4048 6
3 2728. 3553. 3913. 4648.
4888. 5278. 6448 7
4 3808. 5593. 5698. 5848.
6118. 6328 (*2*). 6688 (*2*).
6853. 7378. 8398. 8848.
8968. 9328. 9373. 9568.
10168 (*2*). 10528 (*2*).
10948. 11368. 11713 (*2*) 20
5 4408. 5368. 6808. 9688.
10153. 10738 6
6 7888. 8533. 9928. 10318.
11473. 11968 6
7 8113. 11128. 11248. . . . 3

G. XVI . . . . (1) . . . . . . (32)
2 8008 1

Summa G. 2451 Cl. 24391
Irreg. 37. impr. 4075

$15n + 7, 13$

$7n$	115	3435	230	6846
$7n+1$	114	2988	229	5997
$7n+2$	114	2987	228	5962
$7n+4$	114	2994	228	5987
$R7$	342	8969	685	17946
$7n+3$	114	4005	228	7984
$7n+5$	114	3975	228	7973
$7n+6$	115	4007	229	7989
$N7$	343	11987	685	23946
Omnes	800	24391	1600	48738

Quot. min. 0,2349782 ex 163,2608
max. 0,7354322 ex 11833

Det. formae

$-(15n+13)$	68	305	271	128	27
$-(15n+7)$	69	316	264	130	21
		0,3	0,4	0,5	0,6

[Det. in cent. 10000 formae $15n$]

G. VIII . . . . (3) . . . . . . (1464)
48 999975
63 999945
72 ,999930
G. XVI . . . . (3) . . . . . . (2224)
39 999915
*44 999900
56 999990 (*2*)
G. XXXII . . (1) . . . . . . (576)
18 999960

104 4264
Impr. 592

[Quotiens <½< <1<]

in Cent.	Det.			
11	Det.	24 . 1 .	56 . .	19
12		28	51	21
13		21	58	21
14		27	57	16
15		21	62	17
16		22	56	22
17		29	52	19
18		25	57	18
19		22	64	14
20		21	61	18
21		18	62	20
22		18	63	19
23		19	61	20
24		27	55	18
25		31	51	18
26		26	54	20
27		30	51	19
28		27	53	20
29		23	57	20
30		24	58	18
117		24	56	20
118		20	61	19
119		24	61	15
120		29	52	19

Determinantes negativi.

in Cent.	Quotiens	ex det.
1 max.	1,271998	89
min.	0,2626128	58
2	1,435917	194
	0,2349782	163
22	1,685723	2141
	0,2808228	2143
23	1,645848	2246
	0,2923654	2293
24	1,479278	2369
	0,2897240	2335
27	1,6445315	2609
	0,2895883	2683
28	1,5527075	2789
	0,3030216	2788
29	1,5778996	2834
	0,2974718	2893
30	1,604748	2939
	0,2936893	2968
91	1,684117	9026
	0,2835515	9067
92	1,586777	9176
	0,2717044	9157
93	1,660820	9281
	0,2699414	9277
94	1,518533	9371
	0,2893063	9367
95	1,729662	9434
	0,3287980	9472
96	1,689400	9539
	0,3269906	9577
97	1,707014	9686
	0,2440986	9667
99	1,650848	9869
	0,2420048	9823
100	1,702214	9974
	0,2808862	9937
117	1,6654535	11681
	0,2964744	11650
118	1,810938	11714
	0,294621	11797
119	1,579112	11864
	0,2846194	11863
120	1,5326965	11921
	0,3287433	11992

Determinantes positivi.

Centas 1.

Excidunt determinantes quadrati 10.

G. I . . . . (12)

1 2. 5. 13. 17. 29, 41. 53. 61. 73. 89. 97

3 37

G. II . . . . (51)

1 3. 6. 7. 8. 10. 11. 12. 14. 18. 19. 20. 21. 22. 23. 26. 27. 28. 31. 32. 33. 38. 43. 44. 45. 46. 47. 50. 52. 54. 57. 58. 59. 62. 65. 67. 68. 69. 71. 74. 76. 77. 83. 85. 86. 92. 93. 94. 98.

2 34. 82

3 79

G. IV . . . (27)

1 15. 24. 30. 35. 39. 40. 42. 48. 51. 55. 56. 60. 63. 66. 70. 72. 75. 78. 80. 84. 87. 88. 90. 91. 95. 96. 99

Centas 2.

Excidunt 4.

G. I . . . . (11)

1 109. 113. 125. 137. 149. 157. 173. 181. 193

3 101. 197

G. II . . . . (41)

1 103. 106. 107. 108. 116. 117. 118. 122. 124. 127. 128. 129. 131. 133. 134. 139. 142. 151. 153. 158. 161. 162. 163. 164. 166. 167. 172. 174. 177. 179. 185. 188. 191. 199

2 145. 146. 178. 194

3 141. 148. 189

G. IV . . . (40)

1 102. 104. 105. 110. 111. 112. 114. 115. 119. 123. 126. 130. 132. 135. 136. 138. 140. 143. 147. 152. 154. 155. 156. 159. 160. 165. 170. 171. 175. 176. 180. 182. 183. 184. 186. 187. 190. 192. 198. 200

G. VIII . . . (4)

1 120. 150. 168. 195

Centas 3.

G. I

1 233. 241. 277. 281. 293

3 229. 257. 269

G. II

1 201. 202. 206. 211. 212. 213. 214. 217. 218. 229. 236. 237. 239. 242. 243. 244. 245. 249. 250. 251. 253. 261. 262. 263. 265. 268. 271. 278. 283. 284. 292. 297. 298

2 205. 221. 274

3 223. 226. 254. 291

G. IV

1 203. 204. 207. 215. 216. 222. 228. 230. 232. 234. 238. 246. 247. 248. 252. 258. 259. 260. 266. 267. 270. 272. 273 275. 276. 279. 282. 285. 286. 287. 290. 294. 295. 296. 299. 300

2 219. 220. 224. 288

3 235

G. VIII

1 210. 231. 240. 255. 264. 280

NACHLASS. DETERMINANTES POSITIVI.

Centas 9.

G. I . . . . . (7)
1 809. 821. 853. 857. 881
3 829. 877

G. II . . . . (32)
1 801. 811. 823. 827. 833. 838. 844. 845. 849. 859. 862. 863. 865. 869. 873. 878. 883. 886. 887. 889. 893
2 802. 818. 866
3 813. 837. 839. 842. 892
5 817
6 898
14 (841)

G. IV . . . . (52)
1 803. 804. 805. 806. 807. 808. 810. 814. 815. 822. 824. 825. 826. 830. 831. 832. 834. 835. 836. 843 846. 847. 848. 850. 851. 852. 854. 856. 860. 861. 864. 867. 868. 871. 872. 875. 879. 882. 885
2 812. 820. 828. 876. 884. 890. 891. 896. 897
3 874. 894. 895. 899.

G. VIII . . . (8)
1 816. 819. 855. 858. 888
2 870. 880. (900)

G. XVI . . . (1)
1 840

Centas 10.

G. I . . . . (6) . . . . . (8)
1 929. 937. 941. 953. 977
3 997

G. II . . . (38) . . . . (130)
1 907. 908. 911. 913. 917. 919. 921. 922. 926. 932. 947. 949. 956. 958. 964. 965. 967. 971. 972. 974. 981. 983. 989. 991. 998
2 914
3 905. 909. 916. 925. 933. 934. 973. 985. 993
5 982
6 901
[15 961]

G. IV . . . . (40) . . . (224)
1 902. 918. 923. 927. 928. 931. 938. 942. 944. 945. 946. 948. 950. 951. 954. 955. 957. 962. 968. 969. 970. 976. 978. 980. 986. 988. 995. 996. 999. 1000
2 939. 943. 959. 963. 979. 992
3 906. 940
4 904. 994

G. VIII . . . (16) . . . (144)
1 903. 912. 915. 920. 924. 930. 935. 936. 952. 966. 975. 984. 987. 990
2 910. 960

Summa 370

G. I
1 313. 317
3 349. 373. 389. 397. 557. 677. 701. 709. 733. 757. 761
5 401
7 577

G. II
1 301. 302. 307. 309. 311. 314.
2 305
3 316. 321. 325. 326
5 727

G. IV
1 303. 304. 308. 310. 318. 319. 320. 327
2 306. 322. 323

G. VIII
1 312. 315

T A F E L

ZUR

C Y K L O T E C H N I E.

NACHLASS. ZERLEGBARE $aa+1$.

2	5	119	73.97	500	53.53.89	1341	73.109.113	3405	29.29.61.113
3	5	123	5.17.89	507	5.5.53.97	1385	41.149.157	3458	5.73.181.181
4	17	128	5.29.113	512	5.13.37.109	1393	5.5.197.197	3521	29 37.53.109
5	13	129	53.157	515	13.101.101	1407	5.5.17.17.137	3532	5.5.17.149.197
6	37	132	5.5.17.41	524	37.41.181	1432	5.5.5.5.17.193	3583	5.13.17.37.157
7	5.5	133	5.29.61	538	5.13.61.73	1433	5.29.73.97	3740	41.41.53.157
8	5.13	142	5.37.109	557	5.5.5.17.73	1467	5.29.41.181	3782	5.5.29.109.181
9	41	157	5.5.17.29	560	53.61.97	1477	5.13.97.173	3793	5.5.53.61.89
10	101	162	5.29.181	568	5.5.5.29.89	1560	17.37.53.73	3957	5.5.13.13.17.109
11	61	172	5.61.97	577	5.13.13.197	1567	5.41.53.113	4193	5.5.5.5.5.29.97
12	5.29	173	5.41.73	599	17.61.173	1568	5.5.5.13.17.89	4217	5.13.29.53.89
13	5.17	174	13.17.137	606	13.13.41.53	1597	5.37.61.113	4232	5.5.41.101.173
14	197	182	5.5.5.5.53	616	13.17.17.101	1607	5.5.13.29.137	4246	13.17.29.29.97
15	113	183	5.17.197	621	29.61.109	1636	17.29.61.89	4327	5.89.109.193
17	5.29	185	109.157	657	5.5.89.97	1744	137.149.149	4484	17.89.97 137
18	5.5.13	191	17.29.37	660	37.61.193	1772	5.17.17.41.53	4535	17.53.101.113
19	181	192	5.73.101	682	5.5.5.61.61	1818	5.5.5.137.193	4545	13.37.109.197
21	13.17	193	5.5.5.149	684	13.17.29.73	1823	5.17.113.173	4581	13.53.97.157
22	5.97	200	13.17.181	693	5.5.5.17.113	1832	5.5.17.53.149	4594	13.17.29.37.89
23	5.53	211	113.197	697	5.13.37.101	1893	5.5.13.37.149	4662	5.13.13.17.17.89
27	5.73	212	5.89.101	701	17.97.149	1918	5.5.37.41.97	4747	5.17.41.53.61
28	5.157	216	13.37.97	743	5.5.61.181	1929	13.13.101.109	4906	13.53.181.193
30	17.53	233	5.61.89	746	13.13.37.89	1955	13.29.37.137	4937	5.73.173.193
31	13.37	237	5.41.137	757	5.5.73.157	1984	13.29.53.197	4952	5.37.41.53.61
32	5.5.41	239	13.13.13.13	772	5.13.53.173	2010	13.17.101.181	5052	5.13.41.61.157
33	5.109	242	5.13.17.53	776	73.73.113	2013	5.29.89.157	5087	5.17.29.29.181
34	13.89	251	17.17.109	785	13.137.173	2018	5.5.29.41.137	5257	5.5.13.17.41.61
37	5.137	253	5.37.173	798	5.13.97.101	2042	5.29.149.193	5283	5.13.17.73.173
38	5.17.17	255	13.41.61	818	5.5.5.53.101	2059	13.41.41.97	5357	5.5.61.97.97
41	29.29	265	13.37.73	829	17.17.29.41	2153	5.13.181.197	5443	5.5.5.5.137.173
43	5.5.37	268	5.5.13.13.17	853	5.13.29.193	2163	5.13.17.29.73	5507	5.5.13.13.37.97
44	13.149	278	5.13.29.41	882	5.5.29 29.37	2191	89.149.181	5648	5.17.53.73.97
46	29.73	293	5.5.17.101	905	13.17.17.109	2309	13.53.53.73	5667	5.29.37.41.73
47	5.13.17	294	13.61.109	919	37.101.113	2350	17.17.97.197	5701	29.53.97.109
50	41.61	302	5.17.29.37	922	5.17.73.137	2428	5.41.149.193	5767	5.13.17.101.149
55	17.89	307	5.5.5.13.29	924	53.89.181	2436	13.13.13.37.73	5928	5 29.29.61.137
57	5.5.5.13	313	5.97.101	931	13.17.37.53	2515	101.173.181	5962	5.13.29.109.173
68	5.5.5.37	319	17.41.73	945	29.89.173	2540	13.29.109.157	6065	17.53.137.149
70	13.13.29	327	5.17.17.37	948	5.17.97.109	2547	5.37.89.197	6107	5 5.17.17.29.89
72	5.17.61	342	5.149.157	993	5.5.13.37.41	2621	13.37.37.193	6118	5.5.13.41.53.53
73	5.13.41	343	5.5.13.181	999	17.149.197	2673	5.13.17.53.61	6252	5.17.29.101.157
75	29.97	360	29.41.109	1032	5.5.13.29.113	2697	5.41.113.157	6481	17.37.173.193
76	53.109	378	5.17.41.41	1057	5.5.5.41.109	2738	5.13.29.41.97	6682	5.5.5.29.109.113
80	37.173	394	29.53.101	1067	5.17.37.181	2801	17.29.73.109	6898	5.13.17.17.17.149
81	17.193	401	37.41.53	1068	5.5.5.5.5.5.73	2818	5.5.5.17.37.101	6908	5.13.73.89.113
83	5.13.53	403	5.109.149	1087	5.13.61.149	2917	5.13.29.37.61	6943	5.5.5.29 61.109
91	41.101	408	5.13.13.197	1118	5.5.17.17.173	2943	5.5.5.5.13.13.41	6962	5.37.37.73.97
93	5.5.173	411	13.73.89	1123	5.13.89.109	3039	17.61.61.73	7093	5.5.13.17.29.157
98	5.17.113	437	5.13.13.113	1143	5.5.17.29.53	3112	5.13.13.73.157	7161	17.101.109.137
99	13.13.29	438	5.17.37.61	1148	5.29.61.149	3141	13.13.17.17.101	7443	5.5.5.37.53.113
100	73.137	443	5.5.5.5.157	1196	53.137.197	3149	17.29.89.113	7697	5.17.29.61.197
105	37.149	447	5.13.29.53	1228	5.17.113.157	3166	17.41.73.197	7782	5.5.13.17.97.113
111	61.101	463	5.13.17.97	1239	41.97.193	3207	5.5.29.41.173	8224	13.17.29.61.173
112	5.13.193	467	5.113.193	1270	61.137.193	3323	5.13.29.29.101	8307	5.5.5.5.5.61.181
117	5.37.37	499	13.61.157	1303	5.41.41.101	3362	5.13.17.53.193	8368	5.5.17.37.61.73

ZUR CYKLOTECHNIE. ZERLEGBARE $aa+1$.

8393	5.5.13.29.37.101	20080	13.29.61.89.197	44179	13.13.13.17.17.29.53	104818	5.5.5.5.17.29.181.
8457	5.5.53.137.197	20457	5.5.13.29.149.149	44507	5.5.13.113.149.181		197
8578	5.37.41.89.109	21124	29.41.53.73.97	44733	5.89.101.113.197	106242	5.53.53.73.101.109
9133	5.17.37.89.149	21705	13.17.61.101.173	45050	13.41.109.181.193	109637	5.13.17.29.37.37.
9152	5.29.41.73.193	21907	5.5.29.29.101.113	45068	5.5.5.41.61.73.89		137
9193	5.5.5.5.17.41.97	22008	5.41.109.149.157	46444	13.41.149.157.173	112595	17.29.41.53.61.97
9298	5.41.53.73.109	22157	5.5.13.37.137.149	46617	5.53.137.173.173	112782	5.5.17.37.41.109.
9431	17.97.149.181	22231	29.37.41.41.137	47403	5.13.29.37.89.181		181
9466	29.37.37 37.61	24263	5.13.17.41.73.89	47783	5.13.17.53.101.193	114669	17.37.53.53.61.61
9667	5.13 41.89.197	24331	13.17.89.101.149	48187	5.97.101.137.173	117251	41.97.101.109.157
9703	5.13.13.17.29.113	24778	5.29.149.157.181	48737	5.29.29.53.73.73	117307	5.5.5.13.149.157.
9762	5.17.37.157.193	24816	17.17.61.181.193	49083	5.13.17.73.109.137		181
9872	5.13.13.29.41.97	25462	5.13.17.37.101.157	50052	5.17.41.41.89.197	117372	5.13.17.17.53.101.
9901	13.13.29.73.137	25523	5.53.73.113.149	51115	17.17.17.29.53.173		137
10298	5.17.61.113.181	25683	5.13.17.17.97.181	51387	5.17.37.53.89.89	128482	5.5.17.29.89.101.
10312	5.29.53.101.137	25793	5.5.17.29.137.197	51412	5.17.61.61.61.137		149
10833	5.17.41.113.149	25943	5.5.5.13.29.37.193	51917	5.13.37.53.97.109	129553	5.13.13.17.61.61.
11018	5.5.157.157.197	26018	5.5.13.97.109.197	52571	37.41.61.109.137		157
11471	13.17.41.53.137	27493	5.5.17.17.17.17.181	54193	5.5.5.5.5.41.73.157	133749	13.13.37.53.137.197
11981	13.17.41.89.89	28205	13.29.73.97.149	54358	5.13.29.73.109.197	136293	5.5.17.41.53.89.113
12332	5.5.13.41.101.113	28322	5.13.13.13.13.41.137	54507	5.5.37.53.157.193	136404	13.17.29.97.173.173
12433	5.13.61.101.193	28862	5.17.17.53.73.149	57532	5.5.17.41.41.41.113	137717	5.13.53.89.157.197
12882	5.5.17.37.61.173	29757	5.5.41.61.73.97	66347	5.13.13.17.37.41.101	137883	5.13.17.29.29.53.
12943	5.5.5.5.13.13.13.61	30027	5.29.89.181.193	67333	5.17.53.61.73.113		193
13043	5.5.17.17.61.193	30103	5.13.17.41.73.137	67852	5.13.37.89.137.157	141743	5.5.89.149.157.193
13068	5.5.5.53.149.173	30383	5.17.17.37.89.97	68463	5.13.17.113.137.137	143382	5.5.13.13.17.17.113.
13241	29.101.173.173	31752	5.17.17.37.109.173	71564	37.61.97.149.157		149
13252	5.13.13 37.41.137	32258	5.13.37.41.61.173	71700	13.29.37.41.89.101	145046	13.29.37.101.109.
13545	17.17.53.53.113	32406	17.17.17.37.53.109	72662	5.13.17.29.37.61.73		137
13918	5.5.13.37.89.181	32807	5.5.5.13.61.61.89	74043	5.5.13.37.37.61.101	145231	13.37.37.41.97.149
14140	17.29.37.97.113	32885	13.13.109.149.197	75382	5.5.13.17.73.73.193	148158	5.53.61.61.113.197
14318	5.5.5.13.17.41.181	32973	5.13.37.37.41.149	78629	13.17.41.41.53.157	148582	5.5.13.53.73.97.181
14573	5.17.73.109.157	33307	5.5.5.5.17.53.197	80593	5.5.17.17.17.137.193	150522	5.13.17.29.37.97.
14646	13.37.41.73.149	34208	5.13.13.17.29.53.53	80802	5.37.41.53.109.149		197
14773	5.13.13.29.61.73	34367	5.13.37.41.53.113	81141	13.61.137.157.193	155317	5.41.61.73.73.181
14942	5.13.13.37.37.193	35857	5.5.17.61.137.181	81749	13.17.17.53.97.173	157308	5.13.29.29.41.61.
14958	5.13.101.173.197	36673	5.17.29.37.73.101	83071	37.61.89.89.193		181
15075	13.17.53.89.109	37057	5.5.5.5.73.101.149	83247	5.13.13.13.29.73.149	157318	5.5.5.5.5.5.13.37.
16513	5.29.53.113.157	37448	5.13.13.53.173.181	84141	13.29.29.41.53.149		37.89
16928	5.17.109.157.197	37770	13.17.29.41.61.89	85353	5.13.17.37.41.41.53	159772	5.37.53.101.149.173
17191	13.17.61.97.113	38326	29.37.41.173.193	86143	5.5.13.17.61.101.109	160590	29.29 29.89.109.109
17557	5.5.5.17.29.41.61	38807	5.5.5.17.37.61.157	88668	5.5.13.17.73.101.193	161832	5.5.13.13.29.37.53.
17766	13.37.73.89.101	39082	5.5.41.73.137.149	88699	29.53.89.149.193		109
17923	5.61.61.89.97	39307	5.5.5.13.13.13.29.97	88733	5.13.41.97.97.157	162014	13.17.73.89.101.181
18258	5.29.97.137.173	39818	5.5.5.5.17.37.37.109	88868	5.5.29.37.37.73.109	173932	5.5.5.5.5.13.73.101.
18432	5.5.5.17.29.37.149	40188	5.13.37.61.101.109	89361	29.37.137.157.173		101
18543	5.5.13.17.29.29.37	40515	17.53.61.109.137	89471	13.13.41.41.73.193	174118	5.5.17.41.89.113.
19123	5.29.37.173.197	40568	5.5.5.13.53.97.197	90212	5.13.37.89.193.197		173
19283	5.37.37.157.173	41187	5.17.37.37.37.197	90657	5.5.13.17.61.89.137	177144	17.29.73.89.97.101
19326	13.29.61 109.149	41319	13.41.101.101.157	93020	13.13.17.17.29.41.149	180107	5.5.13.29.97.113.
19534	13.13.13.29.53.113	41688	5.17.41.53.97.97	93197	5.37.53.53.61.137		157
19653	5.37.61.109.157	42658	5.13.13.97.149.149	99557	5.5.5.5.41.41.53.89	181343	5.5.17.37.53.109.
19703	5.13.13.29.89.89	42932	5.5.5.29.29.89.197	99893	5.5.29.181.193.197		181
19902	5.73.89.89.137	43633	5.13.29.41.109.113	101343	5.5.13.29.41.97.137	181743	5.5.17.17.73.173.
19911	13.17.29.157.197	43932	5.5.5.5.13.17.89.157	102163	5.37.41.41.97.173		181

NACHLASS. ZERLEGBARE $aa+1$.

184133	5.29.73.101.101.157	500150	41.61.73 73.137.137	1477034	37.37.41.53.53.101.137
189782	5.5.13.61.89.137.149	508929	13.13.37.53.53.73.101	1518057	5.5.5.13.13.41.61.113.193
190393	5.5.13.13.137.173.181	518734	13.17.37.37.53.97.173	1528649	13.37.53.61.61.109.113
191407	5.5.13.13.17.37.61.113	520463	5.13.41.61.73.101.113	1615463	5.13.17.37.53.73.73.113
191807	5.5.5.13.17.41.109.149	534568	5.5.5.13.89 89.149.149	1618855	17.29.37.53.89.97.157
194708	5.5.29.41.73.101.173	538275	17.61.73.97.109.181	1635786	29.29.41.89.89.97.101
201106	17.17.61.89.149.173	548630	37.41.89.109.113.181	1664957	5.5.13.37.73.89.113.157
208048	5.53.89.109.113.149	566793	5.5.17.29.29.41.97.113	1750507	5.5.13.53.53.89.109.173
210195	61.113.137.149.157	567923	5.13.17.17.17.41.109.113	1766693	5.5.5.5.5.5.29.97.157.173
210943	5.5.5.13.37.37.73.137	571459	13.13.13.13.17.37.61.149	1824257	5.5.17.29.97.109.113.113
211765	13.17.53.89.137.157	586455	29.41.73.89.113.197	1909461	13.13.17.17.41.53.89.193
216676	13.29.41.97.173.181	606325	13.37.97.137.149.193	1954207	5.5.13.61.61.89.113.157
219602	5.17.17.53.53.109.109	607533	5.17.29.73.97.97.109	1984933	5.17.37.37 37.53.89.97
221382	5.5.13.73.101.113.181	617427	5.13.13.17.29.53.89.97	2036069	17.41.41.61.61.101.193
228068	5.5.5.17.29.61.101.137	623888	5.13.37.41.113.181.193	205c706	13.17.17.17.41.53.157.193
232643	5.5.13.13.13.41.61.197	627391	41.41.53.113.113.173	2052057	5.5.5.5.5.5.5.17.29.73.97.193
236151	17.17.41.89.137.193	662843	5.5.17.113.137.173.193	2126007	5.5.17.29.29.181.181.193
247643	5.5.17.29.73.173.197	672717	5.89.97.157.173.193	2277387	5.13.29.29.53.89.89.113
249501	13.53.53.61.89.157	683982	5.5.17.29.61.61.101.101	2298668	5.5.13.13.17.17.29.37.37.109
251103	5.13.17.17.89.109.173	700107	5.5.13.17.41.53.137.149	2343692	5.17.41.41.61.73.89.97
256638	5.13.29.37.61.113.137	703175	13.17.17.29.97.149.157	2353918	5.5.13.17.29.29.61.113.173
260359	13.13.17.41.53.61.89	704683	5.13.29.61.97.113.197	2379723	5.13.29.37.53.53.97.149
262433	5.17.29.29.53.61.149	721068	5.5.5.5.17.29.109.113.137	2457057	5.5.5.5.13.17.41.53.89.113
263317	5.17.17.17.89.101.157	780262	5.17.17.29.37.41.61.157	2471717	5.37.41.109.137.149.181
263557	5.5.5.13.37.41.73.193	783568	5.5.5.5.17.29.101.109.181	2475918	5.5.17.53.61.157.157.181
265842	5.13.17.17.101.193.193	791532	5.5.53.89.149.181.197	2478328	5.13.29.37.89.97.101.101
267657	5.5.41.41.61.89.157	793921	17.17.17.29.73.157.193	2484968	5.5.13.61.97.113.157.181
281897	5.13.29.37.37.89.173	812447	5.29.29.41.89.137.157	2680168	5.5.29.61.73.109.137.149
286018	5.5.13.13.53.53.61.113	832902	5.13.13.13.17.109.173.197	2733307	5.5.5.5.5.5.13.13.13.17.37.173
287228	5.17.17.29.73.149.181	848871	29.53.73.113.157.181	2809305	13.17.29.37.37.61.73.101
289038	5.17.17.37.89.97.181	899168	5.5.17.37.53.73.97.137	2923783	5.13.17.37.41.109.149.157
292362	5.13.17.41.61.157.197	907567	5.29.37.41.89.109.193	2959007	5.5.17.37.97.101.157.181
298307	5.5.5.5.41.53.181.181	911111	17.41.101.173.173.197	3014557	5.5.5.5.5.5.5.5.41.53.53.101
307939	13.29.61.101.137.149	936513	5.37.37.41.89.97.181	3025001	13.13.17.17.61.73.109.193
309070	13.29.101.113.149.149	1000193	5.5.5.29.53.101.149.173	3136570	13.13.29.37.53.61.97.173
320078	5.13.41.61.73.89.97	1010027	5.13.61.89.89.109.149	3139557	5.5.5.5.5.5.13.29.73.73.157
322392	5.13.17.41.89.149.173	1024240	37.61.109.157.157.173	3272693	5.5.5.13.37.41.101.137.157
330182	5.5.5.5.5.13.29.37.41.61	1031675	13.13.17.53.73.113.157.197	3370437	5.13.13.13.13.41.73.97.137
331068	5.5.5.5.53.101.181.181	1049433	5.13.61.89.89.89.197	3449051	13.13.13.53.61.89.97.97
383807	5.5.5.13.37.73.97.173	1059193	5.5.5.5.13.13.13.37.61.181	3637197	5.13.17.29.61.89.193.197
385692	5.13.17.61.89.137.181	1067157	5.5.41.113.157.173.181	3800438	5.13.29.29.97.101.149.181
389163	5.13.29.41.89 101.109	1068182	5.5.5.17.17.41.61.73.173	3801448	5.29.37.53.61.73.101.113
390112	5.13.17.17.17.17.17.17.97	1083493	5.5.13.61.61.61.73.109	3815076	13.13.17.37.53.109.137.173
403639	29.29.37.97.137.197	1089593	5.5.61.89.149.149.197	3894873	5.13.13.37.89.101.137.197
409557	5.5.5.5.13.13 73.73.149	1131527	5.41.53.53.73.97.157	3911450	29.29.41.97.137.173.193
411787	5.17.17.53.97.101.113	1139557	5.5.5.5.5.5.5.17.37.73.181	3931663	5.13.29.37.41.109.137.181
418048	5.97.97.109.173.197	1143007	5.5.13.41.61.73.101.109	4000300	13.13.13.17.17.73.137.181.181
444753	5.53.109.113.157.193	1197943	5.5.5.5.5.17.17.37.109.197	4079486	13.17.17.53.61.73.137.137
447342	5.17.29.41.97.137.149	1264557	5.5.5.5.5.13.13.29.53.197	4218932	5.5.5.5.29.41.41.61.61.157
464307	5.5.5.29.37.73.101.109	1306143	5.5.29.37.37.61.73.193	4466678	5.13.17.73.97.109.149.157
465525	13.13.29.89.97.113.197	1351742	5.17.53.109.137.157.173	4650839	17.17.89.113.137.157.173
465694	13.13.17.29.73.181.197	1373307	5.5.5.5.17.29.101.157.193	4697282	5.5.13.113.113.137.197.197
478707	5.5.13.13.13.17.41.41.73	1387203	5.29.41.41.113.181.193	4751232	5.5.13.17.29.73.97.101.197
485298	5.13.13.13.13.29.29.37 53	1402232	5.5.17.37.41.113.137.197	4773557	5.5.5.29.29.41.113.149.157
494607	5.5.29.89.101.137.137	1413443	5.5.13.29.37.41.89.157	5033696	13.17.37.37.89.89.97.109

ZUR CYKLOTECHNIE. ZERLEGBARE $aa+1$.

5982670	13.13.13.17.41.53.53.53.157	23747457	5.5.17.17.17.17.17.17.37.73.173
6151956	13.17.29.29.73.97.113.149	24208144	29.29.29.37.37.53.61.61.89
6208047	5.17.17.17.17.29.41.41.197.197	24280807	5.5.5.5.13.13.17.53.109.157.181
6225244	29.37.41.53.53.53.61.97	24310918	5.5.13.13.37.41.53.89.113.173
6315768	5.5.17.17.53.61.73.149.157	31011557	5.5.5.13.17.61.97.109.137.197
6356150	13.29.37.37.61.61.109.193	32944452	5.13.13.29.29.41.53.53.89.149
6367252	5.13.17.29.29.61.73.97.101	34436768	5.5.17.61.97.101.137.173.197
6656382	5.5.13.29.41.41.137.137.149	34602875	13.17.17.29.37.53.113.137.181
6817837	5.17.17.53.61.149.173.193	45500682	5.5.5.37.53.53.61.89.149.197
6829610	13.17.17.53.61.101.193.197	53365057	5.5.5.13.37.89.97.101.157.173.
6981694	13.41.97.137.181.193.197	58305593	5.5.13.17.37.37.101.109.137.149
7138478	5.29.37.41.73.89.181.197	75505943	5.5.5.37.37.53.89.137.149.173
7620661	5.17.37.73.101.101.137.181	95665578	5.13.37.41.73.181.181.197.197
7691443	5.5.5.37.53.97.101.109.113	111530944	13.13.13.13.13.17.37.37.53.157.173
8082212	5.13.17.17.37.53.97.101.181	121042733	5.17.41.73.97.97.101.157.193
8571779	13.13.29.41.73.101.137.181	160007778	5.13.13.17.17.29.29.73.73.149.157
8809432	5.5.5.13.89.101.149.181.197	167207057	5.5.5.5.17.17.17.29.73.109.109.181
9407318	5.5.5.5.5.5.37.41.53.73.193	168623905	13.13.13.13.17.29.29.37.89.97.109
9548768	5.5.13.13.17.41.53.61.61.157	185507821	13.13.17.29.29.53.61.101.113.193.
9614382	5.5.29.37.53.61.61.101.173	193788912	5.13.17.17.37.37.37.53.73.101.101
9639557	5.5.5.5.5.5.13.17.17.53.109.137	201229582	5.5.13.13.17.17.17.17.17.53.97.101
9689961	13.29.29.37.61.113.113.149	211823957	5.5.17.17.53.101.137.149.157.181
10328193	5.5.5.13.17.29.53.53.137.173	284862638	5.13.17.17.17.17.29.29.41.41.97.109
10669731	17.89.97.101.101.193.197	299252491	13.29.37.97.109.109.113.157
11131086	13.13.17.17.37.61.73.89.173	317742693	5.5.5.13.29.41.73.89.137.149.197
12477035	17.17.17.29.29.29.37.97.181	327012132	5.5.13.17.17.29.89.109.149.157.173
12514913	5.13.41.53.137.149.157.173	599832943	5.5.5.5.13.17.29.37.37.41.73.97.113
12750353	5.13.17.17.41.61.73.137.173	830426722	5.13.13.61.97.149.157.173.173.197
14698000	13.13.17.17.29.61.97.149.173	1112115023	5.17.17.61.73.113.157.173.173.181
15165443	5.5.5.5.37.53.61.97.101.157	1282794079	13.17.29.29.73.89.97.113.181.197.197
15986082	5.5.13.17.109.109.137.157.181	2189376182	5.5.5.17.17.29.29.53.61.61.89.89.101
16317267	5.13.17.17.61.61.101.109.173	2971354082	5.5.13.17.29.41.53.53.113.149.157.181
18378313	5.13.13.17.37.61.137.193.197	3955080927	5.13.17.17.17.17.53.53.61.61.101.149.173.197
18975991	13.17.17.17.53.61.89.97.101	8193535810	13.13.29.29.61.109.109.137.157.157.193
20198495	13.17.41.89.101.101.137.181	14033378718	5.5.13.13.17.17.61.61.61.61.73.73.157.181
22866693	5.5.5.5.41.61.73.101.113.197		

5	2. 3. 7
13	5. 8. 18. 57. 239
17	4. 13. 21. 38. 47. 268
29	12. 17. 41. 70. 99. 157. 307
37	6. 31. 43. 68. 117. 191. 302. 327. 882. 18543*
41	9. 32. 73. 132. 278. 378. 829. 993. 2943
53	23. 30. 83. 182. 242. 401. 447. 606. 931. 1143*. 1772. 6118. 34208. 44179. 85353. 485298
61	11. 50. 72. 133. 255. 438. 682. 2673. 2917. 4747*. 4952. 5257. 9466. 12943. 17557. 114669. 330182
73	27. 46. 173. 265. 319 538. 557. 684. 1068. 1560*. 2163. 2309. 2436. 3039. 5667. 8368. 14773. 48737. 72662. 478707*
89	34. 55. 123. 233. 411. 500. 568. 746. 1568. 1636*. 3793. 4217. 4594. 4662. 6107. 11981. 19703. 24263. 32807. 37770*. 45068. 51387. 99557. 157318. 260359. 24208144
97	22. 75. 119. 172. 216. 463. 507. 560. 657. 1433*. 1918. 2059. 2738. 4193. 4246. 5357. 5507. 5648. 6962. 9193*. 9872. 17923. 21124. 29757. 30383. 39307. 41688. 112595. 320078. 390112*. 617427. 1984933. 2343692. 3449051. 6225244
101	10. 91. 111. 192. 212. 293. 313. 394. 515. 616*. 697. 798. 818. 1303. 2818. 3141. 3323. 8393. 17766. 36673*. 66347. 71700. 74043. 173932. 177144. 508929. 683982. 1635786. 2478328. 2809305*. 3014557. 6367252. 18975991. 193788912. 201229582. 2189376182
109	33. 76. 142. 251. 294. 360. 512. 621. 905. 948*. 1057. 1123. 1929. 2801. 3521. 3957. 5701. 6943. 8578. 9298*.

NACHLASS. ZERLEGBARE $aa+1$ UND $aa+4$.

	15075. 32406. 39818. 40188. 51917. 86143. 88868. 106242. 160590. 161832*. 219602. 389163. 464307. 607533. 1083493. 1143007. 2298668. 5033696. 168623905. 284862638*
113	15. 98. 128. 437. 693. 776. 919. 1032. 1341. 1567*. 1597. 3149. 3405. 4535. 6682. 6908. 7443. 7782. 9703. 12332*. 13545. 14140. 17191. 19534. 21907. 34367. 43633. 57532. 67333. 136293*. 191407. 286018. 411787. 520463. 566793. 567923. 1528649. 1615463. 1824257. 2277387*. 2457057. 3801448. 7691443. 599832943
137	37. 100. 174. 237. 922. 1407. 1607. 1955. 2018. 4484*. 5928. 7161. 9901. 10312. 11471. 13252. 19902. 22231. 28322. 30103*. 40517. 49083. 51412. 52571. 68463. 90657. 93197. 101343. 109637. 117372*. 145046. 210943. 228068. 256638. 494607. 500150. 721068. 899168. 1477034. 3370434*. 4079486. 9639557
149	44. 105. 193. 403. 701. 1087. 1148. 1744. 1832. 1893*. 5767. 6065. 6898. 9133. 10833. 14646. 18432. 19326. 20457. 22157*: 24331. 25523. 28205. 28862. 32973. 37057. 39082. 42658. 80802. 83247*. 84141. 93020. 128482. 143382. 145231. 189782. 191807. 208048. 262433. 307939*. 309070. 409557. 447342. 534568. 571459. 700107. 1010027. 2379723. 2680168. 6151956*. 6656382. 9689961. 32944452. 58305593
157	28. 129. 185. 342. 443. 499. 757. 1228. 1385. 2013*. 2540. 2697. 3112. 3583. 3740. 4581. 5052. 6252. 7093. 14573*. 16513. 19653. 22008. 25462. 38807. 41319. 43932. 54193. 67852. 71564*. 78629. 88733. 117251. 129553. 180107. 184133. 210195. 211765. 249503. 263317*. 267657. 703175. 780262. 812447. 1131527. 1413443. 1618855. 1664957. 1954207. 2923783*. 3139557. 3272693. 4218932. 4466678. 4773557. 5982670. 6315768. 9548768. 15165443. 16000778*. 299252491
173	80. 93. 253. 599. 772. 785. 945. 1118. 1477. 1823*. 3207. 4232. 5283. 5443. 5962. 8224. 12882. 13068. 13241. 18258*. 19283. 21705. 31752. 32258. 46444. 46617. 48187. 51115. 81749. 89361*. 102163. 136404. 159772. 174118. 194718. 201106. 251103. 281897. 322392. 383807*. 518734. 627391. 1000193. 1024240. 1068182. 1351742. 1750507. 1766693. 2353918. 2733307*. 3136570. 3815076. 4650839. 9614382. 10328193. 11131086. 12514913. 12750353. 14698000. 16317267*. 23747457. 24310918. 53365057. 75505943. 111530944. 327012132
181	19 162. 200. 343. 524. 743. 924. 1067. 1467 2010*. 2191. 2515. 3458. 3782. 5087. 8307. 9431. 10298. 13918. 14318*. 24778. 25683. 27493. 35857. 37448. 44507. 47403. 112782. 117307. 148582*. 155317. 157308. 162014. 181343. 181743. 190393. 216676 221382. 287228. 289038*. 298307. 331068. 385692. 538275. 548630 783568. 848871. 936513. 1059193. 1067157*. 1139557. 2471717. 2475918. 2484968. 2959007. 3800438. 3931663. 4000300 7620662. 8082212*. 8571779. 12477035. 15986092. 20198495. 24280807. 34602875. 167207057. 211823957 1112115023. 2971354082*. 14033378718
193	81. 112. 467. 660. 853. 1239. 1270. 1432. 1818. 2042*. 2428. 2621. 3362. 4327. 4906. 4937. 6481. 9152. 9762. 12433*. 13043. 14942. 24816. 25943. 30027. 28326. 45050. 47783. 54507. 75382*. 80593. 81141. 83071. 88668. 88699. 89471 137883. 141743. 236151. 263557*. 265842. 444753. 606385. 623888 662843. 672717. 793921. 907567. 1306143. 1373307*. 1387203. 1518057. 1909461. 2036069. 2050706. 2052057. 2126007. 3025001. 3911450. 6356150*. 6817837. 9407318. 121042733. 185507821. 8193535810
197	14. 183. 211. 408. 577. 999. 1196. 1393. 1984. 2153*. 2350. 2547. 3166. 3532. 4545. 7697. 8457. 9667. 11018. 14958*. 16928. 19123. 19911. 20080. 25793. 26018. 32885. 33307. 40568. 41187*. 42932. 44733. 50052. 54358. 90212. 99893. 104818. 133749. 137719. 148158*. 150522. 232643. 247643. 292362. 403639. 418048. 465525. 465694. 586455. 704683*. 791532. 832902. 911111. 1031675. 1049433. 1089593. 1197943. 1264557. 1402232. 3637197*. 3894873. 4697282. 4751232. 6208047. 6829610. 6981694. 7138478. 8809432. 10669731. 18378313*. 22866693. 31011557. 34436768. 45500682. 95665578. 317742693. 830426722. 1282794079. 3955080927

Zerlegbare $aa+4$.

				127	13.17.73	283	13.61.101	691	5.29.37.89	1159	5.37.53.137
1	5	39	5.5.61	141	5.41.97	309	5.13.13.113	705	13.13.17.173	1305	97.97.181
3	13	43	17.109	143	113.181	311	5.5.53.73	749	5.29.53.73	1351	5.17.109.197
5	29	49	5.13.37	161	5.5.17.61	335	13.89.97	759	5.29.29.137	1371	5.41.53.173
7	53	53	29.97	169	5.29.197	359	5.149.173	761	5.5.5.41.113	1381	5.13.13.37.61
9	5.17	59	5.17.41	179	5.13.17.29	393	13.109.109	829	5.13.97.109	1499	5.41.97.113
11	5.5.5.	61	5.5.149	199	5.89.89	417	17.53.193	841	5.17.53.157	1581	5.41.89.137
13	173	63	29.137	205	13.53.61	419	5.13.37.73	943	17.17.17.181	1745	13.29.41.197
19	5.73	81	5.13.101	211	5.5.13.137	469	5.29.37.41	961	5.5.17.41.53	1801	5.37.89.197
21	5.89	83	61.113	213	17.17.157	485	17.101.137	1011	5.5.5.13.17.37	1899	5.37.101.193
23	13.41	99	5.37.53	219	5.53.181	527	29.61.157	1043	13.13.41.157	2025	13.29.73.149
25	17.37	101	5.13.157	237	13.29.149	535	17.113.149	1047	89.109.113	2343	13.37.101.113
29	5.13.13	111	5.5.17.29	247	17.37.97	611	5.5.109.137	1089	5.5.13.41.89	2355	17.41.73.109
31	5.193	121	5.29.101	261	5.5.5.5.109	679	5.13.41.173	1131	5.17.101.149	2441	5.13.29.29.109

ZUR CYKLOTECHNIE. ZERLEGBARE $aa+4$.

2677	17.17.137.181	29929	5.13.17.61.97.137	317039	5.5.53.61.89.89.157
3039	5.5.13.157.181	31351	5.37.149.181.197	326957	37.37.41.101.109.173
3339	5.5.41.73.149	32003	13.17.17.41.61.109	349835	17.41.73.97.137.181
3351	5.13.13.97.137	32139	5.5.13.17.73.197	355989	5.5.5.5.13.17.37.137.181
3377	13.61.73.197	32239	5.5.5.5.5.37.89.101	387921	5.61.101.137.181.197
3717	29.53.89.101	37579	5.17.29.41.89.157	396783	13.13.29.61.61.89.97
3749	5.17.37.41.109	44301	5.13.37.53.89.173	408489	5.5.5.5.13.29.73.89.109
4021	5.17.37.53.97	47389	5.5.53.97.101.173	466489	5.5.5.13.17.29.61.61.73
4123	17.29.29.29.41	47761	5.5.5.5.17.17.73.173	563235	13.17.41.61.61.97.97
4215	13.73.97.113	47829	5.17.37.41.113.157	567629	5.13.37.73.109.113.149
4761	5.5.5.13.13.29.37	49813	13.53.101.181.197	582997	37.41.73.113.157.173
4989	5.5.5.13.17.17.53	57989	5.5.5.53.53.61.157	588489	5.5.5.5.5.61.89.137.149
5041	5.13.13.17.29.61	63911	5.5.13.13.17.29.37.53	628261	5.5.5.13.17.29.41.61.197
5567	13.17.17.73.113	66361	5.5.41.113.193.197	634205	37.53.73.109.149.173
5573	29.61.97.181	79011	5.5.5.5.13.89.89.97	637855	13.37.41.41.61.73.113
5717	13.13.41.53.89	79871	5.29.37.61.101.193	834267	17.17.17.29.137.181.197
5821	5.13.37.73.193	81487	13.13.73.73.73.101	840421	5.13.17.137.149.173.181
6061	5.5.13.17.61.109	81669	5.13.29.113.173.181	851929	5.17.53.73.89.137.181
6261	5.5.5.53.61.97	86487	17.17.41.41.89.173	922769	5.13.13.17.41.61.137.173
6989	5.5.5.53.73.101	91587	17.29.29.37.101.157	966391	5.13.17.29.29.37.157.173
7319	5.17.73.89.97	95963	13.13.41.89.109.137	1029353	61.61.89.109.149.197
7745	13.13.37.53.181	99011	5.5.5.5.5.13.29.53.157	1165689	5.5.29.41.41.53.109.193
8049	5.17.53.73.197	99407	17.29.37.41.73.181	1230349	5.13.13.17.17.29.37.53.109
8579	5.29.53.61.157	108111	5.5.13.17.97.113.193	1299241	5.13.13.37.89.89.173.197
8879	5.29.41.89.149	110211	5.5.13.37.73.101.137	1341429	5.29.61.73.89.173.181
9801	5.17.73.113.137	114611	5.5.13.13.89.181.193	1362611	5.5.13.37.89.89.101.193
9817	17.37.37.41.101	115983	13.17.37.61.149.181	1493911	5.5.13.29.101.109.137.157
9947	73.89.97.157	117281	5.29.61.89.101.173	1499001	5.13.13.17.73.73.149.197
10039	5.5.13.17.17.29.37	128359	5.13.17.29.53.89.109	1780489	5.5.5.29.37.41.53.73.149
12383	37.109.193.197	139701	5.13.53.149.193.197	1996199	5.13.13.17.17.37.53.53.157
12605	17.37.41.61.101	140489	5.5.5.41.113.173.197	2028211	5.5.13.17.41.41.53.61.137
12815	13.13.41.137.173	140871	5.13.17.37.61.73.109	2050005	17.29.61.73.89.137.157
13251	5.17.101.113.181	142047	29.29.41.53.61.181	2159739	5.5.5.5.13.17.37.41.113.197
13489	5.5.5.5.5.5.5.17.137	148939	5.5.29.29.73.97.149	3376311	5.5.13.13.13.17.17.61.61.193
13507	17.17.41.89.173	183739	5.5.5.13.29.41.101.173	3666653	13.13.17.41.53.97.149.149
14261	5.5.5.89.101.181	191279	5.13.13.29.73.113.181	3872099	5.13.13.17.37.41.41.97.173
14901	5.13.13.13.17.29.41	203091	5.17.17.41.61.101.113	4370811	5.5.13.17.53.61.89.197
16041	5.73.89.89.89	205111	5.5.13.73.97.101.181	4490249	5.13.29.61.73.89.137.197
20511	5.5.5.13.17.97.157	206707	29.37.53.61.109.113	4705711	5.5.13.17.17.17.17.41.101.197
20769	5.29.37.37.41.53	207171	5.13.17.29.89.101.149	5125339	5.5.17.17.29.37.97.181.193
20875	13.29.53.113.193	211221	5.13.13.37.61.149.157	5472411	5.5.17.29.41.41.89.109.149
21139	5.5.17.37.157.181	228179	5.13.13.61.73.101.137	6101547	13.13.13.17.29.37.61.97.157
21161	5.5.13.89.113.137	234333	37.37.37.41.137.193	6489011	5.5.5.5.17.37 41.89.149.197
21189	5.5.37.61.73.109	234881	5.13.13.17.17.17.97.137	8175989	5.5.5.5.5.13.17.37.97.149.181
22805	13.17.89.137.193	241511	5.5.5.5.13.17.37.101.113	8649761	5.5.5.13.17.37.61.101.109.109
23311	5.5.29.41.101.181	244299	5.13.17.37.97.101.149	8812979	5.17.17.17.29.73.89.97.173
23901	5.29.137.149.193	245293	109.113.137.181.197	9530277	13.13.17.17.17.73.89.113.149
23915	13.29.73.113.173	247699	5.13.17.41.61.149.149	10126399	5.13.17.29.29.53.89.149.157
25689	5.5.29.41.149.149	257065	13.17.101.109.157.173	10251621	5.13.17.17.29.61.101.173.181
27355	13.37.53.149.197	263489	5.5.5.5.5.5.29.37.41.101	10763489	5.5.5.5.5.5.61.61.101.109.181
27411	5.5.41.61.61.197	269459	5.17.37.37.53.61.193	10831321	5.17.29.29.41.61.73.89.101
27429	5.17.29.37.73.113	289589	5.5.29.61.97.113.173	11398611	5.5.13.17.53.97.137.173.193
27611	5.5.41.61.89.137	302111	5.5.41.61.97.101.149	11483821	5.29.53.61.101.113.157.157
29169	5.13.29.41.101.109	306757	17.29.53.101.181.197	15035789	5.5.37.41.41.53.101.157.173
29691	5.17.17.29.109.193	313489	5.5.5.5.5.17.17.17.37.173	17363031	5.13.13.41.73.89.89.101.149

NACHLASS. ZERLEGBARE $aa+4$ UND $aa+9$.

23866411	5.5.13.17.17.17.61.157.193.193
25252451	5.13.29.37.41.97.97.137.173
31456571	5.13.17.41.97.101.109.113.181
34411159	5.13.37.41.61.73.89.157.193
35272357	13.13.13.13.17.29.61.97.101.137
35944451	5.13.17.17.17.29.73.89.109.197
61017271	13.13.13.17.29.37.61.97.157
107402539	5.5.13.29.37.61.109.149.173.193
143828743	29.29.37.37.53.97.113.157.197
148757489	5.5.5.13.13.17.37.41.41.61.109.149
150446761	5.5.5.13.17.37.53.113.137.137.197
322564791	5.13.17.29.29.29.37.53.101.101.193
657182319	5.17.17.61 97.97.113.149.157.197
1359685525	13.17.53.61.61.97.113.157.157.157
4949475989	5.5.5.5.5.13.13.29.29.37.37.41.61.89.181
28608252345	13.29.29.29.37.53.61.73.97.113.149.181
112899039159	5.13.13.17.17.17.17.29.37.41.61.73.73.73.173

5	1. 11
13	3. 29
17	9
29	5. 111. 179
37	25. 49. 1011. 4761. 10039
41	23. 59. 469. 4123. 14901
53	7. 99. 961. 4989. 20769 63911
61	39. 61. 205. 1381. 5041
73	19. 127. 311. 419. 749. 466489
89	21. 199. 691. 1089. 5717. 16041
97	53. 141. 247. 335. 4021. 6261. 7319. 79011. 396783. 563235*
101	81. 121. 283. 3717. 6989. 9817. 12605. 32239. 81487. 263489*. 10831321
109	43. 261. 393. 829. 2355. 2441. 3749. 6061. 21189. 29169*. 32003. 128359. 140871. 408489. 1230349. 8649761
113	83. 309. 761. 1047. 1499. 2343. 5567. 27429. 203091. 206707*. 244299. 637855
137	63. 211. 485. 611. 759. 1159. 1581. 3351. 9801. 13489*. 21161. 27611. 29929. 95963. 110211. 228179. 234881. 2028211. 35272357
149	61. 237. 535. 1131. 2025. 3339. 8879. 25689. 148939. 207171*. 244299. 247699 302111. 567629. 588489. 1780489. 3666653. 5472411. 9530277. 17363031*. 148757489
157	101. 213. 527. 841. 1043. 8579. 9947. 20511 37579. 47829*. 57989. 91587. 99011. 211221. 317039. 1493911. 1996199. 2050005. 6101547. 10126399*. 11483821. 61017271. 1359685525
173	13. 359. 679. 705. 1371. 12815. 13507. 23915. 44301. 47389*. 47761. 86487. 117281. 183739. 257065. 289589. 313489. 326957. 582997. 634205*. 922769. 966391. 3872099. 8812979. 15035789. 25252451. 112899039159
181	143. 219. 943. 1305. 2677. 3039. 5573. 7745. 13251. 14261*. 21139. 23311. 81669. 99407. 115983. 142047. 191279. 205111. 349835. 355989*. 840421. 851929. 1341429. 8175989. 10251621. 10763489. 31456571. 4949475989. 28608252345
193	31. 417. 1899. 4215. 5821. 20875. 22805. 23901. 29691. 79871*. 108111. 114611. 234333. 269459. 1165689. 1362611. 3376311. 5125339. 11398611. 23866411*. 34411159. 107402539. 322564791
197	169. 1351. 1745. 1801. 3377. 8049 12383. 27355. 27411. 31351*. 32139. 49813. 66361. 139701 140489. 245293. 306757 387921. 628261. 834267*. 1029353. 1299241. 1499001. 2159739. 4370811. 4490249. 4705711. 6489011. 35944451. 143828743*. 150446761. 657182319

Zerlegbare $aa+9$

				722	37.73.193
1	5	143	53.193	746	5.5.113.197
2	13	154	5.5.13.73	796	5.5.5.37.137
4	5.5	155	61.197	811	5.17.53.73
5	17	158	13.17.113	821	5.5.13.17.61
7	29	163	97.137	848	29.137.181
8	73	166	5.37.149	869	5.13.37.157
10	109	167	13.29.37	943	37.61.197
11	5.13	175	17.17.53	971	5.5.109.173
13	89	181	5.29.113	991	5.17.53.109
14	5.41	191	5.41.89	1015	17.157 193
16	5.53	196	5.5.29.53	1042	13.17.17.17.17
17	149	211	5.61.73	1055	13.13.37.89
19	5.37	232	13.41.101	1070	61.137.137
22	17.29	239	5.29.197	1081	5.13 89.101
26	5.137.	241	5.37.157	1129	5.5.13.37.53
28	13.61	254	5.5.29.89	1144	5.17.89.173
29	5.5.17	271	5.5.13.113	1175	41.113.149
31	5.97	281	5.53.149	1259	5.13 89.137
37	13.53	284	5.13.17.73	1298	13.29.41.109
41	5.13.13	301	5.13.17.41	1309	5.53.53.61
46	5.5.5.17	314	5.13.37.41	1324	5.13.149.181
50	13.193	352	17.37.197	1421	5.5.5.41.197
55	37.41	379	5.5.13.13.17	1559	5.17.17.29.29
56	5.17.37	413	17.29.173	1618	97.137.197
65	29.73	419	5.97.181	1627	13.17.53.113
67	13.173	430	17.73.149	1646	5.5.29.37.101
68	41.113	436	5.193.197	1675	13.29.61.61
71	5.5.101	437	17.41.137	1687	73.101.193
73	17.157	446	5.5.73.109	1805	13.29.29.149
76	5.13.89	454	5.5.5.17.97	1831	5.13.17.37.41
79	5.5.5.5.5	464	5.17.17.149	1909	5.13.17 17.97
80	13.17.29	521	5.5.61.89.	1979	5.5.29.37.73
89	5.13.61	529	5.5.29.193	2069	5.13.13.17.149
94	5.29.61	535	13.101.109	2182	13.29.73.173
106	5.13.173	544	5.13.29.157	2351	5.13 17.41.61
109	5.29.41	547	41.41.89	2528	17.41.53 173
119	5.13.109	574	5.13.37.137	2596	5 5.17.101.257
124	5.17.181	610	37.89.113	2719	5.13.29.37.53
128	13.13.97	629	5.5.41.193	2839	5.61.73.181
131	5.17.101	704	5.5.5.5.13.61	2953	13.17.109.181

ZUR CYKLOTECHNIE. ZERLEGBARE $aa+9$.

3038	17.29.97.193	19504	5.5.17.89.89.113	105274	5.41.53.73.89.157	524704	5.5.5.13.13.29.
3089	5.17.37.37.41	20651	5.61.61.73.157	109279	5.5.29.37.41.61.89		41.97.113
3458	29.41.89.113	20813	17.37.53.73.89	109991	5.13.53.89.109.181	528967	17.29.101.109.
3496	5.5.37.73.181	22085	13.41.53.89.97	112171	5.5.5.17.109.157.173		149.173
3571	5.5.37.61.113	22367	17.17.37.149.157	114499	5.29.29.41.193.197	539996	5.5.13.13.37.109.
3677	13.13.13.17.181	22700	13.17.29.37.41.53	114896	5.5.13.41.61.109.149		109.157
4136	5.13.17.113.137	23425	29.29.41.73.109	115079	5.5.5.5.29.53.61.113	541829	5.5.5.13 17.29.
4171	5.5.5.13.53 101	23671	5.5.5.5.13.29.29.41	116881	5.13.53.73.157.173		41.41.109
4196	5.5.41.89.193	23879	5.5.13.61.73.197	127114	5.17.29.29.37.41.149	550985	37.41.61.101.
4237	37.41.61.97	24001	5.61.61.113.137	133523	17.29.41.53.53.157		109.149
4459	5.17.29 37.109	24311	5.53.61.101.181	134764	5.17.97.101.113.193	554279	5.5.13.13.37.61.
4489	5.53.193.197	25645	89.137.149.181	137659	5.13.37.137.149.193		89.181
4496	5.5.13.37.41.41	26141	5.13.17.37.61.137	141581	5.13.13.17.37.109.173	599510	13.17.29.29.109.
4565	13.41.113.173	27341	5.13.17.17.101.197	146794	5.13.41.41.53.61.61		113.157
4786	5.13.53.61.109	27731	5.13.29.37.37.149	147409	5.13.13.41.53.61.97	693775	17.17.17.41.97.
5029	5.5.13.13.41.73	27805	13.37.73.101.109	154679	5.5.29.37.41.73.149		109.113
5111	5.13.13.13.29.41	27844	5.13.13.13.13.61.89	154729	5.5.17.17.61.157.173	700061	5.13.41.53.89.
5125	37.37.53.181	28804	5.5.29.37.157.197	157454	5.5.5.13.37.41.89.113		101.193
5198	13.13.29.37.149	28973	17.41.73.73.113	167689	5.13.13.13.73.89.197	713291	5.17.29.29.29.
5401	5.17.29.61.97	30544	5.17.29.37.53.193	170107	13.17.17.29.37.37.97		41.41.73
5549	5.13.41.53.109	33629	5.5.13.89.113.173	174427	61.89.113.137.181	744421	5.5.5.13.37.149.
5579	5.5.5.13.61.157	34010	13.13.29.53.61.73	178336	5.13.13.41.61.101.149		157.197
5605	13.17.17.37.113	38608	13.41.137.137.149	178988	17.37.37.73.109.173	745249	5.13.13.29.29.
5921	5.5.5.17.73.113	39704	5.5.5.13.73.97.137	180416	5.13.17.29.89.101.113		53.73.101
6329	5.5.5.5.5.13.17.29	40030	17.41.97.137.173	190021	5.5.17.41.53.113.173	792113	29.61.89.101.
6346	5.5.13.17.37.197	40304	5.5.73.73.89.137	190541	5.17.41.137.193.197		109.181
6421	5.5.5.17.89.109	42173	29.29.89.109.109	193546	5.5.5.13.13.97.101.181	847319	5.17.37.73.101.
6494	5.37.37.61.101	42421	5.5.5.5.13.37.41.73	193829	5.5.5.5.5.29.89.137		113.137
6641	5.13.37.53.173	43864	5.13.37.89.89.101	219754	5.5.13.17.17.53.89.109	859379	5.5.17.29.29.53.
6821	5.5.53.97.181	47296	5.5.5.13.73.109.173	249871	5.5.13.17.17.29.73.157		101.193
7196	5.5.17.37.37.89	47335	13.29.89.173.193	250250	37.41.53.61.113.113	895208	13.17.17.17.29.
7271	5.5.17.37.41.41	48046	5.5.5.5.13.29.97.101	252328	13.41.89.97.101.137		41.61.173
7489	5.29.41.53.89	48829	5.5.5.5.17.29.53.73	263681	5.13.13.37.101.101.109	895861	5.17.29.89.97.
7616	5.13.53.113.149	49883	13.17.17.41.41.197	265256	5.17.29.41.61.101.113		109.173
7646	5.5.13.13.101.137	49924	5.17.41.73.97.101	280750	13.13.17.61.61.73.101	937766	5.13.17.29.41.
7729	5.5.97.109.113	54871	5.5.13.17.53.53.97	286904	5.5.17.29.29.41.41.137		53.73.173
7934	5.17.53.89.157	54926	5.37.41.41.89.109	293687	17.37.61.73.89.173	947329	5.5.5.37.73.89.
9650	29.113.157.181	55709	5.97.109.149.197	311921	5.5.5.17.53.61.73.97		109.137
10012	13.13.29.113.181	57701	5.37.41.41.53.101	313454	5.5.5.13.13.13.13.13.29.73	970454	5.5.5.37.73.97.
10154	5.5.17.41.61.97	57839	5.13.13.13.13.13.17.53	314257	17.17.73.109.109.197		149.193
10447	29.73.149.173	62402	13.13.17.89.97.157	316739	5.17.37.41.73.73.73	984934	5.13.17.29.29.
10736	5.13.97.101.181	66584	5.13.17.17.53.61.73	324952	29.37.41.89.149.181		61.109.157
11074	5.13.61.157.197	70171	5.5.5.17.37.173.181	341569	5.17.29.29.53.89.173	987406	5.17.53.73.101.
11671	5.5.5.41.97.137	71021	5.5.13.13.13.17.37.73	347543	17.29.41.113.137.193		149.197
12109	5.17.41.109.193	71276	5.17.61.89.101.109	356809	5.13.29.37.41.113.197	1196173	53.89.97.101.
12191	5.37.41.97.101	71354	5.5.17 37.41.53.149	377804	5.5.13.109.113.181.197		113.137
13561	5.13.13.17.37.173	73972	13.17.29.53.89.181	386722	13.29.109.109.173.193	1202704	5.5.5.17.17.37.
14029	5.5.13.29.53.197	78829	5.5.5.5.29.37.41.113	393079	5.5.5.13.17.137.137.149		61.113.157
15004	5.5.13.37.97.193	79051	5.13.13.37.37.37.73	415825	17.37.37.109.173.197	1256084	5.13.17.29.53.
16096	5.5.13.13.13.53.89	84563	13.17.17.17.17.37.89	419246	5.5.29.53.137.173.193		61.97.157
16291	5.13.17.29.41.101	84818	17.29.29.61.73.113	423475	17.41.89.89.109.149	1297090	13.29.37.41.109.
17029	5.5.17.41.53.157	86221	5.5.61.73.173.193	448280	41.41.41.89.181.181		137.197
17357	13.41.41.61.113	88411	5.13.37.73.113.197	496004	5.5.13.17.37.41.149.197	1460288	13.13.13.17.29.
17668	17.29.37.109.157	95071	5.5.13.37.61.61.101	512579	5.5.5.5.5.13.17.37.53.97		101.101.193
18671	5.5.5.5.5.17.17.193	95188	13.13.13.17.41.61.97	520921	5.5.5.13.53.97.109.149		

NACHLASS. ZERLEGBARE $aa+9$.

1717025	13.29.41.53.73.157.157
1799921	5.5.5.5.5.17.29.37.157.181
1800254	5.5.17.37.97.101.109.193
2153956	5.17.101.101.157.173.197
2253046	5.5.5.5.5.29.41.53.149.173
2347195	17.29.41.53.137.137.137
2362579	5.5.5.5.5.5.5.13.29.37.197
2382560	13.29.37.101.113.181.197
2454779	5.5.13.41.73.109.157.181
2473954	5.5.5.13.17.17.29.41.97.113
2579296	5.5.5.5.17.29.41.61.89.97
2710934	5.17.17.17.37.41.53.61.61
2867521	5.5.17.61.73.101.137.157
2960596	5.5.13.17.41.53.73.73.137
3045079	5.5.5.5.13.17.17.101.113.173
3287839	5.17.17.17.29.53.53.73.73
3386888	13.13.17.29.37.137.157.173
3569269	5.13.29.41.53.89.101.173
4046131	5.13.17.29.89.101.157.181
4546271	5.5.13.17.41.53.53.109.149
4699704	5.5.5.13.61.73.113.137.197
4889605	37.41.53.61.73.173.193
8026096	5.5.17.37.37.89.101.109.113
8182343	17.17.29.41.73.73.101.181
8931226	5.37.53.61.89.89.113.149
9237421	5.5.5.5.5.13.17.17.29.29.29.149
9250762	41.89.97.101.101.137.173
10419736	5.13.13.29.37.73.101.109.149
11077571	5.5.13.13.41.109.113.149.193
12519856	5.13.37.37.41.53.61.97.137
13237028	17.29.37.41.61.149.149.173
13382956	5.13.17.29.29.37.137.193.197
14937769	5.13.17.37.53.61.61.101.137
19912579	5.5.5.5.5.13.41.41.97.173.173
20620229	5.5.37.37.61.73.73.97.197
22181629	5.5.13.13.13.17.29.37.41.53.113
23504986	5.13.13.13.29.29.29.41.53.73
25674911	5.13.29.37.41.73.89.113.157
26999399	5.13.13.29.37.97.109.193.197
33399844	5.17.17.29.37.37.41.73.73.89
33753059	5.13.13.41.89.97.101.109.173
34618846	5.5.13.13.13.17.17.37.97.109.193
34792409	5.13.13.13.17.29.41.101.137.197
40103726	5.17.37.41.109.109.197
41494546	5.5.5.13.61.61.89.109.149.197
48279454	5.5.5.5.13.29.41.41.41.61.181
60740461	5.13.17.17.17.41.73.97.101.197
64370954	5.5.5.13.17.37.53.61.73.89.193
96499349	5.13.17.29.37.41.61.73.137.157
105742171	5.5.5.13.17.29.29.37.41.41.53.73
110518796	5.5.5.13.37.53.53.61.73.109.149
111009121	5.5.13.17.17.37.37.37.73.113.157
113737804	5.5.13.13.29.29.53.73.89.97.109
117290203	17.29.37.41.53.73.109.113.193
149574656	5.29.41.61.73.137.173.181.197
163030454	5.5.5.13.13.17.37.37.53.73.89.157
165242573	13.29.37.41.73.97.109.157.197
178643779	5.5.13.41.41.61.113.137.157.197
200760094	5.13.17.17.37.37.37.41.53.101.193
323643829	5.5.5.5.5.5.13.13.17.37.61.73.73.97
401580454	5.5.5.13.53.61.73.73.97.137.137.193
478666540	17.17.29.37.41.61.73.149.157.173
1411168679	5.5.13.17.17.89.113.157.173.197.197

5	1. 4. 79
13	2. 11. 41
17	5. 29. 46. 379. 1042
29	7. 22. 80. 1559. 6329
37	19. 56. 167
41	14. 55. 109. 301. 314. 1831. 3089. 4496. 5111. 7271*. 23671
53	16. 37. 175. 196. 1129. 2719. 22700. 57839
61	28. 89. 94. 704. 821. 1309. 1675. 2351. 146794. 2710934*
73	8. 65. 154. 211. 284. 811. 1979. 5029. 34010. 42421*. 48829. 66584. 71021. 79051. 313454. 316739. 713291. 3287839. 23504986. 105742171*
89	13. 76. 191. 254. 521. 547. 1055. 7196. 7489. 16096*. 20813. 27844. 84563. 109279. 33399844
97	31. 128. 454. 1909. 4237. 5401. 10154. 22085. 54871. 95188*. 147409. 170107. 311921. 512579. 2579296. 323643829
101	71. 131. 232. 1081. 1646. 4171. 6494. 12191. 16291. 43864*. 48046. 49924. 57701. 95071. 280750. 745249
109	10. 119. 446. 535. 991. 1298. 4459. 4786. 5549. 6421*. 23425. 27805. 42173. 54926. 71276. 219754. 263681. 541829. 113737804
113	68. 158. 181. 271. 610. 1627. 3458. 3571. 5605. 5921*. 7729. 17357. 19504. 28973. 78829. 84818. 115079. 157454. 180416. 250250*. 265256. 524704. 693775. 2473954. 8026096. 22181629
137	26. 163. 437. 574. 796. 1070. 1259. 4136. 7646. 11671*. 24001. 26141. 39704. 40304. 193829. 252328. 286904. 847319. 947329. 1196173*. 2347195. 2960596. 12519856. 14937769
149	17. 166. 281. 430. 464. 1175. 1805. 2069. 5198. 7616*. 27731. 38608. 71354. 114896. 127114. 154679. 178336. 393079. 423475. 520921*. 550985. 4546271. 8931226. 9237421. 10419736. 110518796
157	73. 241. 544. 869. 2596. 5579. 7934. 17029. 17668. 20651*. 22367. 62402. 105274. 133523. 249871. 539996. 599510. 984934. 1202704. 1256084*. 1717025. 2867521. 25674911. 96499349. 111009121. 163030454
173	67. 106. 413. 971. 1144. 2182. 2528. 4565. 6641. 10447*. 13561. 33629. 40030. 47296. 112171. 116881. 141581. 154729. 178988. 190021*. 293687. 341569. 528967. 895208. 895861. 937766. 2253046. 3045079. 3386888. 3569269*. 9250762. 13237028. 19912579. 33753059. 478666540
181	124. 419. 848. 1324. 2839. 2953. 3496. 3677. 5125. 6821*. 9650. 10012. 10736. 24311. 25645. 70171. 73972. 109991. 174427. 193546*. 324952. 448280. 554279. 792113. 1799921. 2454779. 4046131. 8182343. 48279454
193	50. 143. 529. 629. 722. 1015. 1687. 3038. 4196. 12109*. 15004. 18671. 30544. 47335. 86221. 134764. 137659. 347543. 386722. 419246*. 700061. 859379. 970454. 1460288. 1800254.

ZUR CYKLOTECHNIE. ZERLEGBARE $aa+9$ UND $aa+16$.

197	4889605. 11077571. 34618846. 64370954. 117290203*. 200760094. 401580454 155. 239. 352. 436. 746. 943. 1421. 1618. 4489. 6346* 11074. 14029. 23879. 27341. 28804. 49883. 55709. 88411. 114499. 167689*. 190541. 314257. 356809. 377804. 415825. 496004. 744421. 987406. 1297090. 2153956*. 2362579. 2382560. 4699704. 13382956. 20620229. 26999399. 34792409. 40103726. 41494546. 60740461*. 149574656. 165242573. 178643779. 1411168679

Zerlegbare $aa+16$.

				4897	5.5.5.5.17.37.61	40853	5.5.5.13.61.113.149
1	17	579	13.17.37.41	5337	5.13.17.149.173	41373	5.13.29.29.173.181
3	5.5	619	29.73.181	5473	5.17.53.61.109	44269	17.53.61.181.197
5	41	647	5.5.5.17.197	5635	13.13.13.97.149	44947	5.5.13.17.17.137.157
7	5.13	677	5.29.29.109	5897	5.5.5.29.53.181	45793	5.13.37.89.97.101
9	97	747	5.5.13.17.101	5921	13.89.157.193	52157	5.17.17.17.37.41.73
11	137	851	13.17.29.113	6051	13.17.29.29.197	52379	37.73.89.101.113
13	5.37	897	5.5.5.41.157	6081	37.53.109.173	52393	5.17.29.41.157.173
17	5.61	903	5.5.13.13.193	6427	5.17.53.53.173	57323	5.13.17.29.41.41.61
19	13.29	987	5.17.73.157	6605	61.73.97.101	57803	5.5.89.97.113.137
23	5.109	1021	13.17.53.89	6727	5.13.61.101.113	66333	5.13.17.17.29.41.197
27	5.149	1203	5.5.13.61.73	7345	17.89.181.197	67327	5.37.41.61.97.101
33	5.13.17	1237	5.29.61.173	7413	5.17.37.101.173	68215	37.61.101.137.149
35	17.73	1293	5.13.17.17.89	7547	5.5.13.13.13.17.61	69347	5.5.101.101.109.173
39	29.53	1353	5.5.5.5.29.101	7683	5.17.37.137.137	73467	5.29.41.89.101.101
45	13.157	1359	13.17.61.137	7703	5.5.13.41.61.73	74133	5.13.13.41.41.53.73
47	5.5.89	1463	5.13.13.17.149	7963	5.13.89.97.113	81413	5.13.29.29.29.37.113
53	5.5.113	1553	5.5.13.41.181	8141	73.89.101.101	82817	5.13.73.89.109.149
61	37.101	1717	5.41.73.197	8523	5.37.41.61.157	82893	5.17.37.73.173.173
67	5.17.53	1837	5.17.29.37.37	8747	5.5.101.157.193	103317	5.13.13.29.37.61.193
77	5.29.41	1929	137.157.173	9133	5.13.61.109.193	104293	5.13.61.101.157.173
87	5.37.41	2203	5.5.13.109.137	9353	5.5.5.13.13.41.101	113699	29.29.29.53.73.137
97	5.5.13.29	2223	5.29.173.197	10003	5.5.13.37.53.157	126497	5.5.13.53.61.97.157
103	5.5.5.5.17	2243	5.13.17.29.157	11967	5.13.17.29.41.109	130553	5.5.13.53.97.101.101
105	61.181	2301	29.41.61.73.	12045	13.29.53.53.137	132143	5.29.53.193.193
131	89.193	2447	5.5.17.37.193	12257	5.29.53.113.173	139477	5.37.41.97.137.193
135	17.29.37	2455	29.37.41.137	12603	5.5.5.5.13.113.173	150897	5.5.5.13.29.61.89.89
137	5.13.17.17	2477	5.13.13.53.137	12667	5.37.73.109.109	154821	29.37.41.41.97.137
141	101.197	2593	5.13.13.73.109	13397	5.5.5.13.17.73.89	158373	5.13.17.37.61.89.113
147	5.5.5.173	2687	5.17.29.29.101	16897	5.5.5.17.29.41.113	158509	17.17.53.101.109.149
173	5.53.113	2823	5.17.29.53.61	17477	5.17.17.29.37.197	161399	17.17.53.89.97.197
227	5.13.13.61	2957	5.13.17.41.193	17635	13.41.53.101.109	162383	5.17.89.149.149.157
241	13.41.109	3095	17.37.97.157	17853	5.5.5.109.149.157	171293	5.17.29.41.41.73.97
253	5.5.13.197	3113	5.13.29.53.97	19991	17.29.61.97.137	172569	13.29.29.101.149.181
257	5.73.181	3153	5.5.13.13.13.181	20167	5.41.97.113.181	174727	5.13.17.37.53.73.193
263	5.101.137	3247	5.5.53.73.109	23677	5.53.97.113.193	232147	5.5.5.13.41.41.109.181
271	17.29.149	3293	5.101.109.197	24447	5.5.13.13.17.53.157	239387	5.53.97.109.113.181
279	13.53.113	3603	5.5.5.17.41.149	24785	13.13.17.29.73.101	240347	5.5.17.41.89.193.193
309	29.37.89	3607	5.13.13.89.173	25617	5.13.29.37.97.97	242897	5.5.5.17.17.97.113.149
357	5.13.37.53	3777	5.13.41.53.101	28581	13.53.73.109.149	251817	5.13.29.41.53.113.137
383	5.13.37.61	3847	5.5.29.137.149	29217	5.13.37.37.53.181	260033	5.13.13.17.29.29.29.193
397	5.5.5.13.97	4453	5.5.17.37.97	29853	5.5.5.17.41.53.193	260575	17.29.61.73.157.197
403	5.5.73.89	4497	5.5.61.89.149	36107	5.13.17.53.113.197	300527	5.13.17.37.113.113.173
487	5.13.41.89	4505	13.13.29.41.101	36823	5.13.17.41.173.173	374203	5.5.17.89.113.181.181
505	37.61.113	4601	29.37.109.181	37579	5.17.29.41.89.157	378671	13.13.37.41.53.61.173
545	17.101.173	4647	5.5.5.13.97.137	38863	5.13.17.17.37.41.53	434441	13.13.37.37.41.101.197
569	41.53.149	4853	5.5.5.29.73.89	39653	5.5.29.101.109.197	577603	5.5.5.5.29.29.41.113.137

NACHLASS. ZERLEGBARE $aa+16$ UND $aa+25$.

648447	5.5.13.17.61.61.113.181
650103	5.5.5.5.29.37.73.89.97
658783	5.17.17.29.41.41.61.101
696353	5.5.5.5.17.17.37.37.37.53
748853	5.5.5.5.5.61.109.137.197
870487	5.13.61.73.97.137.197
873503	5.5.13.13.61.109.157.173
970497	5.5.17.37.53.73.113.137
1193679	13.29.41.41.101.113.197
1229533	5.13.13.53.53.53.61.197
1259837	5.13.13.13.17.29.37.89.89
1335487	5.17.89.97.113.137.157
1404163	5.13.13.37.41.97.101.157
1626475	13.29.41.73.109.137.157
2008103	5.5.5.13.41.53.61.97.193
2083893	5.13.17.53.73.89.101.113
2116091	17.29.37.101.113.137.157
2373167	5.17.29.37.41.53.157.181
2960653	5.5.13.13.17.17.17.101.113
3258603	5.5.5.37.41.61.61.101.149
3611583	5.17.29.37.61.109.137.157
3898603	5.5.5.13.13.37.41.73.73.89
4945505	13.13.17.17.17.29.89.101.113
5431603	5.5.5.17.17.29.41.73.97.97
8180243	5.13.29.29.37.37.41.53.53.113.193
8268383	5.13.13.29.41.73.73.113.113
9993613	5.13.29.37.53.53.61.61.137
10311423	5.41.41.61.109.113.113.149
15305803	5.5.13.37.53.101.109.173.193
16626883	5.17.73.101.109.149.157.173
17545053	5.5.13.17.17.41.53.101.109.137
17916571	17.37.37.61.73.109.157.181
18500917	5.13.29.41.41.61.89.101.197
19344643	5.13.13.29.41.73.73.113.113
20278927	5.13.17.29.53.73.113.149.197
22858302	5.5.17.17.17.17.17.29.53.61.157
38648107	5.17.17.29.97.109.109.157.197
40473647	5.5.5.5.13.37.41.73.97.137.137
46113113	5.13.13.17.29.37.53.73.181.197
1082687431	13.17.29.53.61.97.109.157.173.197
1254102921	13.13.17.17.41.53.61.97.101.137.181

5	3
13	7
17	1. 33. 103. 137
29	19. 97
37	13. 135. 1837
41	5. 77. 87. 579
53	39. 67. 357. 38863. 696353
61	17. 227. 383. 2823. 4897. 7547. 57323
73	35. 1203. 2301. 7703. 52157. 74133
89	47. 309. 403. 487. 1021. 1293. 4853. 13397. 150897. 1259837*. 3898603
97	9. 397. 3113. 4453. 25617. 171293. 650103. 5431603
101	61. 747. 1353. 2687. 3777. 4505. 6605. 8141. 9353. 24785*. 45793. 67327. 73467. 130553. 658783
109	23. 241. 677. 2593. 3247. 5473. 11967. 12667. 17635
113	53. 173. 279. 505. 851. 6727. 7963. 16897. 52379. 81413*. 158373. 2083893. 2960653. 4945505. 8268383. 19344643
137	11. 263. 1359. 2203. 2455. 2477. 4647. 7683. 12045. 19991*. 57803. 113699. 154821. 251817. 577603. 970497. 9993613. 17545053. 40473647
149	11. 271. 569. 1463. 3603. 3849. 4497. 5635. 28581. 40853*. 68215. 82817. 158509. 242897. 3258603. 10311423
157	45. 897. 987. 2243. 3095. 8523. 10003. 17853. 24447. 37579*. 44947. 126497. 162384. 1335487. 1404163. 1626475. 2116091. 3611583. 22858302
173	147. 545. 1237. 1929. 3607. 5337. 6081. 6427. 7413. 12257*. 12603. 36823. 52393. 69347. 82893. 104293. 300527. .378671 873503. 16626883*
181	105. 257. 619. 1553. 3153. 4601. 5897. 20167. 29217. 41373*. 172569. 232147. 239387. 374203. 648447. 2373167. 17916571. 1254102921
193	131. 903. 2447. 2957. 5921. 8747. 9133. 23677. 29853. 103317*. 132143. 139477. 174727. 240347. 260033. 2008103. 8180243. 15305803.
197	141. 253. 647. 1717. 2223. 3293. 6051. 7345. 17477. 36107*. 39653. 44269. 66333. 161399. 260575. 434441. 748853. 870487. 1193679. 1229533*. 18500917. 20278927. 38648107. 46113113. 1082687431

Zerlegbare $aa+25$.

				274	13.53.109	857	13.13.41.53
1	13	67	37.61	303	17.37.73	858	37.101.197
2	29	71	17.149	309	17.53.53	898	13.17.41.89
3	17	78	41.149	311	13.61.61	959	29.101.157
4	41	81	37.89	324	13.41.197	984	29.173.193
6	61	84	73.97	326	13.13.17.37	1092	61.113.173
7	37	86	41.181	354	17.73.101	1104	13.29.53.61
8	89	89	29.137	363	13.37.137	1177	37.97.193
9	53	97	53.89	376	13.73.149	1252	73.109.197
11	73	99	17.17.17	377	17.37.113	1364	13.13.101.109
12	13.13	116	13.17.61	414	37.41.113	1431	13.17.41.113
13	97	118	13.29.37	433	29.53.61	1442	13.17.97.97
14	13.17	119	41.173	437	29.37.89	1544	17.17.73.113
17	157	127	41.197	454	13.101.157	1561	13.17.37.149
19	193	151	101.113	488	37.41.157	1733	97.113.137
27	13.29	157	13.13.73	521	13.53.197	1767	13.29.41.101
31	17.29	168	13.41.53	573	13.73.173	1887	29.29.29.73
37	17.41	174	157.193	611	29.41.157	2128	17.41.73.89
38	13.113	181	13.13.97	636	13.29.29.37	2144	13.29.89.137
44	37.53	201	17.29.41	638	13.173.181	2341	13.41.53.97
48	17.137	207	13.17.97	677	13.17.17.61	2434	17.29.61.197
51	13.101	209	13.41.41	733	37.53.137	2751	17.41.61.89
53	13.109	227	149.173	753	13.113.193	2887	13.17.109.173
54	17.173	252	17.37.101	768	13.17.17.157	2989	13.17.17.29.
56	29.109	259	13.29.89	816	41.109.149		41
62	53.73	267	181.197	819	17.109.181		

ZUR CYKLOTECHNIE. ZERLEGBARE $aa+25$.

3199	13.13.13.17.137	33381	29.37.53.97.101
3323	37.37.37.109	38011	13.41.89.97.157
3471	17.37.61.157	38134	17.41.97.137.157
3522	13.17.37.37.41	40559	13.17.17.37.61.97
3654	13.61.113.149	41037	29.41.73.89.109
3686	17.41.101.193	41891	17.37.73.97.197
3788	17.61.101.137	44407	13.17.17.37.41.173
4219	17.41.113.113	48062	13.17.53.53.61.61
4264	17.61.89.197	49943	17.37.73.157.173
4458	13.89.89.193	50051	13.17.173.181.181
4798	13.89.101.197	56913	13.17.37.37.53.101
4814	17.17.17.53.89	60347	13.17.29.29.97.101
5154	17.89.97.181	68626	13.13.17.53.157.197
5251	13.13.29.29.97	85699	37.61.89.101.181
5706	13.101.137.181	87989	17.53.113.193.197
5927	13.13.37.53.53	93469	13.13.13.17.29.37.109
6001	29.73.97.173	95473	13.13.13.73.157.181
6157	17.53.109.193	101151	37.41.101.173.193
6581	29.53.73.193	108871	17.53.173.193.197
6616	13.17.37.53.101	121479	17.17.29.41.109.197
7359	13.97.109.197	141777	13.17.37.73.113.149
7676	53.73.97.157	144808	13.41.61.61.97.109
7753	41.61.61.197	152762	13.41.41.97.101.109
8147	29.37.157.197	152803	13.29.37.41.137.149
8231	17.101.109.181	155187	73.97.101.113.149
8776	13.13.37.109.113	160314	29.37.41.61.61.157
9209	73.73.73.109	172561	13.13.13.13.37.73.193
10049	41.89.101.137	183971	17.37.41.73.89.101
10061	13.17.29.53.149	188618	13.17.17.29.53.61.101
10501	37.73.137.149	214482	29.37.53.61.89.149
12468	13.29.41.89.113	214631	13.29.41.73.137.149
12526	17.17.29.97.193	234852	17.41.53.73.113.181
13786	73.101.149.173	249014	13.73.73.89.89.113
13787	89.97.101.109	257841	13.29.61.89.101.149
14067	13.29.37.41.173	279007	13.13.17.29.29.89.181
14756	13.37.41.61.181	329219	17.37.73.89.89.149
15807	13.17.29.101.193	329848	13.17.17.29.37.137.197
17057	13.13.53.109.149	382537	13.17.17.29.61 101.109
18123	13.29.37.61.193	422419	17.17.17.41.53.61.137
18771	13.13.13.17.53.89	458742	17.17.113.173.193.193
18823	13.29.41.73.157	484041	13.29.37.37.61.61.61
19553	13.17.17.17.41.73	546534	13.13.37.41.41.157.181
19751	17.17.17.29.37.37	564812	13.37.37.41.53.73.113
20502	13.53.61.73.137	735331	13.13.37.41.53.101.197
21009	13.17.37.137.197	743781	13.13.13.13.17.37.89.173
21319	13.37.37.113.113	867847	17.89.89.137.137.149
21527	13.53.61.37.149	938003	13.29.53.61.61.61.97
21644	13.13 17.41.41.97	1000154	13.13.29.29.37.37.53.97
23488	29.37.53.89.109	1964806	13.13.17.29.41.73.113.137
24101	13.29.61.73.173	2144583	13.41.53.61.73.101.181
24358	17.29.41.149.197	3589859	17.17.73.109.113.137.181
25401	13.17.97.101.149	3879591	13.37.53.89.113.149.197
26707	29.29.37.73.157	5693622	13.13.13.53.97.101.157.181
30467	17.41.41.109.149	6991009	13.17.17.37.53.113.149.197
31226	17.53.61.113.157	7062082	13.29.29.41.53.73.149.193

8489259	13.17.29.29.29.41.41.41.97
8717008	13.13.17.17.37.37.89.113.113
9707868	13.29.29.37.101.113.137.149
10305788	13.17.37.53.101.109.113.197
17462342	13.37.61.61.89.89.137.157
38722306	13.13.29.37.61.89.89.109.157
48162204	13.17.37.37.41.53.101.181.193
60920523	13.17.17.53.61.61.101.137.181
63769026	17.29.37.41.53.89.101.101.113
111771087	13.17.37.61.61.89.113.137.149
141757784	13.17.53.61.89.113.137.137.149
172642653	13.17.29.73.89.89.137.149.197
190067607	73.89.97.101.101.109.149.173
308956283	13.29.29.37.41.53.61.73.89.137
569329071	13.13.29.37.41.97.101.109.137.149

13	1. 12
17	3. 14. 99
29	2. 27. 31
37	7. 118. 326. 636. 19751
41	4. 37. 201. 209. 2989. 3522
53	9. 44. 168. 309. 857. 5927
61	6. 67. 116. 311. 433. 677. 1104. 48062. 484041
73	11. 62. 157. 303. 1887. 19553
89	8. 81. 97. 259. 437. 898. 2128. 2751. 4814. 18771*
97	13. 84. 181. 207. 1442. 2341. 5251. 21644. 40559. 938203*. 1000154. 8489259
101	51. 252. 354. 1767. 6616. 33381. 56913. 60347. 183971. 188618*
109	53. 56. 274. 1364. 3323. 9209. 13787. 23488. 41037. 93469*. 144808. 152762. 382537
113	38. 151. 377. 414. 1431. 1544. 4219. 8776. 12468. 21319*. 249014. 564812. 8717008. 63769026
137	48. 89. 363. 733. 1733. 2144. 3199. 3788. 10049. 20502*. 422419. 1964806. 308956283
149	71. 78. 376. 816. 1561. 3654. 10061. 10501. 17057. 21527*. 25401. 30467. 141777. 152803. 155187. 214482. 214631. 257841. 329219. 867847*. 9707868. 111771087. 141757784. 569329071
157	17. 454. 488. 611. 768. 959. 3471. 7676. 18823. 26707*. 31226. 38011. 38134. 160314. 17462342. 38722306
173	54. 119. 227. 573. 1092. 2887. 6001. 13786. 14067. 24101*. 44407. 49943. 743781. 190067607
181	86. 638. 819. 5154. 5706. 8231. 14756. 50051. 85699. 95473*. 234852. 279007. 546534. 2144583. 3589859. 5693622. 60920523
193	19. 174. 753. 984. 1177. 3686. 4458. 6157. 6581. 12526*. 15807. 18123. 101151. 172561. 458742. 7062082. 48162204
197	127. 267. 324. 521. 858. 1252. 2434. 4264. 4798. 7359*. 7753. 8147. 21009. 24358. 41891. 68626. 87989. 108871. 121479. 329848*. 735331. 3879591. 6991009. 10305788. 172642653

Zerlegbare $aa+36$.

1	37
5	61
7	5.17
11	157
13	5.41
17	5.5.13
23	5.113
35	13.97
41	17.101
43	5.13.29
61	13.17.17
67	5.5.181
73	5.29.37
85	53.137
89	73.109
95	13.17.41
113	5.13.197
115	89.149
127	5.53.61
191	13.53.53
203	5.73.113
217	5.5.5.13.29
233	5.5.41.53
293	5.89.193
295	13.37.181
307	5.109.173
347	5.13.17.109
445	37.53.101
479	29.41.193
517	5.5.17.17.37
565	29.101.109
617	5.5.97.157
667	5.5.13.37.37
673	5.17.73.73
737	5.13.61.137
763	5.13.13.13.53
953	5.13.89.157
971	13.29.41.61
1183	5.5.17.37.89
1333	5.5.17.37.113
1463	5.41.53.197
1517	5.5.13.73.97
1673	5.13.17.17.149
1717	5.5.5.5.53.89
1873	5.41.109.157
2201	13.41.61.149
2251	17.17.89.197
2383	5.5.13.101.173
2557	5.13.17.61.97
2567	5.5.29.61.149
2963	5.89.109.181
3181	13.37.109.193
3553	5.13.29.37.181
3767	5.5.17.173.193
4031	41.61.73.89
4277	5.17.29.41.181
4883	5.5.37.149.173
5009	13.97.101.197
5321	13.13.29.53.109
5467	5.5.5.5.17.29.97
5495	13.13.29.61.101
5497	5.173.181.193
6217	5.5.5.37.61.137
6221	29.73.101.181
6655	29.41.193.193
6827	5.17.61.89.101
7547	5.37.37.53.157
7717	5.5.5.53.89.101
7813	5.17.61.61.193
7861	13.17.137.157
7919	37.97.101.173
8459	13.17.41.53.149
10261	13.17.53.89.101
10565	13.13.41.89.181
13763	5.13.17.37.41.113
13823	5.13.109.149.181
14543	5.13.29.29.53.73
15245	13.37.61.89.89
15733	5.5.29.29.61.193
17617	5.5.29.41.53.197
18659	13.17.97.109.149
22345	17.29.53.97.197
22481	13.17.17.17.41.193
22583	5.5.17.101.109.109
22733	5.5.13.13.13.97.97
22867	5.5.29.37.101.193
23753	5.37.113.137.197
29129	13.53.89.101.137
29995	13.13.13.13.17.17.109
30845	13.13.17.41.41.197
31885	13.17.29.41.53.73
32647	5.13.17.73.73.181
38893	5.73.109.193.197
38923	5.17.37.53.61.149
39347	5.13.41.53.97.113
42133	5.5.17.17.17.97.149
44327	5.29.29.37.73.173
48967	5.5.5.13.17.29.41.73
49517	5.5.29.113.173.173
54167	5.5.13.13.37.137.137
61117	5.5.13.29.61.73.89
62825	13.17.37.41.61.193
74603	5.13.17.29.29.53.113
87217	5.5.5.17.17.29.53.137
96227	5.17.53.109.109.173
125909	13.17.61.73.89.181
130613	5.41.53.73.137.157
141709	13.13.29.37.37.41.73
151163	5.29.61.109.137.173
161035	13.41.53.61.101.149
171655	89.97.109.173.181
174565	29.37.37.41.97.193
182743	5.17.29.29.29.89.181
189353	5.17.109.157.157.157
191203	5.53.53.73.181.197
206407	5.17.17.29.41.137.181
256693	5.17.17.29.61.149.173
387833	5.13.37.53.53.61.73
427795	13.17.37.37.53.101.113
429347	5.13.13.37.173.173.197
449921	13.29.37.41.41.89.97
533789	13.13.29.29.113.113.157
726029	17.17.29.29.101.109.197
837533	5.5.5.37.97.101.113.137
1097105	13.17.17.97.109.157.193
1396529	13.13.13.37.41.53.61.181
2390717	5.5.5.13.17.29.29.37.61.109
2525527	5.13.17.61.89.97.97.113
5318933	5.5.13.17.29.89.97.113.181
6920333	5.5.13.17.17.17.37.61.97.137
9439957	5.17.17.17.17.17.37.37.53.173
11776417	5.5.17.41.73.73.89.97.173
45435967	5.5.5.29.41.53.61.113.193.197
70145903	5.13.13.17.41.53.73.97.113.197
90115783	5.5.5.5.5.5.5.5.5.5.5.13.13.13.17.61.73
716295433	5.5.13.13.29.29.37.41.61.89.89.197
2009136133	5.5.13.17.41.61.73.89.97.113.181.197

5	.
13	17
17	7. 61
29	43. 217
37	1. 73. 517. 667
41	13. 95
53	191. 233. 763
61	5. 127. 971
73	673. 14543. 31885. 48967. 141709. 387833. 90115783
89	1183. 1717. 4031. 15245. 61117
97	35. 1517. 2557. 5467. 22733. 449921
101	41. 445. 5495. 6827. 7717. 10261
109	89. 347. 565. 5321. 22583. 29995. 2390717
113	23. 203. 1333. 13763. 39347. 74603. 427795. 2525527
137	85.737. 6217. 29129. 54167. 87217. 837533. 6920333
149	115. 1673. 2201. 2567. 8459. 18659. 38923. 42133. 161035
157	11. 617. 953. 1873. 7547. 7861. 130613. 189353. 533789
173	307. 2383. 4883. 7919. 44327. 49517. 96227. 151163. 256693. 9439957*. 11776417
181	67. 295. 2963. 3553. 4277. 6221. 10565. 13823. 32647. 125909*. 171655. 182743. 206407. 1396529. 5318933
193	293. 479. 3181. 3767. 5497. 6655. 7813. 15733. 22481. 22867*. 62825. 174565. 1097105
197	113. 1463. 2251. 5009. 17617. 22345. 23753. 30845. 38893. 191203*. 429347. 726029. 45435967. 70145903. 716295433. 2009136133

ZUR CYKLOTECHNIE. ZERLEGBARE $aa+49$.

Zerlegbare $aa+49$				979	5.13.73.101	4630	17.37.173.197	16393	61.101.113.193		
1	5.5	149	5.5.5.89	992	13.17.61.73	4657	37.37.89.89.	16446	5.29.109.109.157		
2	53	152	13.13.137	1009	5.17.53.113	4715	13.13.17.53.73	17247	13.37.37.61.137		
3	29	159	5.17.149	1031	5.13.13.17.37	4749	5.5.13.13.17.157	18099	5.5.17.29.97.137		
4	5.13	171	5.29.101	1041	5.29.37.101	4754	5.13.17.113.181	18976	5.5.5.13.37.53.113		
5	37	176	5.5.17.73	1111	5.17.53.137	4778	37.41.101.149	19743	13.17.41.137.157		
6	5.17	181	5.17.193	1128	17.29.29.89	4918	13.13.13.101.109	20297	13.13.13.29.53.61		
8	113	186	5.13.13.41	1179	5.13.17.17.37	4927	29.53.53.149	20999	5.13.29.149.157		
9	5.13	199	5.5.13.61	1186	5.29.89.109	5024	5.5.5.5.41.197	21768	97.137.181.197		
10	149	205	109.193	1221	5.29.53.97	5101	5.5.5.29.37.97	21834	5.17.29.41.53.89		
11	5.17	214	5.53.173	1252	13.17.41.173	5191	5.13.17.89.137	22156	5.13.13.53.97.113		
12	193	227	17.37.41	1364	5.37.89.113	5221	5.101.137.197	22569	5.41.41.157.193		
13	109	229	5.29.181	1374	5.5.13.37.157	5226	5.5.5.41.73.73	25726	5.5.5.29.41.61.73		
15	137	234	5.97.113	1395	13.29.29.89	5841	5.13.37.41.173	25931	5.13.17.41.41.181		
16	5.61	249	5.5.17.73	1556	5.13.193.193	6008	41.41.109.197	26016	5.17.29.37.41.181		
17	13.13	251	5.5.13.97	1592	17.29.53.97	6029	5.17.29.73.101	26337	113.113.157.173		
19	5.41	264	5.13.29.37	1609	5.17.97.157	6309	5.13.53.53.109	27200	13.37.97.101.157		
22	13.41	289	5.61.137	1621	5.13.17.29.41	6381	5.17.17.73.193	27564	5.13.13.73.109.113		
23	17.17	295	13.17.197	1629	5.13.137.149	6574	5.5.13.13.53.193	27721	5.17.17.29.53.173		
24	5.5.5.5	296	5.89.197	1649	5.5.5.73.149	6899	5.5.5.5.13.29.101	29254	5.13.13.53.97.197		
26	5.5.29	314	5.109.181	1689	5.17.97.173	6998	13.17.37.53.113	29501	5.5.13.17.17.41.113		
29	5.89	316	5.13.29.53	1751	5.5.13.53.89	7276	5.5.13.29.41.137	30179	5.61.73.113.181		
30	13.73	321	5.13.13.61	1766	5.29.137.157	7316	5.17.53.109.109	30424	5.5.13.17.29.53.109		
31	5.101	331	5.97.113	1929	5.37.89.113	7440	13.17.41.41.149	31274	5.5.5.5.13.17.73.97		
32	29.37	334	5.13.17.101	1949	5.5.17.41.109	7914	5.29.61.73.97	32491	5.13.37.41.53.101		
39	5.157	347	13.41.113	2069	5.41.53.197	8149	5.5.5.5.5.5.5.5.5.17	33258	13.17.17.37.73.109		
40	17.97	351	5.5.5.17.29	2076	5.5.13.89.149	8219	5.37.41.61.73	34134	5.13.41.53.73.113		
41	5.173	373	13.53.101	2151	5.5.37.41.61	8251	5.5.13.17.61.101	35303	17.37.61.109.149		
43	13.73	374	5.5.29.193	2374	5.5.17.89.149	8515	37.89.101.109	35361	5.41.113.137.197		
45	17.61	449	5.5.37.109	2381	5.29.113.173	8753	13.137.137.157	35524	5.5.5.17.17.181.193		
48	13.181	474	5.5.89.101	2521	5.37.89.193	8919	5.17.41.101.113	36149	5.5.5.13.13.157.197		
51	5.5.53	533	17.61.137	2578	13.17.17.29.61	9161	5.13.29.113.197	37409	5.61.89.149.173		
55	29.53	550	13.17.37.37	2595	17.37.53.101	9301	5.5.73.137.173	37836	5.17.17.61.109.149		
57	17.97	554	5.29.29.73	2607	17.29.61.113	9546	5.13.97.97.149	38601	5.5.5.13.17.149.181		
60	41.89	555	13.17.17.41	2659	5.37.97.197	9616	5.13.13.17.41.157	39901	5.5.13.13.29.73.89		
61	5.13.29	589	5.13.17.157	2817	13.37.73.113	9837	13.17.37.61.97	41801	5.5.41.61.89.157		
69	5.13.37	591	5.181.193	2851	5.5.5.13.41.61	9993	13.149.149.173	41859	5.73.89.149.181		
74	5.5.13.17	594	5.13.61.89	2930	17.41.109.113	10291	5.17.37.113.149	43416	5.13.13.13.29.61.97		
79	5.17.37	601	5.5.5.5.17.17	2944	5.61.157.181	10630	13.13.61.97.113	44677	13.53.97.109.137		
96	5.17.109	606	5.17.29.149	2999	5.5.13.101.137	10651	5.5.13.37.53.89	44976	5.5.5.5.5.13.17.29.101		
99	5.5.197	634	5.37.41.53	3100	17.29.101.193	10727	29.97.113.181	46229	5.17.29.41.97.109		
101	5.5.5.41	641	5.13.29.109	3156	5.17.17.61.113	10761	5.41.53.73.73	48317	13.13.29.37.41.157		
103	73.73	667	13.109.157	3251	5.5.29.37.197	10887	41.89.109.149	49099	5.5.41.73.89.181		
104	5.41.53	676	5.5.101.181	3501	5.5.13 109.173	11185	53.89.89.149	50632	17.73.101.113.181		
106	5.37.61	691	5.17.53.53	3547	17.37.73.137	11632	29.149.173.181	51176	5.5.17.17.37.97.101		
108	13.17.53	719	5.13.41.97	3709	5.13.29.41.89	12151	5.5.13.13.101.173	54274	5.5.5.37.53.61.197		
113	13.17.29	776	5.5.13.17.109	3753	13.41.73.181	12489	5.13.13.17.61.89	55774	5.5.5.13.89.137.157		
116	5.37.73	799	5.5.113.113	4034	5.13.29.89.97	13101	5.5.5.5.17.41.197	58881	5.13.53.61.73.113		
118	89.157	809	5.29.37.61	4065	13.37.89.193	13329	5.13.73.97.113	64051	5.5.73.73.89.173		
121	5.13.113	824	5.5.157.173	4211	5.97.101.181	14351	5.5.5.5.37.61.73	64644	5.29.37.61.113.113		
122	109.137	839	5.17.41.101	4286	5.13.41.61.113	14656	5.41.61.89.193	67785	17.53.109.149.157		
132	101.173	844	5.17.17.17.29	4324	5.5.17.29.37.41	14811	5.13.109.113.137	69983	13.13.17.61.89.157		
137	97.97	899	5.5.5.53.61	4399	5.5.5.5.113.137	15356	5.41.61.109.173	72851	5.5.5.17.17.17.29.149		
139	5.13.149	906	5.13.73.173	4556	5.29.37.53.73	15425	17.29.29.53.157	73043	13.17.37.41.73.109		
142	17.29.41	919	5.13.73.89	4629	5.73.149.197	15661	5.13.61.157.197	73672	17.17.37.53.61.157		

NACHLASS. ZERLEGBARE $aa+49$.

73721	5.29.29.53.89.137
76534	5.29.53.53.197
80841	5.17.61.73.89.97
82307	13.53.157.173.181
83430	13.17.29.37.149.197
87369	5.13.17.89.197.197
88213	37.41.97.137.193
88406	5.17.53.89.101.193
88989	5.13.17.17.41.53.97
89149	5.5.5.29.89.109.113
92049	5.5.13.17.29.137.193
102735	13.13.13.89.137.197
124029	5.13.13.37.37.61.109
131863	13.17.37.97.97.113
133149	5.5.5.5.5.41.101.137
138199	5.5.13.17.101.109.157
139551	5.5.13.29.53.101.193
141633	17.17.17.17.29.41.101
148439	5.37.41.73.101.197
150410	17.37.41.61.73.197
150681	5.29.53.97.97.157
154876	5.5.17.41.73.109.173
157995	29.37.41.53.53.101
160168	17.37.41.53.137.137
163609	5.13.13.37.41.53.137
166851	5.5.5.5.5.13.41.61.137
167124	5.5.13.13.29.37.61.101
174074	5.5.13.17.157.181.193
178149	5.5.5.5.17.89.97.173
179565	13.17.29.113.113.197
187249	5.5.17.17.109.113.197
189538	73.109.149.157.193
207814	5.13.17.17.97.137.173
213263	29.37.41.73.73.97
217351	5.5.5.13.13.17.17.53.73
231755	13.17.17.17.61.61.113
273694	5.17.37.41.53.97.113
281226	5.5.5.5.61.73.157.181
288901	5.5.29.37.53.149.197
299399	5.5.5.5.13.29.37.53.97
307519	5.13.17.17.29.29.41.73
343066	5.13.17.17.17.41.89.101
345094	5.13.17.37.113.149.173
361409	5.13.17.53.61.101.181
375967	5.17.37.53.61.149
401444	5.13.17.17.29.29.101.101
408628	41.53.89.89.89.109
415848	13.17.17.37.101.109.113
417317	13.41.61.113.137.173
428021	5.13.37.41.61.97.157
448976	5.5.5.17.61.89.101.173
462953	29.41.53.101.113.149
521044	5.13.13.17.17.73.97.157
527329	5.17.37.61.61.109.109
658576	5.5.13.13.13.13.53.73.157
689601	5.5.5.37.41.73.89.193
788493	13.41.109.157.173.197
935601	5.5.5.5.5.13.13.17.29.41.41
979976	5.5.5.5.17.17.137.197.197
1055864	5.13.17.29.37.53.113.157
1538221	5.13.13.29.53.61.109.137
1686759	5.13.29.29.41.41.113.137
2001229	5.13.17.29.41.53.149.193
2446492	13.41.73.89.101.109.157
3254151	5.5.13.17.29.41.61.73.181
3297075	37.41.53.53.73.101.173
3643774	5.5.5.13.17.41.109.137.157
4515359	5.13.13.13.17.17.113.157.181
5307581	5.17.37.53.73.73.101.157
5456999	5.5.41.73.73.101.137.197
7936717	13.29.37.41.41.41.181.181
8555207	13.17.41.53.61.73.109.157
12448726	5.5.5.5.13.13.13.41.89.157.197
21432319	5.17.37.73.149.173.197.197
40407039	5.17.37.41.53.89.97.101.137
41719774	5.5.5.17.17.29.29.41.41.173.197
118135085	17.17.37.41.61.101.109.137.173

5	1. 24
13	4. 9. 17
17	6. 11. 23. 74. 601. 8149
29	3. 26. 61. 113. 351. 844
37	5. 32. 69. 79. 264. 550. 1031. 1179
41	19. 22. 101. 142. 186. 227. 555. 1621. 4324. 935601*
53	2. 51. 55. 104. 108. 316. 634. 691
61	16. 45. 106. 199. 321. 809. 899. 2151. 2578. 2851*. 20297
73	30. 43. 103. 116. 176. 249. 554. 992. 4556. 4715*. 5226. 8219. 10761. 14351. 25726. 217351. 307519
89	29. 60. 149. 594. 919. 1128. 1395. 1751. 3709. 4657* 10651. 12489. 21834. 39901
97	40. 57. 137. 251. 719. 1221. 1592. 4034. 5101. 7914*. 9837. 31274. 43416. 80841. 88989. 213263. 299399
101	31. 171. 334. 373. 474. 839. 979. 1041. 2595. 6029*. 6899. 8251. 32491. 44976. 51176. 141633. 157995. 167124. 343066. 401444*
109	13. 96. 449. 641. 776. 1186. 1949. 4918. 6309. 7316*. 8515. 30424. 33258. 46229. 73043. 124029. 408628. 527329
113	8. 121. 234. 331. 347. 799. 1009. 1364. 1929. 2607* 2817. 2930. 3156. 4286. 6998. 8919. 10630. 13329. 18976. 22156. 27564*. 29501. 34134. 58881. 64644. 89149. 131863. 231755. 273694. 415848
137	15. 122. 152. 289. 533. 1111. 2999. 3547. 4399. 5191*. 7276. 14811. 17247. 18099. 44677. 73721. 133149. 160168. 163609. 166851*. 1538221. 1686759. 40407039
149	10. 139. 159. 606. 1629. 1649. 2076. 2374. 4778. 4927*. 7440. 9546. 10291. 10887. 11185. 35303. 37836. 72851. 375967. 462953*
157	39. 118. 589. 667. 1374. 1609. 1766. 4749. 8753. 9616*. 15425. 16446. 19743. 20999. 27200. 41801. 48317. 55774. 67785. 69983*. 73672. 138199. 150681. 428021. 521044. 658576. 1055864. 2446492. 3643774. 5307581*. 8555207
173	41. 132. 214. 824. 906. 1252. 1689. 2381. 3501. 5841*. 9301. 9993. 12151. 15356. 26337. 27721. 37409. 64051. 154876. 178149*. 207814. 345094. 417317. 448976. 3297075. 118135085
181	48. 229. 314. 676. 2944. 3753. 4211. 4754. 10727. 11632*. 25931. 26016. 30179. 38601. 41859. 49099. 50632. 82307. 281226. 361409*. 3254151. 4515359. 7936717
193	12. 181. 205. 374. 591. 1556. 2521. 3100. 4065. 6381*. 6574. 14656. 16393. 22569. 35524. 88213. 88406. 92049. 139551*. 174074. 189538. 689601. 2001229
197	99. 295. 296. 2069. 2659. 3251. 4629. 4630. 5024. 5221*. 6008. 9161. 13101. 15661. 21768. 29254. 35361. 36149. 54274. 76534*. 83430. 87369. 102735. 148439. 150410. 179565. 187249. 288901. 788493. 979976*. 5456999. 12448726. 21432319. 41719774

ZUR CYKLOTECHNIE. ZERLEGBARE $aa+64$.

Zerlegbare $aa+64$.

a	$aa+64$
1	5.13
3	73
5	89
7	113
9	5.29
11	5.37
15	17.17
19	5.5.17
21	5.101
25	13.53
27	13.61
29	5.181
31	5.5.41
49	5.17.29
51	5.13.41
53	13.13.17
63	37.109
67	29.157
69	5.5.193
79	5.13.97
81	5.5.5.53
85	37.197
95	61.149
115	97.137
121	5.17.173
131	5.5.13.53
149	5.61.73
155	13.17.109
159	5.37.137
181	5.5.13.101
183	13.29.89
219	5.5.17.113
223	17.29.101
233	5.37.113
281	5.5.29.109
309	5.97.197
339	5.13.29.61
359	5.17.37.41
381	5.5.37.157
389	5.13.17.137
391	5.13.13.181
393	17.61.149
433	37.37.137
441	5.13.41.73
455	29.37.193
461	5.17.41.61
467	13.97.173
529	5.17.37.89
571	5.13.29.173
581	5.5.5.37.73
661	5.17.53.97
703	13.193.197
707	41.89.137
717	53.89.109
729	5.13.13.17.37
831	5.5.5.5.5.13.17
873	53.73.197
879	5.29.73.73
911	5.13.113.113
937	13.17.29.137
989	5.13.101.149
1035	17.29.41.53
1097	41.149.197
1141	5.17.17.17.53
1169	5.5.5.13.29.29
1171	5.13.17.17.73
1191	5.53.53.101
1247	13.37.53.61
1343	29.37.41.41
1419	5.5.5.89.181
1491	5.37.61.197
1589	5.41.109.113
1609	5.41.73.173
1613	13.17.61.193
1637	13.13.101.157
1681	5.5.17.61.109
1691	5.13.29.37.41
1749	5.17.17.29.73
1839	5.37.101.181
1861	5.37.97.193
1999	5.41.101.193
2019	5.5.41.41.97
2041	5.73.101.113
2055	13.17.97.197
2081	5.5.5.5.13.13.41
2131	5.5.13.89.157
2201	5.53.101.181
2445	13.29.101.157
2479	5.73.113.149
2601	5.13.29.37.97
2625	5.13.53.73.137
2771	5.73.109.193
2989	5.13.13.97.109
3171	5.13.37.37.113
3199	5.13.29.61.89
3413	29.41.97.101
3721	5.17.29.41.137
4031	5.5.13.17.17.173
4061	5.17.17.101.113
4109	5.13.13.13.29.53
4315	13.41.181.193
4419	5.5.5.13.61.197
4541	5.17.41.61.97
4979	5.29.37.97.157
5097	13.61.181.181
5169	5.5.5.37.53.109
5381	5.5.13.41.41.53
5459	5.13.17.149.181
5761	5.17.37.61.173
5869	5.5.89.113.137
6081	5.5.5.29.101.101
7781	5.5.29.37.37.61
9039	5.29.37.97.157
9779	5.37.73.73.97
10519	5.37.37.53.61
10527	41.109.137.181
10831	5.5.5.5.17.61.181
11511	5.17.41.193.197
13331	5.5.5.5.5.29.37.53
13581	5.5.5.17.29.41.73
13889	5.41.89.97.109
13911	5.13.13.29.53.149
14451	5.29.73.109.181
16069	5.5.13.37.109.197
16985	17.29.53.61.181
17421	5.13.137.173.197
18511	5.13.17.17.17.29.37
18563	13.37.41.101.173
18685	17.29.73.89.109
24061	5.29.29.37.61.61
24261	5.17.17.37.101.109
27665	13.37.41.197.197
29019	5.5.37.53.89.193
29981	5.5.37.41.137.173
31669	5.5.5.5.13.17.53.137
58397	13.17.29.37.73.197
59279	5.13.53.73.89.157
88789	5.13.17.29.37.61.109
103481	5.5.13.13.17.29.53.97
132081	5.5.5.5.5.5.5.13.89.193
170529	5.17.29.41.53.61.89
213331	5.5.5.5.5.13.13.17.37.137
383229	5.17.17.61.89.97.193
728391	5.13.73.97.101.101.113
1934581	5.5.5.5.13.17.17.17.29.53.61
2446081	5.5.5.13.17.17.37.53.73.89
4056181	5.5.13.17.29.41.101.137.181
5106581	5.5.5.13.17.37.41.61.101.101
14836119	5.5.13.13.17.17.17.17.29.137.157

13	1
17	15. 19. 53. 831.
29	9. 49. 1169
37	11. 729. 18511
41	31. 51. 359. 1343. 1691. 2081
53	25. 81. 131. 1035. 1141. 4109. 5381. 13331
61	27. 339. 461. 1247. 7781. 10519. 24061. 1934581
73	3. 149. 441. 581. 879. 1171. 1749. 13581
89	5. 183. 529. 3199. 170529. ,2446081
97	79. 661. 2019. 2601. 4541. 9779. 103481
101	21. 181. 223. 1191. 3413. 6081. 5106581
109	63. 155. 281. 717. 1681. 2989. 5169. 13889. 18685. 24261*. 88789
113	7. 219. 233. 911. 1589. 2041. 3171. 4061. 728391
137	115. 159. 389. 433. 707. 937. 2625. 3721. 5869. 31669*. 213331
149	95. 393. 989. 2479. 13911
157	67. 381. 1637. 2131. 2445. 4979. 9039. 59279. 1483619
173	121. 467. 571. 1609. 4031. 5761. 18563. 29981
181	29. 391. 1419. 1839. 2201. 5097. 5459. 10527. 10831. 14451*. 16985. 4056181
193	69. 455. 1613. 1861. 1999. 2771. 4315. 29019. 132081. 383229
197	85. 309. 703. 873. 1097. 1491. 2055. 4419. 11511. 16069*. 17421. 27665. 58397

Zerlegbare $aa+81$.				1807	5.53.61.101	10118	5.37.53.53.197
1	41	323	5.53.197	2008	5.13.17.41.89	10577	5.29.41.97.97
2	5.17	352	5.137.181	2009	13.29.53.101	11563	5.5.13.29.41.173
4	97	376	17.53.157	2041	97.109.197	12143	5.29.29.89.197
5	53	389	17.61.73	2051	29.29.41.61	12565	13.17.29.109.113
7	5.13	406	17.89.109	2125	13.29.53.113	15233	5.29.73.97.113
8	5.29	409	13.41.157	2138	5.5.5.13.29.97	16237	5.5.5.17.17.41.89
10	181	427	5.17.29.37	2293	5.17.157.197	16522	5.17.29.37.41.73
11	101	461	13.13.17.37	2312	5.5.29.73.101	16777	5.13.13.17.97.101
13	5.5.5.	472	5.29.29.53	2450	13.17.157.173	17888	5.5.5.5.37.101.137
17	5.37	487	5.5.5.13.73	2531	17.29.73.89	17972	5.13.29.53.53.61
19	13.17	491	17.41.173	2623	5.41.97.173	18887	5.5.29.37.61.109
20	13.37	533	5.157.181	2705	17.29.41.181	18974	13.13.17.29.29.149
22	5.113	547	5.173.173	2888	5.5.5.5.5.17.157	19558	5.13.13.41.61.181
23	5.61	553	5.13.13.181	2906	13.37.97.181	20362	5.5.5.113.149.197
28	5.173	566	13.157.157	3088	5.5.13.13.37.61	23368	5.13.13.53.89.137
32	5.13.17	575	37.41.109	3238	5.5.41.53.193	24083	5.13.157.157.181
37	5.5.29	578	5.13.53.97	3322	5.13.41.41.101	24499	13.17.61.113.197
38	5.5.61	587	5.5.61.113	3347	5.13.17.37.137	24958	5.17.37.37.53.101
40	41.41	617	5.13.29.101	3503	5.13.13.53.137	29153	5.13.17.29.89.149
43	5.193	631	13.17.17.53	3517	5.13.17.29.193	29242	5.17.17.61.89.109
49	17.73	662	5.5.89.197	3791	29.37.37.181	29765	17.37.41.89.193
50	29.89	683	5.13.37.97	3988	5.5.29.97.173	30218	5.13.41.41.61.137
53	5.17.17	694	53.61.149	4010	13.13.17.29.193	31487	5.5.5.5.5.41.53.73
58	5.13.53	733	5.17.29.109	4112	5.5.5.17.73.109	31843	5.13.17.17.137.197
59	13.137	737	5.5.5.41.53	4354	17.61.101.181	34763	5.5.5.5.17.29.37.53
62	5.5.157	763	5.5.5.17.137	4388	5.5.5.13.17.17.41	35137	5.5.17.73.101.197
71	13.197	797	5.17.37.101	4429	29.41.73.113	35783	5.13.17.17.173.197
79	29.109	862	5.5.5.5.29.41	4648	5.13.29.73.157	37147	5.13.17.41.97.157
83	5.17.41	877	5.13.61.97	4657	5.101.109.197	38201	13.17.17.29.37.181
91	37.113	920	17.17.29.101	4837	5.5.41.101.113	44987	5.5.5.13.29.109.197
95	29.157	1018	5.17.89.137	5083	5.29.41.41.53	46963	5.5.13.29.29.53.73
97	5.13.73	1037	5.5.137.157	5162	5.5.61.101.173	56387	5.5.13.17.53.61.89
98	5.13.149	1060	13.13.61.109	5557	5.13.17.89.157	57037	5.5.13.17.37.73.109
101	53.97	1108	5.41.53.113	5747	5.109.157.193	60743	5.13.17.17.17.53.109
112	5.5.5.101	1118	5.53.53.89	5792	5.13.13.29.37.37	61337	5.5.41.109.113.149
122	5.41.73	1168	5.29.97.97	5833	5.17.17.61.193	69107	5.17.53.53.73.137
124	13.29.41	1201	37.101.193	6013	5.5.5.5.5.5.13.89	69244	13.13.29.37.137.193
128	5.37.89	1229	13.13.41.109	6233	5.13.37.41.197	79813	5.5.13.17.53.73.149
137	5.5.13.29	1243	5.17.61.149	6458	5.17.37.89.149	86528	5.17.29.97.173.181
139	89.109	1265	73.97.113	6532	5.5.37.113.157	87263	5.5.5.5.5.13.17.37.149
163	5.5.13.41	1277	5.17.53.181	6689	13.97.113.157	97577	5.29.61.73.73.101
188	5.5.13.109	1313	5.5.29.29.41	6883	5.13.13.17.17.97	98063	5.5.73.97.157.173
191	101.181	1436	13.41.53.73	7097	5.29.29.53.113	121933	5.13.41.97.149.193
202	5.13.17.37	1447	5.17.109.113	7160	53.61.101.157	132683	5.17.29.109.181.181
215	13.13.137	1463	5.5.13.37.89	7793	5.13.29.89.181	157723	5.13.13.29.53.61.157
217	5.53.89	1475	13.13.41.157	8158	5.13.13.17.41.113	168703	5.37.37.61.173.197
247	5.41.149	1487	5.5.5.5.29.61	8273	5.29.53.61.73	181508	5.41.41.101.197.197
248	5.109.113.	1585	53.137.173	8638	5.5.5.13.17.37.73	195787	5.5.13.17.29.37.53.61
253	5.13.17.29	1639	41.181.181	9028	5.13.73.89.193	237322	5.13.13.13.17.17.113.157
268	5.73.197	1645	13.29.37.97	9101	41.73.101.137	269861	13.37.41.101.101.181
287	5.5.17.97	1685	17.37.37.61	9295	61.73.89.109	278297	5.5.13.37.97.113.113
292	5.13.13.101	1702	5.17.173.197	9562	5.5.13.29.89.109	297212	5.5.13.97.113.137.193
313	5.5.37.53	1703	5.29.73.137	9587	5.5.13.13.73.149	314387	5.5.41.41.73.89.181
317	5.89.113	1787	5.5.13.17.17.17	9607	5.17.29.97.193	327737	5.5.5.5.13.13.29.89.197

ZUR CYKLOTECHNIE. ZERLEGBARE $aa+81$.

349487	5.5.5.29.29.53.97.113
474013	5.5.5.13.17.17.29.73.113
609161	13.73.73.113.137.173
647665	29.37.53.97.193.197
934862	5.5.5.13.13.17.17.37.53.73
1125533	5.13.41.89.101.137.193
1158413	5.5.29.37.41.61.73.137
1880912	5.5.13.17.37.53.53.61.101
2023513	5.5.5.5.37.41.97.113.197
2092285	17.17.37.37.37.41.41.89
2898587	5.5.17.29.73.137.173.197
3559861	13.37.61.89.109.113.197
4034153	5.13.13.17.29.41.53.89.101
4676188	5.5.17.37.37.37.89.101.113
4802183	5.73.97.109.113.137.193
4947916	17.17.37.53.61.73.89.109
6678737	5.5.5.17.17.29.41.53.97.101
9578563	5.5.13.17.17.17.29.61.109.149
34928797	5.13.13.17.29.37.53.53.73.193
59554033	5.13.13.13.37.61.73.89.101.109

5	13
13	7
17	2. 19. 32. 53. 1787
29	8. 37. 137. 253
37	17. 20. 202. 427. 461. 5792
41	1. 40. 83. 124. 163. 862. 1313. 4388
53	5. 58. 313. 472. 631. 737. 5083. 34763
61	23. 38. 1487. 1685. 2051. 3088. 17972. 195787
73	49. 97. 122. 389. 487. 1436. 8273. 8638. 16522. 31487. 46963. 934862
89	50. 128. 217. 1118. 1463. 2008. 2531. 6013. 16237. 56387. 2092285
97	4. 101. 287. 578. 683. 877. 1168. 1645. 2138. 6883. 10577
101	11. 112. 292. 617. 797. 920. 1807. 2009. 2312. 3322. 16777. 24958. 97577. 1880912. 4034153. 6678737
109	79. 139. 188. 406. 575. 733. 1060. 1229. 4112. 9295. 9562. 18887. 29242. 57037. 60743. 4947916. 59554033
113	22. 91. 248. 317. 587. 1108. 1265. 1447. 2125. 4429. 4837. 7097. 8158. 12565. 15233. 278297. 349487. 474013. 4676188
137	59. 215. 763. 1018. 1703. 3347. 3503. 9101. 17888. 23368. 30218. 69107. 1158413
149	98. 247. 694. 1243. 6458. 9587. 18974. 29153. 61337. 79813. 87263. 9578563
157	62. 95. 376. 409. 566. 1037. 1475. 2888. 4648. 5557. 6532. 6689. 7160. 37147. 157723. 237322
173	28. 491. 547. 1585. 2450. 2623. 3988. 5162. 11563. 98063. 609161
181	10. 191. 352. 533. 553. 1277. 1639. 2705. 2906. 3791. 4354. 7793. 19558. 24083. 38201. 86528. 132683. 269861. 314387
193	43. 1201. 3238. 3517. 4010. 5747. 5833. 9028. 9607. 29765. 69244. 121933. 297212. 1125533. 4802183. 34928797
197	71. 268. 323. 662. 1702. 2041. 2293. 4657. 6233. 10118. 12143. 20362. 24499. 31843. 35137. 35783. 44987. 168703. 181508. 327737. 647665. 2023513. 2898587. 3559861

BEMERKUNGEN.

Diesem zweiten Bande von Gauss Werken sind alle Abhandlungen, Aufsätze und Tafeln aus dem Gebiete der Höheren Arithmetik, soweit die sieben Sectionen der *Disqu. Arithm.* sie nicht schon umfassen, einverleibt, und zwar die in den '*Commentationes societatis regiae scientiarum Gottingensis*' (in Quart) veröffentlichten fünf Abhandlungen, die in den '*Göttingischen Gelehrten Anzeigen*' (in Octav) erschienenen (von Gauss nicht unterzeichneten, aber durch die Acten der Göttinger Universitäts-Bibliothek in Betreff der Autorschaft verificirten) Anzeigen sowohl dieser eignen als auch einiger anderer nichteigner Schriften, und eine Auswahl aus dem Handschriftlichen Nachlasse.

Zur bessern Uebersicht der Gegenstände in einem so umfangreichen Bande sind die Lehrsätze auf gleiche Weise durch den Druck ausgezeichnet. Zum leichtern Gebrauch sowohl der ältern Ausgaben wie der vorliegenden ist bei den Verweisungen auf die Disqu. Arithm. statt der Nummer der Seite die der Artikel gesetzt, so wie bei den Angaben von Abhandlungen statt des Orts ihrer Veröffentlichung deren eigner Titel. Die Note, die dem Art. 2 der Abhandlung '*Theorematis arithmetici demonstratio nova*' ursprünglich beigegeben war und die eine Berichtigung des Art. 139 Disqu. Arithm. enthielt, ist dort der betreffenden Stelle eingefügt. Die Note auf Seite 91 ist einer handschriftlichen Notiz entlehnt. Ausserdem unterscheidet sich die vorliegende Ausgabe von den früheren nur durch die Berichtigung einiger Druckfehler.

Die *Tafel des quadratischen Characters der Primzahlen* ist nach der Weise der in Art. 99 beschriebenen und (in Art. 331) zur Zerlegung der Zahlen vorzugsweise angewandten Tabula II der Disqu. Arithm. gedruckt. Die Handschrift unter dem Titel '*Quadratorum numeris primis divisorum residua lateralia*' hat in den Schriftzügen am meisten Aehnlichkeit mit der des zweiten Theiles der Tafel zur Verwandlung gemeiner Brüche in Decimalbrüche, sie enthält an der Stelle der den Quadratischen Rest anzeigenden horizontalen Striche kleine Kreise, von denen immer diejenigen durch Linien verbunden sind, die in benachbarten horizontalen oder verticalen Reihen vorkommen. Bei der Correctur wurde ich auf mehrere Fehler

aufmerksam, habe dann bei einer einmaligen Vergleichung mit JACOBI's *Canon Arithmeticus* 190 Abweichungen in den Angaben der Charactere und nach directer Bestimmung diese in Uebereinstimmung mit jenen gedruckten Tafeln gefunden, dem entsprechend ist hier die Ausgabe berichtigt.

Von der *Tafel zur Verwandlung gemeiner Brüche in Decimalbrüche* ist hier der erste Theil der Tabula III der Disqu. Arithm. ähnlich eingerichtet, er enthält für die Primzahlen und deren Potenzen p^π, welche zwischen 3 und 463 liegen, die Mantissen (1), (2) . . (0) der Decimalbrüche von $\frac{10.r}{p^\pi}$, $\frac{10.rr}{p^\pi} \cdot\cdot \frac{10}{p^\pi}$, worin r die Einheit bedeutet, also (1) = (2) = . . (0) wird, wenn 10 Primitivwurzel von p^π ist, sonst aber r die kleinste unter denjenigen Primitivwurzeln von p^π bezeichnet, für welche als Basis der Index von 10 den kleinsten Werth annimmt. Die von 1 verschiedenen Werthe von r hat man zur Erleichterung des Gebrauchs auf Seite 420 der Tafel beigefügt. Die Handschrift, in der auch noch nicht die Unterscheidungsziffern der verschiedenen Perioden angegeben sind, entspricht äusserlich am meisten der Analysis residuorum und scheint in der Zeit dem hier als zweiten Theil der ganzen Tafel hingestellten Stücke voraufzugehen. Dieser zweite Theil enthält für die Primzahlen und deren Potenz p^π zwischen 467 und 997 die Mantissen der Decimalbrüche von $\frac{100}{p^\pi}$. Die Handschrift gibt die Theiler in abnehmender Reihenfolge und schliesst mit den Worten: *Explicitus October* 11. 1795. Im Drucke ist beim Theiler 191 Periode (1) die 71ste Ziffer hinzugefügt und beim Theiler 829 eine zwischen der 151 und 152sten Ziffer stehende Zahl fortgelassen.

Die von GAUSS selbst in einem Briefe (Seite 444) erläuterte *Tafel der Frequenz der Primzahlen* besteht für ihren ersten Theil, welche die Anzahl der Primzahlen in jedem der 1000 ersten Chiliaden gibt, in einer Handschrift von GAUSS, es finden sich im Nachlass aber nicht die in dem Briefe angedeuteten Abzählungen der der ersten Million angehörenden Hunderte, die eine bestimmte Anzahl von Primzahlen enthalten. Der andere Theil der Tafel nemlich für die zweite und dritte Million ist einer von GOLDSCHMIDT allein herrührenden Handschrift entlehnt.

Die *Tafel der Anzahl der Classen binärer quadratischer Formen* gibt die Anzahl der Genera und Classen so wie den Index der Irregularität für die negativen Determinanten in den Hunderten 1 bis 30, 43, 51, 61, 62, 63, 91 bis 100, 117 bis 120, dann noch in einer besondern Zusammenstellung für die des 1. 3. und 10ten Tausend, für die 800 ersten von der Form $-(15n+7)$ und $-(15n+13)$, sowie für einige sehr grosse Determinanten, ferner für die positiven Determinanten des 1. 2. 3. 9. 10ten Hundert und für einige andere. Die Handschrift besteht aus einzelnen Zetteln, auf denen die Tafeln verschiedenartig eingerichtet sind, z. B. ist bei den ältern das Wort Ordo statt Genus gebraucht, so bei den einzelnen Centaden mit Ausnahme der 9. und 10. positiver Determinanten, dann aber auch bei einzelnen vorläufigen Zusammenstellungen in Chiliaden. Zur leichtern Uebersicht ist hier überall die Bezeichnung der Disqu. Arithm. gewählt, auch die grössten und kleinsten Quotienten aus der Anzahl der Classen dividirt durch den Determinanten, sowie die Anzahl der Determinanten, für welche der Quotient innerhalb gewisser Grenzen fällt, sind wegen Mangel an Raum nicht unter die einzelnen Centaden gesetzt sondern am Ende der Tafel für die negativen Determinanten zusammengestellt. Aus einigen übrig gebliebenen Aufzeichnungen

scheint hervorzugehen, dass Gauss zuerst die Classen für die Determinanten berechnet hat, die demselben Hundert und demselben Reste bei dem Theiler 15 angehören. Die Determinanten dieser Abtheilungen sind dann nach der Anzahl der Genera und Classen und zuletzt alle die demselben Hundert angehörigen auf die hier wiedergegebene Weise geordnet. Den Tafeln der einzelnen Centaden sind manche spätere Berichtigungen eingefügt, nicht aber den Zusammenstellungen in Tausenden. Zeitbestimmungen enthalten nur die beiden Tafeln mit den Determinanten der Form $-(15n+7)$ und $-(15n+13)$ nemlich resp. '*Expl. Jn. Febr. 1801*' und '*Expl. 27 Febr. 1807.*'

In diesen Tafeln habe ich unter anderen die folgenden Fehler bemerkt, denen ich hier zur leichtern Controle die Periodenzahlen der Fundamentalclassen wie z. B. 4. 4. 2 bei dem Determinanten —11713 und die durch Formen der resp. Fundamentalclassen dargestellten Zahlen wie 31. 37. 2 beifüge, indem als Fundamentalclassen solche Classen genommen werden, die in Vereinigung mit den Classen ihrer Perioden durch Composition jede eigentlich primitive Classe des Determinanten einmal und nur einmal hervorbringen.

Es sind schon die Angaben fortgelassen:				und hinzugefügt:			
Centas 9	G. IV ...	3 ..	— 827 [21::3]	Centas 9	G. IV ...	3 ..	— 828 [6.2::31.23]
26	IV	14	— 2587 [24::11]	26	IV	14	— 2586 [28.2::7.2]
26	VIII	6	— 2564 [56::3]	26	VIII	6	— 2565 [12.2.2::7.2.5]
91	I	111	— 9059 [117::5]	91	I	117	— 9059 [117::5]
120	IV	32	— 11956 *2*[36.2::11.49]	120	IV	32	— 11966 *2*[32.4::5.83]
1	I	2	+ 37 [3::3]	1	I	3	+ 37 [3::3]
2	I	2	+ 101 [3::4]	2	I	3	+ 101 [3::4]

Bei der Tafel für Centas 3 und der letzten auf Seite 476, welche in der Handschrift mit einer von der hier abgedruckten äusserlich verschiedenen Aufzeichnung der Centas 1 und 2 vereinigt vorkommen, sind die zwölf Abtheilungen statt mit I. Ordo unicus. 1; I. O. 2; I. O. 3; I. O. 4; II. Ordines duo. 1. 1; II. O. 1. 2; II. O. 2. 2; II. O. 3. 3; III. Ordines quatuor. 1. 1. 1. 1; III. O. 1. 1. 2. 2; III. O. 2. 2. 2. 2; IV. Ordines octo 1. 1. 1. 1. 1. 1. 1. 1; hier auf die sonst angewandte Weise mit G. I. 1; G. I. 3; G. I. 5; G. I. 7; G. II. 1; G. II. 2; G. II. 3; G. II. 5; G. IV. 1; G. IV. 2; G. IV. 3; G. VIII. 1; bezeichnet. Die Rechnung ergibt nemlich z. B. 269. I. 3 [3::4]; 235. IV. 3 [6. 2::3. 5]; 401. I. 5 [5::5]; 577. I. 7 [7::3]; 727. II. 5 [10::3]. (Genera I statt Genus I auf Seite 469 ist ein Druckfehler).

In Folge von Druckfehlern ist auszulassen:				und hinzuzufügen:			
Centas 12.	G. IV....	5...	— 1237	Centas 12.	G. IV....	5...	— 1137
27	IV	16	— 2624 *3*	27	IV	16	— 2624 *2* [16. 4::3. 16]
93	IV	16	— 9216	93	IV	16	— 9216 *2* [16. 4::5. 9]
118	VIII	4	— 11713 *3*	118	VIII	4	— 11713 *2* [4. 4. 2::31. 37. 2]

Ausserdem ist noch auszulassen:				und hinzuzufügen:			
Centas 10.	G. II....	9...	— 972[6.3::7.13]	Centas 10.	G. II....	9...	— 972 *3* [6. 3::7. 13]
17	IV	4	— 1660[10.2::11.5]	17	IV	12	— 1700[24.2::3.17]
20	IV	12	— 1982[24::3]	20	IV	12	— 1937[24.2::7.2]

Centas 21.	G. IV....	6...—	2096[30.2::3.4]	Centas 21.	G. IV....	6...—	2097[12.2::47.2]
23	IV	9	— 2221[18::10]	23	IV	9	— 2224[18.2::5.16]
24	IV	12	— 2376[12.2.2::5.8.8]	24	IV	12	— 2366[24.2::3.2]
29	IV	9	— 2887[25::8]	29	IV	9	— 2885[18.2::3.5]
61	IV	7	— 6028[12.2::13.4]	61	IV	6	— 6028[12.2::13.4]
96	VIII	13	— 9594[20.2.2::31.2.13]	96	VIII	13	— 9546[26.2.2::5.3.37]
118	IV	25	— 11780[16.4.2::3.8.19]	118	IV	25	— 11750[50.2::3.47]
118	VIII	16	— 11780[16.4.2::3.8.19]	118	VIII	16	— 11780*2*[16.4.2::3.8.19]
119	VIII	16	— 11844[24.2.2::5.9.7]	119	VIII	16	— 11840*2*[16.4.2::3.16.5]
Millias I	G. II	3	— 541[10::11]	Millias I.	G. II	5	— 415[10::13
I	II	4	— 415[10::13]	I	II	5	— 541[10::11]
I	II	8	— 527[18::3]	I	II	9	— 459*3*[6.3::5.9]
I	II	8	— 722[18::3]	I	II	9	— 527[18::3]
I	II	9	— 194[20::5]	I	II	9	— 722[18::3]
I	II	9	— 459[6.3::5.9]	I	II	9	— 972*3*[6.3::7.13]
I	II	9	— 972[6.3::7.13]	I.	II	10	— 194[20::5]
I	II	11	— 842[26::13]	I	II	13	— 842[26::13]
I	IV	3	— 784[8.2::5.4]	I	IV	2	— 532[4.2::13.7]
I	IV	4	— 532[4.2::13.7]	I	IV	4	— 784[8.2::5.4]
I	IV	5	— 425[12.2::3.17]	I	IV	6	— 425[12.2::3.17]
I	IV	5	— 608[12.2::13.27]	I	IV	6	— 608[12.2::13.27]
I	IV	5	— 629[18.2::5.2]	I	IV	9	— 629[18.2::5.2]
III	II	15	— 2578[16::13]	III	II	15	— 2518[30::19]
X	I	111	— 9059[117::5]	X	I	117	— 9059[117::5]
formae—(15*n*+13)	IV	4	— 2788*2*[8.2::19.17]	formae—(15*n*+13	IV	4	—2788 [8.2::19.17]

Die Tafeln *zur Cyclotechnie* geben für 2452 Zahlen von der Form $aa+1$, $aa+4$, $aa+9, \ldots . aa+81$ die sämmtlichen ungeraden Primtheiler p neben den zugehörigen a und zwar in solchen Fällen, wo die Primtheiler alle unter 200 liegen, nur dann werden $aa+1$ u.s.f. zerlegbar genannt.

Zur leichtern Uebersicht beim Gebrauche hat Gauss für jede Tafel, aus der sich die vollständigen Zerlegungen von Zahlen einer der besonderen Formen bestimmen lassen, eine Hülfstafel aufgestellt, die neben jeder Primzahl p solche Zahlen a enthält, deren um 1 oder 4... vermehrtes Quadrat die Zahl p zum grössten Primtheiler hat.

Der Hauptzweck der Tafeln ist die Erleichterung, die sie für die genaue Berechnung der Bögen gewähren, deren Cotangenten gegebene rationale Zahlen sind. Zunächst können nemlich mit ihrer Hülfe die Bögen für kleine Cotangenten aus den Bögen für grosse Cotangenten zusammengesetzt und dadurch die noch erforderlichen Berechnungen der Reihen, welche die Bögen in ihren Cotangenten ausdrücken, auf ein sehr geringes Maass beschränkt werden. Die hierauf hinzielenden Entwickelungen, die sich in dem hand-

schriftlichen Nachlass finden, sind wenig ausgedehnt, die folgende ist die am weitesten fortgeführte. Es bezeichnen darin

$$[2]\,[5]\,[13]\,[17]\,[29]\,[37]\,[41]\,[53]\,[61]\ldots[197]\;(18)(57)(239)\left(\tfrac{79}{3}\right)\ldots$$

die Bögen der Cotangenten

$$1\quad 2\quad \tfrac{3}{2}\quad 4\quad \tfrac{5}{2}\quad 6\quad \tfrac{5}{4}\quad \tfrac{7}{2}\quad \tfrac{6}{5}\ldots 14\quad 18\quad 57\quad 239\quad \tfrac{79}{3}\ldots$$

Mit Hülfe der Tafeln ist durch Zerlegung von $18+i$, $57+i$, $239+i$ in ihre complexe Primfactoren

$$(18) = 2[2]-2[5]-[13]$$
$$(57) = -[2]+3[5]-[13]$$
$$(239) = 3[2]-4[13]$$

gefunden und hieraus

$$[2] = 12(18)+8(57)-5(239)$$
$$[5] = 7(18)+5(57)-3(239)$$
$$[13] = 9(18)+6(57)-4(239)$$

ferner mit Hülfe der Tafeln

$$(268) = -2[5]+2[13]-[17]$$
$$(38) = -[5]+2[17]$$

und hieraus durch Elimination von [17] und Einsetzen der zuvor erhaltenen Werthe von [5], [13]

$$(38)+2(268) = (18)-(57)-(239)$$

Die Elimination von (18) hat dann die neue Bestimmung ergeben

$$[2] = 12(38)+20(57)+7(239)+24(268)$$
$$[5] = 7(38)+12(57)+4(239)+14(268)$$
$$[13] = 9(38)+15(57)+5(239)+18(268)$$
$$[17] = 4(38)+6(57)+2(239)+7(268)$$

Nach folgeweiser Anwendung der Cotangenten 117, 327, 882, 18543, 307, 278, 378, 829, 993, 2943, 447, 606, 931, 1143, 1772, 6118, 34208, 44179, 85353, 485298, 17772, 9466, 330182, 5257, 114669, 12943 sind endlich [2] [5] ... [61] durch (5257), (9466)...(485298) ausgedrückt und deren Coëfficienten in den folgenden Spalten zusammengestellt:

	5257	9466	12943	34208	44179	85353	114669	330182	485298
2	+ 2805	− 398	+ 1950	+ 1850	+ 2021	+ 2097	+ 1484	+ 1389	+ 808
5	+ 1656	− 235	+ 1151	+ 1092	+ 1193	+ 1238	+ 876	+ 820	+ 477
13	+ 2100	− 298	+ 1460	+ 1385	+ 1513	+ 1570	+ 1111	+ 1040	+ 605
17	+ 875	− 124	+ 608	+ 577	+ 630	+ 654	+ 463	+ 433	+ 252
29	+ 1359	− 193	+ 945	+ 896	+ 979	+ 1016	+ 719	+ 673	+ 391
37	+ 590	− 84	+ 410	+ 389	+ 425	+ 441	+ 312	+ 292	+ 170
41	+ 2410	− 342	+ 1675	+ 1589	+ 1736	+ 1802	+ 1275	+ 1193	+ 694
53	+ 994	− 141	+ 691	+ 655	+ 716	+ 743	+ 526	+ 492	+ 286
61	+ 2481	− 352	+ 1725	+ 1637	+ 1788	+ 1855	+ 1313	+ 1229	+ 715

Von der Richtigkeit dieser Gleichungen, welche zur Bestimmung von [2][5]....[61] dienen können, überzeugt man sich unmittelbar durch die aus obigen Tafeln sich ergebenden Zerlegungen

(5257) =	[2]	+ 2[5]	− [13]	+ [17]	.	.	− [41]	.	− [61]
(9466) =	2[2]	.	.	.	− [29]	− 3[37]	.	.	− [61]
(12943) =	[2]	− 4[5]	+ 3[13]	.	.	.	.	.	− [61]
(34208) =	2[2]	− [5]	− 2[13]	+ [17]	+ [29]	.	.	− 2[53]	.
(44179) =	3[2]	.	− 3[13]	− 2[17]	− [29]	.	.	+ [53]	.
(85353) =	− [2]	− [5]	+ [13]	− [17]	.	− [37]	+ 2[41]	− [53]	.
(114669) =	− 3[2]	.	.	+ [17]	.	+ [37]	.	+ 2[53]	+ 2[61]
(330182) =	− 4[2]	+ 5[5]	+ [13]	.	+ [29]	− [37]	− [41]	.	+ [61]
(485298) =	− 2[2]	− [5]	+ 4[13]	.	− 2[29]	+ [37]	.	+ [53]	

Die von den Rechnern bis jetzt angewandten Arten zur Bestimmung von $\frac{\pi}{4} = (1)$ stellt GAUSS in der folgenden Uebersicht zusammen

MACHIN	$(1) = 4(5) - (239)$	auch CLAUSEN
EULER	$= (2) + (3)$	(EULER à GOLDBACH 1746 Mai 28)
VEGA	$= 5(7) + 2(\frac{79}{3})$	(VEGA Thesaurus logar. p. 633)
VEGA	$= 2(3) + (7)$	auch CLAUSEN (Astr. Nachr. B. 25. S. 209)
RUTHERFORD	$= 4(5) - (70) + (99)$	(Philos. Trans. 1841. p. 283)
DASE	$= (2) + (5) + (8)$	(CRELLE Journal. B. 27. S. 198)
GAUSS. 1.	$= 12(18) + 8(57) - 5(239)$	
GAUSS. 2.	$= 12(38) + 20(57) + 7(239) + 24(268)$	

Die ersten Rechnungen für die Tafeln gehören der Zeit der Ausarbeitung der *Disquiss. Arr.* an, sie sind dann besonders in den Jahren 1846 und 47 gefördert. Am 21. Juli 1847 waren 2283 Zerlegungen nach der hier wiedergegebenen Ordnung in Tafeln gebracht, die übrigen 169 sind später berechnet, und ich habe sie diesem Abdruck (der sich vom Original in der Einrichtung nur durch die des leichtern Satzes wegen statt der Potenzen angewandte Schreibweise der Wiederholung der Factoren unterscheidet) mit eingeordnet.

Die Manuscripte mit diesen letzten Rechnungen scheinen die Resultate in der Form zu enthalten, wie sie unmittelbar gefunden wurden. Die Reihenfolge, in welcher dabei die Zahlen a auftreten, lässt vermuthen, dass nur für die kleinern die Theiler von $aa+1$ u. s. f. aufgesucht wurden, und dass die grössern Zahlen sich aus diesen durch Anwendung besonderer Kunstgriffe ergeben haben. Aufgezeichnet ist aber nur folgende Regel: *Aus drei Zahlen a, $2a-n$, $2a+n$ findet sich eine vierte*

$$\frac{4a^3 - (nn-3)a}{nn+1}$$

Diese ist immer eine ganze Zahl für $n = 0$ und $n = 1$, sonst nur

$$\textit{für } a \equiv 0 \textit{ und } \equiv \pm\sqrt{-1} \textit{ mod}(nn+1) \textit{ wenn } n \textit{ gerade}$$
$$\textit{und für } a \equiv 0 \textit{ und } \equiv \pm\sqrt{-1} \textit{ mod}\frac{nn+1}{2} \textit{ wenn } n \textit{ ungerade}$$

Beispiele	$a = 253,\ n = 6,$	1750507
	$a = 294,\ n = 11,$	832902
	$a = 119,\ n = 1,$	3370437
	$a = 57,\ n = 3,$	74043
	$a = 123,\ n = 9,$	90657

Zu der vierten Zahl gehören nemlich keine andern Primtheiler als zu den ersten dreien und davon sind auch nur diejenigen ungeraden Primtheiler ausgeschlossen, welche der Zahl n zugehören.

Die Handschriften der hier abgedruckten Abhandlungen und Tafeln bleiben mit dem übrigen Nachlasse vereinigt und werden auf der Göttinger Universitäts-Bibliothek zur Einsicht zugänglich sein.

SCHERING.

INHALT.

GAUSS WERKE BAND II. HÖHERE ARITHMETIK.

Nachlass.

GÖTTINGEN,

GEDRUCKT IN DER DIETERICHSCHEN UNIVERSITÄTS-DRUCKEREI

W. FR. KAESTNER.

Printed in the United States
By Bookmasters